中国轻工业“十三五”规划教材

水盐体系相图及应用

邓天龙 周桓 陈侠 主编

Salt-water System Phase Diagrams and Applications

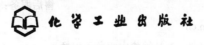

第二版

化学工业出版社
·北京·

内容提要

相图是研究和解决相平衡问题的重要工具，对海水、盐湖卤水、地下卤水和井矿盐等资源开发利用具有十分重要的指导作用。本书系统地阐述了水盐体系相图原理，着重介绍了二元至五元水盐体系相图标绘、相图认识、相图工艺过程解析、相图在卤水化工生产过程中的应用，并引入了水盐体系稳定和介稳相图实验研究方法、介稳相平衡、数字相图成图、溶解度理论预测等科技前沿成果。

本书可作为高等学校化学工程与工艺、应用化学、海洋资源开发技术等本科专业及化学工程与技术专业研究生用书，也可作为卤水化工相关专业科技人员的参考书和工具书。

图书在版编目（CIP）数据

水盐体系相图及应用/邓天龙，周桓，陈侠主编. —2版. —北京：化学工业出版社，2020.4（2024.6重印）
中国轻工业“十三五”规划教材
ISBN 978-7-122-36136-3

Ⅰ.①水…　Ⅱ.①邓…　②周…　③陈…　Ⅲ.①无机化工-土壤盐渍度-关系-土壤水-相图　Ⅳ.①TQ115

中国版本图书馆CIP数据核字（2020）第021865号

责任编辑：刘亚军　　文字编辑：昝景岩
责任校对：边　涛　　装帧设计：史利平

出版发行：化学工业出版社(北京市东城区青年湖南街13号　邮政编码100011)
印　　装：北京盛通数码印刷有限公司
787mm×1092mm　1/16　印张22　字数540千字　2024年6月北京第2版第2次印刷

购书咨询：010-64518888　　售后服务：010-64518899
网　　址：http://www.cip.com.cn
凡购买本书，如有缺损质量问题，本社销售中心负责调换。

定　　价：58.00元

前言

《水盐体系相图及应用》是大学本科化工类和海洋类的一门专业基础课教材，适用于化学工程与工艺、应用化学、海洋技术、海洋资源开发技术、海洋资源与环境、材料化学等专业。本教材自2013年出版以来，在高校化学工程与工艺、应用化学、海洋资源开发技术等本科专业教学中广泛使用，取得了良好的教学效果；在科研院所和企事业单位化学、化学工程与技术、海洋化工、盐湖化工、盐科学与工程、材料科学与工程专业研究生和卤水化工相关专业科研人员和工程技术人员使用方面，也取得良好的社会反响，被列入中国轻工业“十三五”规划教材。

本书是在总结近年来课程改革和教材建设经验基础上，基于传承经典，引入最新成果（新理论、新概念和新方法），注重理论性、适用性和先进性相结合的原则进行了修订。优化课程内容结构，在保持原课程体系的基础上对各章的内容作了适当的调整、补充、删除和重组。具体修订情况如下：

1．全书统一相图指数表达。二元体系、三元体系采用质量分数（w_B/%）；简单四元体系和简单五元体系为干基组成质量分数，分别为 Z_B 和 Z_B'/（g/100g S）；交互四元体系和交互五元体系，增加等摩尔效价概念，相图指数分别用干基组成耶涅克指数 J_B 和 J_B'表示。

2．加强水盐体系相图在海卤水化工生产中的相图分析与应用。结合我国海水资源、盐湖资源、地下卤水、油田卤水和盐矿资源开发利用，进一步加强水盐体系相图在卤水化工生产中的应用实例。第五章，增加以芒硝和氯化钾为原料，二段转化生产硫酸钾的相图理论及应用；第六章增加罗布泊盐湖卤水制取氯化钾、硫酸钾工艺过程的设计和计算。

3．增加了水盐体系数字相图成图、水盐体系溶解度数据库和量热学介绍。鉴于计算机绘图工具和化工热力学数据库已成为水盐体系相图绘制、研究和开发的有效工具，第八章新增加了水盐体系数字相图计算机成图（第五节）、水盐体系溶解度数据库（第六节）。此外，还更新了量热法最新进展，增加了差示扫描量热技术和滴定量热最新技术介绍。

4．丰富和完善了附录内容。新增部分含锂盐类矿物的物化性质、盐矿物光学性质数据，对每章的习题和答案作部分的修改和增删。

本书修订过程中得到了中国轻工业联合会和天津科技大学等单位领导给予的大力支持、关心和指导。本书承蒙郑绵平院士、韩布兴院士、张锁江院士审阅，并提出了许多宝贵意见。在本书的编写过程中，参考和引用了无机化工、轻工工程、盐科学与工程、盐湖化工和盐湖化学相关的教材、论著和文献资料，在此一并表示衷心的感谢。

本书由邓天龙、周桓、陈侠主编。具体参加编写的有：郭亚飞、陈侠、崔琬晶（第一章、

第二章），余晓平、胡小进、崔琬晶（第三章），胡佳音、周桓、陈尚清（第四章、第五章），王士强、郭亚飞、赵凯宇（第六章、第七章），王士强、邓天龙（第八章、第九章），李珑、孙康瑞、袁菲、张思思（习题、参考答案、附录和相图绘制），全书由邓天龙统定稿。

限于编者水平所限，书中仍会有疏漏之处，诚请批评指正。

编者

2020 年 1 月

第一版前言

水盐体系相图是研究、表达和应用盐类在水中溶解度及固液相平衡规律的一门学科，是无机化工的重要理论基础。水盐体系相图是表达水盐体系中相的数目、种类、组成、存在条件和各相关系的几何图形，可预测体系中盐类的析出、溶解等相转化规律，探索化工生产过程，确定最佳生产条件、制定最优工艺流程、获得最佳产率等，可广泛应用于以海水、盐湖卤水、矿盐及地下卤水为原料生产系列盐化工产品及其过程，也被广泛应用于海洋化学、环境化学和地球化学等学科领域。

20 世纪 50 年代，天津科技大学（原天津轻工业学院）开始收集整理资料开设水盐体系相图课程，先后形成了系列讲义和教材。近年来，随着电解质溶液热力学理论的发展、科学研究的不断深入、图形软件工具和计算机的广泛应用，以及相图应用领域的不断扩展，水盐相图的研究与应用呈现了新的特色。为了传承经典，引入新的概念和最新成果，编写了本书。

本书系统地讲述了水盐体系相图原理及其应用。其中，第一至第六章，系统介绍了二元至五元水盐体系相图的结构特征、绘制方法、分析认识、典型过程的相图分析、相图计算，并给出大量生产应用实例。考虑到水盐体系存在的介稳现象及其规律的特殊性，本书在重点介绍稳定平衡相图的基础上，在第七章介绍了介稳相图及其应用。考虑到在特定生产条件和领域，可能会出现迄今尚未研究和测定的相平衡数据，本书第八章介绍了水盐体系稳定溶解平衡和介稳平衡的实验研究方法。鉴于热力学模型计算相平衡数据已成为过程研究与开发的有效工具，本书第九章介绍了基于电解质溶液理论模型的水盐体系相图的计算方法。作为教材，本书在各章末有习题、书末有习题答案；作为研究与应用的参考本书，本书附录收列了海水、盐湖、地下卤水和井矿盐相关的盐类矿物的物化性质、盐矿物光学性质、常见天然盐及其离子标准化学位、水盐电解质溶液模型参数和二元至五元海水体系多温溶解度数据。

本书的编写得到了教育部教师出版专项基金的资助，同时得到了全国高校教材学术著作出版审定委员会、化学工业出版社和天津科技大学等单位领导给予的大力支持、关心和指导。本书由中国地质科学院矿产资源利用研究所中国工程院郑绵平院士、中国科学院青海盐湖研究所宋彭生研究员和天津科技大学王学魁教授审阅，并提出了许多宝贵意见。此外，袁建军教授、沙作良教授、唐娜教授、陈丽芳教授、姚燕研究员、房春晖研究员、房艳研究员、孙柏研究员、高章洪研究员和阎树旺教授等给予了编者热忱的帮助；魏浩教授、刘文岭教授、焦志勇教授、刘宪斌教授、王昶教授等给予了大力支持。在本书的编写过程中，还参考和引用了轻化工、盐化工、无机化工和盐湖化学相关的教材、专著和文献资料内容，在此一并表示衷心的感谢。

本书由邓天龙、周桓、陈侠主编。参加本书编写的有：邓天龙（第一章），陈侠、郭亚飞（第二章），邓天龙、余晓平、胡小进（第三章），周桓（第四章、第五章），王彦飞（第六章），王士强、郭亚飞（第七章），王士强、邓天龙（第八章、第九章），高道林、郭亚飞、胡小进（习题、答案、附录和相图绘制），全书由邓天龙统稿。

本书可作为化学工程与工艺、应用化学、海洋科学、环境科学与工程、地球化学等本科专业教材，也可作为化学工程、化学工艺、海洋化学、物理化学专业研究生和科技人员的参考书和工具书。

限于编者水平有限，缺点和错误在所难免，诚恳欢迎读者批评指正。

编者

2013 年 3 月

目录

第一章 绪论

相图（phase diagram）是描述物质体系相平衡关系的一种几何表达方式，可用以定量描述在特定条件下，物质物相组成、性质、温度和压力等之间关系，在化学、化工、冶金、材料、石油、轻工、地质、生物、陶瓷等科学技术领域里具有十分广泛的应用。从构成体系的物质种类而言，可划分为水盐体系、金相体系、熔盐体系、硅酸盐体系、有机化合物体系、无机材料体系等。尽管相平衡的一般理论对各类体系都适用，但各类体系本身相平衡情况及反映相平衡特征的相图却各具特点，并已形成相对独立的学科体系。

第一节 水盐体系

水盐体系（salt-water system），也称盐水体系，一般是指水和盐组成的体系，是研究、表达和应用盐类在水中溶解度及固液相平衡规律的一门学科，是无机化工的重要理论基础。水盐体系广泛涉及天然水、湖泊、海水、盐湖卤水、油气田水、井卤、盐化生产过程、污水处理和酸雨处理等领域。

水盐体系相图（salt-water system phase diagram）是以几何图形表示水和盐组成体系，在稳定平衡或介稳平衡条件下，相的数目、种类、组成、存在条件和各相间的浓度关系，预测体系中盐类的析出、溶解等相转化规律，探索化工生产过程，确定最佳生产条件、制定最优工艺流程、获得最佳产率等。

广义地讲，水盐体系除包括纯粹的水和盐组成体系外，还包括了水与酸或碱组成的体系、水与酸性氧化物或碱性氧化物组成的体系，以及水和盐与有机物组成的体系、水与盐和有机溶剂组成的混合溶剂体系。它们的相平衡与相图特点、规律都大体相同。

水盐体系相图适用于酸碱、化肥、无机盐生产，并广泛应用于以海水、盐湖卤水、矿盐及地下卤水为原料生产系列盐化工产品及其过程，同时也广泛应用于地球化学和环境化学。

一、体系与系统

在热力学中，为了明确所研究的对象，往往将所注意的一种或一组物质从周围环境中想象地孤立起来的物质称为系统，其余的部分称为环境。

根据体系与环境之间的物质和能量交换情况，在热力学上把系统分为孤立系统、封闭系统和敞开系统。孤立系统是与环境既没有物质交换也没有能量交换，不受环境的影响；封闭系统是与环境之间只有能量交换而没有物质交换，并不意味着体系因化学反应而改变成分；敞开系统是与环境之间可以有能量交换，也可以有物质交换。水盐体系相图研究的系统大多是敞开系统。

当然，这种划分完全是人为的，这主要是研究工作的需要。

在水盐体系中，把水和若干种盐类的组合物称为体系（system）。它主要是指明形成体系的物质种类数。我们把体系中若干种物质特定量的组合物称为系统或复体（complex）。所以，一个由若干种物质形成的体系中，可以包括无数个属于该体系的系统。

例如：纯水和纯氯化钠组成了 $NaCl-H_2O$ 体系。在这个体系中，含氯化钠 0.9%的盐水，称为生理食盐水，含氯化钠 15%的盐水用于农业选种盐水，含氯化钠约 26%的饱和食盐水，可腌渍食品。它们的共同特点是由水和氯化钠组成，因此，统称为 $NaCl-H_2O$ 体系，而对其中某个特定的组成（如生理食盐水、农业选种食盐水和腌渍食盐水）则称为 $NaCl-H_2O$ 体系中的一个系统。

可见，体系是一个大的概念，而系统是包含在体系中的小概念。尽管在有的文献中没有区分体系和系统的概念，但为了便于理解和叙述，本书特将这两个概念加以了严格区分。

二、系统的组成及其表示方法

对于复杂的多组分水盐体系，由于组成水盐体系可以有多种盐，各盐的溶解度也都有变化。对于某一特定的系统，就会涉及系统的各组分浓度的表示。

为了将一个系统点的位置准确地标绘在某个体系的相图上，就必须计算出该系统点的组成，它表明了一个体系中的物料基本组成情况（如海水、盐湖卤水、地下卤水及化工生产过程中的中间料液等），因而是决定该系统析盐规律的主要因素。

对于水和盐组成的任何一个系统，都可以用一定的方式表示它的组成，并根据组分数的多少，以及便于标绘、有利于计算的原则来选择不同的组成表示方式，用于不同的坐标系。

系统中某一组分的量，有不同的表示方法。就其实质而言，可以用一句话概括：相对于系统中的某一特定基准而言，某一组分所具有的用某种单位度量的量。

系统中作为特定基准的有：

100 g 总物质；

100 g 水（水基）；

100 g 干盐（干基）；

1000 g 水或 1000 mol 水（水基）；

100 mol 总物质；

100 mol 总干盐（干基）；

100 mol 若干种离子之和（干基）。

系统中某一组分量的度量单位是：g、mol 或 mol 离子。

由此，常用的表示系统中某一组分的组成单位有：

g/100 g 水（或 g/100 g H_2O）；

g/100 g 总物质，质量分数 $w_B/\%$，物质 B 的质量为 m_B，溶液的总质量为 m_s，它们的比称为物质 B 的质量分数，即 $w_B/\% = \frac{m_B}{m_s} \times 100$；

g/100 g 干盐（或 g/100 g S）。

以上单位适用于二元和三元水盐体系。

g/100 g 总干盐（或 g/100 g S），在简单四元体系中用 Z_B 表示，在简单五元体系中用 Z_B' 表示；

mol/100 mol 总干盐，即耶涅克指数，Jänecke Index；在交互四元体系中用 J_B 表示；

mol 离子/100 mol 若干种离子之和，在交互五元体系中用 J_B'表示。

以上单位适用于四元和五元水盐体系。

值得说明的是，在水盐体系溶解度理论预测计算时，用 mol 溶质/1000 g H_2O 表示液相组成单位，称为质量摩尔浓度（molality，用 m 表示）。在生产单位化工生产过程中，人们也常用 g/L、mol/L 等容积质量组成单位表示液相或溶液的组成。由于当溶液混合时，体积没有加和性，因而不能用于相图计算，必须换算为适于水盐体系的上述组成单位才可用于相图标绘。

【例 1-1】 计算由 5 g KCl、40 g $MgCl_2$ 及 100 g 水组成的三元水盐体系中各组分的组成，分别以质量分数、g/100 g 盐及摩尔分数表示。

解：（1）以质量分数表示，w_B/%

KCl：$5/(5+40+100)\times100\%=3.45\%$

$MgCl_2$：$40/(5+40+100)\times100\%=27.59\%$

H_2O：$100/(5+40+100)\times100\%=68.97\%$

（2）以 g/100 g 盐表示

KCl：$5/(5+40)\times100=11.11$ g/100 g S

$MgCl_2$：$40/(5+40)\times100=88.89$ g/100 g S

H_2O：$100/(5+40)\times100=222.22$ g/100 g S

（3）摩尔分数组成

先求出各组分的摩尔数：

KCl：$5/74.55=0.067$ mol

$MgCl_2$：$40/95.21=0.420$ mol

H_2O：$100/18.00=5.556$ mol

各物质的总摩尔数为：$0.067+0.420+5.556=6.043$ mol

各组分的摩尔分数为：

KCl：$0.067/6.043\times100\%=1.11\%$

$MgCl_2$：$0.420/6.043\times100\%=6.95\%$

H_2O：$5.556/6.043\times100\%=91.94\%$

计算时用不同的组成单位表示体系中各组分的组成情况。可以看出，各组成的单位是均等的，特别是水的组成，也一定要计算出来，不能省略。

水盐体系中只有一个液相。液相的组成，可以与系统组成表示单位相同的方式表示，分别表示出液相中各种盐的含量及水的含量，常用表格列出，以便于应用。

与液相平衡的固相则可能有一种或多种，除固体溶液（又称固溶体，solid solution）外，多数固体之间是彼此不相混溶的。因此，对一种固相而言，其组成即为百分之百的纯固相。如果有两种或两种以上的固相处于平衡，则可把总固相看成是若干种纯固相的混合物，其中各种固相量的多少可用杠杆规则确定。

在水盐体系中，一个系统点总是可以分成液相和固相两部分。先抛开温度、压力等外界因素，只从组成的角度来看，所谓系统点是指系统的总组成；液相点是液相的组成；固相点是固相的组成，可以是一种或若干种固相混合物的组成。当然，任何一个系统点（包括液相点和固相点）必须处在一定的温度和压力下才有实际意义，才能完整地表达系统的状态。

通常情况下，系统点与液相点或固相点是不一致的，只有系统点落在不饱和相区时，系统点和液相点组成才是一致的。

第二节 相律

一、相

相律中的相数（number of the phase）是指平衡体系中相的数目，用 P 表示。

凡是具有相同物理性质和化学性质的均匀部分的总和称为相。相的这一概念具有三层内涵：一是具有相同物理和化学性质的部分；二是这些部分必须是均匀的；三是只考虑这些部分的总和，相的存在与物质的量的多少和连续性无关。

对相的理解要注意以下几点：

（1）相同相的性质完全均匀。

（2）不同相之间存在明显的界面，可用物理的方法分开。在不同相界面上宏观的物理性质或化学性质不同。值得注意的是，有界面的也可以是一个相，相不一定是连续的。相只考虑这些部分的总和，而不管其分散程度如何。

（3）对于气体混合物，在常压下无论多少种气体混合时，其物理性质和化学性质都相同，因此气体混合物总为一相（如空气）；在高压下，不同气体可以分层，成为不同的相。但在水盐体系中，通常不考虑压力这一变量，所以气相不计入相数 P 中。

（4）对于液体混合物，由于构成它的液体间的互溶程度不同，可以有一、二、三个相（如水与有机物和盐组成的体系），但相数一般不多于体系的组分数。在水盐体系中，只有一个液相。

（5）对于固体而言，一般说来有几种物质就有几个相，即使是同质晶体也能形成不同的相（如 NH_4NO_3 可形成 α-正交 NH_4NO_3、β-正交 NH_4NO_3）。一种固溶体为一个相，因为固溶体是两种盐可以任意比例互溶。

（6）对于同一种物质，也可能形成多种相，如水有气、固、液三相平衡；多种物质也可以形成一相，如空气。

二、独立组分数

水盐体系可以由一种物质或多种物质（化合物或单质）组成。通常把那些能够从体系中分离出来、并能单独存在的物质称为组分，而把构成平衡体系中各相组成所需的最小的物质的数目称为独立组分数（number of the independent components），用 C 表示。独立组分数是体系分类的重要依据，也是绘制相图的重要参数，它可以大致地反映出体系的复杂程度。

在水盐体系中，也可以用以下几种方法来确定体系的独立组分数。

1．在水溶液中，无水盐之间不存在复分解反应时体系的独立组分数

体系的组分数 = 无水盐种数 +1，其中 1 为水这一物种。

例如，由 NaCl、KCl、NH_4Cl 与水组成的水盐体系，组分数 $C=3+1=4$。

2．单盐之间存在着化学反应时体系的独立组分数

例如，在水溶液中有以下复分解反应：

$$2KCl + Na_2SO_4 \longrightarrow 2NaCl + K_2SO_4$$

独立组分数 = 体系中总物种数 − 独立化学反应式数

因此，这个体系的总物种数为 4 种，加上水共为 5 种，独立反应式数为 1，因此独立组分数为：$C=5-1=4$。

例如：Na_2SO_4 水溶液。显然该水溶液物种数为 2。如果体系中有 $Na_2SO_4 \cdot 10H_2O$ 结晶析出，该体系物种数就变成为 3，但由于溶液中存在如下独立水合反应式为 1，因此，独立组分数仍为 2。

$$Na_2SO_4 + 10H_2O \longrightarrow Na_2SO_4 \cdot 10H_2O$$

独立组分数为：$C=3-1=2$。

3．水盐体系独立组分数的简便计算

独立组分数 = 体系中组成盐的正负离子数之和

需要说明的是：①在水盐体系中，不考虑水本身的电离，即由水本身电离出的 H^+和 OH^-不计入系统的组分数，但是当体系中有酸或碱等组分加入时，所产生的 H^+或 OH^-就应计入组分数。如 $HCl-H_2O$ 体系的独立组分数为 2，$NaCl-NaOH-H_2O$ 体系的独立组分数为 3。②对多元酸或多元酸形成的各酸式盐，在计算组分数时，不再考虑二级电离时所形成的离子数。例如，$NaH_2PO_4 - H_2O$ 体系的组分数为 2，不再考虑其二级和三级电离产生的 H^+、HPO_4^{2-} 及 PO_4^{3-}等离子。这是因为二级电离的电离常数都很小，加之多一种离子就多一个电离反应式，两者相互抵消，不影响独立组分数的计算。③这是用于判定水盐体系独立组分数的简便方法，由于体系的反应式不易写得完整，要确定一个复杂体系的独立组分数往往不是一件容易的事。

下面再介绍两种方法。

4．朱古特（Jouguet）法

在水盐体系中，体系中的独立组分数和各种化学物种数之间的关系见式（1-1）。

$$C = N - R - R' \tag{1-1}$$

式中，C 为独立组分数；N 为物种数；R 为 N 个物种之间能存在的独立化学反应式数；R' 为独立的浓度限制条件数。

其中，R'是除一相中各物质的摩尔分数之和为 1 以外的不同物种的浓度间的独立关系数，这些独立关系包括：① 当规定系统中部分物种只通过化学反应由另外物种生成时，由此带来的浓度关系。② 当把电解质在溶液中的离子也看成是物种时，由电中性条件带来的浓度关系，其中包括水的电离式。这时应考虑到系统中各离子间的浓度关系式和电中性关系式两项。如果两者一致，则电中性关系被归入离子浓度关系式，而不计入 R'中；如果两者不一致，此离子浓度关系，则应计入 R'。

朱古特 1921 年提出独立组分计算方法，是一个普遍适用的方法，但对于复杂平衡体系计算时比较繁琐。先要确定体系的物种数 N，再要准确地找出独立反应式数 R，这对待处理的复杂平衡体系而言，必要时需用矩阵来求解。

设在封闭体系中可进行的反应方程式数为 r 个。

$$\sum_{i}^{N} \upsilon_{ji} A_i = 0 \tag{1-2}$$

式中，下标 j 表示第 j 个反应，$j = 1, 2, 3, \cdots, r$；$i = 1, 2, 3, \cdots, N$。

式（1-2）中的 υ_{ji} 表示第 j 个反应方程中组分 i 的化学式 A_i 前的计量系数。反应物的 υ_{ji} 为负值，产物的 υ_{ji} 为正值。将上式写成矩阵的形式为：

$$\begin{bmatrix} \upsilon_{11} & \upsilon_{12} & \cdots & \upsilon_{1N} \\ \upsilon_{21} & \upsilon_{22} & \cdots & \upsilon_{2N} \\ \cdots & \cdots & \cdots & \cdots \\ \upsilon_{r1} & \upsilon_{r2} & \cdots & \upsilon_{rN} \end{bmatrix} \begin{bmatrix} A_1 \\ A_2 \\ \vdots \\ A_N \end{bmatrix} = 0 \tag{1-3}$$

若体系内存在缔合、异构化及初始条件给定值等所引起的存在 N 个组分之间的其他独立限制条件数，则 $C = N - R - R'$。

若由计量系数 υ_{ji} 作元素组成的矩阵的秩是 R，则独立反应数是 R。其物理意义是 r 个反应中只有 R 个是独立的，(r–R) 个反应是不独立的。它们的反应方程可由 R 个独立方程的线性组合表示出来。

5．布林克莱（Brinkley）法

1946 年，布林克莱首次提出，起初并未受到足够的重视。随着计算机的应用，复杂的化学平衡计算得到了发展，从而体现出布林克莱方法的优越性。

目前已被广泛采用，也适用于水盐体系，体系独立组分数求解公式为：

$$C = M + K - R' \tag{1-4}$$

式中，C 为独立组分数；M 为体系中所包括的元素种类数；R'为存在于各组分（不包括物质摩尔分数之和为 1 在内的其他组分）之间的独立浓度条件数；K 是体系中存在某些动力学限制，导致某些化学反应不能进行的反应数。如由 H_2、O_2、H_2O 之间组成的体系，在常温下又无催化剂存在，H_2 和 O_2 之间不发生反应，则 $K = 1$。

方法的理论根据如下。

在一个体系中，由 M 个元素形成了 N 个组分（物种），则每个组分的化学式可表示为：

$$\sum_{e}^{M} a_{ie} B_e = A_i \tag{1-5}$$

式中，$i = 1, 2, 3, \cdots, N$；B_e 为第 e 个元素的代号（$e = 1, 2, 3, \cdots, M$）；a_{ie} 为元素 B_e 在化学式 A_i 前的原子数，写成矩阵的形式如下：

$$\begin{bmatrix} a_{11} & a_{12} & \cdots & a_{1M} \\ a_{21} & a_{22} & \cdots & a_{2M} \\ \cdots & \cdots & \cdots & \cdots \\ a_{N1} & a_{N2} & \cdots & a_{NM} \end{bmatrix} \begin{bmatrix} B_1 \\ B_2 \\ \vdots \\ B_M \end{bmatrix} = \begin{bmatrix} A_1 \\ A_2 \\ \vdots \\ A_N \end{bmatrix} \tag{1-6}$$

若由元素 a_{ie} 组成的矩阵 a_{ie} 的秩为 C，则独立组分数为 C。

若 M 个元素中没有两个或两个以上元素仅形成一个组成不变的原子团，M 个元素所形成的 N 个组分之间又可以相互作用，即 $K=0$，则此矩阵之秩就是 M，当 $R'=0$ 时，$C=M$。在高温下气相平衡体系中，往往是 $R'=K=0$，因此 $C=M$。

这里要说明的是，当 $N\geqslant M$ 时，$C\geqslant M$。因为只有 $M<N$ 及 $K=0$ 时，矩阵的秩才可为 M。当 $N<M$ 时，布林克莱法无效。应用朱古特法计算，这时因为组分数 N 少，计算起来并不困难。

在复杂的体系中，为了确定组分数，必须写出反应式数。在布林克莱法中，体系中 M（C）个独立组分数的选择是：使 M 个元素中的任一个元素，在 M 个独立组分数的各个反应式至少出现一次。体系中除 M 个独立组分之外，还有（$N-M$）个导出组分，导出组分可由 M 个组分数的化学式的线性组合表达。即每个导出组分可以写出一个线性组合表达式，而每一个这种表达式就代表一个独立的化学反应，共计有（$N-M$）个独立反应，所以独立反应数为 $R=N-M$。如体系中还有因动力学限制而不能进行的独立反应，其数目为 K，则独立反应数 $R=N-M-K$。但 R 的数值与体系中各组分浓度间存在的其他独立限制条件数 R' 值无关。如将 $R=N-M-K$，代入朱古特公式中得：

$$C=N-R-R'=N-(N-M-K)-R'=M+K-R'$$

这说明两个公式是相通的，只是考虑问题的出发点不同。

可见，只要 $N>M$，在应用布林克莱法时，无论是高温体系还是电解质水溶液体系，都可以既不要确定组分数，也无须确定独立反应式数，只根据体系中元素的种类数就能确定体系的独立组分数。在确定独立组分数的基础上，就容易确定独立反应式数。

【例 1-2】 $NaCl-H_2O$ 体系在低温形成 $NaCl\cdot 2H_2O$，用朱古特法求该体系独立组分数。

解：体系中 $N=7$，即 $NaCl\cdot 2H_2O$、$NaCl$、Na^+、Cl^-、H_2O、H^+、OH^-。

体系存在的独立化学反应数：$R=3$

$$NaCl \longrightarrow Na^+ + Cl^-$$

$$H_2O \longrightarrow H^+ + OH^-$$

$$NaCl\cdot 2H_2O \longrightarrow NaCl + 2H_2O$$

体系中不同物种浓度间的独立关系数：$R'=2$

$$[Na^+]=[Cl^-]$$

$$[H^+]=[OH^-]$$

由朱古特公式（1-1）得：$C=N-R-R'=7-3-2=2$

【例 1-3】$AlCl_3-H_2O$ 赝二元体系，用布林克莱法求该体系的独立组分数。

解：$AlCl_3$ - H_2O 体系所包括的元素种数 $M=4$，即 Al、Cl、H、O。

由于 $AlCl_3$ 在水溶液中存在水解反应，此时的离子浓度关系式 $[Al^{3+}]\neq 3\,[Cl^-]$，$[H^+]\neq[OH^-]$，而非浓度限制条件。但由于部分 $Al(OH)_3$ 沉淀，可写出一个电中性浓度限制条件：$3[Al^{3+}]+[H^+]=[OH^-]+[Cl^-]$，即 $R'=1$。

由布林克莱公式（1-4）得：$C=M+K-R'=4+0-1=3$。

此时，$C=3$（为溶液中 Al^{3+}、Cl^- 和 OH^- 的浓度）。

因此，$AlCl_3-H_2O$ 是一个赝二元体系，实质上属于 $AlCl_3-Al(OH)_3-H_2O$ 三元体系。

【例 1-4】用朱古特法和布林克莱法计算 $NaH_2PO_4-H_2O$ 体系的独立组分数。

解：体系中 $N=8$，即 NaH_2PO_4、H_2O、$H_2PO_4^-$、HPO_4^{2-}、PO_4^{3-}、Na^+、H^+、OH^-。

体系存着的独立化学反应数：$R=4$

$$H_2O \longrightarrow H^+ + OH^-$$

$$NaH_2PO_4 \longrightarrow Na^+ + H_2PO_4^-$$

$$H_2PO_4^- \longrightarrow H^+ + HPO_4^{2-}$$

$$HPO_4^{2-} \longrightarrow H^+ + PO_4^{3-}$$

体系中不同物种浓度间的独立关系数：$R'=2$

$$[Na^+]=[PO_4^{3-}]+[HPO_4^{2-}]+[H_2PO_4^-]$$

$$[H^+]=2[PO_4^{3-}]+[HPO_4^{2-}]+[OH^-]$$

电中性关系：$[Na^+]+[H^+]=3[PO_4^{3-}]+2[HPO_4^{2-}]+[H_2PO_4^-]+[OH^-]$

此式可由上面两式相加而得，故不是独立反应式，即 $R'=2$

由朱古特公式得：$C=N-R-R'=8-4-2=2$

由布林克莱式得：$C=M+K-R'=4+0-2=2$

【例 1-5】用布林克莱法求 $SiCl_4$ 高温下的 H_2 还原体系的独立组分数。

解：体系中 $N=5$，即 $SiCl_4$、H_2、Si、HCl、$SiCl_2$。

可能发生的反应有：

$$SiCl_4 + 2H_2 \Longrightarrow Si(s) + 4HCl \quad ①$$

$$SiCl_4 + Si(s) \Longrightarrow 2SiCl_2 \quad ②$$

$$SiCl_2 + H_2 \Longrightarrow Si(s) + 2HCl \quad ③$$

但① − 2 × ③ + 2，故 $R=2$。

由布林克莱式得：$C=M+K-R'=5+0-2=3$

若考虑 $SiHCl_3$，SiH_2Cl_2，则有

$$SiCl_4 + H_2 \Longrightarrow SiHCl_3 + HCl \quad ④$$

$$SiCl_4 + 2H_2 \Longrightarrow SiH_2Cl_2 + 2HCl \quad ⑤$$

则由布林克莱式得：$C=M+K-R'=7+0-4=3$，C 不变。

三、自由度

自由度（degree of freedom）是指在不引起相平衡体系相变化的条件下，在一定范围内可以任意改变的独立变量数目，用 F 表示。

在自然界和化工生产中，人们特别关注体系中各相的存在、生成和消失。在水盐体系中，促使体系各相生成和消失的因素是各种盐的浓度、外界条件（如温度和压力）的变化引起的。温度、压力和各个盐的浓度是可以独立改变的。有时改变一个变量就会引起相的变化，有时改变两个变量也不会引起相的变化。所谓独立变量的改变，都是指在一定范围内的改变，且不受其他变量的制约。

自由度是指独立改变的参变量数目，可以是 0, 1, 2, 3, …。

$F=0$ 时，说明体系所有变量（如浓度、温度和压力等）都是不可改变的，否则，该平衡

体系即打破，不是有新相的形成就是有旧相的消失，因而称为零变量系统，或无变量系统（invariant point）。

$F=1$ 时，说明体系只能在一定范围内改变一个变量而维持平衡体系不被打破，因而称之为单变量系统。

$F=2$ 时，称为双变量体系，其余依次类推。

在水盐体系相图中，零变量体系是一个固定的点，所以在平面坐标系中为一确定的点；单变量体系相当于一条线上的点，是平面坐标系中的线（直线或曲线）；双变量体系相当于立体坐标系中面上的点，有两个变量可以独立地改变。

四、相律

1875 年，J. Willard Gibbs 应用热力学原理，从理论上推导出相平衡体系中的独立组分数、相数和自由度的定量关系的 Gibbs 相律（the Gibbs phase rule），其推导过程如下。

设有一个多相体系，独立组分数为 C，相数为 P。可用温度（T）、压力（p）和各组分在各相中的质量摩尔浓度（molality，m_B）作为体系状态参数。

同时，设某一组分在各相中的浓度分别为 m_B（$B=1, 2, 3, \cdots, C$），则该体系溶液的总浓度为：

$$\sum_{i=1}^{C} m_i = m_1 + m_2 + m_3 + \cdots + m_C$$

则各组分的质量分数为：

$$X_1 = m_1 / \sum_{i=1}^{C} m_i$$

$$X_2 = m_2 / \sum_{i=1}^{C} m_i$$

$$X_3 = m_3 / \sum_{i=1}^{C} m_i$$

$$\vdots$$

$$X_C = m_C / \sum_{i=1}^{C} m_i$$

显然，某一组分在各相中的质量分数总和为 1，即：

$$X_1 + X_2 + X_3 + \cdots + X_C =$$

$$m_1 / \sum_{i=1}^{C} m_i + m_2 / \sum_{i=1}^{C} m_i + m_3 / \sum_{i=1}^{C} m_i + \cdots + m_C / \sum_{i=1}^{C} m_i = \sum_{i=1}^{C} m_i / \sum_{i=1}^{C} m_i = 1 \tag{1-7}$$

因此，在该体系中虽然有 C 个组分，由于受到式（1-7）的独立浓度限制条件，体系中只有（C−1）个独立组分，也就是说，在一个相中能独立改变的浓度只有（C−1）个。那么，在 P 个相中，共有 $P(C-1)$ 个独立改变的浓度。此外，对于这一多相体系，各相的温度可变量为 P（因有 P 个相），各相的压力可变量也为 P。

因此，这一多相体系的可变量共计有：$P(C-1)+P+P=P(C+1)$个。

注意，当一多相体系达到平衡时，根据多相体系达到热力学平衡时，必须满足各相的温度（T）和压力（p）相等，每个组分在各相中的化学位（μ）也相等。即有：

$$\begin{Bmatrix} T^1 = T^2 = T^3 = \cdots = T^P \\ p^1 = p^2 = p^3 = \cdots = p^P \\ \mu_1^1 = \mu_1^2 = \mu_1^3 = \cdots = \mu_1^P \\ \mu_2^1 = \mu_2^2 = \mu_2^3 = \cdots = \mu_2^P \\ \mu_3^1 = \mu_3^2 = \mu_3^3 = \cdots = \mu_3^P \\ \vdots \\ \mu_C^1 = \mu_C^2 = \mu_C^3 = \cdots = \mu_C^P \end{Bmatrix}$$

可见，存在限制条件的方程式个数有：

$$T^1 = T^2 = T^3 = \cdots = T^P \qquad \text{共有}（P-1）\text{个方程}$$

$$p^1 = p^2 = p^3 = \cdots = p^P \qquad \text{共有}（P-1）\text{个方程}$$

$$\begin{Bmatrix} \mu_1^1 = \mu_1^2 = \mu_1^3 = \cdots = \mu_1^P \\ \mu_2^1 = \mu_2^2 = \mu_2^3 = \cdots = \mu_2^P \\ \mu_3^1 = \mu_3^2 = \mu_3^3 = \cdots = \mu_3^P \\ \vdots \\ \mu_C^1 = \mu_C^2 = \mu_C^3 = \cdots = \mu_C^P \end{Bmatrix} \qquad \text{共 } C(P-1) \text{ 个方程}$$

对于 C 组分 P 个相的多相体系达到平衡时，就该体系而言，有一个关联方程式，就减少了一个独立的变量数。上述共有关联式数目为：

$$C(P-1)+(P-1)+(P-1)=(C+2)(P-1)$$

则该多相体系达到平衡时，就减少了$(C+2)(P-1)$个独立变量。

因此，决定该多相体系状态的独立变量数，即自由度（F）为：

$$F=P(C+1)-(C+2)(P-1)=C-P+2$$

换言之，体系的自由度 F 是由独立组分数和相的数目决定的，其关系式为：

$$F=C-P+2 \tag{1-8}$$

式中，F 为独立变量数目（即自由度）；C 为独立组分数；P 为平衡共存的相数；2 为体系温度和压力两个变量。这就是 Gibbs 相律的数学表达式。

在水盐体系中，除了液相与固相，当然还有气相，它就是存在于溶液界面上的空气与溶液平衡的水蒸气。在研究液固平衡体系（即凝聚体系，水盐体系属于凝聚体系），气相对平衡的影响可以忽略，因此，压力对体系平衡的影响可以忽略（表 1-1 可定量地说明，压力增大至原来的 2000 倍，NaCl 溶解度增加约为常压下溶解度的 1%）。由于一般不考虑气相，相律中的相数 P 也不包括气相这一相在内。

表 1-1 25℃时不同压力下 NaCl 在水中的溶解度

压力/×101.325 kPa	1	500	1000	2000
溶解度，质量分数 w_B/%	26.42	26.79	27.07	27.43

因此，固-液水盐凝聚体系相律，其数学表达式为：

$$F = C - P + 1 \tag{1-9}$$

式中，1 指温度这一变量；P 不包括气相在内，也不考虑空气的影响。

应用相律时应注意以下几点：

（1）相律是对水盐体系的热力学平衡研究结果进行了理论上的归纳，它是一个简捷、精确、严格、有普遍代表意义的规律。

（2）相律是一个高度概括的规律，不能用来解决十分具体的问题，它只能研究相数、独立组分数、自由度之间的关系，而不能指出具体是哪个相或是哪个变量，也不能回答体系中各相量的多少；也不能回答相的组成与状态。相律可以证明相图中的相线分布是正确的，但并不指明它的形象和地位，只能表明共存固相的数目。相图中图形的形态和位置及各固相的相对量及固相的种类等，都应由实验来决定。

（3）相律只能应用于热力学平衡体系，对介稳平衡体系也具有指导作用，但对于远离平衡的体系会出现偏差。

（4）相律属于热力学范畴，不能回答达到热力学平衡的时间。因为不同的水盐体系达到相平衡的时间差异甚大，这随体系的性质、温度的高低和搅拌情况的不同而不同，有的数小时、有的几昼夜、有的数月，有的甚至以年计（如某些硼酸盐体系）。

（5）水盐体系相图多针对的是大量晶体的生成过程。由于结晶时相生成过程的复杂性，需要注重反应过程中固相形成的动力学因素。例如，成核速率和晶体生长与系统偏离平衡状态程度、温度、化学组成、液体搅拌、杂质存在的影响，晶体生长过程的诱导期长短及各种辐射场的作用等。特别是要有足够的反应时间，排除母液中杂质的干扰尤为重要。

【例 1-6】分析确定下列相平衡状态下系统的自由度。① 水、水蒸气和冰共存状态；② 用蒸馏水溶解纯净的 NaCl 和 KCl，固相中氯化钠有剩余。

解：① 此系统的独立组分数 $C = 1$，现有水、水蒸气和冰三相共存，$P = 3$，由 Gibbs 相律，得知自由度：

$$F = C - P + 2 = 1 - 3 + 2 = 0$$

即：要保证水、水蒸气和冰三相共存，系统的自由度 F 为 0，这就是说，水的三相点的温度和压力都是确定的（0.0099 ℃、610.483125 Pa），没有可改变的变量存在。

② 此系统的独立组分数 $C = 2$，有一个液相和一个固相 $P = 2$，由水盐凝聚体系相律得知自由度：$F = C - P + 1 = 2 - 2 + 1 = 1$，即可以在一定条件下，改变水溶液中（通过加入）NaCl 或 KCl 浓度这 1 个自由度，而使得有 NaCl 和 KCl 共溶的液相和 NaCl 固相存在，而不发生相的变化。

五、相图研究中的其他原理和规则

1. 连续原理

当决定体系状态的参变量（如浓度、温度和压力等）连续改变时，体系的性质或个别相的性质变化也是连续的，反映这一变化关系曲线的变化也是连续的。显然，如果一个体系中没有新相产生和旧相消失，那么这个体系性质的变化也是连续的；如果一个体系中的相数发生变化，那么这个体系的物化性质（如密度、pH、电导率、黏度、折射率等）会出现奇异性变化。基于此，在相图标绘时，只要把有限的实验数据点标绘在坐标上，我们就可以将具有相同固相的饱和溶液的组成点连接成一条光滑曲线，就能真实地反映出相应体系溶液性质的变化。

2．相应原理

相应原理又称对应原理。平衡体系相图中不同相态在状态图中都对应着不同的几何图形。换言之，体系中相的性质以及组成相的物质的量的变化，都可以用相图形象地表现出来，为研究和计算水溶液的复杂物理化学性质的变化过程提供理论依据。

3．化学变化统一性原理

不论何种体系，如果体系发生的变化相似，相图的几何图形就相似。因此，在理论上研究相图时，往往不是以物质分类，而是以发生什么变化来分类。

4．奥斯瓦尔德（Ostwald）逐次分段进行规则

在一过程中，如果物质可以以不同形态出现，则最先出现的总是稳定性最小的形态，然后又经过处于中间的稳定形态，最后才达到最稳定的形态。这一原则在相变过程中较普遍地存在，如水合物的转变。在过饱和溶液中，也是先析出稳定性较小的晶体，然后再转变为稳定性最大的晶型。

5．相区邻接规则

在 n 元相图中，某个结晶相区内相的总数与邻接的相区内相的总数必须满足下式：

$$R_1 = R - D^- - D^+ \geqslant 0 \tag{1-10}$$

式中，R_1 为比邻 2 个相区边界的维数；R 为独立组分数；D^-为从一个相区通过边界进入比邻相区的另一个区后，消失的相的数目；D^+为从一个相区越过边界进入另一个相区后新出现的相的数目。其中，点的维数是 0，线的维数是 1，平面的维数是 2，立体空间的维数是 3。

上式可适用于一元至多元水盐体系相图的立体图、投影图和截面图。此规则可以用来检验绘出的相图是否正确，但对 $R_1 = 0$ 时无效。

6．水盐体系书写的形式及相图绘制要求

（1）水盐体系的书写形式

① 按组成体系各盐的分子式加上水的分子式的形式来写，盐类可按下面的顺序排列写：锂盐、钠盐、钾盐、铵盐、镁盐、钙盐、氯化物、硝酸盐、硫酸盐、碳酸氢盐、碳酸盐、磷酸盐。如 $NaCl-KCl-MgCl_2-H_2O$ 体系或 $NaCl-NaNO_3-KCl-KNO_3-H_2O$ 体系。

② 按离子形式书写：正离子依次按 H^+、Li^+、Na^+、K^+、NH_4^+、Mg^{2+}、Ca^{2+}、Fe^{2+}、Al^{3+}…，负离子依次按 OH^-、Cl^-、Br^-、I^-、NO_3^-、SO_4^{2-}、HCO_3^-、CO_3^{2-}、HPO_4^{2-}、PO_4^{3-} …的顺序书写。各离子之间用逗号分开，正负离子之间用两条斜杠分开，例如 $Na^+, K^+//Cl^-, SO_4^{2-}-H_2O$ 及 $NH_4^+, Mg^{2+}//SO_4^{2-}, HCO_3^-, CO_3^{2-}-H_2O$ 体系等，H_2O 写在最后，并用一横杠与前面的负离子分开。当然，按离子形式书写时，也有用顿号分开的，但考虑到国际刊物英文中无顿号，因此尽量规范用逗号分开为宜。

（2）标绘相图的一般要求

水盐体系相图就如同“作战地图”，是化工生产制定工艺流程的主要依据。因此，在水盐体系实验研究过程中，对实验条件的控制、样品的分析测定、固相的鉴定与表征、相图标绘的每一个环节都至关重要。对于具体的水盐体系相图标绘步骤及其连线规则和要求，将在后面各章相图的标绘和认识部分分别加以介绍。

当然，以前相图的标绘主要依靠的是直尺、曲线板、圆规、铅笔等传统工具，绘制在直角坐标或三角坐标纸上，相对而言，效率低、准确度较差。

目前，计算机软件的迅速发展使相图的绘制摆脱了传统手工方法的制约，可利用软件绘制（如 Origin 和 Matlab 等计算机软件），并形成数字化相图。水盐体系相图，相图中的每段曲线表示同一组平衡固相所对应的饱和溶液中各种组分溶解度之间的变化，因此水盐体系相图的绘制在软件中就转化成分段曲线的绘制，因此，需要掌握一定的绘图方法和技巧。

水盐体系平面相图的绘制可利用 Origin 软件，在 Origin 软件绘制好的相图可复制到 Office 文档中，还可直接双击相图调出 Origin 软件再进行相图的修改（如相区标注、线条宽度等），关闭 Origin 软件后，修改结果会自动保存到 Office 文档中。Origin 软件中有三角图，可绘制三元水盐体系相图，四元水盐体系等温相图干基图和五元水盐体系相图简干图。水盐体系立体相图的绘制可利用 Matlab 软件，通过编写程序绘制立体相图，能够让我们深入了解数据成图的基本原理。Matlab 软件图形的动态化使立体相图能够自由旋转从不同位置观察立体相图特征，同时可通过编写程序进行立体相图中共饱点及其他文本的标注。

只是需要注意的是，当有不同温度下的几个等温图形绘制在一个体系中，绘制的图形要匀称实用，线条要粗细、虚实分明。相图上的字母标记要清楚，相应的图形点字母要对应，文字和字母标注要规范。

第三节 水盐体系稳定相图和介稳相图

一、溶解度和稳定相图

1．溶解度

溶解度（solubility），又称为饱和平衡溶解度（saturated dissolved saturation solubility），或稳定平衡溶解度(stable equilibrium solubility)，通常是指在一定温度下，固体盐在充分搅拌条件下溶解在溶剂中并达到热力学平衡态时的饱和溶液中盐的浓度。实际上就是溶剂和溶质之间的一种平衡状态、饱和状态。饱和溶液中，溶质的固相和它的饱和液相已经建立了一种平衡关系，这种平衡关系是有条件的，当条件改变时，平衡就被破坏，系统将再次出现物质之间的转化，最终导致新条件下的平衡。

在水盐体系中，水就是一种良好的溶剂。盐的溶解度就是在特定温度下，固体盐在充分搅拌条件下溶解在水中并达到热力学平衡态时的饱和溶液中盐的浓度，即二元水盐体系的溶解度。换言之，通常所称的盐的溶解度，是指在一定温度下，溶质在水中达到饱和溶解平衡状态的盐的浓度。固体盐与其溶液之间的这种热力学平衡关系，通常可用固体盐在水溶液中的溶解度来表示。盐类物质的溶解度与它的化学性质、溶剂的性质和温度有关，盐在水中的溶解度主要是随温度的变化而变化，压力的影响可忽略不计。因此，溶解度数据可用溶解度对温度所标绘的溶解度曲线来表示。

因此，盐的溶解度特征既表现在溶解度的大小，也表现在溶解度随温度的变化。有些盐类的溶解度随温度的升高而迅速增大，如 $KAl(SO_4)_2 \cdot 12H_2O$、CH_3COONa、$KClO_4$、$CuSO_4 \cdot 5H_2O$、$Na_2CO_3 \cdot 10H_2O$；有些盐类的溶解度随温度升高以中等速度增大，如 KCl、$NaNO_3$、$NaHCO_3$、$AgNO_3$、CH_3COOAg；有的盐类的溶解度随温度升高只有微小的增加，如 NaCl。上述这一类盐类物质溶解度随温度升高而增加，称为正溶解度，在水中溶解时吸收热量。另一类盐类物质，其溶解度随温度升高反而降低，即为逆溶解度，如 Li_2SO_4、$CaSO_4$、Na_2SO_4，在水中溶解时释放热量。

盐类在水中的溶解度与温度的关系一般说来应是连续的，但有时也会出现不连续现象，这说明固相发生了相转化。这种变化可能是物理的，如产生同分异构体，如不同晶形的 α-正交 NH_4NO_3、β-正交 NH_4NO_3、立方 NH_4NO_3、等轴 NH_4NO_3；也可能是化学的，如生成了水合物或水合物脱水，例如 $Na_2SO_4 \cdot 10H_2O$ 与 Na_2SO_4 之间转化时发生的情况。

值得指出的是，当温度不断升高时，溶解度不会无限增大，多种盐会在恒压下的某一温度时达到饱和，进而加热则不断析出固相沉淀，直至水分蒸干。少数盐类在达到饱和前发生水解反应。在高温高压时，某些单盐、水合物或复盐的溶解度会发生突变。例如，高温下 Na_2SO_4 在水中的溶解度急剧下降，在 365℃时质量分数仅为 0.4%，如将含有 Na_2SO_4 在内的各种盐的溶液加热至水的临界温度，则硫酸钠以纯固相形式析出，其他盐则全部留在液相中，因为此过程只是升温而不蒸发水分，热量消耗少。如能解决设备制造的困难，这将是一种非常实用的分离方法。

当温度不断降低时，稀溶液可析出冰，相应地使溶液得以浓缩。此外，盐类往往先析出水合盐，随着温度的降低，水合物的含结晶水个数相应增多，并冷至某一温度时，整个溶液会一起凝结，形成了冰和盐的固相混合物。

除温度外，各种盐的溶解度不同，主要是由每个物质的本性决定。水盐体系中所研究的无机盐大多数为离子晶体。离子晶体的微粒——离子，能和水产生强烈的水合作用。离子与水的作用力是较强的偶极力，晶体溶解时会放出热量，使焓值降低而有利于晶体的溶解。水是强介电质，有比空气大 81 倍的介电常数。电荷间的静电引力与介电常数成反比，因而溶于水中的正负离子之间的静电引力只有空气中的 1/81，致使溶解在溶液中的离子被吸回到固体表面上的趋势大为减弱，而溶解的趋势增大，这就使体系的熵增大，有利于晶体的溶解。不利因素是离子晶体一般熔点较高，说明晶体离子之间晶格能大，离子要脱离晶体就要吸热，使过程的焓值增大，不利于溶解。以上有利和不利因素的大小程度又与正负离子本身所带电荷、离子半径及离子的电子层结构有关。

（1）离子电荷数的影响　离子电荷数越高，正负离子之间的引力越大，溶解度就越小。例如，由 Na^+、K^+、NH_4^+等与 NO_3^-、Cl^-、Ac^-等离子形成的盐要比由 Ca^{2+}、Mg^{2+}、Fe^{3+}等离子与 CO_3^{2-}、PO_4^{3-}、BO_3^{3-}、S^{2-}等离子形成的盐易溶。

（2）离子半径的影响　经验证明，负、正离子半径之比为 1.4 时，两种离子之间的引力最大，形成的盐就难溶。如负、正离子半径之比远大于或小于 1.4 时，则水合作用就占优势，形成的盐易溶。按溶解度大小排序为

$$CsF > RbF > KF > NaF > LiF$$

$$LiI > LiBr > LiCl > LiF$$

即负、正离子半径大与小结合的盐的溶解度大于大与大结合或小与小结合盐的溶解度。例如，相应的正离子与 CO_3^{2-} 和 SO_4^{2-} 结合时，SO_4^{2-} 与正离子的半径之比远大于 1.4，而 CO_3^{2-} 与相应正离子半径之比更接近于 1.4。因而，相同阳离子的碳酸盐较硫酸盐更难溶。

（3）离子结构的影响　例如，Ag^+ 及 Hg^+ 与半径较大的 Cl^-、Br^-、I^- 接近时，会产生相互极化，使离子间引力增大，阻碍了晶体的溶解，而 NO_3^- 这个由四个原子组成的负离子不易产生极化，因而硝酸盐都易溶。

离子的电子层还影响到水合作用，即离子与水分子之间是以偶极力相连，还是以形成的配位键或氢键相连。水合方式不同，水合作用的强弱也不同，从而影响到盐的溶解度。但任何规律总是有例外的，不能绝对地看待。

综上，可总结出以下规律：

① 钾盐、钠盐、铵盐、硝酸盐几乎全部溶于水。

② 氯化物大多溶于水，只有 AgCl、Hg_2Cl_2 难溶，$PbCl_2$ 微溶。

③ 硫酸盐大多数能溶于水，只有 $BaSO_4$、$PbSO_4$、$CaSO_4$、Ag_2SO_4 和 $HgSO_4$ 微溶。

④ 硫化物、碳酸盐、磷酸盐、亚硫酸盐及硅酸盐中，除钾、钠、铵盐之外，通常都难溶于水。

⑤ 碱类中，NH_3、NaOH、KOH、$Ba(OH)_2$ 易溶，$Ca(OH)_2$ 微溶，$Al(OH)_3$ 难溶。

⑥ 除钠、钾的碳酸盐外，酸式盐的溶解度皆大于正盐。这是由于酸式盐酸根的电荷低、半径大，降低了正负离子间的作用力，使溶解度增大。

除此之外，还有许多因素会引起溶解度的变化。

（1）溶剂的影响　变换溶剂可以改变溶质的溶解度。例如，向 $PbSO_4$ 饱和溶液中加入乙醇时，会使 $PbSO_4$ 的溶解度由 4.5 mg/100 g H_2O 降至 0.23 mg/100 g H_2O；向 Na_2SO_4 溶液中加入甲醇，也会大大降低 Na_2SO_4 在水中的溶解度。

这种近似盐析的结晶方法，不同于蒸发析盐或冷却析盐方法。其主要特点是，能够有选择性地从混合盐的溶液中回收某种盐。例如，氨对苦卤中的 KCl、K_2SO_4、$3K_2SO_4 \cdot Na_2SO_4$ 及 Na_2SO_4 等盐的溶解度影响很大，可使之降低很多，从而可以有效回收钾盐或 Na_2SO_4。当溶液中有 NaCl 及 $CaCl_2$ 存在时，分离效果会更好，而氨对 NaCl 及 $CaCl_2$ 的溶解度几乎没有影响。又如，向光卤石中加入乙醇能使其迅速分层分解，常向无机盐中加入的有机溶剂有甲醇、乙醇、乙二醇、肼等，有时同时加入两种有机溶剂，效果更好，称为混合溶剂法。

（2）化学反应的影响　有些物质的溶解作用是先反应后溶解的，如锌粒溶于盐酸；有些物质的溶解是溶解之后再反应的，如 AgCl 先溶于液氨中，然后再反应生成 $[Ag(NH_3)_2]^+$ 配离子，从而使 AgCl 不断溶解。

（3）pH 的影响　一些弱酸形成的盐如草酸盐、碳酸盐、磷酸盐、硫化物等，因其阴离子与氢离子结合生成弱酸而影响到盐的溶解度，酸度增加，会增大这些盐类的溶解度，即使一些难溶盐，在酸中的溶解度也会增加。例如，硫酸钡在酸中的溶解度比在纯水中要大得多。对中等强度的酸性溶液，盐的溶解度不会影响到氢离子溶解度的变化。当体系中氢离子或氢氧根离子含量高时，目前只能通过实验方法测定它们对其他盐类溶解度的影响，这种影响在相图上可以准确地表达出来。

（4）压力对盐类溶解度的影响　在水盐体系中，如保持温度不变，则液相的组成将随压力的改变而改变。如果盐类溶解在水中使体系的体积增大，那么在提高压力时盐的溶解度下降，在相反的条件下将会提高盐的溶解度。下面列出压力对某些盐类溶解度的影响（按质量分数计算）。

	0.1 MPa	50 MPa
$w(NaCl)/\%$	26.4	27.0
$w(NH_4Cl)/\%$	27.2	25.8
$w[K_2SO_4 \cdot Al_2(SO_4)_3 \cdot 24H_2O]/\%$	11.5	14.2

由此可见，压力对盐类在水中的溶解度影响不显著，一般情况下可不予考虑；但在高温、高压下，某些单盐或水合物的溶解度会骤然下降，如 $MgSO_4 \cdot H_2O$ 等盐类，此时，就要考虑压力的影响。

对于多元水盐体系而言，由于组成的水盐体系可以有多种盐，所以呈现的相平衡状态就更加复杂。由于各种盐之间的相互影响，各种盐的溶解度也都有变化。

（1）同离子效应　同离子效应是受同离子影响而使一种盐的溶解度下降的现象。通常是向相对溶解度较小的盐溶液中，加入一种具有同离子的、溶解度较大的盐。如向 $KClO_3$ 溶液中加入 KCl 或 $NaClO_3$ 时，均可使 $KClO_3$ 溶解度下降；或向 NaCl 溶液中加入 $MgCl_2$ 盐，使 NaCl 溶解度下降。

（2）盐效应　盐效应是一种盐的加入使另一种盐溶解度增大的现象。例如，向 $PbSO_4$ 溶液中加入 $NaNO_3$ 后，会使 $PbSO_4$ 的溶解度增加。大量离子的存在，对于非电解质的溶解也有两种相反的影响：一种叫盐溶作用，如乙酸钠的存在会使萘的溶解度增加；另一种叫盐析作用，即电解质的加入使非电解质的溶解度降低的现象。

如在常温下向一定量的水中间歇性地不断加入两种盐，多次达到平衡后，其分析结果会出现下列现象：溶液对一种盐饱和，并有固相析出，随着第二种盐的不断加入，到两种盐都达到饱和。对几种盐饱和就称为几种盐的共饱和溶液。这样，在一定条件下（通常是在一定温度下），由一种、二种、三种……按不同比例配制，并逐渐达到饱和溶液的一系列系统点，达到平衡时的液相的组成点以及与之相平衡的固相一起，就构成各类相图溶解度平衡数据。

2. 稳定相图

基于热力学稳定平衡溶解度数据绘制的相图，称为稳定平衡相图，简称稳定相图（stable equilibrium phase diagram）。

对于稳定相平衡的研究，一般采用等温溶解平衡法和多温溶解平衡法。

等温溶解平衡法是指某恒温条件下和一定组成的系统，在实验装置内达到溶解平衡，然后直接测定液相组成，并鉴定与液相平衡的固相情况，从而测定系统中不同组成试样的某种性质，如平衡溶解度、密度、pH、电导率、黏度、折射率、表面张力、热导率、溶解热、稀释热和混合热等，根据这些测定结果绘制稳定相图或组成-性质图，从而获取水盐体系相关系的重要信息。

多温法是通过测定不同组成的一系列系统在变温过程中发生相变时的温度，得到组成与相变温度关系曲线，进而根据作图来确定体系的相平衡数据。

考虑到无机化工生产和盐田分离工艺，多是分车间工段，或分阶段的分离工艺或过程，一般仅涉及二元至五元水盐体系，因此，本书着重加强了二元体系至五元体系相图的基础理论、基础知识及其大量实际应用实例的介绍。

二、介稳溶解度和介稳相图

1. 介稳平衡溶解度

随着水盐体系相平衡与相图科学研究的深入和发展，我们会发现对于相同的二元水盐体系在相同的温度条件下，采用不同的溶解度测定方法（如等温溶解平衡法、等温蒸发结晶法），测定的溶解度结果有时差异甚大。我们把在一定温度下，在充分搅拌条件下达到的水盐二元体系的平衡的饱和溶液盐的浓度称为该盐在水中达到热力学平衡态时的溶解度，也就是前面已述及的稳定相平衡溶解度。而等温蒸发法测得的盐在水中的溶解度往往比相应的平衡溶解度数值明显偏高，有时偏高达数倍甚至数十倍，我们将这种现象称之为过饱和现象，这样的盐和水形成的溶液就是过饱和溶液，也称之为超饱和溶液（super-saturation solution）。

过饱和溶液存在的原因，主要是由于溶质不容易在溶液中形成结晶中心（即晶核）。因为每一晶体都有一定的排列规则，要有结晶中心才能使原来做无秩序运动着的溶质质点集合，并按照这种晶体所特有的次序排列起来。不同的物质实现这种规则排列的难易程度不同，有些晶体要经过相当长的时间才能自行产生结晶中心，因此，有些物质的过饱和溶液看起来比较稳定。但从总体而言，过饱和溶液是处于热力学非平衡状态，是不稳定的。当受到震动、搅拌、引入溶质的晶体等，则溶液里过量的溶质就会析出而成为饱和溶液，即转化为稳定状态，因此，过饱和溶液平衡状态是一种介稳平衡状态（metastable equilibrium）。我们将静态等温蒸发条件下测定的溶解度称为介稳平衡溶解度（metastable equilibrium solubility），介稳相图中的介稳平衡线，是过饱和溶液的最大限度，又称为第二溶解度。

2. 介稳相图

基于介稳平衡溶解度数据绘制的相图，称为介稳平衡相图（metastable equilibrium phase diagram），简称介稳相图。

应当指出的是：水盐溶液体系在蒸发过程中形成的过饱和程度与溶液的组成和蒸发速率密切相关。水盐溶液在蒸发过程中形成的过饱和度与蒸发速率有关，蒸发速率越快，盐水溶液形成的过饱和程度也就越大。水盐溶液的组成不同，在温度相同、蒸发速率恒定的条件下，NaCl 和 KCl 的水溶液形成的过饱和度小（或者称介稳现象不严重），$MgCl_2$ 和 $MgSO_4$ 的水溶液形成的过饱和度相对而言就要大得多，而硼酸盐水溶液最容易形成过饱和溶液，因此，涉及硼酸盐溶液体系等温蒸发时，其介稳现象最为严重。

因此，对于介稳相平衡的研究，可采用对一定组成的未饱和溶液进行等温蒸发法或者是进行冷却降温法，但通常采用等温蒸发法。与稳定相平衡研究一样，介稳平衡的液相组成和固相情况也需要进行液相分析和固相鉴定。

介稳现象普遍存在于自然界中，在盐湖卤水或海水的盐田自然蒸发过程中，盐类的结晶顺序往往与稳定平衡相图不符而呈现介稳平衡。在自然条件下，由于温度、风速、湿度等自然条件不稳定，平衡实际处于一种介稳状态。介稳相图是一种或几种稳定平衡固相呈介稳态不析出时，其他固相之间的稳定平衡溶解度关系图。

总之，采用等温溶解平衡法和等温蒸发法，测定盐类物质的稳定平衡溶解度和介稳平衡溶解度及其平衡溶液的物理化学性质，对于特定的化工生产及过程控制和盐田分离工艺都具有十分重要的实际应用意义。

本书以稳定相图为重点，内容主要涉及前六章。只要掌握了稳定相图的基础知识和基本理论，在介稳相图中同样适用，因此，介稳相图只在第七章中给予简要介绍。

第四节 相图的产生、作用和学习方法

一、水盐体系相图的研究现状和发展趋势

1. 稳定相平衡与相图

在 19 世纪中叶，随着生产的发展，出现越来越多的新材料。如硅酸盐、合金和各种溶液日益成为化学研究中所必须考虑的对象。它们的特点是组成可变，从而促进了多相平衡理论的发展，苏联学者库尔纳柯夫（H.C. Курнаков）院士于 1913 年首次提出了“物理化学分析”。

前面已介绍的 Gibbs 相律，即相平衡定律是完全建立在热力学平衡条件基础上，经热力学数理推导而得到的关于热力学平衡体系的独立组分数、相数和温度、压力与自由度之间的关系。20 世纪中下叶，荷兰学派的范德瓦尔斯（van der Waals）、范特霍夫（van't Hoff）、舒莱纳马克尔（F. A. H. Schreinemakers）等在相律指导下，做了大量的水盐体系相平衡实验研究工作。1896 年，范特霍夫等为了揭示德国 Stastfort 钾盐矿层中所发生的盐类沉积关系，详细地对地中海海水中 $Na^+, K^+, Mg^{2+}//Cl^-, SO_4^{2-} - H_2O$ 五元体系的水盐溶液体系相平衡进行了研究，最早完成了 $Na^+, K^+, Mg^{2+}//Cl^-, SO_4^{2-} - H_2O$ 五元体系 25℃和 83℃的溶解度稳定相图，获得了范氏经典的五元体系平衡溶解度相图数据及相图，就是采用满足热力学平衡条件的合成复体溶解平衡法进行复杂体系多相平衡研究。合成复体法就是事先制备所需的水溶液体系所需的平衡固相物料（单盐和复盐），在恒温、充分搅拌下，让固体盐充分溶解在水中并达到固液相平衡时，测定饱和溶液中的各组分的浓度。当然，在一定温度下的水盐二元体系的平衡溶解度就是盐在水中达到热力学平衡态时的饱和溶液中盐的浓度。长期以来，在物理化学中一直把这一定义当作溶解度测定的标准方法。

世界范围内，从范特霍夫 Stastfort 钾盐矿成因起，俄、德、美、日、英等国开始了系统的水盐体系相图的研究工作。按照体系组成，研究对象大致可分为三大水盐体系：

（1）海水体系 $Na^+, K^+, Mg^{2+}, Ca^{2+}//Cl^-, SO_4^{2-} - H_2O$；

（2）碳酸盐体系 $Na^+, K^+//Cl^-, SO_4^{2-}, HCO_3^- (CO_3^{2-}), B_4O_7^{2-} - H_2O$；

（3）硝石体系 $Na^+, K^+//Cl^-, SO_4^{2-}, NO_3^- - H_2O$；

（4）盐湖卤水体系 $Li^+, Na^+, K^+, Mg^{2+}//Cl^-, SO_4^{2-}, B_4O_7^{2-} (CO_3^{2-}) - H_2O$。

从 19 世纪末至今，美国和苏联对分别包括 $Na^+, K^+, Mg^{2+}, Ca^{2+}//Cl^-, SO_4^{2-} - H_2O$ 组成的海水体系及其子体系，已有成果编纂成手册，如《Salt Deposits Their Origin and Composition》、《Solubilities of Inorganic and Organic Compounds》、《The Industrial Development of Searles Lake Brines with Equilibrium Data》等。

我国科学工作者从 20 世纪 70 年代开始，针对盐湖卤水、海水、制盐苦卤、过渡金属和稀土盐类水盐体系等做了大量的研究工作，特别是针对我国硼酸盐型、碳酸盐型和硝酸盐型盐湖卤水相平衡与相图研究最卓有成效。利用水盐体系相图，预测体系中盐类的析出顺序及变化规律，可在大规模化工生产中，确定最佳的生产条件，制定最优的工艺流程，获得最佳产率和回收率。

2. 介稳相平衡与相图

关于介稳相图的实验研究，国内外已进行了较多研究工作，但大多主要集中于海水型水盐体系 $Na^+, K^+, Mg^{2+}//Cl^-, SO_4^{2-}, CO_3^{2-} - H_2O$ 体系及其次级子体系的研究。

早在 1849 年，意大利乌齐利奥（J. Vsiglio）用地中海海水进行等温蒸发试验，研究了海水蒸发时盐类结晶的顺序及其量的关系。苏联科学院库尔纳柯夫院士（Н. С. Курнаков）等通过长期对海水型卤水在天然蒸发过程中盐类析出顺序的观察，发现卤水蒸发过程并不完全符合稳定平衡的溶解度相图，于 1938 年首次提出了海水或海水型盐湖卤水在天然蒸发过程中的“太阳相图”，同时把范特霍夫等人的室内溶解度平衡相图称作“稳定相图”；随后，于 1964 年和 1966 年又绘制出海水型五元体系 $Na^+, K^+, Mg^{2+}//Cl^-, SO_4^{2-} - H_2O$“太阳相图”中靠近 Mg^{2+}顶角的部分相区。此后，瓦里亚什科（М. Г. Ваяшко）用人工合成卤水，在 25℃下采用等温蒸发实验，校正了该“太阳相图”。我国科学工作者金作美等于 1980 年完成了 25℃该海水型五元体系的介稳相图，补充和完善了 Н. С. Курнаков 的“太阳相图”。金作美等和苏裕光等又相继研究了 15℃和 35℃该海水型五元体系介稳溶解度。比较该五元体系不同温度的介稳相图，发现软钾镁矾（包括钾镁矾）相区以 25℃时最大，35℃时最小；随温度升高，钾钠芒硝结晶区依次向 KCl 相区平行移动，导致 KCl 相区缩小，Na_2SO_4 相区扩大；相应点的钠含量和水含量依次减小。不同温度五元体系 $Na^+, K^+, Mg^{2+}//Cl^-, SO_4^{2-} - H_2O$ 介稳相图的研究为进一步开发利用海水型盐湖钾资源提供了理论依据。

我国科研人员从 20 世纪 50 年代起，开始对青藏高原盐湖进行调查研究，对许多盐湖卤水进行等温蒸发、天然蒸发和日晒工艺的研究，测定了卤水的蒸发结晶路线、液固相物理化学性质及蒸发中卤水的物料关系，为了解盐湖卤水的成盐演化、成矿规律以及为开发利用提供了科学依据。中国科学院青海盐湖研究所高世扬院士等在对青藏高原不同盐湖不同含硼盐卤进行天然蒸发和 25℃等温蒸发实验基础上，绘制成含硼盐卤的“蒸发相图”。

最近十多年来，我国科学工作者在针对我国盐湖卤水资源，开展了硼酸盐型、碳酸盐型、硝酸盐型和制盐苦卤型水盐体系的多温多体系的介稳相平衡与相图研究，为我国无机盐资源的开发利用提供了重要的介稳平衡溶解度基础数据。

介稳相图，又称为“太阳相图”或亚稳相图，处于介稳平衡状态的相称为亚稳定相或不稳定相，产生过饱和现象是介稳平衡的重要特点，所以同一体系稳定相图和介稳定相图有时有很大的差别，人们把表示介稳相平衡的相图称为介稳相图。与稳定相图标绘一样，它的标绘也是按照有关平衡数据标绘的。

对介稳现象的研究，能够客观地反映和再现开放体系自发发生的卤水蒸发结晶过程及液固相相互作用和数量关系。

3. 计算相图和相图计算

根据电解质溶液理论计算水溶液组分的活度系数，再基于热力学相平衡的基本原理，计算出水盐体系的液–固溶解平衡关系和平衡组成，这样基于热力学计算结果标绘的相图称为计算相图。值得注意的是，计算相图与通常的相图计算是不同的。相图计算通常是利用已有相图进行有关相平衡与相转化的计算，如一定量的某多组分不饱和溶液蒸发多少定量的水后，可以达到饱和；再蒸发多少水，可能结晶析出的固相种类（单盐、水合物或者复盐）和数量，这种利用相图进行的计算，是通常化工工艺过程预测的重要依据；计算相图是通过非实验手段、基于热力学原理解决获得相图溶解度数据的问题。换言之，借助计算相图的非实验手段解决迄今未见报道的相关体系的溶解度和平衡固相关系。

水盐体系相图是热力学平衡条件下的相关系的一种几何图形表达，因此，根据热力学原理，就能获得计算相图。因此，计算相图必然要依赖于电解质溶液理论的建立和发展。

最早的电解质溶液理论是1887年瑞典物理化学家S. A. Arrhenius提出的电解质溶液的部分电离学说。部分电离说能较好用于弱电解质溶液，但如果把其电离度和电离平衡概念用于强电解质，就会得到相互矛盾或者与实验值不符的结果。后来，溶液化学家认为，电解质溶于溶剂后，会离解成自由离子，离子和溶剂水分子之间会发生相互作用，即离子的水化作用。在强电解质水溶液中，既有溶剂分子对离子的作用，又有离子与离子间的相互作用，而在强电解质的稀溶液中，离子的水化作用可以忽略，在浓溶液中，水化作用较强，这会使电解质溶液的活度系数增加，导电性下降和离子邻近水分子层的介电常数降低等。基于电解质溶液离子间的相互作用，Debye-Hüchel于1923年提出了离子互吸理论（ion-interaction）。虽然这种理论忽略了离子的水化作用，只适用于电解质稀溶液，使它的应用具有一定的局限性，但它是后来发展各电解质溶液理论的基础。

不少学者都试图提出能适用于高浓度的电解质溶液的经验公式，其中较出色的是Scatchard 公式，它可应用于几个质量摩尔浓度（molality）的高浓度电解质溶液，但该公式含有较多的经验参数，不能称为真正的理论。也有不少学者针对离子互吸理论的假设提出了各种修正，较成功的有Bjerrum的离子缔合理论（ion-association）和Robinson-Stokes提出的离子水化理论（ion-hydration）等。20世纪40年代，McMillan-Mayer采用正则系统配分函数，直接用统计力学的方法求解配分函数。50年代，Mayer进一步把此法用到电解质溶液，创立了著名的簇展开理论。60年代，Barker-Henderson首先提出并经Weeks-Chandler-Anderson等进一步加以完善，建立了微扰理论，此理论将Helmholtz自由能函数从某一参考流体处用泰勒级数展开为 $1/(kT)$ 的级数，从而建立能量方程、状态方程和化学热方程。以积分方程为基础的平均近似理论（MSA）是较有应用前景的研究电解质溶液热力学性质的有效方法，积分方程是从Ornstein-Zernike方程出发，求解溶液中各种粒子的径向分布函数，从而建立分子热力学理论模型的一个方程。

20世纪70年代，液体理论和溶液理论有了新的发展，Rasaiah和Friedman在1970年前后发表了一系列论文。Waisman和Lebowitz在1970年将平均球近似模型（MSA）积分方程式应用于带电硬球模型（PM），成功地求出了解析解；1970～1971年间，Anderson-Chandler以平均统计力学为基础，提出了众数展方法（MEM）。1973年，美国化学家K. S. Pitzer以Debye-Hüchel理论和统计力学为基础，提出了一套电解质溶液的半经验统计力学理论，并在应用中不断完善，成为目前被广泛应用的浓电解质溶液的热力学模型。在Pitzer提出其模型后，美国加州大学Weare教授及其学生Harvie等最先将Pitzer电解质溶液离子相互作用模型应用于高离子强度的多组分天然水体系相平衡理论的计算相图中。本书中也将用专门一章给予介绍。

由于Pitzer理论的广泛应用价值，自发表起就引起物理化学、地球化学、海洋化学及化工等学科领域专家的高度重视。1980年，我国清华大学物理化学家和化学教育家黄子卿教授将Pitzer理论在国内作了介绍。中国科学院青海盐湖研究所溶液化学家宋彭生研究员是我国最先使用Pitzer理论进行水盐溶解度平衡计算的，他发展了使用Pitzer理论将计算相图与相图计算结合，并将Pitzer模型的应用进一步拓展到离子强度达20 *m* 的复杂的盐湖卤水体系计算相图研究，为Pitzer理论的应用和发展做出了重要的贡献。

尽管近十年来，电解质溶液热力学模型发展已取得很大的进展，但其研究的领域仍在不断扩展。随着科学技术进步和工业的发展，组成电解质溶液的介质和离子类别越来越多，需要探究电解质溶液的浓度、压力、温度范围越来越广，创新理论的探索和发展始终将是电解质溶液研究的核心，必将进一步推动计算相图及其应用取得快速的发展。

二、水盐体系相图的作用

1. 水盐体系相图及应用

随着国民经济的快速发展，固体矿产资源日益减少，海卤水资源（如海水、盐湖卤水、地下水等资源）的综合高效的开发利用已成为国际竞争的主战场。海洋资源（如海水淡化、浓海水资源化利用和海盐化工及其产业链的发展以及制盐苦卤的高值化利用）、盐湖无机盐资源都是我国的战略资源，这些海卤水资源的综合利用都离不开水盐体系相图的理论指导。

利用相图可以预先分析当体系在外界条件发生变化时，体系将要发生一系列变化的方向和限度。可以预测体系中盐类的析出顺序及变化规律，以便使我们需要的某种盐从溶液中析出，而另一种（或几种盐）溶解，从而将实现盐类物质的分离提取，这对于多组分的复杂卤水体系更是如此。

应用水盐体系相图的原理和方法，在化工生产中，仅采用兑卤、蒸发、加水、升温、降温、冷冻、干燥、分离、加入某种物质（如某种气体或盐）等简单操作单元中的几种方式，即可以经济有效地应用于大规模化工产品的生产，例如海盐、食盐、芒硝、无水硝、硼砂、纯碱、碳酸铵及氯化钾、硫酸钾、钾镁复合肥等生产。

归纳起来，水盐体系相图可应用在如下几个方面：

（1）通过相图分析时所获得的（或通过计算相图）信息，确定某种化工产品工艺路线，并通过相图计算和相图的工艺过程解析，确定化工过程所需的原料用量、蒸发水量、加水量、析盐数量和质量等。

① 混合盐类的分离和提取：从混合盐或混合溶液中分离出一种或多种纯物质，如钾石盐的分离生产氯化钾肥料。

② 复盐的制备与分解：以单盐制备水合盐、复盐，或与之相反的过程，即复盐的分解，如光卤石分解制取氯化钾肥料。

③ 盐类生产尾液的再利用：寻找和挖掘化工生产过程中的部分或全部母液的合理循环利用，提高母液中有效成分的回收率，达到节约资源和节能减排目的。

（2）应用相图的原理、方法和手段，改进和优化现有的生产工艺和生产条件。

（3）利用盐类物质的温差效应的多温、多体系相图，挖掘相图的工艺过程解析，探索和开发新工艺、新流程、新产品。

（4）结合现代电解质溶液理论最新进展，应用Pitzer电解质溶液模型，进行计算相图及其应用研究，预测和计算复杂多组分水盐体系在多温条件下各组分的溶解度，并经数据转换绘制成计算相图，指导盐类物质的分离提取工程过程。

（5）促进化学、化工、海洋科学、地球科学和环境科学等多学科交叉具有重要的应用意义，如解释和阐明自然界盐类矿床的形成、成岩成矿的演化过程，预测湖泊、海洋和盐湖的演化趋势。

2. 相图的局限性

应当指出的是，水盐体系相图也有它的局限性。对于稳定相图而言，由于稳定相图反映的是热力学平衡条件下的规律，针对不同体系，这种稳定平衡所需的时间不同，有的往往需要很长时间（当然，对于漫长的地质年代盐类沉积有可能向稳定平衡转变，这对地质矿床的成岩过程有着特别的意义），因此，稳定相图在化工生产中具有一定的局限性。如：在盐湖卤水自然蒸发的加工过程中，往往呈现介稳平衡，蒸发过程的结晶路线偏离了范特霍夫稳定相图，这对我们在理论上利用稳定平衡相图指导析盐规律预测、计算和制定综合利用工艺技术方案带来困难（这时往往需要利用介稳相图为理论指导），究其原因，主要是由于实际生产中，各种因素的影响，会出现不饱和、饱和甚至超饱和的情况，加之温度的波动、固液反应不完全、固液分离不彻底等，这些问题在相图中都难以得到体现。

不论是稳定相图还是介稳相图，对复杂的多组分体系，都是只能从宏观角度反映现象之间的内在过程与机制（结晶、溶解、转熔、相变等）。此外，多组分的高元体系相图的表达形式还不够完善，尤其是六元、七元体系及更高元水盐体系相图，多是一种拓扑关系图，在实际生产应用上都是十分不方便的。

尽管相图具有局限性，但它仍然是一种十分有用的工具。因其源于热力学得出的结论，具有高度的可靠性，因而对实际生产和科学研究都具有重要的指导意义。

三、相图的学习目的和方法

学习相图的目的在于灵活和创新性地应用相图。水盐体系相图是化工生产的重要工具，在制定某一产品的生产流程、确定最佳生产条件、保证产品纯度并获得最高产率时，在改进生产工艺流程的研究中，都必然在不同程度上应用水盐体系相图。因此，要求化学工作者具有绘制相图、理解相图、运用相图的能力，并在应用相图的过程中不断积累经验，做到熟练自如，创造性地应用相图。

要学好水盐体系相图，需要注意的事项是：

（1）水盐体系相图本身有较强的系统性，从二元体系至五元体系有着广泛的内在联系，学习过程中必须循序渐进。

（2）在水盐体系中，相平衡状态及相变过程是用点、线、面、体等几何要素表示，有些规则是用数学形式表达的。数学研究是数与形，其明显特点就是抽象。在相图学习中，还会涉及立体图形及其投影问题，因此要求读者具有立体几何知识，以及一定的制图学知识，以便于理解立体相图与各种平面相图之间的投影关系。

（3）尽管相图的基本理论不多，但每个具体体系的相图各不相同，其中各个系统的相变规律更是千差万别，只有多看、多练、多分析，把握规律才能熟练地认识相图，并进一步创造性地应用相图。

对《水盐体系相图及应用》课程学习的具体要求：

（1）正确地绘制相图　根据二元至五元水盐体系相图采用不同的坐标系及其几何性质，按规定的步骤绘制相应的相图，这些相图可以是平面图、截面图或是各种投影图、立体图形。

（2）熟练地认识相图　对于已绘制好的相图，需深入理解相关信息：①相图中各点、线、区的含义；②区分相图中的系统点和相点；③确定系统的总组成和相组成；④能用相律对相图进行分析；⑤掌握相图中的系统点、固相点、液相点的运动轨迹；⑥掌握相图的分类，熟悉各类相图的基本形状和主要特征，并能将复杂的相图分解成若干简单的基本类型相图。

（3）灵活地运用相图　能描述系统的温度、压力发生变化时，系统的相数、聚集态、系统的总组成的变化；会用过程向量法，对相图中的系统点进行等温蒸发全过程的分析；会应用杠杆规则、未析出组分法、物料衡算等相图计算方法，在相图上进行过程分析和物料衡算。

值得说明的是，水盐体系相图，包括稳定相图和介稳相图，只要熟练掌握稳定平衡相图的绘制、认识和应用，就能较容易地进一步学习和了解介稳平衡相图及应用，本书将在第七章中加以介绍。

相图是化工工艺、产品和流程研发的重要理论基础。考虑到在特定生产领域和生产条件中，可能会出现迄今都没有相关水盐体系相图的溶解度数据可供利用，如何研发某些特定生产的新工艺、新产品和新流程呢？这时只有两条途径：一是通过实验自行研究获得，因此我们特别地介绍了水盐体系稳定溶解平衡和介稳溶解平衡相图的实验研究方法（见第八章）；另一条途径就是通过理论模拟，即计算相图的办法获得，再通过少量的实验验证计算相图的可靠性（这样同时也可节省大量的人力、物力和财力），即可充分发挥化学模型的预测作用。因此，本书第九章给予了专门介绍。

习题一

1-1　判断下列体系是否属于水盐体系。

（1）从天然卤水中制取氯化钾，采用的原料是含有 NaCl、$MgCl_2$、KCl、H_3BO_3 的卤水；

（2）电解 LiCl 制金属锂时，通常选用比 LiCl 难电解的 KCl 与其混合，形成低共熔点；

（3）生理食盐水，一般是指配制含氯化钠 0.9%的盐水，采用的原料是氯化钠和水；

（4）金粉与银粉加热至熔融成固态溶液。

1-2　计算含有 10 kg KCl、25 kg $MgCl_2$ 及 100 kg 水组成的三元体系中各组分的组成，成分分别以质量分数、g/100 g 盐及摩尔分数表示。

1-3　分析下列物料中有几相，都是什么相。

（1）无水硝生产的化硝工序清硝液，它是用盐田土硝加热水溶化并沉淀澄清后得到的；

（2）某盐化工厂氯化钾生产中人造光卤石经加水完全分解后得到的粗钾；

（3）海盐生产中的漂花卤，即已经饱和在表面漂有析出盐花的卤水。

1-4　分析下列物料所属水盐体系的组分数。

（1）海水，主要盐分为 NaCl、$MgCl_2$、$MgSO_4$、K_2SO_4、$CaSO_4$；

（2）某天然盐湖卤水，主要盐分为 NaCl、Na_2CO_3、Na_2SO_4；

（3）某井盐苦卤，其主要盐分为 NaCl、KCl、$MgCl_2$、$CaCl_2$、H_3BO_3。

1-5　分析判断下列相平衡状态下系统的自由度。

（1）NaCl 和 KNO_3 全部溶于水中形成水溶液；

（2）用蒸馏水溶解纯净的氯化钠，使氯化钠有剩余；

（3）在过饱和氯化钠溶液中加入少量的碳酸氢钠，使碳酸氢钠全部溶解在溶液中；

（4）在过饱和氯化钠溶液中加入一定量的碳酸氢钠和硫酸钠，使碳酸氢钠和硫酸钠全部溶解在溶液里；

（5）在过饱和氯化钠溶液中加入一定量的碳酸氢钠和硫酸钠，若只有碳酸氢钠全部溶解而硫酸钠有部分剩余。

1-6 试指出50℃下有NaCl固相析出的$KCl-NaCl-H_2O$体系的独立组分数、自由度数，并说明自由度的含义。

第二章 二元水盐体系相图

第一节 相图表示方法

一、相律特征与坐标系

组分数 C 等于 2 的体系称为二元体系（binary salt-water system）。对于二元水盐体系，它是由一种无水单盐和水组成，如 $NaCl-H_2O$、$KCl-H_2O$ 等体系。从成盐离子的角度看，它是由正、负离子加上水组成。在实际生产中，完全纯粹的二元体系很难找到，但是如果将体系中的少量杂质忽略，很多工艺过程就可以近似视为二元体系来研究。

1．相律特征

在二元凝聚体系中，相律公式为：

$$F = C - P + 1 = 3 - P \tag{2-1}$$

由式（2-1）可知，当相数 $P = 1$ 时，最大自由度 $F_{max} = 2$；当自由度 $F = 0$ 时，最大相数 $P_{max} = 3$。即是说：

（1）二元水盐体系中，可自由变动的变量最多有两个，分别为温度和浓度。通常浓度就是液相的浓度，因此要描述二元体系，有这两个参变量即可。

（2）二元水盐体系处于平衡的相最多有三个，分别为两种固相及与之平衡的液相。

2．坐标系

由于二元水盐体系自由度最大为 2，即含有两个独立变量。因此，可以在平面直角坐标系中完整地描绘二元水盐体系。习惯上，分别用横坐标表示体系的组成，纵坐标表示温度。

由于系统组成有不同的表示方法，横坐标组成采用不同的单位表示，则对应不同的坐标系。图 2-1 为常用的以质量分数表示的坐标系。在该坐标系中，纵坐标表示温度，横坐标为一固定长度，并等分为 100 份，其中最左端 W 表示纯水，相应的竖直线表示水的组成线；最右端 S 表示纯盐，相应的竖直线表示盐的组成线。从左至右表示盐的含量逐渐增加，反之，从右至左表示水的含量逐渐增加。在坐标系中，任意一点即表示一个系统，反之，任何一个

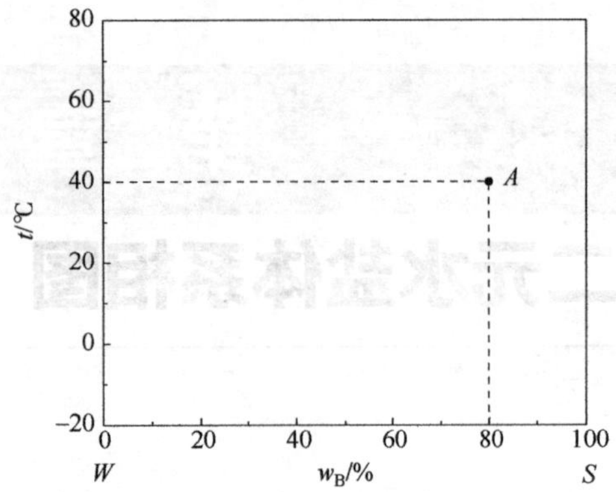

图 2-1 质量分数表示的坐标系

系统则可在相图中找到一个与之相应的图形点。如图 2-1 中的 *A* 点即表示温度为 40℃，盐含量为 80%、水含量为 20%的系统。

以质量分数表示的体系中，组分水（*W*）和 *B* 盐分别用质量分数 w_W 和 w_B 表示。值得注意的是，样品中 *B* 盐的质量为 m_B，水的质量为 m_W，样品的质量为 m_s，*B* 盐的质量分数即 $w_B/\% = \frac{m_B}{m_s} \times 100$，水的质量分数即 $w_W/\% = \frac{m_W}{m_s} \times 100$，则有：

$$w_B + w_W = 100$$

除了以质量分数表示组成的坐标系外，还有以“g 盐/100 g 水”及“g 水/100 g 盐”等表示组成的坐标系，如图 2-2 所示。其中图 2-2（a）为以“g 盐/100 g 水”表示组成的坐标系，而图 2-2（b）为以“g 水/100g 盐”表示组成的坐标系。

在图 2-2（a）中，坐标原点表示纯水，即盐的含量为零，纯盐在横轴方向的无限远处；在图 2-2（b）中，坐标原点表示纯盐，即水的含量为零，纯水在横轴方向的无限远处。图 2-2（a）及图 2-2（b）中的 *A* 点与图 2-1 中的 *A* 点表示的系统相同。

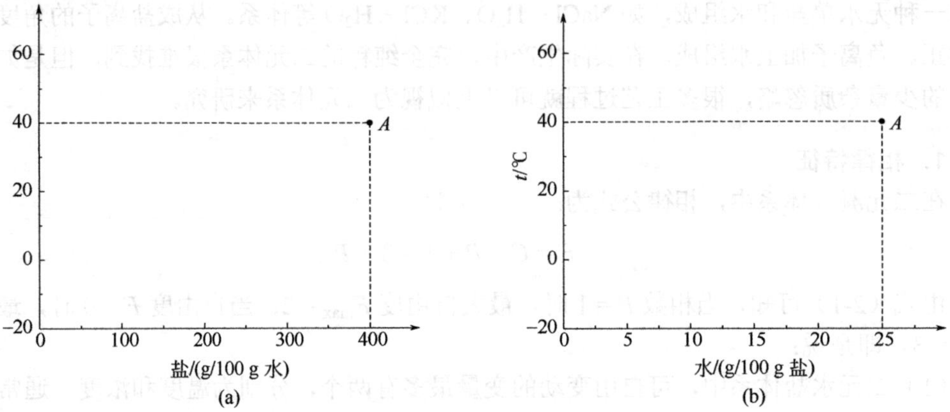

图 2-2 不同组成表示方式的坐标系

二、相图标绘

下面以 $KCl-H_2O$ 体系为例，介绍二元体系相图的标绘，该体系溶解度数据见表 2-1。

表 2-1 主要包含三项内容，即温度、饱和液相组成及平衡固相种类。各编号点表示意义分别为：

（1）第 1 号数据表示纯水的结冰点，即 0℃时冰与液相到达平衡，该数据与第 8 号数据的区别在于，8 号数据表示 0℃时饱和 KCl 溶液中 KCl 的质量分数为 21.95%，而 1 号数据表示在无 KCl 条件下冰的凝固点。

（2）第 2～5 号数据表示稀 KCl 溶液的结冰点，即将不同含量 KCl 溶液进行冷却，将得到不同的结冰温度。由数据可知，随 KCl 含量的增加，结冰温度降低。

表 2-1 $KCl-H_2O$ 体系溶解度数据

编号	温度/℃	液相组成，w_B%	平衡固相	符 号
1	0	0	冰	A
2	−2.3	5.0	冰	
3	−5.0	10.5	冰	
4	−7.6	15.0	冰	
5	−10.0	18.8	冰	
6	−10.8	19.9	冰+KCl	E
7	−5	20.95	KCl	
8	0	21.95	KCl	
9	10	23.8	KCl	
10	20	25.6	KCl	
11	40	28.7	KCl	
12	80	33.8	KCl	
13	100	35.9	KCl	
14	200	44.9	KCl	
15	400	63.4	KCl	
16	600	83.0	KCl	
17	770	100	KCl	B

（3）第 6 号点表示，对含 KCl 为 19.9%的溶液进行冷却，当冷却至− 10.8℃时，固相 KCl 和冰同时从液相中析出，即 19.9%的 KCl 溶液在− 10.8℃时，冰和 KCl 同时达到饱和，该点为体系的零变量点。

（4）第 7～16 号数据表示不同温度下 KCl 在水中的溶解度。数据表明，随温度的增加，KCl 溶解度增加。

（5）第 17 号数据表示纯 KCl 的熔点，即纯 KCl 在 770℃时开始熔化，该温度下固相 KCl 与液相 KCl 达到平衡。

相图的标绘按照连续原理和相应原理进行，一般应按以下步骤进行：

① 数据分析：确定与饱和溶液平衡的固相种类、数据完整性等。

② 坐标系建立：根据组成表示方式及需要，选择不同的坐标系。当以质量分数表示组成时，坐标横轴左边和右边分别表示纯水和纯盐，纵轴表示温度，其中纵轴坐标温度下限可以选择低于共饱点的某一温度，上限一般取略高于纯盐熔点的某一温度。

③ 编号标点：将数据按编号并根据温度和液相组成标于坐标中。

④ 连接溶解度曲线：二元水盐体系相图溶解度曲线连接原则为有一个共同平衡固相的液相可连。连接时按各点的变化趋势，将数据点连成圆滑曲线，溶解度曲线通常用较粗的线表示。

⑤ 确定固相位置：冰应在坐标左边盐含量为 0%的竖线上，盐应在坐标右边含盐 100%的竖线上。

⑥ 划分相区：按照相应原理，将共饱点和与之平衡的两个固相点用一条水平实线连接起来。

根据以上步骤及规则，标绘出的 $KCl-H_2O$ 体系相图，结果见图 2-3。在该图中，第 1～6 号具有相同的固相冰，连接而成溶解度曲线为 *AE*；第 6～17 号具有相同的固相 KCl，相应溶解度曲线为 *EB*；共饱点 *E* 与其平衡的两个固相连接而成的相区划分线为 *CED*。

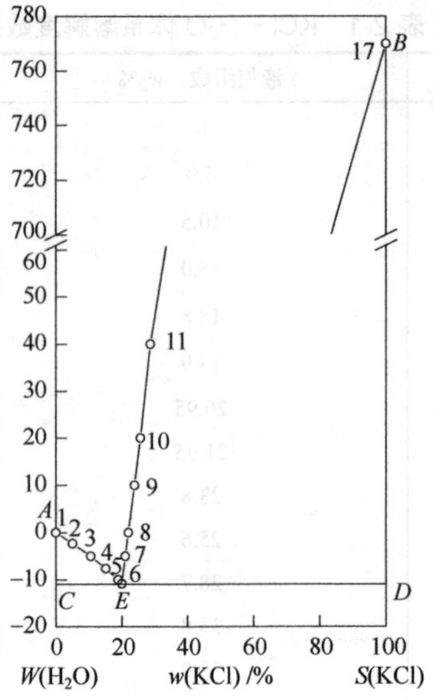

图 2-3 KCl－H_2O 体系相图

以上介绍的是以质量分数表示组成的坐标系中相图的标绘，对于其他组成表示的坐标系中相图的标绘，其标绘方法和步骤相同，但需将数据作相应的换算。

第二节 简单二元水盐体系相图

一、点线区的意义

相平衡情况与相图呈一一对应关系，下面以 KCl－H_2O 体系相图（图 2-3）为例，介绍二元水盐体系相图中各个点、线及区的意义。

1．纵轴

左纵轴为纯水一元体系，其中 *A* 点为冰点，表示液相水与固相冰处于平衡状态的两相点。右纵轴为纯 KCl 一元体系，其中 *B* 点为熔点，表示液相 KCl 与固相 KCl 处于平衡状态的两相点。上述平衡可表示为：

$$水 \xrightleftharpoons{0℃} 冰$$

$$KCl(l) \xrightleftharpoons{770℃} KCl(s)$$

2．曲线 *AE* 和 *BE*

曲线 *AE* 和 *BE* 为饱和溶液线，也称溶解度曲线，系统处于该线上时，表示系统达到两相平衡状态。其中曲线 *AE* 具有共同的平衡固相冰，因此它表示冰的溶解度曲线，也称 KCl 溶液的结冰线。从左至右 *AE* 曲线逐渐降低，表示 KCl 溶液结冰温度随 KCl 溶液浓度的增加而降低。曲线 *BE* 具有共同的平衡固相 KCl，因此它表示 KCl 的溶解度曲线。当系统处于曲线上时，表示溶液中 KCl 达到相应温度下的饱和状态。从左至右曲线逐渐增加，表示 KCl 溶解度随温度的升高而增加。

3. 点 *E*

E 点表示与两个固相冰和 KCl 都处于平衡的饱和溶液。由于该点相数为 3，由相律可知其自由度 *F* 等于零，因此该点又称为零变点或共饱点，当系统处于该点时，冰和 KCl 同时达到饱和。

4. *AEB* 上方区域

该区域在溶解度曲线上方，表示不饱和溶液区，在该区域内，无任何固相存在。在很多情况下，要避免系统固相存在，如物料在复杂装置中输送时，要始终保持良好的流动状态而不致堵塞，相图可为此提供全液相区的浓度和温度范围。

5. *ACEA* 和 *BDEB* 封闭区域

ACEA 区处于冰的溶解度曲线 *AE* 下方，该区靠近相图中表示水的一角，因此水的含量较高。当系统处于该区域时，有冰从液相中析出，因此该区称为冰的结晶区。在冰的结晶区内，由于冰的结晶析出，因此溶液浓度增加，从而达到溶液浓缩目的。

BDEB 区位于 KCl 溶解度曲线 *BE* 下方，该区靠近相图中表示盐的一角，因此盐含量较高。当系统处于该区域时，有 KCl 从液相中析出，因此该区称为 KCl 的结晶区。在结晶区内，由于有相应纯固相结晶析出，因此这对于制备某种盐的结晶，以及物质的纯化等都具有重要意义。

6. 直线 *CED*

在不包括 *C*、*D* 点在内的直线 *CED* 上，液相都处于与固相冰和 KCl 平衡的饱和状态，因此该线表示三相共存的三相线。

7. 长方形 *CDSW*

该区域处于三相线下方，相应温度均低于零变点温度，此时水全部变为冰，无液相存在，因此该区为冰与 KCl 两种固相共存的两相区。

从以上分析可知，体系所有可能出现的平衡状态都完整地反映在了相图上，因此将一定温度及组成的系统标绘在相图上，则可轻易地反映出其所处的状态。根据相律，可以确定相关区域的相数和自由度，结果见表 2-2。

表 2-2 二元体系相图各区相数及自由度

项目	*AEB* 上方区域	*ACEA* 和 *BDEB* 封闭区域	直线 *CED*	长方形 *CDSW*
区域描述	全液相区	一固一液区（纯固相结晶区）	两固一液区	全固相区
相数	1	2	3	2
自由度	2	1	0	1

二、直线规则

直线规则指在一定温度下，系统分成两部分时，这两部分的图形点与系统点处于同一直线上，且系统点居中，也称为舒莱纳马克尔规则（Schreinemakers rule）。

如图 2-4 所示，该相图为简单二元水盐相图的一般形式，相图中系统点 *M* 处于固相 *S* 的结晶区内，根据相图上各区域表示意义可知，系统处于固相盐与饱和液相的平衡状态，即系

统分成了温度均为 T（℃）的固相 N 和平衡液相 L 两部分，其中 M 与 N 和 L 在一条直线上，且 M 处于 N 与 L 的中间。直线规则在相图中是普遍的，也是相图研究中重要规则之一，根据此规则可以定性地确定相平衡情况。

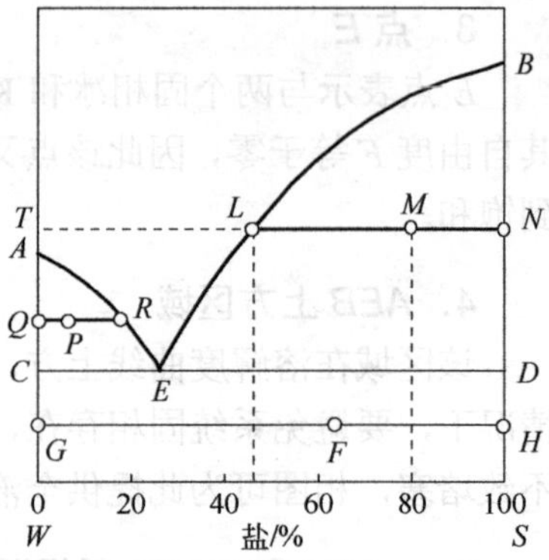

图 2-4　直线规则示意图

三、杠杆规则

力学中的杠杆原理如图 2-5 所示，当达到平衡时，图中力矩相等，即：

$$G_1 \cdot \overline{ML} = G_2 \cdot \overline{MN} \text{ 或 } G_1 : G_2 = \overline{MN} : \overline{ML}$$

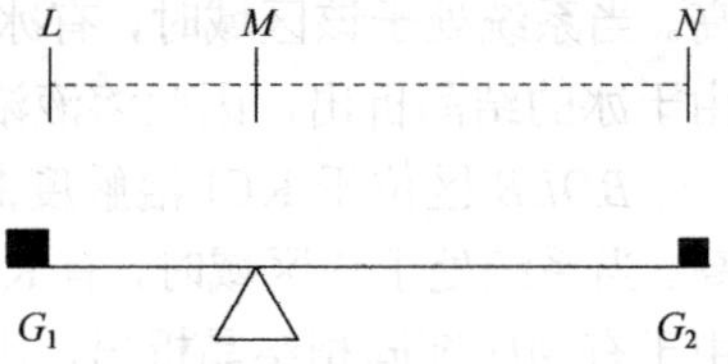

图 2-5　力学中的杠杆原理

1. 相图中的杠杆原理

在水盐体系相图中，仍以图 2-4 中系统点 M 为例说明杠杆规则（lever rule）。杠杆规则可表述为：系统 M 分成固相 N 和平衡液相 L 两部分，设其质量分别为 m_M、m_N 和 m_L，则它们的质量之比满足以下关系式：

$$m_M : m_N : m_L = \overline{NL} : \overline{ML} : \overline{MN}$$

即：在一定温度下，系统分成两部分时，系统量、两部分量分别与三个图形点间的总距离、两部分距离相对应，存在着类似杠杆原理的比例关系。或者说：在一定温度下，系统分成两部分时，这两部分各自的量与它们的图形点到系统点间的距离成反比。

根据以上原则，对于图 2-4 中的 P 点和 F 点，分别有：

$$\text{系统量}P : \text{冰量}Q : \text{溶液量}R = m_P : m_Q : m_R = \overline{QR} : \overline{PR} : \overline{QP}$$

$$\text{系统量}F : \text{冰量}G : \text{盐量}H = m_F : m_G : m_H = \overline{GH} : \overline{FH} : \overline{GF}$$

2. 杠杆原理的证明

如图 2-6 所示，系统 M 分为 P 和 Q 两部分，其质量分别为 m_M、m_P 和 m_Q，盐含量分别为 x_M（%）、x_P（%）和 x_Q（%）。据物质守恒有：

$$\begin{cases} m_M = m_P + m_Q \\ m_M \cdot x_M(\%) = m_P \cdot x_P(\%) + m_Q \cdot x_Q(\%) \end{cases}$$

整理可得：

$$\frac{m_P}{m_Q} = \frac{x_Q - x_M}{x_M - x_P}$$

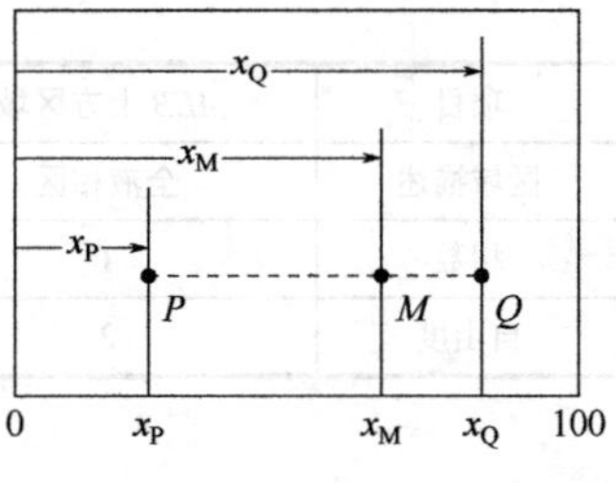

图 2-6　杠杆规则证明

由于 $x_Q - x_M$ 和 $x_M - x_P$ 分别对应 MQ 和 PM 长度，因此：

$$\frac{m_P}{m_Q} = \frac{x_Q - x_M}{x_M - x_P} = \frac{\overline{MQ}}{\overline{PM}}$$

据合比定理有：

$$\frac{m_P + m_Q}{m_Q} = \frac{\overline{MQ} + \overline{PM}}{\overline{PM}}$$

因此：

$$\frac{m_M}{m_Q} = \frac{\overline{PQ}}{\overline{PM}}$$

综上可得：

$$m_M : m_P : m_Q = \overline{PQ} : \overline{MQ} : \overline{PM}$$

在以上证明中，没有引入任何假设，因此直线规则和杠杆规则不仅适用于系统互成平衡的情况，而且普遍适用于总物料分成任意两部分物料的情况。杠杆规则又称反比规则，该规则只适用于质量或摩尔分数表示的组成单位的相图，而不能用于其他组成单位表示的相图。

杠杆规则适用于二至五元体系，在使用杠杆规则进行计算时，可以通过用直尺直接量取杠杆长度，或通过含量读数差减获得。在第四节中，将举例介绍杠杆规则在实际计算中的应用。

四、等温蒸发与冷却结晶过程分析

根据溶解度数据绘制的二元水盐体系相图，其相图上的每个区域都表达了系统不同的相平衡状态，并提供了这些相平衡存在的限度和范围，相图上每个点都可以称为图形点，图形点又可分为系统点、液相点和固相点。系统点一般用来表示原料的状态，是根据系统温度和组成标绘在相图上的点；液相点和固相点分别是系统分出的液相和固相部分，一个体系最多只有一个液相存在，但对于二元水盐体系，可能存在一个或两个固相。

当描述体系的两个变量，即温度和组成发生变化时，系统在相图上的位置将发生变化，对于二元水盐体系，系统的运动可分为两类，即纯变组成过程和纯变温过程。

（1）纯变组成过程：该过程中，仅组成发生变化，而温度保持不变。在相图上，该过程将沿着温度不变的水平方向移动，加水时盐被稀释，系统点水平向左移动，加盐或蒸发失水时，盐被浓缩，系统向右移动。

（2）纯变温过程：该过程中，仅系统温度发生变化，包括升温和降温，而系统组成保持不变。因此，在相图中系统点将沿着组成不变的垂直线运动，升温时向上运动，降温时向下运动。

1. 等温蒸发过程分析

等温蒸发过程如图 2-7 所示，该过程中系统运动方向水平向右。等温蒸发过程经历阶段与蒸发路径经过的相区相关，由于通常蒸发的目的是为了浓缩溶液和结晶析盐，因此相应地存在两个阶段。

（1）第一阶段，浓缩阶段　图 2-7 中的 $M \rightarrow L$ 阶段。该阶段系统一直处于未饱和状态，该过程中，由于水分蒸发损失，溶液含盐量逐渐增加，当系统蒸发至 L 点时，溶液达到饱和。

（2）第二阶段，结晶阶段　图 2-7 中的 $L \to N$ 阶段。该阶段处于盐的结晶区 *BDEB* 内，因此系统一直处于盐饱和状态，液相点位于 *L*、固相点位于 *N* 保持不变。随着水分的蒸发，盐将不断地从液相中析出，由于系统点向右运动，代表固相的杠杆臂不断增加，而代表液相的杠杆臂不断减小，说明该过程结晶出的盐量不断增加。如系统点蒸发至 M_1 时，代表固相的杠杆臂为 $\overline{LM_1}$，代表液相的杠杆臂为 $\overline{M_1N}$，而当系统蒸发至 M_2 时，代表固相的杠杆臂为 $\overline{LM_2}$，代表液相的杠杆臂为 $\overline{M_2N}$，由于 $\overline{LM_2} > \overline{LM_1}$，说明结晶析出的盐量增加。当系统蒸发至 *N* 点时，系统点与固相点重合，代表液相的杠杆臂变为一个点，表示此时水分蒸干，液相消失。

2. 冷却结晶过程分析

冷却结晶过程如图 2-8 所示，系统初始位置位于不饱和溶液区 *M* 点，温度为 T_0（℃）。冷却过程中，系统沿着组成不变的垂直线 MM_3 向下移动，先后经过全液相区、盐结晶区、三相线、全固相区。

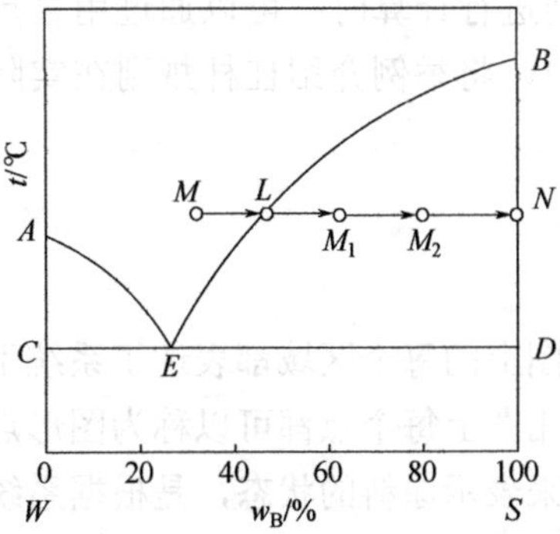

图 2-7　等温蒸发过程

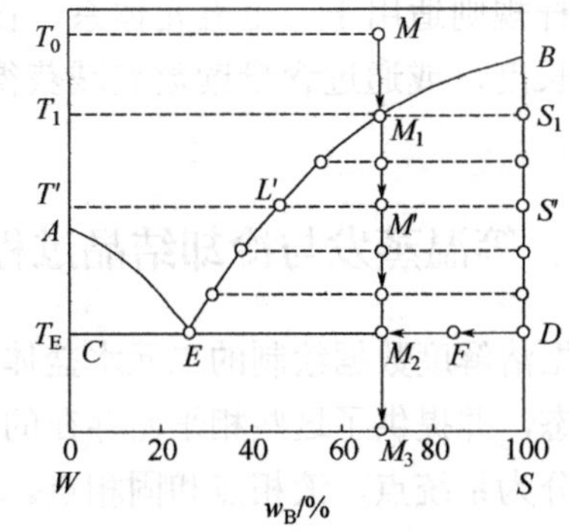

图 2-8　冷却结晶过程

（1）第一阶段，冷却降温　系统由 *M* 移动至 M_1，温度由 T_0 降至 T_1。该过程中，系统始终处于全液相区，无固相产生，液相轨迹与系统轨迹重合。当温度降至 T_1，即系统移动至 M_1 时，溶液对盐达到饱和。

（2）第二阶段，一种固相析出　系统由 M_1 移动至 M_2，温度由 T_1 降至 T_E。该过程中，系统处于盐的结晶区 *BDEB* 内，因此将有盐从液相结晶析出。系统由 M_1 移动至 M_2 过程中，液相由 M_1 沿着盐的溶解度曲线 *BE* 移动至 *E*，而固相沿着盐的组成线由 S_1 移动至 *D*。根据直线规则可以确定任一温度下固、液点的位置，例如系统移动至 *M'* 时，相应的液相点和固相点分别为 *L'* 和 *S'*。系统由 M_1 移动至 M_2 过程中，代表液相的杠杆臂保持不变，而代表固相的杠杆臂不断增加。例如系统移动至 *M'* 时，代表液相的杠杆臂为 *M'S'*，代表固相的杠杆臂为 *L'M'*，而系统刚运动至 M_2 时，代表液相的杠杆臂为 M_2D，代表固相的杠杆臂为 EM_2。由于 $\overline{EM_2} > \overline{L'M'}$，因此该过程中析盐量不断增加。当系统刚运动至 M_2 时，固相点位于 *D* 点，代表盐的杠杆臂达到最大，因此析盐量达到最大，此时冰刚好达到饱和。

（3）第三阶段，两种固相析出　系统在 M_2 保持不动，温度保持 T_E 不变。该过程中固相点由 *D* 移动至 M_2，冰和盐不断析出，液相点在 *E* 点保持不变。继续冷却时，冰和盐同时从液相中析出并释放热量，所释放的热量与外界带走的热量相等，因此保持该过程中系统温度不变。

由于该过程中有冰析出，因此固相点将离开 D 点，并向着代表冰 C 的方向移动。固相由 D 移动至 M_2 过程中，代表固相的杠杆臂保持不变为 EM_2，代表液相的杠杆臂逐渐缩短，由最初的 M_2D 最后变为一个点 M_2，此时水全部冻为冰，液相全部消失。当总固相移动至 F 点时，据直线规则，此时量的关系有：

$$系统\ M_2 \rightarrow 液相\ E + 总固相\ F$$

总固相也可表示为：

$$总固相\ F \rightarrow 盐\ D + 冰\ C$$

若用小写字母表示相应物料的量，则根据杠杆规则，上述两关系可写出如下杠杆关系：

$$M_2 : E : F = \overline{EF} : \overline{M_2F} : \overline{EM_2}$$

$$F : C : D = \overline{CD} : \overline{FD} : \overline{CF}$$

（4）第四阶段，冷却降温　系统由 M_2 移动至 M_3，温度由 T_E 降至 T_E 以下。该过程为冰和盐固相的冷却降温过程，无任何液相，系统点与液相点重合。

根据以上分析，整个过程可用表 2-3 表示。

表 2-3　系统 M 冷却过程分析

阶段	一	二	三	四
温度	$T_0 \rightarrow T_1$	$T_1 \rightarrow T_E$	T_E	$T_E \rightarrow T_E$ 以下
过程情况	未饱和溶液冷却降温至盐饱和	盐不断结晶析出	冰和盐不断结晶析出	冰和盐固相冷却降温
系统轨迹	$M \rightarrow M_1$	$M_1 \rightarrow M_2$	M_2	$M_2 \rightarrow M_3$
液相轨迹	$M \rightarrow M_1$	$M_1 \rightarrow E$	E	无
固相轨迹	无	$S_1 \rightarrow D$	$D \rightarrow M_2$	$M_2 \rightarrow M_3$
相数 P	1	2	3	2
自由度 F	2	1	0	1

由以上分析可知，等温蒸发及冷却过程中，其阶段划分是由系统点进入不同相区的顺序来决定的，其中二元相图的三相线可作为一个相区来对待。根据直线规则，整个过程中系统点、液相点及固相点始终处于同一直线上。同时，根据杠杆规则，可以确定系统任一时刻各相之间量的关系。

第三节　复杂二元水盐体系相图

一、稳定水合物与不稳定水合物

某些盐可与水发生水合反应形成水合物（也称为水合盐，hydrates），例如 NaCl 可以和 H_2O 反应形成 $NaCl \cdot 2H_2O$，方程式为：

$$NaCl + 2H_2O \rightleftharpoons NaCl \cdot 2H_2O$$

在许多水盐体系中都存在着水合反应，生成一种或多种水合物，例如 $MgSO_4$ 的水合物除 $MgSO_4 \cdot H_2O$ 外，还有 $MgSO_4 \cdot 2H_2O$、$MgSO_4 \cdot 4H_2O$、$MgSO_4 \cdot 5H_2O$ 等形式。根据相应原理，需在相图上描绘出相应水合物。由于水合物有自身的物理、化学性质，例如密度、比热容、溶解度等，因而使水盐体系相平衡情况更加复杂化。

水合物包括无水盐和结晶水两部分，通常可用质量分数、g 盐/100 g 水、g 水/100 g 盐、mol 水/100 mol 盐等方式来表示水合物的组成。例如水合物 $NaCl \cdot 2H_2O$ 由一分子 NaCl 和两分子 H_2O 组成，总相对分子质量为 94.47，其中 NaCl 相对分子质量为 58.44，$2H_2O$ 的相对分子质量为 36.03，因此，当分别用质量分数、g 盐/100 g 水、g 水/100 g 盐表示时，$NaCl \cdot 2H_2O$ 的组成为：

质量分数，$w(\text{NaCl})/\% = \dfrac{58.44}{94.47} \times 100 = 61.86$

$$w(\text{H}_2\text{O})/\% = \frac{36.03}{94.47} \times 100 = 38.14$$

g 盐/100 g 水：$\dfrac{58.44}{36.03} \times 100 = 162.20$

g 水/100 g 盐：$\dfrac{36.03}{58.44} \times 100 = 61.65$

当用其他组成表示方式来表示时，可据各自定义进行计算。盐化工中常见水合物组成数据可由附录三直接查取。根据水合物受热呈现现象的不同，可将其分为稳定水合物和不稳定水合物。

1. 稳定水合物

稳定水合物（stable hydrates）具有固定的熔点，当温度低于该温度时，水合物不熔化，也不分解而保持稳定。当温度达到熔点时，水合物开始熔化，且与水合物固相平衡的液相组成与水合物的组成完全一样，因此稳定水合物也称为同成分熔融水合物。稳定水合物以 $MgCl_2 \cdot 12H_2O$ 为例，其加热时变化情况如图 2-9 所示。

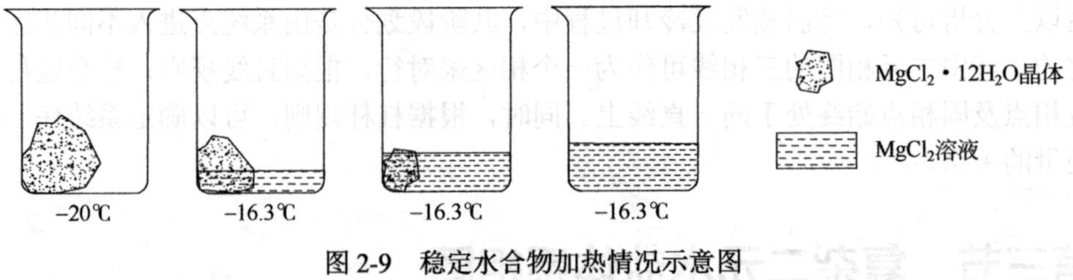

图 2-9 稳定水合物加热情况示意图

对 $MgCl_2 \cdot 12H_2O$ 进行加热，当温度低于−16.3℃时，$MgCl_2 \cdot 12H_2O$ 不发生任何变化；当温度达到−16.3℃时，$MgCl_2 \cdot 12H_2O$ 开始熔化，有相应液相产生，由液相测定结果可发现，其组成与水合物固相一致，含 $MgCl_2$ 均为 30.6%。继续加热，体系温度保持不变，直至 $MgCl_2 \cdot 12H_2O$ 全部变为液相为止。

2. 不稳定水合物

不稳定水合物（unstable hydrates）在加热过程中，当温度低于某温度时，其不发生任何变化，但当温度高于该温度时，水合物开始发生转化，变成另一种固相和与之相平衡的液相。对固相和液相进行分析可发现，两者组成发生变化，即不稳定水合物在该过程中发生分解，因此不稳定水合物也称为异成分熔融水合物。不稳定水合物以 $Na_2SO_4·10H_2O$ 为例，其加热时变化情况如图 2-10 所示。

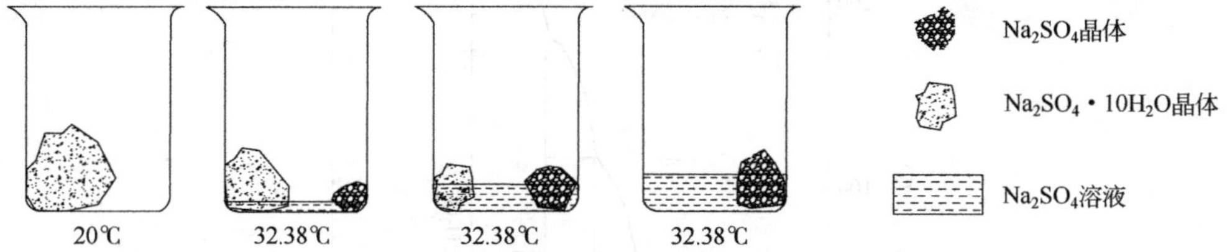

图 2-10 不稳定水合物加热情况示意图

对 $Na_2SO_4·10H_2O$ 进行加热，当温度低于 32.38℃时，$Na_2SO_4·10H_2O$ 不发生任何变化；当温度达到 32.38℃时，$Na_2SO_4·10H_2O$ 开始熔化，有相应液相产生，对固相进行鉴定可发现，除含原有的 $Na_2SO_4·10H_2O$ 外，还有新固相 Na_2SO_4 产生，同时其液相组成也与原水合物不同，即该过程中 $Na_2SO_4·10H_2O$ 分解成为了 Na_2SO_4 和相应液相：

$$Na_2SO_4·10H_2O(s) \xrightarrow[\triangle]{32.38℃} Na_2SO_4(s) + L(l)$$

继续加热，体系温度保持不变，$Na_2SO_4·10H_2O$ 继续分解直至全部转变为 Na_2SO_4 和相应液相为止。

3. 水合物溶解度曲线及其特征

水合物具有自身的溶解度曲线，一般来说，体系中每生成一种水合物就有一条与之相对应的溶解度曲线。由于稳定水合物与不稳定水合物性质的差异，反映在相图上为其溶解度曲线的不同。图 2-11 为典型的稳定和不稳定水合物溶解度曲线对比图，其中图 2-11（a）为典型稳定水合物溶解度曲线，图 2-11（b）为典型不稳定水合物溶解度曲线。

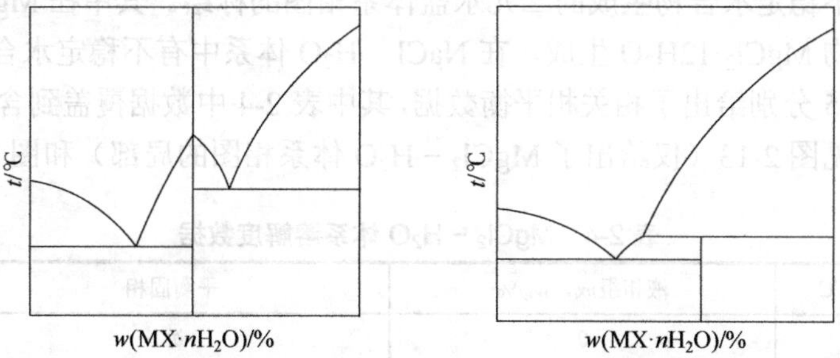

(a) 稳定水合物　(b) 不稳定水合物

图 2-11 稳定水合物与不稳定水合物溶解度曲线对比

由图 2-11 可见，两者的主要区别在于，典型稳定水合物溶解度曲线中间具有明显的最高点，而不稳定水合物溶解度曲线不具有该特征。由于在实验获得的相平衡数据中，一般不标明水合物的稳定与否，因此，掌握不同水合物溶解度曲线特征，对于判断水合物稳定性有重要意义。例如图 2-12 为 $MgCl_2-H_2O$ 体系相图，该体系中含五种水合物，由水合物溶解度曲线特征可以判断，$MgCl_2·12H_2O$ 为稳定水合物，其他均为不稳定水合物。

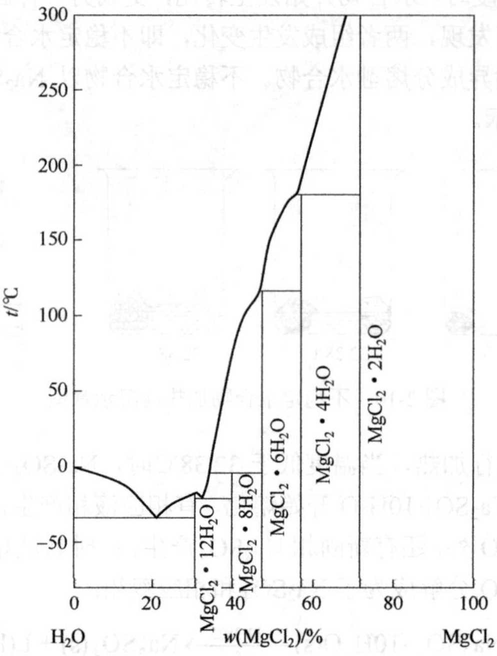

图 2-12　$MgCl_2$–H_2O 体系溶解度曲线

当然，水合物的稳定与否不是绝对的，如有的水合物具有一定的熔点，但当低于或在熔点熔化时，可能有部分分解现象发生，反映在相图上，该水合物溶解度曲线中间最高点呈平缓圆滑而非尖锐状。

二、复杂二元相图的标绘

对于复杂二元相图的标绘，下面分别以 $MgCl_2-H_2O$ 体系和 $NaCl-H_2O$ 体系为例，介绍由稳定水合物和不稳定水合物生成的二元水盐体系相图的标绘。其中在 $MgCl_2-H_2O$ 体系中有一种稳定水合物 $MgCl_2\cdot12H_2O$ 生成，在 $NaCl-H_2O$ 体系中有不稳定水合物 $NaCl\cdot2H_2O$ 生成。表 2-4 和表 2-5 分别给出了相关相平衡数据，其中表 2-4 中数据覆盖到含 $MgCl_2$ 为 67.8%。两体系相图分别见图 2-13（仅给出了 $MgCl_2-H_2O$ 体系相图的局部）和图 2-14。

表 2-4　$MgCl_2-H_2O$ 体系溶解度数据

编号	温度/℃	液相组成，w_B/%	平衡固相	符号
1	0	0	冰	A
2	−10	11.7	冰	
3	−20	16.9	冰	
4	−33.5	21.0	冰+$MgCl_2\cdot12H_2O$	E_1
5	−25	24.2	$MgCl_2\cdot12H_2O$	
6	−16.3	30.6	$MgCl_2\cdot12H_2O$	B
7	−16.7	32.2	$MgCl_2\cdot12H_2O$+$MgCl_2\cdot8H_2O$	E_2
8	−10	33.4	$MgCl_2\cdot8H_2O$	
9	−3.4	34.6	$MgCl_2\cdot8H_2O$+$MgCl_2\cdot6H_2O$	F

续表

编号	温度/℃	液相组成，w_B/%	平衡固相	符号
10	25	35.7	$MgCl_2·6H_2O$	
11	50	37.4	$MgCl_2·6H_2O$	
12	75	39.2	$MgCl_2·6H_2O$	
13	100	42.2	$MgCl_2·6H_2O$	
14	116.7	46.5	$MgCl_2·6H_2O+MgCl_2·4H_2O$	
15	125	47.0	$MgCl_2·4H_2O$	
16	150	48.8	$MgCl_2·4H_2O$	
17	175	52.0	$MgCl_2·4H_2O$	
18	181	55.7	$MgCl_2·4H_2O+MgCl_2·2H_2O$	
19	200	57.5	$MgCl_2·2H_2O$	
20	250	63.0	$MgCl_2·2H_2O$	
21	300	67.8	$MgCl_2·2H_2O$	

表 2-5 NaCl－H_2O 体系溶解度数据

编号	温度/℃	液相组成，w_B/%	平衡固相	符号
1	0	0	冰	*A*
2	−5	7.9	冰	
3	−10	14.0	冰	
4	−15	18.9	冰	
5	−21.2	23.3	冰+ $NaCl·2H_2O$	*E*
6	−15	24.2	$NaCl·2H_2O$	
7	−10	24.9	$NaCl·2H_2O$	
8	−5	25.6	$NaCl·2H_2O$	
9	0.15	26.3	$NaCl·2H_2O$ + NaCl	*Q*
10	10	26.3	NaCl	
11	20	26.4	NaCl	
12	25	26.45	NaCl	
13	40	26.7	NaCl	
14	50	26.9	NaCl	
15	75	27.45	NaCl	
16	100	28.25	NaCl	
17	125	29.0	NaCl	
18	200	31.5	NaCl	
19	500	55	NaCl	
20	800	100	NaCl	*B*

和简单二元相图描绘相同，复杂二元体系相图描绘也是按照连续原理和相应原理进行的。由于有新的固相生成，故在相图中需根据水合物的组成确定其位置。例如 $MgCl_2·12H_2O$ 和 $MgCl_2·8H_2O$ 分别含 $MgCl_2$ 30.6%和 39.8%，因此分别在横坐标中表示 $MgCl_2$ 含量为 30.6%和 39.8%处画一条竖直线，并标明相应水合物化学式，该线即代表相应水合物的固相组成线，如图 2-13 所示。

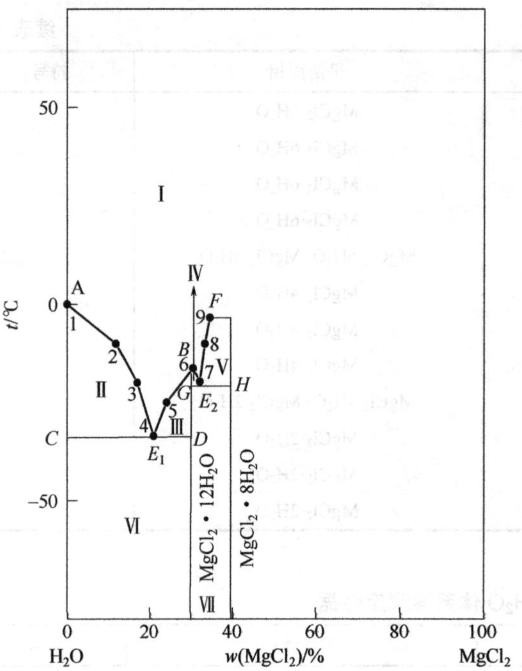

图 2-13　$MgCl_2-H_2O$ 体系相图

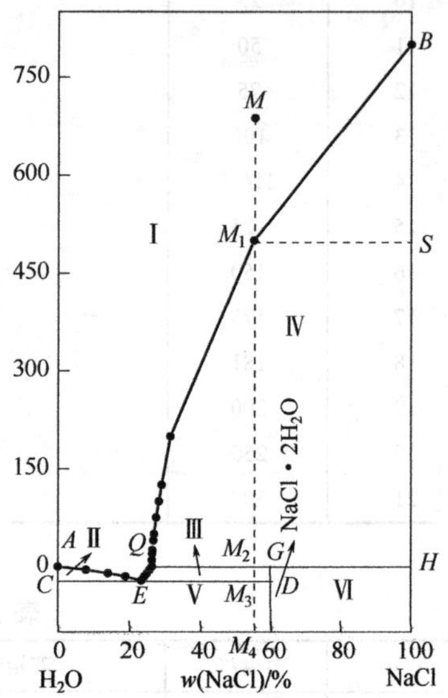

图 2-14　$NaCl-H_2O$ 体系相图

复杂二元体系溶解度曲线连接原则与简单体系相同，即具有一个共同平衡固相的点可连。例如在表 2-4 中，第 1～4 号、第 4～7 号和第 7～9 号分别可连成三条曲线，其平衡固相分别为冰、$MgCl_2 \cdot 12H_2O$ 和 $MgCl_2 \cdot 8H_2O$。此外，在对相区进行划分时，还需遵从以下三个原则：

（1）连接零变点和与其相平衡的两固相点的水平线为相区划分线。例如在 $MgCl_2-H_2O$ 体系中，与零变点 E_1 和 E_2 相平衡的固相分别为冰 + $MgCl_2 \cdot 12H_2O$ 和 $MgCl_2 \cdot 12H_2O$ + $MgCl_2 \cdot 8H_2O$。因此，分别过 E_1 和 E_2 点，并与表示冰（C 点）+ $MgCl_2 \cdot 12H_2O$（D 点）及 $MgCl_2 \cdot 12H_2O$（G 点）+ $MgCl_2 \cdot 8H_2O$（H 点）固相点的水平连线 CD 和 GH 为相区划分线。

（2）固相组成线本身也为相区划分线。例如图 2-13 中 $MgCl_2 \cdot 12H_2O$ 和 $MgCl_2 \cdot 8H_2O$ 的固相组成线也为相区划分线。

（3）上述两原则中的相区划分线不得交叉穿过。

根据上述原则，对有不稳定水合物生成的 $NaCl-H_2O$ 体系相图进行标绘，结果见图 2-14。值得注意的是，在有不稳定水合物生成的二元水盐体系相图中，零变点在连接与之平衡的两固相点的连线外。例如图 2-14 中，表示 $NaCl \cdot 2H_2O$ 和 NaCl 的零变点 Q 在连接 $NaCl \cdot 2H_2O$ 和 NaCl 固相点的直线 GH 外。

三、稳定水合物相图认识

由于相图是平衡体系中各个相、相组成及相之间相互关系的一种图解，因此下面以 $MgCl_2-H_2O$ 体系为例，介绍有稳定水合物生成的二元水盐体系相图中各个点、线及区的意义。

1. 饱和溶液线（溶解度曲线）

由具有共同平衡固相的点连成的曲线即为该平衡固相的饱和溶液线，亦即溶解度曲线，它表示对该固相饱和的溶液。例如在表 2-4 中，第 1～4 号、第 4～7 号和第 7～9 号共同平衡的固相分别为冰、$MgCl_2 \cdot 12H_2O$ 和 $MgCl_2 \cdot 8H_2O$，因此图 2-13 中的曲线 AE_1、E_1BE_2、E_2F 分别表示冰、$MgCl_2 \cdot 12H_2O$ 和 $MgCl_2 \cdot 8H_2O$ 的溶解度曲线。其中 E_1BE_2 曲线中间形成一个最高点 B 点，该处对应温度即表示水合物 $MgCl_2 \cdot 12H_2O$ 的熔点。

根据溶解度曲线形状，可以判断相应固相的溶解度随温度变化的情况。当曲线上任意一点的切线的斜率绝对值较大时，即表示对应固相的溶解度随温度变化较小，反之则较大。通常盐的溶解度随温度的升高而增大，但也有溶解度随温度升高而减小的盐，如 Na_2SO_4，其溶解度曲线任意一点的切线斜率均为负值，这种溶解度曲线称为退减溶解度曲线。

2．未饱和溶液区（全液相区）

溶解度曲线上方区域即为未饱和溶液区，该区域表示未饱和的溶液。例如图 2-13 和图 2-14 中的Ⅰ区。根据相图，可以知道体系全液相区的温度和浓度范围。

3．固液平衡相区（一固一液区）

由溶解度曲线和固相组成线构成的封闭三边形即为固液平衡相区。如图 2-13 中的Ⅱ区表示冰，Ⅲ区和Ⅳ区表示 $MgCl_2 \cdot 12H_2O$，Ⅴ区表示 $MgCl_2 \cdot 8H_2O$ 的结晶区。图 2-14 中的Ⅱ区表示冰，Ⅳ区表示 NaCl 的结晶区。

值得注意的是，在有不稳定水合物生成的二元体系中，该水合物的固液平衡相区由该水合物溶解度曲线和固相组成线在内构成四边形，而非上述三边形，例如图 2-14 中 $NaCl \cdot 2H_2O$ 的结晶区Ⅲ区。在结晶区内，由于固相会从溶液中结晶析出，因此这对于盐的制备或纯化具有重要意义。以相图为指导，通过简单的改变温度（加热或冷却）、改变组分（蒸发或加水）等方式即可使系统进入所需固相的结晶区。

4．全固相区

由两条固相组成线为左、右边的长方形即为全固相区。如图 2-13 中的Ⅵ区为冰+$MgCl_2 \cdot 12H_2O$ 固相区、Ⅶ区为 $MgCl_2 \cdot 12H_2O$ + $MgCl_2 \cdot 8H_2O$ 固相区。在图 2-14 中，Ⅴ为冰+$NaCl \cdot 2H_2O$ 固相区、Ⅵ为 $NaCl \cdot 2H_2O$ + NaCl 固相区。

5．三相线

零变点与其平衡的两个固相点连成的直线即为三相线。如图 2-13 中直线 CE_1D 表示冰和 $MgCl_2 \cdot 12H_2O$ 与液相 E_1 共存，直线 GE_2H 表示 $MgCl_2 \cdot 12H_2O$ 和 $MgCl_2 \cdot 8H_2O$ 与液相 E_2 共存。在图 2-14 中，直线 CED 表示冰和 $NaCl \cdot 2H_2O$ 与液相 E 共存，直线 QGH 表示 $NaCl \cdot 2H_2O$ 和 NaCl 与液相 Q 共存。

6．稳定水合物相图本质

若体系中只有稳定水合物生成，则这类相图称为稳定水合物相图，其相图可视为简单相图的合并，如图 2-15 所示。

图 2-15 中所示 $W-S$ 体系中，有稳定水合物 S_1 生成，该相图可视为 $W-S_1$ 体系与 S_1-S 体系两个简单相图的合并。因此，图 2-13 所示的 $MgCl_2$ – H_2O 体系部分相图可视为由 $MgCl_2 \cdot 12H_2O-H_2O$ 体系和 $MgCl_2 \cdot 12H_2O-MgCl_2 \cdot 8H_2O$ 体系合并而成。

知道了稳定水合物相图的本质，在对稳定水合物相图进行等温蒸发及冷却过程分析时，可用简单相图的知识进行简化。

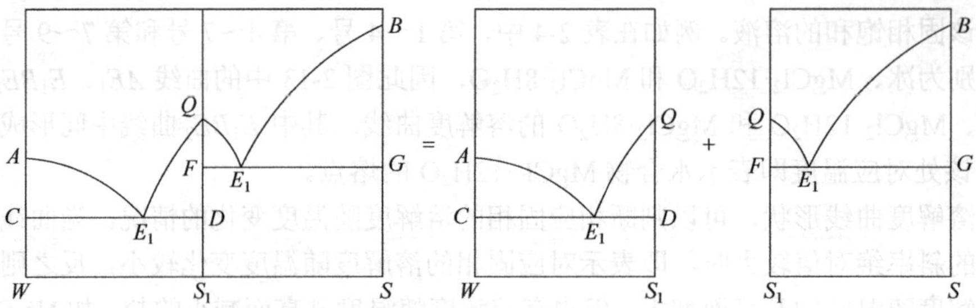

图 2-15 稳定水合物相图与简单相图关系

四、不稳定水合物的转溶现象

在介绍不稳定水合物加热时曾提到，当温度达到某一温度时，水合物会发生分解，变成另一种固相和对应的液相，如 $Na_2SO_4\cdot10H_2O$ 在 32.38℃加热时的情况。从宏观上看，$Na_2SO_4\cdot10H_2O$ 好像逐渐"溶解"进入液相，而 Na_2SO_4 固相"析出"越来越多。这种在一定温度下发生的某一固相"溶解"，另一固相"析出"的现象即称为转溶现象，对应温度称为转变点。例如在 NaCl－H_2O 体系中，$NaCl\cdot2H_2O$ 的转变点为 0.15℃，即在该温度加热 $NaCl\cdot2H_2O$ 时，会发生如下转溶现象：

$$NaCl\cdot2H_2O(s)\xrightarrow[\triangle]{0.15℃}NaCl(s)+L(l)$$

1. 转溶现象发生原因

下面以 $Na_2SO_4\cdot10H_2O$ 为例，说明转溶现象发生的原因。当温度达到 32.38℃时，液相与平衡的两固相共存，即：

$$\begin{array}{lccc} & L(l)F & Na_2SO_4\cdot10H_2O(s) & + \quad Na_2SO_4(s) \\ Na_2SO_4(\%): & (33.25\%) & (44.1\%) & (100\%) \end{array}$$

上述系统相数为 3，其自由度 F 等于零，即系统的温度及液相组成都不发生变化，否则违背相律。由于与液相平衡的两固相中 Na_2SO_4 的含量均大于液相中 Na_2SO_4 含量，若不发生转溶，则：

（1）若只有 Na_2SO_4 析出，$Na_2SO_4\cdot10H_2O$ 不析出也不溶解，则液相中 Na_2SO_4 含量减少。

（2）若只有 $Na_2SO_4\cdot10H_2O$ 析出，Na_2SO_4 不析出也不溶解，则由于 $Na_2SO_4\cdot10H_2O$ 中 Na_2SO_4 含量仍大于液相而导致液相中 Na_2SO_4 含量减少。

（3）若 Na_2SO_4 和 $Na_2SO_4\cdot10H_2O$ 同时析出，液相中 Na_2SO_4 含量将减少得更快。

同理可以说明，当 Na_2SO_4 或/和 $Na_2SO_4\cdot10H_2O$ 溶解时，将使液相中 Na_2SO_4 含量增加。因此，为保证液相中 Na_2SO_4 浓度不发生变化而不违背相律，一定要发生 $Na_2SO_4\cdot10H_2O$ 和 Na_2SO_4 间的转溶。即一个固相析出而另一个固相溶解，析出的固相从液相中带走了盐分，而溶解的固相又补充了这些盐分，从而保证液相浓度不变。

转溶过程是可逆过程，如 $Na_2SO_4\cdot10H_2O$ 和 Na_2SO_4 间的转溶可表示为：

$$Na_2SO_4\cdot10H_2O(s)\xrightleftharpoons{32.38℃}Na_2SO_4(s)+L(l)$$

由于转变点是不稳定水合物保持稳定的最高温度，因此当温度对于转变点而言有升高趋势时，水合物将"溶解"而"析出"无水盐，反之无水盐"溶解"而"析出"水合物。当体系中有多个不稳定水合物生成时，将按结晶水的多少依次转溶，如在 $MgCl_2-H_2O$ 体系中，转溶次序依次为：

$$MgCl_2\cdot 8H_2O \xrightleftharpoons{-3.4℃} MgCl_2\cdot 6H_2O \xrightleftharpoons{116.7℃} MgCl_2\cdot 4H_2O \xrightleftharpoons{181℃} MgCl_2\cdot 2H_2O$$

2. 二元相图零变点比较

简单及有稳定水合物生成的二元水盐体系相图在等温蒸发及冷却过程中无转溶现象发生，而有不稳定水合物生成的二元水盐体系相图却有该现象发生，表现在相图上为各零变点有相应的几何特征，结合图 2-3、图 2-13 及图 2-14，将其归纳比较，结果见表 2-6。

表 2-6 二元相图零变点比较

图号	图 2-3	图 2-13	图 2-14
相图类型	简单相图	有稳定水合物生成相图	有不稳定水合物生成相图
相关零变点	E	E_2	Q
平衡固相点	C、D	G、H	G、H
几何特征	E 在 C、D 中间	E_2 在 G、H 中间	Q 在 G、H 外
三相线上发生过程	冷却时 C、D 同时析出，加热时同时溶解	冷却时 G、H 同时析出，加热时同时溶解	G、H 之间发生转溶
结论	零变点在平衡固相点之间，则发生共溶或共析	零变点在平衡固相点之间，则发生共溶或共析	零变点在平衡固相之外，则发生转溶

表 2-6 中结论具有普适性，即只要相图中零变点处于两平衡固相点之间，则在三相线温度下只发生共溶或共析现象；只要零变点处于两平衡固相点之外，则在三相线温度下必发生转溶现象。

3. 不稳定水合物相图等温蒸发及冷却过程分析

明白了转溶现象发生的原因及相图零变点几何特征，即可对有不稳定水合物生成的二元水盐相图进行加热、等温蒸发及冷却等过程进行分析。下面以图 2-14 $NaCl-H_2O$ 体系为例，分析系统点 M 的冷却过程情况，结果见表 2-7。

表 2-7 $NaCl-H_2O$ 体系相图中系统 M 冷却过程分析

阶段	一	二	三	四	五	六
过程情况	未饱和溶液降温至 NaCl 饱和	NaCl 析出	$NaCl\cdot 2H_2O$ 析出，NaCl 溶解至溶完	$NaCl\cdot 2H_2O$ 继续析出	$NaCl\cdot 2H_2O$ 与冰共析至液相消失	$NaCl\cdot 2H_2O$ 与冰降温
系统轨迹	$M\to M_1$	$M_1\to M_2$	M_2	$M_2\to M_3$	M_3	$M_3\to M_4$
液相轨迹	$M\to M_1$	$M_1\to Q$	Q	$Q\to E$	E	无
固相轨迹	无	$S\to H$	$H\to G$	$G\to D$	$D\to M_3$	$M_3\to M_4$

五、具有多晶转变的相图

同一物质，若晶体结构不同，则其物理化学性质将会存在一定差异，因而形成不同的固相。当体系中存在同质异构体时，则有与之相对应的相图。下面以 NH_4NO_3 为例，介绍具有多晶转变的相图（polymorphic transition phase diagram）。NH_4NO_3 具有的晶型包括 α-正交、β-正交、立方、等轴四种。表 2-8 给出了 $NH_4NO_3-H_2O$ 体系相平衡数据。

表 2-8 $NH_4NO_3-H_2O$ 体系溶解度数据

编号	温度/℃	液相组成，w_B/%	平衡固相
1	0	0	冰
2	−10	47.3	冰+NH_4NO_3 (β-正交)
3	0	55.0	NH_4NO_3 (β-正交)
4	20	64.0	NH_4NO_3 (β-正交)
5	25	68.2	NH_4NO_3 (β-正交)
6	32.3	71.0	NH_4NO_3（β-正交）+ NH_4NO_3 (α-正交)
7	40	74.6	NH_4NO_3 (α-正交)
8	60	80.4	NH_4NO_3 (α-正交)
9	80	85.7	NH_4NO_3 (α-正交)
10	85	87.0	NH_4NO_3 (α-正交) + NH_4NO_3 (立方)
11	100.1	91.1	NH_4NO_3 (立方)
12	120.8	95.2	NH_4NO_3 (立方)
13	125	95.5	NH_4NO_3 (立方）+ NH_4NO_3 (等轴)
14	135.8	97.1	NH_4NO_3 (等轴)
15	157	99.0	NH_4NO_3 (等轴)
16	170	100.0	NH_4NO_3 (等轴)

像 NH_4NO_3 这种存在同一物质不同晶型处于相平衡的体系称为多晶转变体系，其相图的描绘方法及步骤，遵从前面归纳的简单的、有稳定或不稳定水合物生成体系相图描绘原则，标绘结果见图 2-16。

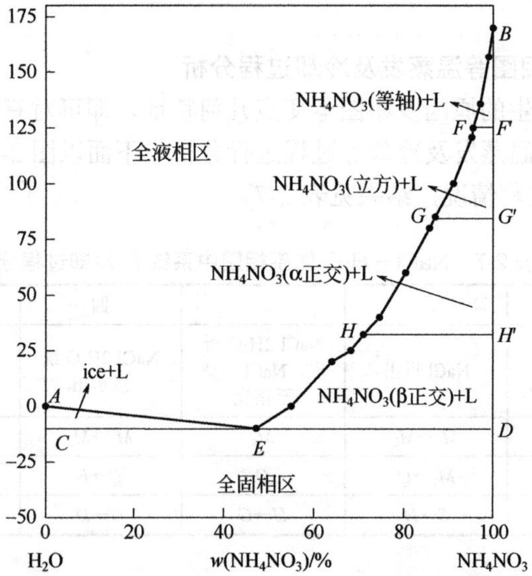

图 2-16 $NH_4NO_3-H_2O$ 体系相图

图 2-16 中，曲线 *EH*、*HG*、*GF*、*FB* 分别表示 β-正交、α-正交、立方和等轴四种 NH_4NO_3 晶体的溶解度曲线。由于各种 NH_4NO_3 晶体的固相组成线均在 *BD* 上，而相应零变点 *F*、*G*、*H* 都在平衡的两个固相图形点外，例如在三相线 *HH'* 上，零变点 *H* 在两个平衡固相 β-正交和 α-正交的图形点 *H'* 外，因此在相应的温度下，将发生两种固相之间的转溶现象。

至此，我们共讨论了包括简单的、有稳定水合物生成的、有不稳定水合物生成的及具有多晶转变的四种基本类型二元水盐体系相图，对于更复杂的二元水盐体系及其相图，可以视为上述四种基本相图的组合，在对复杂相图进行分析时，将其分解简化为这四种基本类型，则可使复杂的问题简单化。

第四节　二元水盐体系相图物料计算方法

在利用相图进行计算过程中，常使用的方法有杠杆规则法、未析出组分法和物料平衡法，下面分别对各种方法进行介绍，并对各方法的优缺点进行比较。

一、杠杆规则法

利用杠杆规则进行计算的方法即为杠杆规则法，该方法较为简单，但由于需要通过作图方式确定杠杆长度，因此误差相对较大。利用杠杆规则进行计算，大致步骤可分为：

（1）确定相关物料点在相图中的位置。

（2）确定代表相关物料的杠杆臂，并量出其长度。

（3）根据杠杆规则和已知的物料量进行计算。

下面以原料 100 kg 为基准，计算在 32.38℃加热芒硝进行反应所生成的固相和液相质量。$Na_2SO_4-H_2O$ 体系部分实验数据见表 2-9，据表绘制其相图见图 2-17。

表 2-9　$Na_2SO_4-H_2O$ 体系溶解度数据

编号	温度/℃	液相组成，w_B/%	平衡固相	符号
1	0	0	冰	
2	−0.6	2.0	冰	
3	−1.2	4.0	冰+$Na_2SO_4\cdot10H_2O$	*E*
4	5	6.0	$Na_2SO_4\cdot10H_2O$	
5	15	11.6	$Na_2SO_4\cdot10H_2O$	
6	25	21.8	$Na_2SO_4\cdot10H_2O$	
7	32.38	33.25	$Na_2SO_4\cdot10H_2O$+Na_2SO_4	*G*
8	50	31.8	Na_2SO_4	
9	75	30.3	Na_2SO_4	
10	100	29.7	Na_2SO_4	
11	125	29.5	Na_2SO_4	

由相图分析可知，由于零变点 *G* 点在其平衡的两固相点 $Na_2SO_4\cdot10H_2O$ 和 Na_2SO_4 之外，因此可以判断 $Na_2SO_4\cdot10H_2O$ 为不稳定水合物。由溶解度数据可知，32.38℃恰好为 $Na_2SO_4\cdot10H_2O$ 的转变点，因此该温度下加热 $Na_2SO_4\cdot10H_2O$ 将发生如下转溶过程：

$$Na_2SO_4\cdot10H_2O(s)\xrightarrow[\triangle]{32.38℃}Na_2SO_4(s)+\text{液相G}$$

在转溶过程中，系统点将由代表 $Na_2SO_4\cdot10H_2O$ 的 *D* 点，沿着 *DS* 朝着代表 Na_2SO_4 的 *S* 点移动，液相点在 *G* 点保持不变，而固相点在 *DS* 连线上。当系统到达 *S* 点时，表明转溶过程完成，此时固相和液相点分别位于 *S* 点和 *G* 点。因此代表原料芒硝的杠杆臂为 $\overline{GS}$，长度为 66.3 单位，代表 Na_2SO_4 的杠杆臂为 $\overline{GD}$，其长度为 11.0 单位。据杠杆规则有：

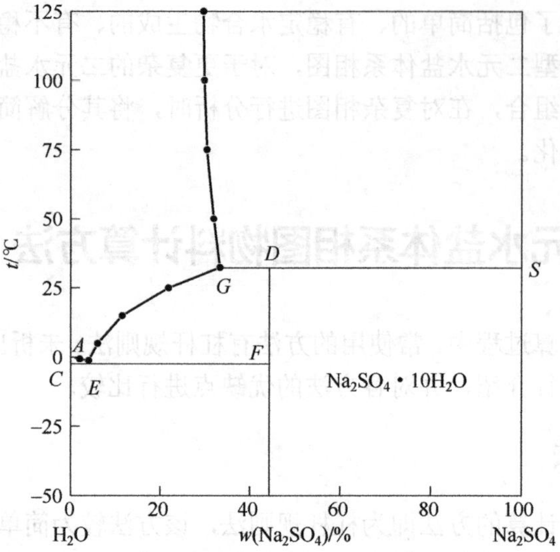

图 2-17 $Na_2SO_4-H_2O$ 体系相图

$$m_{Na_2SO_4\cdot 10H_2O} : m_{Na_2SO_4} = \overline{GS} : \overline{GD}$$

代入相关数据即可计算出 $m_{Na_2SO_4} = 16.6\ kg$，即析出的固相质量为 16.6 kg，液相质量由差减可得 83.4 kg。

二、未析出组分法

在系统蒸发或冷却等过程的某阶段中，不以任何形式，如水蒸气逸出或结晶析出而全部留在液相中的组分即为该阶段的未析出组分。

（1）未饱和溶液蒸发浓缩过程中，若只有水分蒸发逸出，而盐始终在液相中，则盐是未析出组分。

（2）未饱和溶液经冷却方式进入盐的结晶区，若该盐为无水盐，则由于只有无水盐析出，而水始终在液相中，因此水是未析出组分；若该盐为水合物，则由于它由盐和水两部分组成，因此盐和水都不是未析出组分。

通过已知的并全部留在液相中的未析出组分的量来计算未知的析出组分的量的方法即为未析出组分法。

根据质量守恒定律，系统中某组分析出的量 m_x 等于该组分的原始量 M 减去该组分留在液相中的量 m_1，即：$m_x = M - m_1$。对于液相而言，其各组分组成比例可通过数据表或相图查得，因此系统析出组分在液相中的剩余量 m_1 可通过未析出组分的量进行计算，其关系为：

$$m_1 = \text{未析出组分的量（已知）} \times \text{液相中析出与未析出组分之比} \qquad (2\text{-}2)$$

由此可得某组分析出量 m_x 的计算公式为：

$$m_x = M - \text{未析出组分的量（已知）} \times \text{液相中析出与未析出组分之比} \qquad (2\text{-}3)$$

下面采用未析出组分法计算 32.38℃加热 100 kg 芒硝反应所生成的固相和液相质量。

解：$Na_2SO_4 \cdot 10H_2O$ 加热转溶过程中，只析出固相 Na_2SO_4，水始终在液相中，因此该过程中，水为未析出组分，其含量 $m_水$ 为：

$$m_水 = 原料量 \times 原料中水的含量 = 100 \times 55.91\% = 55.91$$

原料中 Na_2SO_4 的原始量 M 为：

$$M = 原料量 - m_水 = 100 - 55.91 = 44.09$$

由表 2-9 可知，$Na_2SO_4 \cdot 10H_2O$ 全部转溶为 Na_2SO_4 时的液相 G 中，Na_2SO_4 的含量为 33.25%，因此液相 G 中 Na_2SO_4 与 H_2O 的比 K 等于：

$$K = \frac{33.25\%}{1 - 33.25\%} = 0.4981$$

因此，由式（2-3）可得：

$$m_x = M - m_水 \times K = 44.09 - 55.91 \times 0.4981 = 16.24$$

即在 32.38℃加热 100 kg 芒硝反应所生成的固相的质量为 16.24 kg，液相的质量为 100 − 16.24 = 83.76 kg。该计算结果与杠杆规则法计算结果存在一定的差异，其主要来自于杠杆规则法采用作图方式量取杠杆臂长度而产生的误差。

三、物料平衡法

对于一个过程来说，根据质量守恒定律，可以列出以下物料平衡方程式：

$$\begin{cases} 投入物料之和 = 生成物料之和 \\ 总物料量 = 组成它的各部分物料之和 \end{cases}$$

在一个过程中，不但总物料平衡，而且对于每一个组分来说也平衡。通过解物料平衡方程来进行量的计算的方法即称为物料平衡法。下面采用物料平衡法计算 32.38℃加热 100 kg 芒硝反应所生成的固相和液相质量。

解：由于 $Na_2SO_4 \cdot 10H_2O$ 加热全部转溶为 Na_2SO_4 和液相 G，而液相 G 中 Na_2SO_4 的含量由表 2-9 查得为 33.25%。令生成的 Na_2SO_4 和液相 G 的质量分别为 a 和 b，则由总物料平衡和 Na_2SO_4 平衡可列出以下物料平衡方程：

$$\begin{cases} 总物料平衡：100 = a + b \\ Na_2SO_4平衡：100 \times 44.09\% = a \times 100\% + b \times 33.25\% \end{cases}$$

解上述方程可得：$a = 16.24$；$b = 83.76$，即在 32.38℃加热 100 kg 芒硝反应所生成的 Na_2SO_4 和液相 G 的质量分别为 16.24 和 83.76，该结果与未析出组分法计算结果一致。

上述三种方法各有优缺点，表 2-10 对其进行了简单比较，在实际计算过程中，应根据具体情况选择合适的方法。

表 2-10　三种计算方法比较

项目	杠杆规则法	未析出组分法	物料平衡法
基本原理	质量守恒	质量守恒	质量守恒
计算过程	简便	较简便	较繁琐
准确度	误差较大	准确	准确
适用范围	广	存在未析出组分时适用	广

第五节 二元水盐体系相图的应用

当采用改变体系温度、蒸发或加水、加盐等方式从某种固体或溶液混合物中提取纯物质时，系统点将随过程的进行而不断发生变化，而相应的过程途径可以描绘在相图上。因此，在实际生产中，常以相图为指导，设计最佳的工艺流程，达到最大的收率和最低的能耗。在实际使用相图指导生产过程中，应注意：

① 单纯地升高或降低温度，系统的组成保持恒定。在相图上表现为，系统点将沿着垂直线方向向上或向下移动；

② 在恒定温度下，向系统加水，系统被稀释，在相图上表现为系统点向表示水的组成线方向水平移动；向系统加盐或蒸发失水，系统被浓缩，在相图上表现为系统点向表示盐的组成线方向水平移动。

下面以海盐和氯化镁的生产为例，介绍二元水盐体系相图的实际运用。

一、海盐生产的相图分析

某日晒蒸发海水原盐产品分析结果如下：

成分	NaCl	H_2O	$CaSO_4$	$MgSO_4$	$MgCl_2$	KCl	不溶物
w_B/%	93.76	3.476	0.565	0.614	0.492	0.180	0.716

为提高 NaCl 的质量，采用重结晶方法进行再制，即将原盐在一定温度下溶解为饱和溶液，然后通过冷却或蒸发方式使 NaCl 重新结晶出来，达到去除杂质目的。若将含量很少的成分忽略，原盐可视为 NaCl－H_2O 体系，图 2-18 给出了 NaCl－H_2O 体系相图的局部。

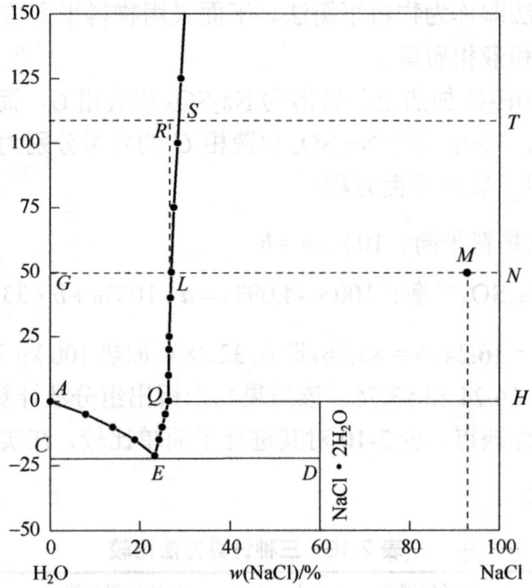

图 2-18 NaCl－H_2O 体系相图

由图 2-18 可见，NaCl 溶解度随温度的升高仅略有增加。因此采用较高的温度溶解原盐，效果不明显，反而因较多的散热损失而致较高的能耗，适当的化盐温度一般选择在 50～90℃。图 2-18 中，L 点即表示 50℃时饱和 NaCl 溶液，而 M 点表示 50℃的原盐。因此化盐过程反

应在相图上为:

$$原盐(M)+水(W)\longrightarrow饱和盐水(L)$$

由于 NaCl 溶解度随温度变化较小，因此单纯通过对 L 进行冷却结晶方式制备 NaCl，其产率极低。为更快且更多地获得产品，采用沸腾蒸发的方式进行再制盐，同时由于常压下饱和 NaCl 的沸点为 108℃，因此实际生产中，在 108℃下进行沸腾蒸发制备 NaCl。该过程反应在相图上为，系统点 L 预热至位于 108℃的 R 点，该过程处于未饱和溶液区，因此无 NaCl 析出。然后通过蒸发失水方式，使系统点沿着 RT 方向向 T 点移动，当系统达到 S 点时，溶液达到饱和，继续沸腾蒸发，则析出 NaCl 晶体。该过程中，液相点在 S 处保持不变。

蒸发过程中，为防止 NaCl 大量析出而使设备结垢并影响传热，需将析出的 NaCl 排出，并不断加入新的饱和盐水 R。当母液循环使用到一定程度，由于杂质增加，将影响产品质量。因此，需定期对母液中杂质进行检测，以决定母液的取舍。排除的 NaCl 盐浆经脱卤、干燥即可得再制盐产品。综上分析，原盐制备 NaCl 的流程图如图 2-19 所示。

二、氯化镁生产的相图分析

海水经日晒蒸发结晶制取原盐后，其母液（苦卤）经一系列工艺制取 KCl、Br_2 等产品后，剩余的废液中含有高浓度的 $MgCl_2$，其组成为:

成分	$MgCl_2$	KCl	NaCl	$MgSO_4$	H_2O
w_B/%	28.46	0.23	1.02	1.92	68.37

若将含量很少的成分忽略，则可将其视为 $MgCl_2-H_2O$ 体系。下面介绍以该废液为原料，并以 $MgCl_2-H_2O$ 体系相图为指导生成氯化镁产品。$MgCl_2-H_2O$ 体系相平衡数据见表 2-4，相应相图见图 2-20。

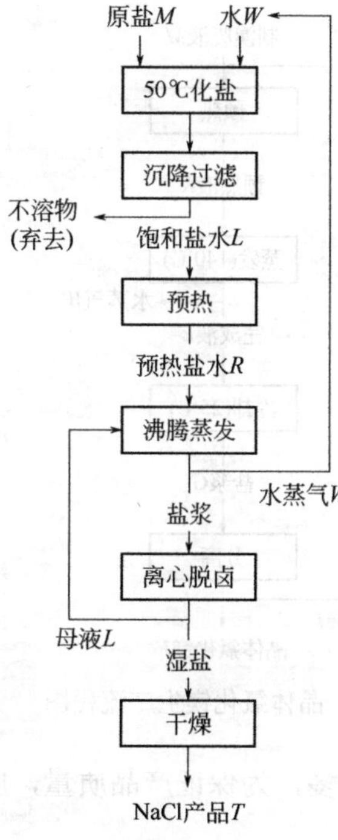

图 2-19　原盐制备 NaCl 生产流程图

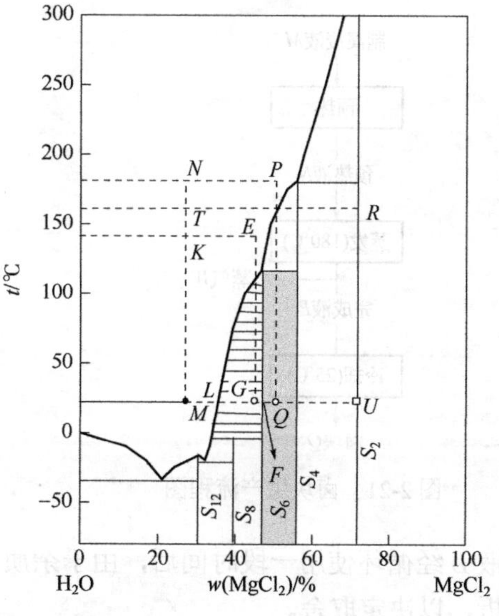

图 2-20　$MgCl_2-H_2O$ 体系相图

由图 2-20 可知，$MgCl_2-H_2O$ 体系相图为复杂相图，该体系有五种水合物产生，分别为 $MgCl_2·12H_2O$（S_{12}）、$MgCl_2·8H_2O$（S_8）、$MgCl_2·6H_2O$（S_6）、$MgCl_2·4H_2O$（S_4）及 $MgCl_2·2H_2O$（S_2），其中只有 S_{12} 为稳定水合物。25℃原料标于图中 *M* 点，处于未饱和状态。氯化镁产品一般有卤块（S_6 与 S_4 固体混合物）、晶体氯化镁（结晶 S_6）和脱水氯化镁（结晶 S_2）三种，下面分别介绍其生产工艺。

1．卤块生产工艺分析

在 $MgCl_2-H_2O$ 体系相图中，$MgCl_2·6H_2O+MgCl_2·4H_2O$ 结晶区位于原料点 *M* 的右侧（灰色区域）。因此可以通过 25℃等温蒸发脱水使 *M* 进入该区。但是，由于常温下蒸发较慢而不利于生产，因而在实际生产中，常采用高温沸腾蒸发脱水再冷却的办法将系统引入该区。由于卤块粗品含 $MgCl_2$ 约 50%，而常压下含 50% $MgCl_2$ 溶液的沸点约为 180℃，因此实际操作过程中，控制原料温度至 180℃，相应的蒸发终点含 $MgCl_2$ 约 50%。该过程反映在相图上，其系统轨迹为：*M*→*N*→*P*→*Q*，基本流程见图 2-21。

2．晶体氯化镁生产工艺分析

为得到晶体氯化镁 $MgCl_2·6H_2O$，需将 *M* 点引入 S_6 结晶区（横线阴影区），与生产卤块相同，可采用高温沸腾蒸发脱水，再自然冷却方式生产。由于 $MgCl_2·6H_2O$ 含 $MgCl_2$ 46.83%，为获得理论上的最大产量，蒸发终点溶液应含 $MgCl_2$ 46.83%，否则冷却产品为包含 $MgCl_2·4H_2O$ 的卤块。但是，由于实际控制 $MgCl_2$ 含量为 46.83%比较困难，为防止产品中有 $MgCl_2·4H_2O$ 形成，通常控制终点含 $MgCl_2$ 约 45%，相应的沸点约 140℃。蒸发完成液 *E* 经自然冷却至 *G* 点，得固相 $MgCl_2·6H_2O$（*F* 点）和母液 *L*，经分离后母液可循环使用。该过程反映在相图上，其系统轨迹为：*M*→*K*→*E*→*G*，基本流程见图 2-22。

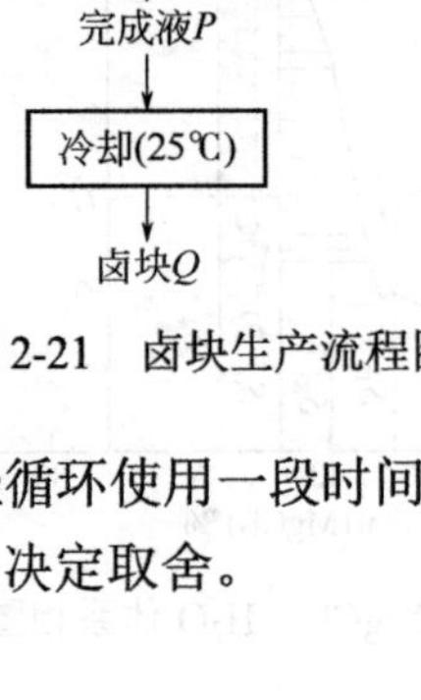

图 2-21　卤块生产流程图

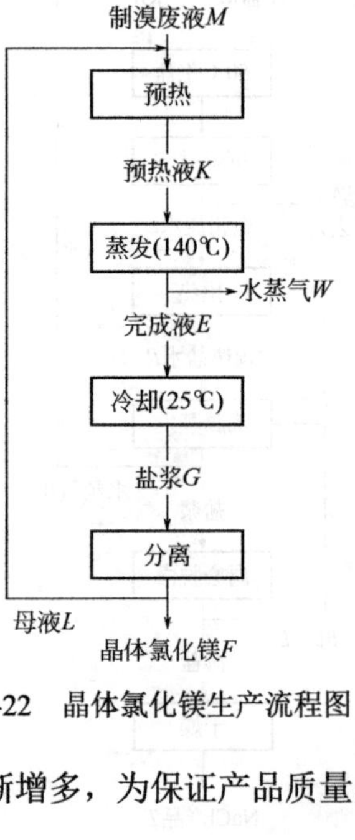

图 2-22　晶体氯化镁生产流程图

母液 *L* 经循环使用一段时间后，由于杂质含量逐渐增多，为保证产品质量，应定期对其进行分析，以决定取舍。

3. 脱水氯化镁生产工艺分析

脱水氯化镁主要成分为$MgCl_2·2H_2O$，由表 2-4 及图 2-20 可见，$MgCl_2·2H_2O$的结晶温度超过 181℃，由于超过该温度时，$MgCl_2·2H_2O$会发生如下分解反应：

$$MgCl_2 \cdot 2H_2O \longrightarrow Mg(OH)Cl + H_2O + HCl$$

因此不能采用超过 181℃的高温结晶方式制取$MgCl_2·2H_2O$，而采用较低温度，如 170℃蒸发结晶，并使固相脱水方式进行生产。由于$MgCl_2·2H_2O$进一步脱水比较困难，因此在实际生产中，将制溴废液通入高温气流经过的沸腾床干燥器或利用喷雾干燥的方式进行蒸发脱水，尽量脱水后的产物即为$MgCl_2·2H_2O$产品。该过程反映在相图上，其系统轨迹为：$M \to T \to R \to U$，基本流程见图 2-23。

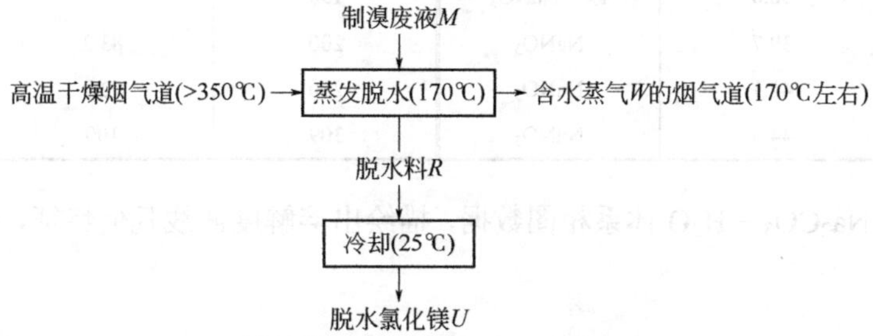

图 2-23 脱水氯化镁生产流程图

习题二

2-1 绘制 NaCl－H_2O体系相图，并注明各个相区意义（相关数据见附录八）。

2-2 绘制 KCl－H_2O体系相图，并注明各个相区意义（相关数据见附录八）。

2-3 绘制$MgCl_2$－H_2O体系相图，并注明各个相区意义（相关数据见附录八）。

2-4 根据 NaCl－H_2O体系相图，计算当气温降至−15℃时，每千克含 NaCl 25%的卤水冻出的固相量。

2-5 某盐场有含 NaCl 5%的卤水 3000 t，试计算当气温降至多少摄氏度时，可得含 NaCl 15%的新卤水。此时有多少吨卤水？

2-6 某工厂有含氯化钠为 85%的原盐，为了提高盐质，决定采用饱和盐水洗涤原盐，现需配制 1000 t 20℃的饱和盐水，需要原盐和淡水各多少？（计算时，原盐看作水盐二元体系）

2-7 根据 KCl－H_2O相图，确定下列系统状态，并计算各相质量。

（1）100℃下，50 kg KCl 与 5 kg H_2O组成的系统；

（2）−5℃下，100 kg 含 KCl 5%和H_2O 95%组成的系统。

2-8 现有 100℃下含 KCl 30%的溶液 5.2 t，试用相图分析计算。

（1）计算该溶液冷却至 0℃时，KCl 的析出量；

（2）计算该溶液等温蒸发至 KCl 刚饱和时的蒸发水量。

2-9 100 kg 含 KCl 5%的溶液，在 95℃下蒸发掉 90 kg 水，计算：

（1）蒸发后析出的固相及母液的量；

（2）把蒸发后的母液冷却至 15℃，在冷却过程析出的固相量及最后的液相量。

2-10 有含 $NaNO_3$ 20%的水溶液，用相图分析判断。

（1）在 25℃时该溶液能否将与溶液同样质量的 $NaNO_3$ 全部溶解；

（2）在 85℃时情况又怎样？

$NaNO_3-H_2O$ 体系相平衡数据

温度/℃	液相组成，w_B/%	平衡固相	温度/℃	液相组成，w_B/%	平衡固相
0	0	冰	40	51.2	$NaNO_3$
−5	13.5	冰	60	55.5	$NaNO_3$
−10	25.0	冰	80	59.8	$NaNO_3$
−15	34.0	冰	100	63.8	$NaNO_3$
−17.7	38.0	冰 + $NaNO_3$	150	73.7	$NaNO_3$
−10	39.7	$NaNO_3$	200	83.2	$NaNO_3$
0	42.1	$NaNO_3$	250	92.0	$NaNO_3$
20	44.4	$NaNO_3$	309	100	$NaNO_3$

2-11 根据 $Na_2CO_3-H_2O$ 体系相图数据，描绘出溶解度曲线几何特征，并判断体系中水合物的稳定性。

$Na_2CO_3-H_2O$ 体系相平衡数据

温度/℃	液相组成，w_B/%	平衡固相	温度/℃	液相组成，w_B/%	平衡固相
0	0	冰	50	32.1	$Na_2CO_3 \cdot H_2O$
−1.0	2.6	冰	75	31.2	$Na_2CO_3 \cdot H_2O$
−2.1	5.7	冰 + $Na_2CO_3 \cdot 10H_2O$	100	30.9	$Na_2CO_3 \cdot H_2O$
10	10.9	$Na_2CO_3 \cdot 10H_2O$	110	30.8	$Na_2CO_3 \cdot H_2O + Na_2CO_3$
20	17.9	$Na_2CO_3 \cdot 10H_2O$	125	29.5	Na_2CO_3
32.1	31.4	$Na_2CO_3 \cdot 10H_2O$ + $Na_2CO_3 \cdot 7H_2O$	150	27.5	Na_2CO_3
35.2	33.1	$Na_2CO_3 \cdot 7H_2O$ + $Na_2CO_3 \cdot H_2O$	175	25.6	Na_2CO_3

2-12 根据 $LiI-H_2O$ 体系相图数据，描绘出溶解度曲线几何特征，并判断体系中水合物的稳定性。

$LiI-H_2O$ 体系相平衡数据

温度/℃	液相组成，w_B/%	平衡固相	温度/℃	液相组成，w_B/%	平衡固相
0	60	$LiI \cdot 3H_2O$	70.5	74.8	$LiI \cdot 3H_2O + LiI \cdot 2H_2O$
19	62	$LiI \cdot 3H_2O$	71.5	75.4	$LiI \cdot 2H_2O$
40	64	$LiI \cdot 3H_2O$	79	78.8	$LiI \cdot 2H_2O$
59	66.5	$LiI \cdot 3H_2O$	78	80.1	$LiI \cdot 2H_2O$
75	71.3	$LiI \cdot 3H_2O$	77	81.4	$LiI \cdot 2H_2O$

2-13 现有 100℃含 $CaCl_2$ 60%的水溶液，当该系统从 100℃冷却至 20℃时，过程共分几个阶段，每个阶段发生的相变情况如何？

CaCl$_2$－H$_2$O 体系相平衡数据

温度/℃	液相组成，w_B/%	平衡固相	温度/℃	液相组成，w_B/%	平衡固相
0	0	冰	25	45.1	$CaCl_2 \cdot 6H_2O$
−5	9.2	冰	30	50.0	$CaCl_2 \cdot 6H_2O$ + $CaCl_2 \cdot 4H_2O$
−10	14.4	冰	35	51.7	$CaCl_2 \cdot 4H_2O$
−15	18.3	冰	40	53.6	$CaCl_2 \cdot 4H_2O$
−20	21.3	冰	45.3	56.5	$CaCl_2 \cdot 4H_2O$ + $CaCl_2 \cdot 2H_2O$
−25	23.6	冰	50	56.9	$CaCl_2 \cdot 2H_2O$
−30	25.3	冰	55	57.3	$CaCl_2 \cdot 2H_2O$
−35	26.8	冰	60	57.8	$CaCl_2 \cdot 2H_2O$
−40	28.1	冰	65	58.2	$CaCl_2 \cdot 2H_2O$
−45	29.4	冰	70	58.6	$CaCl_2 \cdot 2H_2O$
−49.8	30.5	冰 + $CaCl_2 \cdot 6H_2O$	75	59.1	$CaCl_2 \cdot 2H_2O$
−45	31.2	$CaCl_2 \cdot 6H_2O$	80	59.5	$CaCl_2 \cdot 2H_2O$
−40	31.8	$CaCl_2 \cdot 6H_2O$	85	60.0	$CaCl_2 \cdot 2H_2O$
−35	32.8	$CaCl_2 \cdot 6H_2O$	90	60.4	$CaCl_2 \cdot 2H_2O$
−30	32.8	$CaCl_2 \cdot 6H_2O$	95	60.8	$CaCl_2 \cdot 2H_2O$
−25	33.4	$CaCl_2 \cdot 6H_2O$	100	61.3	$CaCl_2 \cdot 2H_2O$
−20	34.0	$CaCl_2 \cdot 6H_2O$	110	62.2	$CaCl_2 \cdot 2H_2O$
−15	34.7	$CaCl_2 \cdot 6H_2O$	125	63.7	$CaCl_2 \cdot 2H_2O$
−10	35.5	$CaCl_2 \cdot 6H_2O$	150	67.2	$CaCl_2 \cdot 2H_2O$
−5	36.2	$CaCl_2 \cdot 6H_2O$	175.5	74.9	$CaCl_2 \cdot 2H_2O$ + $CaCl_2 \cdot H_2O$
0	37.3	$CaCl_2 \cdot 6H_2O$	200	75.7	$CaCl_2 \cdot H_2O$
5	38.2	$CaCl_2 \cdot 6H_2O$	225	76.5	$CaCl_2 \cdot H_2O$
10	39.4	$CaCl_2 \cdot 6H_2O$	250	77.3	$CaCl_2 \cdot H_2O$
15	40.9	$CaCl_2 \cdot 6H_2O$	260	77.7	$CaCl_2 \cdot H_2O$ + $CaCl_2$
20	42.7	$CaCl_2 \cdot 6H_2O$	300	80	$CaCl_2$

2-14　通过分析，回答如图习题 2-14 所示相图中系统点 M 等温蒸发过程各个阶段发生的相变情况。

2-15　对如图习题 2-15 所示相图加以认识，并回答以下问题：

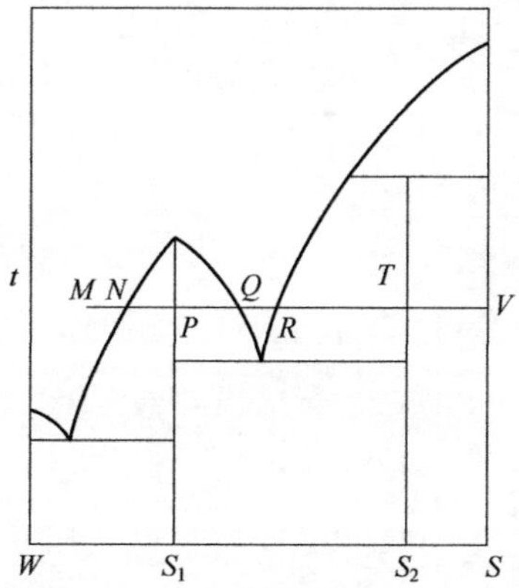

习题 2-14 附图

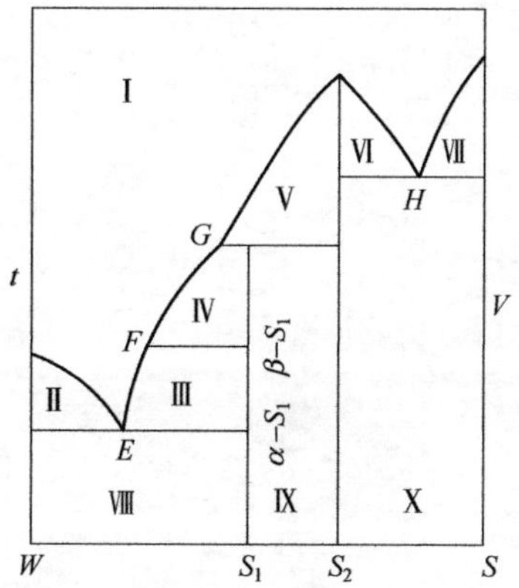

习题 2-15 附图

（1）说明区域的意义；

（2）判断水合物的稳定性；

（3）零变点 E、F、G、H 所处三相线上发生的相变过程。

2-16 某化工厂有粗芒硝，主要成分为 $Na_2SO_4 \cdot 10H_2O$，另含 10%的不溶物，现欲在冬季利用自然冷冻制备纯净的 $Na_2SO_4 \cdot 10H_2O$，试绘出其流程图。当化硝温度取为 50℃，冷冻温度为 0℃时，以 1 t 粗芒硝为基准对流程进行计算。

第三章

三元水盐体系相图

第一节　图形表示法

一、相律特征

组分数为 3 的体系称为三元体系（ternary salt-water system）。三元水盐体系主要有：由两种不发生复分解反应的无水单盐和水组成的体系，它由两种阳离子、一种阴离子，或者一种阳离子、两种阴离子加水组成，如 $NaCl-KCl-H_2O$ 体系和 $Na_2SO_4-NaCl-H_2O$ 体系；由一种酸性氧化物及碱性氧化物加水形成的体系，如 $Na_2O-B_2O_3-H_2O$ 体系、$CaO-P_2O_5-H_2O$ 体系、$NH_3-CO_2-H_2O$ 体系等。此外，由于 NH_3、H_3BO_3、醇等物质具有较小的电离度，而不与盐类发生复分解反应，因此 $MgSO_4-H_3BO_3-H_2O$ 体系、$NaCl-NH_3-H_2O$ 体系和 $LiCl-C_2H_5OH-H_2O$ 等都称为三元体系，本章仅对前两种三元体系形式进行介绍。

对于三元水盐凝聚体系，相律数学表达式为：

$$F=C-P+1=4-P \tag{3-1}$$

由式（3-1）可知，当相数 $P=1$ 时，最大自由度 $F_{max}=3$；当自由度 $F=0$ 时，最大相数 $P_{max}=4$，而在等温条件下，三元水盐体系最大相数 $P^*_{max}=3$。即是说，对于三元水盐体系而言，处于平衡状态时最多有 4 个共存的相，当在等温条件下，最多有 3 个共存的相。

二、图形表示法

由于三元体系自由度最大为 3，即可有三个独立变量。因此，要完整地描绘三元水盐体系，需要有三个独立的参变量。三元水盐体系可由三维空间的图形来表示。其中三维坐标系的一个坐标表示温度，另外两个坐标表示两个盐的独立浓度。如图 3-1 表示的空间直角坐标系，三根坐标轴分别表示温度 T，A 盐和 B 盐分别在体系中的浓度 C_A 及 C_B。对于任何一个系统，根据系统的这三个参变量的值，即可在坐标系中标出其相应的位置，如图中的 M 点。

在等温条件下，三元体系仅有两个组分的浓度是独立变量，另一组分的浓度是非独立变量，因而其组成可用平面图形表示。原则上三元水盐体系可使用任意三角形表示，但为了使用的方便和统一，通常采用正三角形或等腰直角三角形坐标来表示三元水盐体系的组成。在平面坐标系中，各组分含量用质量分数或摩尔分数表示。

1. 正三角形坐标

由正三角形的几何性质可知，由三角形内任意一点 M 作各边的平行线，三条平行线截三角形各边所得的三条线段之和等于三角形的边长 L，即在图 3-2 中有：

$$l_W + l_A + l_B = L \tag{3-2}$$

设一个三元水盐体系，其三组分分别为水（W）、A 盐、B 盐，分别用质量分数 w_W、w_A、w_B 表示。

值得指出的是，样品中 A 盐的质量为 m_A，B 盐的质量为 m_B，水的质量为 m_W，样品的质量为 m_s，A 盐的质量分数即 $w_A / \% = \dfrac{m_A}{m_s} \times 100$，$B$ 盐的质量分数即 $w_B / \% = \dfrac{m_B}{m_s} \times 100$，水的质量分数即 $w_W / \% = \dfrac{m_W}{m_s} \times 100$，则有：

$$w_A + w_B + w_W = 100 \tag{3-3}$$

若把边长 L 视为整个系统，其值为 100，则图 3-2 中的 l_W、l_A、l_B 的长度可分别代表三元体系各组分的含量。

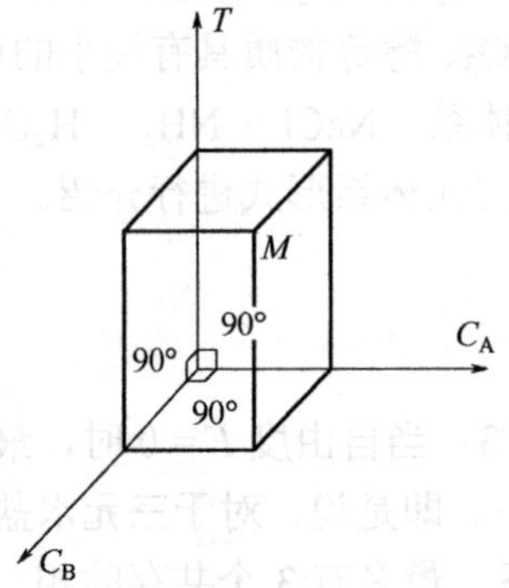

图 3-1　空间直角坐标系表示三元体系

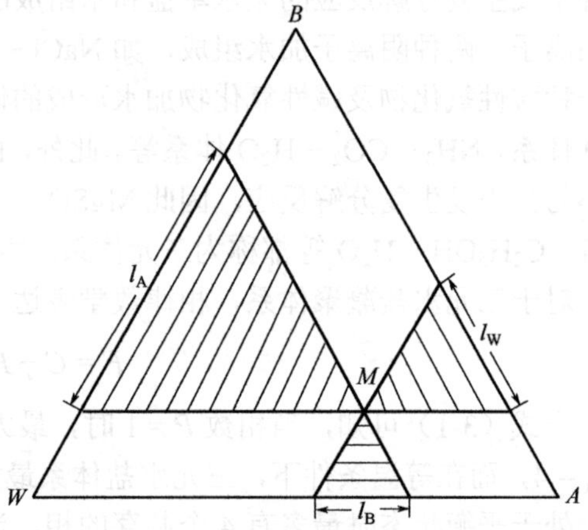

图 3-2　正三角形性质

在正三角形中，三角形三个顶点分别表示水（W）、A 盐、B 盐，三组平行线把边分成 100 等份，分别表示三个组分的坐标，如图 3-3 所示，则根据正三角形坐标，很容易确定系统的组成。

以图 3-2 中 M 点为例，通过 M 点作 DE、FG、HL 分别平行于三角形的三条边（图 3-4），据正三角形的性质，有以下关系：

$$BH = GM = EM = GE = LA = w_W(\%)$$

$$BG = HM = DM = HD = WF = w_A(\%)$$

$$WD = FM = LM = FL = AE = w_B(\%)$$

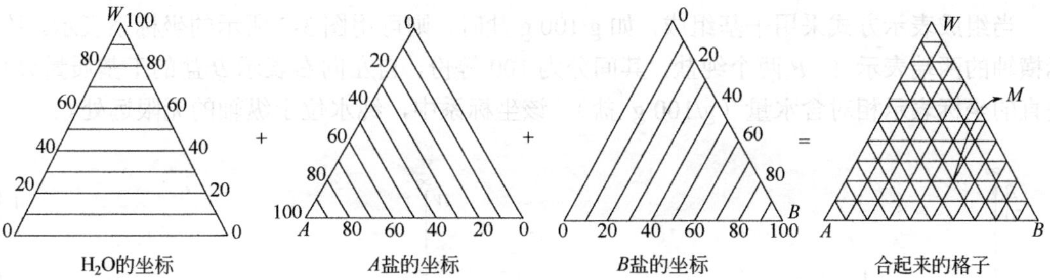

图 3-3 正三角形坐标格子的形成

因此，可在△*ABW* 任一边上同时读出系统点 *M* 的组成。即过△*ABW* 内任一点 *M* 分别作平行于三条边的平行线，此平行线把每条边截成三段，其中中间一段表示对面顶点物质的组成，两旁两段分别表示不相邻的端点物质的组成。由此可知，正三角形任意一边都表示一个二元体系的组成，同时三角形内与边平行的线上所有点所表示的某一组分的含量分数都相等。如 *HL* 线上的任一点，其水的含量分数相同。

2. 等腰直角三角形坐标

等腰直角三角形坐标是另一种常使用的三角形坐标，该坐标的形成与图 3-3 相似，其读数方法和正三角形坐标相同。如图 3-5 所示，由于等腰直角三角形有斜边，其刻度和直角边上不同，因此读数时只读直角边上的刻度。通常两个直角边表示两种盐的含量，其值可直接由坐标轴 *WA* 和 *WB* 读出，水的含量由 100%减去 *A* 盐和 *B* 盐含量获得。如图 3-5 中 *M* 点含 *B* 盐 30%、*A* 盐 50%，水则为 20%。

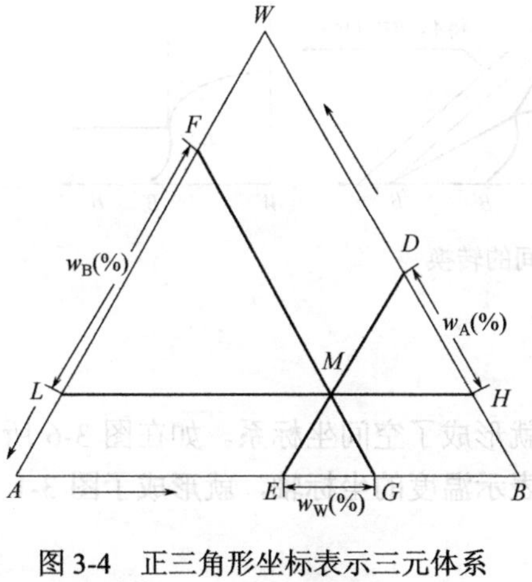

图 3-4 正三角形坐标表示三元体系

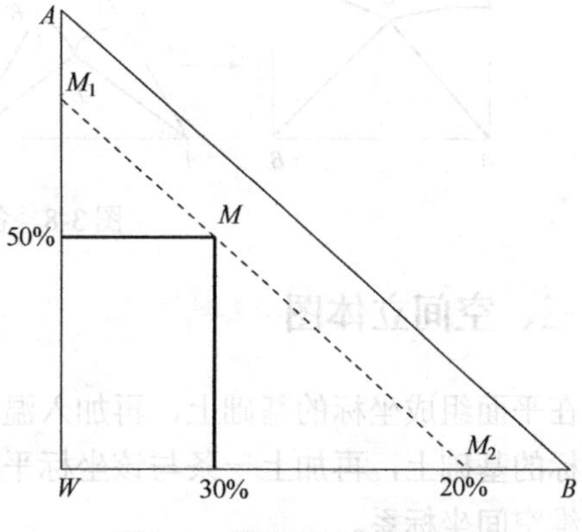

图 3-5 等腰直角三角形坐标

三角形坐标可以很直观地反映三元体系中各组分的多少，它适合于三个组分总和为 100 的各种组成表示法，如质量分数和摩尔分数等，而不适合 g/L 表示法。

3. 其他坐标

当体系中盐的组成用 g/100 g 水或 mol/1000 mol 水表示时，可采用图 3-6 所示的直角坐标表示。坐标原点表示纯水，横坐标、纵坐标分别表示相对于一定基准水量的 *A* 盐、*B* 盐的含量。在该坐标系中，两种纯盐位置在坐标的无限远处。

当组成表示方式采用干基组成，如 g/100 g 盐时，则可用图 3-7 所示的坐标系表示。该坐标横轴的两端表示 *A*、*B* 两个纯盐，其间分为 100 等份，自左向右表示 *B* 盐的干基质量分数。垂直的坐标表示相对含水量（g/100 g 盐）。该坐标系中，纯水位于纵轴的无限远处。

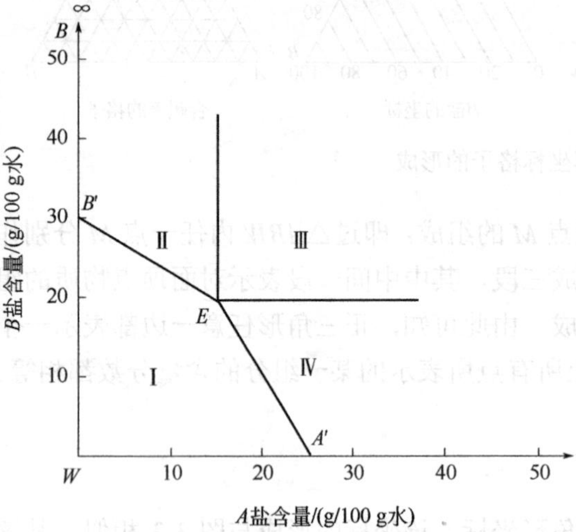

图 3-6 直角坐标系

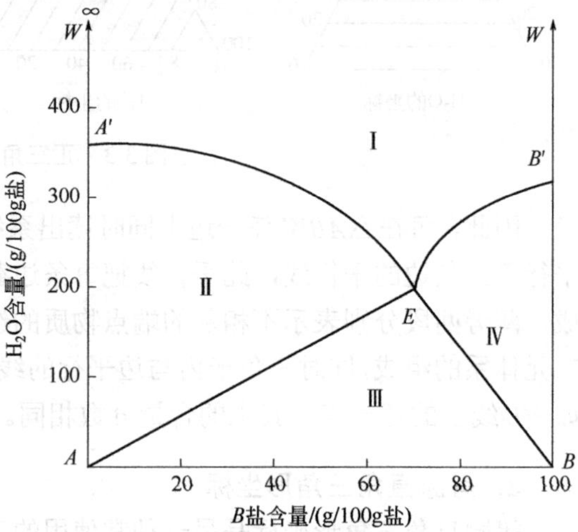

图 3-7 以干基组成表示的坐标系

几种常用坐标系之间的转换关系可用图 3-8 表示，在实际应用中，通过组成的单位换算，可将系统点标在不同坐标上。

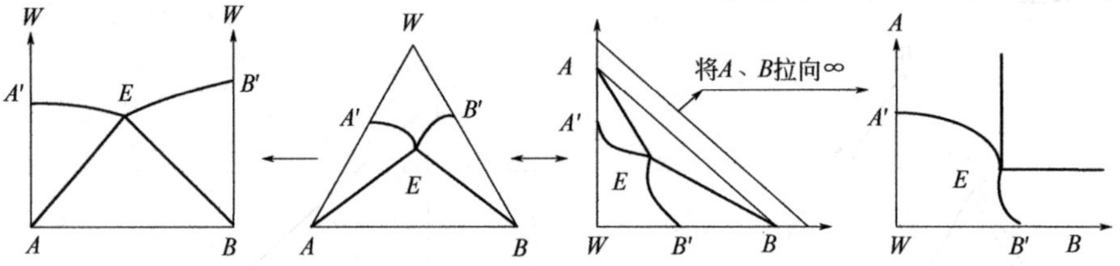

图 3-8 各坐标系之间的转换

三、空间立体图

在平面组成坐标的基础上，再加入温度坐标，就形成了空间坐标系。如在图 3-6 所示直角坐标的基础上，再加上一条与该坐标平面垂直的表示温度的坐标轴，就形成了图 3-1 所示的三维空间坐标系。

1. 三棱柱坐标系立体图

以正三角形或等腰直角三角形坐标表示组成，再加上一条与三角形坐标平面垂直的温度坐标，就形成了三棱柱形的空间坐标系，如图 3-9 所示。

在三棱柱空间坐标系中，任一系统点的标绘方法为：先根据其组成分数在三角形坐标上标出位置 *M*，再垂直提高到相应的温度即可，如图 3-9 中系统点 *M′*。

对于任意三元体系，测得其在不同温度下的平衡数据，并逐一标记在空间坐标系中，然后根据连续原理和相应原理把这些点连成一定的几何图形，则得到该体系的空间立体图。图 3-9

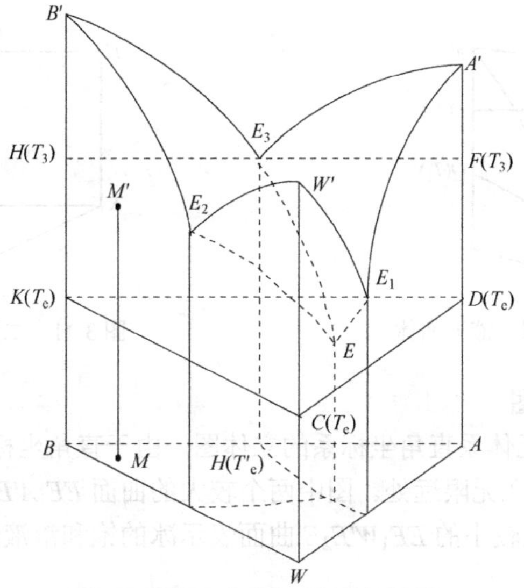

图 3-9 三棱柱坐标系立体图

表示最简单的三元水盐体系立体图。该体系中只有无水单盐和冰的固相生成，没有水合物及复盐等较复杂的固相生成。

三元水盐体系的各种相平衡状态与立体图中的几何图形之间存在一一对应关系，下面对3-9 所示的简单三元水盐体系立体图进行简单剖析说明。

（1）三条棱 WW'、AA'、BB'分别表示水、A 盐、B 盐三个纯组分。

（2）三个侧面 $WW'A'AW$、$WW'B'BW$、$AA'B'BA$ 表示三个二元体系，每个侧面为一个二元体系，其中 $W-A$、$W-B$ 为水盐体系，$A-B$ 为盐盐体系。

（3）三条空间曲线 E_1E、E_2E、E_3E 分别表示冰和 A 盐、冰和 B 盐、A 盐和 B 盐的共饱溶液线；由二元水盐体系相图可知，E_1、E_2、E_3 分别表示相应二元体系的共饱点；三条曲线的交点 E 表示冰、A 盐、B 盐三个固相的共饱点，该点为体系的零变点。

（4）三个空间曲面（$W'E_1E\,E_2W'$、$A'E_1EE_3A'$、$B'E_2EE_3B'$）上方的空间表示不饱和溶液区，系统点落入该空间区域时，表示 A 盐和 B 盐均处于未饱和状态。

（5）三个五面体分别表示 A 盐、B 盐和冰与其饱和溶液的共存区。其中表示 A 盐与其饱和溶液共存的五面体如图 3-10 所示。构成该五面体的面包括：两个二元体系（$W-A$、$A-B$）的一固一液区，即 $A'E_1QA'$和 $A'E_3FA'$；一个 A 盐的饱和溶液曲面 $A'E_1E\,E_3A'$；两个曲面 QE_1EDQ 和 FE_3EDF。当系统落入该区时，固相点在 $A'D$ 线上，液相点在 A 盐饱和溶液面上。

（6）三个四面体分别表示相应的两种盐与其共饱溶液的共存区。其中表示 A 盐和 B 盐与其共饱溶液共存的四面体如图 3-11 所示。构成该四面体的面包括：一个长方形平面 $HKDF$，一个三角形平面 KED，两个曲面 HE_3EKH 和 FE_3EDF。系统落入该区时，固相点在长方形平面上，液相点在共饱线 E_3E 上。

（7）温度为 T_e 时的三角形平面 KCD（图 3-9），表示三个固相 A 盐、B 盐、冰和它们的共饱溶液共存，其共饱点 E 在该平面上。系统落入该区时，三个固相 A 盐、B 盐和冰均析出，液相点位于体系低共熔点 E 点。

（8）三角形平面 KCD 以下的空间表示全固相区，如图 3-9 中底部三棱柱。系统落入该区时，液相完全消失，只有 A 盐、B 盐和冰三种固相存在。

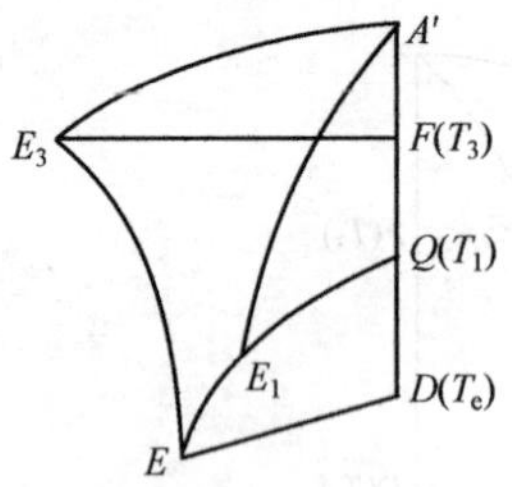

图 3-10　一固一液五面体

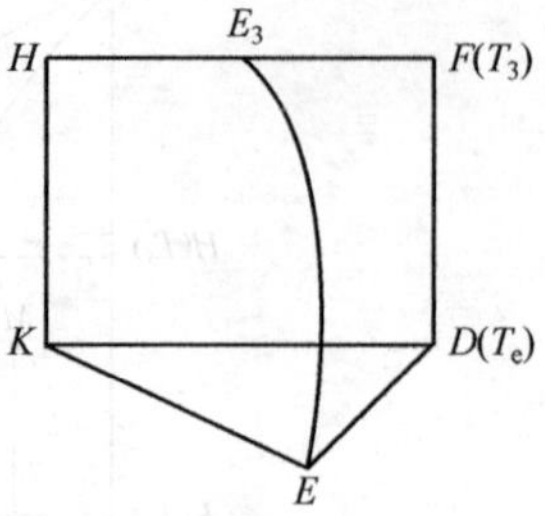

图 3-11　二固一液四面体

2．直角坐标系立体图

图 3-12 为简单型三元体系直角坐标系的立体图。由于直角坐标系中纯盐 A、B 在无限远处，因而相应的 A'、B' 也在无限远处。图中两个较大的曲面 $EE_1A'E_3E$、$EE_2B'E_3E$ 分别表示 A 盐和 B 盐的饱和溶液面，较小的 $EE_1W'E_2E$ 曲面表示冰的饱和溶液面，E 点为低共熔点。

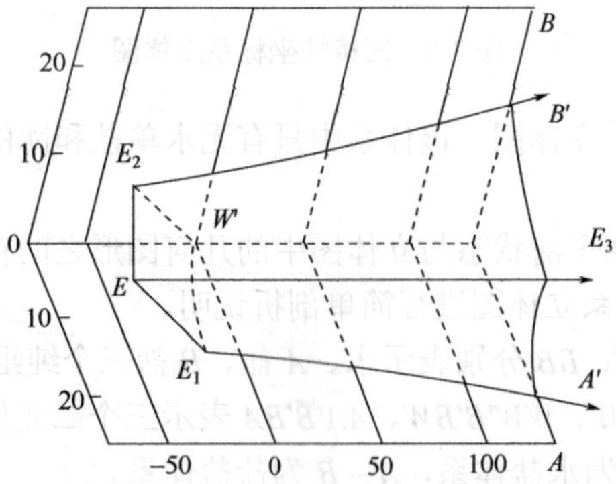

图 3-12　直角坐标系立体图

四、立体图的等温截面图

尽管三元水盐体系立体图可将体系溶解度的变化规律以图形的形式形象地表达出来，但是由于立体图不便于制作和应用，因此在实际应用中需要将其平面化。立体图平面化的主要方法包括作立体图的截面图和投影图。

1．立体图的等温截面图

在三元立体图温度相等的位置上进行截切，就得到三元体系等温截面图，简称等温图（isothermal diagram）。图 3-13 形象地说明了等温截面图的形成。该图进行了两个温度 T_1、T_2（$T_1 > T_2$）下的立体图截切，其中 T_1 只截切了最高的一个角，在 B 盐的饱和溶液面上截得一条曲线，因而这条曲线表示该温度下 B 盐的饱和溶液线，即溶解度曲线。温度为 T_2 时的截切，切去了两个较高的角及其相连的一部分，该截面分别在 A 盐和 B 盐的饱和溶液面上截得一条曲线 RQ 和 PQ，因而 RQ 和 PQ 分别表示 A 盐和 B 盐的溶解度曲线。由于交点 Q 在 A 盐和 B 盐的共饱溶液线上截得，因而 Q 点表示 T_2 温度下 A 盐和 B 盐的共饱液相点。

温度不同，所截得的等温截面图形不同。图 3-14 给出了三元水盐体系的几种等温截面图，图中的扇形截面是在五面体上截得，三角形截面是在四面体上截得，空白是在不饱和空间体上截得。

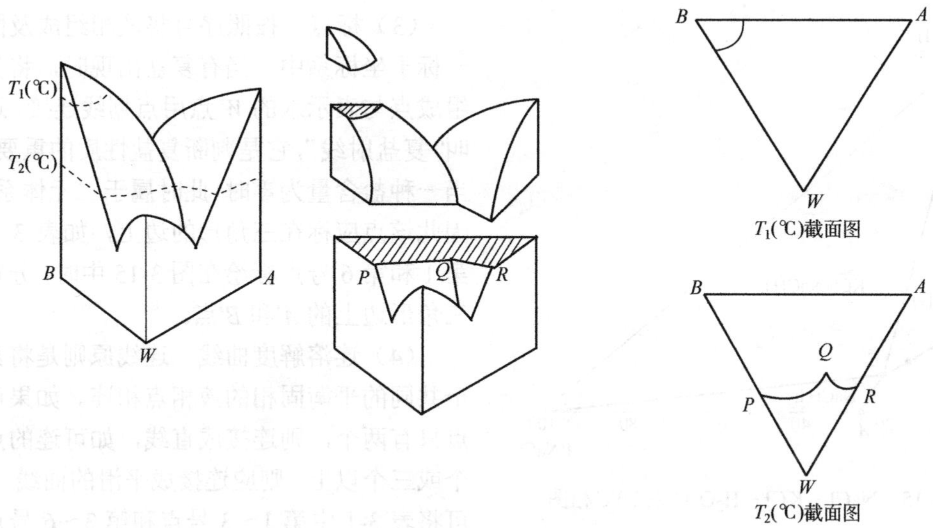

图 3-13 等温截面图的形成

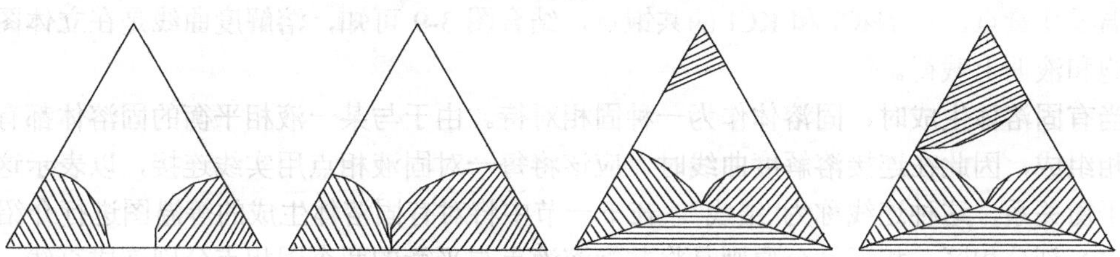

图 3-14 三元水盐体系几种等温截面图

2. 等温相图的标绘

了解了三元水盐体系立体图及等温图中各点、线及区域所表示的意义，下面以 NaCl－KCl－H_2O 体系 20℃简单相图为例，介绍如何根据实验测得的溶解度数据，在三角形坐标中直接标绘等温图。表 3-1 给出了 NaCl－KCl－H_2O 体系在 20℃的溶解度数据。

（1）数据分析 主要分析出现的固相是单盐、水合物、复盐、水合复盐还是固体溶液。由表 3-1 可知，NaCl－KCl－H_2O 体系 20℃时，只有无水单盐出现，因此属于简单情况。

（2）确定坐标系 根据所采用的坐标系选择一种组成表示方式。例如，当选用正三角形或等腰直角三角形坐标系时，与之相对应的组成表示方式为质量分数。图 3-15 为采用等腰直角坐标系标绘 NaCl－KCl－H_2O 体系 20℃时的相图。

表 3-1 NaCl－KCl－H_2O 体系 20℃溶解度数据

编号	液相组成						平衡固相	符号
	质量分数 w_B/%		/[g/(100 g H_2O)]		/[g/(100 g S)]			
	NaCl	KCl	NaCl	KCl	NaCl	H_2O		
1, *A*	26.4	0	35.9	0	100	279	NaCl	*A*′
2	23.7	5.0	33.2	7.0	82.6	248	NaCl	
3, *E*	20.7	10.4	30.2	15.2	66.6	222	NaCl+KCl	*E*
4	15.0	13.85	21.1	19.5	52.0	247	KCl	
5	5.0	21.3	6.8	28.9	19.0	280	KCl	
6, *B*	0	25.55	0	34.3	0	291	KCl	*B*′

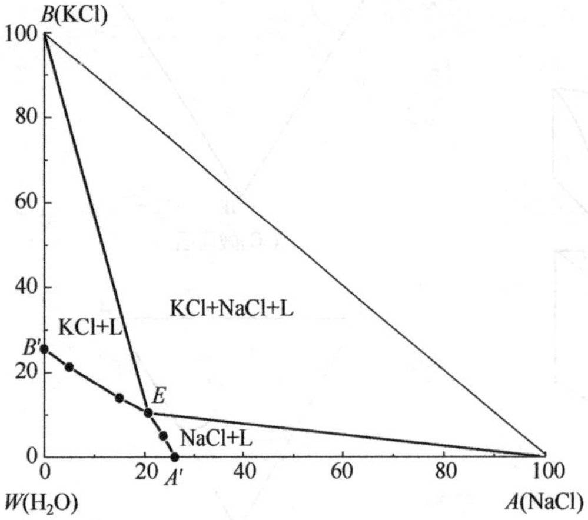

图 3-15 NaCl－KCl－H_2O 体系 20℃相图

（3）标点　按照序号将液相组成及固相逐一标于坐标系中。当有复盐出现时，将复盐的组成点与表示水的 *W* 点用点划线连接，这条线叫"复盐射线"，它是判断复盐性质的重要依据。当一种盐含量为零时，此时属于二元体系的点，因此该点应标在三角形的边上，如表 3-1 中的第 1 和第 6 号点标绘在图 3-15 中时，分别位于三角形边上的 *A′*和 *B′*点。

（4）连溶解度曲线　连线原则是将具有一个共同的平衡固相的液相点相连。如果可连的点只有两个，则连接成直线，如可连的点有三个或三个以上，则应连接成平滑的曲线。据此，可将表 3-1 中第 1～3 号点和第 3～6 号点分别连成曲线，如图 3-15 中曲线 *A′E* 和 *B′E*，其中 *E* 点既含 NaCl 固相又含 KCl 固相，因而 *E* 点为等温零变量点，即 NaCl 和 KCl 的共饱点。结合图 3-9 可知，溶解度曲线是在立体图中单固相饱和液面上截得。

当有固溶体生成时，固溶体作为一种固相对待。由于与某一液相平衡的固溶体都有各自的固相组成，因此在连接溶解度曲线时，应该将每一对固液相点用实线连接，以表示这种特殊的平衡关系，这种连线称为"结线"。在下一节中将对有固溶体生成的等温图进行介绍。

（5）划分相区　相区划分原则是将共饱溶液点与平衡的两个固相点分别连成直线，同时这两个固相点也连成直线，但所作出的相区划分线不得相互穿过。如表 3-1 中的第 3 号点，其平衡固相为 NaCl 和 KCl，因此在图 3-15 中，需分别将 *E* 点和表示 NaCl 和 KCl 的 *A* 和 *B* 点相连。

由于空间立体图可以划分为若干空间几何体，它们分别表示一定的相平衡状态。在截切空间立体图时，会截到这些几何体间的交界面，在截面上表现为不同的界线，这些界线即为等温图上不同相区的界线。结合图 3-9 可知，*EA* 相当于在图 3-10 所示五面体及 3-11 所示四面体的交界面 FE_3EDF 上所截得的一条直线。根据以上原则，利用表 3-1 中数据标绘出的 NaCl－KCl－H_2O 体系 20℃相图，结果见图 3-15。

3．立体图的投影

光线照射到立体图上，在投影面上得到的影子称为投影，投影的结果称为投影图（projection drawing）。三元立体图投影方式的不同，所得的投影图不同。底面投影和多温投影是两种较常使用的投影方式。

（1）底面投影　以平行于三棱柱底面的平面作为投影面，让平行光线垂直于投影图照射得到的投影（图 3-16）。在所得的投影图上，立体图上的三个侧面、三个单固相的饱和溶液曲面及三条共饱曲线分别投影为三角形的三条边、三个区域 AE_3EE_1A、BE_2EE_3B、WE_2EE_1W 和三条曲线 E_1E、E_2E、E_3E。

（2）多温投影　以表示 *A*–*B* 二元体系面作为投影面，表示水的 *WW′*棱作为光源，其发射的平行于立体图底面的光线照射到立体图上，在投影面上所形成的投影为多温投影（图 3-17）。在多温投影图上，立体图中表示 *W*－*A* 和 *W*－*B* 二元体系的两个侧面分别投影为两条

直线 AA' 和 BB'，共饱溶液线分别投影为曲线 $E_1'E'$、$E_2'E'$ 和 E_3E'，其中作为投影面的侧面 $AA'B'B$ 上的曲线保持不变，如图 3-17 所示。

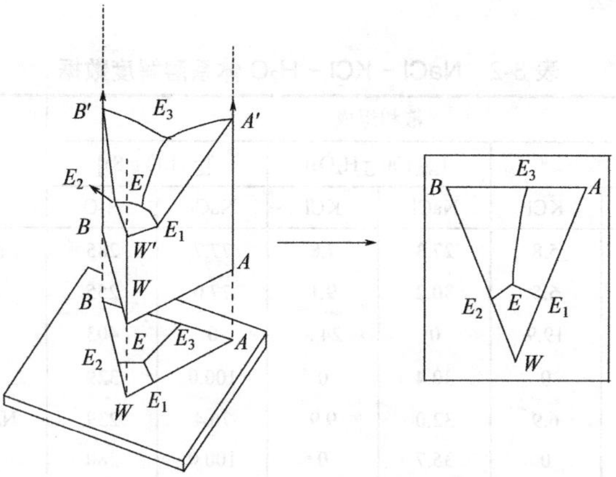

图 3-16 底面投影图

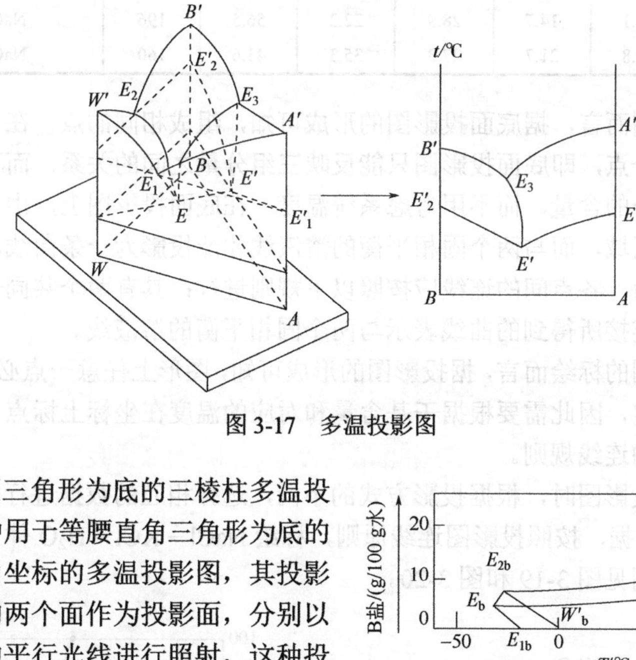

图 3-17 多温投影图

除上述用于正三角形为底的三棱柱多温投影图外，还有一种用于等腰直角三角形为底的三棱柱和空间直角坐标的多温投影图，其投影方式以互相垂直的两个面作为投影面，分别以垂直于各投影面的平行光线进行照射，这种投影方式可得到一组两个投影图，如以图 3-12 所示的直角坐标系立体图进行投影，得的两个投影图见图 3-18。

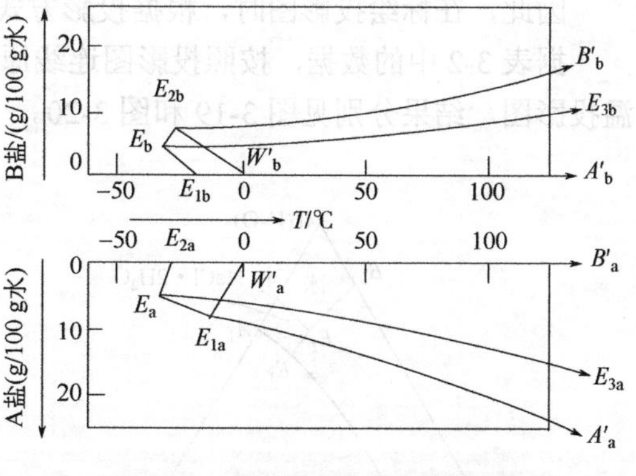

图 3-18 直角坐标系多温投影图

几种投影方式中，底面投影方式简单，同时可在投影图上直接看出各个固相饱和液面的范围和大小，但是不能反映温度与溶解度之间的关系；用于正三角形为底的三棱柱多温投影方式，可在投影图上反映温度与溶解度之间的关系，但所反映的溶解度是两种盐之间的关系；用于等腰直角三角形为底的三棱柱和空间直角坐标的多温投影方式，不仅可以看出温度与溶解度之间的关系，而且还能反映三组分溶解度之间的关系，但是投影时需要绘制两个投影图。

下面以 NaCl－KCl－H_2O 体系在不同温度下的溶解度（表 3-2）为例，介绍底面投影和第一种多温投影图的标绘。

表 3-2　NaCl－KCl－H_2O 体系溶解度数据

编号	温度/℃	液相组成						平衡固相	符号
		质量分数 w_B/%		/[g/(100 g H_2O)]		/[g/(100 g S)]			
		NaCl	KCl	NaCl	KCl	NaCl	H_2O		
1	−22.9	20.2	5.8	27.3	7.8	77.7	285	NaCl·$2H_2O$+KCl+冰	E_2
2	−10	21.7	6.5	30.2	9.1	77.0	255	NaCl·$2H_2O$+KCl	
3	−10.8	0	19.9	0	24.8	0	403	KCl+冰	B_1
4	−21.2	23.3	0	30.4	0	100.0	329	NaCl·$2H_2O$+冰	A_2
5	−2.7	22.5	6.9	32.0	9.9	76.4	239	NaCl·$2H_2O$+NaCl+KCl	E_1
6	0.15	26.3	0	35.7	0	100.0	280	NaCl·$2H_2O$+NaCl	A_1
7	0	22.3	7.3	31.8	10.5	75.3	237	NaCl+KCl	
8	25	20.4	11.1	29.8	16.3	64.7	217	NaCl+KCl	
9	50	19.1	14.7	28.9	22.2	56.5	196	NaCl+KCl	
10	100	16.8	21.7	27.3	35.3	43.6	160	NaCl+KCl	

对于底面投影图而言，据底面投影图的形成可知，组成相同的点，在不同温度下，在底面投影图上为同一个点，即底面投影图只能反映三组分量之间的关系，而不能反映温度。因此，只需知道三组分的含量，而不用考虑系统温度。在底面投影图上，由于单固相的饱和溶液面的投影为一个区域，而与两个固相平衡的溶液线才能投影为一条曲线，因此在三角形坐标上标出各液相点后，各点间的连线应按照以下规则进行：具有两个共同平衡固相的液相点可连。根据该原则连接所得到的曲线表示与两个固相平衡的溶液线。

对于多温投影图的标绘而言，据投影图的形成可知，图形上任意一点必须由温度和 *A* 盐、*B* 盐的含量关系确定，因此需要根据干基含量和对应的温度在坐标上标点。标点后，其连线规则同底面投影图的连线规则。

因此，在标绘投影图时，根据投影方式的不同，选择相应的数据进行投影图的标绘。

据表 3-2 中的数据，按照投影图连线原则，标绘 NaCl－KCl－H_2O 体系的底面投影和多温投影图，结果分别见图 3-19 和图 3-20。

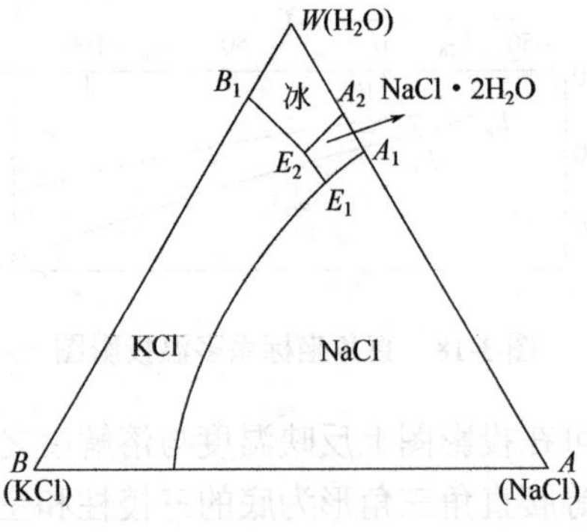

图 3-19　NaCl－KCl－H_2O 体系底面投影图

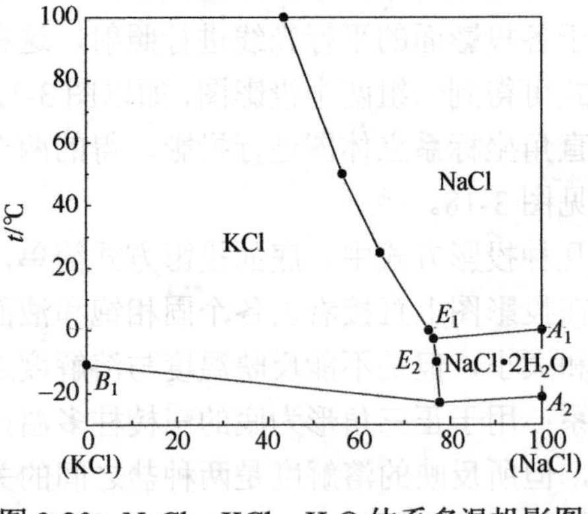

图 3-20　NaCl－KCl－H_2O 体系多温投影图

第二节　三元水盐体系等温相图

三元水盐体系等温相图是用得较广的三元相图，在三元水盐体系中，盐除了以无水单盐形式存在外，还可与水生成水合物，同时盐与盐之间还可能形成复盐等，因此使相图类型变得复杂。本节对几种典型的三元水盐体系相图进行介绍。

一、三元水盐体系等温相图分类

1. 简单体系相图

简单三元水盐体系相图中，盐仅以无水单盐形式出现，没有水合物、复盐等固相存在。图 3-21 和图 3-22 分别是用正三角形和等腰直角三角形表示的简单三元水盐体系等温图。

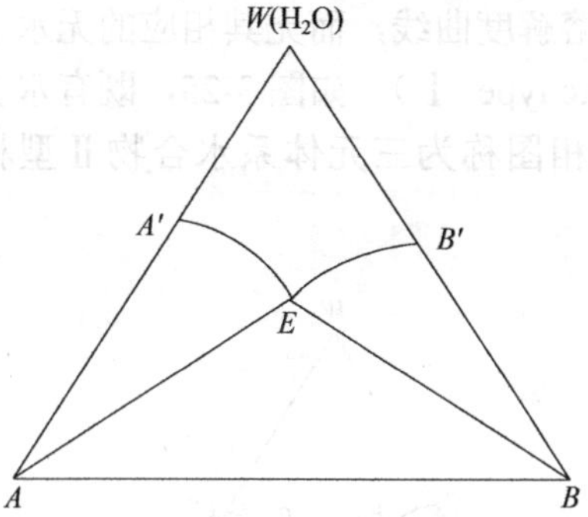

图 3-21　正三角形表示简单三元体系等温相图

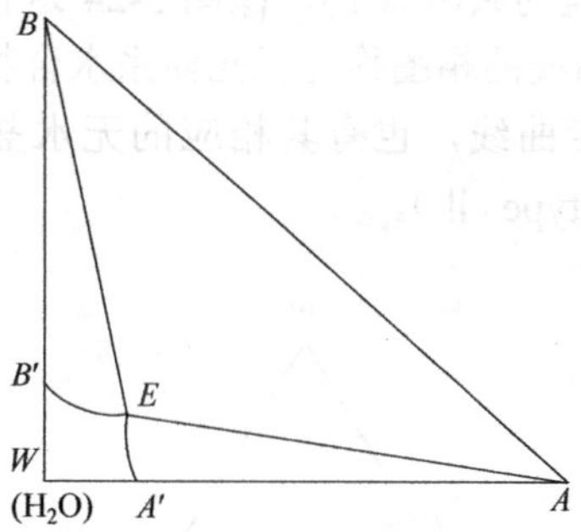

图 3-22　等腰直角三角形表示简单三元体系等温相图

图 3-21 和图 3-22 中，W 表示纯水，A 和 B 分别表示纯 A 盐和 B 盐。A'和 B'分别表示该温度下纯 A 盐和 B 盐的饱和溶液组成点；曲线 $A'E$ 和 $B'E$ 分别表示 A 盐和 B 盐的溶解度曲线；E 点为三相点，也即 A 盐和 B 盐的共饱点，系统处于该点时，A 盐和 B 盐均达到饱和，此时 A 盐、B 盐与 E 点所表示的溶液共存；$WA'EB'W$ 区为不饱和的单一液相区；$AA'E$ 和 $BB'E$ 区分别为 A 盐和 B 盐的结晶区，系统落入该区时，分别析出 A 盐和 B 盐固相，其中对于 A 盐而言，与之对应的液相点位于 A 点与系统点连线的延长线与曲线 $A'E$ 的交点；ABE 区表示 A 盐和 B 盐共同结晶区域，系统点落入该区时，同时析出 A 盐和 B 盐固相，其中液相点位于 E 点，而固相点组成位于 E 点与系统点连线延长线与三角形 AB 边的交点。结合简单三元水盐体系立体图及立体图的截面图，很容易理解等温图上出现的各点、线及面所表示的意义，如图 3-23 所示。

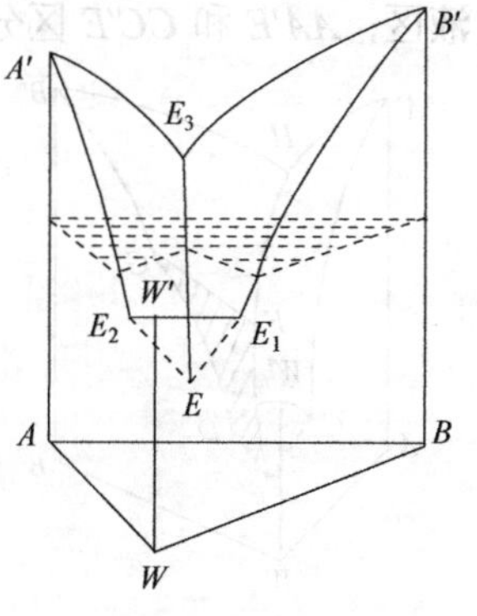

图 3-23　简单三元体系等温图的形成

直角坐标系表示的简单三元水盐体系等温相图如图 3-6 所示。图中纵横坐标刻度都以 g 盐/100 g H_2O 表示，其中坐标轴交点 W 表示纯水的组成点，纯 A 盐和 B 盐均在坐标轴的无限远处。图中 A'和 B'、$A'E$ 和 $B'E$、E 点所表示的意义同图 3-21 和图 3-22。从三相点 E 分别作垂直线和水平线，则坐标区域被划分为Ⅰ、Ⅱ、Ⅲ、Ⅳ四个区域，其中Ⅰ区为不饱和溶液的单相区，Ⅱ和Ⅳ区分

别为 A 盐和 B 盐的结晶区，Ⅲ区为 A 盐和 B 盐的共同结晶区。

2．有水合物生成的相图

三元水盐体系中，盐可能与水反应生成一种或多种水合物（hydrates），如 $MgCl_2$ 可与水形成 $MgCl_2·2H_2O$、$MgCl_2·4H_2O$、$MgCl_2·6H_2O$、$MgCl_2·8H_2O$ 等水合物。由于水合物只含有一种盐和水，因此它们在三角形坐标系中位于表示水和盐的连线上，即三角形中表示水–盐二元体系的边上。根据水合物中水和盐的质量分数组成，即可以确定其在坐标系中的位置。

对于与水合物对应的无水盐而言，可能存在与之平衡的饱和溶液，也可能不存在，因此有水合物生成的三元水盐体系相平衡存在两种不同的情况。如图 3-24 和图 3-25 所示，两个体系均有 B 盐的水合物生成，用 C 表示（$C=B·nH_2O$），但是图 3-24 中不存在与 B 盐饱和的溶解度曲线，此时相图只有 A 盐和 C 盐的溶解度曲线 $A'E$ 和 $C'E$，同时相图中只存在 A 盐和 C 盐的共饱点 E 点。而在图 3-25 中，除存在 A 盐和 C 盐的溶解度曲线 $A'E_1$ 和 $C'E_2$ 外，还存在 B 盐的溶解度曲线 E_1E_2，同时相图中存在两个共饱点，分别为 A 盐和 B 盐的共饱点 E_1、B 盐和 C 盐的共饱点 E_2。像图 3-24 这种，只有水合盐的溶解度曲线，而无其相应的无水盐的溶解度曲线的相图称为三元体系水合物Ⅰ型相图（hydrate type Ⅰ）。如图 3-25，既有水合盐的溶解度曲线，也有其相应的无水盐的溶解度曲线的相图称为三元体系水合物Ⅱ型相图（hydrate type Ⅱ）。

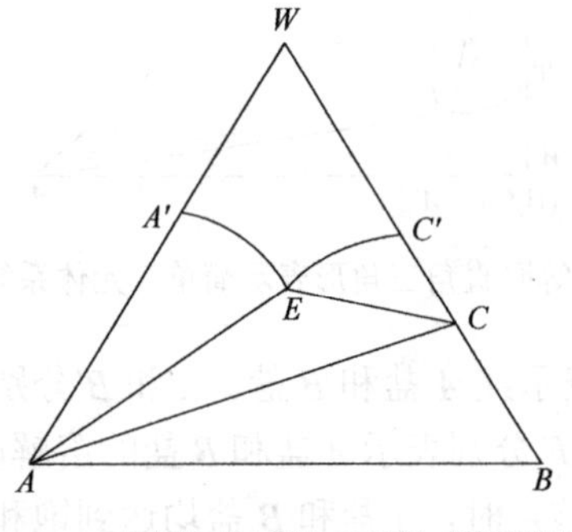

图 3-24 水合物Ⅰ型的三元体系等温相图

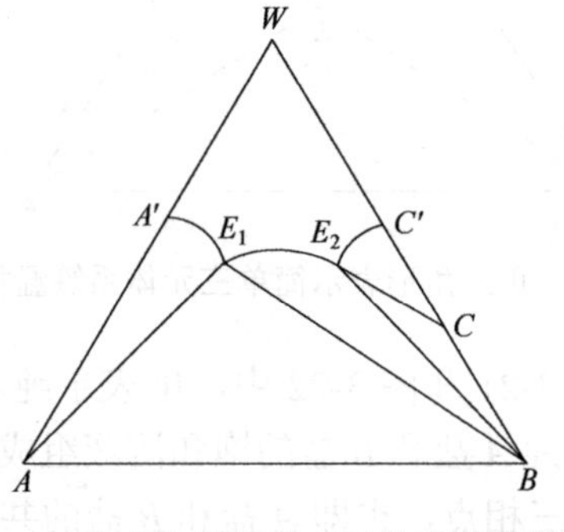

图 3-25 水合物Ⅱ型的三元体系等温相图

在图 3-24 中，由于只有 A 盐和 C 盐的溶解度曲线 $A'E_1$ 和 $C'E_2$，因此只存在 A 盐和 C 盐的共饱点 E 点，而不存在 A 盐和 B 盐、B 盐和 C 盐的共饱点。图中 $WA'EC'W$ 区为不饱和溶液区；$AA'E$ 和 $CC'E$ 区分别为 A 盐和 C 盐的结晶区；ACE 区为 A 盐和 C 盐的共同结晶区，而 ABC 区为 A 盐、B 盐和 C 盐的全固相区。

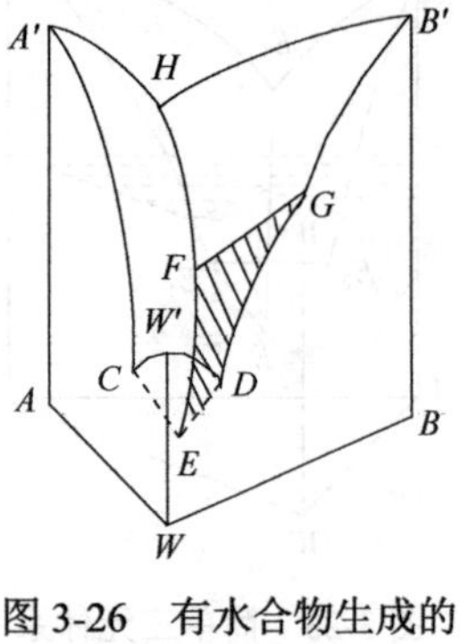

图 3-26 有水合物生成的三元水盐体系立体图

在图 3-25 中，$AA'E_1$、BE_1E_2 和 $CC'E_2$ 区分别为 A 盐、B 盐和 C 盐的结晶区，而 AE_1B 和 BE_2C 分别为 A 盐和 B 盐、B 盐和 C 盐与其平衡液相共存的二固一液区。

图 3-26 为有水合物生成的三元水盐体系立体图。由图可见，在二元体系 $W-B$ 所对应的侧面 $WW'B'B$ 上，生成了一种水合物，其溶解度曲线为 DG。与简单三元水盐体系立体图（图 3-23）相比，该图中，除了存在表示 A 盐、B 盐和冰的三个饱和溶液面外，还出现了一个表示水合物的饱和溶液面 $DEFGD$。该曲面分别与表示 A 盐、B 盐和冰的饱和溶液面的交线为 FE、GF、ED，其分

别表示水合物与对应固相相平衡的溶液线。空间两点 F 和 E 分别表示与水合物、A 盐和 B 盐及水合物、A 盐和冰三个固相相平衡的液相点，即三个固相的共饱点。

当立体图的截图介于 F 和 W' 点所对应的温度之间时，该截面图只截到水合物和 A 盐的饱和溶液面，此时的等温相图同图 3-24 所示；当立体图的截图介于 F 和 G 点所对应的温度之间时，该截面图同时截到水合物和 A 盐、B 盐的饱和溶液面，此时的等温相图如图 3-25 所示。这两种立体图的截面图正反映了不同温度下有水合物生成的三元水盐体系等温相图的不同情况。如 15℃和 25℃时 $NaCl-Na_2SO_4-H_2O$ 的相图，两个相图中均存在 Na_2SO_4 的水合物 $Na_2SO_4 \cdot 10H_2O$，但是 15℃时不存在与 Na_2SO_4 平衡的饱和溶液，而 25℃时存在。

3. 有复盐生成的相图

一定条件下，三元水盐体系的两种盐之间会发生反应生成无水复盐（anhydrous double salt），有时水也可能参加反应生成水合复盐（hydrous double salt），从而形成新的固相。复盐中各组分间的比例恒定，其含量可用质量分数等方式来表示。如对光卤石 $KCl \cdot MgCl_2 \cdot 6H_2O$ 而言，由各组分分子量占复盐总分子量的百分比可知，其含 KCl 26.74%、$MgCl_2$ 34.27%，H_2O 的含量由差值可得 38.99%。

根据复盐的组成，便可在三角形坐标中标出其位置。如图 3-27 所示，由于无水复盐不含水，因而位于两个盐的连线上，如图中无水钠镁矾 $3Na_2SO_4 \cdot MgSO_4$（Van）；而含水复盐在三角形坐标内，如白钠镁矾 $Na_2SO_4 \cdot MgSO_4 \cdot 4H_2O$（Ast）。在相图中标记复盐时，应写英文简写符号，同时连接表示水的顶点与复盐组成点，该直线称为“复盐射线”。

图 3-28 为生成无水复盐的三元水盐体系立体图。由图可见，在表示二元体系 $A-B$ 的侧面 $AA'B'B$ 生成了一种复盐，其中 HG 为该复盐的溶解度曲线。在立体图中，除了表示 A 盐、B 盐、冰的饱和溶液面外，还出现了一个表示复盐的饱和溶液面 $HGFEH$，该面与另外三个面的交线 HE、GF、FE 分别表示复盐对 A 盐、B 盐和冰饱和的溶液线。E 和 F 点分别为复盐、A 盐和冰及复盐、B 盐和冰的共饱点。

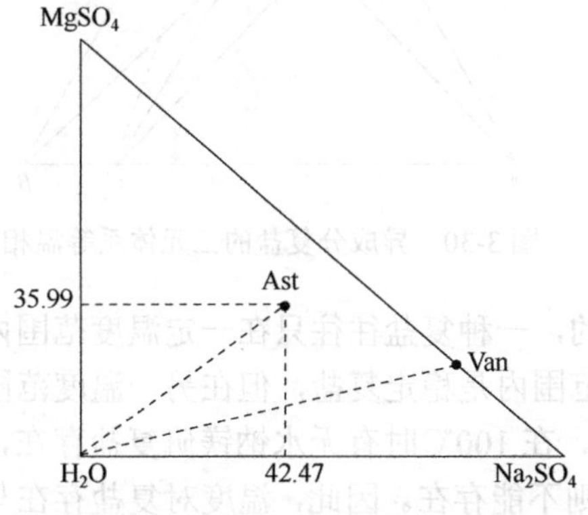

图 3-27 复盐在三角形坐标中的位置

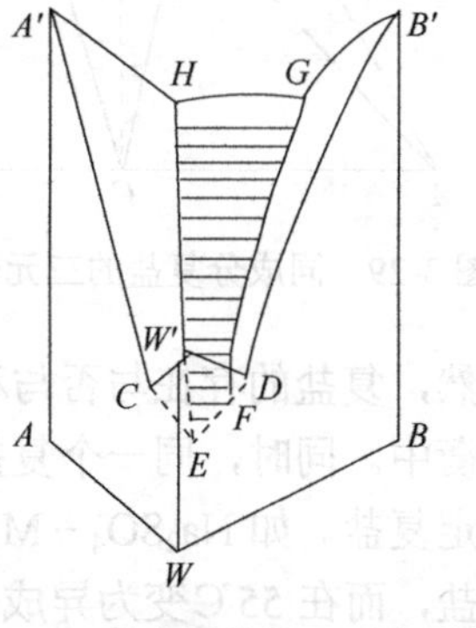

图 3-28 生成复盐的三元立体图

根据复盐加水时发生反应的不同，可将复盐分为两种。当复盐加水时只溶解而不分解，即加水过程中，液相中的两种盐的含量之比与固相复盐中两种盐含量之比完全相同，固相始终为原来的复盐，而没发生其他变法，则这类复盐称为同成分复盐（congruent double salt），或稳定复盐、相称复盐，如白钠镁矾；当复盐加水时，除溶解外，还发生分解析出复盐中的一种单盐，通常析出复盐中溶解度较小的单盐。在溶解过程中，液相中的两种盐之比与原复盐中两盐之比不同，则这类复盐称为异成分复盐（incongruent double salt），也称之为不稳定复盐、不相称复盐，如光卤石加水后，除溶解外，还分解为组成它的一种单盐固相 KCl。下面分别对生成相称性和不相称性无水复盐的三元水盐体系等温相图进行介绍。

（1）同成分型复盐体系相图　图 3-29 为有同成分型复盐生成的三元等温相图。图中 C 点表示 A 盐和 B 盐生成的无水复盐（$A{\cdot}B$）的组成点；$A'E_1$、$B'E_2$、E_1E_2 分别表示 A 盐、B 盐和复盐 C 的溶解度曲线；E_1 和 E_2 为三相点，分别表示与 A 盐和复盐 C 及 B 盐和复盐 C 饱和的液相点；$WA'E_1E_2B'W$ 区为不饱和溶液区；$AA'E_1$、$BB'E_2$、CE_1E_2 区分别表示 A 盐、B 盐和复盐 C 的结晶区；ACE_1 和 BCE_2 区分别为 A 盐与复盐 C 及 B 盐与复盐 C 的共同结晶区。为便于理解，连接 W 和 C 点，这样就将△ABC 分成两个三角形（△WAC 和△WBC），每一个三角形都代表一个简单的三组分水盐体系相图。

对于同成分复盐生成的三元等温相图而言，其具有以下特点：连接表示纯水的 W 点和复盐组成点 C 所得到的直线 WC 穿过复盐的饱和溶解度曲线 E_1E_2，体系中两个共饱点 E_1 和 E_2 分别位于 WC 直线所分开的两个三角形中。

（2）异成分型复盐体系相图　图 3-30 为有异成分型复盐生成的三元等温相图，图中各点、线、面的意义同图 3-29。有异成分复盐生成体系的等温相图与同成分复盐体系相图的主要区别是：连接 W 和 C 点直线 WC 不与复盐的溶解度曲线 E_1E_2 相交，体系中两个共饱点 E_1 和 E_2 都同时处于 WC 直线所分开的一个三角形中，此时称 E_2 点为不相称零变量点（incommensurate invariant point），本章第四节将对其性质进行介绍。

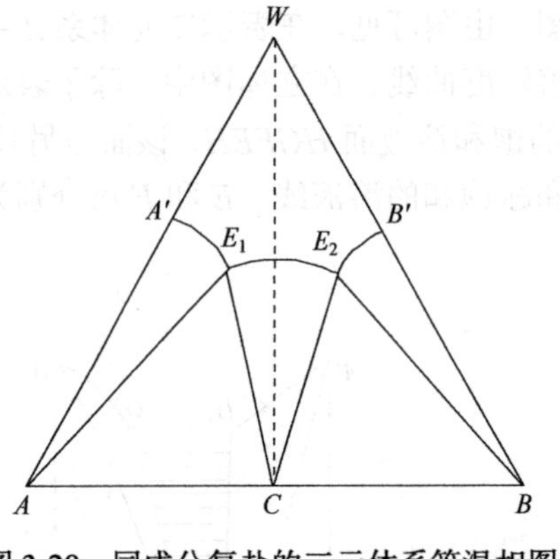

图 3-29　同成分复盐的三元体系等温相图

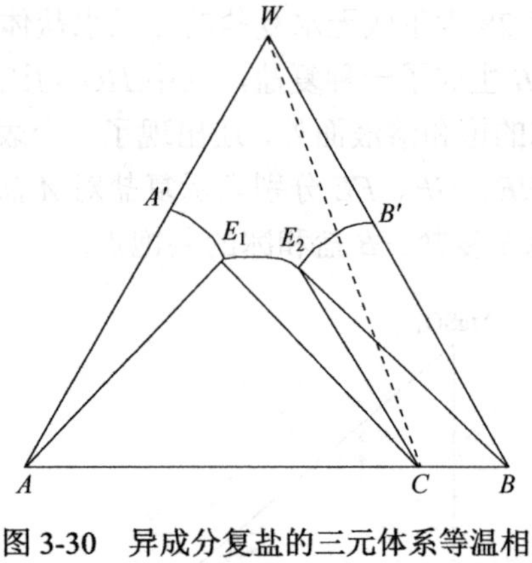

图 3-30　异成分复盐的三元体系等温相图

当然，复盐的存在与否与稳定性不是绝对的，一种复盐往往只在一定温度范围内存在于固液平衡中。同时，同一个复盐，在一定温度范围内是稳定复盐，但在另一温度范围内可能为不稳定复盐。如 $Na_2SO_4-MgSO_4-H_2O$ 体系，在 100℃时有无水钠镁矾复盐存在，且为同成分复盐，而在 55℃变为异成分复盐，25℃时则不能存在。因此，温度对复盐存在与否和稳定性具有重要影响，不能机械地对其进行分类。

4．有固体溶液生成的相图

三元水盐体系中，少数具有一个共同离子的两种盐以固体形式生成以原子、离子或分子分散的均匀混合结晶体，即生成了一个或几个组分可变的固相，称为固溶体（solid solution），也称为固体溶液。与两种组分形成的化合物（如复盐）不同，固溶体只有一相，组成固溶体的组分之间的比例是可变的，可理解为固体之间的部分互溶或完全互溶。若两组分的比例只能在一定范围内变动，则属部分互溶；若两组分可以任意比例互溶时，则称完全互溶。同时，如果组分 A 的量大于组分 B，则称为 B 在 A 中的固体溶液，反之称为 A 在 B 中的固体溶液。

除无水单盐可形成固溶体外，水合物、复盐也可形成固溶体，如 $NH_4Cl-NiCl_2-H_2O$ 体系中的 $NiCl_2 \cdot H_2O$ 可以和 NH_4Cl 形成部分互溶的固溶体。当然，不是任何固体之间都能形成固体溶液，形成固体溶液的条件通常包括：晶格的类型相同、晶格参数大小相近、原子结构相似及熔点相近等。此外，温度对固溶体的形成和种类有较大的影响。固溶体通常只在一定的温度范围内存在，随着温度的变化，固溶体类型可能发生变化。

图 3-31 为生成固溶体的三元水盐体系立体图。图中在二元体系 $A-B$ 中生成了完全互溶的固体溶液，其中上面一条 $A'B'$ 曲线为液相线，下面一条为固相线；阴影曲面 $A'B'CDA'$ 表示固溶体的饱和溶液面；曲线 CD 为冰和固溶体的共饱溶液线。

在有固溶体生成的体系中，与液相平衡的固溶体不是一个组成恒定的盐或两个盐的混合物，而是一个在组成上随平衡液相组成的不同而发生改变的固相，因此在互成平衡的固相和液相之间必须用平衡结线连接。尽管生成连续固溶体的体系中只有一个固相，但是与整个固相相当的不是一个点，而是一条线，因此，在这类等温相图中，平衡结线不能省略。

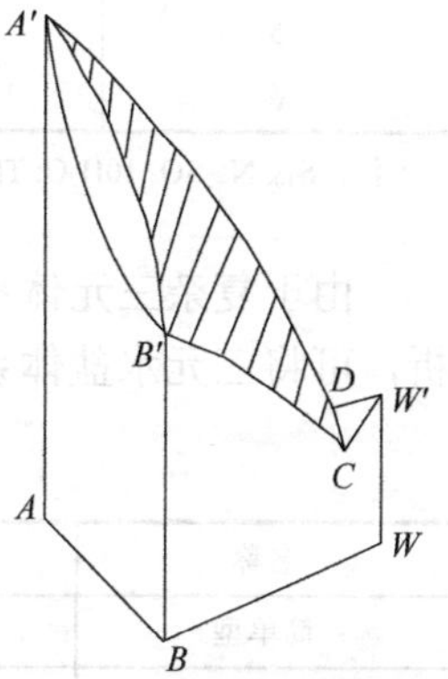

图 3-31 生成固溶体的三元水盐体系立体图

5. 复杂三元体系等温相图

在三元水盐体系相图中，有时不止生成一种水合物、复盐或固溶体，而是同时生成多种水合物、复盐或固溶体，致使相图变得复杂化。如 $Na_2SO_4-MgSO_4-H_2O$ 体系在 30℃时出现的复杂相平衡（表 3-3），其相图如图 3-32 所示。图中除形成水合物芒硝 $Na_2SO_4 \cdot 10H_2O$（S_{10}）外，还形成水合物泻利盐 $MgSO_4 \cdot 7H_2O$（Eps）和白钠镁矾复盐 $Na_2SO_4 \cdot MgSO_4 \cdot 4H_2O$（Ast）。

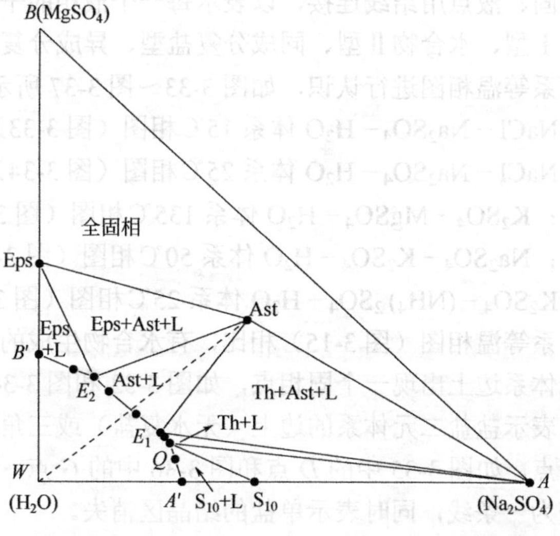

图 3-32 $Na_2SO_4-MgSO_4-H_2O$ 体系 30℃相图

表 3-3 Na_2SO_4 - $MgSO_4$ - H_2O 体系 30℃溶解度

编号	液相组成，w_B/%		平衡固相	符号
	Na_2SO_4	$MgSO_4$		
1	29.3	0	S_{10}	A'
2	26.8	8.5	S_{10} + Th	Q
3	24.9	10.9	Th + Ast	E_1
4	19.9	15.0	Ast	
5	11.3	23.3	Ast + Eps	E_2
6	0	28.3	Eps	B'

注：S_{10}, $Na_2SO_4 \cdot 10H_2O$; Th, Na_2SO_4; Ast, $Na_2SO_4 \cdot MgSO_4 \cdot 4H_2O$; Eps, $MgSO_4 \cdot 7H_2O$。

由于复杂三元体系立体图异常复杂，在实际使用过程，通常只使用等温图。根据以上分析，可将三元水盐体系等温相图归纳为六个基本类型，其各自的名称和特征见表 3-4。

表 3-4 三元水盐体系等温相图分类

名称	几何特征	图例
简单型	图中只有无水单盐的溶解度曲线	图 3-21
水合物Ⅰ型	图中只有水合盐的溶解度曲线，无相应无水盐的溶解度曲线	图 3-24
水合物Ⅱ型	图中既有水合盐的溶解度曲线，也有无水盐的溶解度曲线	图 3-25
同成分复盐型	图中复盐射线与复盐自身的溶解度曲线相交	图 3-29
异成分复盐型	图中复盐射线与复盐自身的溶解度曲线不相交	图 3-30
固体溶液型	图中出现固体溶液的饱和溶液线，同时固相成为一条线	图 3-31

二、三元水盐体系等温相图的认识

在第一节中以 NaCl - KCl - H_2O 体系 20℃相图（图 3-15）为例，介绍了简单等温相图的标绘。对于较复杂的三元等温相图，其标点、连线原则同简单相图。对于有固溶体生成的体系而言，应将每一对固、液点用结线连接，以表示每一个液相的平衡固相。

下面分别以水合物Ⅰ型、水合物Ⅱ型、同成分复盐型、异成分复盐型及固体溶液型等温相图实例对三元水盐体系等温相图进行认识，如图 3-33～图 3-37 所示，各相图分别为：

（1）水合物Ⅰ型：NaCl - Na_2SO_4 - H_2O 体系 15℃相图（图 3-33）；

（2）水合物Ⅱ型：NaCl - Na_2SO_4 - H_2O 体系 25℃相图（图 3-34）；

（3）同成分复盐型：K_2SO_4 - $MgSO_4$ - H_2O 体系 135℃相图（图 3-35）；

（4）异成分复盐型：Na_2SO_4 - K_2SO_4 - H_2O 体系 50℃相图（图 3-36）；

（5）固体溶液型：K_2SO_4 - $(NH_4)_2SO_4$ - H_2O 体系 25℃相图（图 3-37）。

与简单三元水盐体系等温相图（图 3-15）相比，有水合物生成的三元体系等温图上，在表示一种盐和水的二元体系边上出现一个固相点，如图 3-33 和图 3-34 中的 B_1 点；有复盐生成的三元等温图中，在表示盐盐二元体系的边上（无水复盐）或三角形坐标内（含水复盐）出现了表示复盐的固相点，如图 3-35 中的 D 点和图 3-36 中的 G 点；有固溶体生成的三元等温相图中，固相由点变为一条线，同时表示单盐的结晶区消失。

下面分别对三元体系等温相图中的线和区的意义以图 3-33～图 3-37 为例加以说明。

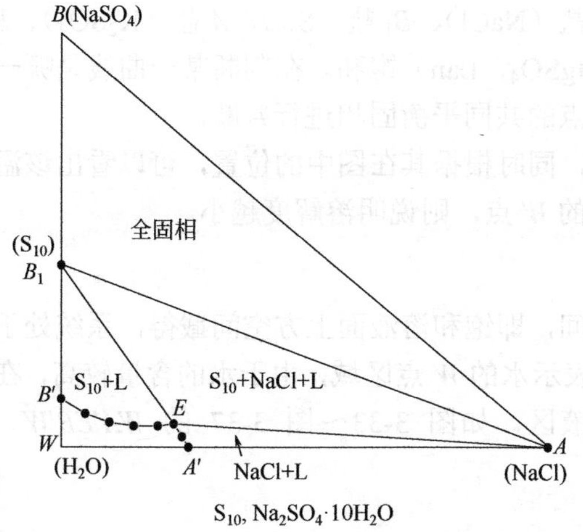

图 3-33　水合物Ⅰ型

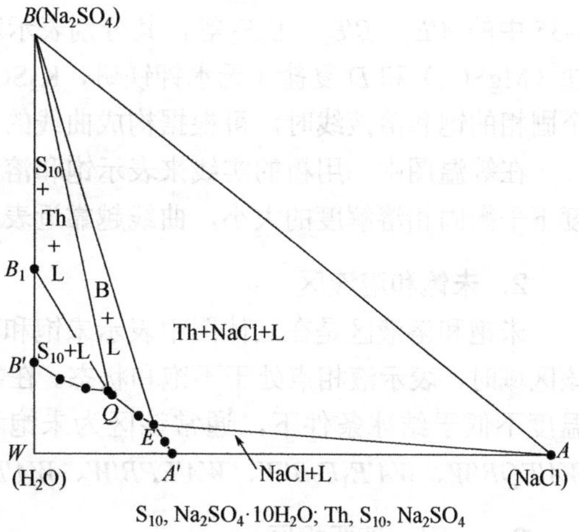

图 3-34　水合物Ⅱ型

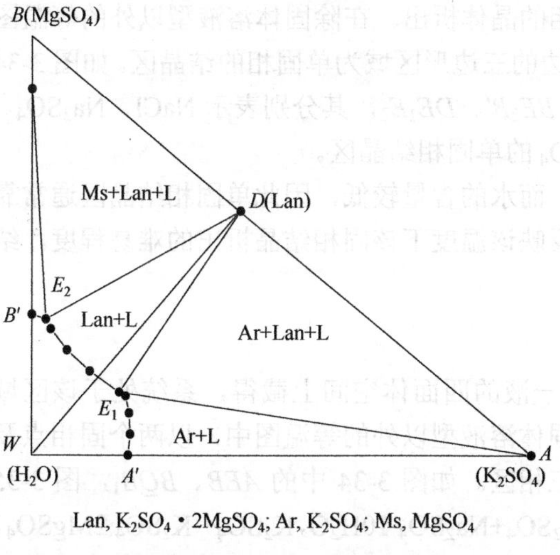

图 3-35　同成分复盐型

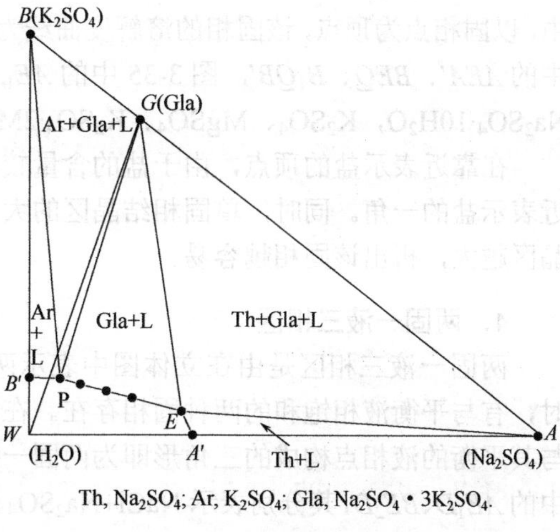

图 3-36　异成分复盐型

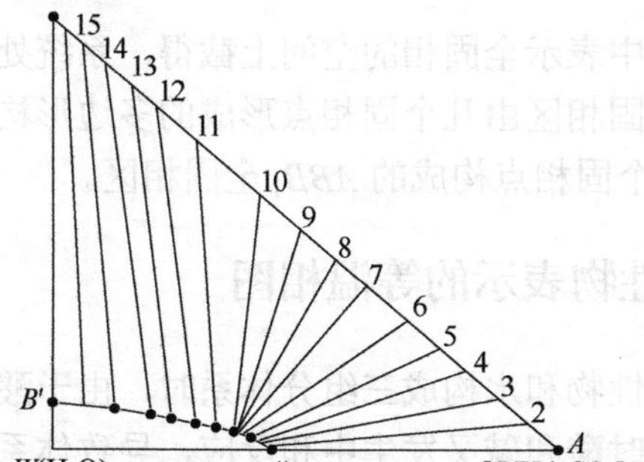

图 3-37　固体溶液型

1. 饱和溶液线

饱和溶液线是在立体图中表示单盐结晶区的饱和面上截得，在等温图中由具有共同平衡固相的液相点连接而成，表示对某固相饱和的溶液。如图 3-33 中的饱和溶液线 $A'E$、$B'E$，图

3-35 中的 $A'E_1$、$B'E_2$、E_1E_2 等，其分别表示对 A 盐（NaCl）、B_1 盐（S_{10}），A 盐（K_2SO_4）、B 盐（$MgSO_4$）和 D 复盐（无水钾镁矾，$K_2SO_4{\cdot}2MgSO_4$，Lan）饱和。在判断某一曲线是哪一个固相的饱和溶液线时，可根据构成曲线的数据点的共同平衡固相进行判断。

在等温图中，用粗的实线来表示饱和溶液线，同时根据其在图中的位置，可以看出该温度下平衡固相溶解度的大小，曲线越靠近表示水的 W 点，则说明溶解度越小。

2. 未饱和溶液区

未饱和溶液区是在立体图中表示未饱和的空间，即饱和溶液面上方空间截得，系统处于该区域时，表示液相点处于不饱和状态。在靠近表示水的 W 点区域，由于水的含量较高，在温度不低于结冰条件下，通常该区为未饱和溶液区。如图 3-33～图 3-37 的 $WA'EB'W$、$WA'EQB'W$、$WA'E_1E_2B'W$、$WA'EPB'W$、$WA'B'W$。

3. 一固一液两相区

一固一液两相区即单固相结晶区，是由在立体图中表示单盐的结晶空间，即一固一液的共存空间上截得，系统处于该区域时，有该固相的晶体析出。在除固体溶液型以外的等温图中，以固相点为顶点，该固相的溶解度曲线为对边的三边形区域为单固相的结晶区。如图 3-34 中的 AEA'、BEQ、B_1QB'，图 3-35 中的 AE_1A'、BE_2B'、DE_1E_2，其分别表示 NaCl、Na_2SO_4、$Na_2SO_4{\cdot}10H_2O$，K_2SO_4、$MgSO_4$、$K_2SO_4{\cdot}2MgSO_4$ 的单固相结晶区。

在靠近表示盐的顶点，由于盐的含量较高，而水的含量较低，因此单固相结晶区通常靠近表示盐的一角。同时，单固相结晶区的大小反映该温度下该固相结晶析出的难易程度，结晶区越大，析出该固相越容易。

4. 两固一液三相区

两固一液三相区是由在立体图中表示两固一液的四面体空间上截得，系统处于该区域时，有与平衡液相饱和的两种固相存在。在除固体溶液型以外的等温图中，以两个固相点及与其平衡的液相点构成的三角形即为两固一液三相区。如图 3-34 中的 AEB、BQB_1，图 3-35 中的 AE_1D、BE_2D，其分别表示 NaCl+Na_2SO_4、Na_2SO_4+$Na_2SO_4{\cdot}10H_2O$，K_2SO_4+ $K_2SO_4{\cdot}2MgSO_4$、$MgSO_4$+$K_2SO_4{\cdot}2MgSO_4$ 的结晶区。

5. 全固相区

全固相区是由在立体图中表示全固相的空间上截得，系统处于该区域时，只有固相而无液相出现。在等温图中，全固相区由几个固相点形成的多边形构成，如图 3-33 中由 NaCl、Na_2SO_4、$Na_2SO_4{\cdot}10H_2O$ 三个固相点构成的 ABB_1 全固相区。

三、用碱性物及酸性物表示的等温相图

当一种碱性物、一种酸性物和水构成三组分体系时，由于酸性物、碱性物可和水反应，分别生成相应的碱和酸，同时酸和碱又发生中和反应，导致体系中形成多种化合物。例如：碱性物 Na_2O 和酸性物 B_2O_3 分别可和水反应生成 NaOH 和 H_3BO_3，两者进一步反应可能生成不同的硼酸钠盐：五聚硼酸钠（$NaB_5O_8{\cdot}5H_2O$）、硼砂（$Na_2B_4O_7{\cdot}10H_2O$）、四水偏硼酸钠（$NaBO_2{\cdot}4H_2O$）、二水偏硼酸钠（$NaBO_2{\cdot}2H_2O$）、二聚硼酸四钠（$Na_4B_2O_5{\cdot}H_2O$）。又如碱性物 CaO 和酸性物 P_2O_5 分别可和水反应生成 $Ca(OH)_2$ 和 H_3PO_4，两者进一步反应可能生成 $Ca_3(PO_4)_2$、$CaHPO_4$、$Ca(H_2PO_4)_2$、$Ca(H_2PO_4)_2{\cdot}H_2O$ 等。为了简便起见，将碱性物、酸性物和

水作为基本组分，同时将体系写为“碱性物–酸性物–水”形式，如上述体系可写为 $Na_2O-B_2O_3-H_2O$、$CaO-P_2O_5-H_2O$。除此之外，还有 $NH_3-CO_2-H_2O$ 等体系。

1. 系统组分表示法

为了能将碱性物（A）、酸性物（B）及水反应生成的各个固相在以其为各顶点的三角形坐标来标绘，所有反应产物必须能以 $mA\cdot nB\cdot pH_2O$ 形式表示其含量组成。如对 $Na_2O-B_2O_3-H_2O$ 体系而言，反应产生的所有物质需能以 $mNa_2O\cdot nB_2O_3\cdot pH_2O$ 形式表示。事实上对于任意一个系统，都可以用 A、B、H_2O 来表示，如 $Na_2O-B_2O_3-H_2O$ 体系可能出现的固相化合物以 $mA\cdot nB\cdot pH_2O$ 表示组成，结果见表 3-5。

表 3-5 $Na_2O-B_2O_3-H_2O$ 体系各种硼酸钠以酸碱氧化物表示的组成

符号	化合物名称	化学式	$mNa_2O\cdot nB_2O_3\cdot kH_2O$	化学组成，w_B/%		
				Na_2O	B_2O_3	H_2O
C	硼酸	H_3BO_3	$B_2O_3\cdot 3H_2O$	0.00	56.30	43.70
D	五聚硼酸钠	$NaB_5O_8\cdot 5H_2O$	$Na_2O\cdot 5B_2O_3\cdot 10H_2O$	10.50	58.98	30.52
E	硼砂	$Na_2B_4O_7\cdot 10H_2O$	$Na_2O\cdot 2B_2O_3\cdot 10H_2O$	16.26	30.52	53.22
F	四水偏硼酸钠	$NaBO_2\cdot 4H_2O$	$Na_2O\cdot 2B_2O_3\cdot 8H_2O$	22.50	25.26	52.24
G	二水偏硼酸钠	$NaBO_2\cdot 2H_2O$	$Na_2O\cdot B_2O_3\cdot 4H_2O$	30.40	34.20	35.40
H	二聚硼酸四钠	$Na_4B_2O_5\cdot H_2O$	$2Na_2O\cdot B_2O_3\cdot H_2O$	58.60	32.90	8.50
J	一水氢氧化钠	$NaOH\cdot H_2O$	$Na_2O\cdot 3H_2O$	53.42	0.00	46.58

由于对于任一由碱性物、酸性物和水构成的三组分体系都可以用 A、B 和 W（H_2O）来表示其反应产物，因此可以用 A、B 和 W 为顶点的三角形坐标来标绘其等温相图。

2. 相图的标绘

$Na_2O-B_2O_3-H_2O$ 体系 35℃时溶解度数据见表 3-6。

表 3-6 $Na_2O-B_2O_3-H_2O$ 体系 35℃时的溶解度数据

符号	液相组成，w_B/%		平衡固相
	Na_2O	B_2O_3	
A_1	0	4.04	H_3BO_3
	0.36	5.48	H_3BO_3
	1.11	8.90	H_3BO_3
	1.89	11.48	H_3BO_3
K	2.05	12.86	$H_3BO_3+NaB_5O_8\cdot 5H_2O$
	3.36	16.23	$NaB_5O_8\cdot 5H_2O$
	2.64	17.11	$NaB_5O_8\cdot 5H_2O$
L	4.47	18.74	$NaB_5O_8\cdot 5H_2O+Na_2B_4O_7\cdot 10H_2O$
	3.62	15.28	$Na_2B_4O_7\cdot 10H_2O$
	2.60	10.34	$Na_2B_4O_7\cdot 10H_2O$
	1.48	3.32	$Na_2B_4O_7\cdot 10H_2O$
	7.43	9.75	$Na_2B_4O_7\cdot 10H_2O$
	11.57	13.37	$Na_2B_4O_7\cdot 10H_2O$
M	12.95	15.37	$Na_2B_4O_7\cdot 10H_2O+NaBO_2\cdot 4H_2O$
	13.15	14.55	$NaBO_2\cdot 4H_2O$
	12.33	11.07	$NaBO_2\cdot 4H_2O$

续表

符号	液相组成，w_B/%		平衡固相
	Na_2O	B_2O_3	
M	13.59	10.13	$NaBO_2 \cdot 4H_2O$
	15.64	7.85	$NaBO_2 \cdot 4H_2O$
	18.01	6.68	$NaBO_2 \cdot 4H_2O$
	18.98	6.62	$NaBO_2 \cdot 4H_2O$
N	20.50	6.65	$NaBO_2 \cdot 4H_2O$+$NaBO_2 \cdot 2H_2O$
	18.42	8.38	$NaBO_2 \cdot 2H_2O$（介稳）
	19.88	7.25	$NaBO_2 \cdot 2H_2O$（介稳）
	20.87	6.08	$NaBO_2 \cdot 2H_2O$
	23.88	4.30	$NaBO_2 \cdot 2H_2O$
	24.53	3.98	$NaBO_2 \cdot 2H_2O$
	31.32	3.33	$NaBO_2 \cdot 2H_2O$
	33.79	3.87	$NaBO_2 \cdot 2H_2O$
	35.39	4.43	$NaBO_2 \cdot 2H_2O$
	37.61	5.07	$NaBO_2 \cdot 2H_2O$
P	40.54	5.82	$NaBO_2 \cdot 2H_2O$+$Na_4B_2O_5 \cdot H_2O$
	41.67	5.74	$Na_4B_2O_5 \cdot H_2O$
	41.83	5.54	$Na_4B_2O_5 \cdot H_2O$
	42.42	5.08	$Na_4B_2O_5 \cdot H_2O$
Q	42.76	4.73	$Na_4B_2O_5 \cdot H_2O$+$NaOH \cdot H_2O$
	42.57	4.62	$NaOH \cdot H_2O$
	42.73	3.96	$NaOH \cdot H_2O$
	42.48	3.09	$NaOH \cdot H_2O$
	42.68	2.25	$NaOH \cdot H_2O$
B_1	42.73	0	$NaOH \cdot H_2O$

碱性物、酸性物表示的等温相图的绘制同一般三元水盐体系相图类似，其主要区别在于三角形坐标表示盐的两个顶点分别被碱性物和酸性物取代。依据一般三元水盐体系溶解度数据的标点、连线和相区划分的原则，可标绘出 $Na_2O-B_2O_3-H_2O$ 体系等温相图（图 3-38）。

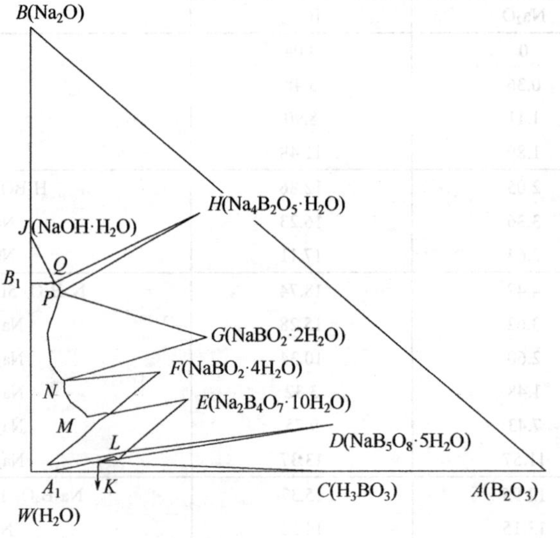

图 3-38　三元体系 $Na_2O-B_2O_3-H_2O$ 在 35℃的稳定相图

用 $Na_2O - B_2O_3 - H_2O$ 体系相图即可将不同种类的钠硼酸盐（$NaB_5O_8 \cdot 5H_2O$、$Na_2B_4O_7 \cdot 10H_2O$、$NaBO_2 \cdot 4H_2O$、$NaBO_2 \cdot 2H_2O$、$Na_4B_2O_5 \cdot H_2O$）和硼酸、氢氧化钠全部在相图上表达出来。

3．相图的认识

在图 3-38 中，A_1 是酸性氧化物 B_2O_3 与 H_2O 生成 H_3BO_3 的溶解度，B_1 是碱性氧化物 Na_2O 与 H_2O 生成 $NaOH \cdot H_2O$ 的溶解度。两种氧化物在水中反应生成的盐及其符号（C、D、E、F、G、H、J）及其组成见表 3-5，在相图中的位置见图 3-38。图中各区域的意义，可用通常的方法判定：

（1）有 5 个二固一液零变量共饱和点，分别为 K（$H_3BO_3+NaB_5O_8 \cdot 5H_2O$）、$L$（$NaB_5O_8 \cdot 5H_2O + Na_2B_4O_7 \cdot 10H_2O$）、$M$（$Na_2B_4O_7 \cdot 10H_2O + NaBO_2 \cdot 4H_2O$）、$N$（$NaBO_2 \cdot 4H_2O + NaBO_2 \cdot 2H_2O$）、$P$（$NaBO_2 \cdot 2H_2O + Na_4B_2O_5 \cdot H_2O$）、$Q$（$Na_4B_2O_5 \cdot H_2O + NaOH \cdot H_2O$）。

（2）有 7 条单盐（酸、盐、碱）的溶解度曲线，即 GK、KL、LM、MN、NP、PQ、QR 分别是固相 H_3BO_3、$NaB_5O_8 \cdot 5H_2O$、$Na_2B_4O_7 \cdot 10H_2O$、$NaBO_2 \cdot 4H_2O$、$NaBO_2 \cdot 2H_2O$、$Na_4B_2O_5 \cdot H_2O$ 及 $NaOH \cdot H_2O$ 的饱和溶液线。

（3）饱和溶液曲线左侧区域为不饱和溶液区，即由 WB_1 和 A_1W 和曲线 $QPNMLK$ 围成的封闭区域。

（4）固相点和饱和溶液溶解度曲线构成的封闭三角形为一固一液单固相结晶区，即各化合物的组成点和相应溶解度曲线的两端点相连而成的三角形就成为该化合物的结晶区，共有 7 个单盐（酸、盐、碱）的结晶相区，分别是：$\triangle A_1KC$ 是 H_3BO 的结晶区、$\triangle KLD$ 是 $NaB_5O_8 \cdot 5H_2O$ 的结晶区、$\triangle LME$ 是 $Na_2B_4O_7 \cdot 10H_2O$ 的结晶区、$\triangle MNF$ 是 $NaBO_2 \cdot 4H_2O$ 的结晶区、$\triangle NPG$ 是 $NaBO_2 \cdot 2H_2O$ 的结晶区、$\triangle PQH$ 是 $Na_4B_2O_5 \cdot H_2O$ 的结晶区、$\triangle QBJ$ 是 $NaOH \cdot H_2O$ 的结晶区。

（5）由零变量点及平衡的固相点构成的三角形区域为二固一液区，如：$\triangle MEF$ 就是 $Na_2B_4O_7 \cdot 10H_2O$、$NaBO_2 \cdot 4H_2O$ 与它们的平衡溶液 M 共存区，此体系中共有 6 个二固一液区。

（6）体系中所生成化合物的稳定性可通过几何作图进行判断。如 E 点所表示的化合物硼砂（$Na_2B_4O_7 \cdot 10H_2O$）而言，由于连接 WE 的直线（类似复盐射线）与 $Na_2B_4O_7 \cdot 10H_2O$ 的溶解度曲线相交，因此该化合物与同成分复盐类似，属于同成分化合物，是稳定的；又如 G 点所表示的化合物二水偏硼酸钠（$NaBO_2 \cdot 2H_2O$），连接 GE 的直线与 $NaBO_2 \cdot 2H_2O$ 的溶解度曲线不相交，因此该化合物与异成分复盐类似，属于不稳定化合物，就是不稳定的，其余类同。

（7）零变量点的类型，可通过其在相应的三角形位置关系判断，方法与一般三元水盐体系相图零变量点的类型的判断方法一致，如：M 点位于$\triangle WEF$之内，属于相称零变量点；N 点位于$\triangle WFG$之外，属于不相称零变量点。

值得说明的是，运用碱性氧化物–酸性氧化物–水的三元体系相图，如 $Na_2O - B_2O_3 - H_2O$ 体系指导不同形态钠硼酸的合成，$CaO - P_2O_5 - H_2O$ 体系相图在过磷酸钙生产中的应用以及在磷酸和石灰制备一水磷酸二氢钙等，$NH_3 - CO_2 - H_2O$ 体系相图在氨水吸收 CO_2 以及在尿素生产中的应用，相图的分析和计算方法与一般三元水盐体系相图也基本相同，不再赘述。

第三节　直线规则和杠杆规则在等温相图中的应用

直线规则和杠杆规则除了适用于二元体系相图外，还适用于三角形坐标表示的三元水盐体系等温相图。由于三元体系比二元体系相图更加复杂，且表示方法上具有某些特殊性，因此下面对这两条规则在三元体系等温相图中的应用进行介绍，并以这两条规则为基础，推演出一些更为简便和实用的规律。

一、直线规则和杠杆规则证明

设系统 M 分为 P 和 Q 两个部分（图 3-39），其质量分别为 m_M、m_P、m_Q，M、P、Q 三部分中 A 和 B 组分的含量分别为 A_M、A_P、A_Q 及 B_M、B_P、B_Q，如图 3-39 所示。据物料平衡有：

$$m_M = m_P + m_Q \tag{3-4}$$

$$m_M A_M = m_P A_P + m_Q A_Q \tag{3-5}$$

$$m_M B_M = m_P B_P + m_Q B_Q \tag{3-6}$$

将式（3-4）代入式（3-5）和式（3-6）并整理可得：

$$m_P(A_M - A_P) = m_Q(A_Q - A_M) \tag{3-7}$$

$$m_P(B_M - B_P) = m_Q(B_Q - B_M) \tag{3-8}$$

式（3-7）除以式（3-8）可得：

$$\frac{A_M - A_P}{B_M - B_P} = \frac{A_Q - A_M}{B_Q - B_M} \tag{3-9}$$

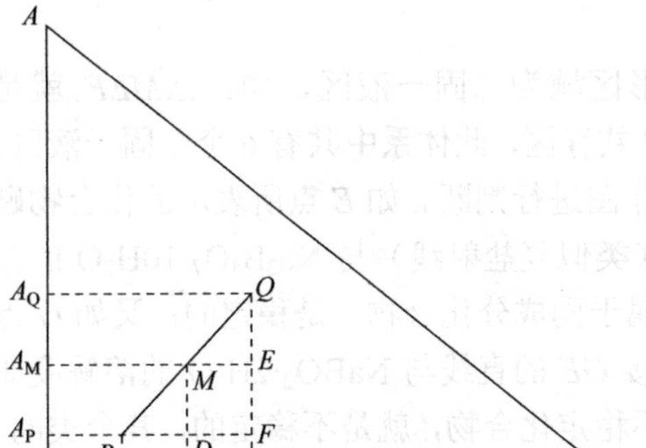

图 3-39 三角形坐标中的两条规则

式（3-9）表明：在三角形坐标表示的三元水盐体系等温相图中，两条通过同一点 M 的直线 QM 和 MP 具有相等的斜率，即两条直线重合。因此，Q、M、P 三点在同一直线上，这就证明了直线规则。

分别过 Q、M 作平行于 WA 的直线，过 P、M 点作平行于 WB 的直线，如图 3-39 所示。由于 $\overline{FD} = B_Q - B_M$、$\overline{DP} = B_M - B_P$，据几何关系及代入 $\overline{FD}$ 和 $\overline{DP}$ 可得：

$$\frac{\overline{FD}}{\overline{DP}} = \frac{\overline{QM}}{\overline{MP}} = \frac{B_Q - B_M}{B_M - B_P} \tag{3-10}$$

由式（3-8）可得：

$$\frac{m_P}{m_Q} = \frac{B_Q - B_M}{B_M - B_P} \tag{3-11}$$

由式（3-10）和式（3-11）即可得：

$$\frac{\overline{QM}}{\overline{MP}} = \frac{m_P}{m_Q} \tag{3-12}$$

由式（3-12）可得：

$$\frac{\overline{QM}}{\overline{MP}}+1=\frac{m_P}{m_Q}+1 \tag{3-13}$$

$$\frac{\overline{MP}}{\overline{QM}}+1=\frac{m_Q}{m_P}+1 \tag{3-14}$$

由式（3-4）、式（3-13）和式（3-14）整理即可得：

$$\frac{\overline{PQ}}{\overline{MP}}=\frac{m_M}{m_Q} \tag{3-15}$$

$$\frac{\overline{PQ}}{\overline{QM}}=\frac{m_M}{m_P} \tag{3-16}$$

这就证明了三角形坐标表示的三元水盐体系等温相图中的杠杆规则。

二、直线规则和杠杆规则的应用

当系统点 M 落入单盐的结晶区中时，如图 3-40 所示，此时系统分成了固相和与之饱和的液相两部分。根据体系组成点及析出的固相组成点，应用直线规则即可确定与固相平衡的饱和液相组成点。由于 M 点在 B 盐的结晶区内，即固相点为 B。连接 B 点和 M 点并延长与 B 盐的溶解度曲线 EB'交于 P 点，P 点即为系统点 M 对应的液相组成点。

设 B、M、P 点对应的质量分别为 m_B、m_M、m_P，则据杠杆规则可得：

$$m_B : m_P : m_M = PM : BM : PB \tag{3-17}$$

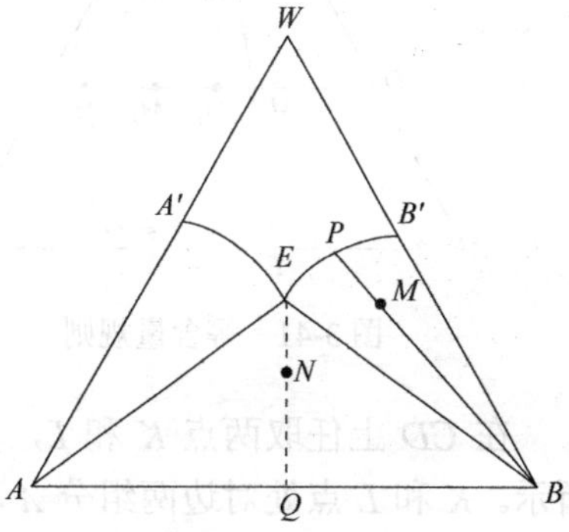

图 3-40 直线规则在简单三元体系相图中的应用

当系统点 N 落入两盐的共同结晶区时（图 3-40），系统分成了两个固相和与之相平衡的饱和液相三部分。根据相律可知，由于此时自由度为零，故液相点的组成保持不变，因此根据已知的液相点 E 和系统点，应用直线规则即可确定系统中析出固相的组成点。连接 E 点和 N 点并延长，由于固相点一定在 A 盐和 B 盐的连线上，即三角形的 AB 边，因此 EN 的延长线一定和 AB 相交，交点为 Q 点，Q 点即为与系统点 N 对应的固相组成点。

设 E、N、Q、A、B 点对应的质量分别为 m_E、m_N、m_Q、m_A 和 m_B，则据杠杆规则可得：

$$m_E : m_Q : m_N = NQ : NE : EQ \tag{3-18}$$

$$m_A : m_B : m_Q = QB : QA : AB \tag{3-19}$$

由于用正三角形和等腰直角三角形表示的三元水盐体系等温相图的坐标刻度是用质量分数表示，故可直接利用杠杆规则。对于用直角坐标表示的三元水盐体系相图而言，由于坐标刻度不是质量分数，因此不能直接用杠杆规则的数学形式。

在直角坐标表示的三元水盐体系中，设系统点 M 分为两个体系组成点 P 和 Q，如果盐的浓度都用 mol/1000 mol H_2O 表示，则据物料平衡方法可得，P 体系和 Q 体系中所含的总水量

（摩尔数）与 M 点到 P 和 Q 点的距离 MP、MQ 成反比。

三、直线规则和杠杆规则引申

1. 等含量规则

在三角形坐标中，平行于三角形一边的直线上所有各点均含有相同含量的与之相对应的顶点所表示的组分。如图 3-41 所示，由于 $DE//AB$，因此 DE 线上的点 M_1、M_2、M_3、…都含有相同含量的 C 组分。图 3-3 所示的三角形坐标格子的形成可以很容易理解此规则。

2. 定比例规则

从三角形任一顶点向对边作一直线，则该直线上任意一点所表示的对边上的两组分含量之比保持不变，同时顶点组分的含量则随着远离顶点的方向逐渐降低。如图 3-42 所示，CD 线上的任意一点所含 A 和 B 组分的比值保持不变，同时沿着 C 向 D 的方向，C 组分的含量逐渐降低。

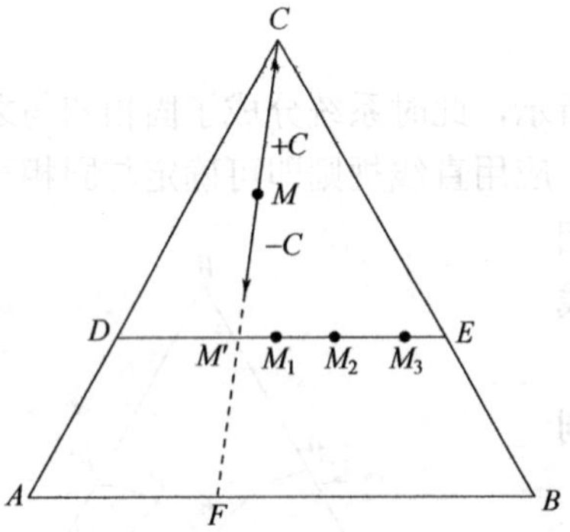

图 3-41 等含量规则

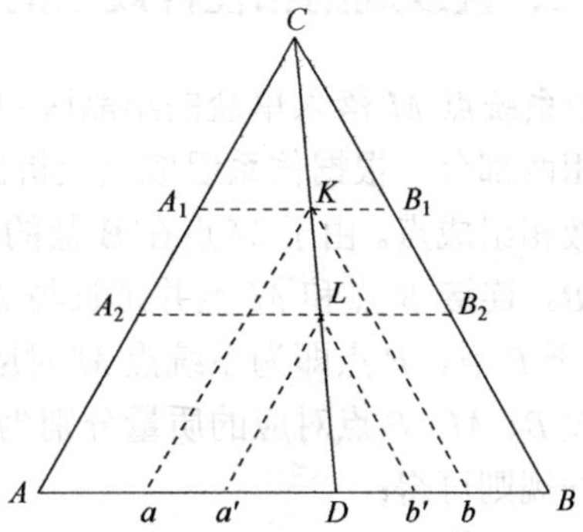

图 3-42 定比例规则

在 CD 上任取两点 K 和 L，分别过 K 和 L 点作平行于三角形三条边的直线，如图 3-42 所示。K 和 L 点处对边两组分 A 和 B 的含量之比分别等于 Bb 与 Aa 和 Bb'与 Aa'对应长度之比。由几何关系可知$\triangle CA_1K \backsim \triangle CA_2L \backsim \triangle CAD$、$\triangle CKB_1 \backsim \triangle CLB_2 \backsim \triangle CDB$，因此由比例关系可得：

$$\overline{A_1K} : \overline{A_2L} : \overline{AD} = \overline{CK} : \overline{CL} : \overline{CD} = \overline{KB_1} : \overline{LB_2} : \overline{DB}$$

由于 $\overline{A_1K} = \overline{Aa}$ 、$\overline{A_2L} = \overline{Aa'}$ 、$\overline{B_1K} = \overline{Bb}$ 、$\overline{B_2L} = \overline{Bb'}$，因此整理可得：

$$\frac{\overline{Aa}}{\overline{Bb}} = \frac{\overline{Aa'}}{\overline{Bb'}} = \frac{\overline{AD}}{\overline{BD}} = \text{常数}$$

3. 向背规则

从系统中不断析出某个组分时，剩余部分物质的改变方向沿着原系统点和析出组分点的连线，背向析出物的方向移动。反之，向系统中加入某种组分时，则混合物组成点的移动方向沿着原系统点和加入组分组成点的连线，向着加入组分组成点的方向移动。如图 3-41 中的 M 点，当析出组分 C 时，则 M 点向远离 C 点的方向移动；当加入组分 C 时，则 M 点向靠近 C 点的方向移动。

4．交叉规则

如果四种物料 N、P、Q、R 之间存在 $N+P \to Q+R$ 关系，则 N 与 P 的连线一定与 Q 与 R 的连线相交。如图 3-43 所示，设 M 为两线的交点，则四个物料之间的关系可视为：$N+P \to M$，$M \to Q+R$。将 $N+P \to Q+R$ 移项得 $N \to Q+R-P$，此式表达的意义相当于 Q 和 R 两种物料合成系统后再分离出 P 的过程。

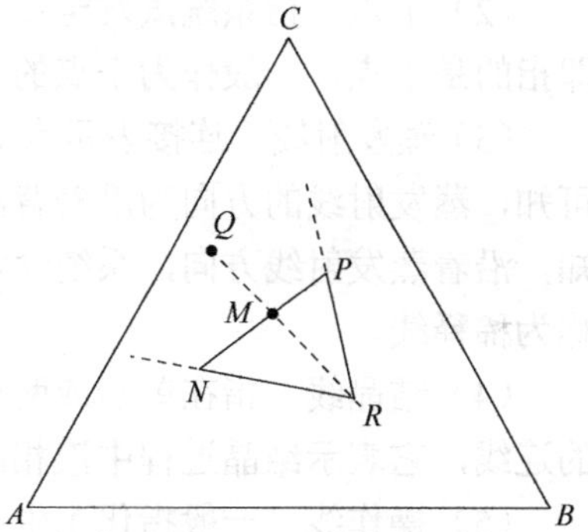

图 3-43 交叉规则

5．重心规则

如果系统 M 由三个部分组成，即：$N+P+Q \to M$，则系统点 M 一定在 N、P、Q 三部分的图形点构成的三角形 NPQ 内，同时 M 点恰好是三部分质量合起来的力学重心。如图 3-44 所示，该过程可以看作一种多次混合过程，相当于两次使用杠杆规则，即：$N+P \to R$，$R+Q \to M$。

6．共轭规则

如果从系统 M 中减去 N 和 P 两部分得到剩余部分 Q，即：$M-N-P \to Q$，则 Q 的图形点一定处于相对于 N 和 P 的图形点来说与系统点 M 共轭的位置。如图 3-45 所示，这一过程可看作多次分离的过程，从 M 中先后分离出 N 和 P 得到 Q。实际上共轭规则是重心规则的另一种表达形式，因为 $M-N-P \to Q$ 可写为：$M \to N+P+Q$。

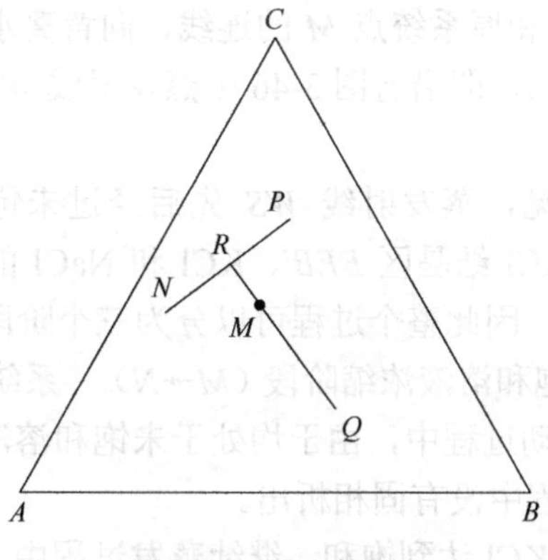

图 3-44 重心规则

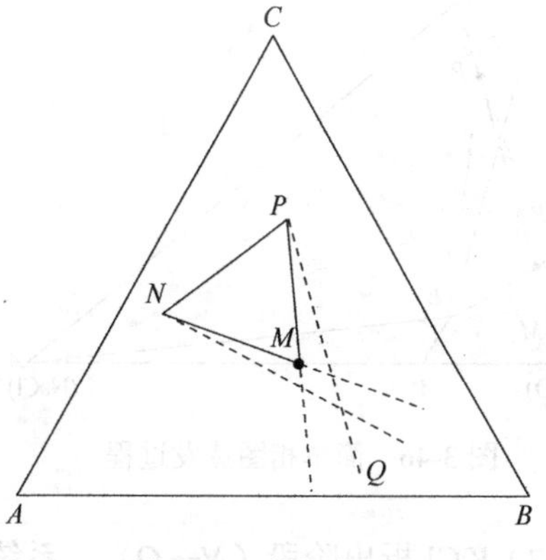

图 3-45 共轭规则

第四节 三元体系相图分析

一、等温蒸发过程分析

等温蒸发过程是无机盐生产中最重要的一种操作，将等温蒸发过程描绘于相图之上，可以清楚地了解蒸发过程发生的相关情况，以及方便地进行物料量的计算。下面对等温蒸发过程中的相关术语进行介绍。

(1) 蒸干　指系统经蒸发失水至全部变为固相的操作。此时系统中已无液相，但可能仍有水分以结晶形式存在于固相水合物、水合复盐或固体溶液中。

（2）干点　指系统蒸发至蒸干的那一瞬间消失的液相点。通常所说的在某点蒸干，某点即指的是干点，一般作为干点的点都是液相点。

（3）蒸发射线　连接表示水的顶点 *W* 及被蒸发的系统点的射线叫蒸发射线。由向背规则可知，蒸发射线的方向为沿着背离水的方向，其用来表示系统的蒸发过程。由定比例规则可知，沿着蒸发射线方向，系统含水量逐渐减少，但两盐的比例保持不变。反之，加水时的线称为稀释线。

（4）结晶线　指在单盐或两种盐的共同结晶区中，连接液相点和与之相平衡的固相点间的连线，它表示结晶过程中液相的变化及与之相对应的固相组成情况。

（5）操作线　一般指化工生产操作过程中系统点的移动轨迹或路线，如等温蒸发、混合配料等操作时所作的线段。

由于在不同类型的相图中，蒸发过程的具体情况各不相同，因此下面分别对不同种类等温相图的蒸发过程进行分析。

1．简单相图

对于简单相图的蒸发过程分析，以 NaCl－KCl－H_2O 体系 20℃相图为例，分析图中未饱和的系统点 *M* 的蒸发过程，如图 3-46 所示。

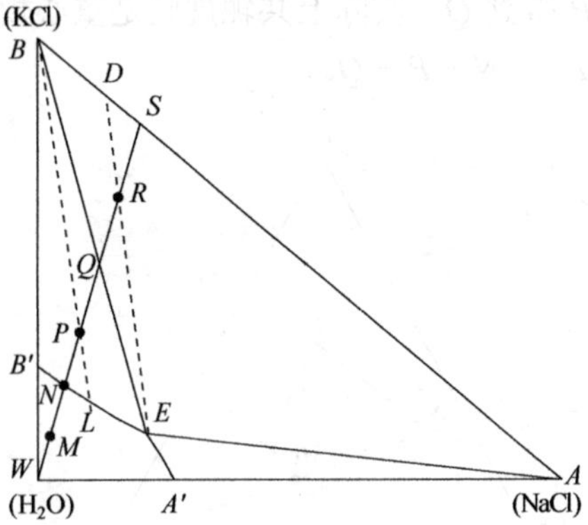

图 3-46　简单相图蒸发过程

等温蒸发过程中，由于体系中水的含量不断减少，而 NaCl 和 KCl 的含量保持不变，因此由等比例规则可知，蒸发过程中体系的组成点沿着连接表示水的 *W* 点和原系统点 *M* 的连线，向背离水的组成点方向移动，即沿着图 3-46 中蒸发射线 *WS* 向 *S* 点方向移动。

由图可见，蒸发射线 *WS* 先后经过未饱和区 *WA'EB'W*、KCl 结晶区 *BEB'*、KCl 和 NaCl 的共同结晶区 *ABE*，因此整个过程可以分为三个阶段。

（1）未饱和溶液浓缩阶段（*M*→*N*）　系统由 *M* 点向 *N* 点移动过程中，由于均处于未饱和溶液区，因此整个过程中没有固相析出。

（2）KCl 析出阶段（*N*→*Q*）　系统到达 *N* 点时，KCl 达到饱和，继续蒸发过程中，开始析出固相 KCl，系统点进入 KCl 的结晶区。由于系统点由 *N* 向 *Q* 点移动过程中均处于 KCl 单固相结晶区，因此固相组成点在 *B* 处保持不动。据直线规则可知，当系统点位于 *P* 时，连接 *BP* 并延长与 KCl 溶解度曲线 *B'E* 相交，交点 *L* 即为与 KCl 相平衡的液相点。系统点从 *N* 向 *Q* 移动的过程中，固相点始终为一固定的 *B* 点，而液相点则相应地由 *N* 向 *E* 点移动。同时，代表 KCl 析出量的杠杆臂从一个点 *N* 逐渐增加为 *EQ*，说明析出的 KCl 的量在不断地增加，其中当液相点到达共饱点 *E* 时，析出的 KCl 的量达到最大。

（3）KCl 和 NaCl 同时析出阶段（*Q*→*S*）　系统到达 *Q* 点时，NaCl 也达到饱和，液相点为 *E* 点，继续蒸发过程中，NaCl 和 KCl 同时析出。由于在两固一液三相区自由度为零，因此液相组成保持不变，即液相始终在 *E* 点保持不动。据直线规则可知，当系统处于 *R* 点时，连接 *ER* 的直线并延长与表示 NaCl 和 KCl 固相的 *AB* 边相交，交点 *D* 即为系统处于 *R* 点时与液相 *E* 平衡的固相组成点。系统由 *Q* 向 *S* 移动过程中，液相始终为 *E* 点，而固相则由 *B*

点沿着 AB 向 S 点移动，最后系统点和固相点重合于 S 点。该过程中，代表固相的杠杆臂由 EQ 增加为 ES，说明析出的总固相的量在不断增加。相反，代表液相的杠杆臂由 QB 最终缩短为一个点 S，即此时液相消失，系统被蒸干，干点为 E 点。

整个蒸发过程中，物料含量间的关系可由杠杆规则进行确定。简单相图蒸发过程可用表 3-7 进行简单的概括。

表 3-7 简单相图蒸发过程分析

阶段	一	二	三
过程情况	未饱和溶液浓缩	KCl 析出	NaCl 和 KCl 同时析出至液相蒸干
系统轨迹	$M \to N$	$N \to Q$	$Q \to S$
液相轨迹	$M \to N$	$N \to E$	E 点
固相轨迹	无	B 点	$B \to S$

2. 水合物Ⅰ型相图

水合物Ⅰ型等温相图中没有相应无水盐的溶解度曲线，而只有水合盐的溶解度曲线。对该类相图的蒸发过程分析，以 $NaCl-Na_2SO_4-H_2O$ 体系 15℃相图为例进行说明，如图 3-47 所示。

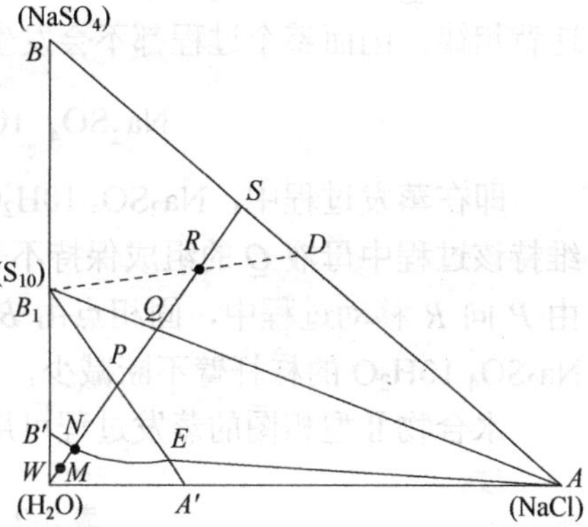

图 3-47 水合物Ⅰ型相图蒸发过程

将水合物Ⅰ型等温相图与简单相图进行对比可以发现，水合物Ⅰ型等温相图中多了一个全固相结晶区 ABB_1。因此，可将水合物Ⅰ型等温相图看作简单相图与全固相区的合成。系统点 M 从未饱和溶液区蒸发至 Q 点的过程中，其蒸发过程分析同简单相图，在此不作详细介绍。系统点 M 进入 B_1EB' 区时析出芒硝（S_{10}），而由 P 点进入 AB_1E 区时同时析出 S_{10} 和 NaCl。

当系统由 Q 点进入全固相区 ABB_1 时，S_{10} 逐渐脱水，直至全部变为无水 Na_2SO_4，其中系统点蒸至 R 点时的相平衡情况如图中 B_1D 虚线所示。系统点由 Q 向 S 的移动过程中，代表固相 S_{10} 的杠杆臂由 AQ 缩为一个点 S，即 S_{10} 的含量在逐渐地降低，直至最后消失。整个蒸发过程可用表 3-8 进行简单的概括。

表 3-8 水合物Ⅰ型相图蒸发过程分析

阶段	一	二	三	四
过程情况	未饱和溶液浓缩	S_{10} 析出	S_{10} 和 NaCl 同时析出至液相蒸干	S_{10} 脱水
系统轨迹	$M \to N$	$N \to P$	$P \to Q$	$Q \to S$
液相轨迹	$M \to N$	$N \to E$	E 点	消失
固相轨迹	无	B_1 点	$B_1 \to Q$	$Q \to S$

3. 水合物Ⅱ型相图

水合物Ⅱ型等温相图中既有无水盐的溶解度曲线，又有水合盐的溶解度曲线。对此类相图的蒸发过程分析，以 $NaCl-Na_2SO_4-H_2O$ 体系 25℃相图为例进行说明，如图 3-48 所示。

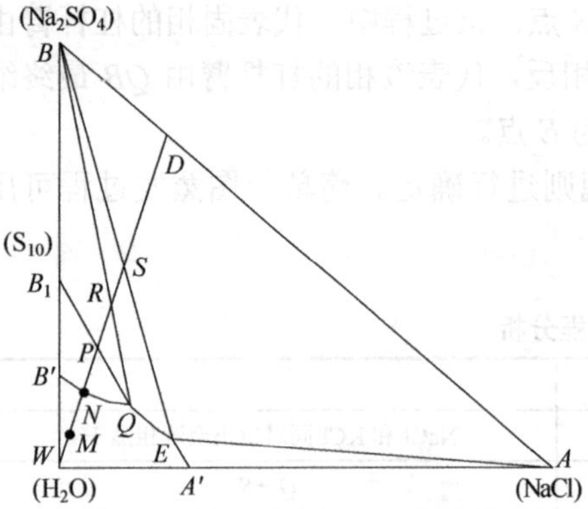

图 3-48 水合物Ⅱ型相图蒸发过程

系统由 N 向 P、R 向 S、S 向 D 移动过程中，其分别在芒硝 S_{10} 的结晶区 B_1QB'、Na_2SO_4 的结晶区 BEQ、Na_2SO_4 和 NaCl 的共同结晶区 ABE 内，因此分别析出 S_{10}、Na_2SO_4 和 Na_2SO_4 + NaCl 固相，而液相点相应地分别为 $N \to Q$、$Q \to E$ 和 E 点。

系统由 P 点进入 S_{10} 和 Na_2SO_4 的结晶区 BQB_1，由于自由度为零，因此液相点在 Q 点保持不变。值得注意的是，系统在 BQB_1 区由 P 向 R 移动过程中，该蒸发过程并不同时析出两个固相。因为 Q 点对 NaCl 并不饱和，在系统由 P 向 R 蒸发过程中并不析出 NaCl 固相，若同时析出 S_{10} 和 Na_2SO_4 固相，会从母液 Q 中取走 Na_2SO_4 组分，从而使母液中 NaCl 的比例增加，导致母液组成发生变化而违背相律。因而整个过程都不会发生只析出 Na_2SO_4 固相的情况，而只发生下述过程：

$$Na_2SO_4 \cdot 10H_2O \xrightarrow{\text{蒸发}} Na_2SO_4 + 10H_2O\uparrow$$

即在蒸发过程中，$Na_2SO_4 \cdot 10H_2O$ 提供其结晶水供水分的蒸发，同时析出 Na_2SO_4，从而维持该过程中母液 Q 的组成保持不变，此过程称水合物在液相存在条件下的脱水过程。系统由 P 向 R 移动过程中，固相点由 B_1 向 B 移动，代表 Na_2SO_4 的杠杆臂在不断增加，而代表 $Na_2SO_4 \cdot 10H_2O$ 的杠杆臂不断减少，最后缩为一个点 B。

水合物Ⅱ型相图的蒸发过程可用表 3-9 进行简单的概括。

表 3-9 水合物Ⅱ型相图蒸发过程分析

阶段	一	二	三	四	五
过程情况	未饱和溶液浓缩	芒硝（S_{10}）析出	S_{10} 和 Na_2SO_4 同时析出	Na_2SO_4 析出	Na_2SO_4 和 NaCl 同时析出至液相蒸干
系统轨迹	$M \to N$	$N \to P$	$P \to R$	$R \to S$	$S \to D$
液相轨迹	$M \to N$	$N \to Q$	Q 点	$Q \to E$	E 点
固相轨迹	无	B_1 点	$B_1 \to B$	B	$B \to D$

4. 同成分复盐型相图

同成分复盐型相图中复盐射线与复盐自身的溶解度曲线相交，对此类相图的蒸发过程分析，以 $K_2SO_4 - MgSO_4 - H_2O$ 体系 135℃相图为例进行说明，如图 3-35 所示。

同成分复盐相图相当于两个简单相图的合成，并以复盐射线为界，每个部分自成一个亚体系。因此，此类相图的蒸发过程分析同简单相图相似。当系统点落入△WBD 时，在 E_2 点蒸干；当系统点落入△WAD 时，在 E_1 点蒸干；当系统恰好在 WD 射线上时，其蒸发过程不结束于任何一个共饱点，而只结束于复盐射线与复盐溶解度曲线的交点。

5. 异成分复盐型相图

异成分复盐型相图中复盐射线与复盐自身溶解度曲线相交，对此类相图的蒸发过程分析，以 $Na_2SO_4 - K_2SO_4 - H_2O$ 体系 50℃相图为例进行说明，如图 3-49 所示（为使图形清晰，对相区大小进行了适当的调整）。异成分复盐型相图的等温蒸发情况与系统点溶液的组成相关，下面分别讨论图 3-49 中系统点 M 和 M'的等温蒸发情况。

第一种情况为系统点 M 落在△WBG 内，其蒸发路径为 $M \rightarrow N \rightarrow Q \rightarrow R$。系统由 N 进入 K_2SO_4 结晶区 BPB'后，开始析出 K_2SO_4 固相，固相点在 B 点保持不动，而液相点随系统点由 N 向 Q 的移动过程中由 N 向 P 移动。BPG 为三相区，自由度为零，因此 P 的组成保持不变。但值得注意的是，系统进入 BPG 区后，并不同时析出 K_2SO_4 和 $Na_2SO_4 \cdot 3K_2SO_4$（Gla）固相。因为液相 P 中含 Na_2SO_4 6.0%、K_2SO_4 14.0%，而复盐 Gla 中含 Na_2SO_4 21.36%、K_2SO_4 78.64%，两者间单盐之间的比存在以下关系：

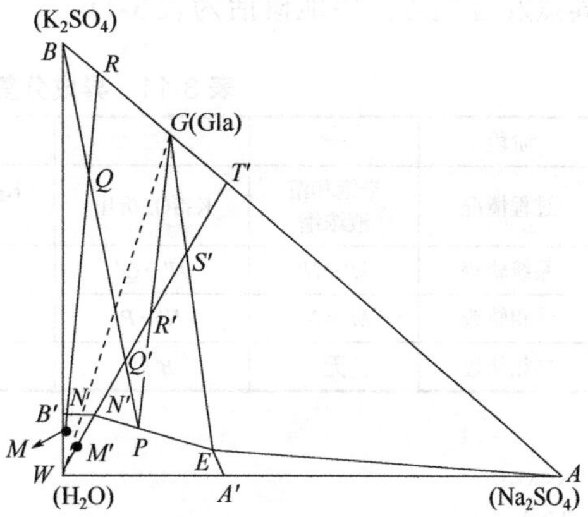

图 3-49 异成分复盐型相图蒸发过程

$$\left(\frac{K_2SO_4}{Na_2SO_4}\right)_{复盐Gla} = 2.33 > \left(\frac{K_2SO_4}{Na_2SO_4}\right)_{液相P} = 3.69$$

因此，即使只析出复盐 Gla，其从液相中取走 K_2SO_4 和 Na_2SO_4 是按 3.69 这个比例进行，而非按照液相中的 2.33 进行，从而使液相 P 的组成发生变化而违背相律。如果同时析出 K_2SO_4 和复盐 Gla 或只析出 K_2SO_4，将使析出固相中 K_2SO_4 与 Na_2SO_4 间的比例更大，因而使液相 P 的组成变化更大。因此，为了使蒸发继续进行，同时保持液相 P 的不变，只有以原来已析出的 K_2SO_4 来弥补因 Gla 析出而带走的液相中的 K_2SO_4，从而使液相 P 保持不变，即发生原来已析出 K_2SO_4 的溶解和 Gla 的析出过程，该过程可表示为：

$$P(液相) + K_2SO_4(溶解) \longrightarrow Gla(析出) + H_2O(蒸发)$$

上述过程之所以发生，主要在于复盐中两个单盐含量之比与液相中同样两种盐的比不同。上述所指的“溶解”和“析出”是从宏观表现来分析的，如 Gla 的增加从宏观上为“析出”。然而，从微观上看，这种相变过程较为复杂。在实际以相图为指导的生产过程中，往往只对过程的始态和终态感兴趣，而忽略其变化过程及机理，因此只以宏观的“溶解”和“析出”来描述这些相变过程。上述系统点 M 的蒸发过程可简要地概括为表 3-10。

表 3-10 异成分复盐型相图中 M 点蒸发过程分析

阶段	一	二	三
过程情况	未饱和溶液浓缩	K_2SO_4 析出	K_2SO_4 溶解、Gla 析出，K_2SO_4 未溶完时在 P 点蒸干，干点为 P 点
系统轨迹	$M \rightarrow N$	$N \rightarrow Q$	$Q \rightarrow R$
液相轨迹	$M \rightarrow N$	$N \rightarrow P$	P 点
固相轨迹	无	B 点	$B \rightarrow R$

第二种情况为系统点 M'落在△WAG 内，其蒸发路径为 $M' \rightarrow N' \rightarrow Q' \rightarrow R' \rightarrow S' \rightarrow T'$。该过程与第一种情况的主要区别在于：系统进入 BGP 区后由 Q'向 R'移动过程中，K_2SO_4 溶解 Gla 析出至 K_2SO_4 溶解完，此时固相点到达 G 点。此外，系统会先后经过纯 Gla 和 Gla + Na_2SO_4 的结晶区 GPE 和 AEG，系统最后在 E 点蒸干，干点为 E 点，而第一种情况的干点为 P 点。

其蒸发过程可简要地概括为表 3-11。

表 3-11 异成分复盐型相图中 M'点蒸发过程分析

阶段	一	二	三	四	五
过程情况	未饱和溶液浓缩	K_2SO_4析出	K_2SO_4溶解、Gla 析出至 K_2SO_4溶完	Gla 继续析出	Gla 和 Na_2SO_4同时析出至液相蒸干，干点为 E 点
系统轨迹	$M'\rightarrow N'$	$N'\rightarrow Q'$	$Q'\rightarrow R'$	$R'\rightarrow S'$	$S'\rightarrow T'$
液相轨迹	$M'\rightarrow N'$	$N'\rightarrow P$	P 点	$P\rightarrow E$	E 点
固相轨迹	无	B 点	$B\rightarrow G$	G 点	$G\rightarrow T'$

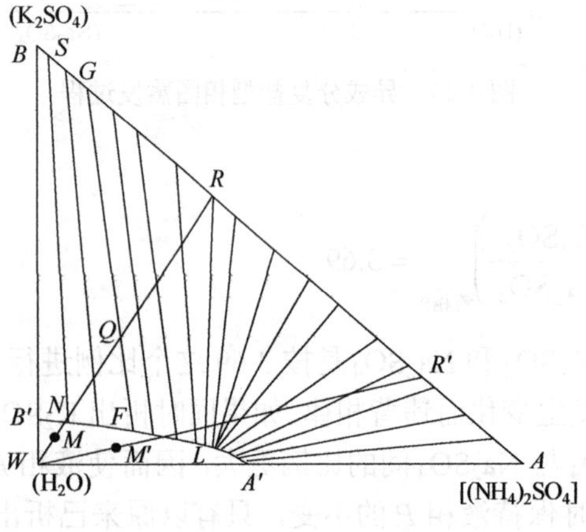

图 3-50 固体溶液型相图蒸发过程

6．固体溶液型相图

固体溶液型等温相图中，固相为一条线，同时在固体溶液的结晶区内，每一个系统点都有一个确定的以结线连接的液相和固相点。对此类相图的蒸发过程分析，以 $K_2SO_4-(NH_4)_2SO_4-H_2O$ 体系 25℃相图为例进行说明，如图 3-50 所示。

系统由 M 点蒸发至 N 点，此时溶液达到饱和，据结线确定与之相平衡的固相为 S。继续蒸发，系统进入固体溶液的结晶区。在结晶区内，结晶析出的不是单一的纯物质，而是随系统变化而不断变化的固体溶液，即每一个确定的系统点都有一个确定的液相和固相组成点，根据结线可以确定与之相对应的固相和液相点。如系统到达 Q 点时，其液相组成为 F 点而相应的固相组成为 G 点。

系统到达 R 点时，固相与系统重合，液相点在 L 处蒸干，即 L 点为干点。系统由 N 向 R 移动过程中，液相沿着固溶体溶解度曲线 $A'B'$由 N 点向 L 方向移动，而固相点沿着 AB 由 S 向 R 移动。系统位于 M'时，液相与固相移动方向与 M 相同，随着系统原始位置的不同，蒸发的干点会在固溶体饱和溶液线 $A'B'$上变化。固体溶液型等温相图的蒸发过程可用表 3-12 进行简单的概括。

表 3-12 固体溶液型相图蒸发过程分析

阶段	一	二
过程情况	未饱和溶液浓缩	固溶体析出至蒸干，干点为 L 点（干点随系统组成不同而变化）
系统轨迹	$M\rightarrow N$	$N\rightarrow Q\rightarrow R$
液相轨迹	$M\rightarrow N$	$N\rightarrow F\rightarrow L$
固相轨迹	无	$S\rightarrow G\rightarrow R$

7．复杂相图

在无机盐生产过程中，所遇到的水盐体系相图可能不止生成一种水合物、复盐或固溶体，如图 3-32 所示的 $Na_2SO_4-MgSO_4-H_2O$ 体系 30℃相图，该相图既出现了 Na_2SO_4 的水合物 S_{10}，又出现了 $MgSO_4$ 的水合物 Eps，还出现了 Na_2SO_4 和 $MgSO_4$ 的含水复盐 Ast。对此类相图的等温蒸发分析，可视为若干简单相图的组合。同时，其水合物、复盐的种类和性质可据各自的几何特征加以判断。如对其中水合盐性质的判断方法为：在某温度下，当一个无水盐生成多种水合物 A_1、A_2、A_3、…时，应从含结晶水多的一个向结晶水逐渐减少的方向依次判断，即 A_3 属什么类型要看 A_2 有无溶解度曲线，A_2 属什么类型要看 A_1 有无溶解度曲线，等等。通常，将含结晶水数相对较少的水合物称为低水合盐。

对于复杂相图的等温蒸发过程分析，在此不进行详细介绍。只要掌握了基本规律，并应用各种类型相图等温蒸发过程的分析方法，即可对任何复杂的相图进行等温蒸发分析。

二、盐析过程分析

由于等温加水过程与等温蒸发过程互为逆过程，向体系中加水这一操作在相图上的描绘情况与等温蒸发情况相反。加水过程中，固相中的各种组分按照一定的顺序逐渐溶解，或转溶为另一种固相再溶解。利用等温蒸发过程分析方法很容易在相图中描绘加水过程，因此在此不作详细介绍。

当向溶液中加入一种与此溶液中所含有的某种相同离子的盐时，由于同离子效应，可能使该溶液中的某种盐结晶析出，这种现象称为盐析效应，或称为盐析作用（salting-out effect）。

下面以简单相图（图 3-51）为例，对图中 *M* 点加入 *B* 盐后所产生的盐析过程进行简要的分析。

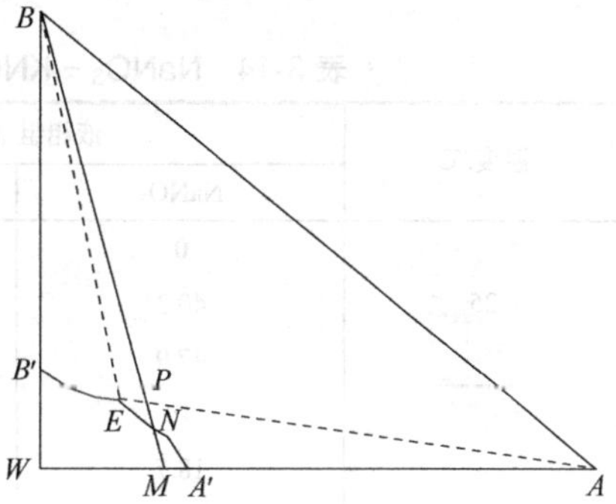

图 3-51　简单三元体系等温相图盐析过程

图中 *M* 点处于未饱和溶液区，当向 *M* 点加入 *B* 盐时，系统的组成点沿着 *BM* 的连线向着 *B* 点移动。当系统到达 *N* 点时，溶液被 *A* 盐所饱和，再加入 *B* 盐使系统由 *N* 向 *P* 移动过程中，由于该过程中系统点均处于 *A* 盐的结晶区，因此析出固相 *A* 盐，而液相的组成点相应地由 *N* 点沿着 *A* 盐的溶解度曲线 *A′E* 向 *E* 点移动。当系统到达 *P* 点时，液相组成点 *E* 同时被 *A* 盐和 *B* 盐饱和。继续加入 *B* 盐使系统由 *P* 向 *B* 移动过程中，由于系统点处于 *A* 盐和 *B* 盐的共同结晶区，因此该过程不断析出 *A* 盐和 *B* 盐固相，而液相始终在 *E* 点保持不变。

为了从原始体系组成点 *M* 中获得纯的盐，在盐析过程中应控制体系的组成点不能高于 *P* 点。当体系的组成点恰为 *P* 点时，盐析的纯 *A* 盐的量达到最大，此时所加入的 *B* 盐的量称为 *B* 盐的最大允许加入量，根据杠杆原理即可计算出 *B* 盐的最大加入量。上述盐析过程可简要的概括为表 3-13。

表 3-13　简单相图盐析过程分析

阶段	一	二	三
过程情况	未饱和溶液加盐达到饱和	*A* 盐析出	*A* 盐和 *B* 盐同时析出
系统轨迹	$M \to N$	$N \to P$	$P \to B$
液相轨迹	$M \to N$	$N \to E$	*E* 点
固相轨迹	无	*A* 点	$A \to B$

由以上分析可知，盐析过程的分析方法基本上同等温蒸发过程，因此对复杂相图的盐析过程不作进一步的阐述。实际上，等温蒸发过程分析方法适用于等温加水、加盐、分离等改

变系统组成的过程分析，其过程分析的关键在于确定系统的移动路线，例如加水操作是与蒸发过程相反的逆过程，向系统中加水时，体系的组成点就处在连接水的组成点 *W* 和体系组成点的直线（稀释线）上，并朝着表示水的组成点 *W* 方向移动。

三、变温过程分析

在无机盐工业生产中，为了获得更多数量的产品，通常要用加热、冷却、冷冻等改变温度的操作来实现。由于温度会对盐的溶解度产生影响，表现在相图上为盐的溶解度曲线的变化，从而造成结晶区域随温度的变化而扩大或缩小、生成或消失。

等温图不能反映温度变化对盐类溶解度的影响，尽管立体图可以反映温度变化的影响，但是由于制作的困难而不便于使用。为了解决此问题，常常将几个等温图进行叠加，从而可以在平面图中反映不同温度下的相平衡规律。如利用表 3-14 中 25℃、75℃和 100℃ $NaNO_3-KNO_3-H_2O$ 体系溶解度数据绘制其等温相图的叠加图，结果见图 3-52 所示。

表 3-14　$NaNO_3-KNO_3-H_2O$ 体系 25℃、75℃和 100℃溶解度数据

温度/℃	液相组成，w_B/%		平衡固相
	$NaNO_3$	KNO_3	
25	0	27.7	KNO_3
	40.3	19.1	KNO_3+NaNO_3
	47.9	0	$NaNO_3$
75	0	60.4	KNO_3
	18.7	47.7	KNO_3
	31.3	41.5	KNO_3
	38.3	39.1	KNO_3+NaNO_3
	42.4	30.9	$NaNO_3$
	49.0	18.0	$NaNO_3$
	58.7	0	$NaNO_3$
100	0	70.0	KNO_3
	18.7	57.7	KNO_3
	29.7	51.4	KNO_3
	36.7	48.1	KNO_3+NaNO_3
	41.1	40.0	$NaNO_3$
	49.5	25.3	$NaNO_3$
	63.7	0	$NaNO_3$

由图可见，随温度的增加，$NaNO_3$ 和 KNO_3 的溶解度曲线远离 *W* 点，即未饱和溶液区逐渐增加，同时 KNO_3 的结晶区在不断地减小。通常结晶区越大，则通过适当的配料可使固相的析出量更大，因此升高温度不利于 KNO_3 的析出。

单纯地改变温度而不改变其他条件，则系统点在相图中的位置不会发生改变。但是，由于温度变化可能导致相区的变化，从而使系统相平衡情况发生变化。下面以图 3-52 中的 *M* 点为例说明温度变化对相平衡的影响。

M 点分别位于 100℃、75℃和 25℃相图的未饱和区、KNO_3 结晶区、$NaNO_3+KNO_3$ 结晶区。因此可以通过降温的方式，使系统由 100℃时的未饱和溶液状态变为 75℃时的 KNO_3 饱

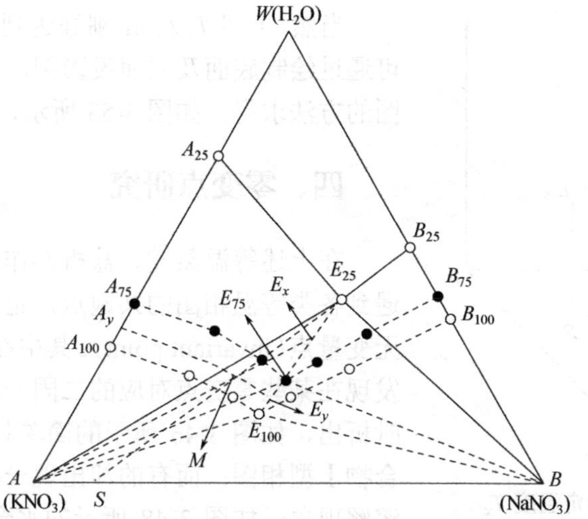

图 3-52 $NaNO_3-KNO_3-H_2O$ 体系 25℃、75℃和 100℃相图

和及 25℃时的 $NaNO_3$ 和 KNO_3 同时饱和状态。即是说，在 75℃和 100℃之间存在一个温度，该温度下 M 点刚好达到 KNO_3 的饱和状态；在 25℃和 75℃之间存在一个温度，该温度下 M 点刚好达到 $NaNO_3$ 和 KNO_3 的饱和状态。

由于温度的变化可使系统所处的相平衡状态发生变化，因此可以通过改变温度的方式进行无机盐的生产。以 M 点为例，通过温度的变化可找到一个最佳温度，使得系统析出 KNO_3 的量达到最大。该最佳温度 T_x 满足的条件为：KNO_3 充分析出，而 $NaNO_3$ 刚好到达其饱和状态。其在相图上表现为：M 点在连接 KNO_3 固相点和 T_x 温度下等温相图中的共饱点 E_x 的连线上，即 M 点的液相为 T_x 时等温相图中 $NaNO_3$ 和 KNO_3 的共饱溶液。由于 $NaNO_3-KNO_3-H_2O$ 体系立体图中 $NaNO_3$ 和 KNO_3 的共饱溶液线为一条随温度变化而连续变化的曲线，根据连续原理，则 E_x 在 E_{25} 和 E_{75} 连成的曲线上。因此，曲线 $E_{25}E_{75}$ 与连接 KNO_3 固相点和 M 点的直线的交点即为 E_x 点，如图 3-52 所示。

若将图中 $NaNO_3$ 和 KNO_3 的共饱线 $E_{25}E_{75}$ 视为直线，同时以 $\overline{E_{25}E_{75}}$ 和 $\overline{E_xE_{75}}$ 分别表示 E_{25} 到 E_{75} 及 E_x 到 E_{75} 之间的距离，则可以通过内插法计算出满足条件的最佳温度 T_x。其计算公式为：

$$T_x = 75 - \frac{(75-25)}{\overline{E_{25}E_{75}}} \times \overline{E_xE_{75}} \tag{3-20}$$

经计算，T_x 约为 46.6℃。用同样的方法也可求得 M 刚好达到 KNO_3 饱和时的温度，其值约为 88.6℃，因此可将 $NaNO_3-KNO_3-H_2O$ 体系冷却过程用表 3-15 进行简要的概括。

表 3-15 $NaNO_3-KNO_3-H_2O$ 体系冷却过程分析

阶段	一	二	三
温度/℃	100→88.6	88.6→46.6	46.6→25
过程情况	未饱和溶液冷却至 KNO_3 饱和	KNO_3 析出	KNO_3 和 $NaNO_3$ 同时析出
系统轨迹	M 点	M 点	M 点
液相轨迹	M	$M \to E_x$	$E_x \to E_{25}$
固相轨迹	无	A 点	$A \to S$

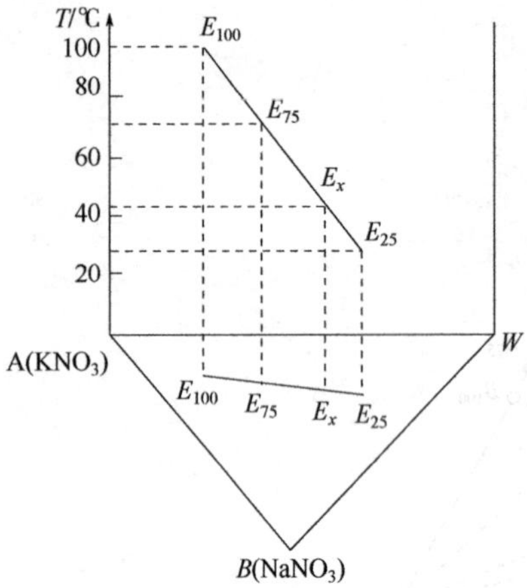

图 3-53 用投影图确定温度 T_x

当然，上述 T_x 及 M 刚好达到 KNO_3 饱和时的温度也可通过绘制底面及立面投影图，并根据投影关系，用作图的方法求得，如图 3-53 所示，在此不作详细介绍。

四、零变点研究

在上述等温蒸发、盐析操作及变温过程分析中，会遇到各类等温相图的共饱点，也称零变量点、零变点或无变量点（invariant point）。其中在等温蒸发过程分析中，发现在某些零变点对应的二固一液相区中，两种固相同时析出，如图 3-46 所示的简单相图及图 3-47 所示的水合物Ⅰ型相图；而有的却出现一种固相析出另一种固相溶解现象，如图 3-48 所示的水合物Ⅱ型相图中的 Q 点对应的相区及图 3-49 所示的异成分复盐型相图中 P 点对应的相区等。为了找出其中的规律性，下面对各类相图中的零变点进行研究。

1. 零变点分类

在三元水盐体系等温相图中，与零变点液相对应的两个固相点加上表示水的组成点 W 所构成的三角形称为该零变点的相应三角形。如简单相图（图 3-46）中 E 的相应三角形为 $\triangle ABW$；水合物Ⅰ型相图（图 3-47）中 E 的相应三角形为 $\triangle AB_1W$；水合物Ⅱ型相图（图 3-48）中 Q 点的相应三角形退化为一条直线 BB_1W。

根据零变量点与其相应三角形的相对位置，将零变点分为两类：

（1）相称零变点　当零变点位于其相应三角形上，包括在三角形内部及边上，则称此类零变点为相称零变点（commensurate invariant point）。简单相图、水合物Ⅰ型相图、同成分复盐型相图中的零变点都为相称零变点。另外，水合物Ⅱ型相图（图 3-48）中的 E 点及异成分复盐型相图（图 3-49）中的 E 点也均为相称零变点。

（2）不相称零变点　当零变点位于其相应三角形外部，则称此类零变点为不相称零变点（incommensurate invariant point）。如异成分复盐型相图（图 3-49）中的 P 点。不相称零变点根据其零变点的相应三角形是否退化为一条直线，可细分为两种情况。若相应三角形未退化为一条直线，则为第一种情况，如上述异成分复盐型相图中的 P 点；若相应三角形退化为一条直线，则为第二种情况，如水合物Ⅱ型相图（图 3-48）中的 Q 点。在蒸发过程中，由于与不相称零变点平衡的两种固相间会发生转溶，因此也将其称为转变点。

根据上述划分即可对复杂相图中的零变点进行划分，如在图 3-32 所示的复杂相图中，E_1 和 E_2 点分别在其相应三角形 AWH 和 B_1WH 内，因此属于相称零变点；而 Q 点的相应三角形已退化为一条直线 AA_1W，因此属于不相称零变点的第二种情况。

2. 不同零变点性质及比较

根据各基本型三元水盐体系相图等温蒸发过程中二固一液区的变化情况，将两种零变点的性质进行归纳比较，结果见表 3-16。

表 3-16 中的结论原则上也对二元、四元及五元水盐体系相图适用，其零变点的分类、判断方法、性质及等温蒸发等过程中在零变点上发生的过程情况都与三元体系相似。

表 3-16 零变点性质及比较

项目	相称零变点	不相称零变点（转变点）	
		第一种情况	第二种情况
几何位置特征	在相应三角形上（包括内部和边上）	在未退化为直线的相应三角形之外	在退化为直线的相应三角形之外
析盐后液相组成变化	不受影响直至蒸干	系统在该零变点的相应三角形上，则液相组成不变直至蒸干，否则离开	液相组成变化（离开该零变点）
蒸发过程平衡固相变化	两种固相同时析出	发生固相转溶	发生水合物转溶
是否干点	是绝对干点	条件干点（系统在该零变点的相应三角形上，则为干点）	绝不是干点
典型例子	除右边两种情况外的零变量点	异成分复盐型相图中的 P 点	水合物Ⅱ型相图中的 Q 点

第五节 三元体系相图的应用

一、钾石盐矿的分离提取

自然界中存在着氯化钠和氯化钾混合物，常称为钾石盐矿，是分离提取氯化钾肥的优质化工生产原料。

【例 3-1】 现有某钾石盐，其化学组成为 70% NaCl 和 30% KCl，试结合三元水盐体系相图，制定钾石盐矿为原料生产氯化钾的工艺流程，并进行量的计算。

解：首先，由原料组成，可知它属于 NaCl－KCl－H_2O 三元体系。表 3-17 列出了文献报道的该体系分别在 25℃、100℃的溶解度数据。由表 3-17 的溶解度数据，按照三元体系相图绘制规则，绘制该三元体系的相图，见图 3-54。

表 3-17 NaCl-KCl-H_2O 三元体系 25℃和 100℃溶解度

温度/℃	符号	液相组成，w_B/%		平衡固相
		NaCl	KCl	
25	A_1	26.45	0	NaCl
		23.75	5.00	NaCl
		21.00	10.00	NaCl
	E_1	20.40	11.15	NaCl+KCl
		20.00	11.30	KCl
		15.00	14.50	KCl
		10.00	18.20	KCl
		5.00	22.10	KCl
	B_1	0	26.40	KCl
100	A_2	28.20	0	NaCl
		25.00	5.00	NaCl
		22.70	10.00	NaCl
		20.10	15.00	NaCl
		17.60	20.00	NaCl

续表

温度/℃	符号	液相组成，w_B/%		平衡固相
		NaCl	KCl	
100	E_2	16.80	21.70	NaCl+KCl
		15.00	23.00	KCl
		10.00	27.10	KCl
		5.00	31.40	KCl
	B_2	0	35.90	KCl

1．相图的认识

图 3-54 代表该体系分别在 25℃、100℃的等温相图。在 25℃、100℃时，均只有一个共饱点，分别为 E_1 和 E_2，无水合物、复盐和固溶体产生，属三元水盐体系简单相图。

2．分离提取工艺过程分析

钾石盐原料组成点位于图 3-54 中的 M 点。在 100℃时加水到 N 点时，KCl 全部溶于液相 E_2 中，在 100℃下即可分离出 NaCl。从图 3-54 可见，母液 E_2 位于 25℃相图的 KCl 结晶相区，冷却母液 E_2 至 25℃，可析出 KCl 产品，母液点位于 Q 点。这样经过单次循环，即可由钾石盐分离提取 NaCl 和 KCl 产品。值得注意的是，母液 Q 中，尚含有 20.4% NaCl 和 11.15% KCl，势必会影响 KCl 的回收率。进一步分析，分离出 KCl 后的母液 Q，在 100℃相图中，其 NaCl 和 KCl 都未饱和，可重新用于溶浸钾石盐原料，控制适当的加料，可使母液 Q 和钾石盐物料 K 配料至 R 点，这样就构成 $R \rightarrow E_2 \rightarrow Q \rightarrow R$ 的稳定循环过程，实现钾石盐物料中 NaCl 和 KCl 的分离提取，依此制定出其原则性工艺流程见图 3-55。

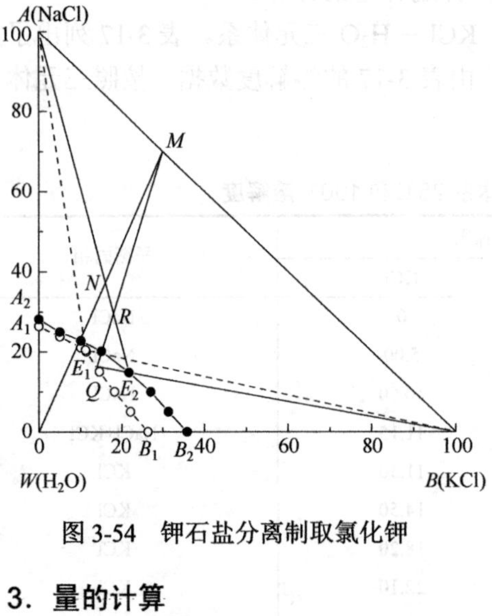

图 3-54 钾石盐分离制取氯化钾

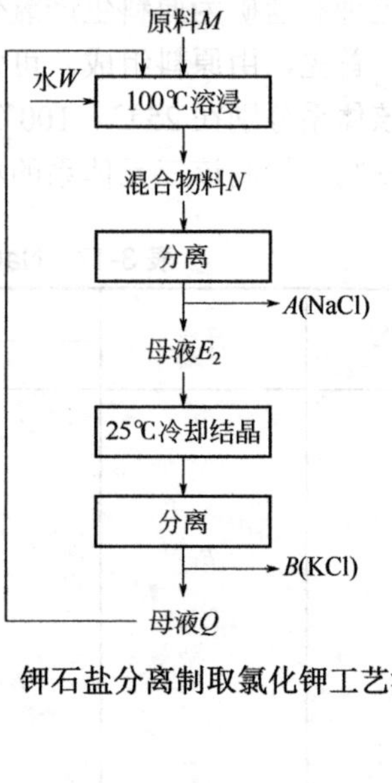

图 3-55 钾石盐分离制取氯化钾工艺流程

3．量的计算

以 100 kg 原料 M 为计算基准，采用物料平衡法进行计算。

（1）单次循环工艺量的计算

根据相图分析的流程，并用符号表示出有关的过程如下：

第一步，在 100℃下加水高温溶浸，分离 NaCl，即：$M + W \rightarrow A + E_2$。

第二步，E_2 母液再冷析，分离 KCl，即：$E_2 \rightarrow B + Q$。

从表 3-17 溶解度数据或图 3-54 的相图上查出有关固、液相的组成如下：

物料名称	钾石盐 M	液相 E_1	液相 E_2	母液 Q
w(NaCl)/%	70.0	20.40	16.80	18.7
w(KCl)/%	30.0	11.15	21.70	12.7

设 100 kg 原料 M 需要加水 W 的量为 w kg，生成母液 E_2 的量为 e_2 kg，生成 NaCl 的量为 a kg；冷析步骤时，生成 KCl 的量为 b kg；母液 Q 的量为 q kg。根据工艺流程和表 3-16 液相组成，列物料平衡式：

第一步总物料：$m + w = a + e_2$

NaCl 组分：$100\times70\% = a + e_2\times16.8\%$

KCl 组分：$100\times30\% = e_2\times21.7\%$

第二步总物料：$e_2 = b + q$

NaCl 组分：$e_2\times16.8\% = q\times18.7\%$

KCl 组分：$e_2 \times 21.7\% = b + q \times 12.7\%$

解得：$w = 85.02$；$e_2 = 138.25$；$a = 46.77$；$b = 14.05$；$q = 124.2$。

NaCl 的回收率：46.77/70 = 66.8%

KCl 的回收率：14.4/30 = 46.8%

可见，100 kg 钾石盐，以消耗 85.02 kg 水，消耗原料加热能耗，并产生了 124.2 kg 母液 Q，而单次循环分离提取 NaCl 和 KCl 回收率均不高。因此，必须要在节能降耗上下功夫。

（2）稳定循环工艺量的计算

沿 $R \rightarrow E_2 \rightarrow Q \rightarrow R$ 的稳定循环，其实质过程为：$M + Q \rightarrow R \rightarrow A + E_2$。

设用 q_1 kg 母液 Q，溶浸 100 kg 钾石盐（配得物点 R），反应生成 e_2' kg E_2 母液并析出 a_1 kg NaCl，则物料平衡算方程式为：

总物料：$100 + q_1 = a_1 + e_2'$

NaCl 组分：$100\times70\% + q_1\times18.7\% = a_1 + e_2'\times16.8\%$

KCl 组分：$100\times30\% + q_1\times12.7\% = e_2'\times21.7\%$

解得：$q_1 = 261.91$，$a_1 = 70$，$e_2' = 291.53$。

此时，当 E_2 母液冷却至 25℃，从 295.26 kg E_2 母液析出 KCl 的量，可直接计算求得：

$b_2 = 291.53\times21.7\% - 261.91\times12.7\% = 30.00$ kg

稳定循环利用时，291.53 kg E_2 母液析出 KCl 的量，等于钾石盐中带入的 30 kg KCl 量，说明计算无误。

值得指出的是：通过上面的计算，说明 100 kg 钾石盐在稳定循环工艺中可实现完全的分离提取，但在实际生产中还是需要补充水，以弥补母液 E_2 蒸发损失，并有洗涤、干燥等措施保证产品质量和回收率。另一方面，计算也告诉我们，相图溶解度数的正确可靠性和相图读取数据的准确性对于化工生产工艺制定的重要性。

二、粗光卤石分解制取氯化钾

【例 3-2】现有粗光卤石（含有 $MgCl_2\cdot6H_2O$ 等杂质），其组成为 KCl 15.5%、$MgCl_2$ 39.0%、H_2O 45.5%，试制定以它为原料生产氯化钾的原则性工艺流程，并作量的计算。

解：首先，可分析确定该粗光卤石含氯化钾和氯化镁，属 KCl－$MgCl_2$－H_2O 三元体系。查阅文献，可获得 KCl－$MgCl_2$－H_2O 三元体系在 20℃的溶解度数据，见表 3-18。由表 3-18

的溶解度数据，绘制该三元体系的相图，见图 3-56。

表 3-18 KCl-$MgCl_2$-H_2O 三元体系 20℃溶解度

符号	液相组成，w_B/%		平衡固相
	KCl	$MgCl_2$	
A′	25.55	0	KCl
	16.04	8.30	KCl
P	3.16	26.67	KCl + $KCl·MgCl_2·6H_2O$
	1.83	28.43	$KCl·MgCl_2·6H_2O$
	1.03	30.83	$KCl·MgCl_2·6H_2O$
E	0.13	35.36	$KCl·MgCl_2·6H_2O$ + $MgCl_2·6H_2O$
B′	0	35.47	$MgCl_2·6H_2O$

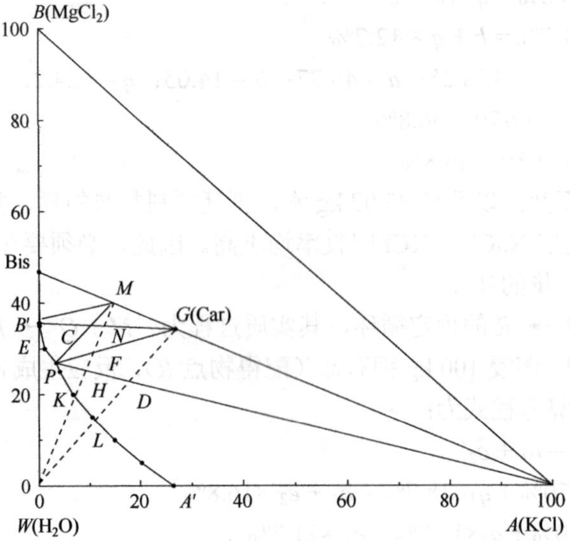

图 3-56 KCl－$MgCl_2$－H_2O 体系 20℃相图

1．相图的认识

它能代表该体系 20℃等温图基本形状。由图 3-56 分析可知：

（1）有水合物（$MgCl_2·6H_2O$，水氯镁石，Bis）和复盐（$KCl·MgCl_2·6H_2O$，光卤石，Car 点 *G*）生成，属三元复杂体系。

（2）光卤石 *G* 是异成分复盐，加水会分解。

（3）对复盐光卤石 *G* 加水，由相图分析可知可析出 KCl。工业上，常选取常温（20℃）时由光卤石加水分解生产 KCl。

2．加水过程分析及原则性流程

原料粗光卤石在图 3-56 中 *M* 点，它处于纯光卤石（$KCl·MgCl_2·6H_2O$）和水氯镁石（$MgCl_2·6H_2O$）的连线上，它是含有杂质 $MgCl_2·6H_2O$ 的光卤石。

为了便于理解，我们分别分析纯光卤石和粗光卤石的加水过程。

（1）纯光卤石加水过程（*G*→*W*）

第一阶段：纯光卤水加水，*G*→*D*，由于纯光卤石的加水射线 *GW* 与光卤石单固相溶解

度曲线 *PE* 没有交点，说明光卤石是异成分的复盐，将发生光卤石分解，即 Car 溶解，KCl 析出。这一过程光卤石的分解，液相点在 *P* 点不动，固相点由点 *G* 向 *A* 移动。

即：$KCl{\cdot}MgCl_2{\cdot}6H_2O + H_2O \rightarrow$ KCl 析出+溶液 *P*。

当复体点到达 *D* 点时，光卤石分解完全，此时 KCl 析出的量最多，液相点在 *P* 点不动，固相点在 *A* 点。

第二阶段：再继续加水，*D*→*L*，则上阶段析出的 KCl 被加入的水溶解，固相点在 *A* 点不动，液相点由 *P*→*L*；当到达 *L* 点时，上阶段析出的 KCl 溶完。

第三阶段：若再继续加水，*L*→*W* 方向，进入不饱和相图，属于溶解稀释。

由此可见，加水可一步法制得 KCl，若是纯光卤石转化法制取 KCl，把加水量控制在 *D* 点时得到的 KCl 量最大。

（2）粗光卤石 *M* 加水过程（*M*→*W*）

第一阶段：复体点 *M*→*N*，相称共饱点 *E* 决定的三相区，即二固一液，加水二固相（水氯镁石和光卤石）共溶；到达 *N* 点时，水氯镁石 Bis 溶解完全，光卤石有剩余，液相点在 *E* 点不动。

第二阶段：*N*→*F*，在光卤石 Car 单固相结晶相区，Car 继续溶解；

第三阶段：*F*→*H*，KCl 析出，光卤石 *G* 分解；

第四阶段：*H*→*K*，KCl 溶解；

第五阶段：*K*→*W* 方向，溶液稀释。

由此，可总结出一步法和二步法制得 KCl 工艺：

（1）一步法 对原料 *M* 可进行一次加水得到 KCl，加水量控制在 *H* 为最佳，因此可制定出粗光卤石一步法制取 KCl 工艺流程，见图 3-57。

（2）二步法 用原料 *M* 也分为两步加水制 KCl。第一步加水量控制在 *N* 点为最佳，制得纯光卤石 *G*；第二步再加水，加水量控制在 *D* 点为最佳，制得 KCl。因此可制定出粗光卤石二步法制取 KCl 工艺流程，见图 3-58。

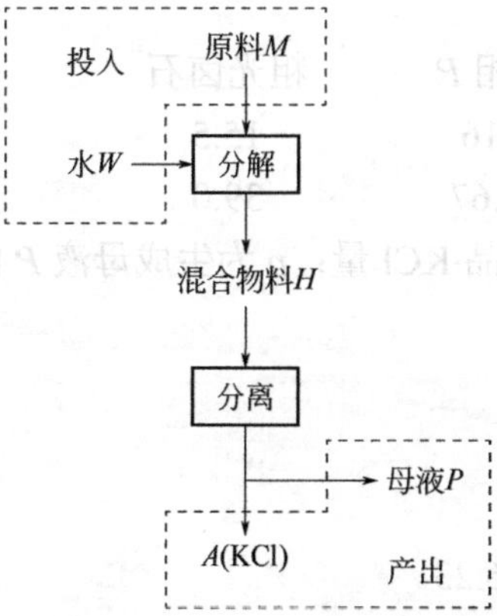

图 3-57 一步法直接制取氯化钾工艺

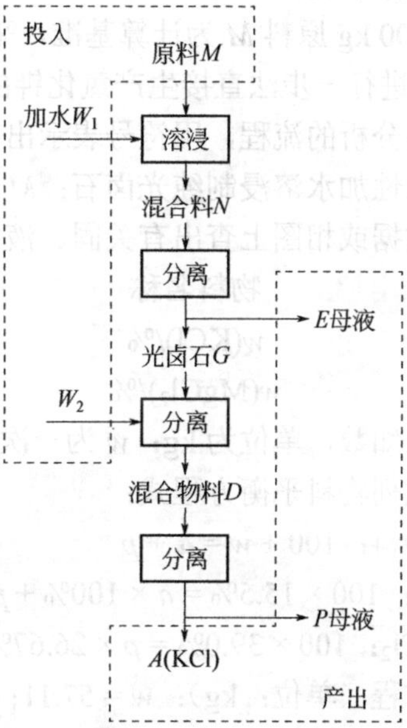

图 3-58 二步法间接制取氯化钾工艺

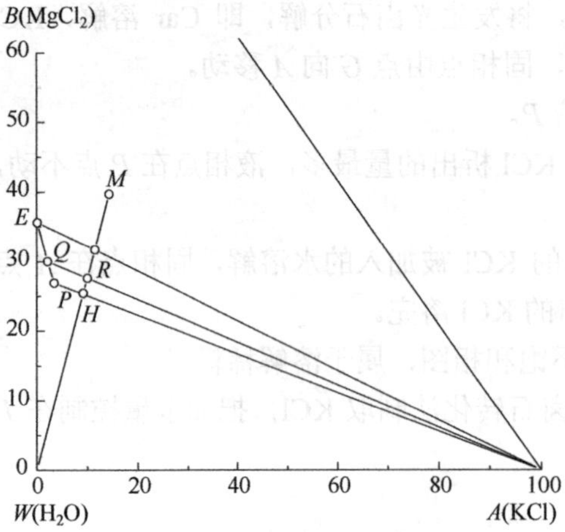

图 3-59　一步法与二步法工艺生产效率比较

3．相图分析比较两个流程的生产效率情况

由图 3-59，并结合图 3-58，进行一步法和二步法生产氯化钾的效率比较。

（1）对于直接法：

$$M+W \rightarrow (H) \rightarrow P+A$$

代表 KCl 的杠杆臂是 PH，加水杠杆臂是 MH。

（2）对于间接法：

$$M+W \rightarrow (N) \rightarrow G+E$$

$$G+W \rightarrow (D) \rightarrow A+P$$

合并母液 E 和母液 P 得：$E+P \rightarrow Q$，即合并后的母液 Q 在母液 P 和母液 E 之间。因此，间接法表示为：

$$M+W \rightarrow (R) \rightarrow A+Q$$

R 是设想的总物料点，代表 KCl 的杠杆臂为 QR，加水量杠杆臂为 RM。

由图 3-59 可见：加水量的杠杆臂 $MR<MH$，说明间接法加水量少；KCl 产量的杠杆臂 $QR>PH$，说明间接法 KCl 产量高。另一方面，只有加水少，才能使更少的 KCl 溶在液相中而损失，这也表明二步法转化工艺，其氯化钾收率高。另外，从溶浸的液相分析，损失的 KCl 都在液相中，液相中含 KCl 少、杂质多，产率才会高。直接法剩余液相为 P，间接法为母液 E 和母液 P，两者合为母液 Q。显而易见，母液 Q 的量比母液 P 的 KCl 含量少，而 $MgCl_2$ 含量多。因此，间接法氯化钾的收率高。由此可见，相图分析，简便直观，但具体的量的分析就要进行具体的量的计算。

4．量的计算

以 100 kg 原料 M 为计算基准，采用物料平衡法进行计算。

（1）进行一步法直接生产氯化钾的计算，以确定一次性加水溶浸法提取氯化钾的回收率。根据相图分析的流程，用符号表示出有关的过程如下：

一次性加水溶浸制纯光卤石：$M+W \rightarrow H \rightarrow A+P$

从数据或相图上查出有关固、液相的组成：

物料名称	产品 A	液相 P	粗光卤石
$w(KCl)/\%$	100	3.16	15.5
$w(MgCl_2)/\%$	0	26.67	39.0

设未知数，单位为 kg：w 为一次性加水量；a 为产品 KCl 量；p 为生成母液 P 的量。按照过程式列物料平衡方程式：

总物料：$100+w=a+p$

KCl：$100\times15.5\%=a\times100\%+p\times3.16\%$

$MgCl_2$：$100\times39.0\%=p\times26.67\%$

解方程（单位：kg）：$w=57.11$；$a=10.88$；$p=146.23$。

KCl 回收率：$\eta=10.88/(100\times15.5\%)\times100\%=70.19\%$

可见，一步法直接生产氯化钾，100 kg 物料，需投入 57.11 kg 水，可获得 10.88 kg 氯化钾产品，并同时产生 146.23 kg 母液 P，氯化钾的回收率为 70.19%。

（2）我们再进行二步法间接法生产氯化钾，提取氯化钾的回收率。

根据相图分析的流程，用符号表示出有关的过程如下：

第一次加水溶浸制纯光卤石：$M + W_1 \rightarrow N \rightarrow G + E$

第二次加水分解纯光卤石制氯化钾：$G + W_2 \rightarrow D \rightarrow A + P$

从数据或相图上查出有关固、液相的组成：

物料名称	纯光卤石 G	液相 E	液相 P	粗光卤石
$w(KCl)/\%$	26.83	0.13	3.16	15.5
$w(MgCl_2)/\%$	34.27	35.36	26.67	39.0

设未知数（单位为 kg）：w_1 为第一次加水量；w_2 为第二次加水量；g 为生成纯光卤石量；e 为生成液相 E 量；a 为产品 KCl 量；p 为生成液相 P 量。按照过程式列物料平衡方程式：

第一次加水总物料：$100 + w_1 = g + e$

KCl：$100 \times 15.5\% = g \times 26.83\% + e \times 0.13\%$

$MgCl_2$：$100 \times 39.0\% = g \times 34.27\% + e \times 35.36\%$

第二次加水总物料：$g + w_2 = a + p$

KCl：$g \times 26.83\% = a + p \times 3.16\%$

$MgCl_2$：$g \times 34.27\% = p \times 26.67\%$

解方程(单位：kg)：$w_1 = 12.1$；$g = 57.5$；$e = 54.6$；$w_2 = 29.5$；$a = 13.1$；$p = 73.9$。

KCl 回收率：$\eta = 13.1/(100 \times 15.5\%) = 84.52\%$

由二步法工艺生产氯化钾，100 kg 物料，共需加水 41.6 kg（第一次投入 12.1 kg，第二次投入 29.5 kg），可获得 13.1 kg 氯化钾产品，氯化钾的回收率提高到 84.52%，并同时产生 74.1 kg 母液 P 和 54.6 kg 母液 E。

对比以上一步法和二步法工艺量的计算结果，以相同物料的粗光卤石为原料生产氯化钾产品，二步法的回收率要比一步法生产氯化钾的回收率高出 14.33%，表明二步法工艺优于一步法直接提取氯化钾工艺。由此可见，相图的工艺过程解析，对于制定化工生产的工艺流程具有重要的指导意义。

5．母液 P 的循环利用计算

二步法工艺流程中，氯化钾的回收率是否可以再进一步提高呢？为什么还有 15.48%的氯化钾没有回收利用呢？简要分析即可知道，这是二步法还同时产生了母液 P 和母液 E，其中 P 母液含氯化钾达 3.16%（而 E 母液含氯化钾较低，为 0.13%）而损失的缘故。这就涉及 P 母液的循环利用问题。

由图 3-56 可见，母液 P 对于 $MgCl_2 \cdot 6H_2O$ 未饱和，尚可溶浸粗光卤石原料中的 KCl，使母液点靠近母液 E，即可进一步提高 KCl 的收率。

下面，我们考虑 P 母液中氯化钾的回收利用及其量的计算。

（1）考虑完全回收 P 母液，即 P 母液为零排放

投入和产出的物料平衡关系有：$M + W \rightarrow A + E$

总物料：$100 + w = a + e$

KCl：$100 \times 15.5\% = a + e \times 0.13\%$

$MgCl_2$：$100 \times 39.0\% = e \times 35.36\%$

解得：$a = 15.36$；$w = 25.66$；$e = 110.3$。

其中，第一次加水过程：$M + W_1 + P \rightarrow G + E$

总物料：$100 + w_1 + p = g + e\,(110.3)$

KCl：$100 \times 15.5\% + p \times 3.16\% = g \times 26.83\% + e \times 0.13\%$

$MgCl_2$：$100 \times 39.0\% + p \times 26.67\% = g \times 34.27\% + e \times 35.36\%$

解得：$g = 67.5$；$w_1 = -8.9$；$p = 86.7$。

此时，解得加水量 w_1 为负，表示实际应为蒸发的水量。

第二次加水过程，分解纯光卤石制取氯化钾：$G + W_2 \rightarrow D \rightarrow A + P$

总物料：$67.5 + w_2 = 15.36 + 86.7$

解得：$w_2 = 34.56$。

KCl 回收率：$\eta = 15.36/15.5 \times 100\% = 99.1\%$

以上计算结果表明，如果全部回收母液 P，氯化钾的回收率可达 99.1%，此时损失 0.9% 的氯化钾显然在产生的 110.3 kg 母液 E 中。但特别值得指出的是，若 P 母液全部回收利用，工序一不但不能加水，反而应当蒸发 8.9 kg 水分。换言之，全部母液 P 用于溶浸粗原料 M 后仍有剩余，需蒸发设备和能耗，得不偿失，不利于节能减排。

（2）母液 P 部分回收以保证无需蒸发水分

若既要避免工序一的水分蒸发，又要尽可能地提高氯化钾的回收率，就只能用部分母液 P 来溶浸粗原料 M，使得 $w_1 = 0$，其过程为：$M + P$（循环液）→（C）→ $G + E$

总物料：$100 + p = g + e$

KCl：$100 \times 15.5\% + p \times 3.16\% = g \times 26.83\% + e \times 0.13\%$

$MgCl_2$：$100 \times 39.0\% + p \times 26.67\% = g \times 34.27\% + e \times 35.36\%$

解得：$p = 49.8$；$g = 63.2$；$e = 86.6$。

其中，第二次加水过程：$G + W_2$ →（D）→ $A + P$

总物料：$g + w_2 = a + p'$

KCl：$g \times 26.83\% = a \times 100\% + p' \times 3.16\%$

$MgCl_2$：$g \times 34.27\% = p' \times 26.67\%$

解得：$a = 14.4$；$w_2 = 32.4$；$p' = 81.2$。

因此，经济可行的氯化钾回收率为：$\eta = 14.4/(100 \times 15.5\%) = 92.9\%$。

通过以上计算，其生产工艺流程可概括成图 3-60。只有这样，既能实现粗光卤石资源的合理高效利用，同时也能最大限度地保证不消耗能量，并节约用水，充分达到节能减排的目的。由此可见，水盐体系相图在盐业化工生产中的重要指导意义。

三、硝酸钠和硝酸钾的分离提取

【例 3-3】现有某混合物料，含硝酸钠和硝酸钾分别为 75%和 25%，试用 $NaNO_3 - KNO_3 - H_2O$ 体系分别在 25℃和 100℃下的相图，分析制定分离制取硝酸钾和硝酸钠的工艺流程，并作量的计算。

解：$NaNO_3 - KNO_3 - H_2O$ 体系分别在 25℃和 100℃下的溶解度数见表 3-14。据表 3-14 绘制该体系分别在 25℃和 100℃下的相图，结果见图 3-61。

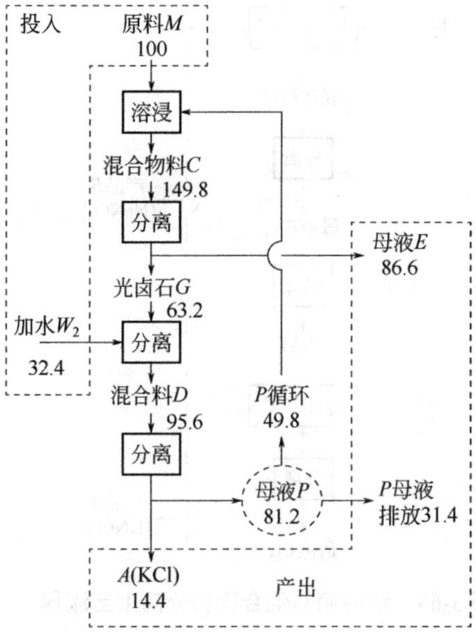

图 3-60 粗光卤石合理高效利用工艺流程图

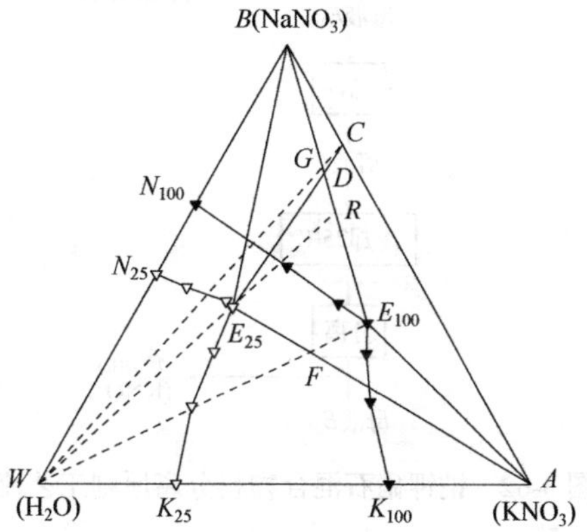

图 3-61 $NaNO_3$-KNO_3-H_2O 体系 25℃、100℃相图

1．相图及其工艺过程分析和工艺流程制定

由图 3-61 可见，该体系相图属简单三元体系相图，在前节讨论变温过程分析时已经分析过，在低温下有利于 KNO_3 结晶析出，因此低温有利于制备 KNO_3；相反，高温下有利于制备 $NaNO_3$。

物料组成点位于靠近 100℃时 $NaNO_3$ 的结晶区的 C 点，因此，在 100℃向原料中加水，就可使系统沿 CW 线运动而进入 $NaNO_3$ 的结晶区，而且加水量恰使系统到达 G 点时为最佳，可将原料中的 KNO_3 全部溶解，较充分地获取固相 $NaNO_3$，余下母液 E_{100} 可供制取 KNO_3，在制备 KNO_3 时，需将母液 E_{100} 设法引入 KNO_3 的结晶区，如果直接将 100℃的 E_{100} 冷却到 25℃，由图可见将有 KNO_3 和 $NaNO_3$ 共析，使产品不纯。因此，在冷却前需向 E' 中加水，使它沿 $E_{100}W$ 运动，加水量恰使系统运动到 F 点，则可以在冷却后得到最大量的固相 KNO_3，分离后得到母液 E_{25}。由此，便可得到原料高温加水溶浸制 $NaNO_3$，母液稀释冷却制 KNO_3 的基本流程，见图 3-62。

值得指出的是，分离 KNO_3 后的母液 E_{25} 中尚含 19.1% KNO_3 和 40.3% $NaNO_3$，必须利用才能提高硝酸钠和硝酸钾的回收率。E_{25} 点处于 100℃时的未饱和区，说明它在高温时具有溶解盐的能力。因此，可以用 E_{25} 代替水来溶浸原料，此时（溶浸不再加水）最佳的配料点应为 D，由此即可制订出图 3-63 所示的工艺流程。但是，母液 E_{25} 代替水用来溶浸原料是不足还是有余，这需要进一步通过计算确定。

2．量的计算

下面以 100 kg 原料 C 为基准，用杠杆规则对这个流程进行计算。在计算中，各个物料的质量（kg）使用相应的小写字母代表。

溶浸所需母液 E 的量 e_0：

$$e_0 : c = \overline{CD} : \overline{E_{25}D}$$

$$e_0 = 100 \times \frac{\overline{CD}}{\overline{E_{25}D}} = 22.9$$

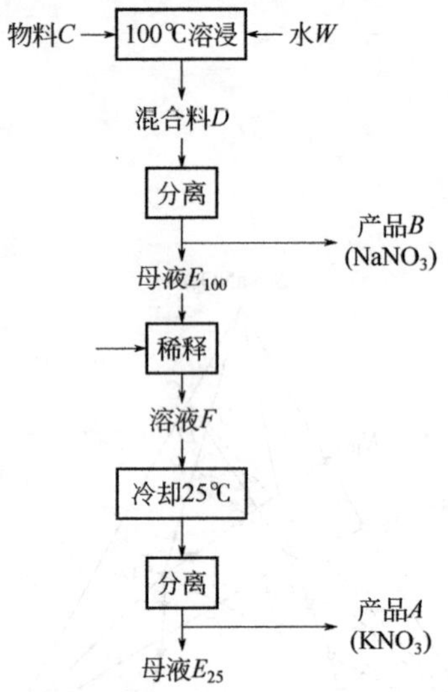

图 3-62 钠钾硝石混合物料分离原则工艺流程

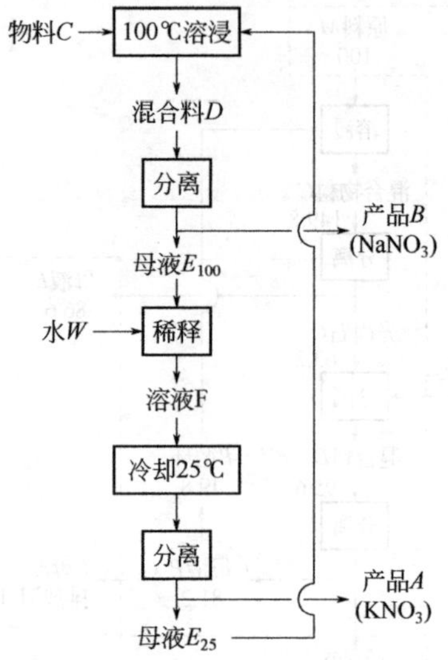

图 3-63 钠钾硝石混合物料分离工艺流程

得到混合料 D 的量 d：$d=c+e_0=122.9$。产品 $NaNO_3$ 的量 b 及母液 E_{100} 的量 e'：

$$b : d=\overline{DE_{100}} : \overline{BE_{100}}$$

$$b=122.9\times\frac{\overline{DE_{100}}}{\overline{BE_{100}}}=61.8$$

$$e'=d-b=61.1$$

稀释加水 W 的量 w：

$$w : e'=\overline{E_{100}F} : \overline{WF}$$

$$w=61.1\times\frac{\overline{E_{100}F}}{\overline{WF}}=13.3$$

得到溶液 F 的量 f：$f=e'+w=74.4$。冷却分离后得产品 KNO_3 量 a 及母液 E 的量 e：

$$a : f=\overline{E_{25}F} : \overline{AE_{25}}$$

$$a=74.4\times\frac{\overline{E_{25}F}}{\overline{AE_{25}}}=18.7$$

$$e=f-a=55.7$$

回收率 η：

对 $NaNO_3$：$\eta_B=\dfrac{61.8}{75.0}=82.4\%$

对 KNO_3：$\eta_A=\dfrac{18.7}{25.0}=74.8\%$

3．多余母液的利用——相图探讨

这里就存在一个问题，为什么我们已设计用 E 母液溶矿分离硝酸钠和硝酸钾，但其相应的回收率仍分别为82.4%和74.8%呢？

由计算可见，最后可生成55.7 kg母液E_{25}，除了其中22.9 kg返回溶浸硝石混合物料外，尚有32.8 kg的剩余，损失的KNO_3、$NaNO_3$当然都在这里。如何利用这部分母液呢？无非是把E引入产品的结晶区。见图3-58，首先可在100℃蒸发一定量的水，使母液E_{25}沿WE方向运动到R，便可得到$NaNO_3$和母液E_{100}，分离后，E_{100}的再加工，则与前流程中的E_{100}加工完全一样——稀释、冷却、分离而得KNO_3及母液E_{25}。

以剩余母液量32.8 kg为基准，应用杠杆规则，即可容易地进行量的计算。计算结果如下，单位kg。

蒸发水量：$w_e = 11.4$

完成料R的量：$r = 21.4$

分离后产品B的量：$b = 8.4$

分离后母液E_{100}的量：$e_{100} = 13.0$

对E_{100}稀释加水量：$w = 2.8$

得到稀释液F的量：$f = 15.8$

F冷却分离后产品A的量：$a = 4.0$

又一次余下母液E_{25}的量：$e_{25} = 11.8$

回收率分别提高为：

对$NaNO_3$：$\eta_B = \dfrac{61.8 + 8.4}{75.0} = 93.6\%$

对KNO_3：$\eta_A = \dfrac{18.7 + 4.0}{25.0} = 90.8\%$

这一回收率是否还可再提高呢？从计算结果可见，只要再次对剩余母液E_{25}蒸发一定量的水，便可回收一部分KNO_3及$NaNO_3$，对于又一次剩余的11.8 kg母液E，当然也可采取同样的方法再回收，余下的母液会更少；当剩余母液E_{25}的量为零时，全部的KNO_3和$NaNO_3$将被提取出而使回收率达到100%。

当然，为了充分利用母液E_{25}，并不是多次地延长流程（甚至无限次）。这里涉及：一方面可以将完全相同的工序合并在一起，并尽量加以简化，通过控制物料量使流程达到平衡；另一方面是能量消耗和提高产品回收率的经济效益评价，从而实现节能减排的有机结合。

习题三

3-1 在正三角形坐标上标出下列系统点。

（1）溶液L：NaCl 25.3%、Na_2SO_4 16.8%、H_2O 57.9%；（2）固相S：由28.0g NaCl和22.0g Na_2SO_4组成；（3）水化物A：$Na_2SO_4 \cdot 10H_2O$。

3-2 绘制$NaCl - NaHCO_3 - H_2O$三元体系15℃等温相图，并注明各相区的意义。

$NaCl - NaHCO_3 - H_2O$三元体系15℃的溶解度数据表

液相组成，w_B/%		平衡固相
NaCl	$NaHCO_3$	
26.35	0	NaCl
25.92	0.84	$NaCl + NaHCO_3$

续表

液相组成，w_B/%		平衡固相
NaCl	$NaHCO_3$	
20.00	1.28	$NaHCO_3$
15.00	1.93	$NaHCO_3$
10.00	3.15	$NaHCO_3$
5.00	5.00	$NaHCO_3$
0	8.15	$NaHCO_3$

3-3 现有混合盐 NaCl 和 $NaHCO_3$，它们的质量比为 6∶4，试用 15℃相图理论确定从中提取 $NaHCO_3$ 的简易方法，并以 100kg 混合盐为例进行计算。

3-4 在 50℃相图中确定下列系统（总重均为 100kg）的状态，并分别计算液、固相质量（相关数据见附录八）。

（1）A，其中 NaCl 30.5%、Na_2SO_4 10.0%、H_2O 59.5%；（2）B，其中 NaCl 9.5%、Na_2SO_4 30.0%、H_2O 60.5%；（3）C，其中 NaCl 48.0%、H_2O 52%。

3-5 某厂生产中排出含 NaCl 12%、KCl 23%、H_2O 75%的中间料液，现欲用加 NaCl 盐析的方法回收其中的 KCl，试用 25℃相图分析盐析过程，并以 100 kg 料液为基准，计算加 NaCl 的量和回收 KCl 的量。若盐析温度采用 10℃，回收率可以提高多少（数据见附录八）？

3-6 $KNO_3-NaNO_3-H_2O$ 体系 50℃溶解度数据如下，现有 200 kg 混合盐，已知其中含 $NaNO_3$ 30%，KNO_3 70%。问：（1）用加水溶解的方法能得到哪种纯盐？（2）若向混合盐中加入 200 kg 水，平衡后能得到什么？

$KNO_3-NaNO_3-H_2O$ 三元体系 50℃的溶解度数据表

液相组成，w_B/%		平衡固相
$NaNO_3$	KNO_3	
53.2	0	$NaNO_3$
47.6	12.3	$NaNO_3$
43.3	21.6	$NaNO_3$
39.8	28.9	$NaNO_3+KNO_3$
31.7	31.3	KNO_3
19.1	34.9	KNO_3
0	46.2	KNO_3

3-7 根据 0℃下 $NaCl-MgCl_2-H_2O$ 体系溶解度数据标绘等温图，注明各区域的意义，并判断水合物及零变点所属类型（相关数据见附录八）。

3-8 根据 35℃下 $Na_2SO_4-MgSO_4-H_2O$ 体系溶解度数据标绘等温图，注明各区域的意义，判断水合物、复盐及零变点所属类型（相关数据见附录八）。

3-9 $NaCl-KCl-H_2O$ 体系 50℃，相关溶解度数据见附录八，试用等腰三角形表示法绘出其等温相图，同时回答以下问题：

（1）50℃含 NaCl 5%、KCl 40%的体系平衡状态是什么？并指出平衡相在相图中的位置。

（2）50℃含 NaCl 50%、KCl 5%的体系平衡状态是什么？并指出平衡相在相图中的位置。

（3）讨论含 NaCl 10%、KCl 10%溶液 50℃等温蒸发过程。

（4）讨论含 NaCl 20%、KCl 5%溶液 50℃等温蒸发过程。

3-10 分析 Na_2SO_4 6.4%、K_2SO_4 5.7%、H_2O 87.9%的系统 25℃等温蒸发过程。

3-11 分析含 Na_2SO_4 12.0%、Na_2CO_3 6.0%、H_2O 82.0%的系统 35℃等温蒸发过程。

Na_2SO_4 − Na_2CO_3 − H_2O 三元体系 35℃溶解度数据表

液相组成，w_B/%		平衡固相
Na_2SO_4	Na_2CO_3	
33.1	0	Na_2SO_4
19.2	15	Na_2SO_4 + Bur
5.1	29.8	Bur + C_{10}
0	33.8	C_{10}

3-12 试分析若将上题体系温度改为 30℃等温蒸发，含 Na_2SO_4 20.0%、Na_2CO_3 5.0%、H_2O 75.0%的系统 30℃等温蒸发过程。

Na_2SO_4 − Na_2CO_3 − H_2O 三元体系 30℃溶解度数据表

液相组成，w_B/%		平衡固相
Na_2SO_4	Na_2CO_3	
29.4	0	S_{10}
27.1	5.0	S_{10}
26.2	8.2	S_{10} + Na_2SO_4
24.4	10.0	Na_2SO_4
20.4	14.3	Na_2SO_4 + Bur
13.6	20.0	Bur
8.7	25.8	Bur + C_{10}
4.6	27.0	C_{10}
0	28.5	C_{10}

3-13 判断下面相图中水合物、复盐以及零点所属类型。

3-14 判断下面相图中系统点 *M*、*N*、*P*、*Q*、*R* 的等温蒸发过程干点及蒸发干时的固相。

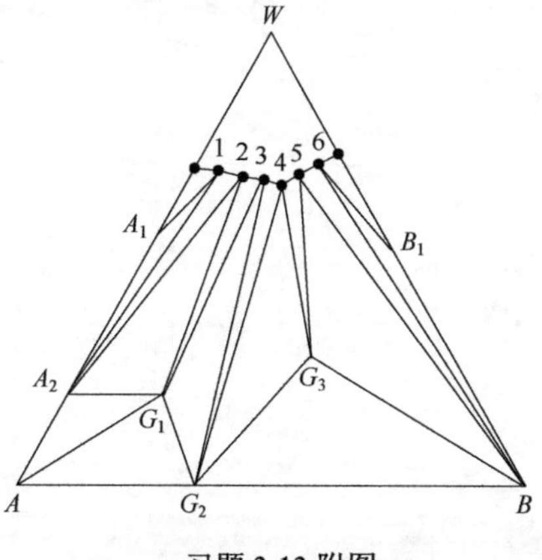

习题 3-13 附图

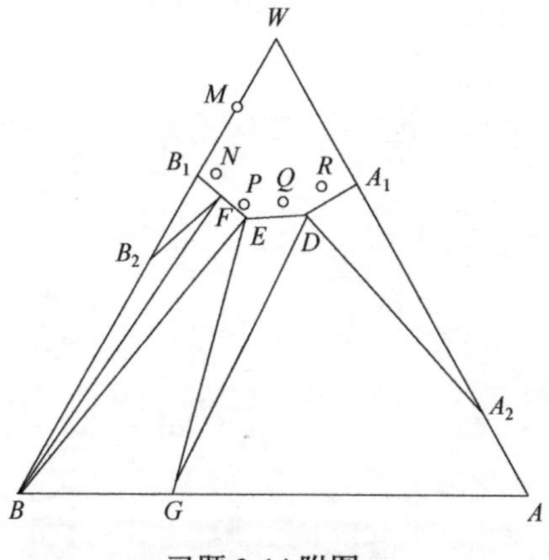

习题 3-14 附图

3-15 已知 25℃Na_2SO_4 − K_2SO_4 − H_2O 体系溶解度数据（相关数据见附录八），问：（1）绘制相图，并说明相图中点及相区表示的意义。（2）复盐 $Na_2SO_4 \cdot 3K_2SO_4$ 是否是相称性溶解？图中有几个共饱点，是否是相称性共饱点？（3）讨论含有 5% Na_2SO_4、5% K_2SO_4、

90% H_2O 的溶液蒸发至干的相变情况。

3-16 在 25℃下测得 $NaCl$ - Na_2SO_4 - H_2O 三元体系溶解度数据（相关数据见附录八）。

（1）绘制相图，并画出各区之相态；（2）讨论含有 5% $NaCl$、5% Na_2SO_4、90% H_2O 的溶液蒸发至干的相变情况。

3-17 有含 Na_2SO_4 92%、K_2SO_4 6%、H_2O 2%的中间物料，现欲在 100℃用 Na_2SO_4 饱和溶液浸泡它以回收其中的 K_2SO_4，试用相图分析 1t 物料所需要 Na_2SO_4 饱和溶液的最低用量（相关数据见附录八）。

3-18 如图所示为 $A-B-W$ 体系 25℃及 50℃相图，水合物 A_1，含 A 75%，共饱点 E 含 A 40%、B 10%，共饱点 F 含 A 22.5%、B 15%。现有原料 M，含 A 50%、R 50%，试分析制定从 M 制取 A_1 及 B 的基本流程，并以 M 为基准进行计算。

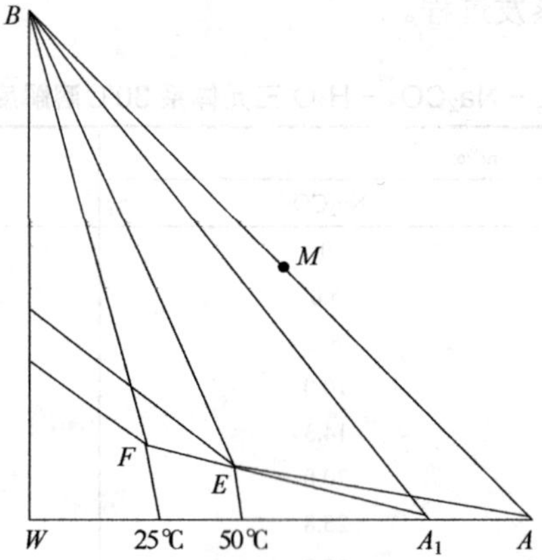

习题 3-18 附图

第四章

四元水盐体系相图

第一节　四元水盐体系

四元水盐体系（quaternary salt-water system）是指含有四个独立组分（independent components）的水盐体系。

一、四元水盐体系的分类

四元体系中由于离子组成情况不同，可分为两类：

（1）简单四元体系　由一种正离子和三种不同的负离子，或一种负离子和三种不同正离子和水组成的体系。如 Na^+, K^+, Mg^{2+}//Cl^-–H_2O 体系或 Na^+//Cl^-, NO_3^-, SO_4^{2-}–H_2O 体系。简单四元体系也可以简单地理解为由具有一个正离子（或负离子）的三种盐和水组成的体系，即 $NaCl$–KCl–$MgCl_2$–H_2O 体系，或者 $NaCl$–$NaNO_3$–Na_2SO_4–H_2O 体系。

（2）交互四元体系　由两种不同正离子、两种不同负离子和水组成的体系。如 K^+, Mg^{2+}//Cl^-, SO_4^{2-}–H_2O。由于四种不同离子之间存在着 $2KCl + MgSO_4 = MgCl_2 + K_2SO_4$ 复分解反应，因此，这一类体系称为交互四元体系。

二、相律特征

在四元水盐凝聚体系中，相律数学表达式为：$F = C - P + 1$。

对于四元体系 $C = 4$，其自由度为 $F = 5 - P$。

若在等温情况下，条件自由度 $F^* = 4 - P$。

因此，相律表明：① 四元体系最大相数为 5，即四个固相和一个液相，如果是在等温情况下，则至多有 4 相，即三个固相和一个液相；② 当四元体系相数最小为 1 时，最大自由度 4，即有四个独立自变量，这就是温度和 3 个组分在液相中的含量；若在等温情况下，最大自由度为 3，表明即便是四元体系等温相图也已需要用立体图来表达。

三、组分间的关系

四元体系相律特征表明，即便是四元体系等温相图也需要立体图来表达。因此，我们假设在温度一定（等温）的情况下，讨论四元体系组分间的关系。

基于电中性原则，四元体系的四种离子，可以具有相同离子的三个单盐（*A*、*B*、*C*），也可以是两种阳离子与两种阴离子组合成的四个单盐（*AX*、*AY*、*BX*、*BY*，其中 *A* 和 *B* 代表正离子、*X* 和 *Y* 代表负离子）和水（*W* 表示）组成，前者为简单四元体系 *A*–*B*–*C*–*W*，如 NaCl–KCl–$MgCl_2$–H_2O 体系、NaCl–$NaNO_3$–Na_2SO_4–H_2O 体系；后者为交互四元体系 *AX*–*BY*–*W*，如 K^+, Mg^{2+}//Cl^-, SO_4^{2-}–H_2O。

四元体系相图的特征与其构成组分在三元体系、二元体系的相平衡特征密切相关。表 4-1 列出了四元体系的整体构成情况。由表 4-1 可见，简单四元体系涵盖 3 个三元水盐体系、1 个三元干盐体系、3 个二元水盐体系和 3 个二元干盐体系；交互四元体系涵盖 4 个三元水盐体系、4 个三元干盐体系、4 个二元水盐体系和 4 个二元干盐体系。

表 4-1 四元体系的构成

情况	阴离子数	阳离子数	实例				分类
			四元体系	单盐成盐反应	三元子体系	二元子体系	
一	1	3	Na^+, K^+, Mg^{2+}//SO_4^{2-} – H_2O	单盐个数 3 $2Na^++SO_4^{2-}=Na_2SO_4$ $2K^++SO_4^{2-}=K_2SO_4$ $Mg^{2+}+SO_4^{2-}=MgSO_4$	3 个三元水盐体系： Na_2SO_4–K_2SO_4–H_2O K_2SO_4–$MgSO_4$–H_2O Na_2SO_4–$MgSO_4$–H_2O 1 个干基三元体系： Na_2SO_4–K_2SO_4–$MgSO_4$	3 个二元水盐体系： Na_2SO_4–H_2O K_2SO_4–H_2O $MgSO_4$–H_2O 3 个二元干盐体系： Na_2SO_4–K_2SO_4 Na_2SO_4–$MgSO_4$ K_2SO_4–$MgSO_4$	简单四元体系
二	3	1	K^+//NO_3^-, Cl^-, SO_4^{2-}–H_2O	单盐个数 3 $K^++NO_3^-=KNO_3$ $K^++Cl^-=KCl$ $2K^++SO_4^{2-}=K_2SO_4$	3 个三元水盐体系： KNO_3–KCl–H_2O KNO_3–K_2SO_4–H_2O KCl–K_2SO_4–H_2O 1 个干基三元体系： KCl–KNO_3–K_2SO_4	3 个二元水盐体系： KNO_3–H_2O KCl–H_2O K_2SO_4–H_2O 3 个二元干盐体系： KCl–KNO_3 KCl–K_2SO_4 KNO_3–K_2SO_4	简单四元体系
三	2	2	K^+, Mg^{2+}//Cl^-, SO_4^{2-}–H_2O	单盐个数 4 $K^++Cl^-=KCl$ $Mg^{2+}+2Cl^-=MgCl_2$ $2K^++SO_4^{2-}=K_2SO_4$ $Mg^{2+}+SO_4^{2-}=MgSO_4$	4 个三元水盐体系： KCl–$MgCl_2$–H_2O K_2SO_4–$MgSO_4$–H_2O KCl–K_2SO_4–H_2O $MgCl_2$–$MgSO_4$–H_2O 4 个三元干盐体系： KCl–$MgCl_2$–K_2SO_4 $MgCl_2$–K_2SO_4–$MgSO_4$ KCl–K_2SO_4–$MgSO_4$ KCl–$MgCl_2$–$MgSO_4$	4 个二元水盐体系： KCl–H_2O $MgCl_2$–H_2O K_2SO_4–H_2O $MgSO_4$–H_2O 4 个二元干盐体系： KCl–$MgCl_2$ KCl–K_2SO_4 K_2SO_4–$MgSO_4$ $MgCl_2$–$MgSO_4$	交互四元体系

注：此处仅列出了单盐的成盐反应，未列复盐和水合物的成盐反应。

四元水盐体系是由三种独立的盐和水构成，只是比三元体系多增加了一种盐。只是水的地位与三种盐不同，而通常温度条件下不以固相冰析出。因此，我们首先着重讨论四元体系干盐间的关系。

在简单四元体系中，*A*、*B*、*C* 三种盐具有一个相同的离子，它们间不会发生离子交互反应，因此三种干盐之间是彼此独立的。

在交互四元体系中，两种阳离子（*A*、*B* 代表正离子）与两种阴离子（*X*、*Y* 代表负离子）

存在交互反应，用通式可表示为：

$$AX + BY = AY + BX$$

交互四元体系的交互反应有两个特点：

（1）交互反应中的四个盐，只有三个是独立的。

（2）交互反应满足等摩尔效价原则（equivalent mole valence）。等摩尔效价原则是指在交互水盐体系中，为了使具有不同化合价的盐（如一价盐和二价盐）参加反应的物质的量相等，通常将一价盐（及其离子）改写成符合等摩尔反应的原则。

以交互四元体系 $K^+, Mg^{2+}//Cl^-, SO_4^{2-}-H_2O$ 为例，其交互等摩尔效价反应式可书写为：

$$K_2Cl_2 + MgSO_4 = MgCl_2 + K_2SO_4$$

或

$$2KCl + MgSO_4 = MgCl_2 + K_2SO_4$$

当然也可书写成：

$$KCl + 1/2\ MgSO_4 = 1/2\ MgCl_2 + 1/2\ K_2SO_4$$

根据国内外最新发展现状和国际刊物的惯例，对于一价盐和二价盐共存的交互反应体系，一般是一价盐加倍的书写方式。

在交互四元水盐体系相图研究中，为了使不同价数的盐按等摩尔效价进行，根据不同情况约定为：

（1）若体系中各盐均为一价时，则按单盐为 1 mol 书写，如 NaCl、KNO_3、KCl、$NaNO_3$。

（2）若体系由一价和二价盐组成时，则单盐等效价为 2 mol，即一价盐分子式加倍书写，二价盐分子式不变，如 K_2Cl_2、Na_2SO_4、Na_2Cl_2、K_2SO_4。当一价盐分子式加倍时，在计算分子量时也要加倍。

（3）若体系一价和三价盐或者二价和三价盐组成时，则按各盐的最小公倍数书写，但涉及的体系至今尚不多见。

（4）交互四元体系中，*AX* 和 *BY* 是一个盐对（reciprocal salt pair），*AY* 和 *BX* 是另一个盐对。由于存在交互反应，一个盐对可等摩尔效价关系转变成另一个盐对，按等摩尔效价原则，四种（正/负）离子组成四种盐时，各种盐的量可任意安排。

【例 4-1】 交互四元体系 $K^+, Mg^{2+}//Cl^-, SO_4^{2-}-H_2O$，利用 K_2Cl_2、$MgSO_4$、$MgCl_2$、K_2SO_4 四种盐配制某系统点，致使系统点组成为：80 mol K_2^{2+}、20 mol Mg^{2+}、30 mol Cl_2^{2-}、70 mol SO_4^{2-}。

解： 由于交互四元体系中存在交互反应，按照等摩效价原则，由组成该体系的四种离子可以任意安排，表 4-2 仅列出了 6 种情况。

表 4-2 交互四元体系等摩尔效价组成盐的配比情况

编号	配比 1/mol	配比 2/mol	配比 3/mol	配比 4/mol	配比 5/mol	配比 6/mol
K_2Cl_2	10	15	30	35	40	0
$MgCl_2$	20	15	0	−5	−10	30
K_2SO_4	70	65	50	45	40	80
$MgSO_4$	0	5	20	25	30	−10

由表 4-2 可见，配比和安排是很随意的，其实溶液中各盐都是以离子形式存在的。表 4-2 中，某些盐的摩尔数为零，说明体系中的盐可用三种盐来表示，也充分说明四元交互体系中

只有三种盐是独立的。表中配盐的量为负，说明若按如此组成配制，当该系统点达到平衡时，就要从系统中减去相应量的盐。事实上，我们在配制系统点时，就要注意满足等效价正离子总和、负离子总和各均为 100 mol 即可。

由此可见，对于交互四元体系 $K^+, Mg^{2+} // Cl^-, SO_4^{2-}-H_2O$，四种盐中只有三个是独立的。这意味着，若要获得一个 $K^+, Mg^{2+} // Cl^-, SO_4^{2-}-H_2O$ 体系的溶液，可用上述方程中的任意三个单盐和水配制。然而若要实现复分解反应，如用氯化钾、硫酸镁为原料生产氯化镁和硫酸钾，或用氯化镁、硫酸钾生产氯化钾和硫酸镁，则需要依据这个体系相图特征安排生产工艺。

四、干基三角形和干基正方形

1. 干基三角形

在简单四元体系中，三种盐之间彼此独立，因此可以采用三角形表达三种盐之间的关系，一般采用正三角形或等腰直角三角形表示。如图 4-1 所示，三角形的三个顶点分别表示三种干盐，这种三角形叫做干基三角形。

在干基三角形中，系统点组成是以 100 g 总干盐为基准，其反映的是相对于 100 g 总干盐中各组分的质量分数，用干基组成质量分数 Z_B 表示，单位为 g/100g S，即 Z_B（g/100g S）。

如表 4-3 是简单四元体系三个样品（卤水、光卤石和人造光卤石）的浓度。

表 4-3　简单四元体系样品的浓度

盐矿	干基组成质量分数，Z_B/(g/100 g S)			
	NaCl	KCl	$MgCl_2$	H_2O
卤水 *A*	5.80	10.80	83.40	222.48
光卤石 *B*	0.00	43.88	56.12	63.60
人造光卤石 *C*	13.30	36.50	50.20	65.07

水合物和复盐的干基组成，则需根据化学式计算。例如：$MgCl_2 \cdot 6H_2O$，干基组成 Z_B[g/(100g S)]为含 $MgCl_2$ 为 100、H_2O 为 113.53；光卤石 $KCl \cdot MgCl_2 \cdot 6H_2O$，各组分干基组成 Z_B[g/(100g S)]为含 KCl 为 43.88、$MgCl_2$ 为 56.12、H_2O 为 63.60。

2. 干基正方形

在交互四元体系中，盐对之间存在着复分解反应，因此可以用正方形表达各组分之间的关系。如图 4-2 所示，四个顶点分别表示四种干盐，盐对处于正方形的对角，这种正方形叫做干基正方形。与干基三角形不同的是，在干基正方形中，系统点的组成均采用耶涅克指数的形式表达。

耶涅克指数（Jänecke index）：是指在等摩尔效价原则基础上，以 100 mol 总干盐为基准，它反映的是相对于 100 mol 总干盐或总正（负）离子均为 100 mol 的各种盐或离子的摩尔分数，用符号 J_B 表示。

系统中水的耶涅克指数，又称为水指数，$J(H_2O)$，是相对于 100 mol 总干盐所含水的物质的量。按照惯例，水的分子式仍为 H_2O，分子量即为水分子的分子量（18.015）。

耶涅克指数（J_B 值）按定义，其计算步骤如下：

（1）列出一定量的系统（如 100 g 或 1 L 溶液）中各组分的质量。

（2）查出各组分的分子量，分子量要以等摩尔效价关系计算，如有一价和二价盐共存时，一价盐要加倍。

（3）算出各组分的等摩尔效价物质的量。

（4）求出除水之外的各盐的等摩尔效价总物质的量，并以 100 mol 总干盐为基准，求出各盐及水的摩尔分数即为 J_B 值。

常见的水合盐、复盐的 J_B 值可查附录三，下面简要介绍耶涅克指数（J_B 值）计算方法。

【例 4-2】某混盐（质量分数，%）含 49.34% NaCl、30.58% $MgSO_4$、5.09% $MgCl_2$ 和 14.99% H_2O，求各盐及水的 J_B 值。

解：将有关计算列出如下：

组分	NaCl	$MgSO_4$	$MgCl_2$	H_2O	总干盐
100 g 总物质的质量/g	49.340	30.580	5.090	14.990	100.000
组分的分子量	116.902	120.367	95.210	18.015	
100 g 干基的物质的量/mol	0.422	0.254	0.053	0.832	0.729

如将上述体系组成用离子组成表示，则各正/负离子的等效价物质的量为：

$$n(2Na^+) = 0.422 \text{ mol}$$
$$n(Mg^{2+}) = 0.254 + 0.053 = 0.307 \text{ mol}$$
$$n(2Cl^-) = 0.422 + 0.053 = 0.475 \text{ mol}$$
$$n(SO_4^{2-}) = 0.254 \text{ mol}$$
$$n(H_2O) = 0.832 \text{ mol}$$

等摩尔效价总正离子物质的量 = 等摩尔效价总负离子物质的量 = 0.422 + 0.307 = 0.475 + 0.254 = 0.729（mol）

各离子和水的 J_B 值：

$$J_{Na_2^{2+}} = 57.89;\ J_{Mg^{2+}} = 42.11;\ J_{Cl_2^{2-}} = 65.16;\ J_{SO_4^{2-}} = 34.94;\ J_{H_2O} = 114.13。$$

也可以表示为：$J(2Na^+) = 57.89$；$J(Mg^{2+}) = 42.11$；$J(2Cl^-) = 65.16$；$J(SO_4^{2-}) = 34.94$；$J(H_2O) = 114.13$。目前，国际刊物上比较通用这种表示方法。

【例 4-3】求白钠镁矾 $Na_2SO_4 \cdot MgSO_4 \cdot 4H_2O$ 的 J_B 值。

解：可用复盐中各物质的物质的量（n）之比来求，即：

$$n(Na_2SO_4) : n(MgSO_4) : n(H_2O) = 1 : 1 : 4$$

其中，总干盐物质的量为：1 + 1 = 2 mol，故组成白钠镁矾各盐及水的 J_B 值显然为：

$$J(Na_2SO_4) = 1/2 \times 100 = 50$$
$$J(MgSO_4) = 1/2 \times 100 = 50$$
$$J(H_2O) = 4/2 \times 100 = 200。$$

若以等效价离子组成表示，易于计算其正/负离子和水的 J_B 值分别为：

$J(2Na^+) = 50$；$J(Mg^{2+}) = 50$；$J(SO_4^{2-}) = 100$；$J(H_2O) = 200$。

【例 4-4】已知某盐湖混合盐和卤水的组成见表 4-4。试计算两个样品各组分和水耶涅克指数。

表 4-4　四元体系样品的组成

项目	组成质量分数，w_B/%				
	Na^+	Mg^{2+}	Cl^-	SO_4^{2-}	H_2O
混合盐	26.35	4.40	34.11	26.29	8.85
卤水	5.38	1.07	10.58	1.17	81.78

解：计算结果见表 4-5，此处不再详述。

表 4-5　四元体系样品的耶涅克指数计算结果

项目	$2Na^+$	Mg^{2+}	$2Cl^-$	SO_4^{2-}	H_2O
等效价原子量	45.998	24.305	70.904	96.062	18.015
物质的量	$n(2Na^+)$	$n(Mg^{2+})$	$n(2Cl^-)$	$n(SO_4^{2-})$	$n(H_2O)$
混合盐/mol	0.573	0.181	0.480	0.274	0.491
卤水/mol	0.117	0.044	0.149	0.012	4.540
摩尔等效价总正(负)离子物质的量/mol					
混合盐	0.754		0.754		
卤水	0.161		0.161		
耶涅克指数 J_B	$J(2Na^+)$	$J(Mg^{2+})$	$J(2Cl^-)$	$J(SO_4^{2-})$	$J(H_2O)$
混合盐	75.99	24.01	63.70	36.30	65.12
卤水	72.66	27.34	92.53	7.56	602.06

第二节　四元体系的相图基础

一、干基平面相图

四元体系最大自由度为 4，变量是温度和三个组分的浓度。用图形表达四元体系相区特征及四个变量的关系，必须做降维处理。

（1）若限定温度变量，则自由度降为 3，可建立三个浓度为变量的等温立体相图。

对于简单四元体系，以 3 个盐组分的浓度组成为变量，可采用直角三维坐标系；以 4 组分的浓度组成为变量，可采用三棱锥（四面体）坐标系；以四个组分的干基浓度为变量，可采用三棱柱坐标系。

对于交互四元体系，4 个组分可组成 4 个单盐，可采用四棱锥坐标系或四棱柱坐标系。

（2）若进一步限定溶剂水的量，则自由度降为 2，可构建平面相图，如干基相图、等水相图等。简单四元体系常采用干基质量浓度（Z_B）则表达为干基三角相图，交互体系采用耶涅克指数（J_B）则表达为干基正方形相图，水量则表达为相应的水图。

1. 干基三角形相图

简单四元体系的三个盐各占一个顶点构成了干基三角形。如图 4-1，采用三角形坐标 x、y、z 分别代表三个盐（NaCl、KCl、$MgCl_2$）的干基质量浓度。三角区内任一点有 $x+y+z=100$，任选两个干基浓度可作图，如表 4-3 中的卤水、光卤石和人造光卤石的干基浓度标绘在图中，就是 A、B、C 三点，例如 C 点的坐标为（13.3，36.5，50.2）。

2．干基正方形相图

交互四元体系的4个单盐各占一个顶点，构成干基平面正方形，其中不含共同离子的两对盐分别位于正方形的对角，这样正方形的每个边代表两个具有相同离子的盐组成的体系。

由交互四元体系耶涅克指数定义式可知，等摩尔效价的阴离子和阳离子各有一个独立变量，分别将其作为横坐标和纵坐标。如图4-2，横纵坐标满刻度均为100，X轴为$2Na^+$的耶涅克指数$J(2Na^+)$，$100-J(2Na^+)$则为镁离子的耶涅克指数$J(Mg^{2+})$；Y代表硫酸根离子的耶涅克指数$J(SO_4^{2-})$，则$100-J(SO_4^{2-})$为氯离子的耶涅克指数$J(2Cl^-)$。图中顶点（0，0）表示$J(2Na^+)$和$J(SO_4^{2-})$均为0，而$J(Mg^{2+})$和$J(2Cl^-)$均为100，所以此点是氯化镁的干基点。同理其他3个顶点（0，100）、（100，0）、（100，100）分别为硫酸镁、氯化钠、硫酸钠的干基点。

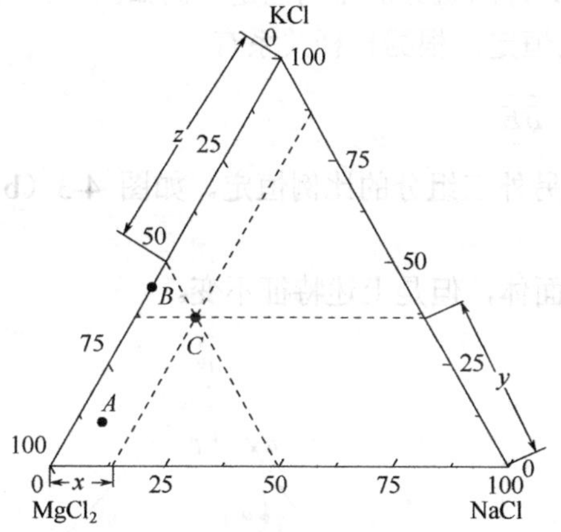

图4-1 干基三角形相图

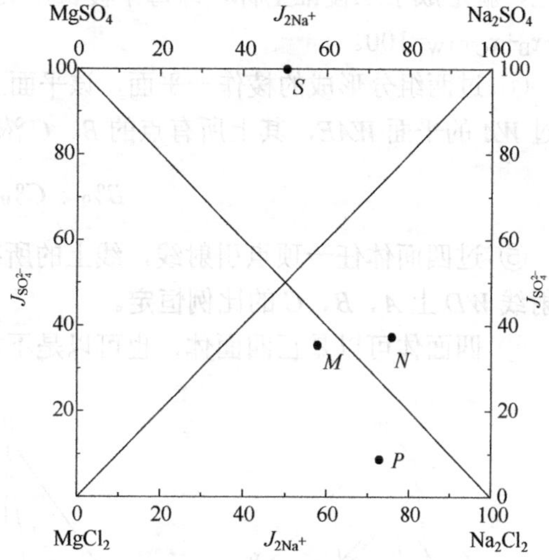

图4-2 干基正方形相图

事实上，以图4-2为例，对于交互四元体系$Na^+, Mg^{2+}//Cl^-, SO_4^{2-}$-$H_2O$干基正方形平面图，只需用横坐标$J(2Na^+)$和纵坐标$J(SO_4^{2-})$的值，即可标绘出系统的组成点。

干基正方形相图的边线代表两个干盐组成的体系，正方形内部为四元体系点。依据【例4-2】、【例4-3】和【例4-4】计算获得的耶涅克指数计算结果，分别将某混盐M（57.89，34.84）、白钠镁矾$Na_2SO_4 \cdot MgSO_4 \cdot 4H_2O$ S（50，100）和【例4-4】中混合盐N（75.99，36.29）和卤水P（72.66，7.56）标绘在图中，分别为图4-2中的M点、S点和N点、P点。

正方形可划分成四个干基三角形，如$MgCl_2$-NaCl-Na_2SO_4、$MgCl_2$-NaCl-$MgSO_4$、NaCl-Na_2SO_4-$MgSO_4$、Na_2SO_4-$MgSO_4$-$MgCl_2$。正方形内的体系点会分别位于两个干基三角形内。以S点为例，S点分别处于$MgCl_2$-NaCl-Na_2SO_4和NaCl-Na_2SO_4-$MgSO_4$两个干基三角形内。在将体系点的离子组成转换为盐类组成时，可根据体系点所在的盐类干基三角形，将离子匹配成盐。这样交互体系中，每个系统点都得到两组结果。

二、棱锥立体相图

1．三棱锥立体相图

（1）三棱锥坐标系　如图4-3的三棱锥（四面体）可以恰当地反映简单四元体系的组分关系。把三棱锥的顶点W视为水，A、B、C分别代表3个盐，则3条棱线WA、WB、WC恰为体系包含的 3 个二元体系；而 3 个正三角形 *WAB*、*WBC*、*ECA* 则为体系所包含的 3 个三元体系；三角形 *ABC* 则是 3 个盐（*A*、*B*、*C*）组成的干基三角相图。三棱锥的坐标及其特征如下：

① 四面体每个顶点到对应底面的距离，反映顶点组分的浓度。将顶点组分在底面的含量定为零，顶点处该顶点组分含量定为 100%，则中间各高度将顶点组分含量 0%～100%等分。

② 四面体内任一点，到四个面的垂直距离之和等于四面体的总高，即四个组分含量之和为 100%。

③ 过四面体内任一点分别作与底面平行的截面，因顶点到平行截面的距离是唯一的，所以平面上各点的顶点组分含量是一样的。这样可将平面代表的含量标注于与平面交点的棱边上，就形成了三棱锥坐标，即每个棱长定义为 100%，如图 4-3（a），四面体内 *E* 点的坐标 $x_A+x_B+x_C+x_W=100$。

④ 过两组分形成的棱作一平面，该平面上含有另外两组分的比例恒定。例如图 4-3（b）上过 *WA* 的平面 *WAE*，其上所有点的 *B*、*C* 浓度之比恒定。根据杠杆关系有

$$B\% : C\% = \overline{CE} : \overline{BE}$$

⑤ 过四面体任一顶点引射线，线上的所有点含另外三组分的比例恒定。如图 4-3（b）中射线 *WD* 上 *A*、*B*、*C* 的比例恒定。

⑥ 四面体可以是正四面体，也可以是不规则四面体，但是上述特征不变。

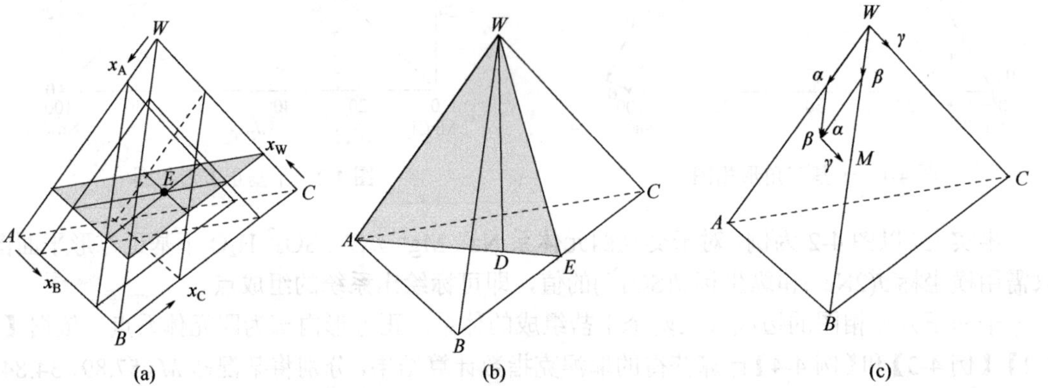

图 4-3 三棱锥（四面体）相图

（2）三棱锥相图的标绘 体系组成采用质量分数，其坐标点的绘制，如 *A*（*a*%）、*B*（*b*%）、*C*（*c*%）、*W*（*w*%）有四种方法：求高法、截面法、干基等水面法和向量加和法。

求高法根据性质①和③作代表三个组分含量的三个等高面，三面的交点就是系统状态点；截面法与求高法相似，根据性质③作 3 个底面的平行面，每个面代表一个组分的浓度，3 个面的交点就是系统点，如图 4-3（a）的 *E* 点。

干基等水面法，根据性质⑤，在底面用干基浓度确定干基点，连线干基点和水点，再作等水面，连线与等水面的交点就是系统点。

向量加和法。如图 4-3（c），棱长为 100%。各组分按其质量分数确定向量长度 α、β、γ、ω，然后分别在 *WA*、*WB*、*WC* 三个方向画出向量 α、β、γ。按照平行四边形法则，依次将三个向量求和，和向量的终点 *M* 就是系统点位置。

2. 四棱锥立体相图

（1）四棱锥坐标系　如图 4-4（a）把正四棱锥的顶点 W 视为水，底面视为交互四元体系的干基四边形，4 个顶点则分别为 AX、AY、BX、BY 四种盐。这样，2 条棱线恰好是交互四元体系所包括的 3 个二元体系；4 个侧面三角形，则代表 4 组三元体系。四面体高度代表水的含量。因此正四棱锥反映交互四元体系组成关系非常恰当。四棱锥坐标系及其特点：

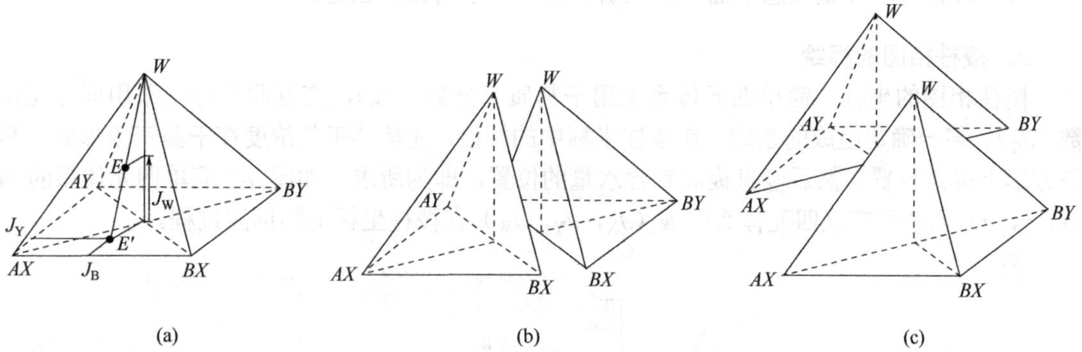

图 4-4　四棱锥（四面体）相图

① 正四棱锥可依顶点及底面对角线决定的平面将其划分成 2 个三棱锥体，如图 4-4（b）、图 4-4（c）有两组。图中每个三棱锥都可以看成是由三种盐及水组成的简单四元体系。事实上，交互四元体系的任意系统都可以表示成为由 3 种独立的盐和水组成的。

② 将正四棱锥分解成上述的 4 个三棱锥，三棱锥坐标系的特点适用于这里的每个三棱锥。

③ 从顶点 W 引出的直线交底面与点 E'，则 WE'线上盐或离子的相对浓度，与干基 E'的一致。

（2）四棱锥相图的标绘　尽管正四棱锥的结构特征可恰当表达交互四元体系的组成关系，但在实际标绘时有两个方面，需要注意：

① 采用盐的质量浓度表达系统状态。注意当用盐含量表达交互体系状态时，4 个盐只用 3 个盐的含量即可，但可以表达为两组。假设系统状态为 AX（a%）、AY（b%）、BX（c%）、w（%）和 AX（x%）、AY（y%）、BY（z%）、w（%）为同一系统。我们将其标注在各自三棱锥上，然而同样一个系统，在图中却出现了两个系统点。因此此质量浓度在此不适宜。

② 采用耶涅克指数表达系统状态。如图 4-4（a），体系 E 状态用耶涅克指数表达，结果是唯一的一组数据。在底面干基四边形标绘体系点为点 E'（J_B、J_Y），系统点则应在 E'与水的连线上。然而这里又出现一个问题，就是水的坐标的选择：若用耶涅克指数，则水的状态点为无限高的地方；若采用溶液浓度，则四棱锥的高度可以为 100。这样产生一个问题就是离子组分和水组分的单位不一致。四棱锥体内部不再有各组分含量之和为 100 的特征。

三、棱柱立体相图

1. 棱柱坐标系

三棱锥、四棱锥相图的底面都是干基相图，当采用干基含量表达系统状态时，水的含量变化很大，尤其纯水的干基含量为无穷大，这样不妨将棱锥体的顶点打开，并使棱线成为与底面垂直的竖直射线，就得到了棱柱坐标系，其中底面为干基相图，棱柱高度可以表达任意浓度的干基水含量。

棱柱坐标系的性质：

（1）与底面平行的面是等水面。

（2）与底面垂直的线上所代表的系统含水量不同，但是盐或离子的干基组成一样。

（3）过棱柱一棱做任意平面，面上所含盐或离子的比例恒定。

2. 棱柱相图的标绘

棱柱相图的坐标，简单四元体系采用干基质量分数（Z_B），交互四元体系采用耶涅克指数（J_B）。某一确定组成的系统，在棱柱坐标中的标绘，先按其干盐浓度在干基三角形或干基正方形上确定位置，然后竖直提高到含水量的位置，即为所求。如图 4-5 简单四元体系的 M（x，y，z）系统和交互四元体系的 N（J_X，J_Y，J_W）在棱柱坐标上的标注过程。

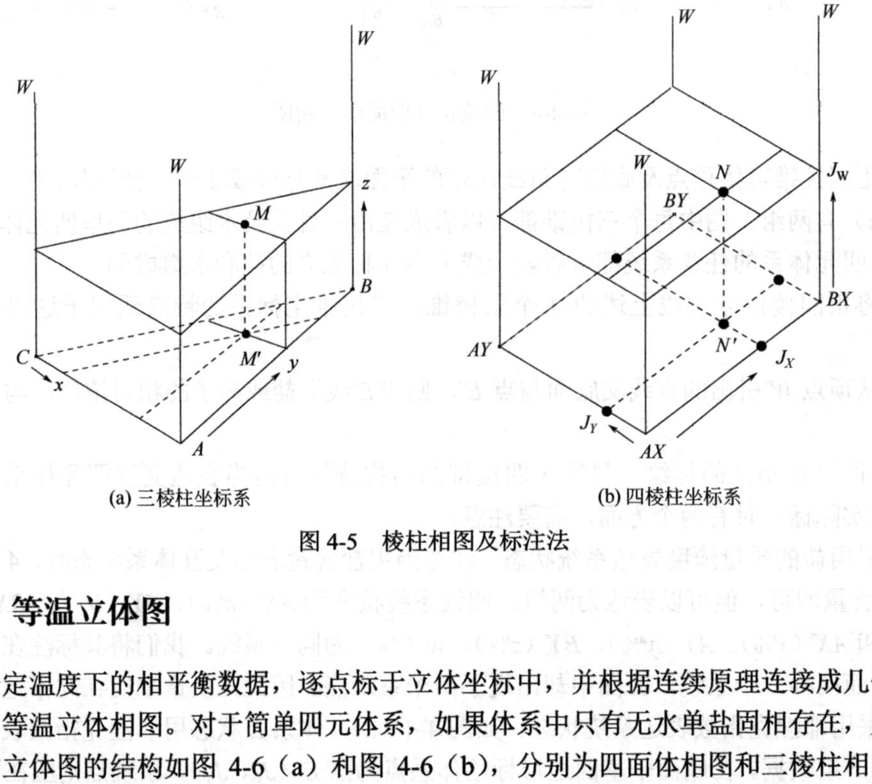

图 4-5　棱柱相图及标注法

四、等温立体图

将一定温度下的相平衡数据，逐点标于立体坐标中，并根据连续原理连接成几何图形，就形成了等温立体相图。对于简单四元体系，如果体系中只有无水单盐固相存在，则简单四元体系的立体图的结构如图 4-6（a）和图 4-6（b），分别为四面体相图和三棱柱相图，交互四元体系立体相图的结构如图 4-7（a）和图 4-7（b），分别为四棱锥相图和四棱柱相图。

1. 简单四元体系立体图

简单四元体系立体相图中，三棱锥相图和三棱柱相图是一个体系相平衡关系的两种表现形式，具有相同的结构特征，现以棱柱相图为例加以说明，如图 4-8 是简单四元体系立体相图拆解后的情况。整体图中 AW、BW、CW 为 3 个二元体系，底面三角形为 A–B–C 体系干基三角相图，3 个侧面为 3 个三元体系，图形内部为四元体系，可细分为饱和液相曲面、共饱曲线、零变量点，不饱和区域，以及如图 4-8 所示的 7 个空间体，包括 3 个一液一固相区、3 个一液二固相区和 1 个一液三固相区。

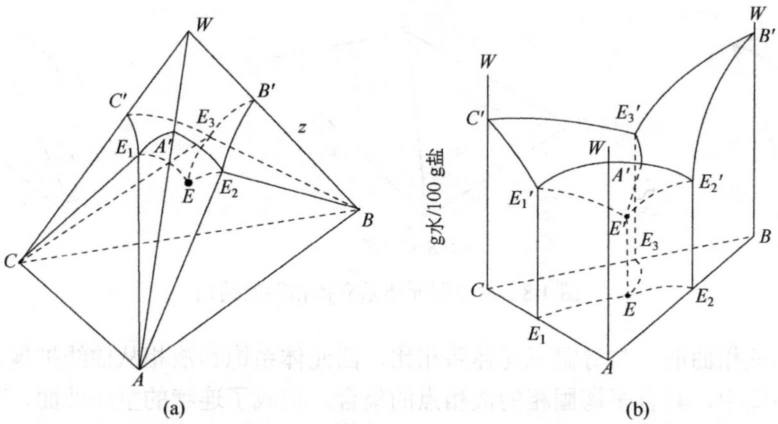

图 4-6 典型简单四元体系立体相图

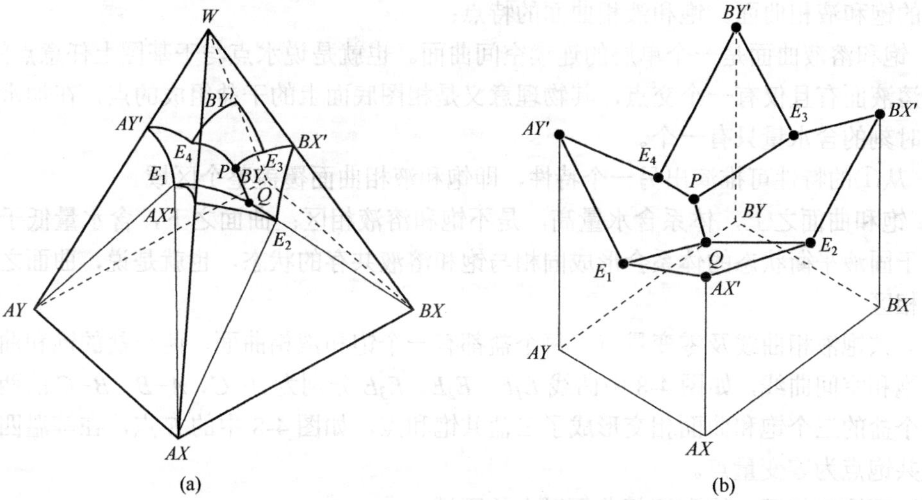

图 4-7 典型交互四元体系立体相图

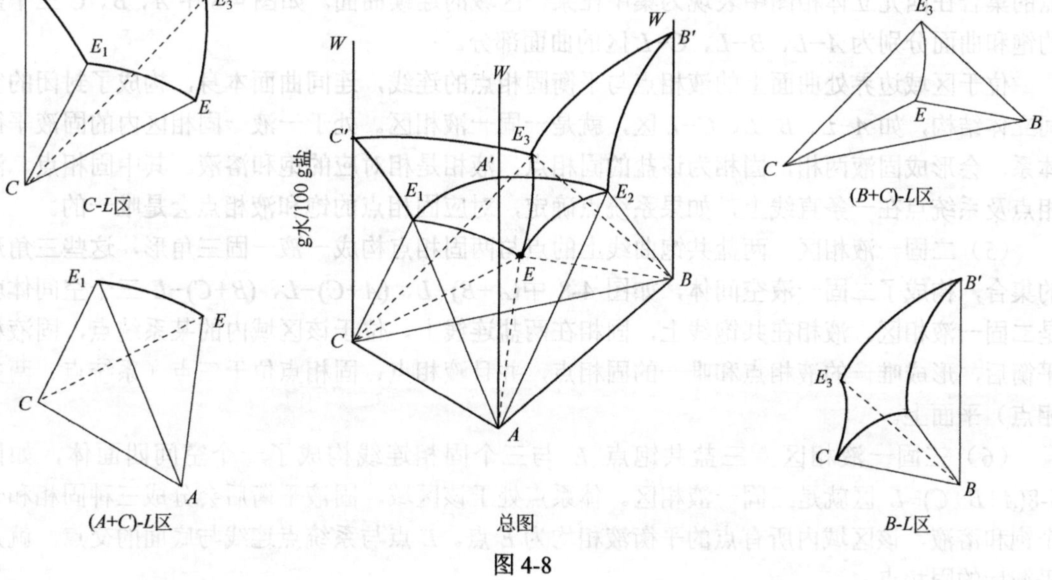

图 4-8

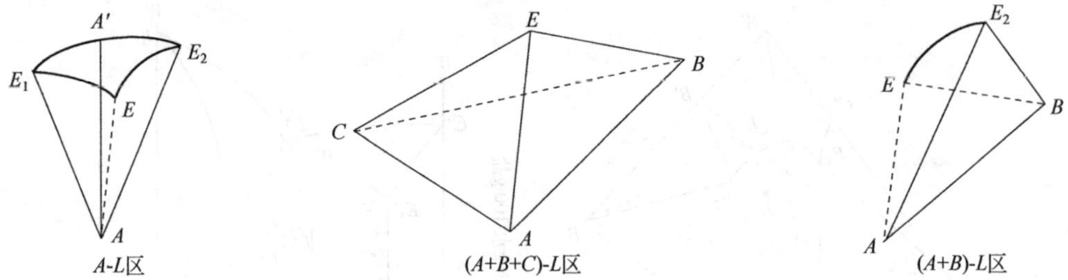

图 4-8 简单四元体系立体相图的结构

（1）饱和液相曲面 与等温三元体系相比，四元体系饱和液相从曲线扩展为曲面。四元体系等温立体图中，具有平衡固相的液相点的集合，构成了连续的空间曲面，这就是饱和溶液面。如图 4-8 立体相图中曲面 $C'E_1EE_3C'$、$A'E_2EE_1A'$、$B'E_3EE_2B'$为简单四元体系三个盐分别对应的饱和液相曲面。饱和液相曲面的特点：

① 饱和溶液曲面是一个单层的连续空间曲面。也就是说水点与干基图上任意点的连线，与饱和溶液面有且仅有一个交点，其物理意义是相图底面上的干盐组成的点，在加水过程全部溶解时刻的含水量只有一个。

② 从①的特性可推演出另一个特性，即饱和液相曲面覆盖整个区域。

③ 饱和曲面之上，体系含水量高，是不饱和溶液相区；曲面之下，含水量低于饱和溶液，处于固液平衡状态的体系会形成固相与饱和溶液共存的状态，也就是说，曲面之下为固液共存相区。

（2）共饱液相曲线及零变量点 每个盐都有一个饱和液相曲面，两个盐的饱和曲面相交形成共饱和空间曲线，如图 4-8 中曲线 E_1E、E_2E、E_3E 分别为 $A-C$、$A-B$、$B-C$ 的两盐共饱线；三个盐的三个饱和曲面相交形成了三盐共饱和点，如图 4-8 中的 E 点，在等温四元相图中三盐共饱点为零变量点。

（3）不饱和相区 饱和液相曲面以上的区域。

（4）一固一液相区 体系中出现的每个固相都有与之保持固液相平衡的液相，这些液相点的集合在四元立体相图中表现为集中在某一区域的连续曲面。如图 4-8 中 A、B、C 三个盐的饱和曲面分别为 $A-L$、$B-L$、$C-L$ 区的曲面部分。

位于区域边界处曲面上的液相点与平衡固相点的连线，连同曲面本身，构成了封闭的空间立体结构，如 $A-L$、$B-L$、$C-L$ 区，就是一固一液相区。处于一液一固相区内的固液平衡体系，会形成固液两相，固相为该盐的固相点，液相是相对应的饱和溶液。其中固相点、液相点及系统点在一条直线上，如果系统点确定，对应固相点的饱和液相点会是唯一的。

（5）二固一液相区 两盐共饱曲线上的点与两固相点构成一液一固三角形，这些三角形的集合，构成了二固一液空间体，如图 4-8 中$(A+B)-L$、$(A+C)-L$、$(B+C)-L$ 三个空间体就是二固一液相区。液相在共饱线上，固相在两盐连线上。位于该区域内的某系统点，固液相平衡后，形成唯一的液相点和唯一的固相点，并且液相点、固相点位于三点（系统点、两盐相点）平面上。

（6）三固一液相区 三盐共饱点 E 与三个固相连线构成了一个空间四面体，如图 4-8$(A+B+C)-L$ 区就是三固一液相区。体系点处于该区域，固液平衡后会分成三种固相和一个饱和溶液，该区域内所有点的平衡液相均为 E 点。E 点与系统点连线与底面的交点，就是平衡后的固相点。

2．交互四元体系立体图

交互四元体系的立体相图的最好方式为四棱柱坐标。如图 4-9 就是一个简单类型的交互四元体系立体相图拆解后的情况。

所谓简单类型是指这里的固相只有单盐形式，而没有复盐或水合物，以便于说明相图的结构。整体图中四个单盐为底面上 *AX*、*AY*、*BX*、*BY* 四点，四个棱柱构成了 4 个二元水盐体系，底面四边形为四个盐构成的干基交互体系，4 个侧面为 4 个三元体系，图形内部为四元体系，也可细分为 4 个饱和液相曲面、5 条共饱曲线、2 个零变量点、1 个不饱和区域和图 4-9 所示 11 个空间体，包括 4 个一液一固相区、5 个一液二固相区和 2 个一液三固相区。

交互四元体系立体相图的结构特征与简单四元体系相似，四个单盐分别有一个饱和相区。需要注意是，四个单盐各有一个处于对角位的盐对，一般只有一对具有共饱线，另一对则没有共饱线，这时体系中出现两个三盐共饱的等温零变量点（*P*、*Q*）。具有共饱线的盐对，我们称之为稳定盐对，而另一对不共饱线的盐被称为不稳定盐对，这是因为按不稳定盐对配料得到的体系当达到固液平衡后，不稳定盐的固相消失，而稳定盐的固相可出现。只有特别体系，在特定的温度下会出现四盐共饱的情况（见多温相图部分，会出现这一特点）。交互四元体系立体相图拆解后的详细情况，请见图 4-9。

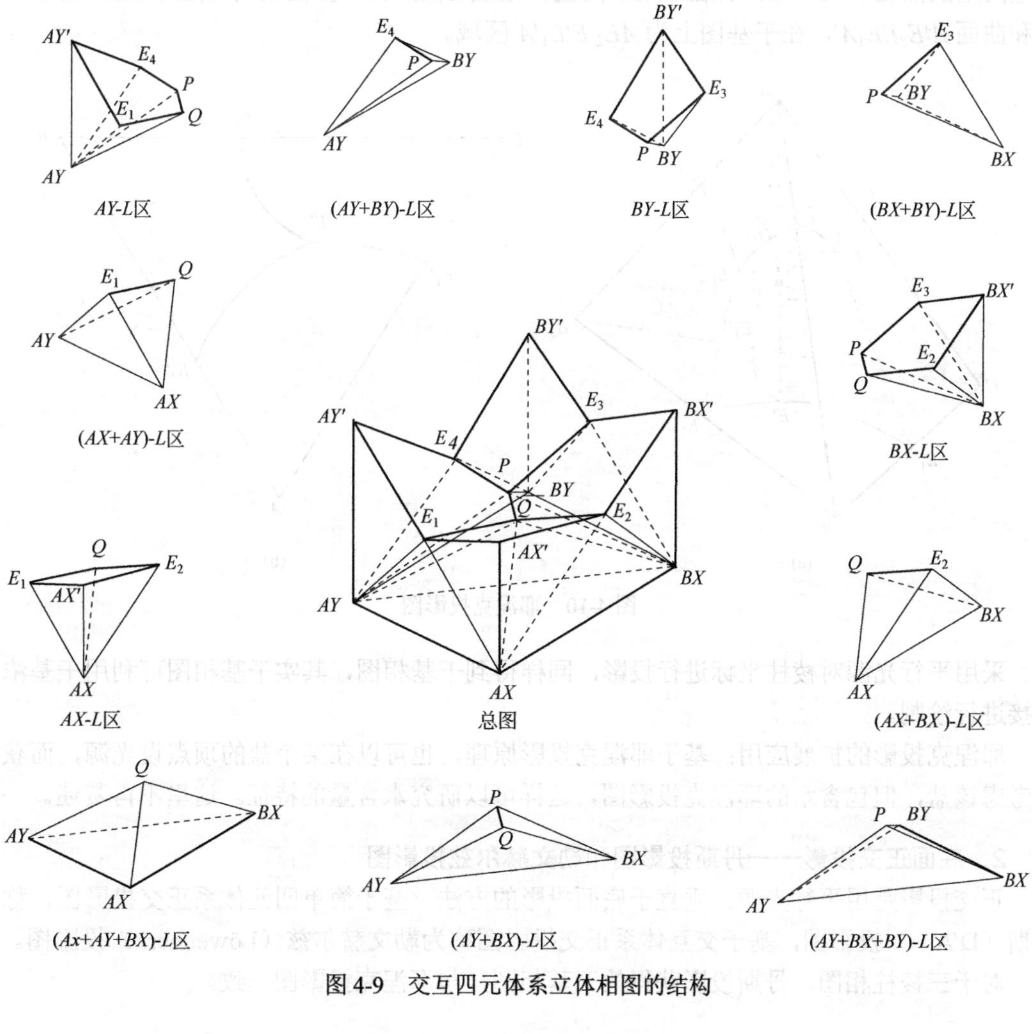

图 4-9 交互四元体系立体相图的结构

五、等温立体相图的投影

立体相图在绘制和应用上都存在困难，需要做平面化处理。平面化处理方法，包括放射投影、正交投影（包括底面正交、轴侧正交）、界面截取、多温投影等。通过平面化处理，可以得到干基图、水图、等水线图等便于分析使用的平面相图。

1．放射投影——耶涅克投影图

放射投影，棱锥体顶点设光源，在底面上投影的方法。根据棱锥坐标相图意义的第⑤项。自 *W* 点引出任一线，线上所有点含有盐类组分的比例一样。这条线与干基底面的交点，即为该线的投影点，投影点各干盐的比例关系就是这条线上盐组分的比例关系。

放射性投影图，也称耶涅克（Jänecke）投影图，在棱锥相图的顶点即水组分点设光源，以棱锥体的底面为投影面，对立体相图各个要素投影到底面，形成了不考虑水的干基相图。

棱锥体的三条侧棱投影为干基图的顶点，三个侧面投影为底面干基图的三条边，空间内的三盐共饱点、二盐共饱线、单盐饱和曲面，投影为干基图上的共饱点、共饱线和相应区域。如图 4-10（a）是四面体相图，图 4-10（b）是投影获得的干基相图。干基相图上的点与立面体空间上的点相对应，如立体图上 *AC* 两盐共饱线 E_1E，在干基图上为 $E_1'E'$；立体图上 *A* 盐饱和曲面 $A'E_2EE_1A'$，在干基图上为 $AE_2'E'E_1'A$ 区域。

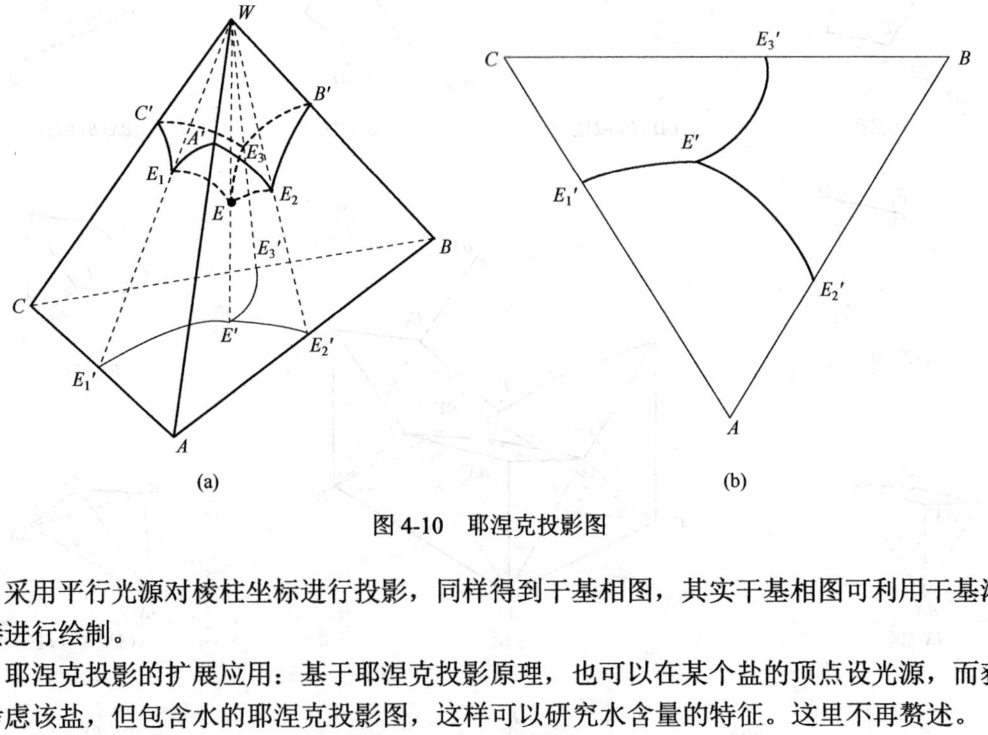

图 4-10　耶涅克投影图

采用平行光源对棱柱坐标进行投影，同样得到干基相图，其实干基相图可利用干基浓度直接进行绘制。

耶涅克投影的扩展应用：基于耶涅克投影原理，也可以在某个盐的顶点设光源，而获得不考虑该盐，但包含水的耶涅克投影图，这样可以研究水含量的特征。这里不再赘述。

2．底面正交投影——丹斯投影图和勒文赫尔兹投影图

正交投影是用平行光源，垂直于底面投影的方法。基于简单四元体系正交投影图，称为丹斯（D′Ans）投影图，基于交互体系正交投影图称为勒文赫尔兹（Löwenherz）投影图。

对于三棱柱相图，丹斯投影获得的干基相图，与耶涅克投影图一致。

对于三棱锥相图，丹斯投影将获得以水为中心的三轴相图。

如图 4-11 等温立体图［图 4-11（a)］经过底面正交投影形成丹斯投影图［图 4-11（b)］，棱锥形的顶点投影位于正三角形的中心，表示水的位置；棱锥形的棱线投影为中心点 W 与三角形顶点的连线，表示二元体系；棱锥形的侧面投影为对应的三角形，简单四元体系是夹角为 120°的等腰三角形，都是简单类型的三元等温图；立体图中的空间曲面在投影图中为对应的区域。

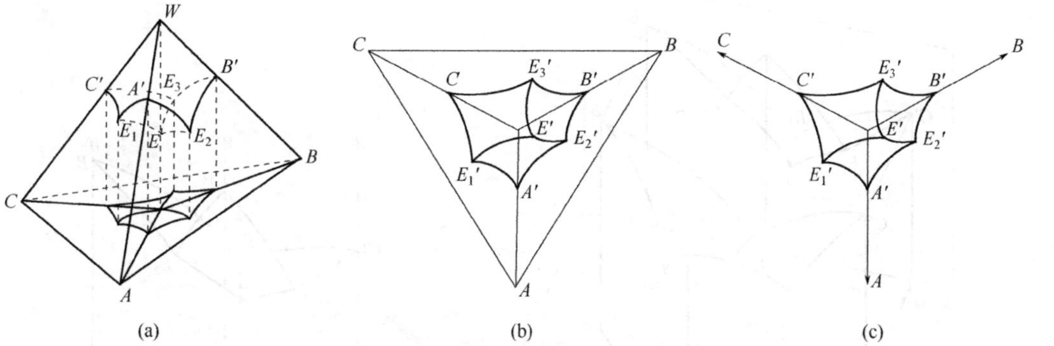

图 4-11 丹斯投影图

将丹斯投影图［图 4-11（b)］去掉三角形的底边，则可演变为三轴平面相图［图 4-11（c)］，三轴夹角为 120°轴的原点为水，轴的指向分别为三种纯盐。

3. 轴侧正交投影——水图

轴侧正交投影，是用与底面的平行光，将立体相图投影到适宜方位的竖直平面上。因为三棱锥相图和三棱柱相图，竖直方向的高度代表水的含量，因此轴侧正交投影反映相图中水的含量，由此得到了水图。图 4-12 和图 4-13 分别为三棱锥和三棱柱进行轴侧投影后的水图。

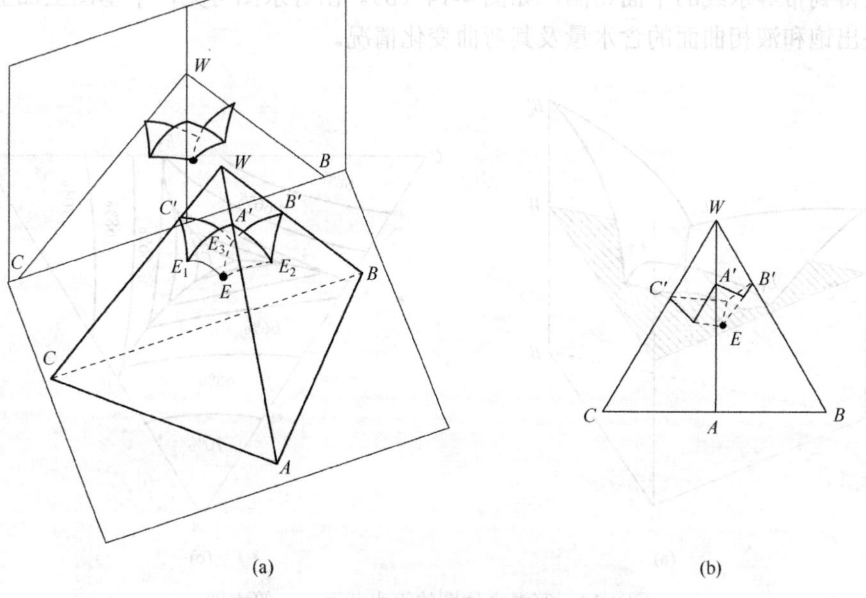

图 4-12 四面体轴侧正交投影——水图

三棱锥的轴侧正交投影，如图 4-12 所示，投影面是与底面垂直并与底面三角形某一边平行的平面。图 4-12（a）的投影图为等腰三角形，将其变化为正三角形得到图 4-12（b），其中顶点 *A* 投影到 *BC* 的正中间，立体图的相关系，被一一对应到平面相图上，图中各点的竖直高度，为含水量。同样三棱柱的轴侧正交投影，如图 4-13 所示，投影面是与底面垂直并与某柱面平行的平面。所得投影水图［图 4-13（a）］为直角坐标，更便于分析和应用。

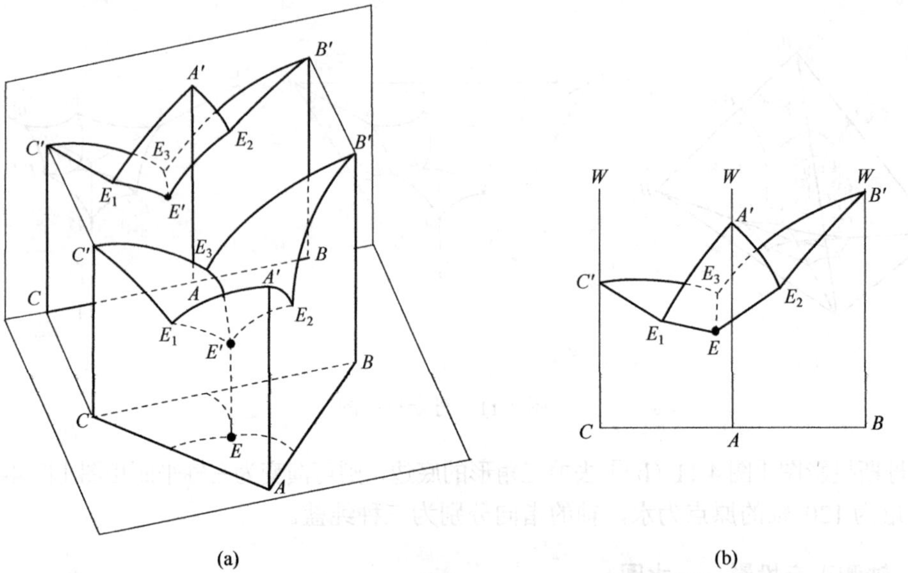

图 4-13　三棱柱轴侧正交投影——水图

4．平面截取——等水线图

棱柱相图的竖直高度反映水的含量。某一等高平面与棱柱立体相图相交如图 4-14（a）所示，得到等水截面图，平面与曲面相交的曲线为等水线。将不同含水量的等水截面图进行叠加，就得到带等水线的平面相图，如图 4-14（b）。由等水图可见，干基图上加上等水线，便可反映出饱和液相曲面的含水量及其弯曲变化情况。

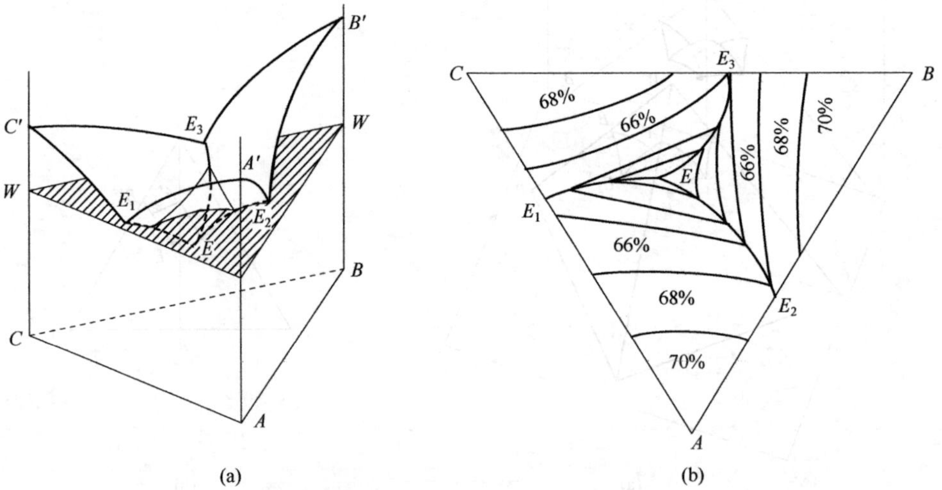

图 4-14　等温立体图的等水截面——等水图

六、多温相图

对于四元水盐体系，通过限定温度和水含量的方法，分别得到了等温立体相图、干基平面相图和水图。若分析温度的影响，需要绘制多温相图，多温相图是将等温干基相图，按温度坐标顺序排列，依据连续原理，同类相点可用平滑曲线连接起来，同类的曲线随温度变化形成连续的曲面，得到多温干基立体相图。

如图 4-15，六组等温相图按温度顺序排列后，等温图中三元体系共饱点 *E*、*F*、*G*、*H*，四元零变量点 *P*、*Q* 随温度变化，形成了平滑的空间曲线 *EE*、*FF*、*GG*、*HH*、*PP*、*QQ*，等温共饱线 *EP*、*FP*、*GQ*、*HQ*、*PQ* 形成空间曲面。这些曲线曲面随温度变化的规律见图 4-15。其中 *PQ* 饱和线，在一个特定温度，收缩为一个点，而后转变成为另外两个盐的共饱线。而特定温度下的 *PQ* 合一点就是四盐一液饱和相区。

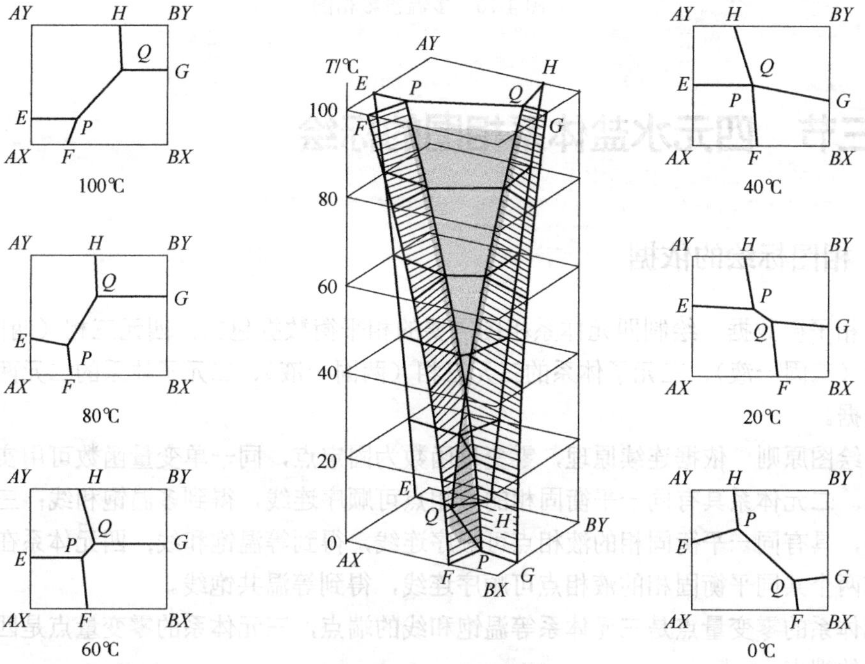

图 4-15 多温相图

从多温立体相图可以看出随温度的变化，各种饱和面大小、位置变化，以及在什么温度下出现或消失，在什么温度下固相间发生转变等。

为了在平面上反映随温度变化相平衡的变化情况，需要将多温立体相图进行投影，常用的多温投影相图如图 4-16 所示。图中两个投影图分别以多温立体相图两个相邻的立面轴侧正投影得到。纵轴坐标为温度，横轴坐标分别为离子 B 和离子 Y 的耶涅克指数，图上的曲线是共饱点随温度的变化规律，可直接利用不同温度下的相平衡数据，依据连续原则进行标绘。

多温投影图常用来求取某温度下未知的相平衡数据，具体可采用图解或内插、外推等方法。

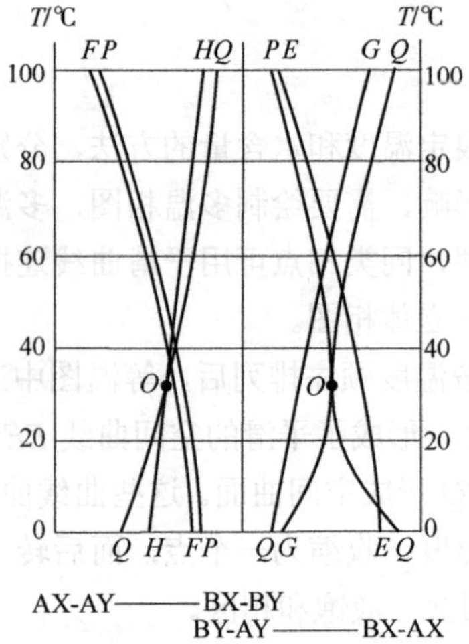

图 4-16 多温投影相图

第三节 四元水盐体系相图的标绘

一、相图标绘的依据

（1）相平衡数据 绘制四元体系相图需要的相平衡数据包括：四元三相（两固一液）、四元四相（三固一液）、三元子体系的三元三相（两固一液）、二元子体系的二元两相的固液相平衡数据。

（2）绘图原则 依据连续原理，零变量函数为固定点，同一单变量函数可用实验点顺序连成曲线。二元体系具有同一平衡固相的液相点可顺序连线，得到多温饱和线；三元体系等温条件下，具有同一平衡固相的液相点可顺序连线，得到等温饱和线；四元体系在等温条件下，具有两个共同平衡固相的液相点可顺序连线，得到等温共饱线。

二元体系的零变量点是三元体系等温饱和线的端点，三元体系的零变量点是四元体系等温共饱线的端点。

二、干基三角形相图和水图的标绘

对于四元体系，一般总是先标出完整的干基图，而后按分析问题的需要，在水图上标绘有关（或全部）相区的水量图。也可以利用制图软件得到可旋转的三维的立体相图。这里分别介绍简单四元体系和交互四元体系的干基图和水图的绘制。

1. 干基三角形相图

四元体系干基相图的绘制，要用到三元体系的两盐共饱数据和四元体系两盐共饱和三盐共饱数据。如 $KCl-KNO_3-K_2SO_4-H_2O$ 体系在 25℃的固液平衡数据，见表 4-6，其中出现的固相有氯化钾、硝酸钾、硫酸钾。

表 4-6 $KCl-KNO_3-K_2SO_4-H_2O$ 四元体系 25℃相平衡数据

体系情况		编号	干基组成质量分数，Z_B/(g/100 g S)				平衡固相
			KCl	KNO_3	K_2SO_4	H_2O	
二元体系	*A-W*	1	100.0	0.0	0.0	278.8	KCl
	B-W	2	0.0	100.0	0.0	263.6	KNO_3
	C-W	3	0.0	0.0	100.0	830.2	K_2SO_4
三元体系	*A-B-W*	4	60.0	40.0	0.0	173.9	KCl+ KNO_3
	A-C-W	5	95.9	0.0	4.1	269.0	KCl + K_2SO_4
	B-C-W	6	0.0	86.4	13.6	223.6	KNO_3+ K_2SO_4
四元体系	*A-B-C-W*	7	45.0	19.9	35.1	169.5	KCl+KNO_3+ K_2SO_4

干基相区的标绘采用逐个标绘每个固相区域的方法。现以氯化钠为例说明绘图过程。

（1）选点　将数据表平衡固相中含有氯化钾为共饱相的数据挑出。

（2）排序　按“具有两个共同平衡固相的液相点可顺序连线”的原则，将具有两个共同平衡固相的数据排在一起，对具有多个相同平衡固相的数据，依坐标浓度递增或递减排序，排序的结果是三元体系数据在两端，四元体系三固相点数据在中间。如表 4-7 是氯化钾相区排序后的数据序列，可作为氯化钾相区的边界点。

表 4-7 $KCl-KNO_3-K_2SO_4-H_2O$ 四元体系 25℃KCl 饱和相区边界点数据

序号	干基组成质量分数，Z_B/(g/100g S)				固相	水图
	KCl	KNO_3	K_2SO_4	H_2O		横坐标
	z	*x*	*y*	*h*		x+0.5y
4	60.0	40.0	0.0	173.9	KCl+ KNO_3	40.0
5	95.9	0.0	4.1	269.0	KCl + K_2SO_4	2.0
7	45.0	19.9	35.1	169.5	KCl+KNO_3+ K_2SO_4	40.6

（3）画图　将排序后氯化钾相区的边界点以 x–KCl、y–K_2SO_4、z–KNO_3 为坐标在三角相图上标点连线。

（4）检验　检查所得相区的完整性、合理性，补充必要数据。

硝酸钾和硫酸钾的平衡相区，同样依照前面三步进行。图 4-17（a）是所绘的干基相图。

2．正交投影水图

简单四元三棱柱相图的轴侧并垂直某一棱面的正投影，可得到正交投影水图。选择不同的投影面，得到的水图图形也不同，但对应关系都是一致的。

（1）水图坐标　采用直角系，坐标点为（x'，y'），其中横坐标 x'与干基三角坐标的关系为：$x' = x + 0.5y$，纵坐标 y'为干基含水量。

（2）水图标绘　水图标绘采用逐个饱和面分别标绘。

① 选点排序。在干基相图上选择构成饱和曲面的边界相点，并顺序排列，为了得到完整的水图，应将位于边缘的二元、三元体系中的数据一同考虑。绘制封闭曲面，排序首尾相点为同一点。

② 标点连线。采用转换后的横坐标和纵坐标，按①的顺序，连成封闭区域，即为水图上某盐的饱和相区。如图 4-17（b）。

③ 连接线。作相区边缘相点与水图上饱和固相点的连线，形成某盐立体相区的投影水图。

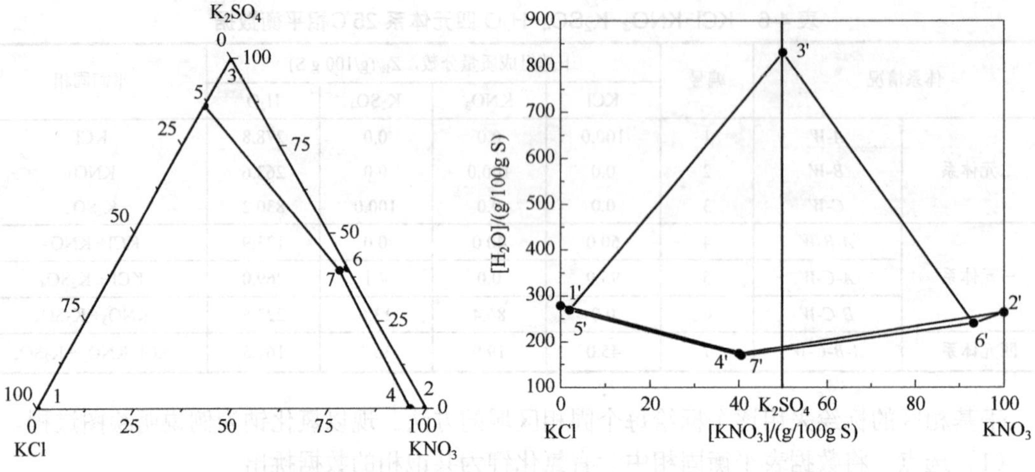

(a) 干基图　　　(b) 水图

图 4-17　KCl−KNO$_3$−K$_2$SO$_4$−H$_2$O 体系 25℃相图

④ 检查水图合理性和完整性。水图上的点和连线必须与干基图的点和连线一一对应。

3．干基相图与水图的对应关系

四元体系等温立体相图的固相点、零变量点、单变量曲线、双变量曲面，在干基相图和水图上都有唯一的对应。可利用投影关系和立体几何原理，从饱和液相干基点确定水图点，或从饱和液相水图点确定干基点。

三、干基正方形相图和水图的标绘

1．干基正方形相图

交互四元体系干基相图的绘制，要用到三元体系的两盐共饱数据和四元体系两盐共饱和三盐共饱数据。如 $Na^+, K^+//SO_4^{2-}, NO_3^-$−$H_2O$ 体系相平衡数据见表 4-8，该体系可出现的固相有 $NaNO_3$、Na_2SO_4、KNO_3、K_2SO_4、$Na_2SO_4\cdot 10H_2O$（S_{10}，芒硝）、$NaNO_3\cdot Na_2SO_4\cdot H_2O$（D，钠硝矾）、$3K_2SO_4\cdot Na_2SO_4$（Gla，钾芒硝）等。

表 4-8　$Na^+, K^+//SO_4^{2-}, NO_3^-$−$H_2O$ 四元体系 30℃相平衡数据

体系情况		编号	耶涅克指数，J_B					平衡固相①
			$2K^+$	$2Na^+$	SO_4^{2-}	$2NO_3^-$	H_2O	
二元体系	KNO_3−W	1	100.0	0.0	0.0	100.0	2500	KNO_3
	$NaNO_3$−W	2	0.0	100.0	0.0	100.0	984	$NaNO_3$
	K_2SO_4−W	3	100.0	0.0	100.0	0.0	5720	K_2SO_4
	Na_2SO_4−W	4	0.0	100.0	100.0	0.0	1852	S_{10}
三元体系	KNO_3−$NaNO_3$−W	5	30.3	69.7	0.0	100.0	643	$NaNO_3$+KNO_3
	K_2SO_4−KNO_3−W	6	100.0	0.0	14.0	86.0	2274	KNO_3+K_2SO_4
	K_2SO_4−Na_2SO_4−W	7	62.6	37.4	100.0	0.0	4270	K_2SO_4+Gla
		8	13.6	86.4	100.0	0.0	1550	S_{10}+Gla
	Na_2SO_4−$NaNO_3$−W	9	0.0	100.0	79.3	20.7	1560	Na_2SO_4+S_{10}
		10	0.0	100.0	30.3	69.7	1300	Na_2SO_4+D
		11	0.0	100.0	6.7	93.3	956	$NaNO_3$+D

续表

体系情况	编号	耶涅克指数，J_B					平衡固相①
		$2K^+$	$2Na^+$	SO_4^{2-}	$2NO_3^-$	H_2O	
四元体系	12	29.6	70.4	3.7	96.3	624	$NaNO_3$+KNO_3+D
	13	32.3	67.7	10.4	89.6	750	KNO_3+D+Gla
	14	26.5	73.5	18.8	81.2	884	Na_2SO_4+D+Gla
	15	11.7	88.3	90.5	9.5	1466	Na_2SO_4+S_{10}+Gla
	16	76.5	23.5	17.4	82.6	1806	K_2SO_4+KNO_3+Gla

① Gla 为 $3K_2SO_4 \cdot Na_2SO_4$；D 为 $NaNO_3 \cdot Na_2SO_4 \cdot H_2O$；$S_{10}$ 为 $Na_2SO_4 \cdot 10H_2O$。

干基图上相区的绘制，同样对每个固相逐个标绘。以固相 Gla 为例说明绘制过程。

（1）选点　将含有 Gla 与其他盐共饱的数据取出；

（2）排序　按“具有两个共同平衡固相的液相点可顺序连线”的原则，将具有两个共同平衡固相的数据排在一起，对具有多个相同平衡固相的数据，依坐标递增或递减排序。排好序的 Gla 相区边界点有 7 个，见表 4-9。

表 4-9　$Na^+, K^+//SO_4^{2-}, NO_3^-$−$H_2O$ 四元体系 30℃ Gla 固相边界数据

编号	耶涅克指数，J_B			固相
	$2K^+$	SO_4^{2-}	H_2O	
8	13.6	100.0	1550	S_{10}+Gla
15	11.7	90.5	1466	Na_2SO_4+S_{10}+Gla
14	26.5	18.8	884	Na_2SO_4+D+Gla
13	32.3	10.4	750	KNO_3+D+Gla
16	76.5	17.4	1806	K_2SO_4+KNO_3+Gla
7	62.6	100.0	4270	K_2SO_4+Gla

（3）画图并检查相区的完整性、合理性。所绘干基图，见图 4-18。

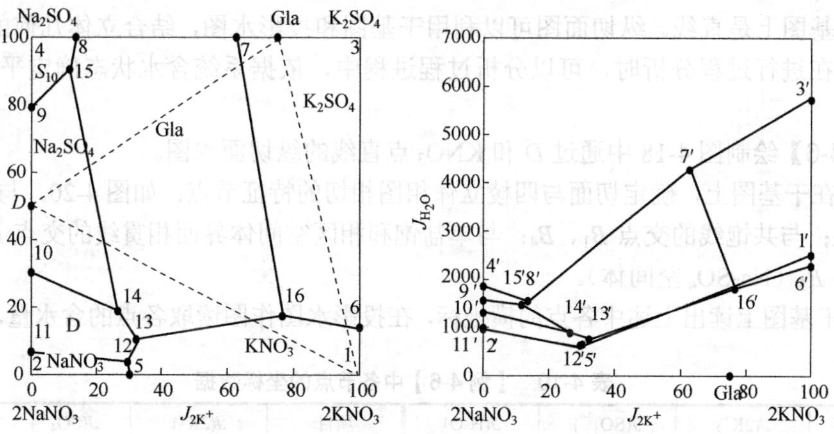

图 4-18　$Na^+, K^+//SO_4^{2-}, NO_3^-$−$H_2O$ 四元体系 30℃相图

2．投影水图

对交互四元体系四棱柱立体相图的轴侧正投影可以得到水图。水图采用直角坐标，横坐标 x' 与干基 x 轴一致，纵坐标 y' 为干基含水量。采用逐个曲面绘制的办法，步骤和做法与简

单四元体系水图一样。如图 4-18（b）是 $Na^+, K^+//SO_4^{2-}, NO_3-H_2O$ 四元体系 30℃的水图。

【例 4-5】Gla 饱和溶液水图 A_0（55，2200），试用作图法估计该溶液在干基图的位置。

解：图 4-19 中绘出了 Gla 立体相区的水图投影。A_0 点干基坐标横坐标与水图坐标一样，干基图的纵坐标则需要辅助线确定。

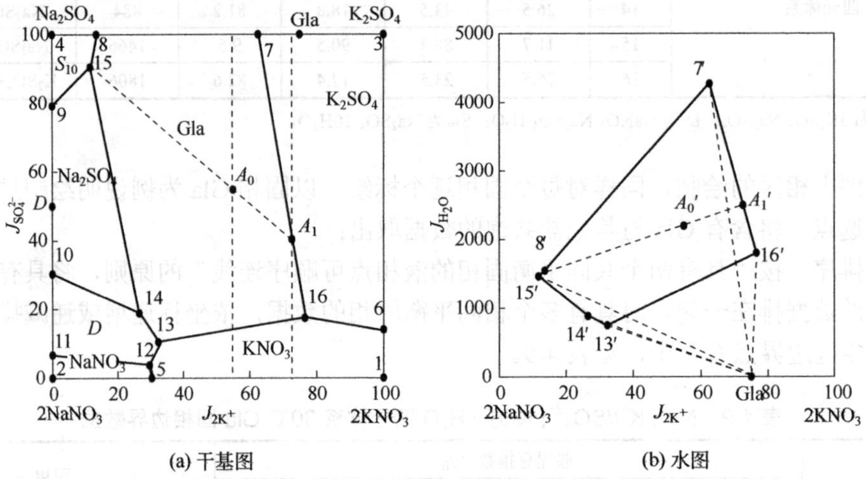

图 4-19 $Na^+, K^+//SO_4^{2-}, NO_3^--H_2O$ 体系水图与干基图计算

在 Gla 水图区过 A_0'做任一直线交相区边界有两点。本例中选择了过 15′点的直线，交 7′–16′饱和线于 A_1'（72.5，2500）。15′点和 A_1'点，在干基图上是 15 点和 A_1 点。

在干基图做直线 x=72.5，交 7–16 曲线于 A_1 点，连接 15–A_1 的直线与 x_{A0}=55.0 的交点，就是 A_0 的干基点（55，54.8）。

3．纵切面水图

用竖直平面对棱柱相图进行切割所得纵切面，可更明晰地反映切面处含水量情况，该切面在干基图上是直线。纵切面图可以利用干基图和投影水图，结合立体几何的原理绘制。切面水图在进行过程分析时，可以分析过程进程中，依据系统含水状态确定平衡固液相的状态。

【例 4-6】绘制图 4-18 中通过 D 和 KNO_3 点直线的纵切面水图。

（1）在干基图上，确定切面与四棱立体相图相切的特征节点：如图 4-20，与相区边缘交点 B_0、B_6；与共饱线的交点 B_1、B_4；与单盐饱和相区空间体界面相贯线的交点 B_2、B_3（Gla 空间体）、B_5（Na_2SO_4 空间体）。

（2）干基图上读出上述中各点的横坐标，在投影水图作图读取各点的含水量。见表 4-10。

表 4-10 【例 4-6】中各节点的坐标数据

项目	$J(2K^+)$	$J(SO_4^{2-})$	$J(H_2O)$	项目	$J(2K^+)$	$J(SO_4^{2-})$	$J(H_2O)$
B_0'	100.0	0.0	2274.0	B_4	22.3	39.0	1050.0
B_0''	100.0	0.0	0.0	B_5	19.5	40.3	650.0
B_1	68.0	16.0	1600.0	B_6'	0.0	50.0	1430.0
B_2	41.0	29.5	600.0	B_6''	0.0	50.0	830.0
B_3	34.8	32.6	710.0				

（3）对上述各点按饱和相区空间体的特征连线，一是切面与饱和面的交线 $B_0''-B_1'-B_4'-B_6''$；二是空间体的切面线：KNO_3 空间体切面线 $B_1'-B_0'$，Gla 空间体切面线 $B_1'-B_2'-B_3'-B_4'$，Na_2SO_4空间体切面线 $B_4'-B_5'-B_6'$。见图 4-21。

（4）确定切面水图相区的意义。根据图 4-9 相图的立体结构确定几何分区的相图意义。

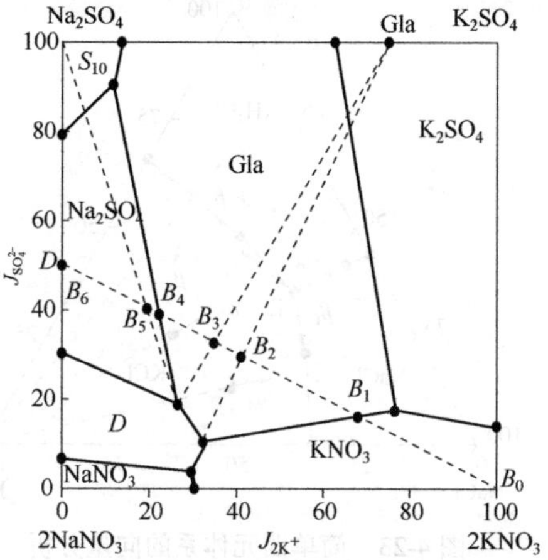

图 4-20 等温切面水图绘制（干基）

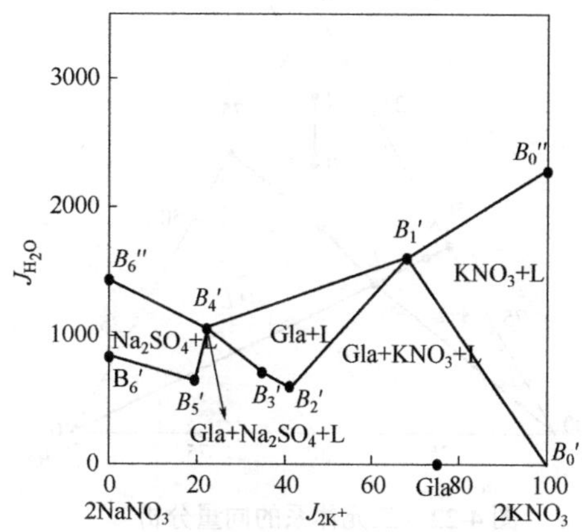

图 4-21 等温切面水图绘制（水图）

第四节 四元体系相图的分析

一、过程向量法

1. 向量与过程向量

向量是既有大小又有方向的量。在这里，可以用向量表达系统的浓度状态，例如向量 $\boldsymbol{x}=(x_{NaCl}，x_{KCl}，x_{MgCl_2}，x_{H_2O})=(0.08，0.22，0.3，0.4)$，就是简单四元体系的某个状态点，标在相图上就是一个相点。

体系从状态 $\boldsymbol{x}$ 变化到另一状态 $\boldsymbol{y}$，则差向量 $\boldsymbol{z}=\boldsymbol{y}-\boldsymbol{x}$ 就是这个变化的过程向量，或者说，当系统发生某一过程（如蒸发浓缩、加水稀释，以及结晶、溶解等过程）时，在相图上表现为该系统从某一相点转移到另外一个相点，用向量表达这两个状态的变化就是过程向量。过程向量表达了过程方向和进行的程度，在相图上可以用从起点到终点的有向线段表示。

水盐体系的过程向量通常代表液相状态的变化。蒸发浓缩，过程向量指向远离水的方向；某盐析出，过程向量指向远离该盐的方向。相反，若某固相溶解于液相，则过程向量从初始的液相点指向该固相点，表明液相中该固相组成增加。同样，若某固相不参与溶解或结晶析出，则不存在指向或背离该固相的过程向量，或者说过程向量为零。

例如图 4-22 的三元等温体系相图中，不饱和液 A，等温蒸发一定量水后，液相组成从 A 点变化到 B 点的过程向量就是 α 沿着蒸发射线的方向变化。又如图 4-23 的简单四元体系中，系统点 M、N 蒸发进程中氯化钾析出，液相的氯化钾含量减少，液相点 M、N 按图 4-24 的箭头的方向移动；对于 KCl 与 NH_4Cl 共饱点 K 的液相，过程 KCl 与 NH_4Cl 析出的向量方向分

别为 α_K 和 β_K 方向，两个向量的共同作用使液相沿着 $\alpha_K+\beta_K$ 的方向，即沿着共饱线运动。处于 KCl、NaCl 与 NH_4Cl 三盐共饱点的 E 点，三个盐同时析出，三个过程向量的共同作用的结果，液相点不动。

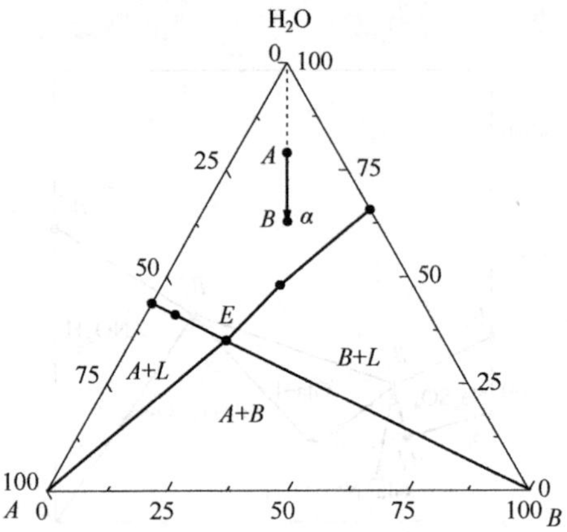

图 4-22　三元体系的向量分析

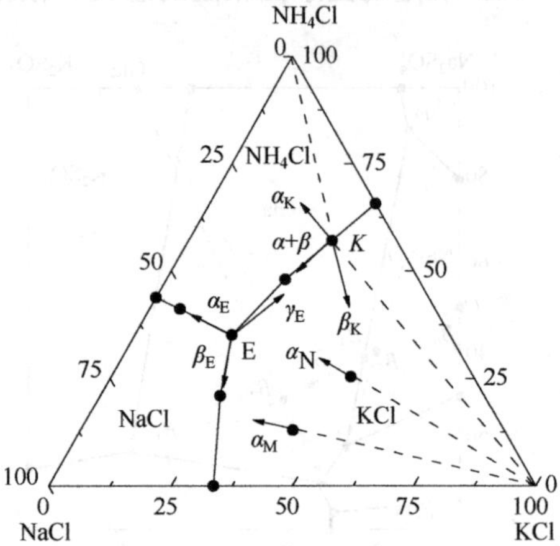

图 4-23　简单四元体系的向量分析

因此，过程向量可以：① 用来分析判断发生过程的情况，哪些固相析出，哪些固相溶解，哪些固相既不溶解也不析出，等等；② 判断过程液相运动方向和运动轨迹；③ 分析系统在过程（如蒸发、稀释、混合等）中的变化规律，如蒸发析盐规律。

2．过程向量的运算

过程向量法是用向量方法在相图上表达或研究系统状态变化的方法。它基于相图的原理和规则，将过程变化表达在相图上，辅助过程的认识和分析。相图中常用的向量运算有：向量求和、常量与向量的积、向量长度计算等。

（1）向量的和与差　向量和与差是向量对应元素的相加或相减，数学计算式为：

$$\boldsymbol{x}\pm\boldsymbol{y}=[x_1\pm y_1, x_2\pm y_2, \cdots, x_n\pm y_n]^{\mathrm{T}}$$

过程向量的求和符合平行四边形法则，即两个向量的和向量，是以两个向量为边的平行四边形构成的对角线向量。如果两个向量大小相等方向相反，则和向量为零。多个向量求和时，可先对两个向量求和，再用和向量依次与其他向量求和。

（2）常量与向量的积　常用于已知体系的总物质量和各组分浓度，计算各组分的物质量。计算方法就是常量与向量的每个元素分别相乘 $m\cdot\boldsymbol{x}=(mx_1, mx_2, \cdots, mx_n)$

（3）过程向量的长度　向量的长度反映过程变化的程度，在利用杠杆规则时会用到过程向量的长度。$\boldsymbol{z}$ 向量是向量 $\boldsymbol{x}$ 到向量 $\boldsymbol{y}$ 的向量，则 $\boldsymbol{z}$ 向量的长度计算公式为：

$$\|\boldsymbol{z}\|=\|\boldsymbol{y}-\boldsymbol{x}\|=\sqrt{\sum(x_i-y_i)^2}$$

3．过程向量的应用要点

（1）首先确定液相点及与液相平衡的固相点的位置。

（2）平衡固相在过程中有三种可能：析出、溶解、既不析出也不溶解，在分析固相所发生的过程时，先假设蒸发时平衡的固相析出，画出过程向量，而后根据对其他过程向量的综合分析判断过程向量的实际方向（参见有非对称共饱点的等温蒸发过程分析）。

（3）在蒸发时，若有溶解情况，通常在复盐与构成复盐的单盐之间，一般是单盐溶解，复盐析出；在水合物与相应的无水盐之间，应是水合物溶解，无水盐析出。

（4）在零变量点，如遇有两个过程向量在同一直线上方向相反，则要考虑第三向量为零。

（5）加水过程是蒸发过程的反过程，一般进行蒸发分析，而后将分析结果反过来考虑。

另外，如果分析时过程向量难以确定，可在要分析的液相点附近假定一个不饱和溶液系统，对其进行向量分析，待液相点运动到要分析的液相点时便可以确定该液相点的过程向量的情况。

过程向量法在相图分析中是普遍使用的，尽管四元体系用干基相图来讨论，但分析问题的方法、原则与结论，也适用于二元、三元、五元等相图，包括立体图、截面图、投影图等各种相图，只是在各种情况下，具体表现有所不同。

二、直线规则与杠杆规则

1. 直线规则

直线规则是指在一定温度下，系统分为两部分，它们的图形点必在一条直线上，或者说两个系统的混合点与两个系统点在一条直线上。由于四元体系的干基相图和水图是四元等温立体相图的投影，直线的投影依然是直线，所以干基图和水图上直线规则依然适用。

2. 普遍意义的杠杆规则

杠杆规则是指在一定温度下，物质量为 m_0 的系统分成物质量为 m_1、m_2 的两个子系统时，三部分状态所对应三个图形点间的总距离 l_0，两部分到系统点的距离 l_1、l_2，与三部分的物质量存在如下关系：

$$l_1 + l_2 = l_0;\ m_1 + m_2 = m_0;\ m_1 l_1 = m_2 l_2$$

现证明其在多元体系的表达形式。

假设物质量为 m_0 的系统分为物质量为 m_1 和 m_2 的两个子体系，分离前后的各组分浓度分别为 $x_{0,i}$，$x_{1,i}$，$x_{2,i}$，四元体系的 $i = 1\sim4$。

由质量衡算得到 $x_{2,i} = \dfrac{m_0 x_{0,i} - m_1 x_{1,i}}{m_2}$

按照向量运算法则

0–1 的过程向量为 $\boldsymbol{x}_1 - \boldsymbol{x}_0$，2 – 0 的过程向量为 $\boldsymbol{x}_0 - \boldsymbol{x}_2$。

将 $x_{2i} = \dfrac{m_0 x_{0,i} - m_1 x_{1,i}}{m_2}$ 或 $\boldsymbol{x}_2 = \dfrac{m_0 \cdot \boldsymbol{x}_0 - m_1 \cdot \boldsymbol{x}_1}{m_2}$ 代入得到

$$\boldsymbol{x}_2 - \boldsymbol{x}_0 = \frac{m_0 \cdot \boldsymbol{x}_0 - m_1 \cdot \boldsymbol{x}_1}{m_2} - \boldsymbol{x}_0 = \frac{m_1}{m_2}(\boldsymbol{x}_0 - \boldsymbol{x}_1)$$

即：

$$m_2 \cdot (\boldsymbol{x}_2 - \boldsymbol{x}_0) = m_1 \cdot (\boldsymbol{x}_0 - \boldsymbol{x}_1) \tag{4-1}$$

上式推导未做任何假设，具有普遍意义，它表明多元体系物质量和体系向量差之间符合杠杆规则。杠杆长度在二元、三元体系中表现为线段长度。如下的例题可以说明，多元体系的杠杆长度是两个状态点之间过程向量的长度。

【例 4-7】 100 kg 的光卤石组成为 $\boldsymbol{x}_1=(\boldsymbol{x}_{NaCl}, \boldsymbol{x}_{KCl}, \boldsymbol{x}_{MgCl_2}, \boldsymbol{x}_{H_2O})=(0.08, 0.22, 0.3, 0.4)$，混入 20 g 另一组分 $\boldsymbol{x}_2$（0.12, 0.18, 0.3, 0.4）的光卤石，试检验杠杆规则。

解： 设 $\boldsymbol{x}_1=(0.08, 0.22, 0.3, 0.4)$、$\boldsymbol{x}_2=(0.12, 0.18, 0.2, 0.5)$、$m_1=100$、$m_2=20$。

（1）物料衡算计算混合后的质量和组分浓度。

混合后的质量和组分浓度分别为 m_0 和 $\boldsymbol{x}_0$。对各组分的质量衡算有 $m_0\cdot\boldsymbol{x}_0=m_1\cdot\boldsymbol{x}_1+m_2\cdot\boldsymbol{x}_2$，即各组分的质量和，为混合物各组分的质量，混合物的组分浓度 $\boldsymbol{x}_0$ 为 $\boldsymbol{x}_0=(m_1\cdot\boldsymbol{x}_1+m_2\cdot\boldsymbol{x}_2)/m_0$。具体如下：

$$m_0=m_1+m_2=100+20=120$$

$$m_1\cdot\boldsymbol{x}_1=100\times(0.08, 0.22, 0.3, 0.4)=(8.0, 22.0, 30.0, 40.0)$$

$$m_2\cdot\boldsymbol{x}_2=20\times(0.12, 0.18, 0.2, 0.5)=(2.4, 3.6, 4.0, 10.0)$$

$$\boldsymbol{x}_0=(m_1\cdot\boldsymbol{x}_1+m_2\cdot\boldsymbol{x}_2)/m_0=(10.4, 25.6, 34.0, 50.0)/120=(0.09, 0.21, 0.28, 0.42)$$

（2）验证杠杆规则

式（4-1）的左边：$m_2\cdot(\boldsymbol{x}_2-\boldsymbol{x}_0)=20\times[(0.12, 0.18, 0.3, 0.4)-(0.09, 0.21, 0.28, 0.42)]$
$=(-0.67, 0.67, 1.67, -1.67)$

式（4-1）的右边：$m_1\cdot(\boldsymbol{x}_0-\boldsymbol{x}_1)=100\times[(0.09, 0.21, 0.28, 0.42)-(0.08, 0.22, 0.3, 0.4)]$
$=(-0.67, 0.67, 1.67, -1.67)$

即，式（4-1）左右相等。

（3）杠杆的长度

计算式（4-1）左边差向量的长度：$\|\boldsymbol{x}_2-\boldsymbol{x}_0\|=\sqrt{\sum_1^4(x_{2,i}-x_{0,i})^2}=0.1269$

计算式（4-1）右边差向量的长度：$\|\boldsymbol{x}_0-\boldsymbol{x}_1\|=\sqrt{\sum_1^4(x_{0,i}-x_{1,i})^2}=0.0254$

由于 $20\times0.1269=100\times0.0254=2.54$，所以，复杂体系杠杆规则，也可以表达为：

$$m_2\cdot\|\boldsymbol{x}_2-\boldsymbol{x}_0\|=m_1\cdot\|\boldsymbol{x}_0-\boldsymbol{x}_1\| \tag{4-2}$$

3．干基图的杠杆规则

由于四元体系相图分析通常采用干基相图和水图，杠杆规则的表现形式又如何呢？将上述简单四元体系例题转化为干基向量，得到表 4-11。

表 4-11　简单四元体系干基向量

编号	干基向量					总质量/kg	总干盐/kg
	NaCl	KCl	$MgCl_2$	H_2O			
$\boldsymbol{x}_1$	0.133	0.367	0.500	0.667	m_1	100	60
$\boldsymbol{x}_2$	0.240	0.360	0.400	1.000	m_2	20	10
$\boldsymbol{x}_0$	0.149	0.366	0.486	0.714	m_3	120	70

向量长度采用干基量得到：

$$\|\boldsymbol{x}_0-\boldsymbol{x}_1\|=\sqrt{\sum_{1}^{3}(x_{0,i}-x_{1,i})^2}=0.0209\text{；}\|\boldsymbol{x}_2-\boldsymbol{x}_0\|=\sqrt{\sum_{1}^{3}(x_{2,i}-x_{0,i})^2}=0.1255$$

计量同样采用干盐量计算，杠杆规则右侧为：$m_1\cdot\|\boldsymbol{x}_0-\boldsymbol{x}_1\|=60\times0.0209=1.255$，左侧为：$m_2\cdot\|\boldsymbol{x}_2-\boldsymbol{x}_0\|=10\times0.1255=1.255$。

同样可以证明交互四元体系干基相图上，杠杆规则同样适用。但有两点值得注意：

（1）杠杆长度是向量长度，简单四元体系干基相图上向量采用干基浓度单位，物质量应为总干盐量；交互四元体系干基相图上向量采用阴阳离子耶涅克指数（J），物质量应采用遵循等摩尔效价原则的阴离子或阳离子的总物质的量。

（2）立体相图杠杆长度与干基相图杠杆长度，由于计算基准不同，不能简单认为是等比例缩放的。例如上例中 m_1 的立体相图杠杆长度是干基长度的 1.214 倍，而 m_2 为 1.012 倍。

4．水图上的杠杆规则

简单四元体系采用三棱柱坐标，在做正投影水图过程中，横坐标做了变换，这样水图上横坐标只是个相对量，不能用计算向量长度的方法计算杠杆的长度。其实水图只是基于干基图反映水含量的变化（即用干基图计算组分浓度的办法计算含水量），无论简单四元体系还是交互四元体系，水图的杠杆长度就是水图状态点间纵坐标的差（含水量的差），物质量则分别为系统干盐总量（简单体系）或遵循等摩尔效价原则的离子总物质的量（交互体系）。

三、相图的认识

1．相区的含义

干基图上的相区（为二变量区）代表可能单固相饱和的液相组成，其所对应的单固相是围成该区域数据点的共同平衡固相。干基相图上的曲线（为单变量曲线）代表两个固相的共饱的液相组成。干基相图上的三线交汇点（零变量点）代表三固相共同饱和的液相组成。

水图上的相区、曲线、零变量点与干基相图一一对应，并反映干基相图上各点的含水量。如图 4-18 中硫酸钾饱和溶液的水图点 3′位置很高，说明硫酸钾饱和溶液含水量高，即溶解度小。KNO_3、$NaNO_3$ 和复盐 D（$NaNO_3\cdot Na_2SO_4\cdot H_2O$）的三盐共饱点 12′，是图中含水量最低的点，也是系统在该温度下的溶解度最大点。

2．典型固相的饱和相区

典型固相有单盐、水合物Ⅰ型和水合物Ⅱ型、同成分复盐和异成分复盐等。这些特别类型，在四元体系也存在相应相图特征。

（1）Ⅰ型和Ⅱ型水合物　Ⅰ型水合物没有水合物对应无水盐的存在，只有水合物相区，如含有氯化镁的体系中，只有氯化镁水合物。Ⅱ型水合物既有水合物饱和相区，也有水合物对应无水盐相区，如图 4-19，无水 Na_2SO_4 和 $Na_2SO_4\cdot 10H_2O$ 的相区都存在。Ⅱ型水合物相点与干盐相点在干基图上重叠为一个点。

（2）同成分和异成分复盐　在干基相图上，复盐的干基相点，位于该盐饱和相区之内或边界上，则为同成分复盐，否则干基相点落在饱和相区之外，则为异成分复盐。如图 4-24 的 D 为 A 盐、B 盐组成的复盐，其固相点位于 D 的饱和相区边界上，说明 D 为同成分复盐。图

4-25 中的 D 及图 4-19 中的复盐 D（$NaNO_3 \cdot Na_2SO_4 \cdot H_2O$）和复盐 Gla 都位于其饱和相区之外，为异成分复盐。

3．相称和不相称零变量点

等温四元体系零变量点为三盐共饱点，或者说是三个盐的等温饱和曲面的交汇点。若三盐共饱点在干基图上处于三个盐构成的三角形内（包括边上），则为相称零变量点，如图 4-24 的 E、P 点，图 4-25 的 E 点，图 4-26 的 Q 点。否则，若位于三个盐构成的三角形之外，则为不相称零变量点，如图 4-25 的 P 点，图 4-26 的 M、N、P、O 点均为不相称零变量点。另外将不相称零变量点进一步分为两类不相称点。第一类如图 4-26 的 N、O、P 点，构成该零变量点的干盐三角形，在干基图上是完整的三角形；第二类，如图 4-26 的 M 点，构成该零变量点的干盐三角形已经重叠为一条线，而该点在线之外。

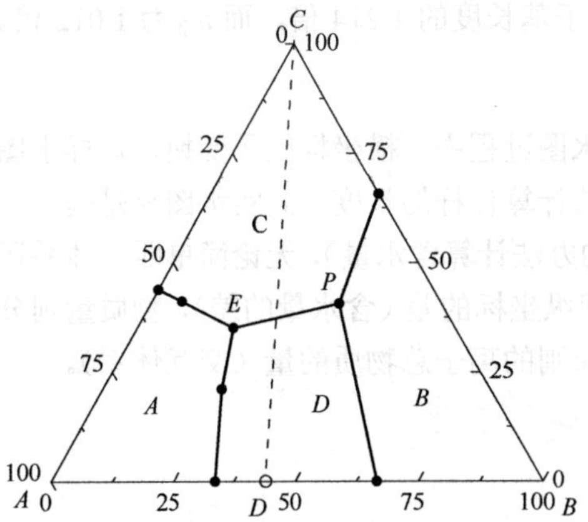

图 4-24　同成分复盐和相称零变量点

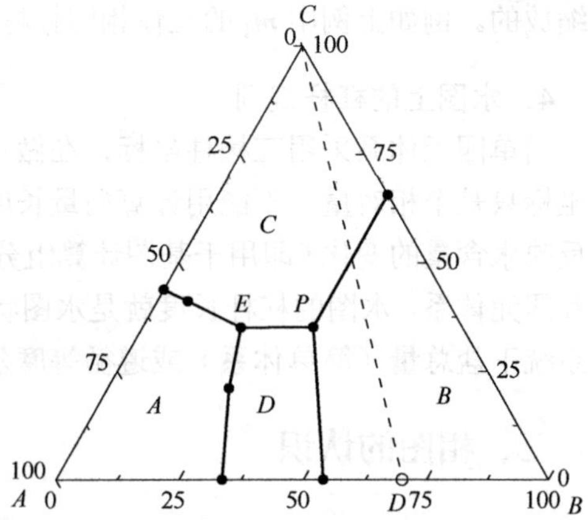

图 4-25　异成分复盐和不相称零变量点

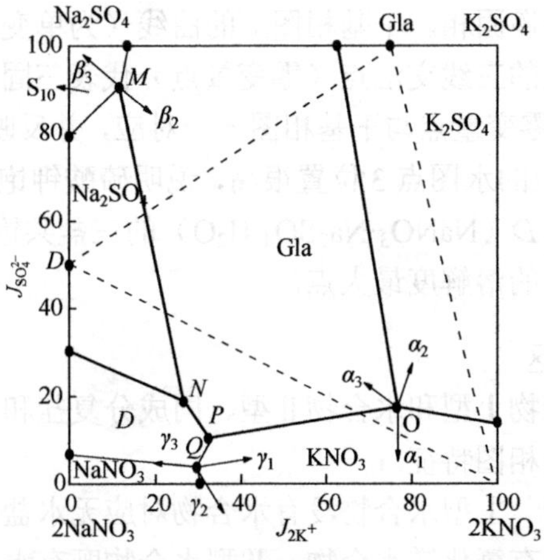

图 4-26　交互四元体系的零变量点与复盐特征

对于相称共饱点，如图 4-26 Q 点，三个盐析出的非零向量之和应为 0。即 $\gamma_1+\gamma_2+\gamma_3=0$ 也就是过程在相称零变量点不发生移动，各种盐的析出量呈一定比例。

对于不相称零变量点，蒸发时该点平衡固相的两个固相间会发生转溶，如图 4-26 中的 O 点，蒸发时，如果 KNO_3、K_2SO_4、Gla 均结晶析出，则三个向量 α_1、α_2、α_3 之和不能为零。

那么向量 α_2（溶解）就要反过来朝右上方，向量和才能为零；即发生的过程为 K_2SO_4 溶解，复盐 Gla、KNO_3 结晶析出。图 4-26 中的 M 点，是三个固相 Na_2SO_4、S_{10} 和 Gla 平衡的零变量点，蒸发时，由于 Na_2SO_4、S_{10} 的固相点是同一点，故 Na_2SO_4 和 S_{10} 的析出和溶解向量都在同一条直线上，若三向量和为零，则 Gla 向量 β_1 为零，向量 β_2 和 β_3 反向，说明发生的过程为 S_{10} 溶解，Na_2SO_4 析出，Gla 不参与（既不析出也不溶解），只是存在于固液平衡之中。蒸发时，在不相称零变量点固相间发生转溶，复盐与构成该复盐的单盐之间，一般是单盐溶解，复盐析出；在水合物与相应的无水盐之间，应是水合物溶解，无水盐析出。

四、等温蒸发过程分析

采用过程向量法对系统运动过程进行分析可以确定系统运动的方向、运动轨迹、过程行为。通过对一个不饱和溶液的等温蒸发直至蒸干的过程分析，可以看出系统由于含水量不同，所处的不同相平衡状态。干基图和水图从不同角度反映相平衡规律，只有同时知道干盐组成和含水量才可确定系统的状态。在复杂相图分析中，通常是先用过程向量法在干基图上分析蒸发过程，然后再从水图上确定系统的各种固液平衡状态的含水量界限点。

【例 4-8】试分析 $Na^+, K^+//SO_4^{2-}, NO_3^-$–$H_2O$ 体系在 30℃相图上，系统 X 的不饱和溶液等温蒸发过程，并确定过程界限点的系统含水量，该例说明非对称共饱点和异成分复盐在等温蒸发过程中的特征规律。

解：绘制 $Na^+, K^+//SO_4^{2-}, NO_3^-$–$H_2O$ 体系在 30℃的干基图和水图，图 4-27。系统点 $X(X_0)$ 位于干基图 Na_2SO_4 相区，在水图上为不饱和溶液。蒸发浓缩过程，将有下列六个阶段。

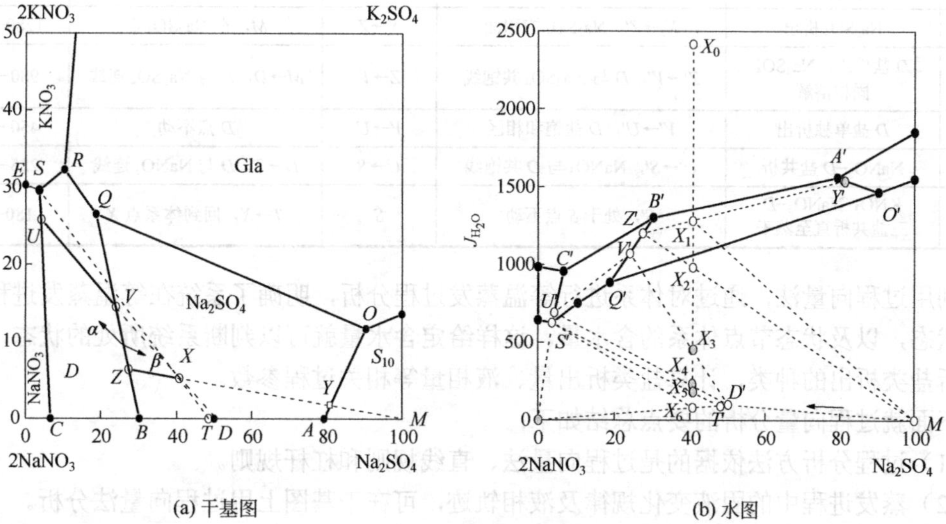

(a) 干基图　　　　(b) 水图

图 4-27　复杂系统的等温蒸发析盐规律

第一阶段，蒸发浓缩：

系统点位于 X_0。水图上从 X_0 点→X_1 点，干基图位置不变。

第二阶段，一种固相析出：

Na_2SO_4 固相析出，液相点 X→Z。水图上液相点 X_1 沿饱和曲面运动到 Z'。到达 Z 点时，复盐 D（$NaNO_3 \cdot Na_2SO_4 \cdot H_2O$）开始饱和。

第三阶段，两种固相析出：

D 盐析出，Na_2SO_4 固相溶解，液相点 $Z \to V$，液相点在复盐 D 和 Na_2SO_4 共饱线上。注意 Z 点为不相称共饱点，在该点如果复盐 D 和 Na_2SO_4 都析出，过程向量表明，液相会离开共饱线，这是不合理的。因此 Na_2SO_4 过程向量方向指向 Na_2SO_4 溶解的方向，此时液相点才从 $Z \to V$。到达 V 点析出的 Na_2SO_4 全部溶解。由水图可见该阶段固相点，从 Na_2SO_4 移向 D 点。

第四阶段，一种固相析出：

Na_2SO_4 固相消失，D 盐继续析出，液相点 $V \to U$。水图上液相在复盐 D 饱和面上从 V' 到 U'，固相点在 D 点不动。到 U 点 $NaNO_3$ 饱和。

第五阶段，两种固相析出：

KNO_3 与 $NaNO_3$、D 盐三盐共析，液相点 $U \to S$。$NaNO_3$ 与 D 可同时析出，到达 S 点，KNO_3 饱和。固相点在 $NaNO_3$ 与 D 的连线上。

第六阶段，三盐同时析出：

液相点位于 S，直至蒸干。S 点为相称零变量点，三盐可同时析出。固相回到 X 点。

上述过程中，系统由固液两部分组成，系统点的干基坐标不发生变化，只有系统的水图坐标发生变化，每个节点的水图坐标代表系统的函数量。可以由此获得每个阶段的蒸发量。

将上述过程汇总后得到表 4-12 等温蒸发过程状态表。

表 4-12　含非对称共饱点（线）溶液的等温蒸发过程

阶段	过程描述	水图液相点	干基液相点	干基固相点	系统含水量 $J(H_2O)$
1	浓缩阶段	$X_0' \to X_1$	X	无	2416→1280
2	Na_2SO_4 析出	$X_1 \to Z'$，Na_2SO_4 饱和面	$X \to Z$	M，在 Na_2SO_4 点	1280→980
3	D 盐析出，Na_2SO_4 固相溶解	$Z' \to V'$，D 与 Na_2SO_4 共饱线	$Z \to V$	$M \to D$，D 与 Na_2SO_4 连线	980→450
4	D 盐单独析出	$V' \to U'$，D 盐饱和相区	$V \to U$	D 点不动	450→225
5	$NaNO_3$–D 盐共析	$U' \to S'$，$NaNO_3$ 与 D 共饱线	$U \to S$	$D \to T$，D 与 $NaNO_3$ 连线	225→180
6	KNO_3–$NaNO_3$–D 三盐共析直至蒸干	S'，处于 S' 点不动	S	$T \to X$，回到体系点 X	180→80

利用过程向量法，通过对体系进行等温蒸发过程分析，明确了系统在等温蒸发进程中可能的状态，以及状态节点体系的含水量。这样给定含水量就可以判断系统所处的状态，并据此分析盐类析出的种类，计算盐类析出量、液相量等相关过程参数。

下面就过程向量分析的要点总结如下：

（1）过程分析方法依据的是过程向量法、直线规则和杠杆规则。

（2）蒸发进程中的固液变化规律及液相轨迹，可在干基图上用过程向量法分析。

（3）总固相点运动轨迹根据固相情况及液相轨迹用直线规则确定。

（4）蒸干（即液相消失）的标志是干基图上总固相点与系统点重合。

（5）若有固相溶解时，它溶完的标志是在总固相量中，代表这一固相的杠杆长度为零。

（6）水图上各物料点的位置与干基图相对应，系统含水量的界限点是每个阶段终止（下一阶段开始）时固、液相连线与系统竖直线的交点。

（7）一液一固平衡时，固相点和干基系统点不动，液相点在这两点的直线上可先确定第二个盐初始饱和时共饱点的位置。而要确定第一个固相刚饱和的含水量界限点，则有两种情况：一是固相点与饱和面区域相邻；二是固相点与其饱和面区域相隔，如【例 4-8】中系统点位于 Na_2SO_4 相区，与 Na_2SO_4 干基点间隔芒硝相区。这样在干基图上做固相点与系统点的直线，会与该固相饱和相区的两侧的边界共饱线形成两个交点，这两点连线在水图上的投影直线与系统竖直线的交点，就是所求的界限点，见图 4-27 水图中 X_1 点的确定。这两种情况中都用直线近似代表了液相饱和曲面。

（8）两固一液平衡时，如果是相称共饱线（点）则两盐共析，如果是不相称共饱点，则在蒸发过程中一个溶解一个析出。液相点与总固相点都是变化的，如图 4-27 中液相在 Z-V 之间，固相在 Na_2SO_4 和复盐 D 之间。由于用直线规则的三个点（固、液、系统）只有系统点已知，所以不能直接确定固相和液相的位置。就作图方法来讲，可以采用尝试逼近法、辅助线法、转换投影法、内插法、截面法等。由于采用计算机绘图需要准确数据，所以建议采用解析法直接求解得到精确数据。在此只说明尝试逼近法。

（9）三固一液平衡时，为零变量点。如果是相称共饱点，则蒸发过程三盐共析；如果是不相称共饱点，则蒸发过程，一个盐溶解，另两个盐析出。总固相点的位置在三个固相点构成的三角形上运动。

五、多温过程的相图分析

为研究不同温度下的相平衡情况，通常将两个或多个不同温度下的干基图、水图绘制在一起进行分析。温度对相平衡的影响主要有以下两点。

1. 温度不同，溶解度不同

例如 Na^+, K^+, Mg^{2+}//Cl^-–H_2O 体系在 0～100℃范围内出现的固相都是 KCl、NaCl、Car 及 Bis。温度不同，各固相的溶解度不同。

反映在干基图上，温度不同，各固相饱和面区域的大小不同。区域越大，饱和面边缘离固相点的距离越大，说明该固相组分在液相中的相对含量就越小，就越容易析出。从图 4-28 可见，KCl 高温相区小于低温相区，而 NaCl 高温相区大于低温相区。因此高温适于析出 NaCl，低温适于析出 KCl。

在水图上，温度不同，各固相的饱和溶液及它们的共饱溶液的位置高低不同，位置越高，含水量越多，含盐量就越少。

【例 4-9】试分析 KCl–NaCl–$MgCl_2$–H_2O 体系中，以 0 点溶液为原料进行 KCl、NaCl 生产的过程原理。如图 4-28，0 点溶液属于 25℃对 KCl、NaCl 共饱的溶液。

解：绘制 KCl–NaCl–$MgCl_2$–H_2O 体系多温相图，图 4-28。由于氯化钠相区随温度升高而增大，所以对该溶液在高温下进行蒸发，如顺序在 50℃、75℃、100℃、125℃的蒸发到氯化钠与氯化钾饱和，这个过程中从干基图上，氯化钠析出的杠杆长度为 $\overline{04}$，有大量氯化钠析出，水图上可见体系的含水量被浓缩到 125℃的 4′点。此时干基图上看液相点处于低温下的氯化钾的饱和区，若再降温到 25℃且只要求有氯化钾析出，干基图上体系点会分别经过 5、6、7 到达 25℃ 8 点。但在水图上看，4 点处于 8 点与 KCl 连线的下方，也就是说，要想让体系 4 分解为 8 点溶液和 KCl，必须在 4 点溶液中加水。因为 4 点溶液处于低温下的氯化钠–氯化钾二固一液相区，不加水将会使氯化钠–氯化钾共析。这样工艺可确定为：升温蒸发制盐，制盐母液加水降温生产氯化钾。

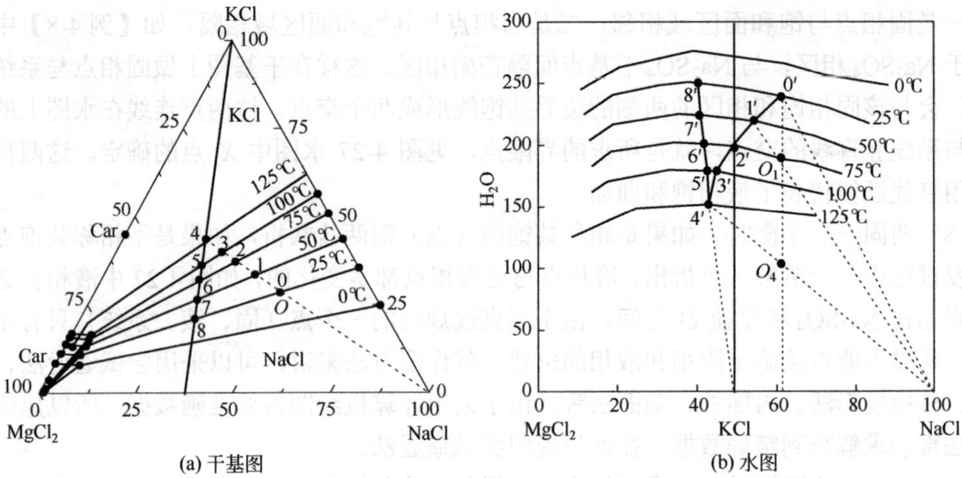

图 4-28 多温蒸发过程分析

2．温度不同，固相种类不同

温度不同，会引起平衡固相种类的变化，最后导致相图构型的变化，即某固相只在一定温度范围内存在。如图 4-29 所示，0℃、15℃时有 NaCl、$NaHCO_3$、$Na_2SO_4\cdot10H_2O$ 三种固相；20℃、25℃时有 NaCl、$NaHCO_3$、$Na_2SO_4\cdot10H_2O$ 及 Na_2SO_4 四种固相；在 35℃以上时，有 NaCl、$NaHCO_3$ 及 Na_2SO_4 三种固相。从图 4-30 $Na^+//Cl^-, SO_4^{2-}, HCO_3^--H_2O$ 体系的多温投影

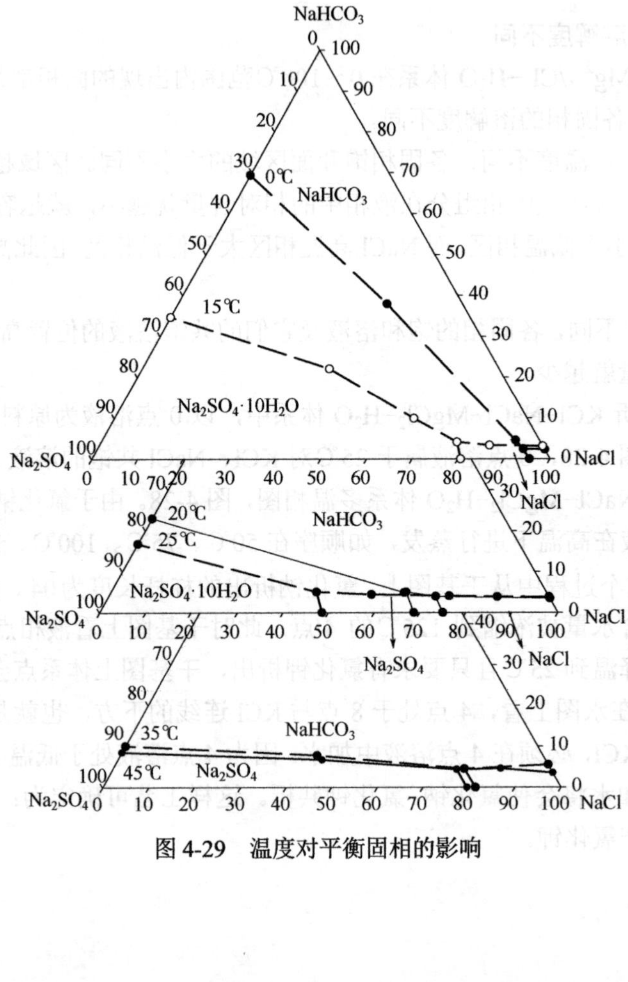

图 4-29 温度对平衡固相的影响

图来看，在 32℃以下有 $Na_2SO_4\cdot 10H_2O$ 相区，而 17.4℃以上才有 Na_2SO_4 相区。因此，采用结晶方法制备某一产品盐，必须选择有其固相出现的温度下进行。

从多温投影图还可以求取未知温度下的溶解度数据，比如要求 7℃时 NaCl、$NaHCO_3$、$Na_2SO_4\cdot 10H_2O$ 的共饱点数据，就可以先在多温投影图上找到 5℃所对应的（NaCl−$NaHCO_3$−$Na_2SO_4\cdot 10H_2O$）共饱点 K 的位置，然后按投影关系再在干基图上绘出（NaCl−$NaHCO_3$−$Na_2SO_4\cdot 10H_2O$）共饱线找到对应的点，也可以如图 4-30 所示进行多个方向投影得到几个组分的浓度，与水图配合还可以求出其含水量。

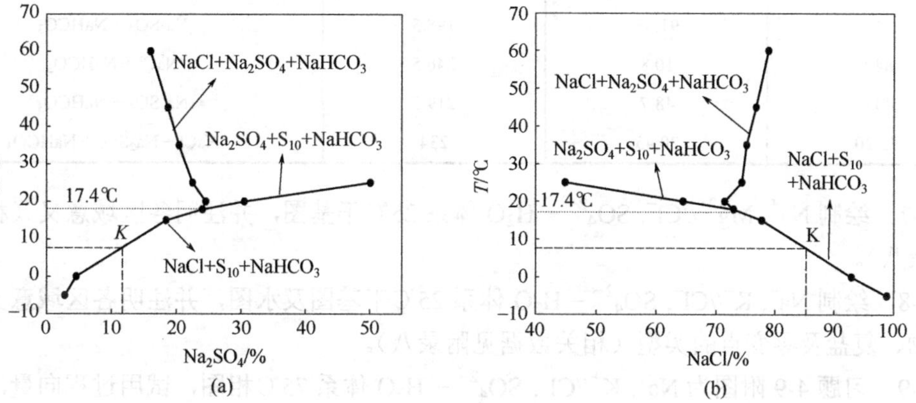

图 4-30 多温投影图

习题四

4-1 计算下列水合物及复盐的干基组成质量分数 Z_B。

（1）$MgSO_4\cdot 7H_2O$

（2）$2Na_2SO_4\cdot Na_2CO_3$

（3）$KCl\cdot MgCl_2\cdot 6H_2O$

（4）$2Na_2SO_4\cdot K_2SO_4\cdot 2MgSO_4\cdot 5H_2O$

4-2 计算下列组成的耶涅克指数。

（1）Na_2Cl_2 49.34g，$MgSO_4$ 30.58g，$MgCl_2$ 5.09g，H_2O 14.99g

（2）Na_2Cl_2 148.6g，Na_2SO_4 152g，$MgSO_4$ 25.6g，H_2O 906.8g

4-3 已知样品质量分数如下，试计算两个样品的干基组成质量分数 Z_B 和耶涅克指数 J_B。

质量分数/%	Na^+	K^+	Cl^-	SO_4^{2-}	H_2O
混合盐	30.45	5.80	32.50	26.74	4.51
卤水	5.48	2.07	8.58	2.38	81.49

4-4 绘制 $Na^+, K^+, Mg^{2+}//Cl^- - H_2O$ 体系 0℃干基图及水图，并注明各区域意义（相关数据见附录八）。

4-5 绘制 $Na^+, K^+, Mg^{2+}//SO_4^{2-} - H_2O$ 体系 25℃干基图，并注明各区域意义，判断水合物、复盐及零变点的类型（相关数据见附录八）。

4-6 由实验测得 $Na^+//Cl^-, SO_4^{2-}, HCO_3^- - H_2O$ 四元体系在 35℃的溶解度数据如下表，试作出干基图，并指出点、线、面的含义。

$Na^+//Cl^-, SO_4^{2-}, HCO_3^- - H_2O$ 体系 35℃数据表

干基组成质量分数，Z_B/(g/100g S)			固 相
NaCl	Na_2SO_4	H_2O	
100	0	276	NaCl
0	100	203.5	Na_2SO_4
0	0	844	$NaHCO_3$
95.45	0	267	NaCl + $NaHCO_3$
79.6	20.4	239	NaCl + Na_2SO_4
0	91.45	198.5	Na_2SO_4 + $NaHCO_3$
84.6	10.8	246.5	NaCl + $NaHCO_3$
44.6	48.7	219.5	Na_2SO_4 + $NaHCO_3$
75.20	20.45	234	NaCl + Na_2SO_4 + $NaHCO_3$

4-7　绘制 $Na^+, Mg^{2+}//Cl^-, SO_4^{2-} - H_2O$ 体系 25℃干基图，并注明各区域意义（相关数据见附录八）。

4-8　绘制 $Na^+, K^+//Cl^-, SO_4^{2-} - H_2O$ 体系 25℃干基图及水图，并注明各区域意义，判断水合物、复盐及零变点的类型（相关数据见附录八）。

4-9　习题 4-9 附图为 $Na^+, K^+//Cl^-, SO_4^{2-} - H_2O$ 体系 75℃相图，试用过程向量法分析下列情况下蒸发水分时发生的相变过程。

（1）在 *EF* 线，$L_{EF} \rightleftharpoons Na_2Cl_2 + Gla$

（2）在 *PC* 线，$L_{PC} \rightleftharpoons K_2SO_4 + Gla$

（3）在 *F* 点，$L_F \rightleftharpoons Na_2Cl_2 + K_2Cl_2 + Gla$

（4）在 *E* 点，$L_Z \rightleftharpoons Na_2Cl_2 + Na_2SO_4 + Gla$

4-10　根据习题 4-9 中 $Na^+, K^+//Cl^-, SO_4^{2-} - H_2O$ 体系 75℃相图，确定满足单一固相结晶的干基图条件，即区域范围。

4-11　根据习题 4-11 附图，试分析未饱和溶液系统点 *M*、*N*、*P*、*Q*、*R* 等温蒸发析盐顺序。

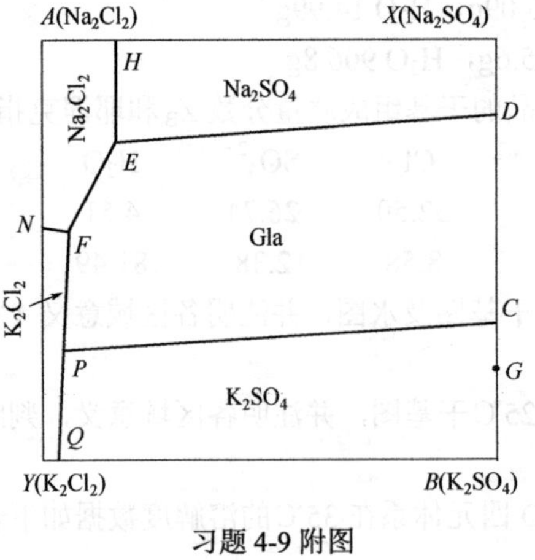

习题 4-9 附图

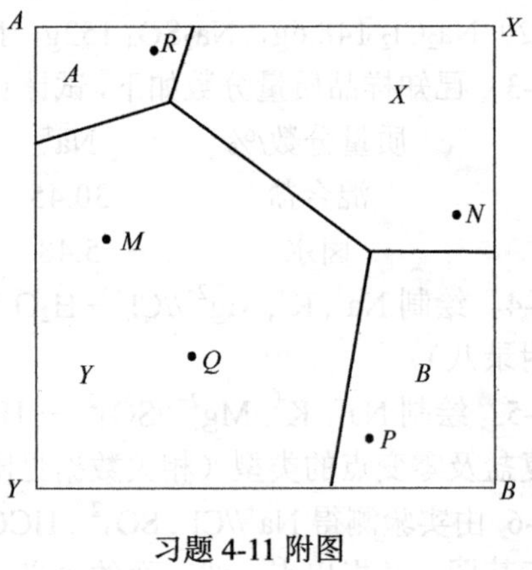

习题 4-11 附图

4-12　根据习题 4-12 附图，其中 D 为 A 盐和 B 盐组成的复盐、$B \cdot nH_2O$ 为 B 盐水合物，试分析未饱和溶液系统点 M 的等温蒸发过程。

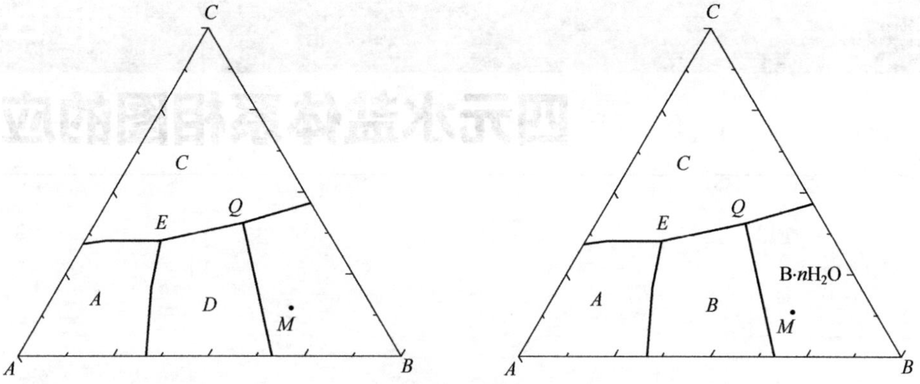

习题 4-12 附图

第五章

四元水盐体系相图的应用

第一节　典型工业过程的相图分析

一、察尔汗盐湖卤水滩晒光卤石

察尔汗盐湖卤水组成属于 Na^+, K^+, $Mg^{2+}//Cl^-{-}H_2O$ 体系，每年 4～10 月进行滩晒操作。光卤石的生产可按 25℃的相图进行分析。如图 5-1 所示某卤水为氯化钠饱和溶液，位于氯化钠相区的 M 点。蒸发过程的析盐规律可从干基图和水图进行分析。

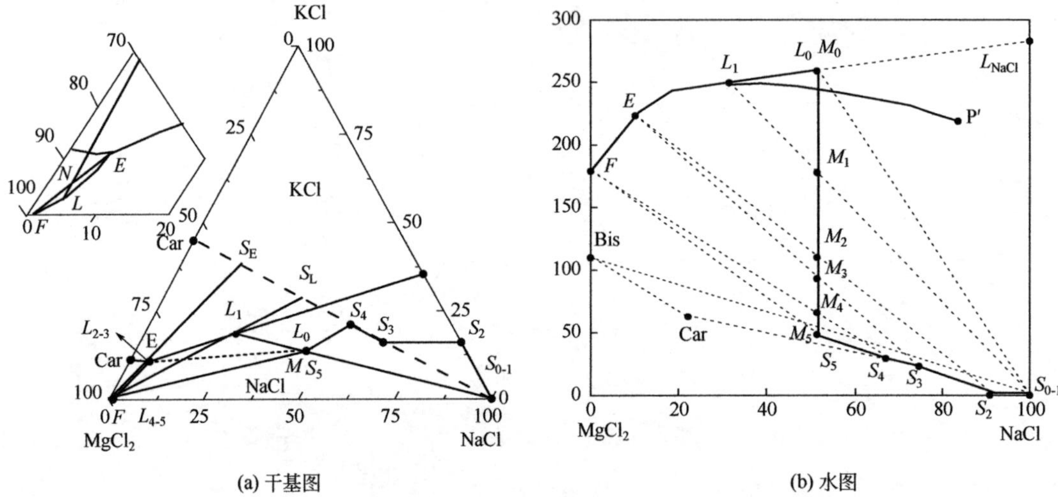

(a) 干基图　　(b) 水图

图 5-1　察尔汗盐湖卤水等温蒸发析盐规律

等温蒸发析盐过程可分为五个阶段：

（1）氯化钠析出，系统点 $M_0 \to M_1$，液相点 $L_0 \to L_1$，氯化钾饱和，固相点 S_0-S_1 为 NaCl 点。

（2）氯化钾、氯化钠共析，系统点 $M_1 \to M_2$，液相点 L_1 到三盐（氯化钠、氯化钾、光卤石）共饱点 E，固相 $S_1 \to S_2$ 在 NaCl 与 KCl 的连线上。

（3）氯化钾溶解、光卤石析出，系统点 $M_2 \to M_3$，液相点 E 不动，固相移到位于氯化钠、

光卤石连线上的 S_3。

（4）氯化钠、光卤石共析，系统点 $M_3 \rightarrow M_4$，液相沿共饱线从 E 移到三盐（氯化钠、光卤石、水氯镁石）共饱点 F。固相点沿 NaCl 与 Car 连线移到 S_4 点。

（5）三盐共析至蒸干。系统点 $M_4 \rightarrow M_5$，液相 F 点不动，固相在 NaCl–Car–Bis 平面移到 S_5 点，干基图上 S_5 与 L_0 及 M 点重合。

基于上述蒸发析盐规律，可分为氯化钠阶段、钾盐阶段、水氯镁石阶段，其中氯化钠在全过程均析出。基于这一规律，安排光卤石生产，第一段在盐池晒除氯化钠，第二段钾矿池晒制钾盐，第三阶段排放母液，即排放老卤。在钾盐晒制阶段，按本例钾饱和液，先是析出氯化钾，而后液相到达 E 点后，开始析出光卤石，并且氯化钾开始溶解。事实上，钾石盐先析出后上面沉积着随后析出的光卤石，因此氯化钾的溶解并不充分。在某些矿藏的沉积分布来看，有钾石盐矿层和光卤石矿层分层的现象。

使用本例的饱和液晒制钾盐获得的母液为 F 点，与 L_1 连线交 NaCl–Car 连线于点 S_L 处。该点的氯化钠含量比较高，如果采用 E 点卤水晒制，则得到的固相为 S_E 点，固相氯化钠含量较低。

生产上还有一种兑卤法生产光卤石，如图 5-1（a）的局部放大图，光卤石相区边界为外突型曲线，如果将 E 点卤水和 F 点卤水按照恰当比例兑合，形成 N 点处于光卤石相区，从水图上看，混合物料点，也低于光卤石饱和面的含水量，因此光卤石可以析出。

二、海水制盐

海水在蒸发浓缩过程中碳酸钙和硫酸钙先析出，但其含量很少，到氯化钠饱和时主要组成见表 5-1。由于 Ca^{2+}、Br^-、K^+含量很低，不便于分析其变化规律，在分析制盐操作时，暂且不计，这样制盐过程可简化为交互四元体系 $Na^+, Mg^{2+}//Cl^-, SO_4^{2-}-H_2O$ 进行分析。

表 5-1 海水制盐 20℃氯化钠饱和卤水组成

组分	Mg^{2+}	Cl^-	SO_4^{2-}	Na^+	H_2O
质量分数	1.71	15.41	2.17	8.00	72.71
耶涅克指数，J_B	30.19	90.87	9.12	69.81	460.27

春夏秋的生产过程可按 20℃交互四元体系相图分析（如图 5-2 所示），氯化钠饱和卤水的相点为 M 点。在蒸发浓缩过程中氯化钠析出，液相点移动到 M_1 点，此时白钠镁矾（Ast）与氯化钠共析。白钠镁矾为异成分复盐，继续蒸发到达其三盐共饱点（七水硫酸镁–白钠镁矾–氯化钠），白钠镁矾溶解，七水硫酸镁析出，随后七水硫酸镁与氯化钠共析。这样在生产中只将卤水蒸发到 M_1 点，因此时的硫酸镁含量较高，味苦，所排放的母液被称为苦卤。苦卤经过进一步滩晒浓缩，除掉一部分杂盐（氯化钠、白钠镁矾、七水硫酸镁）后可进行氯化钾生产。

若为冬季，从–5℃相图可见（如图 5-3 所示），M 点位于芒硝相区，芒硝先析出，而后是芒硝与二水氯化钠析出。在不相称零变量点 P 点，二水氯化钠溶解、氯化钠析出，随后氯化钠与芒硝共析到达相称零变量点 Q，氯化钠、芒硝和七水硫酸镁共析。因此 M 点卤水，在–5℃没有氯化钠单独析出阶段。

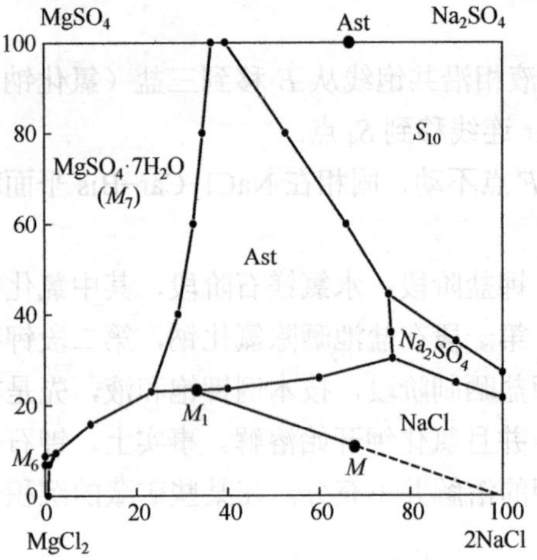

图 5-2 20℃海水制盐过程

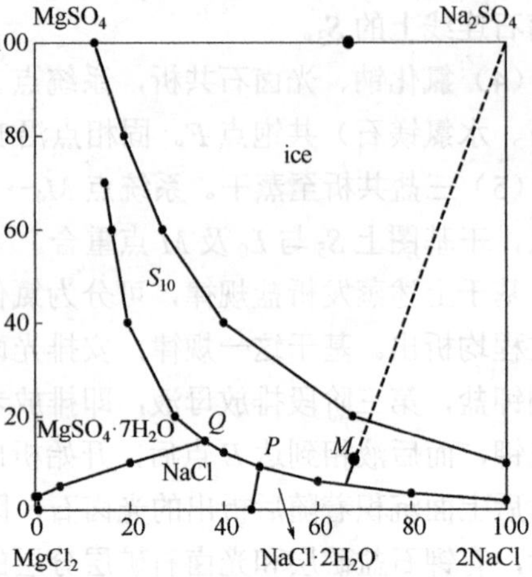

图 5-3 −5℃海水卤水析盐规律

三、完全转化法生产硝酸钾

硝酸钾可用硝酸钠或硝酸铵、氯化钾为原料，通过转化来生产，其复分解反应式分别为 $KCl + NaNO_3 \Longrightarrow NaCl + KNO_3$ 和 $KCl + NH_4NO_3 \Longrightarrow NH_4Cl + KNO_3$，这两个反应在什么条件下实现，能否将全部的原料转化到产品中，需要进行相图分析，确定工艺过程和条件。

1．硝酸钠、氯化钾生产硝酸钾

标绘 $Na^+, K^+//Cl^-, NO_3^-$-H_2O 体系 5℃、100 ℃相图，见图 5-4 和图 5-5。下面据此分析制定以 KCl、$NaNO_3$ 为原料进行复分解反应，制取 KNO_3 并副产 NaCl 的基本工艺流程。

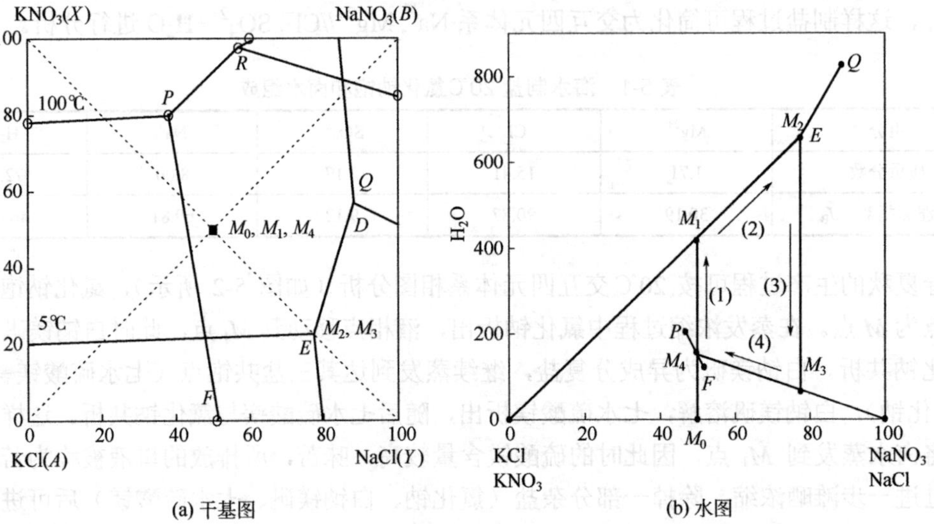

(a) 干基图　　(b) 水图

图 5-4 低温配料工艺

（1）相图特征

① 该体系在 5～100℃范围内，只有四种无水单盐的固相，没有水合物和复盐生成，属于简单类型的相图。

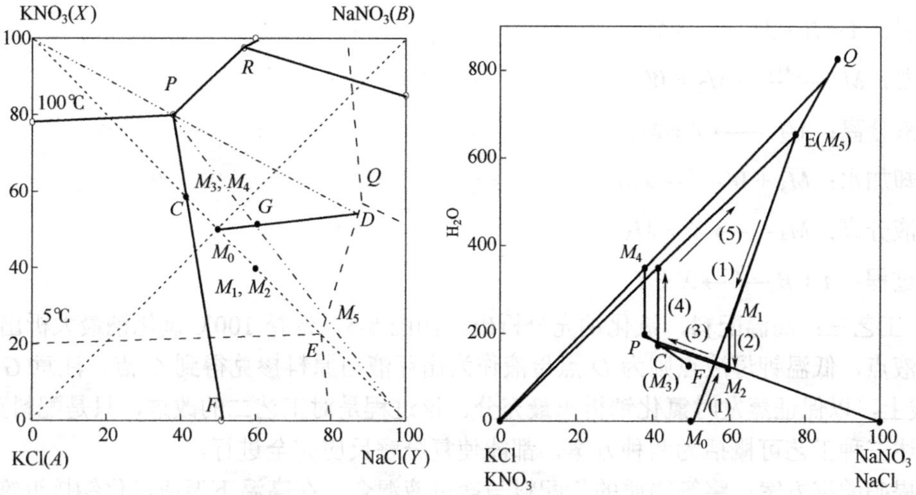

(a) 干基图　　(b) 水图

图 5-5　高温配料工艺

② 原料和产品的两对盐分别位于相图的对角点，产品对盐 KNO_3 和 NaCl 有相区相邻，属于稳定盐对，而 $NaNO_3$ 和 KCl 为不稳定盐对。不论在 5℃还是 100℃，KNO_3 和 NaCl 两相区都占据干基相图的大部分区域，说明它们易于析出。

③ 硝酸钾在低温时有较大的相区，氯化钠在高温时有较大相区。因此低温有利于硝酸钾析出，高温有利于氯化钠析出。由图可见，原料氯化钾（A）和硝酸钠（B）等物质的量配料点 M 处在盐对硝酸钾（X）和氯化钠（Y）的饱和区内。在调节适当水量的前提下，在高温制取 Y（NaCl），低温制取 X（KNO_3），并将析盐母液和析钾母液循环使用，那么用硝酸钠、氯化钾转化生产硝酸钾、氯化钠的复分解反应就可实现。

④ 干基图中，100℃氯化钠、硝酸钾、氯化钾三盐共饱点，距离 NaCl 点最远，是氯化钠析出最充分的点，而 5℃的 E 点则是 KNO_3 析出最充分的点。

（2）工艺方案　根据相图分析，可提出三种工艺方案。

① 工艺一：低温配料先产硝酸钾。图 5-4 原料 AB 按等物质的量配料，配料点 M_0，适宜加水点为 M_1 点。固液平衡，固相硝酸钾最大析出的钾母液点为 M_2（E）。对制钾母液 M_2 高温蒸发，氯化钠析出的系统点为 M_3，制盐母液点可为 M_4，与原料配料点一致。制盐母液 M_4 为循环液。

配料加水：$A + B + M_4 + W \longrightarrow M_1$

平衡分离：$M_1 \xrightarrow{5℃} X + M_2$

蒸发：$M_2 \xrightarrow{100℃} M_3 + W$

平衡分离：$M_3 \longrightarrow Y + M_4$

总过程 $A + B \xrightarrow{W} X + Y$

② 工艺二：高温配料先产氯化钠。图 5-5 等物质的量配料点 M_0 与钾母液 M_5（E）混合成 M_1，在 100℃蒸发浓缩，浓缩浆料 M_2 分离氯化钠和母液 M_3（C），M_3 为析硝酸钾的原料，加适量水并降温（M_4），固液分离得到硝酸钾和钾母液 M_5（E）。钾母液作为循环液继续配料蒸发。

配料：$A+B+M_5 \longrightarrow M_1$

蒸发：$M_1 \xrightarrow{100℃} M_2+W$

固液分离：$M_2 \longrightarrow Y+M_3$

冷却加水：$M_3+W \xrightarrow{5℃} M_4$

固液分离：$M_4 \longrightarrow X+M_5$

总过程：$A+B \xrightarrow{W} X+Y$

③ 工艺三：高温配料，氯化钠充分析出。如图 5-5，选择 100℃氯化钠最大析出点 P 作为盐母液点，低温钾母液点则为 D 点母液作为循环液与原料掺兑得到 G 点，注意 G 点应在 YP 连线上，以保证蒸发时氯化钠析出最充分。该过程是对工艺二的改进，只是配料点不同。

上述三种工艺可概括为两种方案，都能使复分解反应完全进行。

先提硝酸钾方案：将等物质的量配料与盐母液混合，在高温下调成氯化钠接近饱和的溶液，降温使硝酸钾析出，析钾母液蒸发析盐，氯化钠母液循环利用。先去氯化钠方案：将等物质的量配料与钾母液混合，蒸发浓缩至大量氯化钠析出；制盐母液冷却至室温，硝酸钾结晶析出，钾母液循环利用。实践证明，先提氯化钠操作，在蒸发操作时易产生爆沸现象，且热析的氯化钠及冷析的硝酸钾质量都不高。因为冷析硝酸钾时氯化钠处于饱和状态，降温有少量氯化钠析出，且硝酸钾结晶颗粒小，夹带母液量大，产品质量低。如先提硝酸钾，冷却的混合母液中氯化钠不饱和，析钾过程没有氯化钠析出，且硝酸钾结晶颗粒大。同样后提氯化钠的质量也好些。

上述过程，复分解反应在水溶液中进行，通过控制水量和温度，使一对原料盐生产出另外一对盐。水作为一个循环媒介，过程消耗的是由于蒸发和温度变化所需要的能量。

2．硝酸铵、氯化钾生产硝酸钾

以氯化钾和硝酸铵复分解法制取硝酸钾和氯化铵，在工业上叫 Auby 法，是法国人最早开发使用的方法。该方法的工艺原理参见图 5-6。NH_4^+, K^+//Cl^-, NO_3^-–H_2O 体系中 KNO_3 NH_4Cl 为稳定盐对，且相区随温度变化较大，其中低温下（如 25℃）KNO_3 相区较大，充分析出点为 G 点，高温下（如 60℃）NH_4Cl 相区较大，充分析出点为 P 点。

按 NH_4NO_3 和 KCl 等摩尔配料点 H，处于 KNO_3 相区，但不在 KNO_3 最大析出线 GX 上，这样可以按最大析出点配料即多加入氯化钾，转化得到硝酸钾和 G 点母液；高温下在 G 点母液中配入 NH_4NO_3，配料点位于 YP 与 GB 两线的交点 K，控制蒸发水量，氯化铵结晶析出，而母液恰好在 P 点，P 点卤水配入氯化钾，配料点位于 XG 与 AP 交点 R，降温析出硝酸钾，上述过程形成循环。

上述过程概括为：低温下，氯化铵母液中配入氯化钾，转化生产硝酸钾；硝酸钾母液在高温下配入硝酸铵，蒸发析出氯化铵。氯化铵母液进行上述循环。

四、部分转化法生产硫酸钾

转化法生产硫酸钾，通常以氯化钾为钾的来源，七水硫酸镁、芒硝等为硫酸根的来源。在盐湖开发中，还有软钾镁矾、钾盐镁矾等为原料转化生产硫酸钾。氯化钾、芒硝为原料转化生产硫酸钾将在第四节重点介绍相图分析与过程计算。在此只简介氯化钾、七水硫酸镁、钾盐镁矾转化生产硫酸钾的相图分析。

绘制 K^+, Mg^{2+}//Cl^-, SO_4^{2-}–H_2O 四元交互体系 25℃相图（图 5-7）。该体系中固相有硫酸钾、氯化钾、四水硫酸镁、五水硫酸镁、六水硫酸镁、七水硫酸镁、钾盐镁矾（Kai，$4KCl \cdot 4MgSO_4 \cdot 11H_2O$）、软钾镁矾（Pic，$K_2SO_4 \cdot MgSO_4 \cdot 6H_2O$）、钾镁矾（Leo，$K_2SO_4 \cdot MgSO_4 \cdot 4H_2O$）、光卤石（Car，$KCl \cdot MgCl_2 \cdot 6H_2O$）、水氯镁石（Bis，$MgCl_2 \cdot 6H_2O$）等固相，属于复杂的交互四元体系。

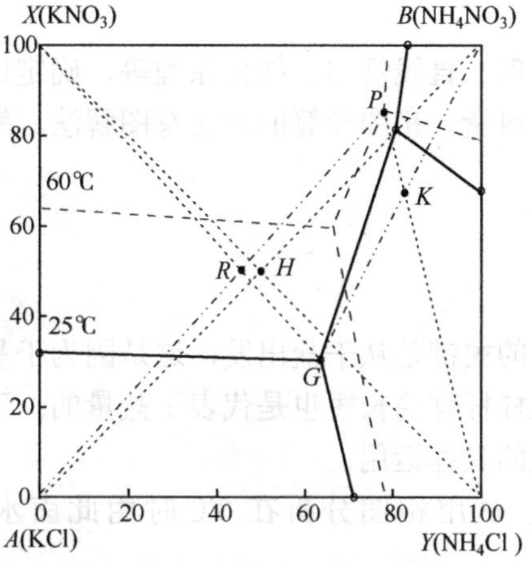

图 5-6 硝酸铵、氯化钾生产硝酸钾原理

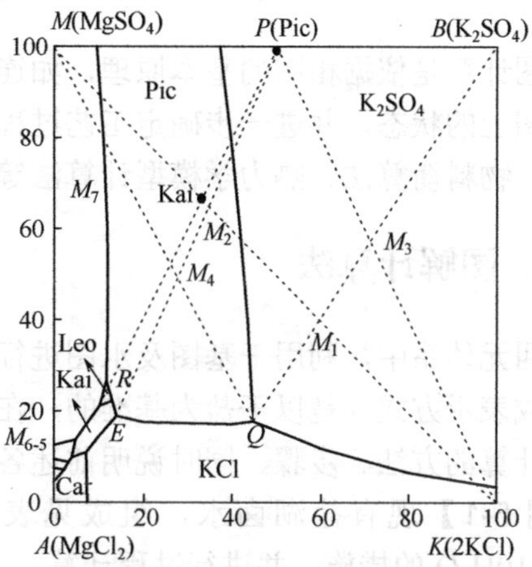

图 5-7 转化法生产硫酸钾

硫酸钾生产工艺，可以有以下几种方案，相图分析如下。

1. 一步转化法

转化反应：$KCl + MgSO_4 \cdot 7H_2O + H_2O \longrightarrow K_2SO_4 + Q$

硫酸钾相区中 Q 点距离硫酸钾固相点最远，是析出最充分的点，可作为硫酸钾析出的母液点。配料线 MK 与转化线 QB 的交点 M_1 是进行转化的配料点。由于 Q 点溶液量较大，且钾离子浓度很高，所以钾离子收率仅为 45%左右。

2. 二步转化法

Q 点溶液钾含量很高，必须考虑利用。图中可见 Q 点和原料七水硫酸镁 M 点之间，有大面积的软钾镁矾相区，若加入七水硫酸镁，可析出软钾镁矾 P。软钾镁矾是异成分复盐，加水可分解出硫酸钾，如果分解过程加入氯化钾，可使硫酸钾充分析出。

第一步：转化生产软钾镁矾

$$Q + MgSO_4 \cdot 7H_2O + H_2O \longrightarrow K_2SO_4 \cdot MgSO_4 \cdot 6H_2O + E$$

将 KCl–Pic–Kai 三盐共饱点 E 作为最终母液，则配料线 QM 和转化线 PE 的交点 M_4，是软钾镁矾生成的最佳配料点，配入适量的水，转化后钾离子的收率在 84%左右。也可以将 Pic–M_7–Leo 的三盐共饱点 R 作为最终母液点，钾的收率略有提高但硫酸根的收率降低。

第二步：转化生产硫酸钾

$$K_2SO_4 \cdot MgSO_4 \cdot 6H_2O + KCl + H_2O \longrightarrow K_2SO_4 + Q$$

如图配料线 PK 与转化线 QB 的交点 M_3 为硫酸钾生成的最佳配料点。比较 M_3 与 M_1 点，硫酸钾的杠杆长度增大，母液量相对减少，这一步钾的收率从一步法的 45%提高到 67%左右。

比较上述两个工艺，一步法转化钾离子的收率很低，两步法钾的收率有所提高，但总收率在62%左右。上述工艺因产生大量母液，使原料的硫酸镁和氯化钾不能完全转化。这需要结合生产条件，考虑进一步的综合利用。上述工艺的计算，请参见第四节提供的方法。

第二节　相图计算

相图计算是依据相图的基本原理，如连续原理、直线规则、杠杆原理等，确定过程各节点在相图上的状态，并进一步确定工艺过程的物料量。相图计算的方法有图解法、解析法、向量法、物料衡算法、热力学模型计算法等。

一、图解计算法

在四元体系中，利用干基图及水图进行计算的关键是从干盐出发，这是因为干基图和水图的组成表示方式都是以干盐为基准的，在图上杠杆臂的长短也是代表干盐量的。下面以实例说明计算的方法、步骤，同时说明前述各要点的具体运用。

【例 5-1】现有盐湖卤水，组成见表 5-2，试用相图分析在 0℃时由此卤水中制取 $Na_2SO_4 \cdot 10H_2O$ 的措施，并进行过程计算。

表 5-2　某盐湖卤水的组成

成分	NaCl	Na_2SO_4	$NaHCO_3$	H_2O	总干盐量
质量分数/%	8.34	6.66	5.0	80	20
干基组成质量分数，Z_B/(g/100 g S)	41.7	33.3	25.0	400	100

解: $Na^+//Cl^-, SO_4^{2-}, HCO_3^- - H_2O$ 体系不同温度的干基图表明：0℃时 $Na_2SO_4 \cdot 10H_2O$ 相区最大，有利于它的饱和析出。现以 0℃相图（图 5-8）进行分析。

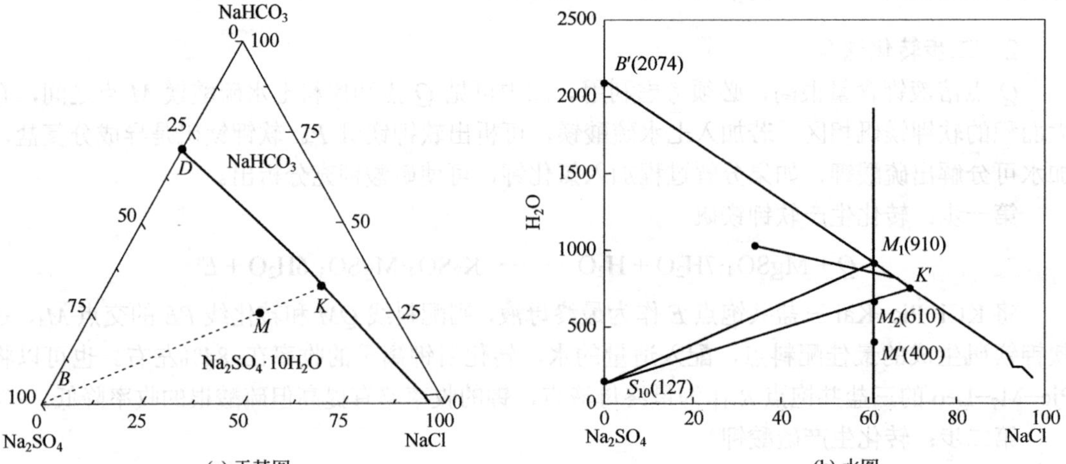

(a) 干基图　　(b) 水图

图 5-8　芒硝的生产相图分析

芒硝析出的干基图条件：卤水系统为图中 M（M'）点，该点位于干基图上 S_{10} 相区。

芒硝析出的水图条件：干基图上确定卤水析出芒硝量最大点 K，水图上连线 $K'B'$为芒硝单盐饱和线，连线$K'S_{10}$为芒硝与碳酸氢钠共饱的固液连接线。芒硝析出水图条件就是含水量位于$K'B'$、$K'S_{10}$两线之间，及M_1～M_2之间。

最佳配料点：水图上原料卤水M'在M_2以下，说明须向原料中加水，使系统点从M'移动到M_1~M_2之间，相应的固相点为S_{10}，液相为M_1～K'之间。从固相杠杆长度看，M_1点对应芒硝的固相量为零，而M_2点对应芒硝固相量最大，M_2点为最佳配料点。

用杠杆规则法进行量的计算如下：

（1）确定计算基准。若对 100 g 卤水进行计算，则作为计算基准干盐总量为 20 g。

（2）确定有关物料点在相图上的位置及有关物料量的杠杆臂及其长度。从以上分析可知，原料系统为M（M'），加水后为M（M_2），得到固相为B（S_{10}），液相为K（K'）。$\overline{MK}$代表析出固相中的干盐（即$Na_2SO_4\cdot 10H_2O$中Na_2SO_4）量b，$\overline{BM}$代表液相中干盐总量k，$\overline{BK}$代表原料系统中干盐总量m（20 g）。

（3）根据杠杆规则，列比例式计算

$$b:m=\overline{MK}:\overline{BK}$$

$$b=m\times\frac{\overline{MK}}{\overline{BK}}=4.30(\text{g})$$

Na_2SO_4的回收率为$\eta=\dfrac{4.30}{6.66}\times 100\%=64.6\%$

所得b是芒硝中的干盐量，要计算芒硝的实际质量，还需按其分子式中干盐分子量与总分子量的比例进行换算，结果为 9.76 g。

（4）水量的计算可用水图。根据水图坐标的含义。水量的计算式应为

$$\text{水量（加入或蒸出量）}=\frac{\text{系统开始与终止时含水}J\text{值之差}}{100}\times\text{系统总干盐量}$$

设本例中加水量为w（g），则：

$$w=\frac{M_2-M'}{100}\times m=\frac{610-400}{100}\times 20=42(\text{g})$$

液相的实际质量可由投入的总物料量减去固相量求得。计算结果表明，对 100 g 卤水加入 42 g 水，在 0℃时能得到 9.76 g 的 $Na_2SO_4\cdot 10H_2O$ 固相。

【例 5-2】现有表 5-3 所给的不饱和盐溶液，试用相图计算该溶液在 30℃等温蒸发至第一个纯固相析出最充分时的蒸水量、析盐量以及蒸发至 $NaNO_3$ 和复盐D共析时的蒸水量、析盐量。

表 5-3 某未饱和溶液的组成

成分	Na_2SO_4	$K_2(NO_3)_2$	$Na_2(NO_3)_2$	K_2SO_4	H_2O
质量分数/%	13.5	1.7	14.8		70.0
耶涅克指数，J_B	Na_2^{2+}	K_2^{2+}	$(NO_3)_2^{2-}$	SO_4^{2-}	H_2O
	94.78	5.22	59.31	40.69	2040

解：根据溶液组成可知它属Na^+, $K^+//SO_4^{2-}$, NO_3^-–H_2O体系，在复杂系统的等温蒸发过程中，已在第四章【例 4-9】中讨论。蒸发过程分析可见图 4-27 及表 4-12，用杠杆规则法计

算如下。

交互四元体系量的计算要以干盐的物质的量作为计算基准，比如对1000 g未饱和溶液而言，其中各成分含量为：

Na_2SO_4 135 g，相当于0.951 mol；$K_2(NO_3)_2$ 17 g，相当于0.084 mol； $Na_2(NO_3)_2$ 148 g，相当于0.871 mol；总干盐300 g或1.906 mol；H_2O 700 g，相当于38.85 mol。因此，对1000 g溶液进行计算时，作为计算基准的干盐量应为1.906 mol。

从蒸发过程分析可知，第一个析出固相为Na_2SO_4，当它析出最充分时，系统点为$X(X_2)$，固相点为M，液相点为$Z(Z')$。当用相应的小写字母代表物料干盐量时，根据杠杆规则应有：

$$m : x = \overline{XZ} : \overline{MZ}$$

式中x =1.906mol，所以析出Na_2SO_4量为：

$$m = 1.906 \times \frac{\overline{XZ}}{\overline{MZ}} = 1.906 \times \frac{40.69 - 27.5}{100 - 27.5} = 0.347 \text{（mol）}$$

换算成质量为83.0 g。蒸发水量可从水图求取，设蒸发水量为w_2（mol），则：

$$w_2 = \frac{x_0 - x_2}{100} \times x = \frac{2040 - 830}{100} \times 1.906 = 23.06 \text{（mol）}$$

换算成质量为415.5 g。蒸发至KNO_3–$NaNO_3$–D三盐共析时，系统点为X（X_5），液相点为S'，总固相点为T。本阶段结束时总蒸发水量w_5可按照上述方法计算为：

$$w_5 = \frac{x_0 - x_5}{100} \times x = \frac{2040 - 146}{100} \times 1.906 = 36.10 \text{（mol）}$$

换算成质量为485.8 g。设析出总固相中的干盐量为t（mol），根据杠杆规则可得：

$$t = x \times \frac{\overline{XS}}{\overline{TS}} = 1.598 \text{（mol）}$$

又因为总固相T分为复盐D（$NaNO_3 \cdot Na_2SO_4 \cdot H_2O$） 及单盐$Na_2(NO_3)_2$两部分，设这两种固相的干盐量分别为$d$、$l$（mol），据$T$、$D$、$L$三者间的杠杠关系可得：

$$d : l = \overline{TL} : \overline{DL}$$

$$d = l \times \frac{\overline{TL}}{\overline{DL}} = 1.411 \text{（mol）}$$

进而得出：$l = t - d = 0.187$（mol）。换算为质量时，对于$Na_2(NO_3)_2$只需乘以其分子量即可，而对于复盐D则需乘以一个类似于分子量的换算系数M_C，即

某固相的质量（g）=该固相的M_C×该固相干盐物质的量（mol）

M_C数值是根据固相的J值计算的，它等于将组成固相各组分的分子量M乘以各自的J值后求和，再除以100。比如复盐D的M_C值可计算为：

$$M_{C(D)} = \frac{M_{Na_2(NO_3)_2} \times J_{Na_2(NO_3)_2} + M_{Na_2SO_4} \times J_{Na_2SO_4} + M_{H_2O} \times J_{H_2O}}{100}$$

$$= \frac{170 \times 33.3 + 142.0 \times 66.7 + 18.02 \times 33.3}{100} = 157.3$$

因此，析出复盐 D 的质量为 157.3×1.411 = 222.0（g）。

二、物料衡算法

物料衡算法是将状态点的浓度换算为最基本的质量分数，对每个组分进行物料衡算，得到方程组进而求解每个节点物料量的方法。

【例 5-3】 $Na^+, K^+, Mg^{2+}//Cl^--H_2O$ 体系的 25℃氯化钠饱和卤水，干基浓度为（NaCl，KCl，$MgCl_2$，H_2O）=（46，29.7，24.3，237），先采用升温蒸发浓缩的方法生产氯化钠。例如顺序在 50℃、75℃、100℃、125℃蒸发浓缩到氯化钠和氯化钾饱和点；再利用降温加水的方法生产氯化钾。试分析过程原理，并计算 100 kg 卤水在上述过程中氯化钠、氯化钾的析出量、蒸发量和加水量，以及卤水的变化情况。

解：（1）绘相图。将 $Na^+, K^+, Mg^{2+}//Cl^--H_2O$ 体系 25℃、50℃、75℃、100℃、125℃的相图数据分别标绘在干基图和水图上。将体系点标绘在相图上为图 4-28 的 O 点。

（2）升温蒸发过程的分析与计算

① 干基图分析：体系点位于干基相图 25℃ KCl 和 NaCl 的共饱线上，温度升高氯化钠的相区扩大，O 点处于更高温度下的氯化钠单盐饱和区。如在 50℃等温蒸发，氯化钠析出，液相移到 1 点，氯化钠与氯化钾共饱，再继续升温到 75℃，可析出氯化钠。如此在 50℃、75℃、100℃、125℃顺序蒸发到氯化钠和氯化钾共饱，液相的干基轨迹如图 4-28。

② 水图分析：按 $x = X_{NaCl} + 0.5X_{KCl}$ 进行坐标转换，将水图投影到 $MgCl_2$–NaCl 立面上，得到图 5-9（a）水图轨迹，坐标数据填入表 5-4。如图所示，若要使平衡液相达到 50℃的 1′点，体系的含水量应降到 O_1 的位置（1′点与 NaCl 的连线上），这时体系将分成液相 1′和固相 NaCl，因此升温同时也要蒸发掉一定量的水。

③ 物料衡算法过程计算：将干基浓度 X_i 转化为质量分数 C_i，得到表 5-4 的结果。以 100 kg 原料液在 50℃恒温蒸发到共饱点为例计算如下：

以不析出组分氯化钾量为基准计算母液量：

$$L_1 = L_0 \cdot C_{KCl}^0 / C_{KCl}^1 = 100 \times 8.81/10.93 = 80.60\ (kg)$$

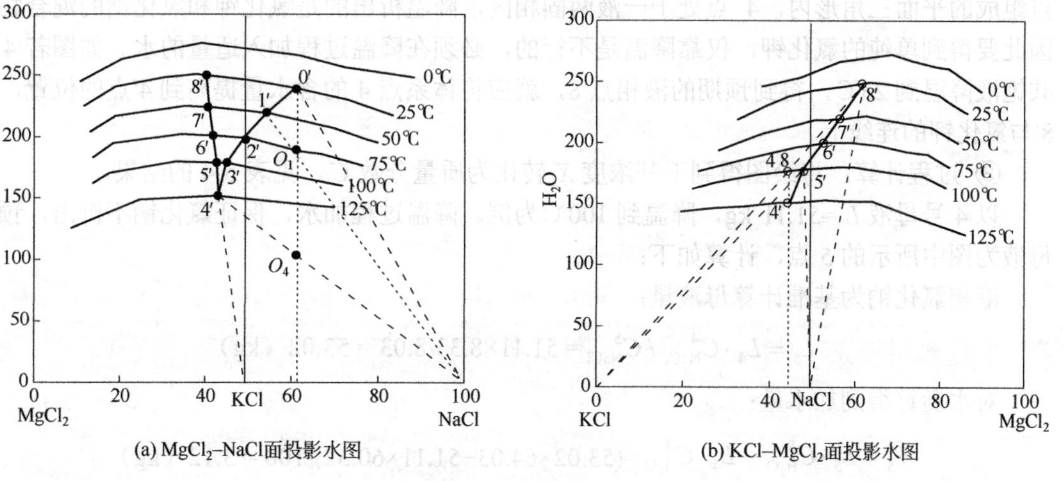

图 5-9　投影水图

表 5-4 升温蒸发过程的液相状态组成

编号	干基组成质量分数，Z_B/(g/100 g S)				液相组成质量分数，w_B/%			
	X_{NaCl}	X_{KCl}	X_{MgCl_2}	X_{H_2O}	C_{NaCl}	C_{KCl}	C_{MgCl_2}	C_{H_2O}
0	46.00	29.70	24.30	237.0	13.65	8.81	7.21	70.33
1	37.00	34.65	28.35	217.0	11.67	10.93	8.94	68.45
2	29.60	38.72	31.68	197.0	9.97	13.04	10.67	66.33
3	23.60	42.02	34.38	176.0	8.55	15.23	12.46	63.77
4	21.00	43.45	35.55	152.0	8.33	17.24	14.11	60.32
5	22.33	39.87	37.80	178.0	8.03	14.34	13.60	64.03
6	24.22	34.78	41.00	199.0	8.10	11.63	13.71	66.56
7	26.35	29.05	44.60	221.0	8.21	9.05	13.89	68.85
8	28.65	22.85	48.50	246.0	8.28	6.60	14.02	71.10

对水衡算，计算蒸发量：

$$W_1 = L_0 \cdot C_{H_2O}^0 - L_1 \cdot C_{H_2O}^1 = (100\times70.33-80.60\times68.45)/100 = 15.16\ (\text{kg})$$

对氯化钠衡算，计算析盐量：

$$S_1 = L_0 \cdot C_{NaCl}^0 - L_1 \cdot C_{NaCl}^1 = (100\times13.65-80.60\times11.67)/100 = 4.24\ (\text{kg})$$

同理，可计算125℃恒温蒸发到共饱点的制盐母液量 $L_4 = 51.11$ kg，蒸发量为 $W_4 = 39.50$ kg，析盐量为 $S_4 = 9.39$ kg，此时液相氯化钾的含量已经从 8.81%浓缩到 17.62%。

（3）降温加水过程的分析与计算

① 干基图分析：液相点 4 处于 125℃氯化钠与氯化钾共饱线，在较低温度下，该点处于氯化钾的饱和区域。从干基图上看，通过降温可以使氯化钾单独结晶析出。在温度从 125℃顺序降到 100℃、75℃、50℃、25℃的过程中，如果是氯化钾单独析出，则液相干基点将沿着氯化钾析出的方向，按直线规则分别得到 5、6、7、8 点。然而降温过程将出现怎样的相平衡行为，是否只是氯化钾析出，还需要通过水图来判断。

② 水图分析：为了分析的方便，我们把水图横坐标用 $x = X_{MgCl_2} + 0.5X_{NaCl}$ 转换，将水图正投影到 KCl−$MgCl_2$ 立面，见图 5-9（b）。5、6、7、8 点对应水图点为 5′、6′、7′、8′点，坐标见表 5-4。如图所见，如将 4 点共饱液降温到 100℃，4′处于 5′点和 NaCl、KCl 两个固相点组成的平面三角形内，4 点处于一液两固相区，降温析出的是氯化钾和氯化钠的混合物。因此要得到单纯的氯化钾，仅靠降温是不行的，必须在降温过程加入适量的水。如图若 4 点共饱液降温到 25℃，得到预期的液相点 8，就应将体系点 4 的含水量提高到 4′点的位置，即 8′与氯化钾的连线上。

③ 过程计算：将绘图得到干基浓度 X_i 转化为质量分数 C_i，见表 5-4 的结果。

以 4 号母液 L_4=51.11 kg，降温到 100℃为例。降温过程加水，保证氯化钠不析出，预期母液为图中所示的 5 点，计算如下：

液相氯化钠为基准计算母液量：

$$L_5 = L_4 \cdot C_{NaCl}^4 / C_{NaCl}^5 = 51.11\times8.33/8.03 = 53.02\ (\text{kg})$$

对水衡算得到加水量：

$$W_5 = L_5 \cdot C_{H_2O}^5 - L_4 \cdot C_{H_2O}^4 =(53.02\times64.03-51.11\times60.32)/100 = 3.12\ (\text{kg})$$

对氯化钾衡算得到氯化钾析出量：

$$S_5 = L_5 \cdot C_{KCl}^5 - L_4 \cdot C_{KCl}^4 = (53.02\times14.34-51.11\times17.24)/100 = -1.21\ (kg)。$$

采用同样的方法，计算125℃ 4号母液降温到25℃，需要加水5.74 kg，得到氯化钾5.42 kg和51.44 kg 8号母液。注意，0号卤水和8号卤水都是25℃氯化钠、氯化钾的共饱卤水，卤水的组成不同，上述过程，氯化钾和氯化钠分别析出，但氯化镁得到富集浓缩。

第三节 光卤石分解洗涤过程的相图分析与计算

本节以光卤石分解洗涤过程的开发为例，介绍基于简单四元体系相图的过程开发与计算，主要涉及等温蒸发的析盐规律。

光卤石 Car（$KCl\cdot MgCl_2\cdot 6H_2O$）是异成分复盐，加适量水可分解出氯化钾固相，因此通常作为氯化钾生产的中间物料。因来源不同，光卤石通常含有不同种类和不同量的杂质。如察尔汗盐湖晶间卤水为 K^+, Na^+, Mg^{2+}//Cl^-–H_2O 体系卤水，经滩晒得到的光卤石含有大量氯化钠；海水苦卤高温蒸发去除大量硫酸镁和氯化钠，冷却得到的光卤石仍然含有氯化钠和硫酸镁，但由于硫酸镁的含量很少，在相图分析时可以忽略。常见光卤石的组成见表5-5。

表5-5 光卤石组成

项目	NaCl	KCl	$MgCl_2$	$MgSO_4$	H_2O
察尔汗盐湖/%	9.81	21.39	30.75	—	38.05
海水苦卤/%	5～10	18～22	29～32	0.8～1.5	34～42

含杂质光卤石制取氯化钾的方法较多，主要方法有如下三种。

（1）分解洗涤法 在常温下加适量水，分解光卤石并洗涤杂质，经固液分离得到氯化钾产品。

（2）冷分解热溶结晶法 常温下加入水，分解光卤石，去除液相后得到氯化钾、氯化钠混合物，用高温热水溶解至饱和，再冷却使氯化钾结晶析出。

（3）冷分解浮选法 含杂质光卤石加水分解后，固相有氯化钾和氯化钠。氯化钠与氯化钾的分离，采用浮选法，加入对氯化钾有吸附作用的浮选剂（如盐酸十八胺或醋酸十八胺），将氯化钾选出的方法称为正浮选法，若加入对氯化钠有浮选作用的浮选剂，浮选出氯化钠后，固液分离得到氯化钾，这种浮选称反浮选法。

此例仅介绍分解洗涤法的分析与计算。

一、等温蒸发的析盐规律

光卤石加水过程的相平衡规律是蒸发结晶的逆过程。为了解加水过程的溶解规律，不妨先分析从不饱和溶液到蒸干的等温蒸发析盐规律。

取不饱和溶液的干基组成与表5-5中察尔汗盐湖光卤石的干基组成一样。绘制 K^+, Na^+, Mg^{2+}//Cl^-–H_2O 体系25℃相图，图5-10中 *E* 点为氯化钠、光卤石、氯化钾三盐共饱液相点，该点位于三盐三角形之外，为不相称共饱点。*F* 点为氯化钠、光卤石、水氯镁石三盐共饱点，属于相称共饱点。曲线 *PE*、*EF* 分别为氯化钾–氯化钠和氯化钠–光卤石共饱线。体系干基点 *M* 位于氯化钾相区。该体系点不饱和溶液蒸发浓缩过程依据向量分析，可分六个状态阶段，包括：① 溶液浓缩；② 氯化钾析出；③ 氯化钾和氯化钠共析；④ 氯化钾固相转溶光卤石析出；⑤ 氯化钠与光卤石共析；⑥ 氯化钠–光卤石–水氯镁石共析，直至蒸干等过程。详见图 5-10 和表 5-6。

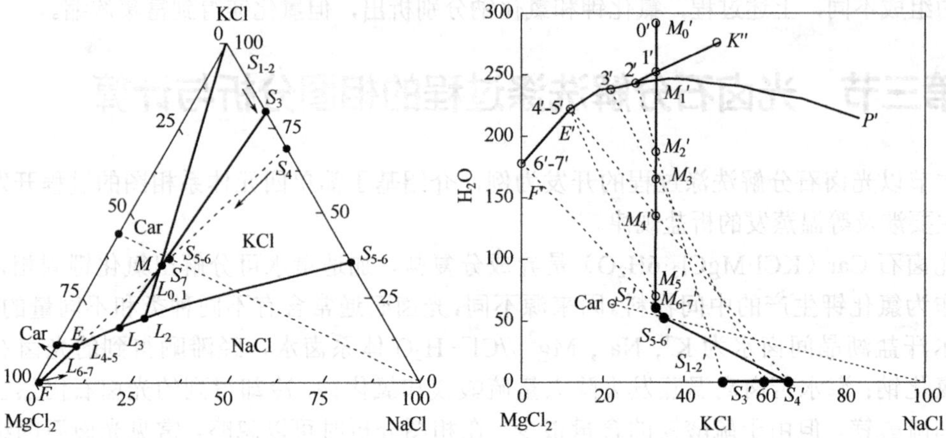

(a) 干基图　　　　(b) 水图

图 5-10　常温析盐规律

表 5-6　光卤石溶液等温蒸发过程状态表

序号	过程描述	水图体系点	干基液相点	干基固相点	系统含水量/(g/100 g S)
1	浓缩阶段	M_0'→M_1'	L_0→L_1	无	−251.0
2	氯化钾析出	M_1'→M_2'	L_1→L_2，氯化钾饱和面上	S_1→S_2，在 KCl 点	251.0～197.6
3	氯化钾氯化钠共析	M_2'→M_4'	L_2→L_4，氯化钾氯化钠共饱线上	S_2→S_4，氯化钾氯化钠连线上	197.6～132.3
4	光卤石析出，氯化钾溶解	M_4'→M_5'	L_4→L_5，三盐共饱点 E 不动	S_4→S_5，氯化钾从 S_4 点移动到 Car 与氯化钠连线上	132.3～68.0
5	光卤石氯化钠共析	M_5'→M_6'	L_5→L_6，E 点向 F 点移动	S_5→S_6，固相点不动	68.0～62.0
6	光卤石氯化钠水氯镁石三盐共析	M_6'→M_7'	L_6→L_7，液相点处于 F 点不动，直到蒸干	S_6→S_7，固相点与体系点重合	62.0～61.24

从图 5-10 干基图上原料点位置和上述分析可知，原矿光卤石由光卤石、氯化钠和少量水氯镁石组成。如果是加水过程，六个过程的六个节点，我们认为是出于良好混合且处于固液平衡态，则从表 5-6 可知（按 100 g S 计）：

① 原料光卤石含水 61.42 g，主要是光卤石和水氯镁石的结晶水。

② 加水 0.76 g 水氯镁石溶解，系统点为 M_6，液相为三盐共饱 F 点。

③ 加水 6.76 g 光卤石和氯化钠按比例溶解，系统点为 M_5，液相在氯化钠和光卤石共饱线上，从 F 点移到 E 点。

④ 加水 71.06 g 光卤石全部溶解，氯化钾析出。系统点为 M_4，液相停在 E 点。

⑤ 加水 136.36 g 氯化钠全部溶解。系统点为 M_2，液相在氯化钠和氯化钾共饱线移到 L_2 点。

⑥ 加水 189.76 g，氯化钾全部溶解。系统点为 M_1，液相干基点回到系统点。

因此，加入不同量的水，体系处于不同的状态，就本例而言，每 100 g 干盐加水量在 71.06～136.36 g 之间，获得的固相为氯化钾与氯化钠的混合物，加水量在 136.36～189.76 g 之间获得固相为氯化钾。

实际操作中分解洗涤过程可分为分解洗涤一次操作、二次操作、三次操作等过程。下面介绍这几种过程的原理和计算方法。

二、相图分析与计算

1. 分解洗涤一步操作

一次加入足量的水，使光卤石全部分解，并溶解所含的氯化钠。固相点在 K（KCl）点，液相点在氯化钾-氯化钠共饱线上。

【例 5-4】以表 5-5 中察尔汗盐湖光卤石为原料，进行一次加水一次分离操作，生产氯化钾。计算干盐量为 100 kg 的原矿光卤石，进行这一操作的加水量、分解液量、氯化钾产量、氯化钾收率。

解：（1）过程状态点的确定

已知的状态点：原料点 M、氯化钾固相点 K、氯化钠-氯化钾-水三元共饱点 P、氯化钠-氯化钾-Car 三盐共饱点 E。这些点的数据见表 5-7。

表 5-7 光卤石分解生产氯化钾相关状态点参数

状态点	干基组成质量分数，Z_B/(g/100 g S)				水图坐标/(g/100 g S)	
	NaCl	KCl	$MgCl_2$	H_2O	X	Y
三维坐标	x	y	—	z	x'	y'
KCl	0.00	100.00	0.00	0.00	50.00	0.00
NaCl	100.00	0.00	0.00	0.00	100.00	0.00
Car	0.00	43.88	56.12	63.60	21.94	63.60
E	5.80	10.80	83.40	222.50	11.20	222.50
P	64.60	35.40	0.00	217.00	82.30	217.00
M	15.84	34.53	49.64	61.42	33.10	61.42
Q	19.60	19.00	61.40	244.33	29.10	244.33
S	30.47	69.53	0.00	0.00	65.24	0.00

未知状态点：分解液 Q 点、加水后体系点 M_1，如图 5-11，需要作图或解析法计算。

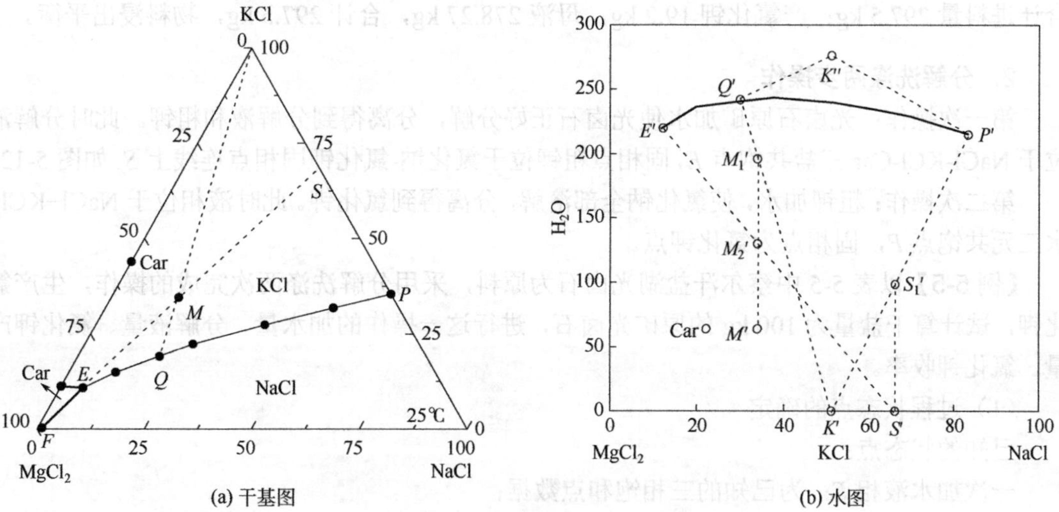

图 5-11 光卤石分解洗涤生产氯化钾相图分析

Q 点是氯化钾析出最充分的点，位于直线 K–M 和共饱线 P–E 的交点（x_Q，y_Q，z_Q）。交点坐标分别代表 Q 点 NaCl、KCl、H_2O 的干基浓度。

① 过 K、M 的空间直线方程

$$\frac{x-x_{\text{KCl}}}{x_{\text{M}_1}-x_{\text{KCl}}}=\frac{y-y_{\text{KCl}}}{y_{\text{M}_1}-y_{\text{KCl}}}=\frac{z-z_{\text{KCl}}}{z_{\text{M}_1}-z_{\text{KCl}}}$$

② 共饱线 P–E 函数

共饱线 P–E 为空间曲线，应该根据热力学模型，如 Pitzer 建立基于干基浓度的共饱线函数。在此可以用实验数据建立连续插值函数，根据绘图判断 Q 点的位置，选择共饱线上 Q 点两边的共饱点（25.3，22.8，248.5）和（10.95，14.85，238）。

③ 方程求解

加水后体系点 M_1 的干基浓度只有水浓度 z_{M_1} 有变化，求解后得到 Q 为(x, y, z)=（19.60，19.00，244.33），z_{M_1} 为 197.57。

（2）过程计算

过程计算包括：加水量、氯化钾产量、分解液量、氯化钾收率。

① 加水量：$w=y_{\text{M}_1}-y_{\text{M}}=197.56-61.24=136.32$［kg/(100 kg S)］

② 氯化钾产量及产率：在直线 KCl–M–Q 上用杠杆规则：

$$K=\frac{x_{\text{Q}}-x_{\text{M}}}{x_{\text{Q}}-x_{\text{K}}}\times M=\frac{19.6-15.84}{19.6-0.0}\times 100.0=19.2\ [\text{kg/(100 kg S)}]$$

产率 $=19.2/34.53=55.6\%$

③ 分解液量：在直线 KCl–M–Q 上用杠杆规则，得到 Q 点的干盐量：

$$Q_{\text{g}}=\frac{x_{\text{M}}-x_{\text{k}}}{x_{\text{Q}}-x_{\text{K}}}\times M=\frac{15.84-0.0}{19.6-0.0}\times 100.0=80.82\ (\text{kg S})$$

换算成液相质量 $Q=123.74\times(100+244.33)/100=278.27$（kg）

④ 物料衡算校核：原料光卤石干盐量 100 kg，实际质量 161.42 kg；加水量 136.14 kg，合计进料量 297.5 kg；产氯化钾 19.2 kg，母液 278.27 kg，合计 297.5 kg，物料浸出平衡。

2．分解洗涤两步操作

第一次操作：光卤石原矿加水使光卤石正好分解，分离得到分解液和粗钾。此时分解液位于 NaCl-KCl-Car 三盐共饱点 E，固相点粗钾位于氯化钠-氯化钾固相点连线上 S。如图 5-12。

第二次操作：粗钾加水，使氯化钠全部溶解，分离得到氯化钾。此时液相位于 NaCl–KCl–水三元共饱点 P，固相点为氯化钾点。

【例 5-5】以表 5-5 中察尔汗盐湖光卤石为原料，采用分解洗涤两次完成的操作，生产氯化钾，试计算干盐量为 100 kg 的原矿光卤石，进行这一操作的加水量、分解液量、氯化钾产量、氯化钾收率。

（1）过程状态点的确定

已知的状态点：

一次加水液相 E：为已知的三相饱和点数据；

二次加水固相 K：KCl 固相点；

二次加水液相 P：氯化钠–氯化钾共饱点。

未知状态点：一次加水后体系点 M_2、固相 S 点（x_S，y_S，z_S）及二次加水系统点 S_1 等。

E–M_2–S 直线方程：$\dfrac{x-x_E}{x_{M_2}-x_E}=\dfrac{y-y_E}{y_{M_2}-y_E}=\dfrac{z-z_E}{z_{M_2}-z_E}$

KCl–NaCl 直线：$\dfrac{x-x_{KCl}}{x_{NaCl}-x_{KCl}}=\dfrac{y-y_{KCl}}{y_{NaCl}-y_{KCl}}=\dfrac{z-z_{KCl}}{z_{NaCl}-z_{KCl}}$

求解得到 S（30.47，69.53，0.0），z_{M_2} 为 132.32。

二次加水系统点 S_1 的计算采用 P–S_1–KCl 直线方程：

$$\frac{x_{S_1}-x_{KCl}}{x_P-x_{KCl}}=\frac{y_{S_1}-y_{KCl}}{y_P-y_{KCl}}=\frac{z_{S_1}-z_{KCl}}{z_P-z_{KCl}}$$

其中只有 z_{S_1} 未知，解得 $z_{S_1}=102.35$。

（2）过程计算

过程计算包括：两次加水量、氯化钾产量、分解液量、洗涤液质量、氯化钾收率。

① 一次操作

一次加水量：$W_1=z_{M_2}-z_M=132.32-61.42=70.90$（kg/100 kg S），由于 M 干盐量为 100 kg，因此加水量为 70.90 kg。

一次加水固相量：对 $E-M_2-S$ 直线方程用杠杆规则：

$$S=\frac{x_M-x_E}{x_S-x_E}\times M=\frac{15.84-5.8}{30.47-5.8}\times 100.0=40.70\text{（kg/100 kg S）}$$

一次加水液相干盐量：$E_g=\dfrac{x_M-x_S}{x_E-x_S}\times M=\dfrac{15.84-30.47}{5.8-30.47}\times 100.0=59.30$（kg）

折算 E 点液相量为：$E=59.30\times 222.50/100=131.94$（kg）

② 二次操作

二次加水量：$W_2=\dfrac{(z_{S_1}-z_S)\times S}{100}=\dfrac{102.35\times 59.3}{100}=60.69$（kg）

两次合计加水 60.69 + 70.9 = 131.59（kg）。

氯化钾产量：采用 $P-S_1-$KCl 直线的杠杆规则：

$$K=\frac{x_S-x_P}{x_{KCl}-x_P}\times S=21.50\text{（kg）}$$

氯化钾的回收率= 21.50/34.53 = 62.26%。

洗涤液量：同样采用杠杆规则可以得到洗涤液干盐量 $P_g=19.20$ kg，溶液量 60.86 kg。

小结：两步操作总加水量 131.59 kg，产生 E 点溶液 131.94 kg，洗涤液 60.86 kg，氯化钾 21.50 kg。比一步操作加水减少 3.46%，氯化钾回收率从 55.6%提高到 62.26%。

（3）分解洗涤三步操作

分解洗涤三步操作方法有两套方案，分别是：

① 洗涤液溶质主要为氯化钠和氯化钾，而氯化镁很少，对原矿光卤石具有分解能力。

第一次加水，使光卤石部分分解，固液分离后的固相加入洗涤液，使剩余光卤石完全分解，分解所得粗钾加水洗涤得到氯化钾和洗涤液，洗涤液做上述循环。

② 第一次加水恰使光卤石正好分解，所得固相为中间钾，加入少量水和循环洗涤液 R（不足以溶解全部氯化钠），得到固相为粗钾和 P 点共饱液，粗钾再加入稍过量的水，洗涤中间钾的 NaCl，得到固相产品 KCl，液相未达到 NaCl 和 KCl 共饱点，作为循环洗涤液，再用于洗涤粗钾。这部分的分解过程在两步操作已经叙述，而洗涤过程为三元体系内容，在这里不再赘述。

【例 5-6】 以表 5-5 中察尔汗盐湖光卤石为原料，进行分解洗涤三次完成的操作生产氯化钾，其中第一次加水分离固相中 20%原矿光卤石，第二次只加入循环洗涤液，第三次加水为最小加水量的 1.1 倍。试计算 100 kg 光卤石的加水量、氯化钾产量、循环洗涤液量。

解：（1）洗涤液分解光卤石的相平衡规律。如图 5-12，第一次加水，光卤石部分分解，固相 N 再加入洗涤液 P，混合浆料处于氯化钾和氯化钠共析区，液相点在 PE 共饱线上，固相点位于 KCl 和 NaCl 连线上，属于一液两固状态，需通过固液平衡求出固液相的具体位置。

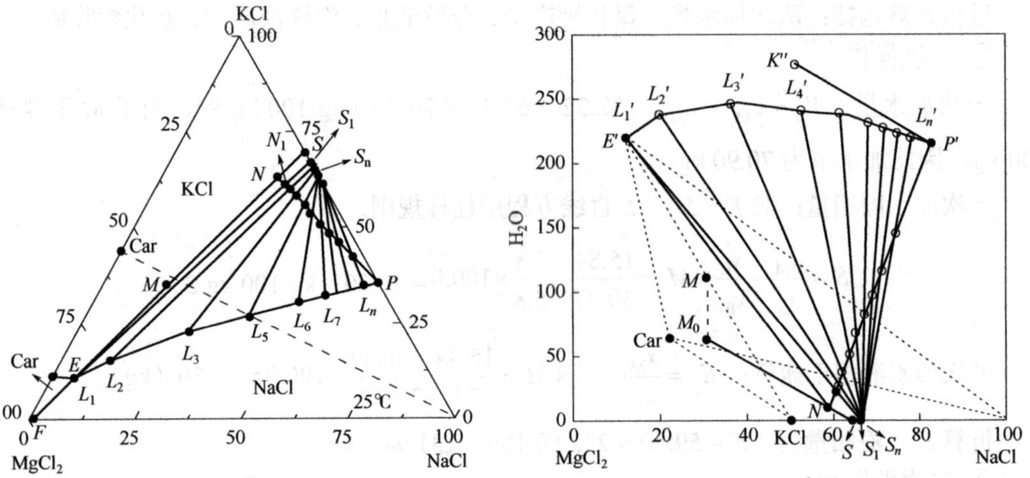

(a) 干基图　　(b) 水图

图 5-12　混合过程固液相平衡的变化

如图 5-12 中固相点 N，加入不同量的洗涤液 P 后，计算得到相平衡变化规律。随着 P 点加入量的增大，体系 N 向 P 的方向移动。当移动到 N_1 时，N_1 点处于 E–NaCl–KCl 组成的平面（如图 5-12 水图），光卤石恰好全部溶解。继续增加 P 的量，液相点从 E 点向 P 点移动，固相点从 S 点向氯化钠增大的方向移动，但移动的步长随 P 点液量的增加越来越小，固相点 S_n 是这个体系含盐量的一个极限点，加水过程相平衡的变化见图 5-13。

上述过程，固相的氯化钠含量会增加，为减少固相中的盐量，可在这个过程添加一定量的水。如图 5-13 以某点 N 为例的加水过程的模拟结果。随着加水量的增加，固相氯化钠逐渐减少，L_0 为未加水的液相点，L_n 为氯化钠全部溶解的液相点。所以加水后可以得到氯化钠少的固相，液相在 L_0～L_n 之间，这个区间与 N 中未分解光卤石的量有关。

（2）洗涤液作为分解剂的最小加入量

① 过程状态点的确定

a. 状态点 N。母液为 E 点，固相点 N 是 S 点与 M 点的混合物，其中 20%为原矿光卤石，

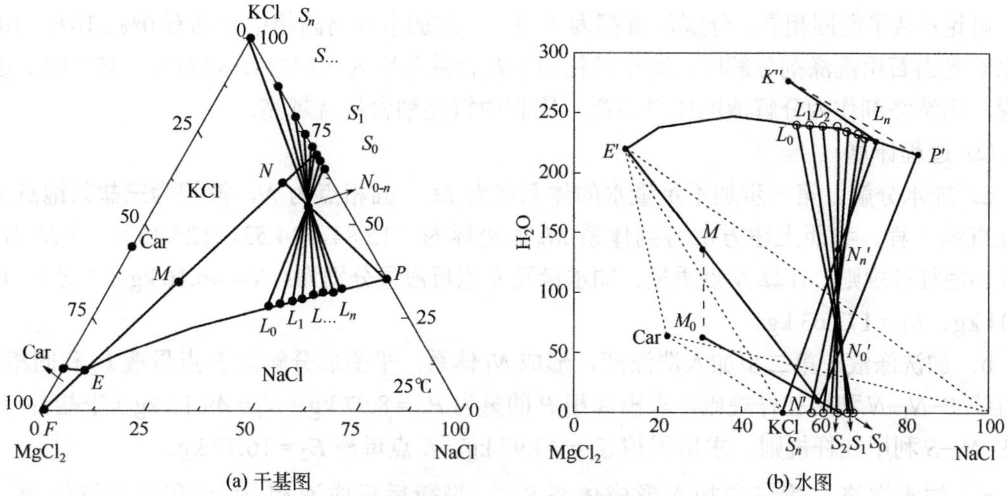

(a) 干基图　　(b) 水图

图 5-13　加水过程相平衡的变化

80%为分解固相，N 点状态为：

$$x_N = 0.8x_S + 0.2x_M = 27.55$$

$$y_N = 0.8y_S + 0.2y_M = 62.53$$

$$z_N = 0.8z_S + 0.2z_M = 9.92$$

$$h_N = 0.8h_S + 0.2h_M = 12.28$$

b．最小加入量体系点。如图 5-14，以部分分解固相 N 点，加入 P 点饱和液，使光卤石恰好全部分解，此时的配料点应为 PM 线或 PN 线与 E–NaCl–KCl 三点平面的交点。计算方法见【例 5-4】。所得混合点 N_1 为（27.55，60.96，24.86）。相关状态点数据见表 5-8。

表 5-8　三步光卤石分解洗涤生产氯化钾相关状态点

状态点	干基组成质量分数，Z_B/(g/100 g S)				水图坐标/(g/100 g S)	
	NaCl	KCl	MgCl$_2$	H_2O		
三维坐标	x	y	—	z	x'	y'
M	15.84	34.53	49.64	61.42	33.10	61.42
N	27.55	62.53	9.93	12.28	58.81	12.28
N_1	29.82	60.86	9.32	24.86	60.19	24.31
S_{N_1}	32.66	67.34	0.00	0.00	66.33	0.00
M_1	27.86	34.74	37.40	99.77	45.23	99.77
S_{M_1}	45.79	54.21	0.00	0.00	72.89	0.00

c．平衡固相点。按直线规则，对 $E-N_1-S$ 建立直线方程，确定平衡后的固相点

$$\frac{x_{N_1}-x_E}{x_S-x_E}=\frac{y_{N_1}-y_E}{y_S-y_E}=\frac{z_{N_1}-z_E}{z_S-z_E}$$

其中：$z_S = 0.0$；$y_S = 100 - x_S$。由此计算 S_{N_1} 为（32.66，67.34，0.00），对于不加水的 M_1 对应固相 S_{M_1} 为（45.79，54.21，0.00）。

讨论：从平衡固相看，分解母液都为E点，一次加水分离固相中分别有0%、10%、100%的原矿光卤石用洗涤剂分解时，固相氯化钠干基含量分别为30.47%、32.66%、45.79%。这就是说，用洗涤剂作为分解液的比例越高，固相中氯化钠含量就越高。

② 过程计算

a．加水分解。第一步加不足量水的体系点为M_n，固相点为N，液相为三盐共饱点E，建立直线方程，参照上述方法得到体系M_n的坐标为（15.84，34.53，125.46）。对N–M_n–E直线利用杠杆规则，计算N点质量、加水量及E点母液量分别为：$N = 46.16$ kg（干盐）、$W_1 = 64.04$ kg、$E_1 = 173.63$ kg。

b．加洗涤液。第二步加入洗涤液，形成N_1体系，平衡后分解为E点母液E_2和固相S。对直线P–N_1–N利用杠杆规则，求出液相P的量为$P_1 = 8.97$ kg、$N_1 = 49.17$ kg（干盐）；对直线E–N_1–S利用杠杆规则，求出固相$S_n = 43.97$ kg，E点母液$E_2 = 16.77$ kg。

c．加水洗涤。第三步加水形成体系S_{N_1}，平衡后形成液相P点和固相氯化钾。对P–S_{N_1}–KCl利用直线规则求出S_{N_1}坐标（32.66，67.34，109.71）；对直线P–S_{N_1}–KCl利用杠杆规则，求出加水量48.25 kg、洗液质量70.47 kg、氯化钾产量21.74 kg。

（3）分解不加水的两次操作

分解只加洗涤液，获得图5-14中M_1点，并用上述方法计算，分解光卤石的洗液用量78.15 kg，产生E点卤水146.60 kg，洗涤加水70.99 kg，再生洗涤液164.50 kg，实际排除系统洗涤液93.51 kg，氯化钾产量21.32 kg。

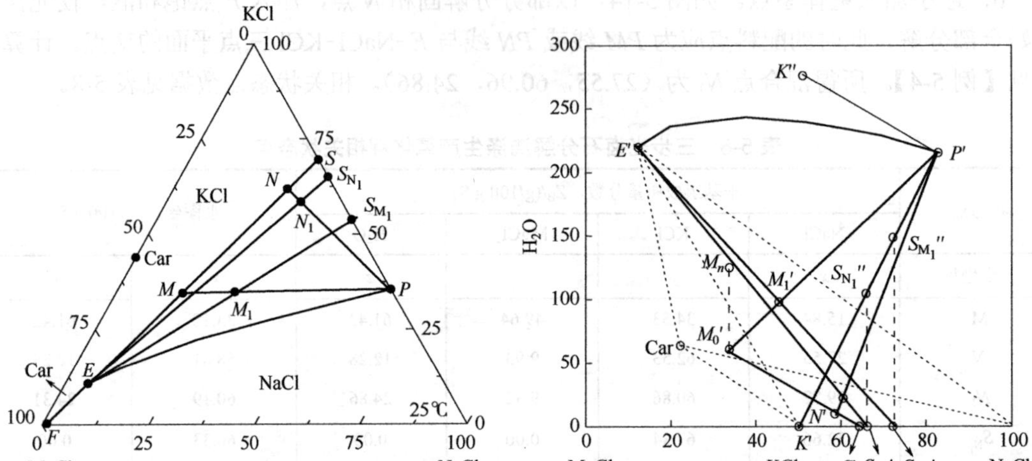

图5-14　洗涤液作为分解剂的最小加入量计算

小结：干盐质量为100 kg的原矿光卤石，进行上述几种方案的计算结果，见表5-9。分解洗涤一次操作钾的回收率低，其他三种回收率大致相当但用水量不同，完全采用洗涤液分解光卤石的方法用水量最少，但粗钾中含盐量高，产生的洗涤液较多。这个例子在于弄清各种操作的相平衡规律、过程物料状态的确定、工艺计算等，但未给出最优方案，需要结合实际进行最优设计。

表 5-9　光卤石分解洗涤生产氯化钾各种方法的比较

操作方案	分解加水/kg	洗涤加水/kg	分解液/kg	循环分解液/kg	洗涤液/kg	氯化钾/kg	氯化钾收率/%
分解洗涤一次	136.14	—	278.27	—	—	19.20	55.60
分解洗涤二次	70.90	60.69	191.24	—	60.86	21.50	62.26
部分分解三次	64.04	48.25	190.40	8.97	70.47	21.74	62.96
分解不加水二次	—	70.99	146.60	78.15	164.5	21.32	61.74

第四节　芒硝转化法生产硫酸钾的相图分析与计算

交互四元体系中，以两种或两种以上盐为原料进行复分解反应，制备另外的一种或多种单盐、水合物或复盐，是无机化工常用的转化过程，过程控制条件的选择是基于交互体系的相平衡关系，可根据相图特征合理安排工艺过程。本节将以用氯化钾和芒硝为原料制备硫酸钾为例，说明利用四元相图确定复分解反应条件和工艺过程的设计和计算方法。

氯化钾、芒硝构成了 $K^+, Na^+//Cl^-, SO_4^{2-}$-$H_2O$ 交互四元体系。现需要根据相图确定发生复分解反应 $Na_2SO_4 + 2KCl \longrightarrow K_2SO_4 + 2NaCl$ 的条件，实现以氯化钾、芒硝为原料转化生产硫酸钾和副产物氯化钠。

一、常温直接转化

1. 相图特点

绘制 $K^+, Na^+//Cl^-, SO_4^{2-}$–$H_2O$ 交互体系 25℃等温干基相图，如图 5-15。相图特征如下：

（1）该体系在 25℃有六个固相的饱和相区，包括单盐 KCl、NaCl、K_2SO_4、Na_2SO_4、水合物 S_{10}（$Na_2SO_4 \cdot 10H_2O$）以及复盐钾芒硝 Gla（$Na_2SO_4 \cdot 3K_2SO_4$）。

（2）图中有与 S_{10} 对应的无水 Na_2SO_4 饱和曲面，说明 S_{10} 为Ⅱ型水合物。复盐钾芒硝 Gla 的固相点位于其饱和相区之外，所以 Gla 属于不相称复盐。因为 Gla 位于 K_2SO_4 饱和相区内，所以 Gla 加水会分解出单盐硫酸钾。

（3）图中 Gla 与 K_2SO_4 的饱和相区面积都很大，说明在此温度下这两种固相容易从溶液中析出。

（4）图中 K_2SO_4 的饱和相区距离 K_2SO_4 固相点最远的边界点是 P 点，是硫酸钾饱和相区中硫酸钾含量最小的点。

2. 过程分析

根据直线规则，KCl 和 $Na_2SO_4 \cdot 10H_2O$ 配料组成的系统点，必然在 KCl 和 $Na_2SO_4 \cdot 10H_2O$ 相点的连线上，干基图上在 KCl 和 Na_2SO_4 盐对的连线上。若要 K_2SO_4 析出，则系统点应该位于硫酸钾相区，在图上为 T_1 和 T_2 两点之间。如配料干基点为图中 T_0，则加入适当的水，体系达到固液相平衡后，会形成固相硫酸钾和 P 点饱和溶液两相。从杠杆规则分析，液相点位于三盐共饱点 P 时，固相量杠杆最长，因此 T 是最大限度产生硫酸钾固相的最佳配料点。加水量应使固液平衡后的两相恰好为 P 点溶液和硫酸钾，加水少了氯化钾和芒硝不能完全溶解，加水多了溶液被稀释，硫酸钾不能充分析出。如图 5-16 所示。

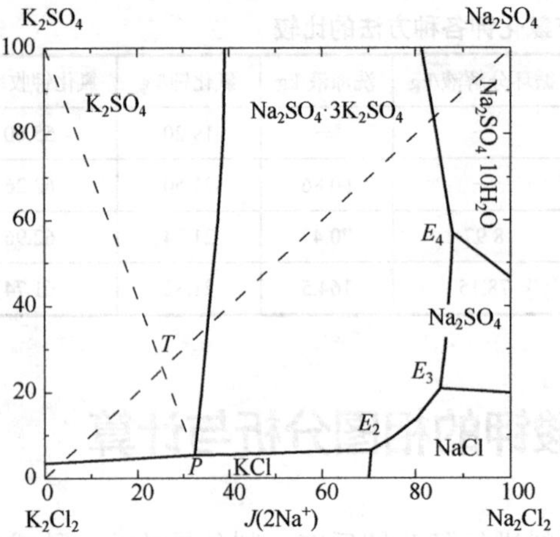

图 5-15 常温直接转化生产硫酸钾相图分析

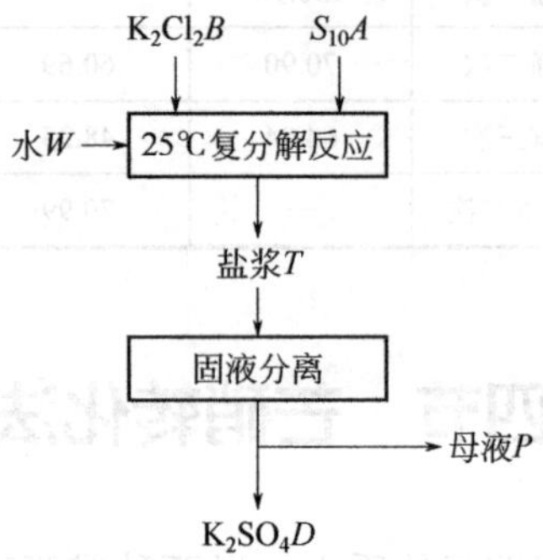

图 5-16 常温直接转化生产硫酸钾流程

3. 过程计算

（1）过程物料状态点确定

过程物料包括：①原料（氯化钾、芒硝、水）；②产品 K_2SO_4 和 P 点母液。

根据分子式确定原料、产品的耶涅克组成；根据相图数据获得三盐共饱点 P 点的组成，结果如表 5-10 所示，表中列出了转换后的质量分数。

表 5-10 过程状态点组成与浓度

项目	耶涅克指数，J_B			质量分数，w_B/%				
	Na_2^{2+}	SO_4^{2-}	H_2O	Na^+	K^+	SO_4^{2-}	Cl	H_2O
KCl	0	0	0	0.000	0.523	0.000	0.477	0.000
$Na_2SO_4 \cdot 10H_2O$	100	100	1000	0.143	0.000	0.298	0.000	0.559
H_2O	0	0	—	0.000	0.000	0.000	0.000	1.000
K_2SO_4	0	100	0	0.000	0.448	0.552	0.000	0.000
P 点	32.5	5.4	1940.0	0.031	0.108	0.011	0.137	0.714

（2）过程方程与求解

过程状态：$A + B + W = D + P$，以配料总干盐 100 mol 为基准，计算采用物料平衡法：

总干盐：$a + b = 100 = d + p$

K_2^{2+}：$b = d + p \times 67.5\%$

Na_2^{2+}：$a = p \times 32.5\%$

Cl_2^{2-}：$b = p \times 94.6$

SO_4^{2-}：$a = d + p \times 5.4\%$

H_2O：$a \times 1000/100 + w = p \times 1940/100$

经计算可得，a（芒硝）= 25.5，d（硫酸钾）= 21.3，p（溶液 P）= 78.7，b（氯化钾）= 74.5，w（水）= 1272，钾离子回收率为：

$$\eta_{K_2^{2+}} = \frac{21.3}{74.5} \times 100\% = 28.6\%$$

本流程回收率较低，因此需进一步考虑母液的回收利用，以提高其回收率。

二、常温间接转化

常温直接转化，产生了大量的母液，其中钾离子的含量为 10.8%，需要考虑充分利用。为此可以考虑两步转化。

1. 过程分析

由图 5-17 相图可知，生产硫酸钾必然要产生 P 点母液。若 P 点溶液与芒硝混合，混合点（如 T_3）可处于钾芒硝 Gla 相区，从而转化生成钾芒硝和 E_3 点母液，其中 E_3 点位于 Gla 相区边界，且距离 Gla 固相点最远的点，可使 Gla 充分析出。

Gla 固相位于四元相图的边上，加适量水，可分解为硫酸钾固相和 H 点溶液。从相图上看，Gla 点、H 点、硫酸钾 D 点组成的杠杆，K_2SO_4 杠杆长度较短，K_2SO_4 析出不充分。如考虑将 Gla 点加入氯化钾，混合点在 A-Gla 线上，加适量水，平衡后液相点可在 A–O–H 共饱线上，其中 P 点距离硫酸钾 D 点最远。DP 线与 A–Gla 线交点 S 就是最佳的配料点。这样硫酸钾充分析出，同时又得到 P 点溶液。P 点溶液继续上述过程，形成循环液。设计成流程见图 5-18。

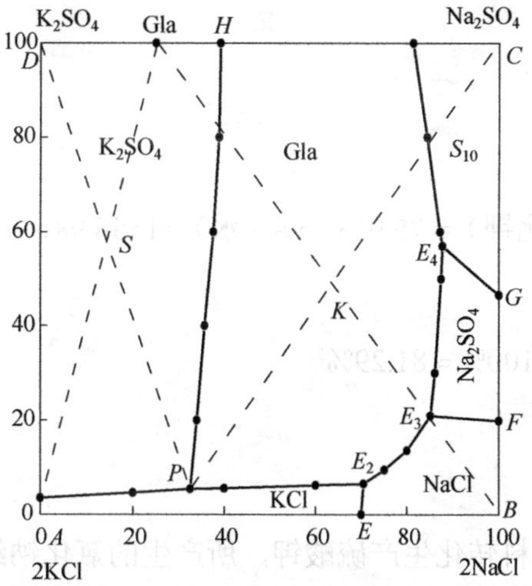

图 5-17 常温间接转化生产硫酸钾相图分析

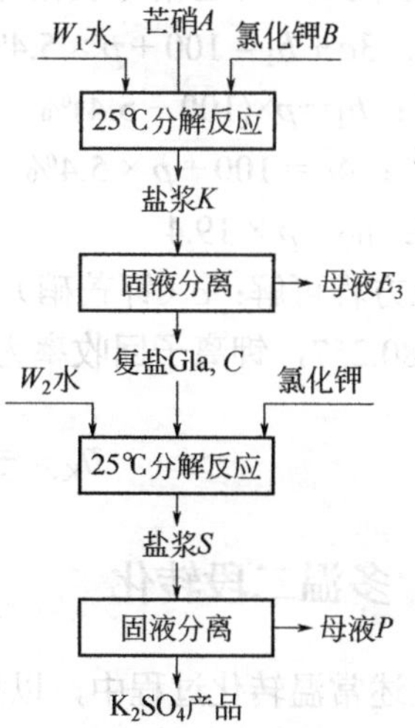

图 5-18 常温间接转化生产硫酸钾流程

2. 过程计算

（1）过程状态点确定

① 原料点：氯化钾、芒硝、水；

② 中间物料：P 点溶液；

③ 中间产品 Gla、产品 K_2SO_4 和 E_3 点溶液。

根据分子式确定原料、产品和中间产品的耶涅克组成；根据相图数据获得 P 点、E_3 点的组成，结果如表 5-11 所示，为便于计算，表中也列出了转换后的质量分数。

（2）过程模型

① 过程一：氯化钾与芒硝转化硫酸钾和 E_3 点母液，物料衡算如下：

K_2^{2+}：$80.257 \times 67.5\% + b = 3 \times 26.083 + e_3 \times 14.8\%$

Cl_2^{2-}：$80.257 \times (1-5.4\%) + b = e_3 \times (100-20.9)\%$

SO_4^{2-}：$80.257 \times 5.4\% + a = 4\times26.083 + e_3\times20.9\%$

H_2O：$80.257 \times 19.4 + w_1 = e_3\times14.6$

联立方程可解：a（硫酸钠）=132.502，b（氯化钾）=47.094，w_1（水）=713.621，e_3（溶液 E_3）=155.52。

表 5-11 常温间接转化过程状态数据表

项目	耶涅克指数，J_B			质量分数，w_B/%				
	Na_2^{2+}	SO_4^{2-}	H_2O	Na^+	K^+	SO_4^{2-}	Cl^-	H_2O
H_2O	0.0	0.0	—	0.000	0.000	0.000	0.000	1.000
KCl	0.0	0.0	0.0	0.000	0.523	0.000	0.477	0.000
K_2SO_4	0.0	100.0	0.0	0.000	0.448	0.552	0.000	0.000
$Na_2SO_4\cdot10H_2O$	100.0	100.0	1000.0	0.143	0.000	0.298	0.000	0.559
Gla	25.0	100.0	0.0	0.069	0.352	0.578	0.000	0.000
P 点	32.5	5.4	1940.0	0.031	0.108	0.011	0.137	0.714
E_3 点	80.0	13.6	1460.0	0.094	0.040	0.034	0.157	0.675

② 过程二：钾芒硝与氯化钾转化硫酸钾和 P 点母液，物料衡算如下：

K_2^{2+}：$3c + b_1 = 100 + p \times 5.4\%$

Cl_2^{2-}：$b_1 = p\times(100-5.4)\%$

SO_4^{2-}：$4c = 100 + p \times 5.4\%$

H_2O：$w_2 = p \times 19.4$

联立方程可解：c（钾芒硝）= 26.083，b_1（氯化钾）= 75.923，w_2（水）=1556.98，p（溶液 P）= 80.257，钾离子回收率为：

$$\eta_{K_2^{2+}} = \frac{100}{75.923 + 47.094} \times 100\% = 81.29\%$$

三、多温二段转化

在上述常温转化过程中，以氯化钾、芒硝为原料转化生产硫酸钾，所产生的氯化钠组分全部在 E_3 母液中，该母液的钾离子的含量为 4%，不能作为废液排放，需要进一步回收利用。这个母液在常温下，已经达到了硫酸钾的极限析出情况，为此需要在其他温度下考虑，是否可以把氯化钠生产出来，这样才能在产硫酸钾的同时产氯化钠，实现完全的复分解反应 $Na_2SO_4 + 2KCl \longrightarrow K_2SO_4 + 2NaCl$。

1. 过程的相图分析

在多温条件（25℃和 100℃）下，研究氯化钾与芒硝转化反应制取硫酸钾的主要理论依据为（K^+, Na^+//Cl^-, SO_4^{2-}-H_2O）四元体系多温相图（如图 5-19 所示），其主要化学反应方程为：

一段转化：$3KCl + 2Na_2SO_4 \overline{\overline{\quad}} NaK_3(SO_4)_2 + 3NaCl$

二段转化：$NaK_3(SO_4)_2 + KCl \overline{\overline{\quad}} NaCl + 2K_2SO_4$

多温二段转化法生产硫酸钾的工艺流程如图 5-20 所示。①在 25℃将氯化钾与芒硝混合，加水配成物料点 K，进行一段转化反应得到钾芒硝和溶液 E_2；②将溶液 E_2 和溶液 E_3（循环溶液）配成溶液 E_4，升高温度至 100℃结晶析出 NaCl 和溶液 C_{100}；③溶液 C_{100} 冷却至 25℃，得到钾芒硝和溶液 E_3（循环溶液）；④将析出钾芒硝和氯化钾混合，加水配成物料点 S 进行二段转化得到硫酸钾和溶液 P；⑤将溶液 P 与芒硝混合，调节水量至物料点 T，析出钾芒硝和溶液 E_2。通过以上 5 个步骤，从而实现物料的闭合循环。

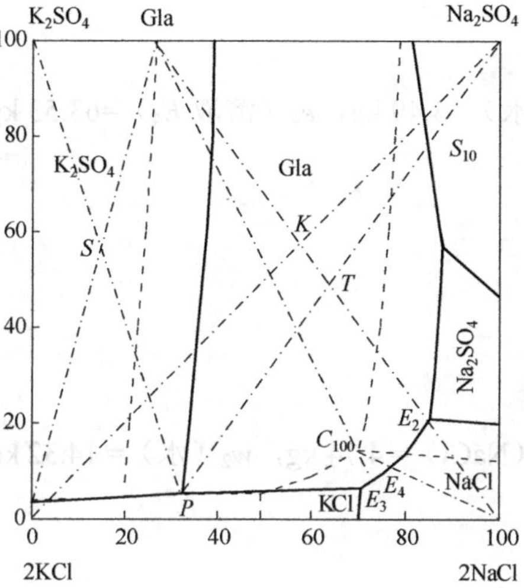

图 5-19 （K^+, Na^+//Cl^-, SO_4^{2-} - H_2O）四元体系相图

—— 25℃等温溶解度曲线；—·—·— 100℃等温溶解度曲线

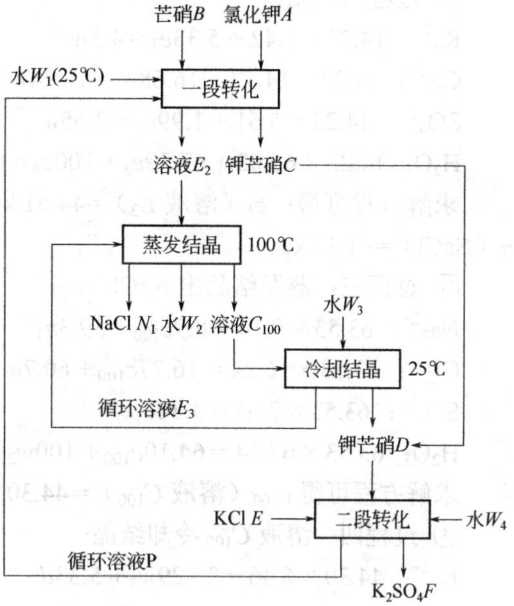

图 5-20　二段转化法生成硫酸钾工艺过程

2. 过程计算

（1）过程状态点的确定　依据四元体系（K^+, Na^+//Cl^-, SO_4^{2-} - H_2O）25℃和 100℃溶解度数据进行物料衡算，其过程状态组成如表 5-12 所示，计算以生产 5 kg 硫酸钾为基础。

表 5-12　多温二段转化过程状态数据

项目	质量分数，w_B/%				
	Cl^-	SO_4^{2-}	K^+	H_2O	Na^+
Na_2SO_4	0.00	67.64	0.00	0.00	32.30
KCl	47.17	0.00	47.78	0.00	0.00
Gla	0.00	57.80	35.29	0.00	0.00
K_2SO_4	0.00	55.12	44.88	0.00	0.00
E_2 点	14.59	4.92	2.98	67.46	10.05
E_3 点	16.68	1.99	5.33	67.39	8.60
E_4 点	16.24	2.65	4.50	67.48	9.14
C_{100} 点	16.77	3.80	6.46	64.10	8.90

（2）过程模型

① 过程一：一段转化［每次一段转化按加入 10 L 二转母液进行离子平衡计算（二转液密度约为 1.2 g/mL）］。

K_2^{2+}：$12 \times 10.92 + 47.78a = 3.59 \times 35.29 + 14.22 \times 3.42$

Cl_2^{2-}：$12 \times 13.56 + 47.17a = 14.22 \times 14.72$

SO_4^{2-}：$12 \times 1.11 + 67.64b = 3.59 \times 57.80 + 14.22 \times 5.61$

H_2O：$12 \times 71.5 + 100w_1 = 14.22 \times 66.03$

求解方程可得 a（氯化钾）=0.93 kg，b（无水芒硝）=4.05 kg，w_1（水）=0.81 kg。

② 过程二：兑卤

K_2^{2+}：$14.22 \times 3.42 + 5.33e_3 = 4.5w$

Cl_2^{2-}：$14.22 \times 14.72 + 16.68e_3 = 16.24w + 60.7n$

SO_4^{2-}：$14.22 \times 5.61 + 1.99e_3 = 2.65w$

H_2O：$14.22 \times 66.03 + 67.39e_3 + 100e_4 = 67.48w$

求解方程可得：e_3（溶液 E_3）=44.51 kg，w（水）=3.49 kg，e_4（溶液 E_4）=63.53 kg，n（NaCl）=−1.32 kg。

③ 过程三：蒸发结晶出 NaCl

Na_2^{2+}：$63.53 \times 9.14 = 8.9c_{100} + 39.3n_1$

Cl_2^{2-}：$63.53 \times 16.24 = 16.77c_{100} + 60.7n_1$

SO_4^{2-}：$63.53 \times 2.65 = 3.80c_{100}$

H_2O：$63.53 \times 67.24 = 64.10c_{100} + 100w_2$

求解方程可得 c_{100}（溶液 C_{100}）= 44.30 kg，n_1（NaCl）= 4.74 kg，w_2（水）= 14.32 kg。

④ 过程四：溶液 C_{100} 冷却结晶

K_2^{2+}：$44.30 \times 6.46 = 35.29w_3 + 5.33d$

Cl_2^{2-}：$44.30 \times 16.77 = 16.68d$

SO_4^{2-}：$44.30 \times 3.80 = 57.8w_3 + 1.99d$

H_2O：$44.30 \times 64.1 + 100e_3 = 67.39d$

求解方程可得 w_3（水）=1.62 kg，d（钾芒硝）=1.38 kg，e_3（溶液 E_3）=44.54 kg。

⑤ 过程五：二段转化

一段转化得钾芒硝 3.59 kg，溶液 C_{100} 冷却结晶得钾芒硝 1.38 kg，故供二段转化钾芒硝 4.97 kg。

K_2^{2+}：$4.97 \times 35.29 + 47.78e = 44.88f + 12 \times 10.92$

Cl_2^{2-}：$47.17e = 12 \times 13.56$

SO_4^{2-}：$4.97 \times 57.0 = 55.12f + 12 \times 1.11$

H_2O：$100w_4 = 12 \times 71.5$

求解方程可得 e（氯化钾）=3.37 kg，w_4（水）=8.58 kg，f（硫酸钾）=4.58 kg，钾离子回收率可提高到 91.6%。相对于常温直接转化和间接转化法生成硫酸钾的过程，多温二段转化工艺过程实现了溶液 2、3 和钾芒硝的闭合循环，在实现 $Na_2SO_4 + 2KCl \longrightarrow K_2SO_4 + 2NaCl$ 复分解反应过程中，需要经过上述复杂的过程，提高了钾离子的回收率，由本例可以看出多温相图在工艺设计中的重要意义。

习题五

5-1 某盐湖产有混合盐，组成质量分数为：NaCl 3.64%，Na_2SO_4 36.38%，$NaHCO_3$ 50.88%，H_2O 9.1%，试用 35℃相图分析从混合盐中制取 $NaHCO_3$ 应采取的措施，并以 100kg

混合盐为基准作量的计算。

$Na^+//Cl^-, SO_4^{2-}, HCO_3^{2-} - H_2O$ 体系 35℃数据

干基组成质量分数，Z_B/(g/100g S)			平衡固相
NaCl	Na_2SO_4	H_2O	
100	0	276	NaCl
0	100	203.5	Na_2SO_4
0	0	844	$NaHCO_3$
95.45	0	267	$NaCl + NaHCO_3$
79.6	20.4	239	$NaCl + Na_2SO_4$
0	91.45	198.5	$Na_2SO_4 + NaHCO_3$
84.6	10.8	246.5	$NaCl + NaHCO_3$
44.6	48.7	219.5	$Na_2SO_4 + NaHCO_3$
75.20	20.45	234	$NaCl + Na_2SO_4 + NaHCO_3$

5-2 根据 $Na^+//Cl^-, SO_4^{2-}, CO_3^{2-} - H_2O$ 体系 25℃相图，试用过程向量法分析下列情况下蒸发水分时发生的相变过程。

（1）在 E 点，$L_E \Leftrightarrow NaCl + C_7 + Bur$

（2）在 RF 线，$L_{RF} \Leftrightarrow S_{10} + C_{10}$

（3）在 Q 点，$L_Q \Leftrightarrow Na_2SO_4 + S_{10} + Bur$

（4）在 QH 点，$L_{QH} \Leftrightarrow Na_2SO_4 + S_{10}$

（5）在 R 点，$L_R \Leftrightarrow C_{10} + S_{10} + Bur$

5-3 下图为 $A - B - C - H_2O$ 体系干基图，各区意义已注明，试分析图中干基组成为 M 的未饱和溶液等温蒸发过程及液相、固相运动轨迹。

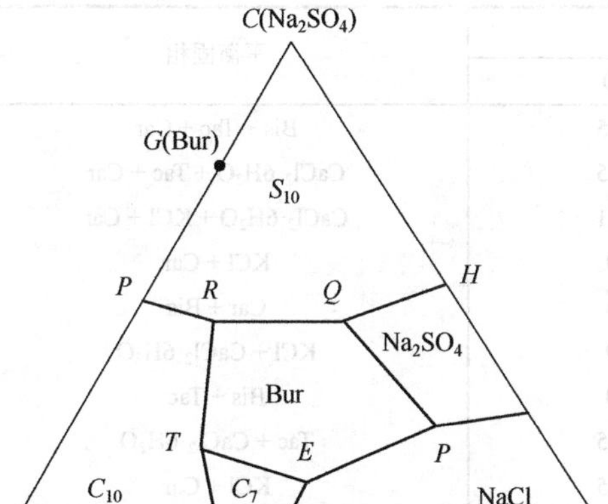

习题 5-2 附图

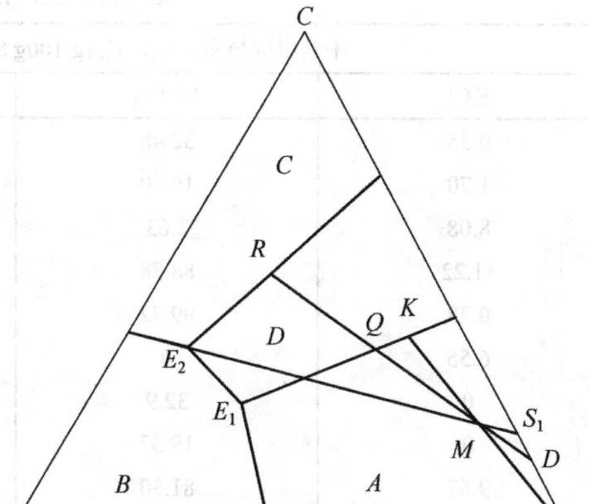

习题 5-3 附图

5-4 某卤水组成质量分数为：NaCl 17.50%，KCl 0.73%，$MgCl_2$ 9.57%，H_2O 72.20%，试用 25℃相图分析此卤水等温蒸发析盐规律，计算 1t 该卤水蒸发至单一 NaCl 析出最充分时蒸发水量及 NaCl 析出量（相关数据见附录八）。

5-5 某厂生产氯化钾使用除去硫酸根的卤水，其中间物料清液 100mL 中含 $MgCl_2$ 43.48g，NaCl 1.83g，KCl 4.61g，H_2O 78.74g，试用相图知识分析该清液从高温冷却到 25℃时能否得到人造光卤石。

5-6 设想如图所示的人造光卤石加水分解洗涤制取 KCl 的流程，其中物料在相图上的

位置为 M 点所示，试回答：

（1）该流程能否实现？条件如何？

（2）该流程 KCl 的回收率如何？

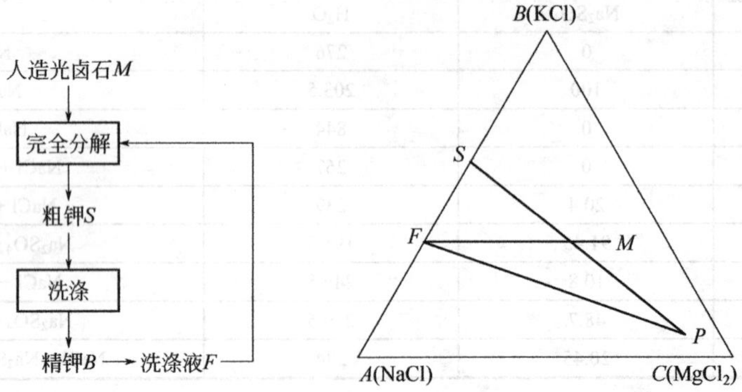

习题 5-6 附图

5-7　有组成含量为：NaCl 8.0，Na_2SO_4 5.0，$NaHCO_3$ 7.0 (g/100g 水)的系统 M_0。试用 35℃正交投影图（数据由练习题 5-1 换算）确定该系统等温蒸发界限点的组成。

5-8　某混合盐组成质量分数为：KCl 20%，$MgCl_2$ 32%，$CaCl_2$ 10%，H_2O 38%，现用其在 25℃制取 KCl，拟采取一次加水或两次加水的方法，试用相图计算不回收母液时每吨混合盐可生产多少 KCl。

Na^+, K^+, Ca^{2+}//Cl^- – H_2O 体系 25℃数据

干基组成质量分数，Z_B/(g/100g S)			平衡固相
KCl	$MgCl_2$	H_2O	
0.55	32.48	119.5	Bis + Tac + Car
1.70	19.10	105.5	$CaCl_2·6H_2O$ + Tac + Car
8.08	2.63	102.1	$CaCl_2·6H_2O$ + KCl + Car
11.22	88.78	230	KCl + Car
0.28	99.72	180	Car + Bis
6.55	0	109	KCl + $CaCl_2·6H_2O$
0	32.9	120	Bis + Tac
0	19.37	108.5	Tac + $CaCl_2·6H_2O$
9.67	81.30	222.5	KCl + Car
2.29	4.88	118.8	Car + $CaCl_2·6H_2O$
2.15	9.74	115.1	Car + $CaCl_2·6H_2O$
0.85	24.78	113.2	Car + Tac
1.14	39.56	127.2	Car + Bis
0.69	89.36	174.5	Car + Bis

5-9　某盐场有一种苦卤，组成质量分数为：NaCl 14.86%，$MgCl_2$ 8.88%，$MgSO_4$ 4.05%，H_2O 72.21%，若将该苦卤在 25℃下等温自然蒸发，试用 25℃相图分析计算 1t 该苦卤蒸发 226.5kg 时 NaCl 的析出量。

5-10　某盐场现有苦卤和老卤两种卤水，组成列于下表，试用 25℃相图分析计算当以 1005.6kg 苦卤和 272.3kg 老卤相兑时的析盐量。

某苦卤、老卤的组成

物料	质量分数，w_B/%			
	Na_2Cl_2	$MgCl_2$	$MgSO_4$	H_2O
苦卤	7.77	14.44	6.40	71.39
老卤	0.70	35.14	1.88	62.28

5-11 某盐场有一种苦卤，组成质量分数为：NaCl 5.62%，$MgCl_2$ 0.24%，$MgSO_4$ 2.08%，H_2O 92.06%，用此卤水在−5℃冷冻，能否得到纯的$Na_2SO_4 \cdot 10H_2O$结晶？1t 卤水冷冻至−5℃可得到多少固相物？

5-12 试用相图确定以 NaCl 及 NH_4HCO_3 为原料，通过复分解反应制取 $NaHCO_3$ 的最佳配料点，以 100 mol NaCl 为基准计算所需 NH_4HCO_3 及得到的 $NaHCO_3$ 量。

第六章

五元水盐体系相图

第一节　五元水盐体系

一、五元水盐体系的分类

五元水盐体系（quinary salt-water system）可以分为简单五元体系、交互五元体系和五元近水体系。

简单五元体系（simple quinary salt-water system）是指具有同离子的四种盐和水组成的水盐体系。也就是说在五个成盐离子中，具有一个相同的阳离子（或阴离子）与不同的阴离子（或阳离子）组成的水溶液体系，如 Li^+, Na^+, K^+, Mg^{2+}//Cl^-–H_2O 体系和 Na^+//Cl^-, SO_4^{2-}, HCO_3^-, CO_3^{2-}–H_2O 体系。

交互五元体系（reciprocal quinary salt-water system）是指体系由三个交互盐对的六种盐和水构成的体系。也就是说，体系中有三个阳离子和两个阴离子或三个阴离子和两个阳离子组成的水溶液体系，体系中存在三个复分解交互反应。如：Na^+, K^+, Mg^{2+}//Cl^-, SO_4^{2-}–H_2O 或 Na^+, K^+//Cl^-, SO_4^{2-}, NO_3^-–H_2O 体系。

五元近水体系（homologous quinary salt-water system）是指由一个交互盐对和另一种物质（如氨水、二氧化碳、醇等）构成的体系。如氨碱法生产的 Na^+, NH_4^+//Cl^-, OH^-–NH_3–H_2O 体系，氯化钾和碳酸镁转化法生产碳酸钾的 K^+, Mg^{2+}//Cl^-, CO_3^{2-}–CO_2–H_2O 体系，以及利用某些有机溶剂的盐析作用，实现混合溶剂盐水体系的结晶、分离和纯化的 Li^+, Mg^{2+}//Cl^-, SO_4^{2-}–C_2H_5OH–H_2O 体系。

本书主要介绍简单五元体系和交互五元体系。同时，鉴于海水型五元体系 Na^+, K^+, Mg^{2+}//Cl^-, SO_4^{2-}–H_2O 在盐业化工、海洋化学和盐矿地质中具有广泛应用，本章予以重点介绍。

二、相律特征

在五元以至更多组分体系中，由于组分数的增加，致使各相之间的关系变得更加复杂，因此多组分体系的研究具有挑战性。首先，在测定体系相平衡数据的实验中，需要做大量的化学分析、物化性质测量及物相鉴定与表征等工作，对实验技术手段提出了更高的要求，尤其是在较高和较低的温度下，面临的挑战更大。其次，相图要完善地反映多组分体系复杂的相平衡规律具有一定的难度。迄今，用来描绘五元体系以至复杂的多组分体系的相图尚不完善。

尽管多元体系相平衡的研究存在很多困难，然而由于科学技术的发展，需要对自然界有更广泛更深入的认识，特别是社会物质生产的发展，经常提出新的课题和研究领域。所有这些都使得多组分体系的研究工作一百年来不断地进行和发展。当然，所研究的范围还不广泛，只局限于自然界中存在较多的以及生产中所需要的一些体系。

在五元水盐体系中，根据水盐体系凝聚体系相律，其数学表达式为：

$$F=C-P+1$$

上式中 1 是指温度。由于五元体系 $C=5$，故自由度：$F=C-P+1=6-P$。

由此可得出如下结论：

（1）五元水盐体系相数最多为 $P=6$，此时，$F=0$。因此，对于五元水盐体系而言，处于零变量点时，平衡状态共存的相数最多为 6 个，即五个固相和一个与之平衡的液相。

（2）五元水盐体系，当最小为一个相存在时 $P=1$，自由度最大为 $F=5$。也就是说，要完整地描绘五元体系，必须有五个参变量，即温度和四个独立组分的浓度。由此可见，已不能使用三维立体图来表达多温下的五元水盐体系相关系。

（3）在等温条件下，五元体系条件自由度：$F^*=C-P=5-P$，即最多有 5 个与之平衡共存的相，即四个固相和一个液相。此时，当最小为一个相存在时 $P=1$，自由度最大为 $F=4$。可见，五元体系的等温相图就已经不能用立体图来表达了。

三、组分间的关系

1．简单五元体系

在简单五元体系中，四种单盐是彼此独立的。以 A、B、C、D 表示具有同离子（共同的正/负离子）的四种盐，则简单五元体系表示为 $A-B-C-D-W$。如简单五元体系以 $Li^+, Na^+, K^+, Mg^{2+}//Cl^--H_2O$ 为例，体系中的 NaCl、KCl、LiCl 和 $MgCl_2$ 是四种独立组分。

以简单五元体系 $Li^+, Na^+, K^+, Mg^{2+}//Cl^--H_2O$ 为例，包含的水盐子体系有：

（1）4 个二元水盐体系：由四种单盐分别与水组成 4 个二元水盐体系，即 $LiCl-H_2O$、$NaCl-H_2O$、$KCl-H_2O$、$MgCl_2-H_2O$ 体系。

（2）6 个三元水盐体系，即三元体系 $LiCl-NaCl-H_2O$、$LiCl-KCl-H_2O$、$LiCl-MgCl_2-H_2O$、$NaCl-KCl-H_2O$、$NaCl-MgCl_2-H_2O$、$KCl-MgCl_2-H_2O$。

（3）4 个简单四元体系，即简单四元体系 $LiCl-NaCl-KCl-H_2O$、$LiCl-NaCl-MgCl_2-H_2O$、$NaCl-KCl-MgCl_2-H_2O$ 和 $LiCl-KCl-MgCl_2-H_2O$。

2．交互五元体系

在交互五元体系中，组分间的关系要注意三点，以五元体系 $Na^+, K^+, Mg^{2+}//Cl^-, SO_4^{2-}-H_2O$ 为例：

（1）五种离子可生成六种单盐或单盐水合物。

（2）六种单盐之间存在着 3 个交互反应，其等摩尔效价反应式为：

$$Na_2Cl_2+MgSO_4 = Na_2SO_4+MgCl_2$$

$$K_2Cl_2 + Na_2SO_4 \longrightarrow K_2SO_4 + Na_2Cl_2$$

$$K_2Cl_2 + MgSO_4 \longrightarrow K_2SO_4 + MgCl_2$$

上述 3 个反应中的任一反应均可由另外两个反应加和而得，3 个反应式中，只有 2 个是独立的。因此，独立反应数为 2，即在这六种盐中，只有四种盐是独立的。

（3）对存在交互反应的体系而言，与交互四元体系一样，五元体系交互反应也是满足等摩尔效价原则（equivalent mole valence）。因此，当一价离子和二价离子同时存在时，将一价离子加倍，如上述反应式中的 K^+、Cl^-改写成 K_2^{2+}、Cl_2^{2-}，统一以等摩尔效价来衡量。这样，由于变化后的阴阳离子具有等摩尔效价，系统中的等摩尔效价的正离子总物质的量等于负离子总物质的量，即：

$$n(Na_2^{2+} + Mg^{2+} + K_2^{2+}) = n(Cl_2^{2-} + SO_4^{2-}) \tag{6-1}$$

（4）在五元交互体系中，包含的水盐子体系有如下种类：

① 6 个二元水盐体系：由六种单盐分别与水组成 6 个二元水盐体系，即 $NaCl-H_2O$、$Na_2SO_4-H_2O$、$KCl-H_2O$、$K_2SO_4-H_2O$、$MgCl_2-H_2O$、$MgSO_4-H_2O$ 体系。

② 9 个三元水盐体系：即 $NaCl-KCl-H_2O$、$NaCl-Na_2SO_4-H_2O$、$NaCl-MgCl_2-H_2O$、$NaCl-MgSO_4-H_2O$、$Na_2SO_4-KCl-H_2O$、$Na_2SO_4-K_2SO_4-H_2O$、$Na_2SO_4-MgCl_2-H_2O$、$Na_2SO_4-MgSO_4-H_2O$、$NaCl-Na_2SO_4-H_2O$ 体系。

③ 2 个简单四元体系：即 $NaCl-KCl-MgCl_2-H_2O$ 和 $Na_2SO_4-K_2SO_4-MgSO_4-H_2O$ 体系。

④ 3 个交互四元体系：即 $K^+, Na^+//Cl^-, SO_4^{2-}-H_2O$、$Na^+, Mg^{2+}//Cl^-, SO_4^{2-}-H_2O$ 和 $K^+, Mg^{2+}//Cl^-, SO_4^{2-}-H_2O$ 体系。

四、组成的表示方法

从五元体系凝聚体系相律可知，等温五元体系中，最大自由度为 $F=4$，已经不能用立体图来表达了。尽管如此，为了解决五元体系相图的图形描绘问题，必须抓住主要矛盾。在五元体系中，若将温度因素、水分因素略去，自由度仍然为 3，图形仍然要三维立体图才能表达。也就是说，五元体系的等温干基图已需用三维立体图来表达。

在五元体系中，在省略了温度和水分之后，若只能再舍去一个独立组分（一种盐），就可进一步简化，从而实现用平面坐标表示五组分的相图。究竟舍去何种盐，就应根据体系的具体情况和研究问题的需要而具体确定。一般而言，需舍去体系中含量最大、蒸发时最先析出的单盐。

1. 简单五元体系

以简单五元体系 $Li^+, Na^+, K^+, Mg^{2+}//Cl^--H_2O$ 为例，在蒸发过程中，氯化钠是最先饱和并结晶析出，可先省去氯化钠。余下三个组分为 KCl、LiCl、$MgCl_2$。若余下的这三个独立组分与不存在交互反应的简单四元体系组成表示方法类似，把其分别置于正三角形的三个顶点，这三个干盐之和为 100 g 或 100 mol 作为基准，通常采用以 100 g 为基准，即 $m(KCl) + m(LiCl) + m(MgCl_2) = 100$ g S。各组分相对于 $m(KCl) + m(LiCl) + m(MgCl_2) = 100$ g S 的各盐（四种干盐）和水的干基组成质量分数，定义为 Z_B'值，即干基组成质量分数 Z_B'(g/100g S)，如 $Z'(KCl)$、$Z'(LiCl)$、$Z'(MgCl_2)$、$Z'(NaCl)$、$Z'(H_2O)$。为了表示舍去的水量和 NaCl 量，还需要建立水图

（water-phase diagram）和钠图（sodium-phase diagram）。

【例 6-1】已知混合盐中含 NaCl、KCl、$MgCl_2$、LiCl 和 H_2O 质量分数（%）分别为 38.23、25.48、12.74、6.37、17.18。试计算其在简单五元体系 Li^+, Na^+, K^+, Mg^{2+}//Cl^-−H_2O 中的各盐和水的 Z_B'值。

解：从混盐组成可见，属于简单五元体系 Li^+, Na^+, K^+, Mg^{2+}//Cl^-−H_2O。除氯化钠和水组分外，以余下三个组分总质量 100 g 为基准，计算各盐及水的 Z_B'值：

$$m(\text{KCl}) + m\,(\text{LiCl}) + m\,(\text{MgCl}_2) = 25.48 + 6.37 + 12.74 = 44.59\text{（g）}$$

则：

$$Z'\,(\text{KCl}) = 25.48/44.59 \times 100 = 57.14$$
$$Z'\,(\text{LiCl}) = 6.37/44.59 \times 100 = 14.29$$
$$Z'\,(\text{MgCl}_2) = 12.74/44.59 \times 100 = 28.57$$
$$Z'\,(\text{NaCl}) = 38.23/44.59 \times 100 = 85.74$$
$$Z'\,(\text{H}_2\text{O}) = 17.18/44.59 \times 100 = 38.53$$

2．交互五元体系

在交互五元体系中，为了用平面坐标相图的简洁表达，常舍去一种盐，即减少等摩尔效价的两种离子，余下的三种等摩尔效价离子。如海水型五元体系 Na^+, K^+, Mg^{2+}//Cl^-, SO_4^{2-}−H_2O，在蒸发过程中，氯化钠是最先饱和并结晶析出，因此，往往再省去 Na_2^{2+}、Cl_2^{2-}，余下三种等摩尔效价离子 K_2^{2+}、Mg^{2+}、SO_4^{2-}。把其分别置于正三角形的三个顶点，这三个等摩尔效价离子之和为 100 mol 作为基准，即：

$$\sum[n\,(K_2^{2+}) + n\,(Mg^{2+}) + n\,(SO_4^{2-})] = 100\ \text{mol} \tag{6-2}$$

在交互五元体系中，各组分相对于$\sum[n\,(K_2^{2+}) + n\,(Mg^{2+}) + n\,(SO_4^{2-})] = 100$ mol 的各等效价离子（五种等效价离子）和水的干基摩尔分数，并定义为 J_B'值，即交互五元体系各离子和水的耶涅克指数，$J'(K_2^{2+})$、$J'(Mg^{2+})$、$J'(SO_4^{2-})$、$J'(Na_2^{2+})$、$J'(Cl_2^{2-})$、$J'(H_2O)$。为了表示舍去的水量和 NaCl 量，同样，也需要建立交互五元体系水图和钠图。值得注意的是，在交互五元体系中，水的分子式总是写成 H_2O，分子量为 18.015。

【例 6-2】计算某混合盐中各个离子的 J_B'值。已知混合盐中含（%）$MgSO_4$ 22.69、$MgCl_2$ 16.91、K_2Cl_2 2.4、Na_2Cl_2 19.19、H_2O 38.81。以 K_2^{2+}、Mg^{2+}、SO_4^{2-}三种离子物质的量之和（简写为Σ三离子）作为基准。

解：从 100 g 混合盐系统出发，算出各盐及水的物质的量：

$MgSO_4$	22.69/120.4 = 0.188
$MgCl_2$	16.91/95.21 = 0.178
K_2Cl_2	2.4/149.1 = 0.016
Na_2Cl_2	19.19/116.9 = 0.164
H_2O	38.81/18.02 = 2.154

进而求出各个离子的物质的量：

K_2^{2+}	0.016
Mg^{2+}	0.188 + 0.178 = 0.366

SO_4^{2-} 0.188

Na_2^{2+} 0.164

Cl_2^{2-} $0.178 + 0.016 + 0.164 = 0.358$

计算出 K_2^{2+}、Mg^{2+}、SO_4^{2-}三种离子物质的量之和（简写为Σ三离子）：

$\sum[n(K_2^{2+}) + n(Mg^{2+}) + n(SO_4^{2-})] = 0.016 + 0.366 + 0.188 = 0.570$

按照 J_B'值含义，计算出 J_B'值：

$J'(K_2^{2+})$ $0.016/0.570 \times 100 = 2.8$

$J'(Mg^{2+})$ $0.366/0.570 \times 100 = 64.2$

$J'(SO_4^{2-})$ $0.188/0.570 \times 100 = 33.0$

$J'(Na_2^{2+})$ $0.164/0.570 \times 100 = 28.8$

$J'(Cl_2^{2-})$ $0.358/0.570 \times 100 = 62.8$

$J'(H_2O)$ $2.154/0.570 \times 100 = 377.9$

【例 6-3】计算 $Na^+, K^+, Mg^{2+}//Cl^-, SO_4^{2-}-H_2O$ 体系中固相 KCl 的 J_B'值。

解：需根据其分子式计算。例如，等摩尔效价的 1 mol K_2Cl_2 含 K_2^{2+} 1 mol、Cl_2^{2-} 1 mol，其他离子均为零，所以$\sum[n(K_2^{2+}) + n(Mg^{2+}) + n(SO_4^{2-})] = 1$。

求得 J_B'值分别为：

$J'(K_2^{2+}) = 100$，$J'(Mg^{2+}) = 0$，$J'(SO_4^{2-}) = 0$，$J'(Na_2^{2+}) = 0$，$J'(Cl_2^{2-}) = 100$，$J'(H_2O) = 0$。

将各种离子的 J_B'值标绘于简化干基图上，即可获得五元体系的简化干基图（详细内容见本章第二节）。坐标只表示 K_2^{2+}、Mg^{2+}、SO_4^{2-}三种离子摩尔分数关系，而不能表示 Na_2^{2+}、Cl_2^{2-}及水量的多少，它能形象地反映含有 K_2^{2+}、Mg^{2+}、SO_4^{2-}的任一系统。反映其中这三种离子的关系，但不能反映只含 Na_2Cl_2 或 H_2O 的系统，如纯 Na_2Cl_2 水合物 $Na_2Cl_2 \cdot 4H_2O$ 和 Na_2Cl_2 的水溶液等。

第二节 五元体系的相图基础

一、简单五元体系图形表示法

简单五元体系由具有共同离子的四种无水单盐和水构成，例如 $NaCl-KCl-MgCl_2-CaCl_2-H_2O$ 体系。简单五元体系在图形表示、运用方法等方面与交互五元体系并无本质的区别。$NaCl-KCl-MgCl_2-CaCl_2-H_2O$ 体系是盐业化工中较常遇到的体系，现以它为例对简单五元体系相图作简要介绍。

1. 等温立体干基图

在简单五元体系的四种无水单盐间不存在复分解反应，各自都是独立的。

简单五元体系的等温干基图是用正四面体表示的，它能反映体系的组成关系，如图 6-1 所示。正四面体的四个顶点表示四种无水单盐，也就是四个二元体系。六条边线表示六个三元体系。四个正三角形面表示四个简单四元体系。

正四面体坐标使用的组成表示方式，可以是质量分数，也可以是摩尔分数，并且有

$NaCl\% + KCl\% + MgCl_2\% + CaCl_2\% = 100\%$的关系式成立。这一坐标系与简单四元体系的棱锥形（四面体）坐标系很相似，只是后者的H_2O顶点换成了另一种盐而已，因此，这种坐标系中系统点的标绘同样可以使用向量加和法，即以边长作为100%，从NaCl顶点出发，先在*AB*边上按KCl%（*B*%）取一段长，然后继续沿着与*AC*边平行的方向按$MgCl_2\%$（*C*%）取一段长，最后再沿着与*AD*边平行的方向按$CaCl_2\%$（*D*%）取一段长，进入了四面体内，得到的*M*点就是系统的位置。如果体系没有水合物和复盐生成，简单的等温干基图如图6-2所示。

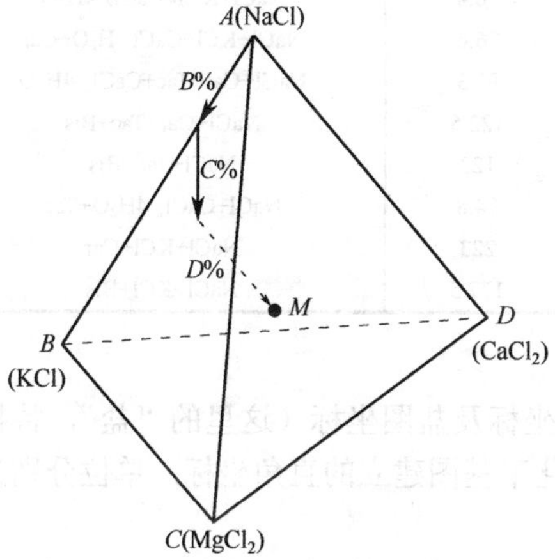

图 6-1 简单五元体系等温干基坐标

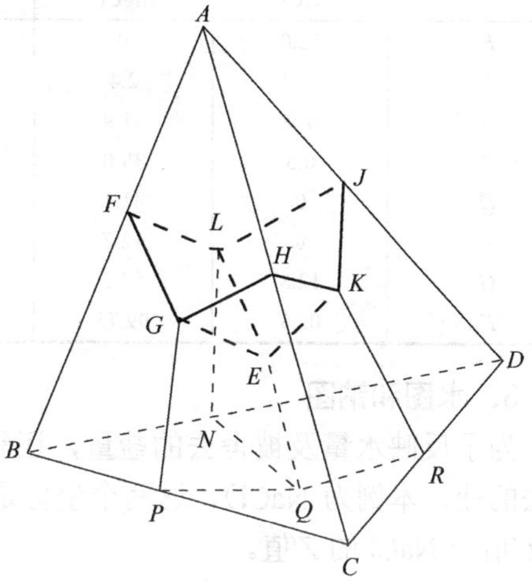

图 6-2 简单的等温干基图

四面体的四个侧面是所熟悉的简单四元体系的干基图。整个图形分成的四个几何体分别与四种无水单盐对应，表示单固相的饱和溶液。例如图6-3显示的就是*A*盐饱和溶液几何体从整个图形中分出来的情况。作为未饱和溶液的系统若处于该几何体内，则等温蒸发至饱和时，首先析出*A*盐。

在每两个单固相饱和溶液几何体之间的交面是与两个固相平衡的溶液面，例如交面*FGEL*是与*A*、*B*两盐平衡的溶液面。三个单固相饱和溶液几何体相互接触得到的交线是与三个固相平衡的溶液线，例如*GE*线是与*A*、*B*、*C*三盐平衡的溶液线，*E*点由四个单固相饱和溶液几何体相交所得，是与*A*、*B*、*C*、*D*四种盐平衡的溶液点，它是等温零变点。

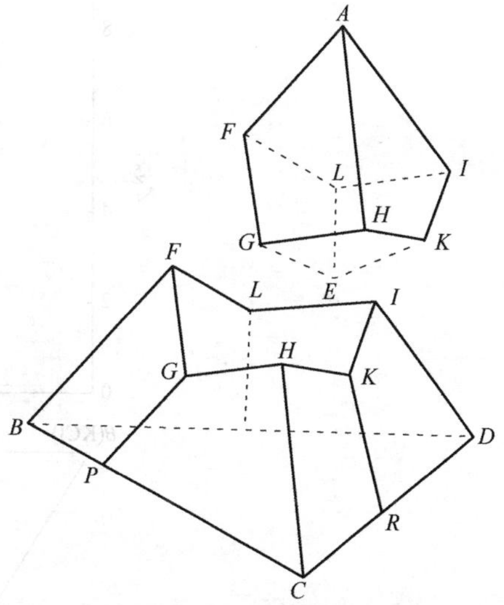

图 6-3 *A*盐饱和溶液几何体分出来的情况

2. 简化干基图

简化干基图为了使立体图平面化，还需要舍去一种盐。对于$NaCl-KCl-MgCl_2-CaCl_2-H_2O$体系（溶解度数据见表6-1），当所研究的系统涉及对NaCl饱和时，则可将NaCl舍去。舍去NaCl后，余下KCl、$MgCl_2$、$CaCl_2$三种盐，于是形成的简化干基图坐标如图6-1中的正三角形△*BCD*所示，不言而喻，其基准为：

$$KCl + MgCl_2 + CaCl_2 = 100\ g$$

因此，这一简化干基组成表示方式就是相对于 $KCl + MgCl_2 + CaCl_2 = 100\ g$ 的各盐及水的质量，为方便起见，记为符号 Z'。显然，这种简化干基图上只能反映出简单五元体系在 NaCl 饱和条件下，系统中 KCl、$MgCl_2$、$CaCl_2$ 之间的百分比例关系，系统标绘时也只根据这三个盐的 Z 值进行即可。

表 6-1 $Na^+, K^+, Mg^{2+}, Ca^{2+}//Cl^-–H_2O$ 体系 35℃有关数据

符号	干基组成质量分数，Z_B'/(g / 100 g S)				固 相
	KCl	$MgCl_2$	NaCl	H_2O	
F	12.0	0	0.68	76.4	$NaCl+KCl+CaCl_2·4H_2O$
E	11.1	2.4	0.67	76.6	$NaCl+KCl+CaCl_2·H_2O$+Car
H	1.9	11.9	0.54	92.3	NaCl+Car+Tac+$CaCl_2·4H_2O$
R	0.5	39.0	0.58	122.5	NaCl+Car+Tac+Bis
Q	0	41.1	0.71	122	NaCl+Tac+Bis
P	0	12.7	0.56	94.8	$NaCl+CaCl_2·4H_2O$+Tac
G	12.8	87.2	6.16	223	NaCl+KCl+Car
K	0.25	99.75	0.92	177.5	NaCl+KCl+Bis

3．水图和钠图

为了反映水量及被舍去的盐量，还需建立水图坐标及盐图坐标（这里的“盐”，特指被舍去的盐，本例为 NaCl），这两个坐标是对应于简化干基图建立的直角坐标，单位分别为水的 Z'值及 NaCl 的 Z'值。

图 6-4 是 $Na^+, K^+, Mg^{2+}, Ca^{2+}//Cl^-– H_2O$ 体系 35℃的简化干基图、水图及 NaCl 图。它是

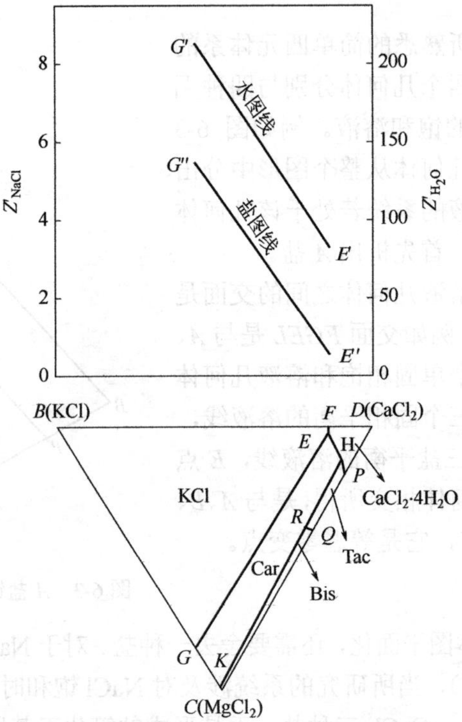

图 6-4 $Na^+, K^+, Mg^{2+}, Ca^{2+}//Cl^-–H_2O$ 体系 35℃相图（对 NaCl 饱和）

根据表 6-1 所给的相平衡数据标绘的，标绘方法与交互五元体系一样。数据及相图仅是体系在该温度下与 NaCl 及其他固相平衡的那一部分。

简化干基图上的区域代表与 NaCl 及另一固相平衡的溶液面，由围成该区的数据点的共同平衡固相决定。区域的交线是与三固相平衡的溶液线，交点是与四固相平衡的零变点。在水图及 NaCl 图上，只绘出了一条液相线（*G'E'*，*G''E''*）作为代表。

二、交互五元体系图形表示法

（一）等温立体干基图

组分间的关系表明，要描绘交互五元体系，所选择的几何图形必须如实地反映出这些关系。人们找到的几何图形就是正三角柱。

1. 正三角柱等温干基坐标系

正三角柱是以正三角形为底的正棱柱体。由于交互五元体系的正三角柱的棱长与底边长相等。也就是说，所用的正三角柱是由两个正三角形的底及三个与底垂直的正方形侧面构成的，如图 6-5 所示。

由于五元体系的等温干基图就是立体的，所以这样一个正三角柱立体坐标系不能反映温度的变化及水分的多少，而只能反映等温下干盐间的关系。

标绘立体图时应注意以下几点：

（1）坐标系是按等摩尔效价的关系建立的，坐标系中要用改写后的等摩尔关系标记各盐，图中单价盐的分子式是加倍的写法，并规定坐标系的总盐量或正（负）离子总量为 100 mol。

（2）各盐的位置是按复分解反应关系安排的，这样，正三角柱的各几何要素正好与体系的干基组成情况一一对应。

① 六个顶点，安排了 6 个单盐，表示 6 个二元体系。

② 九条棱线，表示 9 个三元水盐体系。

③ 两个三角形底面表示 2 个简单四元水盐体系。

④ 三个正方形侧面表示 3 个交互四元水盐体系，每个正方形表示一个复分解反应。

从图 6-5 中可以看出，三角柱的前底面上的三种盐都是硫酸盐而无氯化物，应是 100%的 SO_4^{2-}；同理，后底面应是 100%的 Cl_2^{2-}。显然，在两底面中间并与底面平行的面上，可由刻度上读出其 SO_4^{2-}与 Cl_2^{2-}的百分比。再看坐标中的三条棱，上棱应是 100%的 K_2^{2+}，右棱是 100%的 Na_2^{2+}，左棱为 100%的 Mg^{2+}。显然，与三条棱平行的直线应视其距离三条棱的远近来决定正离子中的 Na_2^{2+}、K_2^{2+}、Mg^{2+}的百分比例。这样，只要对一个系统以干基总量 100 mol 为基准，计算出正负离子的摩尔分数，即可在正三角柱坐标中确定其位置，如图中的 *M* 点含 Cl_2^{2-} 65%、SO_4^{2-} 35%、Na_2^{2+} 70%、K_2^{2+} 15%、Mg^{2+} 15%。

（3）一个正三角柱可以分成三个四面体，如图 6-6 所示，每个四面体的顶点都代表一种盐，这恰好表明交互五元体系中有四种独立的盐。而且由于四面体的分法不同，同一系统点可能处于不同的四面体中，因而可以用不同的四种盐表示。

2. 等温立体干基图剖析

如果将体系在某一温度下的相平衡数据用各个正负离子的摩尔分数表示，便可在正三角柱坐标中标出一系列液相点，再依据连续原理和相应原理把它们连接成一定的几何图形，就形成了该体系在该温度下的干基图。若体系的平衡固相只有无水单盐则图形是最简单的，如图 6-7 所示。图中 *A*、*B*、*C* 代表正离子，*X*、*Y* 代表负离子。

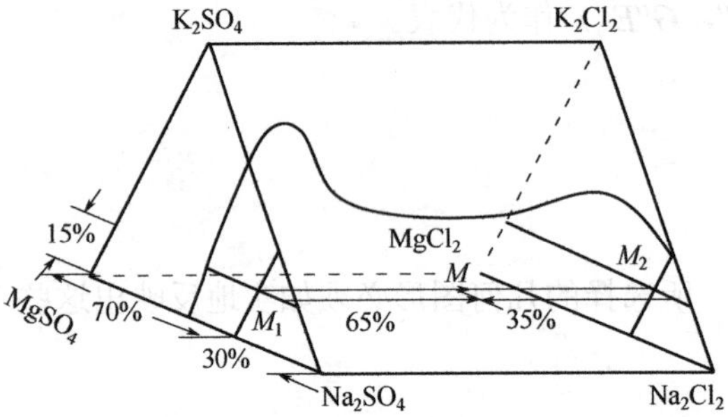

图 6-5　交互五元体系等温干基图

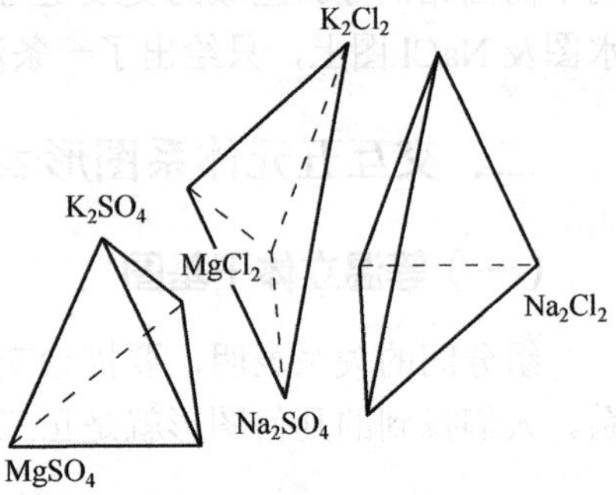

图 6-6　正三角柱分成的三个四面体

在图 6-7 中，两个正三角底是所熟悉的简单四元体系干基图，而三个正方形侧面则是所熟悉的交互四元体系的干基图。这些四元干基图上各几何要素的意义在第四章和第五章中已作了详细介绍。

整个立体图分为六个几何体，分别靠近六个顶点，与六种无水单盐对应，表示对这六种单盐饱和的溶液。例如图中 *AX* 盐的一角，几何体由 *AX–G–F–D*、*AX–H–K–D*、*AX–G–L–H*、*D–F–E–K*、*G–F–E–L*、*H–K–E–L* 共六个面围成（见图 6-8），表示对 *AX* 盐饱和的溶液。该几何体内任一点都可代表 *AX* 盐的饱和溶液，其组成是用干基表示的。作为未饱和溶液的系统，其干基组成若处于该几何体内，则当等温蒸发至饱和时，首先析出 *AX* 盐。因此，这个几何体称为 *AX* 盐的饱和溶液几何体或 *AX* 盐的初晶体。显然，对干基图而言，一个固相饱和的溶液已由四元体系中的一个面（区域）扩展成了五元体系中的一个几何体。

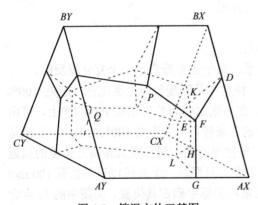

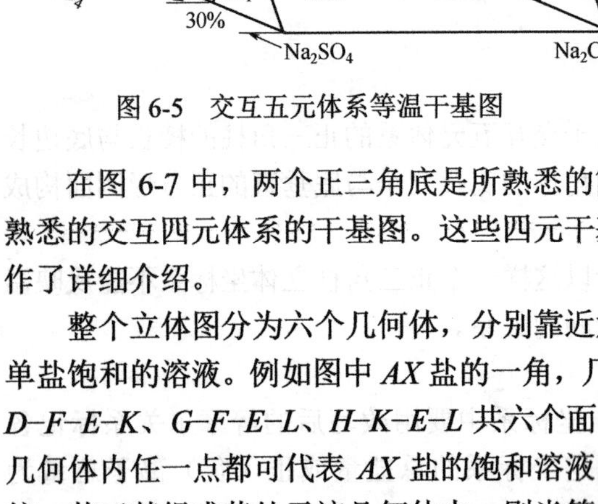

图 6-7　等温立体干基图

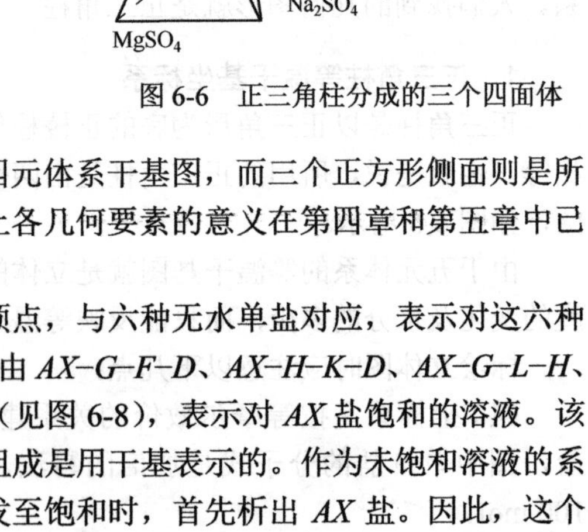

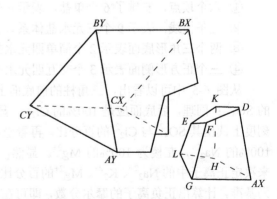

图 6-8　*AX* 盐的饱和溶液几何体

单固相的饱和溶液几何体亦可由七个面、八个面围成，在复杂的体系中，甚至由更多的面围成。在两个单固相饱和溶液几何体之间的交面表示与两种固相平衡的溶液。究竟该溶液与哪两个固相平衡，则要看由哪两个饱和溶液几何体相交而得。例如，*D–K–E–F* 面由 *AX* 盐、*BX* 盐的饱和溶液几何体相交而得，因此是与 *AX* 盐和 *BX* 盐平衡的溶液面。和四元体系干基图比较，与双固相平衡的溶液由一条线扩展成了一个面。

由三个单固相饱和溶液几何体互相接触得到的交线，表示与三种固相平衡的溶液。例如 *EF* 线是与 *AX*、*BX*、*AY* 盐平衡的溶液线。和四元体系干基图比较，与三固相平衡的溶液由一个点扩展成了一条线。四个单固相饱和溶液几何体的交点表示与相应四个固相平衡的溶液点。这种液相点在四元体系干基图中一般是没有的，它是五元体系的等温零变点。

总之，整个图形是根据各种平衡液相的数据作出的，表示了其中干盐间的关系，当然，由于等温立体干基图坐标上不能反映水量，所以系统处于不饱和以及各种固液平衡状态时，也同样可以据其干基组成标于图内。

图 6-7 是一种最简单的情况，实际体系中，似乎还没有发现这种简单情况而往往有水合物和复盐生成。表 6-2 给出了 $Na^+, K^+//Cl^-, NO_3^-, SO_4^{2-}-H_2O$ 体系 75℃相平衡数据，按照数据标绘出完整的等温立体干基图见图 6-9。

表 6-2　$Na^+, K^+//Cl^-, NO_3^-, SO_4^{2-}-H_2O$ 体系 75℃相平衡数据

耶涅克指数，$J_B'/\{mol/100\ mol\ [K_2^{2+}+(NO_3)_2^{2-}+SO_4^{2-}]\}$					平衡固相
Na_2^{2+}	K_2^{2+}	SO_4^{2-}	$(NO_3)_2^{2-}$	Cl_2^{2-}	
100	0	0	82.1	17.9	$NaNO_3$+NaCl
100	0	12.9	0	87.1	Na_2SO_4+NaCl
82.0	18.0	100	0	0	Na_2SO_4+Gla
30.0	70.0	100	0	0	K_2SO_4+Gla
0	100	3.6	0	96.4	K_2SO_4+KCl
0	100	0	67.5	32.5	KNO_3+KCl
0	100	2.5	97.5	0	KNO_3+K_2SO_4
100	0	3.7	96.3	0	$NaNO_3$+Na_2SO_4
55	45.0	0	0	100	NaCl+KCl
53.8	46.2	0	100	0	$NaNO_3$+KNO_3
100	0	3.0	80.0	17.0	$NaNO_3$+Na_2SO_4+NaCl
0	100	1.3	66.6	32.1	KNO_3+K_2SO_4+KCl
53.5	46.5	0	92.0	8.0	$NaNO_3$+KNO_3+NaCl
37.8	62.2	0	72.7	27.3	KNO_3+NaCl+KCl
74.0	26.0	15.0	0	85.0	Na_2SO_4+NaCl+Gla
55.0	45.0	5.0	0	95.0	NaCl+KCl+Gla
14.0	86.0	5.0	0	95.0	KCl+K_2SO_4+Gla
52.8	47.2	2.0	98.0	0	$NaNO_3$+KNO_3+Na_2SO_4
49.2	50.8	2.8	97.2	0	Na_2SO_4+KNO_3+Gla
10.3	89.7	3.3	96.7	0	KNO_3+K_2SO_4+Gla
53.7	46.3	1.8	90.4	7.8	$NaNO_3$+KNO_3+NaCl+Na_2SO_4
50.4	49.6	2.4	86.3	11.3	KNO_3+NaCl+Na_2SO_4+Gla
37.0	63.0	1.7	71.4	26.9	KNO_3+NaCl+KCl+Gla
13.3	86.7	1.7	67.3	31.0	KNO_3+KCl+K_2SO_4+Gla

图 6-10 则是将等温立体图剖开，展示出各个固相饱和溶液几何体的情况。图中有七个单固相的饱和溶液几何体，与数据中出现的七种平衡固相（六种单盐和一种复盐 Gla）相对应。该相图是所能找到的最简单的一个实例，由此可见，在那些有多个水合物及复盐生成的情况下，立体图将是多么复杂，难于制作和不便应用，因此必须使立体图简化。

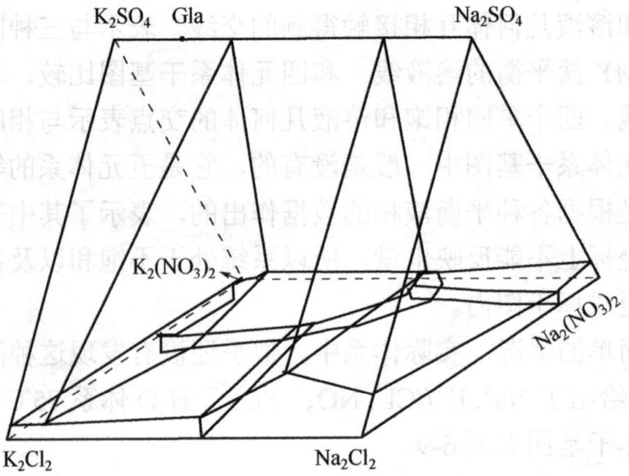

图 6-9　$Na^+, K^+//Cl^-, NO_3^-, SO_4^{2-}-H_2O$ 体系 75℃干基图

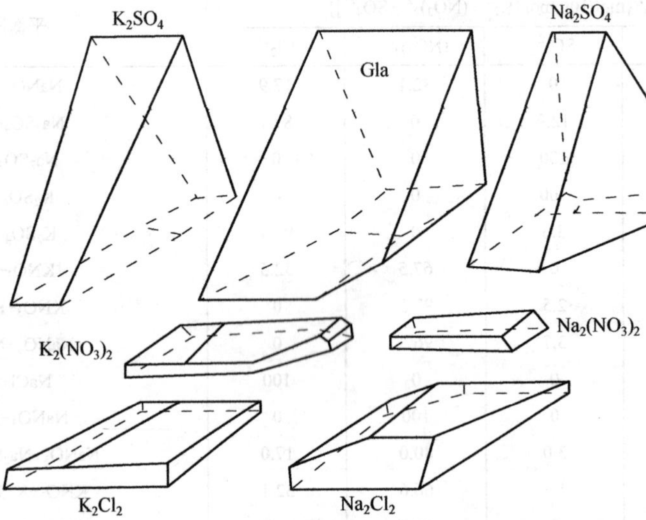

图 6-10　$Na^+, K^+//Cl^-, NO_3^-, SO_4^{2-}-H_2O$ 体系 75℃干基图剖析

（二）简化干基图

简化干基图坐标在等温立体干基图中已经舍去了温度和水这两个因素，再要简化，只能在干基中舍去某种盐了。六种单盐中舍掉哪一种，不是绝对的，而要根据系统的情况以及研究对象的特点来决定。海水及某些咸水中含的盐以 NaCl 最多，蒸发时首先对 NaCl 饱和，并且此后卤水始终是对 NaCl 饱和的，研究苦卤的综合利用以及一些盐矿的形成时，就要研究其他盐类与 NaCl 同时存在于固液平衡之中的规律性。总之，NaCl 与其他盐相比，处于特殊的地位。因此，可以先把 NaCl 舍去，而后再单独考虑它。当然，如果研究问题的情况和特点变化了，需要舍去别的盐，同样是可以的。

舍去了 NaCl 也就等于舍去了 Na_2^{2+}及 Cl_2^{2-}，五种离子只剩下了 K_2^{2+}、Mg^{2+}、SO_4^{2-}三种。表达三个组分的关系多采用三角形，而且正三角形、等腰直角三角形、任意三角形均可。图 6-11 是用正三角形表示的舍去 NaCl 的简化干基图坐标，三角形的三个顶点分别表示 K_2^{2+}、Mg^{2+}、SO_4^{2-}，是按等摩尔效价原则书写的。我们知道，当三角形表示百分组成时，三组分之和为 100，因此，这种坐标的基准是：

$$K_2^{2+} + Mg^{2+} + SO_4^{2-} = 100\ mol$$

任何一个系统都可以用 J_B' 值表示其组成。例如，某混合盐含 $MgSO_4$ 22.69、$MgCl_2$ 16.91、K_2Cl_2 2.4、Na_2Cl_2 19.19、H_2O 38.81（%），按照其中 K_2^{2+}、Mg^{2+}、SO_4^{2-} 的数值，便可在简化干基图坐标中标绘，图中 M 点即为此混合盐的位置。

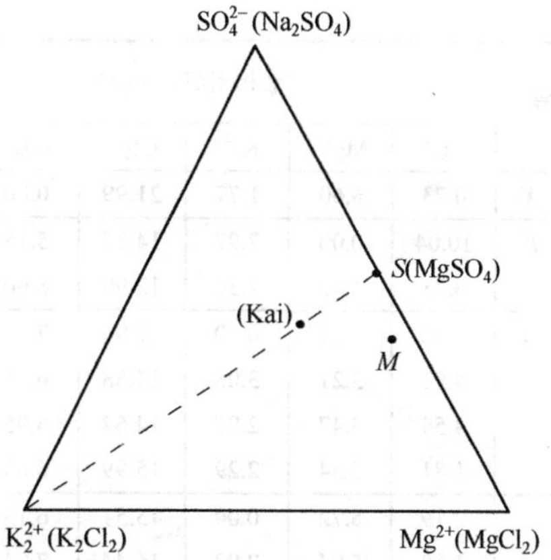

图 6-11 简化干基图

固相的 J_B' 值需根据其分子式计算。例如，1 mol K_2Cl_2 中含 K_2^{2+} 1 mol、Cl_2^{2-} 1 mol，其他离子均为零，所以∑三离子= 1 mol，求得 J_B' 值为：K_2^{2+} 100、Mg^{2+} 0、SO_4^{2-} 0、Na_2^{2+} 0、Cl_2^{2-} 100、H_2O 0。标在坐标中就是 K_2^{2+} 那个顶点，说明此顶点实质上代表纯 K_2Cl_2。同样通过计算固相 Na_2SO_4、$MgCl_2$ 的 J_B' 值，并进行标绘可知，SO_4^{2-} 顶点和 Mg^{2+} 顶点分别代表纯 Na_2SO_4 和纯 $MgCl_2$。

又如固相 $MgSO_4$，其 J' 值为：K_2^{2+} 0、Mg^{2+} 50、SO_4^{2-} 50，其他为 0，标在图中为 S 点。

再如，固相复盐 Kai（钾盐镁矾 $KCl \cdot MgSO_4 \cdot 3H_2O$）。其 J_B' 值为：K_2^{2+} 20、Mg^{2+} 40、SO_4^{2-} 40、Na_2^{2+} 0、Cl_2^{2-} 20、H_2O 120，标于图中 Kai 点，正在 K_2Cl_2 与 $MgSO_4$ 两点的连线上，符合复盐的干基组成关系。

综上可见，简化干基图坐标只表示 K_2^{2+}、Mg^{2+}、SO_4^{2-} 三种离子摩尔分数关系，而不能表示 Na_2^{2+}、Cl_2^{2-} 及水量的多少，它能形象地反映含有 K_2^{2+}、Mg^{2+}、SO_4^{2-} 的任一系统。反映其中这三种离子的关系，但不能反映只含 NaCl 或 H_2O 的系统，如纯 NaCl 水合物 $NaCl \cdot 2H_2O$、NaCl 的水溶液等。

以上讨论的是舍去 NaCl 的情况。事实上，舍去六种盐中的任一种，都可以建立一套简化干基图的组成表示方式及坐标。例如，舍去 $MgSO_4$ 时，便可以 $Na_2^{2+} + K_2^{2+} + Cl_2^{2-} = 100\ mol$ 作为基准，而相对于这一基准的各组分的物质的量就是另一套组成表示方式，相应简化干基图的三个顶点分别为 Na_2^{2+}、K_2^{2+}、Cl_2^{2-}。当然，如果不是 $Na^+, K^+, Mg^{2+}//Cl^-, SO_4^{2-}-H_2O$ 体系，而是其他交互五元体系，亦可建立其自身的一套简化干基图组成表示方式及坐标。

简化干基图标绘 $Na^+, K^+, Mg^{2+}//Cl^-, SO_4^{2-}-H_2O$ 体系 25℃相平衡的有关数据列于表 6-3，现以它为例说明简化干基图的标绘。

表 6-3 在 25℃氯化钠饱和条件下五元体系 $Na^+, K^+, Mg^{2+}//Cl^-, SO_4^{2-}-H_2O$ 的溶解度

编号	液相组成，w_B / %						耶涅克指数，J_B'/[mol/100 mol ($K_2^{2+}+Mg^{2+}+SO_4^{2-}$)]				平衡固相
	Na_2^{2+}	Mg^{2+}	K_2^{2+}	Cl_2^{2-}	SO_4^{2-}	H_2O	K_2^{2+}	Mg^{2+}	Na_2^{2+}	H_2O	
A	8.28	0.00	5.88	16.92	1.60	67.33	81.90	0.00	196.00	4070	NaCl+Gla+KCl
	7.44	0.48	5.77	16.67	1.93	67.71	65.00	17.30	142.40	3310	NaCl+Gla+KCl
	6.59	1.11	5.51	16.63	2.38	67.78	50.00	32.40	101.60	2670	NaCl+Gla+KCl
	5.43	2.05	5.02	16.46	3.33	67.71	35.00	46.10	64.40	2050	NaCl+Gla+KCl
	4.10	3.32	4.35	16.15	5.15	66.93	22.60	55.60	36.20	1510	NaCl+Gla+KCl+Pic
	3.36	3.69	4.16	15.88	5.20	67.71	20.50	58.60	28.20	1450	NaCl+KCl+Leo+Pic
	2.26	4.69	3.41	16.46	5.16	68.02	15.00	66.50	16.90	1300	NaCl+KCl+Leo
	1.63	5.51	2.77	17.44	4.94	67.73	11.30	72.30	11.30	1200	NaCl+KCl+Leo+Kai
	1.16	6.11	2.22	19.06	3.46	67.99	9.00	79.60	8.00	1196	NaCl+KCl+Kai
	0.53	6.82	1.65	20.98	1.65	68.37	6.60	88.00	3.60	1190	NaCl+KCl+Kai+Car

续表

编号	液相组成，w_B / %						耶涅克指数，J_B'/[mol/100 mol (K_2^{2+}+Mg^{2+}+SO_4^{2-})]				平衡固相
	Na_2^{2+}	Mg^{2+}	K_2^{2+}	Cl_2^{2-}	SO_4^{2-}	H_2O	K_2^{2+}	Mg^{2+}	Na_2^{2+}	H_2O	
X	0.73	6.60	1.77	21.99	0.00	68.91	7.70	92.30	5.40	1300	NaCl+KCl+Car
F	10.04	0.00	2.97	14.37	5.15	67.46	41.45	0.00	238.50	4090	NaCl+Na_2SO_4+Gla
	8.21	1.40	2.39	12.99	8.00	67.01	17.80	33.60	104.10	2170	NaCl+Na_2SO_4+Gla+Ast
H	8.92	1.51	0.00	12.90	7.14	69.53	0.00	45.60	142.00	2826	NaCl+Na_2SO_4+Ast
	4.81	3.21	3.05	14.58	6.71	67.65	16.20	54.80	43.40	1560	NaCl+Gla+Ast+Pic
	4.54	3.47	2.97	14.67	6.95	67.42	15.00	56.40	39.00	1480	NaCl+Ast+Leo+Pic
	1.81	5.54	2.29	15.99	6.85	67.51	8.90	69.40	12.00	1140	NaCl+Ast+Leo+Eps
L	2.19	5.72	0.00	15.51	6.15	70.42	0.00	78.60	15.90	1306	NaCl+Ast+Eps
	1.58	5.94	2.07	16.44	7.04	66.93	7.70	71.00	10.00	1080	NaCl+Kai+Leo+Eps
	0.76	6.91	1.48	19.28	4.58	66.99	5.40	81.00	4.70	1060	NaCl+Kai+Eps+Hex
P	0.74	7.28	0.00	19.32	4.15	68.52	0.00	87.40	4.70	1110	NaCl+Eps+Hex
	0.26	8.02	0.58	21.79	3.44	65.91	2.00	88.40	1.50	980	NaCl+Kai+Hex+Pen
R	0.27	8.27	0.00	22.19	3.19	66.07	0.00	91.10	1.60	982	NaCl+Hex+Pen
	0.23	8.38	0.39	22.95	2.96	65.10	1.30	90.60	1.30	950	NaCl+Kai+Pen+Tet
T	0.19	8.53	0.00	23.13	2.79	65.35	0.00	92.35	1.10	954	NaCl+Pen+Tet
	0.21	8.51	0.33	23.44	2.72	64.79	1.10	91.50	1.20	940	NaCl+Car+Kai+Tet
	0.05	9.14	0.09	25.42	1.91	63.38	0.30	94.70	0.30	886	NaCl+Car+Bis+Tet
Z	0.13	9.02	0.06	26.58	0.00	64.21	0.20	99.80	0.75	958	NaCl+Car+Bis
Y	0.13	9.17	0.00	25.62	1.79	63.30	0.00	95.30	0.70	888	NaCl+Bis+Tet

在液相栏内，只给出了K_2^{2+}、Mg^{2+}、Na_2^{2+}及H_2O的J_B'值，SO_4^{2-}、Cl_2^{2-}的J_B'值未给出，但可按J_B'值的含义求出。

另外，我们注意到，有的点含 K_2^{2+}为零（如 *H*、*L*、*P*、*R*、*T*、*Y*），说明这些点属于Na^+, Mg^{2+}//Cl^-, SO_4^{2-}–H_2O这个交互四元体系。同样，有的点含Mg^{2+}为零（如*A*、*F*），则属于Na^+, K^+//Cl^-, SO_4^{2-}–H_2O体系。那些含K_2^{2+}、Mg^{2+}之和为100（即SO_4^{2-}为零）的点（如*X*、*Z*），则属于Na^+, Mg^{2+}//Cl^-–H_2O体系。无疑，所有这些四元体系的点标在坐标中应在三角形的边上。只有那些同时含有K_2^{2+}、Mg^{2+}、SO_4^{2-}的点才是真正的五元体系的点，它们标在三角形内。

在固相栏内，应注意到每一数据中都有 NaCl，也就是说，表中所有的液相点都对 NaCl 饱和，是与 NaCl 和其他固相平衡的溶液，结合等温立体干基图，不难理解，表中的数据表示的是 NaCl 饱和溶液几何体与其他固相的饱和溶液几何体相交的液相线、点的溶液组成。由此可见，这些数据仅仅是该体系 25℃相平衡中对 NaCl 饱和的那部分数据，而不是全部数据。从固相的情况看出，能够与 NaCl 一起和液相处于平衡状态的固相共有十三种。可以想象，若把涉及这十三种固相饱和溶液几何体的数据以及在 25℃出现的、并未与 NaCl 共存的其他种固相的饱和溶液几何体的数据都包括进去，这一体系的相平衡关系将是多么复杂。因此，对于五元体系，一般只根据研究问题的需要，绘制有关的相图。

按照液相中K_2^{2+}、Mg^{2+}的J_B'值，可将液相点一一地标在坐标上（见图 6-12），为了不引起混乱，最好编上号码或符号。

在五元体系简化干基图中连接液相曲线的原则是具有三个共同平衡固相的点可连。例如图中前五组数据，平衡固相都有 NaCl、KCl、Gla 三种，那么就应按照从*A*到*B*的变化趋势，将这五个数据点连成一条曲线*AB*。又如*N*点、*K*点，平衡固相都有 NaCl、Leo、Eps 三种，此外没有别的点具有这三种共同平衡固相，那么就应将 *N*、*K* 两点连直线。显然，按照这一原则连成的线是与三个固相平衡的液相线。经过连线后，标绘好的简化干基图如图 6-12 所示。对于一个完整的简化干基图，可以从两方面检验其标绘是否正确。

1．检验图中区域的个数

一般来说，除 NaCl 外，出现了多少个固相，就应该有多少个区域相对应。表 6-3 中除 NaCl 外还有十三种固相，那么图 6-12 中就有十三个相应的区域。

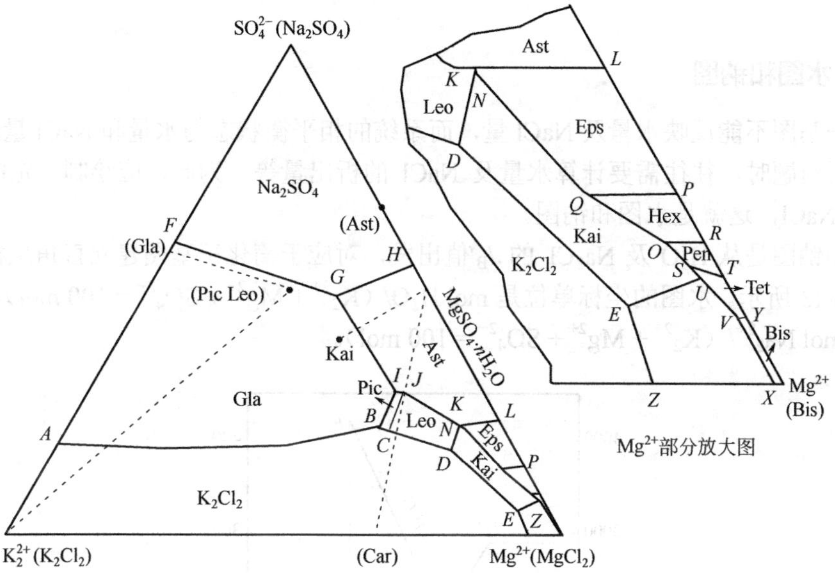

图 6-12　Na^+, K^+, Mg^{2+}//Cl^-, SO_4^{2-}–H_2O 体系 25 ℃简化干基图（对 NaCl 饱和）

2．检验五元等温零变点引出的线数

一般来说，在某温度下的五元等温零变点（三角形坐标内的零变点）的平衡固相有四个，除 NaCl 外还有三个。在简化干基图中反映不出 NaCl，因此由五元等温零变点应引出三条液相线，不应多也不应少，当然，如果恰好在体系零变点（平衡固相有五个）所处的温度下，那么体系零变点（也是该温度下的等温零变点）可引出四条液相线。

五元零变点的意义在数据表里已写明，它表示与 NaCl 及另外三种固相平衡的溶液。图中曲线表示与 NaCl 及另外两种固相平衡的溶液。各个区域则表示与 NaCl 及另外一种固相平衡的溶液，究竟此固相是哪一个，由构成该区域点的共同平衡固相来定。例如，图 6-1 中最上面的一个区域由 *F*、*G*、*H* 等点围成，它们的共同平衡固相是 NaCl 和 Na_2SO_4，故该区为与 NaCl 和 Na_2SO_4 平衡的溶液面。

因为所有数据点对 NaCl 都是饱和的，所以在整个图形下方注明“对 NaCl 饱和”，各区域只需写上另一固相名称即可。

简化干基图上点、线、面的意义与等温立体干基图上一一对应，需注意的是，在简化干基图上表示不出单一固相 NaCl 的饱和溶液，因为它在立体干基图中是一个几何体，反映在简化干基图上是整个三角形。

图中（Car）、（Gla）、（Pic，Leo）、（$MgSO_4 \cdot nH_2O$）等点表示相应固相的位置，是按照各自的 *J'* 值标出的。

五元等温零变点也分为相称与不相称两类，依然按照与相应三角形的几何位置关系来判断。与五元零变点平衡的固相有四个，其中 NaCl 在简化干基图中反映不出。因此，相应三角形是由与该零变点平衡的另外三个固相点构成的，例如零变点 V 的相应三角形是△(Bis)-(Car)-($MgSO_4 \cdot nH_2O$)，V 点在此三角形内，是相称零变点。又如零变点 B，相应三角形是△(K_2Cl_2)-(Gla)-(Pic)，B 点在此三角形外，是第一种不相称零变点。再如零变点 Q，平衡固相除 NaCl 外有 Kai、Pen、Tet。由于 Pen、Tet 的固相点为同一点（$MgSO_4 \cdot nH_2O$），故相应三角形已退化为一直线 (Kai)-($MgSO_4 \cdot nH_2O$)，Q 点在此直线之外，是第二种不相称零变点。

（三）水图和钠图

简化干基图不能反映水量及 NaCl 量，而系统的相平衡状态与水量和 NaCl 量密切相关，并且在分析问题时，往往需要计算水量及 NaCl 的析出量等。为此，应绘制一定的图形来反映 H_2O 及 NaCl，这就是水图和钠图。

水图和钠图是从 H_2O 及 Na_2Cl_2 的 J_B'值出发，对应于简化干基图建立直角坐标进行标绘的，如图 6-13 所示。水图的坐标单位是 mol H_2O/（$K_2^{2+}+Mg^{2+}+SO_4^{2-}=100$ mol），钠图的坐标单位是 mol Na_2^{2+}/（$K_2^{2+}+Mg^{2+}+SO_4^{2-}=100$ mol）。

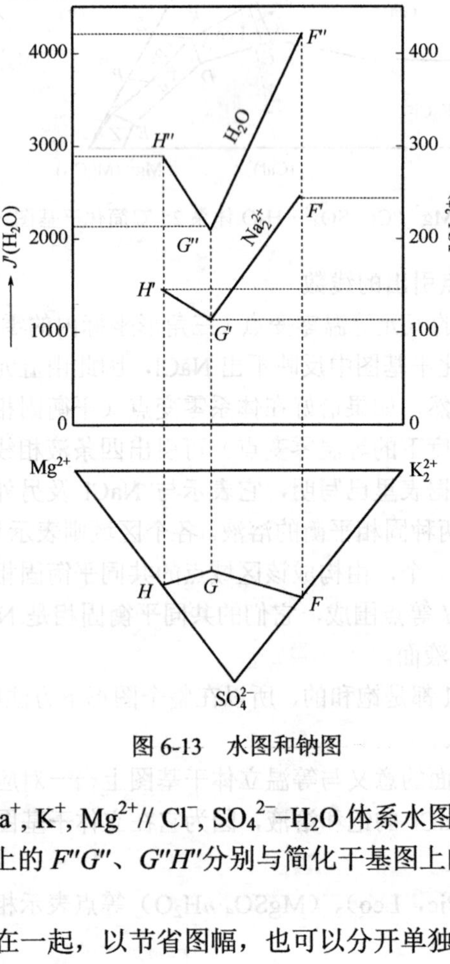

图 6-13　水图和钠图

图中绘出了 25℃时 $Na^+, K^+, Mg^{2+}//Cl^-, SO_4^{2-}$–$H_2O$ 体系水图及钠图上两条液相线。水图上的 $F'G'$、$G'H'$以及钠图上的 $F''G''$、$G''H''$分别与简化干基图上的 FG、GH 对应，连线的规则与简化干基图相同。

水图和钠图可以绘制在一起，以节省图幅，也可以分开单独绘制，以使图线清晰。由水图、钠图的建立可以看出，水图只能反映相对水量（用 J_B'值表示）的多少，不能反映离子或盐的量。钠图只能反映相对 Na_2^{2+}量（用 J_B'值表示）的多少，不能反映其他离子和水的量。既然钠图上不包括水，所以它也是一种干基图。水图、钠图的坐标是 J_B'值，这样，纯水和纯 Na_2Cl_2 的位置应该在坐标的无限远处，因为它们的 J_B'值为无限大。

需要指出，当研究海水、卤水等物料时，一般将其中的离子配算成 Na_2Cl_2、$MgSO_4$、K_2Cl_2、$MgCl_2$ 四种盐，在这种情况下，Na_2^{2+}就代表了 Na_2Cl_2 的量，钠图也就相当于 Na_2Cl_2 图了。

对于 Cl_2^{2-}也可仿照水图和钠图的形式，绘制出氯图，用来反映相对 Cl_2^{2-}量。这样，简化干基图、水图、钠图，再加上氯图，就能较全面地反映体系的情况了。

立体干基图、简化干基图、水图、钠图等图形并不是孤立的，它们之间存在着有机的联系。

$Na^+, K^+, Mg^{2+}//Cl^-, SO_4^{2-}-H_2O$ 体系 25℃的立体干基示意图如图 6-14。图中只绘出了 NaCl 的饱和溶液几何体，它是由十六个面围成的。其中有三个面分别属于 $Na^+, K^+, Mg^{2+}//Cl^--H_2O$、$Na^+, K^+//Cl^-, SO_4^{2-}-H_2O$、$Na^+, Mg^{2+}//Cl^-, SO_4^{2-}-H_2O$ 三个四元体系的 NaCl 饱和溶液面。它们分别处于正三角柱的一个底面和两个侧面上。另外十三个面处于正三角柱的内部，是与 NaCl 及另一种固相（共十三种）平衡的溶液面。

简化干基图实质上是立体干基图的一个放射投影，其投影方式可由图 6-15 说明。图示表明，以被舍去的盐 NaCl 作为点光源，以与此盐相邻的三个盐（Na_2SO_4、KCl、$MgCl_2$）构成的三角形平面作为投影面，进行放射投影。例如，三角柱中的 *M* 点经投射后得到的是 *M'* 点。这样，图 6-14 所示的立体图经过放射投影后便成为图 6-16 所示的简化干基图。

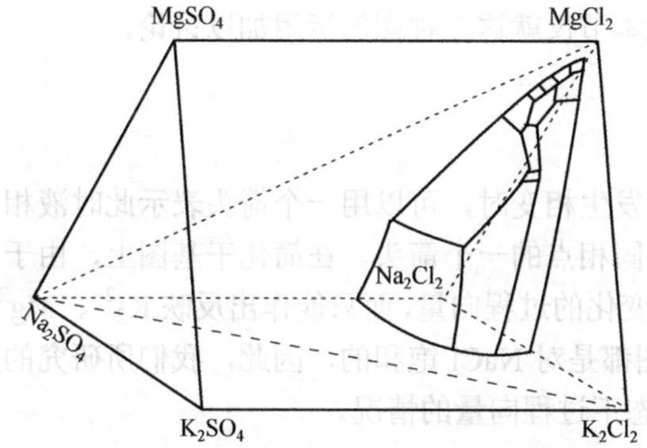

图 6-14　25℃时 Na_2Cl_2 饱和溶液几何体示意

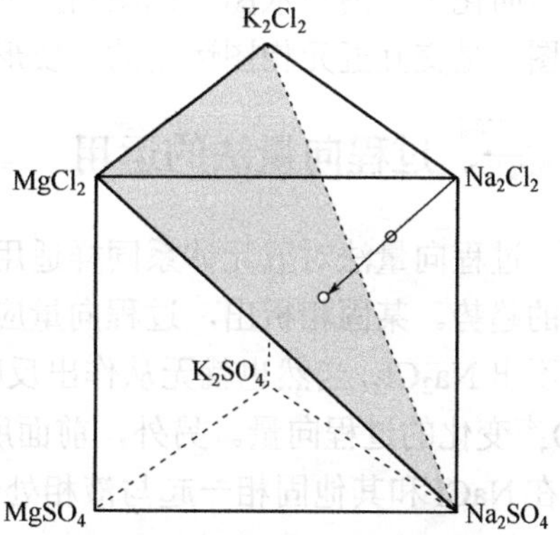

图 6-15　简化干基图的投影方式

由四元体系放射投影图的叙述可知，当以立体图的某一组分作为点光源进行放射投影时，就等于将该组分消去，使投影图反映不出该组分。因此，图 6-16 就不能反映 Na_2Cl_2，而只能反映 K_2^{2+}、Mg^{2+}、SO_4^{2-}三种离子。于是 K_2Cl_2、$MgCl_2$、Na_2SO_4 三个顶点可分别用 K_2^{2+}、Mg^{2+}、SO_4^{2-}代替。由图可见，直接在投影面上得到的是等腰三角形，但不妨按照需要将其变为正三角形或等腰直角三角形。

水图和钠图是对应于简化干基图标绘的，这与四元体系中水图对应于干基图的标绘相似，因此，可以认为水图（或钠图）和简化干基图之间，是通过一种立体水图（或立体钠图）建立联系的。以立体水图为例，如图 6-17 所示。立体水图（或立体钠图）坐标的底部是三角形，此三角形的顶点为 K_2^{2+}、Mg^{2+}、SO_4^{2-}三种离子，棱则表示水量（或钠量），用 *J'*值表示。

简化干基图应是这种立体水图（或立体钠图）以底三角形作投影面的正投影，而水图（或钠图）则是以立体水图（或立体钠图）的某一侧面作投影面的正投影。

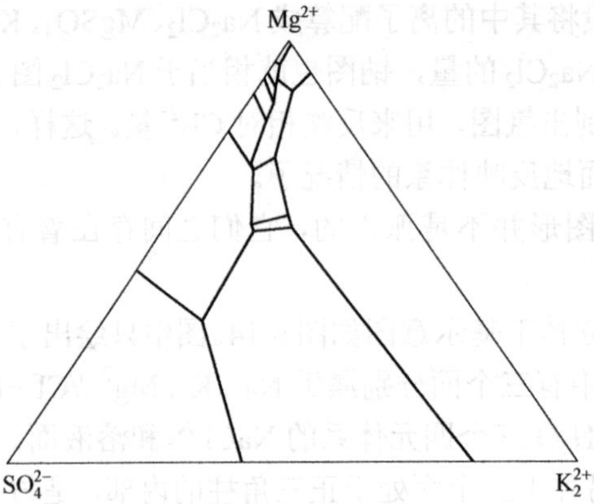

图 6-16　直接投影所得简化干基图示意

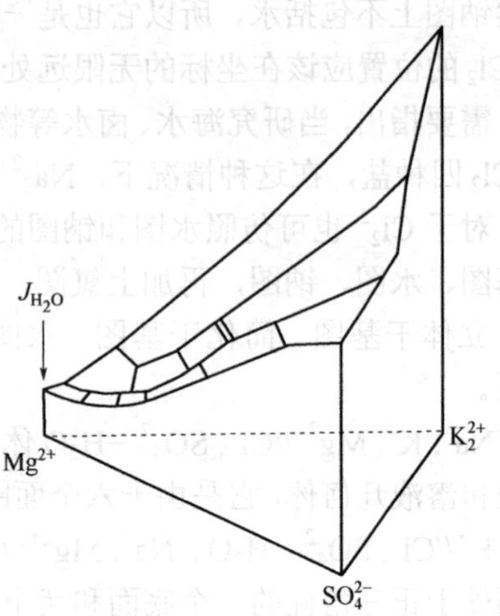

图 6-17　立体水图示意

第三节　五元体系相图分析

简化干基图与水图、钠图相互配合，能够较方便地分析有关问题，进行量的计算。这三种图形是交互五元相图运用的主要形式，因此本节仅就这三种图的运用加以讨论。

一、过程向量法的运用

过程向量法对五元体系同样适用，当系统发生相变时，可以用一个箭头表示此时液相变化的趋势。某固相析出，过程向量应是远离该固相点的一个箭头。在简化干基图上，由于反映不出 Na_2Cl_2，当然也就无从作出反映 Na_2Cl_2 变化的过程向量，而只能作出反映 K_2^{2+}、Mg^{2+}、SO_4^{2-} 变化的过程向量。另外，前面所述的相图都是对 NaCl 饱和的，因此，我们所研究的应是在 NaCl 和其他固相一起与液相处于平衡状态下过程向量的情况。

1. 在液相面上——两固一液平衡时

此时，在简化干基图上只能表示除 NaCl 外，另一固相相变的过程向量。但我们知道，NaCl 是饱和的，虽然在简化干基图上反映不出，但蒸发时 NaCl 是要析出的，这可从立体干基图得到说明。在立体干基图的液相面上，NaCl 加上另一固相与液相平衡，无论发生什么过程，都要保证液相在面上运动。而对于与 NaCl 和另一固相平衡的所有液相面来说，与其平衡的两个固相点（NaCl 点及另一固相点）无一例外地都分布在液相面的两侧，这样，NaCl 析出的过程向量朝向液相面的一侧，而另一固相析出的过程向量朝向液相面的另一侧，正是这两个向量之和，使液相始终在面上运动。因此，当在两固一液平衡状态下蒸发水分时，简化干基图的液相面上应有一个过程向量，它远离除 NaCl 外的另一个固相点，表示蒸发时该固相与 NaCl 共析，正因为如此，与 NaCl 及另一固相平衡的液相面都是共饱面。

例如，25℃图中 NaCl、KCl 共饱面上的 1 点（见图 6-18），蒸发时过程向量为远离固相点（KCl）的一个箭头，表示 NaCl 与 KCl 共析。

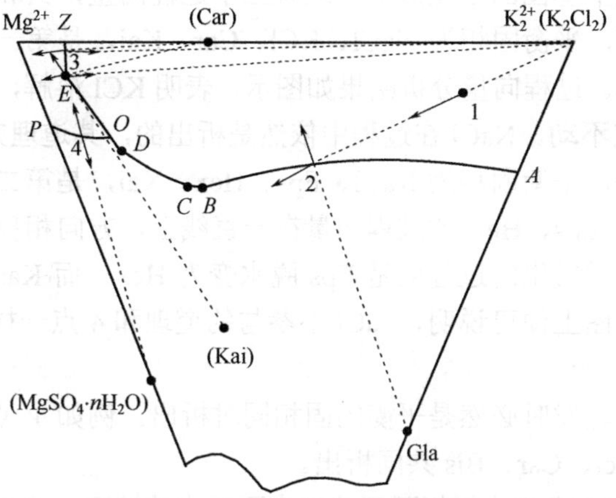

图 6-18 简化干基图上过程向量分析

2．在液相线上——三固一液平衡时

同样，在简化干基图的液相线上，只能表示除 NaCl 外的另两个固相相变的过程向量。按照液相线上两个过程向量成立的条件，这两个向量必在液相线两侧，具体情况要具体分析。

例如图 6-18 中液相线 *AB* 上的 2 点，平衡固相为 NaCl、KCl、Gla。假定 KCl、Gla 蒸发时都析出，两个箭头如图所示，恰在 *AB* 线的两侧，而 NaCl 此时也应是析出的，故发生的过程是 NaCl、KCl、Gla 共析，液相沿着和向量的方向朝 *B* 运动。

又如图中液相线 *EZ* 上的 3 点，平衡固相为 NaCl、KCl、Car，假定蒸发时 KCl、Car 都析出，两个箭头就都分布在 *EZ* 线的左侧了，是不能成立的，因此，必有一种固相溶解。在复盐与组成它的单盐之间，蒸发时一般是单盐溶解，故过程向量分析结果应如图所示，表示此时 KCl 溶解，Car 析出。当然，NaCl 此时也是析出的。液相沿着和向量方向朝 *E* 点运动。

以上 2、3 点的分析结果亦可用立体干基图加以说明。在立体图中的液相线上，应有三个过程向量，其和必与液相线的走向一致。由于 NaCl 以外的另两个固相点在立体干基图中不是同一点，且与液相线不在一个平面上，它们相变的两个过程向量之和必然会使液相脱离液相线，因此，一定要有 NaCl 相变的过程向量与之求和，以保证最后的和向量与液相线走向一致，而液相对 NaCl 是饱和的，所以蒸发时 NaCl 一定结晶析出。

虽然三固一液平衡时 NaCl 处于饱和状态，但在蒸发时 NaCl 不一定总是析出的。例如图中液相线 *OP* 上的 4 点，平衡固相为 NaCl、Eps、Hex，而 Eps、Hex 的固相点都在（$MgSO_4 \cdot nH_2O$），因此 Eps、Hex 共析是不可能的，在蒸发时应是含结晶水多的 Eps 脱水变为含结晶水少的 Hex，即 Eps 溶解，Hex 析出。如图所示，两个向量相反，和为零，液相在线上不动。NaCl 在过程中只能是既不析出也不溶解，保持不参与的状态。其道理同样可从立体干基图上说明。在立体干基图中，液相线 *OP* 位于正三角柱的内部，固相点 NaCl 为三角柱的一个顶点，Eps、Hex 同为另一个顶点（$MgSO_4$），因此，Eps、Hex 两固相发生转变时，过程向量在同一直线上，两者之和已为零，使液相维持在线上不动。而 NaCl 相变的过程向量与 Eps、Hex 的过程向量不在一直线上，所以任何 NaCl 相变的过程向量将使液相离开液相线而成为多余。于是，NaCl 只能是既不溶解也不析出。

3．在零变点上——四固一液平衡时

不难推断，在简化干基图的零变点上，应有三个过程向量，其和必为零。

例如图中零变点 E，平衡固相为 NaCl、KCl、Car、Kai，是第一种不相称零变点，蒸发时必然有的固相要溶解。过程向量分析结果如图示，表明 KCl 溶解，Car、Kai 析出，过程向量和为零，液相在 E 点不动。NaCl 在过程中依然是析出的，其道理亦可从立体干基图说明。

又如图中零变点 O，平衡固相为 NaCl、Eps、Hex、Kai，是第二种不相称零变点，蒸发时必有固相溶解。由于 Eps、Hex 的过程向量在一直线上，方向相反，已使向量和为零，其他向量即为多余。故此时发生的过程应是 Eps 脱水变为 Hex，而 Kai、NaCl 不参与。Kai 不参与的道理从简化干基图上便可说明，NaCl 不参与的道理和 4 点一样，可从立体干基图得到解释。

对于相称零变点，蒸发时必然是平衡的固相同时析出。例如 V 点（图 6-12），蒸发时平衡的四个固相 NaCl、Tet、Car、Bis 共同析出。

综上分析可见，NaCl 或其他固相既不溶解也不析出的情况一定发生在水合盐（单盐或复盐）脱水变为含结晶水少的同一种水合盐或无水盐的时候。除此之外，NaCl 在蒸发过程中总是要析出的。

和四元体系一样，在五元体系中，过程向量法的用途主要是判断相变过程的情况和液相运动的方向。

二、蒸发析盐规律分析

运用过程向量法和直线规则能在简化干基图上对系统的等温蒸发过程进行分析。

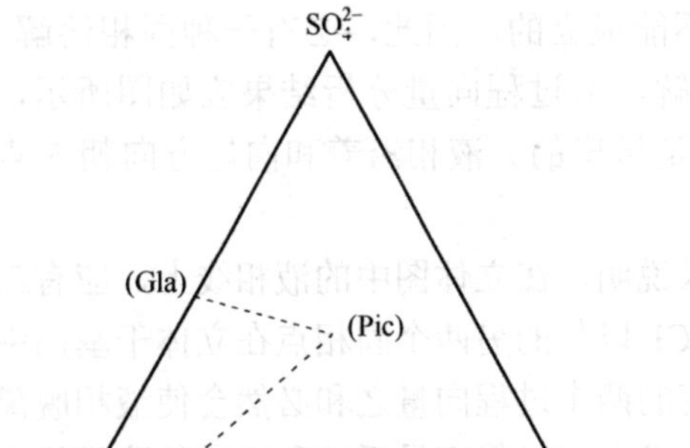

图 6-19 蒸发过程分析

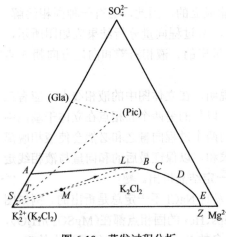

【例 6-4】试分析图 6-19 中未饱和溶液系统 M 在 25℃等温蒸发过程前五个阶段的析盐规律。给定蒸发时溶液首先对 NaCl 饱和。

解： 系统 M 处于 NaCl、KCl 共饱面区域内。蒸发的第一个阶段应是未饱和液的浓缩，没有固相析出，图中系统点就是液相点，仍在 M 不动。当蒸发到对 NaCl 饱和后，NaCl 结晶析出，进入第二阶段。由于简化干基图不能表示 NaCl 及其过程向量，故本阶段液相点仍与系统重合，在 M 点不动。

继续蒸发，根据 M 点所处区域，结合简化干基图与立体水图之间的关系可知，第二个饱和的固相是 KCl，也就是说，液相到达了 NaCl、KCl 的共饱面上。图 6-18 中 1 点的过程向量分析结果说明，此时应发生 NaCl、KCl 共析的过程，这就是第三阶段。固相点为（K_2Cl_2），液相则沿着过程向量的方向由 M 向 L 运动。

液相到达 AB 线上的 L 点后，根据图 6-18 中 2 点过程向量的分析可知，此时应是 NaCl、KCl、Gla 共析，这就是第四阶段。总固相点在（K_2Cl_2）点、（Gla）点连线上运动，液相点沿着过程向量和向量的方向，由 L 向 B 运动。当液相运动到 B 点时，按直线规则，总固相点到达 S。

表 6-4 系统 M 的等温蒸发过程（前五个阶段）

阶段	一	二	三	四	五
过程情况	未饱和溶液蒸发浓缩	NaCl 结晶析出	NaCl、KCl 共析	NaCl、KCl、Gla 共析	NaCl、KCl、Pic 共析，Gla 溶解至溶完
系统点	M	M	M	M	M
液相点	M	M	$M\rightarrow L$	$L\rightarrow B$	B
固相点	—	—	K_2Cl_2	$K_2Cl_2\rightarrow S$	$S\rightarrow T$

在零变点 B，应有三个过程向量，其和必为零，分析的结果是 NaCl、KCl、Pic 共析，而上阶段析出的 Gla 溶解，这就是第五阶段。液相点在 B 不动，总固相应在（KCl）、（Gla）、（Pic）三点构成的三角形上运动，同时，按直线规则，又要和系统点 M、液相点 B 在一条直线上，因此，如图所示由 S 向 T 运动。T 是（KCl）、（Pic）连线上的一点，说明总固相到 T 时，Gla 已溶完。前五个阶段的蒸发过程可归纳为表 6-4。

【例 6-5】某苦卤 J'值为：K_2^{2+} 4.52、Mg^{2+} 75.80、SO_4^{2-} 19.68、Na_2^{2+} 24.58、H_2O 1467。试用 25℃简化干基图分析其常温蒸发析盐规律。

解：根据问题需要，绘出 25℃简化干基图的局部如图 6-20。苦卤系统标于图中 M 点，处在 NaCl、Eps 共饱面区域内。

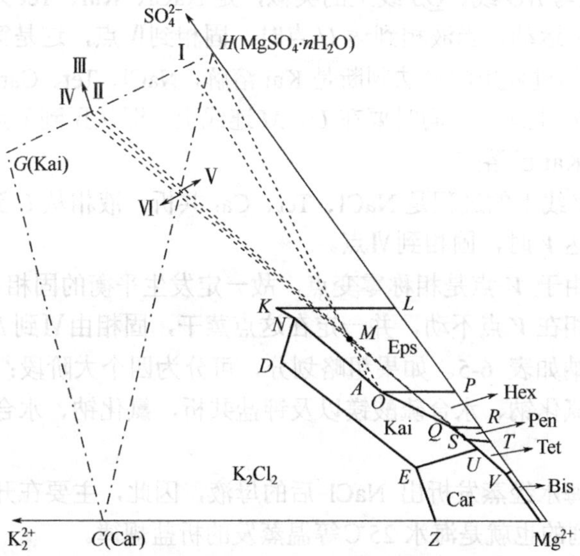

图 6-20 苦卤 25℃等温蒸发析盐规律分析

Ⅰ、Ⅱ、Ⅲ、Ⅳ分别为 OM、QM、SM、UM 直线与 HG 线的交点；
Ⅴ、Ⅵ分别为 UM、VM 直线与 HC 线的交点

苦卤是析出 NaCl 后的母液，在常温下对 NaCl 已饱和，故蒸发的第一阶段 NaCl 应继续析出，在简化干基图上反映不出这一阶段。

从 M 点的位置判定，第二个饱和的固相是 Eps，第二阶段是 NaCl、Eps 共析，固相点为 H，液相沿着过程向量的方向从 M 至 A。

A 是液相线 NO 上的一点，从 NO 线上的过程向量分析可知，第三阶段是 NaCl、Eps、Kai 共析，液相点沿液相线从 A 向 O 运动，总固相在 H、G 连线上运动，当液相到达 O 点时，

固相到 I 点。

在 O 点的过程已在图 6-18 中分析过，是 Eps 脱水变为 Hex，而 NaCl、Kai 不参与，这是第四阶段。本阶段液相在 O 点不动，总固相既要在 HG 连线上，又要在 OM 线上，故在Ⅰ点不动。过程一直进行到全部的 Eps 转变为 Hex，消失一相，剩下 NaCl、Kai、Hex 三固相与液相（相当于 OQ 线）平衡为止。

OQ 线的平衡固相为 NaCl、Kai、Hex，由于固相点 H 及 G 在 OQ 线延长线的同一侧（可用解析法判断），故根据过程向量分析，蒸发时应发生 Hex 溶解，NaCl 及 Kai 析出的过程，这是第五阶段。液相从 O 到 Q，总固相仍在 H、G 连线上运动。当液相到达 Q 时，总固相到Ⅱ点。

Q 点的平衡固相为 NaCl、Kai、Hex、Pen，其过程情况与 O 点类似，是 Hex 脱水变为 Pen，而 NaCl、Kai 不参与，并一直进行到 Hex 消失为止，过程中液、固相点不动，仍分别在 Q 及Ⅱ点，这是第六阶段。

QS 线上的过程与 NO 线上的类似，是 NaCl、Kai、Pen 共析，液相从 Q 到 S，固相仍在 H、G 连线上运动，当液相到达 S 时，固相到Ⅲ点，这是第七阶段。

S 点上的过程又与 O 点、Q 点的类似，是 Pen 脱水变为 Tet，NaCl 及 Kai 不参与，直到 Pen 消失，这是第八阶段。液、固相分别在 S 点、Ⅲ点不动。

SU 线上的过程又与 NO 线、QS 线上的类似，是 NaCl、Kai、Tet 共析，液相从 S 到 U，固相还在 H、G 连线上运动，当液相到达 U 点时，固相到Ⅳ点，这是第九阶段。

第十阶段在 U 点的过程用向量法判断是 Kai 溶解，NaCl、Tet、Car 析出。液相点在 U 不动，固相点应在△HGC 上运动，同时要在 U、M 连线上，即从Ⅳ到Ⅴ点。固相到达 H、C 连线上的Ⅴ点时，说明 Kai 已溶完。

第十一阶段在 UV 线上的过程是 NaCl、Tet、Car 共析，液相从 U 到 V，固相在 H、C 连线上运动，当液相到达 V 时，固相到Ⅵ点。

最后一个阶段，由于 V 点是相称零变点，故一定发生平衡的固相 NaCl、Tet、Car、Bis 共同析出的过程，液相在 V 点不动，并一定在这点蒸干，固相由Ⅵ到 M，与系统点重合。

整个蒸发过程归纳如表 6-5。如果粗略划分，可分为四个大阶段：氯化钠析出，氯化钠和水合硫酸镁共析，氯化钠、水合硫酸镁以及钾盐共析，氯化钠、水合硫酸镁、钾盐以及六水氯化镁共析。

事实上，苦卤是海水经蒸发析出 NaCl 后的母液，因此，主要在开始加上未饱和溶液的浓缩阶段。表 6-5 所列的也就是海水 25℃等温蒸发的析盐规律。

表 6-5 海水 25℃等温蒸发的析盐规律

阶段	过程情况	液相点	固相点	大阶段
一	NaCl 析出	M	—	一
二	NaCl、Eps 共析	M→A	H	二
三	NaCl、Eps、Kai 共析	A→O	H→Ⅰ	三
四	Eps 脱水变为 Hex，NaCl、Kai 不参与，至 Eps 消失	O	Ⅰ	
五	Hex 溶解，NaCl、Kai 析出	O→Q	Ⅰ→Ⅱ	
六	Hex 脱水变为 Pen，NaCl、Kai 不参与，至 Hex 消失	Q	Ⅱ	
七	NaCl、Pen、Kai 共析	Q→S	Ⅱ→Ⅲ	
八	Pen 脱水变为 Tet，NaCl、Kai 不参与，至 Pen 消失	S	Ⅲ	

续表

阶段	过程情况	液相点	固相点	大阶段
九	NaCl、Tet、Kai 共析	$S \to U$	Ⅲ→Ⅳ	三
十	Kai 溶解，NaCl、Tet、Car 析出，至 Kai 溶完	U	Ⅳ→Ⅴ	
十一	NaCl、Tet、Car 共析	$U \to V$	Ⅴ→Ⅵ	
十二	NaCl、Tet、Car、Bis 共析，至蒸干			四

三、相平衡界限点及状态的确定

对一定干基组成的系统来说，其相平衡状态取决于其含水量的多少。在 $Na^+, K^+, Mg^{2+}//Cl^-, SO_4^{2-}-H_2O$ 体系中，系统的状态与其简化干基组成、水量和 Na_2^{2+} 量三方面因素有关。因此，需要综合运用简化干基图、钠图和水图进行分析。而系统状态的确定又与蒸发过程密切相关，故可以从蒸发过程的分析来研究，具体来说，就是研究一定简化干基组成的系统，在等温蒸发过程中其含水量、含 Na_2^{2+} 量界限点的确定问题。

简化干基图与水图、钠图之间的联系，类似于四元体系中干基图与水图之间的联系，所以水图、钠图上蒸发过程分析及界限点的确定方法与四元体系亦类似。

对于蒸发过程来说，系统只有水分的减少，干盐间的组成关系未变。因此，系统总的运动路线，反映在干基图（包括简化干基图、立体干基图及钠图）中，应是原地不动，而反映在水图中，则是竖直向下运动。蒸发过程中系统点不动，这一点须十分明确。

下面分两种情况讨论：

1. 蒸发时氯化钠首先析出的情况

以【例 6-4】所给系统的等温蒸发过程为例，有关简化干基图、水图和钠图如图 6-21 所示。为了使图面清晰，简化干基图中只绘出 NaCl、KCl 共饱面区域。水图及钠图上只绘出了该共饱面的边缘 $A'B'$ 及 $A''B''$ 线，另外分别标出了 $Na^+, K^+//Cl^--H_2O$ 三元体系 25℃ 时 NaCl、KCl 共饱点 K' 及 K''。未饱和溶液系统的位置，在水图、钠图上分别给定为 M' 及 M''。

蒸发过程已经在【例 6-4】中分析过，为了便于说明问题，不妨先将水图、钠图上的系统、液相、固相运动轨迹分析结果列于表 6-6。

表 6-6 【例 6-4】的水图、钠图分析结果

阶段		一	二	三	四	五
简干图	液相	M	M	$M \to L$	$L \to B$	B
	固相	—	—	K_2Cl_2	$K_2Cl_2 \to S$	$S \to T$
水图	系统	$M' \to M_x$	$M_x \to M_1$	$M_1 \to M_2$	$M_2 \to M_3$	$M_3 \to M_4$
	液相	$M' \to M_x$	$M_x \to M_1$	$M_1 \to L'$	$L' \to B'$	B'
	固相	—	—	$(K_2Cl_2)'$	$(K_2Cl_2)' \to S'$	$S' \to T'$
钠图	液相	M''	$M'' \to P''$	$P'' \to L''$	$L'' \to B''$	B''
	固相	—	∞	$\infty \to N''$	$N'' \to S''$	$S'' \to T''$

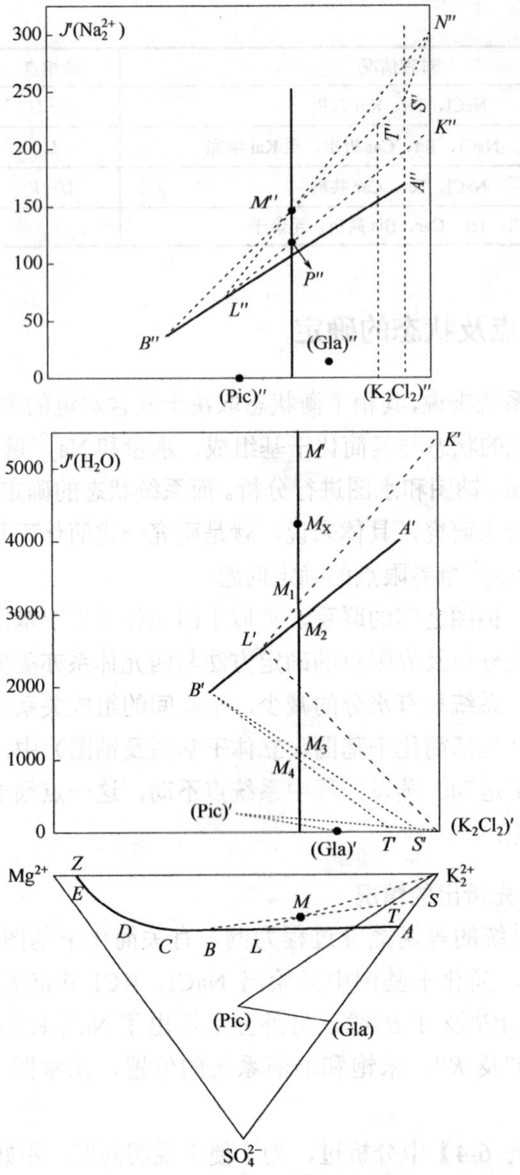

图 6-21　系统含水量、含 Na_2^{2+}量界限点的确定

第一阶段中，无固相析出，系统即液相。在简化干基图及钠图上，反映不出水量，故液相点与系统点重合。在水图上，系统竖直向下运动，液相应与这一运动重合，一直到对 NaCl 饱和为止。但由于这三种图不能反映未饱和液及 NaCl 单一固相饱和液的情况，因此在水图上刚对 NaCl 饱和时的界限点 M_x 不能用作图法确定，而要由蒸发实验数据确定。

第二阶段中，NaCl 析出直到对 KCl 饱和。NaCl、KCl 共饱溶液在简化干基图上是一个面，在水图、钠图上是对应的面，因此可按四元体系中确定刚对第一个固相饱和的界限点那样来确定五元体系中刚对第二个固相饱和的界限点。具体做法是先在简化干基图上过第二个析出的固相点（K_2Cl_2）和系统点 M 连直线，交共饱和面的边缘于 L，再在水图、钠图上对应找到 L'、L''，最后在水图上连 K'、L'，钠图上连 K''、L''，分别交系统竖直线于 M_1 及 P''，即为所求界限点。这样，本阶段水图上系统从 M_x 到 M_1，固相 NaCl 反映不出，液相仍与系统重合，钠图上系统不动，而液相则由于 NaCl 析出使其中 Na_2^{2+}量减少，应从 M''向下运动到 P''，固相 NaCl 在钠图的无限远处。

第三阶段中，水图上液相、固相轨迹完全和简化干基图对应，当液相到 L'时，相应的含水量界限点 M_2 由固相点 $(K_2Cl_2)'$和液相点 L'连线决定。钠图上液相的轨迹也是和简化干基图对应的，由 P''到 L''，而固相点则应在 NaCl(∞)和 $(K_2Cl_2)''$的连线上运动。由于系统 M''不动，故当液相到达 L''时，固相点按直线规则确定，应在∞和 $(K_2Cl_2)''$连线上的 N''。

第四阶段中，液相点的轨迹在水图、钠图上都与简化干基图对应，分别由 L'到 B'和由 L''到 B''，固相轨迹在水图上也是与简化干基图对应的，由 $(K_2Cl_2)'$到 S'，本阶段含水量界限点 M_3 可由最后的液相点 B'、固相点 S'连线决定。钠图上，由于固相包括 NaCl、KCl、Gla 三种，故应在 NaCl(∞)、$(K_2Cl_2)''$、$(Gla)''$三个点围成的区域内运动，并且要与简化干基图对应，当液相到达 B''时，固相点应在 $B''M''$直线上，也就是 $B''M''$与 S 竖直线的交点 S''，所以本阶段的钠图上固相从 N''到 S''。

第五阶段中，自由度为零，液相不动。在水图上，固相轨迹与简化干基图对应，由 S'到 T'，含水量界限点 M_4 则由液相点 B'与最后的固相点 T'连线决定。在钠图上，最后的固相点既要在液相点 B''与系统点 M''的连线上，又要与 T 点对应，因此是 $B''M''$直线与 T 的竖直线的交点 T''，固相从 S''到 T''。

通过以上分析可知，对干基组成为 M（M'，M''）的系统来说，含水量不同时，将处于不同的相平衡状态。含水量在 M_x 以上，为未饱和溶液一相；M_x～M_1 之间，为 NaCl 固相与液相共存；M_1～M_2 之间，为 NaCl、KCl 两固相与液相共存；M_2～M_3 之间，为 NaCl、KCl、Gla 三固相与液相共存；M_3～M_4 之间，为 NaCl、KCl、Gla、Pic 四固相与液相共存。

至于对每一含水量区间内某一具体系统，其相应的液、固相点的位置，可按照四元体系中介绍的方法，用直线规则确定。

需要说明的是，当简化干基图上系统所在的区域与固相点不相邻时，对第二个固相刚饱和界限点的确定方法亦与四元体系的一样。例如图 6-22 中，给定系统 N 处于 NaCl、Kie 共饱面区域内，与 NaCl 共析的盐是 Kie，其固相点在（$MgSO_4$）。此时水图上 NaCl、Kie 共饱界限点 N_1 的确定就属这种情况。首先在简化干基图上连固相点（$MgSO_4$）和系统点 N，交共饱面边缘于 P、Q 两点，再在水图上对应找到 P'、Q'，连 $P'Q'$直线与竖直线交点即为 N_1。当然，确定这种情况下钠图上对第二个固相刚饱和时含 Na_2^{2+}量界限点，亦使用同样的方法。

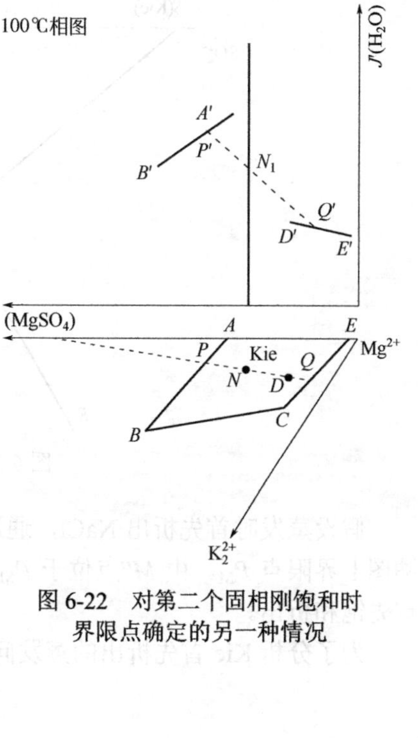

图 6-22 对第二个固相刚饱和时界限点确定的另一种情况

2. 蒸发时其他固相首先析出的情况

在分析上述系统 M 的蒸发过程时，我们给定了水图上 M'和钠图上 M''的位置，即给定了 NaCl 首先饱和析出。而事实上究竟哪个固相首先析出，是由系统的组成决定的。在剖析等温立体干基图时，曾述及某一固相的初晶体。系统的立体干基组成点落在哪一个固相的初晶体内，则蒸发时该固相首先饱和析出。以图

6-14 为例，若系统含 NaCl 多而落入 NaCl 初晶体内，则 NaCl 首先饱和析出。若系统含 NaCl 少而落在 NaCl 初晶体之外，则其他固相首先饱和析出。这一情况反映在钠图上，由 M''的含 Na_2^{2+}量多少，即其位置来定。图 6-21 钠图上的 P''点是对 NaCl、KCl 同时饱和的含 Na_2^{2+}量界限点，相当于立体干基图 NaCl、KCl 共饱面上的一个点。如果 M''在 P''点以上，说明它含 Na_2^{2+}多，应是 NaCl 首先饱和析出，这就是上面所分析的情况。如果 M''在 P''点以下，应是其他固相首先析出，对上例是 KCl 首先饱和析出。如果 M''与 P''点重合，则蒸发至饱和时，NaCl、KCl 同时析出。

由于简化干基图、水图、钠图只从某一组成角度反映对 NaCl 饱和的相平衡情况，是有局限性的，因此，对于其他固相首先饱和析出的蒸发析盐规律问题，有时需结合其他形式的简化干基图或立体干基图进行分析，才能解决。

以例【例 6-5】中所给的苦卤在 110℃等温蒸发为例，其相图分析见图 6-23。该图只是一个局部，苦卤标于图中 M（M'，M''）点，在简化干基图的 NaCl、Kie 共饱面区域内。

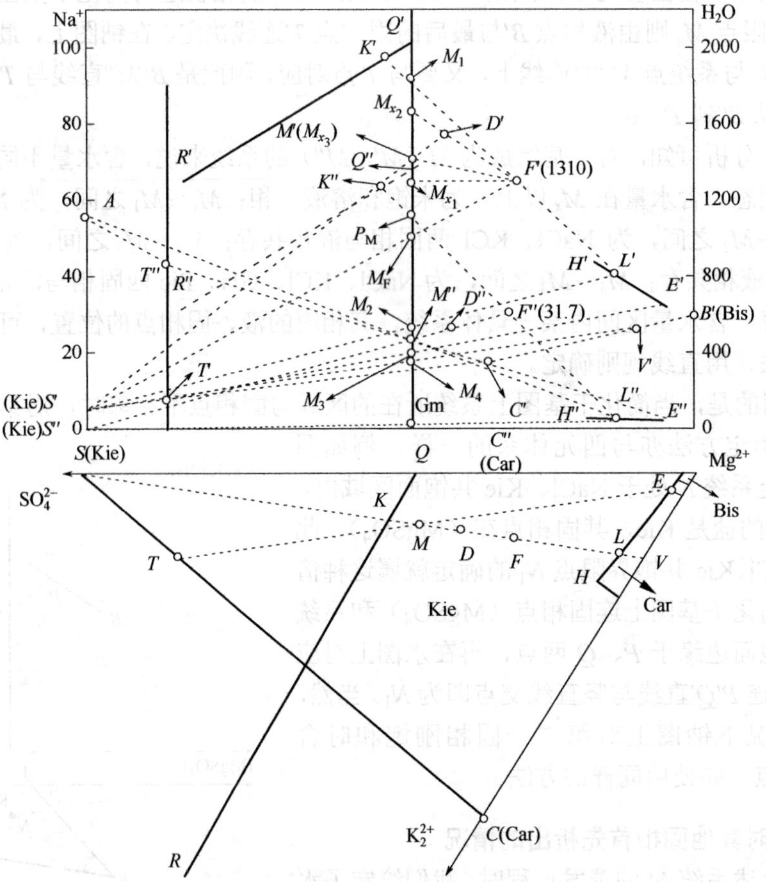

图 6-23 苦卤 110℃等温蒸发过程

假设蒸发时首先析出 NaCl，通过作图，可以得到 NaCl、Kie 共饱时水图上界限点 M_1 及钠图上界限点 P_M。由 M''点位于 P_M 点以下，可以断定 M 作为未饱和溶液蒸发时，应是 Kie 首先饱和析出。

为了分析 Kie 首先析出的蒸发问题，现采用另一种形式的简化图形。即将 $MgSO_4$ 舍去，

先建立 $Na_2^{2+} + K_2^{2+} + Cl_2^{2-} = 100$ mol 为基准的简化干基图，再绘制对应的 H_2O 图及 SO_4^{2-}图。为此，需将有关数据加以换算，列于表 6-7，按数据标绘出详图，如图 6-24 所示。

表 6-7 $Na^+, K^+, Mg^{2+}//Cl^-, SO_4^{2-}-H_2O$ 体系 110℃有关数据

物料	耶涅克指数，J_B'/[mol/100 mol ($K_2^{2+}+Mg^{2+}+SO_4^{2-}$)]				耶涅克指数，J_B'/[mol/100 mol ($Na_2^{2+}+K_2^{2+}+Cl_2^{2-}$)]			
	K_2^{2+}	Mg^{2+}	Na_2^{2+}	H_2O	Na_2^{2+}	K_2^{2+}	SO_4^{2-}	H_2O
	1.64	97.91	0.85	654	0.83	1.60	0.44	638
P	10.78	87.07	3.54	862.1	3.12	9.49	1.89	759
Q	0	78.00	72.00	2000	36.0	0	11.00	1000
R	39.79	39.52	33.73	1318	20.34	23.99	12.47	795
Kie	0	50	0	50	—	—	∞	∞
Car	33.3	66.7	0	400	0	25	0	300
Bis	0	100	0	600	0	0	0	600
Na_2Cl_2	—	—	∞	—	50	0	0	0
苦卤	4.52	75.80	24.58	1467	21.50	3.95	17.21	1283

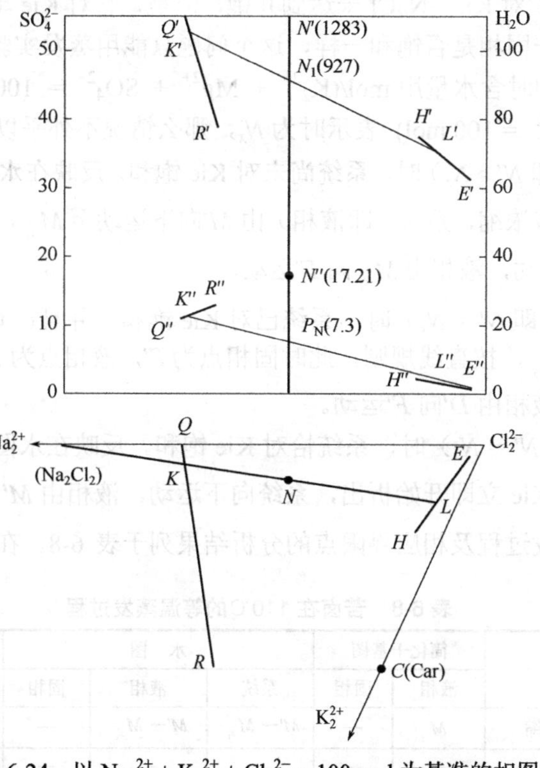

图 6-24 以 $Na_2^{2+} + K_2^{2+} + Cl_2^{2-} = 100$ mol 为基准的相图

苦卤标于图中 *N*（*N'*，*N''*）点，当蒸发首先析出 Kie 时，用同样的方法通过作图得到 Kie、NaCl 共饱时水图上界限点为 N_1，SO_4^{2-}图上界限点为 P_N，显然 *N''*位于点 P_N 以上，即苦卤 SO_4^{2-}含量相对 P_N 点为高，说明蒸发时确实是 Kie 首先析出，另外，*N'*点在 P_N 之上，说明尚未到达 Kie、NaCl 共饱的浓度。

既然 N_1 点及 P_N 点是 Kie、NaCl 共饱的界限点，那么确定它们在图 6-24 中的位置。图 6-23 的三个图都能反映出蒸发过程固相 Kie 析出时液相的变化，其过程向量如图中箭头所示。在简化干基图和钠图中都是单一的箭头，在水图中则是水的蒸发向量（向下）和 Kie 的析出

向量（向右上）两个箭头。Kie 析出到一定程度，才达到对 NaCl 也饱和，故共饱界限点一定在 Kie 析出的过程向量线上。同时，此界限点又要在 Kie、NaCl 的共饱面上。

因此，根据简化干基图、立体水图、立体钠图之间的投影关系，在简化干基图中，界限点一定在 ML 线上；在水图中，界限点既要在 M_1L'线上，又要在两箭头和向量的方向上；在钠图中，界限点则既要在 P_ML''线上，又要在 S''、M''的连线上。不难看出，钠图上的 F''点即为所求，并可进而在简化干基图和水图上对应找到 F 点及 F'点。事实上，将所得 F（F', F''）点与图 6-21 中 N（N_1，P_N）点的组成数据进行换算比较便可知，两者就是同一系统。

这样，根据直线规则，在水图上过 S'和 F'连直线，交系统竖直线于 M_F，为相应含水量的界限点。现 M'在 M_F 以上，说明尚未达到 Kie、NaCl 共饱的程度，这与图 6-20 分析的结论一致。

从上面的分析看出，只有当 M''位于 P_M 以上，NaCl 首先饱和析出时，M_1 才可作为两个固相共饱的界限点。而当 M''位于 P_M 以下时，尽管 M'低于 M_1，也不能判断已有两个固相共析。这是因为，当 M''低于 P_M 时，说明 NaCl 含量少，就要根据少的程度来决定是否对两个固相已共饱。这个程度具体表现为 M''的位置，也就进而表现为 F（F', F''）以及 M_F 的位置。

苦卤 M（M', M''）对 Kie、NaCl 未达到共饱，但是，它对 Kie 单一固相是否已经饱和了呢？和判断 NaCl 单一固相是否饱和一样，这个问题只能用蒸发实验数据来解决。假设实验测得 Kie 单一固相饱和时含水量用 mol/(K_2^{2+} + Mg^{2+} + SO_4^{2-} = 100 mol) 表示时为 M_x，用 mol/(Na_2^{2+} + K_2^{2+} + Cl_2^{2-} = 100 mol) 表示时为 N_x，那么情况不外乎以下三种：

（1）当 $M' > M_x$（即 $N' > N_x$）时，系统尚未对 Kie 饱和。反映在水图上，M_x 即为图中 M_{x_1}，蒸发时先是未饱和溶液浓缩，系统（即液相）由 M'向下运动至 M_{x_1}，对 Kie 饱和，继续蒸发，Kie 析出，系统向下运动，液相由 M_{x_1} 向 F'运动。

（2）当 $M' < M_x$（即 $N' < N_x$）时，系统已对 Kie 饱和，并且已有 Kie 结晶析出。反映在水图上，M_x 即图中 M_{x_2}，按直线规则，此时固相点为 S'，液相点为 D'，蒸发时，Kie 继续析出，系统向下运动，液相由 D'向 F'运动。

（3）$M' = M_x$（即 $N' = N_x$）时，系统恰对 Kie 饱和。反映在水图上，M_x 即图中 M_{x_3} 点，与 M'重合。蒸发时，Kie 立即开始析出，系统向下运动，液相由 M'（M_{x_3}）向 F'运动。

综上，将整个蒸发过程及相应界限点的分析结果列于表 6-8。在 Kie、NaCl 两固相共析

表 6-8 苦卤在 110℃的等温蒸发过程

阶段	过程情况		简化干基图		水图			钠图		大阶段
			液相	固相	系统	液相	固相	液相	固相	
一	$M' > M_x$	浓缩	M	—	$M' \to M_{x_1}$	$M' \to M_{x_1}$	—	M''	—	一
	$M' < M_x$	—	—	—	—	—	—	—	—	
	$M' = M_x$	—	—	—	—	—	—	—	—	
二	$M' > M_x$	Kie 析出	$M \to F$	S	$M_{x_1} \to M_F$	$M_{x_1} \to F'$	S'	$M'' \to F''$	S''	
	$M' < M_x$	Kie 析出	$D \to F$	S	$M' \to M_F$	$D' \to F'$	S'	$D'' \to F''$	S''	
	$M' = M_x$	Kie 析出	$M \to F$	S	$M' \to M_F$	$M' \to F'$	S'	$M'' \to F''$	S''	
三	Kie、NaCl 共析		$F \to L$	S	$M_F \to M_2$	$F' \to L'$	S'	$F'' \to L''$	$S'' \to A$	二
四	Kie、NaCl、Car 共析		$L \to E$	$S \to T$	$M_2 \to M_3$	$L' \to E'$	$S' \to T'$	$L'' \to E''$	$A \to T''$	三
五	Kie、NaCl、Car、Bis 共析，至蒸干		E	$T \to M$	$M_3 \to M_4$	E'	$T' \to M_4$	E''	$T'' \to M''$	四

后的各阶段里，界限点，固、液相点的确定可按寻常的方法进行。只需指出，水图中 T'点在 S'点与 C'点的连线上，V'点在 C'点与 B'点的连线上，而 M_4 则是 $S'V'$线与系统竖直线的交点。

分析结果表明，对上述干基组成为 M（M'，M''）的系统来说，含水量不同时将处于不同的相平衡状态。

假设 $M' > M_x$，则含水量在 M_x 以上，为未饱和溶液一相；

M_x～M_F 之间，为 Kie 固相与液相共存；

M_F～M_2 之间，为 Kie，NaCl 两固相与液相共存；

M_2～M_3 之间，为 Kie、NaCl、Car 三固相与液相共存。

M_3～M_4 之间，为 Kie、NaCl、Car、Bis 四固相与液相共存。

最后需要说明，如果系统的含钠量不但少于 P_M 点，而且少于 G_M 点，此时作为第二个饱和的固相将是其他盐，而不是 NaCl。这种情况下，蒸发过程的分析需要用到其他两种盐共饱的相平衡数据及相图。

四、量的计算方法

杠杆规则法、未析出组分法、物料平衡法在交互五元体系中也是适用的。利用简化干基图、水图和钠图进行计算时，需注意要从简化干基组成的基准出发。

【例 6-6】某盐水含 NaCl 127.0、KCl 4.8、$MgCl_2$ 23.1、$CaCl_2$ 3.4、H_2O 946.8（g/L），试用 25℃相图分析该盐水等温蒸发过程，并计算在含钙固相析出之前的蒸发水量及固相析出量。

解：盐水属 $Na^+, K^+, Mg^{2+}, Ca^{2+}//Cl^- -H_2O$ 简单五元体系，该体系 25℃的简化干基图见图 6-25。

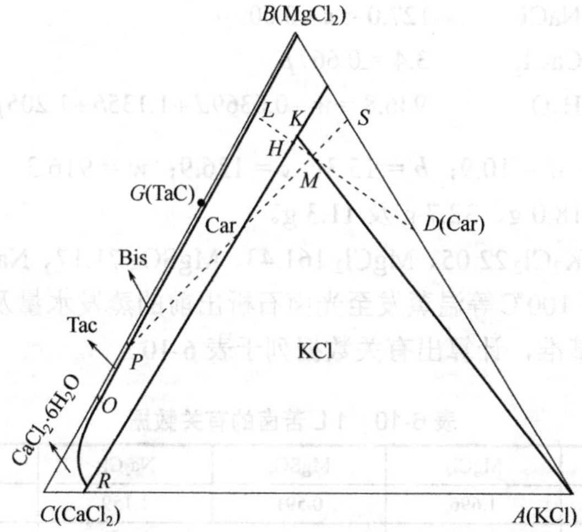

图 6-25　$Na^+, K^+, Mg^{2+}, Ca^{2+}//Cl^- -H_2O$ 体系 25℃的相图（对 NaCl 饱和）

图中共有五个区域，代表与 NaCl 及另一固相平衡的液相面，各自的意义已注明。

经换算，盐水的 Z'值为：KCl 15.3、$MgCl_2$ 73.8、$CaCl_2$ 10.9、NaCl 405.8、H_2O 3024.9，标于图中 M 点，位于 KCl 区域内。要判断蒸发时 NaCl、KCl 哪一个首先饱和，本应绘出对应的水图及 NaCl 图。但是，我们查得 NaCl–KCl–H_2O 三元体系 25℃时 NaCl、KCl 共饱点的

Z 值为：NaCl 182.9、H_2O 613.9，而盐水的 NaCl、H_2O 含量远远大于这两个数值。因此，可以推断，在 NaCl 图上，盐水点肯定在 NaCl、KCl 共饱界限点之上，应是 NaCl 首先饱和析出；而在水图上，盐水点亦肯定在很高的位置，故蒸发时应有浓缩阶段。这样，仅用简化干基图便能分析蒸发过程，结果列于表 6-9。

表 6-9 盐水 25℃等温蒸发过程

阶段	过程情况	液相点	固相点
一	未饱和溶液浓缩	M	—
二	NaCl 析出	M	表示不出
三	NaCl、KCl 共析	$M \to K$	A
四	NaCl、Car 共析，KCl 溶解至溶完	$K \to H$	$A \to D$
五	NaCl、Car 继续共析	$H \to L$	D
六	NaCl、Car、Bis 共析	$L \to P$	$D \to S$
七	Bis 溶解，NaCl、Car、Tac 共析，至蒸干，Bis 有余	P	$S \to M$

分析结果说明，在含钙的固相 Tac 析出之前，得到的固相为 NaCl、Car、Bis 三种，相应的液相为 P。查得 P 点的 Z'值为：KCl 0.4、$MgCl_2$ 32.9、$CaCl_2$ 66.7、NaCl 0.9、H_2O 120.5。

进行量的计算应从三盐（即 KCl、$MgCl_2$、$CaCl_2$）出发，当以该盐水 1 L（其中 KCl、$MgCl_2$、$CaCl_2$ 总量 31.3 g）为基准，并设析出 NaCl 为 x，析出 Car 中三盐量为 d，析出 Bis 中三盐量为 b，蒸发水量为 w，液相 P 中三盐量为 p（单位均为 g）时，应有下列物料平衡方程式成立：

$$\begin{cases} \sum\text{三离子} & 31.3 = d + p + b \\ KCl & 4.8 = 0.439d + 0.004p \\ NaCl & 127.0 = x + 0.009p \\ CaCl_2 & 3.4 = 0.667p \\ H_2O & 946.8 = w + 0.6369d + 1.135b + 1.205p \end{cases}$$

解方程得：$p = 5.1$；$d = 10.9$；$b = 15.3$；$x = 126.9$；$w = 916.3$。其中 Car、Bis 及液相 P 换算为实际质量分别为 18.0 g、32.7 g 及 11.3 g。

【例 6-7】某苦卤含 K_2Cl_2 22.05、$MgCl_2$ 161.43、$MgSO_4$ 71.17、Na_2Cl_2 135.48、H_2O 872.42（g/L）。试计算该卤水在 100℃等温蒸发至光卤石析出前的蒸发水量及固相析出量。

解：以 1 L 苦卤为基准，计算出有关数据列于表 6-10。

表 6-10 1 L 苦卤的有关数据

组成/mol	K_2Cl_2	$MgCl_2$	$MgSO_4$	Na_2Cl_2	H_2O	
	0.148	1.696	0.591	1.159	48.41	
离子/mol	K_2^{2+}	Mg^{2+}	SO_4^{2-}	Na_2^{2+}	H_2O	Σ 三离子
	0.148	2.287	0.591	1.159	48.41	3.026
J_B'值	4.89	75.58	19.53	38.30	1600	100.0

由表可见，如果基准定为1 L，那么这个基准也就相当于 K_2^{2+}、Mg^{2+}、SO_4^{2-}三离子之和为 3.026 mol。

图 6-26 为体系 100℃相图（局部）。苦卤在简化干基图中为 M 点，处于 NaCl、Loe 共饱

面区域内，在水图、钠图中分别为 M'、M''点。该苦卤等温蒸发过程分析（略）的结果表明，在光卤石析出前，固相只有 NaCl 和 Kie，过程中 Loe 虽然析出过，但后来又溶完了。与 NaCl、Kie 平衡的液相为 L（L'，L''），水图上相应的系统点为 M_e。

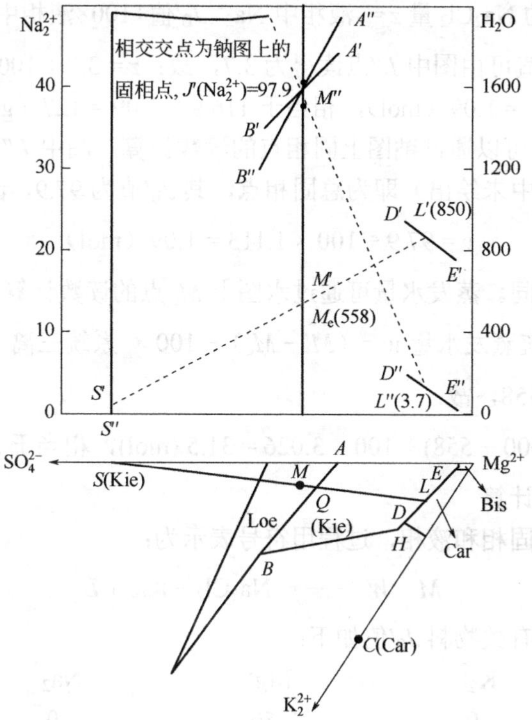

图 6-26 $Na^+, K^+, Mg^{2+}//Cl^-, SO_4^{2-}-H_2O$ 体系 100℃相图局部放大（对 NaCl 饱和）

（1）用杠杆规则法计算

在简化干基图上，杠杆臂代表相应物料中 Σ 三离子的物质的量。本例中系统点为 M，固相点为 S，液相点为 L。因此，设析出固相中三离子总量为 s mol，液相中三离子总量为 l mol 时，据杠杆规则有：

$$s:3.026=\overline{ML}:\overline{SL} \text{ 及 } l:3.026=\overline{SM}:\overline{SL}$$

故可算出 $s=1.113$；$l=1.914$。

所求 s 是总固相中三离子的量，而总固相由 NaCl 及 Kie（$MgSO_4 \cdot H_2O$）组成，全部的三离子都含在 Kie 中，也就是析出的 Kie 中三离子量为 1.113 mol。如果要换算成相应的质量，则需乘以一个换算系数 M'_c，即

某固相的质量 ＝ 该固相的 M'_c×该固相三离子物质的量

各种固相的 M'_c 数值是根据其 J_B'值计算的，相当于每摩尔三离子的该固相具有的质量。例如，$MgSO_4 \cdot H_2O$ 的 J_B'值为：Mg^{2+} 50、SO_4^{2-} 50、H_2O 50，其他离子为零，按 M'_c 的含义可得

$$M'_c=\frac{24.31\times50+96.06\times50+18.0\times50}{100}=69.19$$

式中，24.31、96.06、18.0 分别是 Mg^{2+}、SO_4^{2-}、H_2O 的摩尔质量。于是，析出 Kie 的质

量为：69.19 × 1.113 = 77.0（g），析出的 Na_2Cl_2 量可以通过母液 L 中留存的 Na_2Cl_2 量间接求取，即：

Na_2Cl_2 析出量 y=系统中的 Na_2Cl_2 量 1.159 − 液相中的 Na_2Cl_2 量 z

而液相中的 Na_2Cl_2 量 z = 液相中 Na_2^{2+} J_B'值÷100×液相中三离子量 l

液相中的 Na_2^{2+} J_B'值可由图中 L''点读得为 3.7，故：$z = 3.7 \div 100 \times 1.914 = 0.071$（mol），进而得 $y = 1.159 - 0.071 = 1.09$（mol），相当于 116.9 × 1.09 = 127（g）。

析出的 Na_2Cl_2 量也可以通过钠图上固相点的读数计算。图中 L''、M''连线与 S''竖直线的交点（因位置很高，图中未绘出）即为总固相点，其 J_B'值为 97.9，因此：

$$y = 97.9 \div 100 \times 1.113 = 1.09\text{（mol）}$$

与上面计算结果相同。蒸发水量可通过水图上 M_e 点的读数计算，即：

系统蒸发水量 w =（$M' - M_e$）÷ 100 × 系统三离子量

读得 M_e 含水量为 558，故：

$$w = (1600 - 558) \div 100 \times 3.026 = 31.5\ (\text{mol})\text{，相当于 568 g。}$$

（2）用物料平衡法计算

卤水蒸发后得到总固相和液相，过程用符号表示为：

$$M - W \longrightarrow Na_2Cl_2 + Kie + L$$

由数据表或图查得有关物料 J_B'值如下：

物料	K_2^{2+}	Mg^{2+}	Na_2^{2+}	H_2O
Kie	0	50	0	50
L（L', L''）	7.7	90.3	3.7	850

设 s 为析出 Kie 中三离子量，y 为析出的 Na_2Cl_2 量，w 为蒸发水量，l 为液相中三离子量（单位均为 mol），则根据过程情况可列出物料平衡方程式如下：

$$\begin{cases} \Sigma\text{三离子} & 3.026 = s + l \\ K_2^{2+} & 0.148 = 0.077l \\ Na_2^{2+} & 1.159 = y + 0.037l \\ H_2O & 48.41 - w = 0.5s + 8.50l \end{cases}$$

解方程得：l=1.92；s=1.11；y=1.09；w=31.8。

两种方法所得的结果稍有出入，这是由于作图和读数运算的误差造成的。

第四节　五元体系相图的应用

一、罗布泊罗北凹地含钾卤水生产氯化钾工艺

我国新疆罗布泊盐湖是继青海柴达木盆地盐湖之后发现的大型含钾矿床，属于以液体钾盐矿为主、固液相矿共存的钾盐矿床，位于我国新疆塔里木盆地东部。盐湖南北长 115 km，

东西宽 90 km，面积达 10350 km^2，也是世界最大干盐湖之一。罗布泊地区钾资源储量有 2.5 亿吨，潜层卤水氧化钾含量 1.38 ~ 1.73 亿吨。其中罗布泊北部凹地（简称罗北凹地）卤水中 KCl、NaCl、$MgCl_2$、$MgSO_4$ 质量百分含量平均达到 1.55%、16.44%、6.11%、4.96%。

利用罗北凹地含钾卤水制取氯化钾的工艺，可以从氯化钠饱和下的 Na^+, K^+, Mg^{2+}//Cl^-, SO_4^{2-}–H_2O 五元体系 25℃稳定相图分析，并能从该五元体系的溶解度计算出工艺参数。该五元体系主要相图的化学组成见表 6-11。

表 6-11 氯化钠饱和下 Na^+, K^+, Mg^{2+}//Cl^-, SO_4^{2-}–H_2O 体系 25℃溶解度

编号	液相组成，w_B/%										
	离子组成					化合物组成					
	K^+	Na^+	Mg^{2+}	Cl^-	SO_4^{2-}	$MgCl_2$	$MgSO_4$	KCl	NaCl	Na_2SO_4	H_2O
A	5.92	8.30	0.00	16.90	1.75			11.29	18.97	2.59	69.74
B	4.66	4.70	2.27	15.36	5.50	5.21	6.89	8.89	9.74		69.27
C	2.62	1.30	5.97	17.53	5.78	17.66	7.24	5.00	3.30		66.80
D	1.82	0.30	7.13	19.52	4.61	23.36	5.78	3.47	0.78		66.61
E	2.02	0.58	6.61	22.00	0.00	25.89		3.85	1.47		68.79
F	0.05	0.07	9.10	26.75	0.00	36.65		0.10	0.25		64.00
G	3.26	9.86	0.00	14.28	5.25			6.22	18.68	7.76	67.34
H	3.80	7.73	1.61	12.82	9.81		7.97	7.25	15.46	5.10	69.32
K	2.83	7.23	2.26	11.75	11.59	67.73	11.19	5.40	15.14	3.93	64.34
Q	2.22	2.39	5.31	14.75	8.73	67.99	10.94	4.23	6.08		66.60
S	0.00	8.42	1.97	12.45	8.60	68.37	9.76		20.52		69.72
T	0.00	7.16	2.44	11.55	8.95	68.91	11.21		18.20		69.90
P	0.05	0.06	8.60	22.89	3.25	67.46	4.07	0.10	0.25		65.11

1. 罗布泊罗北凹地卤水生产氯化钾的工艺分析

罗北盐湖区夏季气温干热，可以采用滩晒，根根五元体系 Na^+, K^+, Mg^{2+}//Cl^-, SO_4^{2-}–H_2O 相图预测固相析盐序列。根据表 6-11 溶解度数据绘制相应图见图 6-27。表 6-11 中编号与图中 6-27 标点对应。并将 Mg^{2+}角放大，以展示原卤组成点 *M* 的蒸发过程，其蒸发过程用表 6-12 表示。在析盐的第四阶段析出的固相有氯化钠、光卤石和七水硫酸镁，晶体粒度都比较大。当光卤石被 *R* 母液（图 6-27 中 *R* 点）分解时，七水硫酸镁和氯化钠晶体保持不变，而光卤石分解为细小颗粒状的氯化钾，通过 60 ~ 80 目的筛网即可将氯化钾分离、精制，就可以获得高质量的氯化钾。罗北凹地盐湖卤水 25℃等温蒸发过程分析，列于表 6-12 中。为便于计算，将有关点的组成列于表 6-13。

表 6-12 系统 *M* 等温 25℃蒸发过程

阶段	一	二	三	四	五
过程情况	M_7↓	(KCl + Eps)↓	KCl↑(Eps + Car)↓	(Eps + Car)↓	(Eps + Car + Bis)↓
液相点	$M \to R$	$R \to D$	$D \cdots\cdots D$	$D \to P$	$P \cdots\cdots P$
固相点	Eps⋯Eps	Eps → 1	1 → 2	2 → 3	3 → *M*

注：1）在析盐的各阶段均饱和析出有 NaCl；2）Eps 表示 $MgSO_4 \cdot 7H_2O$；3）实际蒸发至第四阶段未为止。

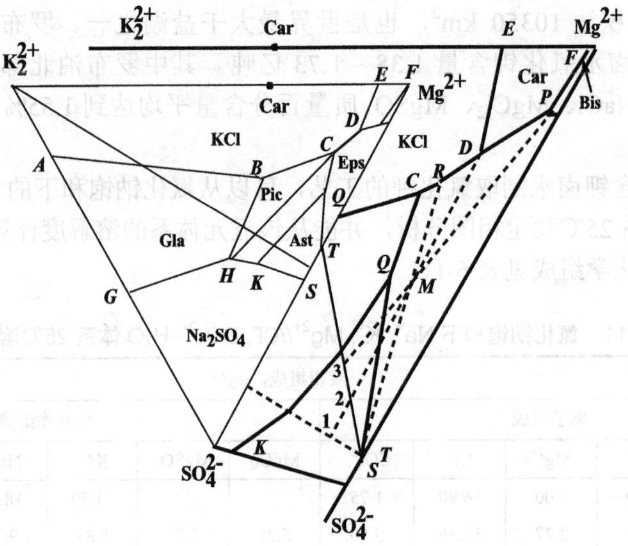

图 6-27 五元体系 Na^+, K^+, Mg^{2+}//Cl^-, SO_4^{2-}–H_2O 在 25℃时稳定相图及 Mg^{2+}角局部放大图

Gla – $Na_2SO_4 \cdot 3K_2SO_4$；Ast – $Na_2SO_4 \cdot MgSO_4 \cdot 4H_2O$；Car – $KCl \cdot MgCl_2 \cdot 6H_2O$；
Pic – $K_2SO_4 \cdot MgSO_4 \cdot 6H_2O$；Eps – $MgSO_4 \cdot 7H_2O$；Bis – $MgCl_2 \cdot 6H_2O$

表 6-13 有关物料点的组成

母液点	液相组成，w_B/%			
	KCl	NaCl	$MgSO_4$	$MgCl_2$
M	1.50	16.00	6.00	6.99
R	4.29	2.13	6.56	20.31
C	5.00	3.30	7.24	17.66
D	3.47	0.78	5.78	23.36
P	0.10	0.25	4.07	30.47

其中，母液 *R* 的组成通过 C、D 两点的组成用差减法求出，即：

$MgCl_2$　　17.66% + (23.36% − 17.66%) × 6.5/14 = 20.31%

$MgSO_4$　　7.24% + (7.24% − 5.78%) × 6.5/14 = 6.56%

NaCl　　3.30% + (3.30% − 0.78%) × 6.5/14 = 2.13%

KCl　　5.00% + (5.00% − 3.47%) × 6.5/14 = 4.29%

计算中用到 *C*、*R*、*D* 点之间的距离，其中 *C*、*D* 间距 14 mm，*C*、*R* 间距 6.5 mm。

2. 罗布泊罗北凹地含钾卤水生产氯化钾物料平衡计算

（1）罗北凹地原始卤水等温蒸发时各阶段的蒸发水量及析盐量计算

1）由原始卤水（*M* 点）蒸发至 *R* 点的计算

设 *m* g 原始卤水蒸发得到 1000 g 母液 *R*（*R* 点），此过程中氯化钾为为析出组分，得如下方程：

KCl　　$m \times 1.50\% = 1000 \times 4.29\%$

$m = 2.860$ g

NaCl　2.860 × 16.00% − 1000 × 2.12% = 478.8 g

析出 $MgSO_4 \cdot 7H_2O$　　(2.860 × 6.00% − 1000 × 6.56%)/0.4884 = 217.0 g

蒸发水　　2860 − 478.8 − 217.0 − 1000 = 1164.2 g

2）R 点蒸发到 D 点的计算

此过程中 $MgCl_2$ 为未析出组分，设 1000 g 母液 R 蒸发至 D 点时得母液 D 的量为 d，可得如下方程：

$MgCl_2$　$1000 \times 20.31\% = d \times 23.36\%$

$d = 869.4$ g

析出 NaCl　$1000 \times 2.12\% - 869.4 \times 0.76\% = 14.6$ g

析出 KCl　$1000 \times 4.29\% - 869.4 \times 3.47\% = 12.7$ g

析出 $MgSO_4 \cdot 7H_2O$　$(1000 \times 6.56\% - 869.4 \times 5.78\%)/0.4884 = 31.4$ g

蒸发水　$1000 - 12.7 - 31.4 - 869.4 - 14.6 = 71.9$ g

再将母液 D 蒸发至 P 点，可以计算出各物料的量（过程从略），列出罗北凹地含钾卤等温蒸发时各个阶段有关物料量，见图 6-28。

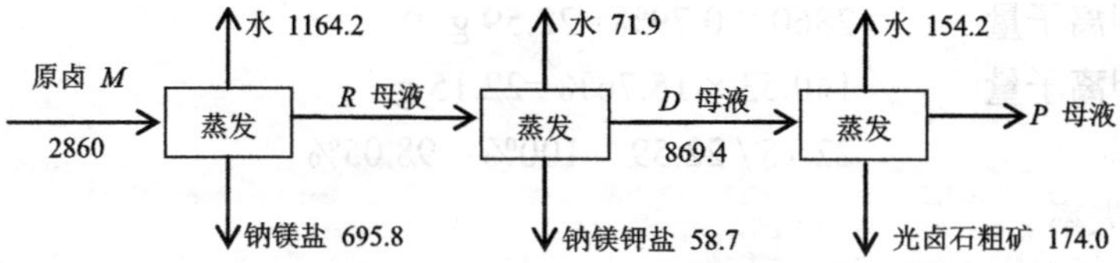

图 6-28　罗北凹地原卤发过程物料平衡

此等温蒸发中光卤石粗钾矿收率：

原始卤水中的钾离子量　$2860 \times 0.79\% = 22.59$ g

产出光卤石中钾离子量　$174.0 \times 8.94\% = 15.56$ g

钾离子收率　$15.56/22.59 \times 100\% = 68.88\%$

钾离子损失率：

钠钾镁盐损失钾离子量　$58.7 \times 11.35\% = 6.66$ g

钾离子损失率　$6.66/22.59 \times 100\% = 29.48\%$

P 母液中钾盐损失钾离子量　$58.7 \times 11.35\% = 6.66$ g

钾离子损失率　$0.27/22.59 \times 100\% = 1.20\%$

钾离子总损失率　$29.48\% + 1.20\% = 30.68\%$

可见原工艺的钾损失率较高。

(2) 利用罗北凹地含钾卤水生产氯化钾工艺计算

1) 原则性工艺流程

含钾原卤生产氯化钾的原则性工艺流程见图 6-29。

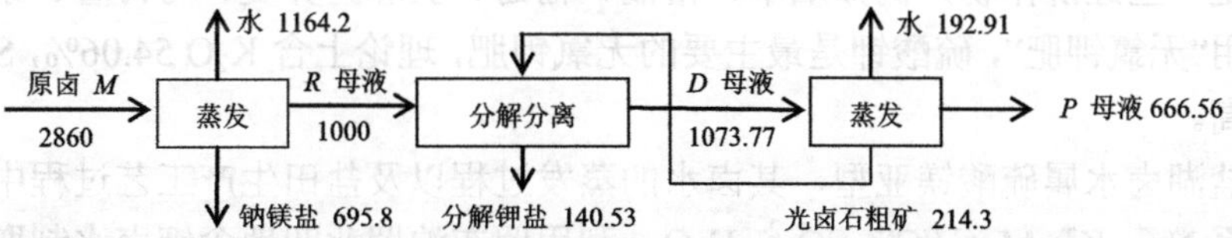

图 6-29　罗北凹地原卤生产氯化钾工艺流程

2）工艺计算

此工艺用 R 母液完全分解光卤石粗矿中的光卤石粗矿，光卤石粗矿循环使用，为中间产量，最终产量为分解钾盐，通过母液 R 和 P 可求解出钾盐的化学组成。

母液 R 至母液 P 的物料平衡计算如下：

母液 $R \rightarrow wH_2O + xKCl + yMgSO_4 \cdot 7H_2O + zNaCl + p$ 母液 P

其中 w、x、y、z、p 分别为 H_2O、KCl、$MgSO_4 \cdot 7H_2O$、NaCl 及母液 P 析出的克数。

由于工艺中的 $MgCl_2$ 组分均为析出，可设 1000 g 母液 R 蒸发至 p 点时的 p 克 P 母液，得方程

$1000 \times 20.31\% = p \times 30.47\%$，求得 $p = 666.56$ g

析出 NaCl　　$1000 \times 2.12\% - 666.56 \times 0.25\% = 19.53$ g

得 KCl　　$1000 \times 4.29\% - 666.56 \times 0.10\% = 42.23$ g

析出 $MgSO_4 \cdot 7H_2O$　　$(1000 \times 6.56\% - 666.56 \times 4.07\%)/0.4884 = 78.71$ g

蒸发水　　$1000 - 19.53 - 42.23 - 78.77 - 666.56 = 192.91$ g

3）分解钾盐回收率

原始卤水中钾离子量　　$2860 \times 0.79\% = 22.59$ g

分解钾盐中钾离子量　　$140.53 \times 15.76\% = 22.15$ g

钾离子回收率　　$22.15 / 22.59 \times 100\% = 98.05\%$

4）钾离子损失率

P 母液中钾盐损失钾离子　　$666.56 \times 0.05\% = 0.33$ g

钾离子损失率　　$0.33 / 22.59 \times 100\% = 1.46\%$

以上计算中各项百分含量在表 6-13 中查得，有关系数由附录四中查得。图 6-28 中各物料的量是通过上述关系，从最终产品氯化钾计为 100 (g 或 kg)后反算得出的。

钾离子回收率

原始卤水中钾离子量　　$5976.09 \times 0.79\% = 47.21$ g

分解钾盐中钾离子量　　$100.0 \times 36.71\% = 36.71$ g

钾离子回收率　　$36.71 / 47.21 \times 100\% = 77.76\%$

从这个五元交互体系的实例计算中看出，如果所给的原始数据为质量百分含量，经列出物料平衡方程式后，解出的未知物料量的单位仍为 g（或 kg）。再通过换算系数计算，很快得出相应化合物单盐或复盐与离子的量之间的关系。罗北凹地含钾卤水制取氯化钾物料平衡见图 6-30，这样比较直观、方便。但绘制五元相图时，一定要用耶涅克指数。

二、罗布泊罗北凹地含钾卤水生产硫酸钾工艺

钾肥中大量使用的品种是氯化钾。但氯化钾中的氯，会对某些农作物的品质带来不利的影响，特别是一些经济作物，例如烟草、柑橘、葡萄、亚麻、荞麦、马铃薯、茶叶等。对这类作物须施用“无氯钾肥”，硫酸钾是最主要的无氯钾肥，理论上含 K_2O 54.06%，SO_3 45.94 %，产品附加值高。

罗布泊盐湖卤水属硫酸镁亚型，其卤水的蒸发过程以及盐田生产工艺过程中固液相平衡属于五元体系 $Na^+, K^+, Mg^{2+}//Cl^-, SO_4^{2-}–H_2O$。利用罗布泊罗北凹地含钾卤水制取硫酸钾的工艺，考虑到当地自然蒸发条件，适宜于应用该五元体系 25℃介稳相图进行分析。以蒸发过程中的钾混盐为原料，利用氯化钾和软钾镁矾二段转化法生产硫酸钾，国投新疆罗钾已建成年产 120 万 t 硫酸钾生产线。罗布泊罗北凹地卤水化学组成如表 6-14 所示，该五元体系溶解度数据参见表 7-4，介稳相图如图 6-31 所示。

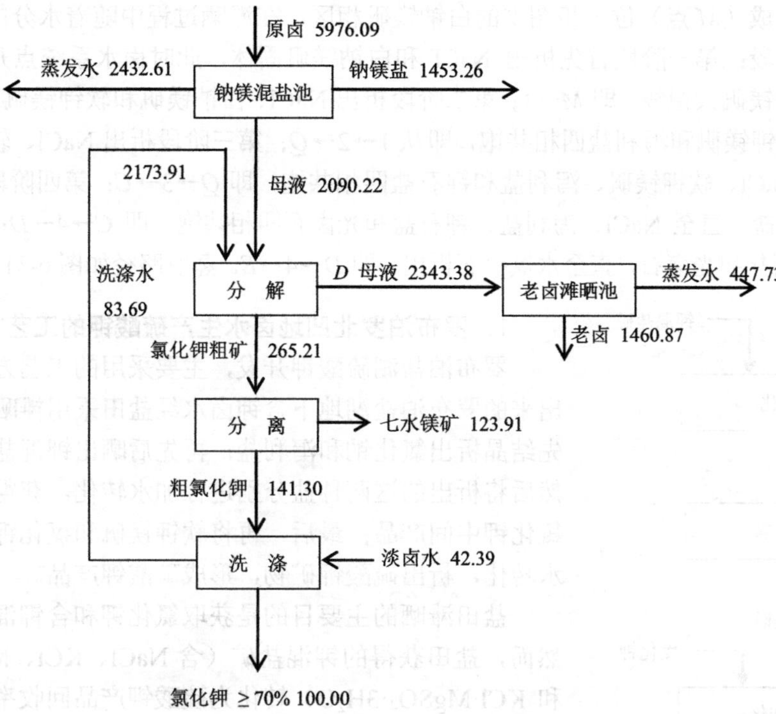

图 6-30 罗北凹地含钾卤水制取氯化钾物料平衡

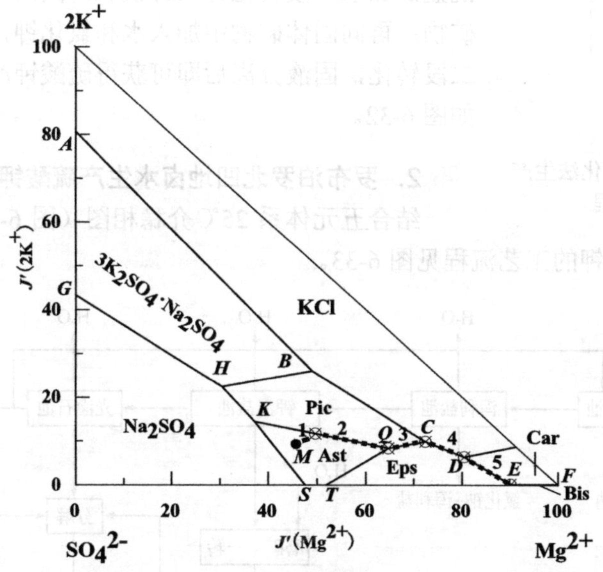

图 6-31 五元体系 $Na^+, K^+, Mg^{2+}//Cl^-, SO_4^{2-}-H_2O$ 在 25℃时介稳相图

Pic－$K_2SO_4·MgSO_4·6H_2O$；Ast－$Na_2SO_4·MgSO_4·4H_2O$；Car－$KCl·MgCl_2·6H_2O$；Eps－$MgSO_4·7H_2O$；Bis－$MgCl_2·6H_2O$

表 6-14 罗布泊罗北凹地盐湖卤水化学组成

离子组成，w_B/ %					
Na^+	K^+	Mg^{2+}	Cl^-	SO_4^{2-}	H_2O
7.59	0.80	1.48	13.80	4.00	72.32

该卤水组成（*M* 点）位于相图中的白钠镁矾相区，在滩晒过程中随着水分的不断蒸发，可分为五个阶段：第一阶段首先析出 NaCl 和白钠镁矾固体，此时卤水系统点开始移动至白钠镁矾和软钾镁矾共饱线，即 $M\rightarrow1$；第二阶段析出 NaCl、白钠镁矾和软钾镁矾，直至 NaCl、白钠镁矾、软钾镁矾和泻利盐四相共饱，即从 $1\rightarrow2\rightarrow Q$；第三阶段析出 NaCl、软钾镁矾和泻利盐，直至 NaCl、软钾镁矾、泻利盐和钾石盐四相共饱，即 $Q\rightarrow3\rightarrow C$；第四阶段析出 NaCl、泻利盐和钾石盐，直至 NaCl、泻利盐、钾石盐和光卤石四相共饱，即 $C\rightarrow4\rightarrow D$；第五阶段析出 NaCl、泻利盐和光卤石，直至水氯镁石析出。即 $D\rightarrow4\rightarrow E$。蒸发路径如图 6-31 中虚线所示。

1．罗布泊罗北凹地卤水生产硫酸钾的工艺方案分析

罗布泊盐湖硫酸钾开发，主要采用的工艺方案：将开采出来的罗布泊盐湖地下含钾卤水经盐田采用摊晒的方式，首先结晶析出氯化钠和泻利盐，再先后晒出钾混盐和光卤石；然后将析出的这两种盐分别进行加水转化，获得软钾镁矾和氯化钾中间产品；最后，再将软钾镁矾和氯化钾的混合物加水转化，析出硫酸钾矿物，形成硫酸钾产品。

盐田滩晒的主要目的是获取氯化钾和含钾混盐等原料。然而，盐田获得的钾混盐矿（含 NaCl、KCl、$MgSO_4\cdot7H_2O$ 和 $KCl\cdot MgSO_4\cdot3H_2O$）转化为硫酸钾产品回收率较低，而且钾盐镁矾矿的浮选效果差。为提高硫酸钾的产率，首先将钾混盐矿加水一段转化为软钾镁矾，固液分离后获得软钾镁矾矿物；再向固体矿物中加入水和氯化钾，将软钾镁矾矿进行二段转化，固液分离后即可获得硫酸钾产品，其具体流程图如图 6-32。

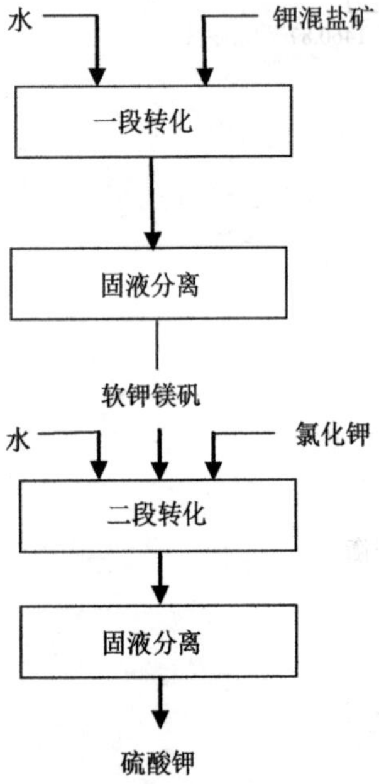

图 6-32　钾混盐二段转化法生产硫酸钾工艺流程

2．罗布泊罗北凹地卤水生产硫酸钾的工艺流程

结合五元体系 25℃介稳相图（图 6-31），罗布泊罗北凹地含钾卤水制取硫酸钾的工艺流程见图 6-33。

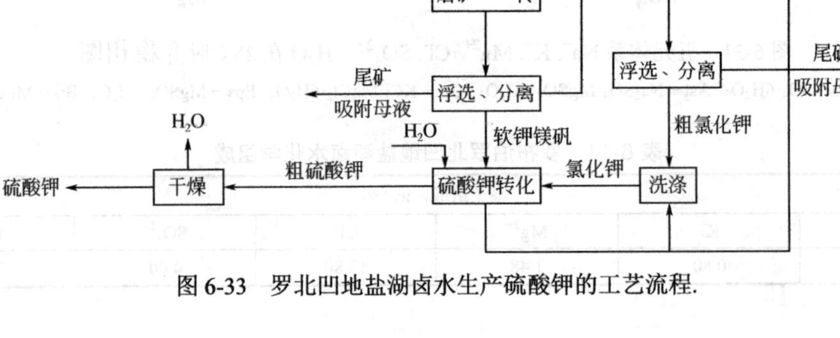

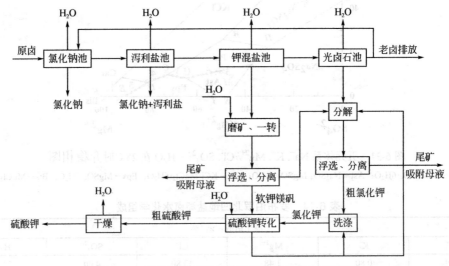

图 6-33　罗北凹地盐湖卤水生产硫酸钾的工艺流程

习题六

6-1 计算下列物料组成在 $Na^+, K^+, Mg^{2+}//Cl^-, SO_4^{2-} - H_2O$ 五元体系的耶涅克指数 J_B'。

（1）$MgSO_4$ 2.5%，$MgCl_2$ 30.5%，Na_2Cl_2 8.0%，K_2Cl_2 21.0%，H_2O 38.0%;

（2）$MgSO_4$ 43.1 g/L，$MgCl_2$ 80.7 g/L，Na_2Cl_2 60.3 g/L，K_2Cl_2 10.6 g/L，H_2O 436.2 g/L;

（3）复盐 $2Na_2SO_4 \cdot K_2SO_4 \cdot 2MgSO_4 \cdot 5H_2O$。

6-2 绘制 $Na^+, K^+, Mg^{2+}//Cl^-, SO_4^{2-} - H_2O$ 体系 100℃简化干基图，并注明各区域意义（相关数据见附录八）。

6-3 某盐场有一种苦卤，其组成为：$MgSO_4$ 86.17 g/L，$MgCl_2$ 161.43 g/L，Na_2Cl_2 120.50 g/L，K_2Cl_2 21.20 g/L，H_2O 872.4 g/L，现决定利用低温冷冻除去其中一部分 $MgSO_4$，试用相图分析计算 1 L 该苦卤冷冻至 0℃时析出的固相量（相关数据见附录八）。

6-4 某人造光卤石的组成为：$MgSO_4$ 2.5%，$MgCl_2$ 30.5%，Na_2Cl_2 8.0%，K_2Cl_2 21.0%，H_2O 38.0%，试用 25℃ $Na^+, K^+, Mg^{2+}//Cl^-, SO_4^{2-} - H_2O$ 五元体系相图分析计算给人造光卤石 100 kg 加水完全分解的加水量及得到的粗钾（即 Na_2Cl_2、K_2Cl_2 固相混合物）量（相关数据见附录八）。

6-5 某盐场有高温盐卤水和混合卤两种卤水，组成列于下表，现拟用混合卤溶浸，以回收其中的钾，试用 25℃相图分析计算充分回收 1 t 高温盐卤水的钾最少需要多少混合卤。

某高温盐卤水、混合卤的组成

物料	液相组成，w_B/ %				
	K_2Cl_2	Na_2Cl_2	$MgCl_2$	$MgSO_4$	H_2O
高温盐卤水	2.4	19.19	16.91	22.69	38.81
混合卤	1.38	3.87	21.22	5.17	68.36

6-6 某盐场有高温盐卤水和人造光卤石母液两种卤水，组成列于下表，若将高温盐卤水在 100℃热的人造光卤石母液中溶浸，试用 100℃相图分析计算，判断 1.31 t 人造光卤石母液能否将 1 t 高温盐中的钾全部溶浸回收。

某高温盐卤水、人造光卤石母液的组成

物料	液相组成，w_B/ %				
	K_2Cl_2	Na_2Cl_2	$MgCl_2$	$MgSO_4$	H_2O
高温盐卤水	2.4	19.19	16.91	22.69	38.81
人造光卤石母液	0.38	1.14	31.30	0.92	66.26

第七章

介稳平衡相图

第一节　介稳相平衡

一、介稳相平衡

介稳平衡相图（metastable equilibrium phase diagram），又称为亚稳相图或“太阳相图”（solar phase diagram），处于介稳平衡状态的相称为亚稳定相或不稳定相，产生过饱和现象是介稳平衡的重要特点。

热力学平衡只给出始态和终态结果，而不考虑过程中的情况。但是，无论在自然界或工业生产中，由于条件的改变，一个相应该转变为另一个相，经常发现这种转变未能发生，这种现象叫做相转变的阻滞或延后，这时体系处于介稳状态，又称亚稳状态。在介稳状态下，物质结构状态所含热力学能要比在相同条件下正常平衡时的结构状态所含的热力学能大，因而能自发地转变为稳定状态。物质介稳状态总有转变为稳定状态的趋势，但这种转变速度大小和途径却大不相同，有的体系可瞬间完成，有的体系很慢几乎不能察觉。

这种介稳平衡状态，无论在自然界或工业生产中，都是一种广泛存在的现象。不仅在金属、非金属的单质状态下存在，而且也存在于水盐体系中。不仅在二元水盐体系中有介稳平衡，而且在三元、四元、五元体系和复杂的多组分体系中也存在介稳平衡。对水盐体系，仅仅研究稳定平衡是不够的。因为水盐体系中，不同盐类的结晶过程是复杂的：有的按稳定平衡相图规律进行；有的水盐体系在蒸发和加工过程中，往往呈现介稳平衡，蒸发过程的结晶路线偏离稳定平衡相图。这是因为盐类的析出过程和速率不仅与当时的各种条件有关，而且与系统过去所经历的情况有关。这给在理论上利用稳定平衡相图指导析盐规律及利用数据进行工艺计算带来困难。因此，必须进行介稳平衡相图（相率也适用）的研究，以找寻物理化学的依据。同时，多组分水盐体系多温介稳平衡的研究对海水和盐湖卤水在蒸发过程中盐类的结晶顺序，盐矿的形成，以及探索盐矿及盐湖地球化学都具有理论指导意义。

稳定平衡与介稳平衡的关系，可用图 7-1 形象地描述。图 7-1 表示停放在平面上的物体，不同位置的势能用重心在平面上方的高度表示。水平位置状态 *A* 代表最大稳定性的状态，其能量最小，这种状态为稳定平衡。位置 *B* 也是一种稳定状态，它若不归复为更稳定的位置 *A*，

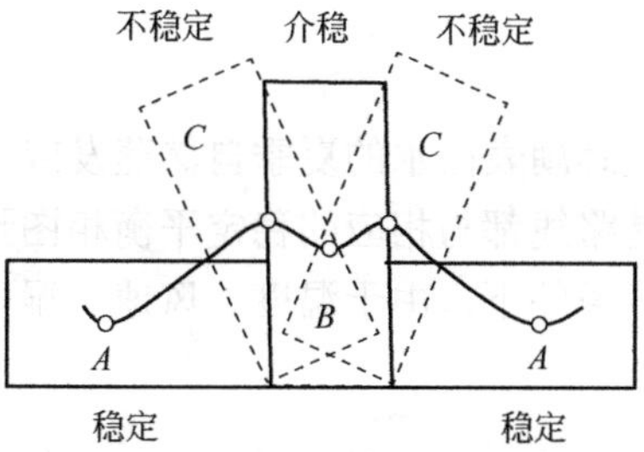

图 7-1 稳定平衡与介稳平衡的关系

则不能经受一定程度外界作用力的扰动，这种状态为介稳平衡。位置 C 代表不稳定状态，它能自发地转变为相对稳定的状态 B 和更为稳定状态的位置 A。

介稳相图研究的主要内容包括：介稳状态产生的原因，如溶液中介质的种类、杂质组分的存在、溶液的 pH 值、液相的蒸发速率、降温速率等；介稳状态存在的范围和时间；介稳状态与稳定状态之间的转化条件；介稳状态的结晶过程及动力学条件等因素。

通过大量的实验研究，并与稳定相图相比，发现介稳相图具有如下几个特点：

（1）稳定相图中的某些相区可能在介稳相图中发生变化，如扩大、缩小甚至消失，乃至出现新的相区。这些相区的扩大侵占了相邻的区域，使得在稳定相图中彼此相隔的相区，在介稳相图中成为毗邻的相区，因而形成了新的析盐规律，可以制得在稳定平衡状态下不能制得的产品。但仍可能有些相区没有发生变化。

（2）在介稳相图中，某种固相由于不能克服其能峰而不出现，它的相区被邻近区域分割，但是形成的新的界限仍然服从热力学平衡关系，同样遵循水盐体系凝聚体系相律，即条件 Gibbs 相律：$F=C-P+1$。

（3）一般而言，介稳相图中相区和共饱点的数目少于稳定相图中的数目。

一般情况下，海水型的卤水及盐湖、地下卤水的含钠量和含水量要比稳定平衡的相图中相应的结晶线低。即介稳相图比稳定相图的理论计算值要多蒸发一些水分，同时也要多析出一些氯化钠后才会落入某一相区，再析出相应的盐。介稳平衡是一种没有达到相平衡的现象，人们用介稳平衡相图来表示这种没有达到相平衡时体系的溶解度关系。

对同一个体系而言，介稳程度的大小也不同，就结晶速度的影响而言有以下因素：

（1）某种固相的晶核很难从溶液中形成，其结晶区被别的易从液相中析出来的固相所代替。一般认为含结晶水的硫酸盐及其复盐，尤其是含结晶水的化合物，极易形成介稳平衡。例如 $MgSO_4·7H_2O$、$Na_2SO_4·10H_2O$ 一般不大容易形成介稳平衡，而 $MgSO_4·6H_2O$、$MgSO_4·5H_2O$、$MgSO_4·4H_2O$，特别是 $MgSO_4·H_2O$、$MgSO_4·1.25H_2O$、$Na_2CO_3·H_2O$ 及 Na_2SO_4 极易形成介稳平衡，原因是这些晶体的晶核很难形成。

（2）某种固相的晶核可以形成，但形成晶核的速度很慢，晶核长大的速度也很慢，使得在蒸发中该盐在液相中的化学位大于固相的化学位，表现在溶解度相图上是该种盐结晶区发生了变化，如硼酸盐体系介稳相图，尤其是四硼酸锂水溶液体系，在蒸发过程中，在搅拌条件下徐徐蒸发可能出现偏硼酸锂，但在未搅拌的静态下蒸发将产生非晶的玻璃态，是迄今为止介稳现象最为严重的水盐溶液。

（3）介稳程度很小，如 NaCl、KCl 等盐。

对应多元体系介稳相图的研究，目前还处于摸索、数据积累的阶段。介稳状态不同于一般的过冷状态。例如，高温溶液慢慢冷下来，往往晶体不析出，此时稍加振动或加入晶体，则晶体立即析出。而介稳状态不会这样，例如白钠镁矾的介稳溶液，当加入晶种后，晶种会被溶解，经过一段时间后，又会慢慢析出白钠镁矾，而当它们析出后，再加热溶液也不会溶解。

二、过饱和溶液

事实上，在自然界中的过饱和现象也是常见的。如：盐湖湖表卤水的夏季自然蒸发或冬季的冷冻结晶过程中，盐湖卤水的蒸发结晶路线或冷却结晶路线都与相应的稳定平衡相图预测结晶存在着偏差，甚至完全不相符的情况。这就是在自然条件下，由于温度、风速、湿度等自然条件不稳定，平衡实际处于一种介稳平衡状态。

过饱和溶液的制备有等温法和多温法。

等温法有下列三种：

（1）通过蒸发脱除溶剂，以制取溶解度系数较低的氯化物类型的过饱和溶液。

（2）加入另一种溶剂或盐也往往形成过饱和溶液。

（3）利用化学反应来获得过饱和溶液，一般是用两种较易溶解的化合物，经过相互作用后生产一种不易溶解的化合物，事先要选定好物料原始浓度，使产物的浓度大于其平衡浓度，并同时加入其他盐。如制备硫酸钡的过饱和溶液，应在氯化钠溶液中加入氯化钡和硫酸钠。

多温法形成的过饱和溶液通常用于有较高温度系数的化合物，其关键是控制好冷却速度。过饱和溶液的稳定性首先取决于它的化学组成。一般说，分子量较大、组成复杂的化合物易形成较稳定的过饱和溶液。固态时含有结晶水的物质易生成稳定的过饱和溶液，如硝酸铜、硫代硫酸钠等，也有例外。另外，溶解度较低的物质在很大程度上易于生成稳定的过饱和溶液，如碳酸钙的过饱和溶液可以长期放置。

使用介电常数高的溶剂，易形成过饱和溶液；黏度增大，也会明显地增加介稳溶液的稳定性。过饱和溶液的稳定性随温度的升高而降低。

开采地下卤水时，加入化学试剂可以制止盐从卤水中析出，加入的试剂可以是一种或是混合物。如牛磺酸和碱金属磷酸盐的混合物，*N*–高油酰甲基牛磺酸的钾盐，*N*–高油酰乙基牛磺酸的钠盐或钾盐。混合试剂的另一个成分是碱金属的磷酸盐，如六偏磷酸钾、四偏磷酸钠、三多磷酸钠、焦磷酸四钠等，其中以六偏磷酸钠与 *N*–高油酰甲基牛磺酸的钾盐合用时最好，迅速而有效，因而应用较广。合成物添加量仅百万分之零点一即可抑制油井卤水析盐，同时对各种卤水中抑制析盐都是有效的。

碱金属分子脱水磷酸盐（或该磷酸盐与碱金属分子脱水磷酸盐熔融物）可用于防止 NaCl 从饱和卤水中析出。抑制剂可以液体或固体的形式加入。磷酸盐质量分数约在 1×10^{-6}～25×10^{-6} 范围内。抑制剂组成为（0.2～0.8）A_2O ∶（1.0～0.3）MO ∶ 1.0 P_2O_5（A 为碱金属、O 为氧、M 为碱土金属）。

另外一些物质的加入，会降低过饱和溶液的稳定性。搅拌作用也会降低过饱和溶液的稳定性。此外，超声波、电磁波、机械作用、放射性辐射等，都会影响介稳溶液的稳定性。

和稳定平衡一样，介稳平衡的液相组成以及固相的情况，也需要通过科学实验测定。根据介稳平衡需要在无扰动的情况下才能建立并维持的特点，通常采用对一定组成的未饱和溶液进行等温蒸发的方法，或是进行缓慢冷却降温的方法，配合液相、固相的分析鉴定，获得有关数据。另外，为使固、液相建立平衡，需注意保证足够的时间。对某些易产生过饱和的相来说，达到平衡的时间可能很长。值得指出的是，介稳相图与操作参数有关，在使用时要根据实际条件进行确定。

第二节 二元和三元体系介稳相图

介稳现象普遍存在于自然界中，在盐湖卤水或海水的盐田自然蒸发过程中，盐类的结晶顺序往往与稳定平衡相图不符而呈现介稳平衡。究其原因，主要是由于在自然环境条件下，由于太阳照射（温度）、风速、湿度等的影响，卤水体系实际处于一种“亚稳”状态。介稳相图是一种或几种稳定平衡固相呈介稳态不析出时，与其他固相之间的稳定平衡溶解度关系图，是表示体系介稳相平衡规律的相图，又称为“太阳相图”。它是按照测定数据标绘的，并按与稳定相图同样的标点方法和连线原则来划分相区。

早在 18 世纪，Van't Hoff 已经发现水盐体系在日晒蒸发过程中，稳定相图中原有的一些相区消失了，一些相区扩大侵占了相邻相区，使得在稳定相图中彼此相隔的相区成为毗邻的相区，形成了新的析盐规律，但仍有一些区域的界限没有改变。当然，在介稳相图中形成的边界线仍然服从彼此间的热力学平衡关系，也同样遵守相律，因而可以利用介稳相图中相区的控制来制取在稳定平衡状态下不能制取的产品。

一、二元体系介稳相图

Na_2SO_4 - H_2O 二元体系在−0.6～40℃不同温度时存在平衡和介稳相平衡数据的测定结果如表 7-1 所示。

表 7-1 Na_2SO_4 - H_2O 二元体系不同温度时的液相组成

温度/℃	$w(Na_2SO_4)$/%	固相	温度/℃	$w(Na_2SO_4)$/%	固相
−0.6	2.0	冰	40	32.6	Na_2SO_4
−1.2	4.0	冰+S_{10}	−2.0	7.0	冰（介稳）
0	4.3	S_{10}	−2.85	10.0	冰（介稳）
0	6.0	S_{10}	−3.6	12.7	冰+S_7（介稳）
10	8.35	S_{10}	0	15.4	S_7（介稳）
15	11.6	S_{10}	10	23.2	S_7（介稳）
20	16.1	S_{10}	20	31.0	S_7（介稳）
25	21.8	S_{10}	24	34.15	S_7+Na_2SO_4（介稳）
30	29.0	S_{10}	20	34.6	Na_2SO_4（介稳）
32.4	33.25	S_{10}+Na_2SO_4	25	34.0	Na_2SO_4（介稳）
35	33.0	Na_2SO_4	30	33.5	Na_2SO_4（介稳）

注：S_7 为 $Na_2SO_4·7H_2O$；S_{10} 为 $Na_2SO_4·10H_2O$。

Na_2SO_4 - H_2O 二元体系溶解度与温度关系相图绘于图 7-2 中，在稳定平衡条件下 Na_2SO_4 的共晶点温度是−1.2℃（即冰点低共熔点 E 的温度）。在−1.2～40℃范围内存在三种固相，出现三条不同的溶解度曲线，线段 EG 是 $Na_2SO_4·10H_2O$ 的平衡溶解度曲线，具有正温度溶解系数值，溶解度从冰盐低共熔点 E 在−1.2℃时的 4.0%，随着温度的升高而增加。当温度升高到转溶点 G（温度为 32.4℃）时，平衡液相溶解度为 33.25%，这时 $Na_2SO_4·10H_2O$ 熔融并溶解在它自身的结晶水中，同时形成斜方晶体的无水硫酸钠。从转溶点 G 随温度的升高，无水硫酸盐的溶解度反而减小，此时的溶解度温度系数为负数。

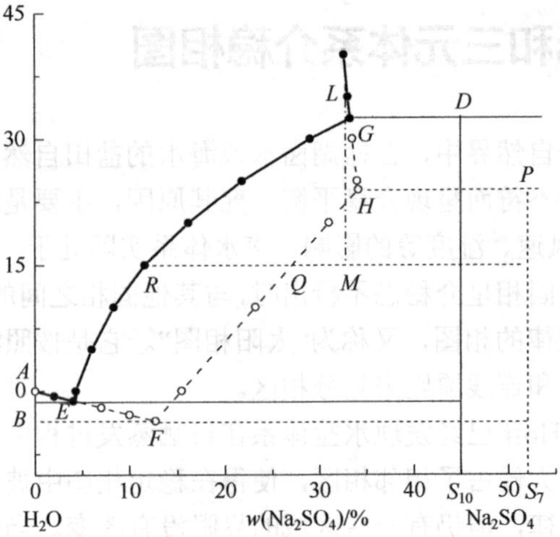

图 7-2 $Na_2SO_4-H_2O$ 体系相图

- - -介稳线；——稳定线；

S_{10}—$Na_2SO_4\cdot 10H_2O$；S_7—$Na_2SO_4\cdot 7H_2O$

在 30℃以下存在热力学非平衡态（介稳）溶解度，介稳固相是 $Na_2SO_4\cdot 7H_2O$。这时的冰盐低共熔点 F 的温度为−3.6℃，溶解度为 12.7%，$Na_2SO_4\cdot 7H_2O$ 的介稳溶解度曲线为 FH，介稳态转溶点温度为 24.0℃，液相组成含 Na_2SO_4 34.15%。

如果将 34℃的 Na_2SO_4 饱和溶液 L（含 Na_2SO_4 为 33.0%）缓慢地、不加任何扰动地冷却，当温度低于 32.4℃，例如到达 25℃时，其浓度已超过了该温度下 $Na_2SO_4\cdot 10H_2O$ 饱和溶液的浓度（21.8%），本应有 $Na_2SO_4\cdot 10H_2O$ 结晶析出，但是事实上并没有 $Na_2SO_4\cdot 10H_2O$ 析出。当继续冷却至 15℃时，发现有固相析出，但经鉴定证明这固相不是本应析出的 $Na_2SO_4\cdot 10H_2O$，而是 Na_2SO_4 的另一种水合物 $Na_2SO_4\cdot 7H_2O$，与之共存的液相含 Na_2SO_4 为 27.0%。如果对 $Na_2SO_4\cdot 7H_2O$ 固相与共存的液相不加任何扰动，它能较长时间地保持下去，说明此固、液相也处于某种相平衡状态。但是，如果向这一系统中加入 $Na_2SO_4\cdot 10H_2O$ 的小晶体（也称晶种），即使是很少一点，都会引起系统中迅速地发生相变：$Na_2SO_4\cdot 7H_2O$ 消失，转化为 $Na_2SO_4\cdot 10H_2O$，并且液相浓度降低为 11.6%。变化后的系统，即使加以扰动，包括加入 Na_2SO_4 或者 $Na_2SO_4\cdot 7H_2O$ 的晶种，也不再变化。

上述 15℃下 $Na_2SO_4\cdot 10H_2O$ 固相与含 Na_2SO_4 11.6%的液相所处的平衡不为外界干扰所左右，称为稳定平衡，处于稳定平衡状态的相称为稳定相。而 $Na_2SO_4\cdot 7H_2O$ 与含 Na_2SO_4 27.0%的液相所处的平衡只是在一定条件（如不加扰动，不加其他固相的晶种等）下才成立，否则立即破坏，故称为介稳平衡或亚稳平衡。处于介稳平衡状态的相称为介稳相或亚稳定相。显然，介稳的液相（Q）对稳定固相（$Na_2SO_4\cdot 10H_2O$）来说是过饱和的（$Na_2SO_4\cdot 10H_2O$ 的平衡液相为 R）。所以，当介稳平衡的条件丧失时，介稳相要转变为稳定相。

二、三元体系介稳相图

一般三元水盐体系相图中，无水盐是稳定相，水合盐是介稳相。它们中有固相不形成复盐，也有生成水合复盐的体系。这类体系常常在测定平衡溶解度时被忽略。有时在未达到平衡的数据测定中被发现有与平衡态不相同的水合物存在，实际上就是介稳相，也可以绘制出介稳相图。图 7-3 列出三种类型水盐三元体系相图。

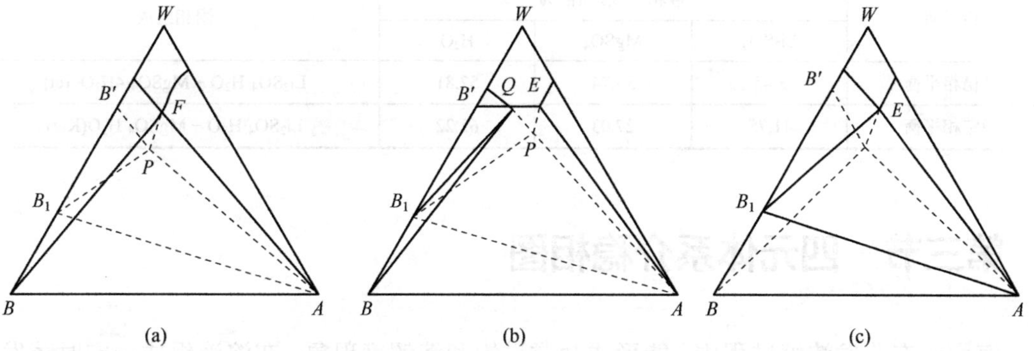

图 7-3　三元水盐体系介稳相图和稳定相图

--- 介稳线；—— 稳定线

图 7-3（a）中无水盐 B 是稳定相，水合物 B_1 是介稳相。图 7-3（b）两条溶解度曲线在 Q 点穿过，当 A 盐浓度低时，QB'区间，水合物 B_1 是稳定相；当 A 盐浓度高时，QP 区间，无水盐 B 是稳定相，水合物 B_1 是介稳相。图 7-3（c）中，水合物 B_1 是稳定相，而无水盐 B 是介稳相。

我国柴达木盆地的盐湖卤水多属硫酸镁亚型，锂资源储量（按 LiCl 计）高达 1500 多万吨，蕴藏巨大的潜在经济价值，但卤水中镁锂比值高达 30～100，为锂盐的提取带来困难。图 7-4 是三元体系 $Li_2SO_4-MgSO_4-H_2O$ 在 75℃时的介稳和稳定相图，表 7-2 是该体系在共饱点处溶解度数据，二者对比可见硫酸镁水合盐结晶区由 $MgSO_4 \cdot H_2O$ 转变为 $MgSO_4 \cdot 4H_2O$，同时 $MgSO_4$ 结晶区相区缩小，其介稳溶解度增大到 140%，而 $Li_2SO_4 \cdot H_2O$ 结晶区增大，含量下降 30%，表明硫酸镁溶液存在较严重的介稳现象，且对硫酸锂具有盐析作用，这对高镁锂比卤水中锂盐的提取具有重要作用。

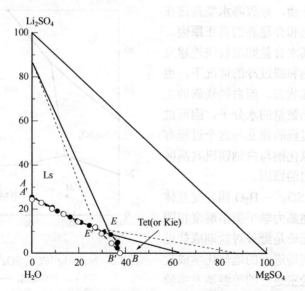

图 7-4　三元体系 $Li_2SO_4-MgSO_4-H_2O$ 75℃稳定及介稳相图

—●— 介稳相图；--○-- 稳定相图

表 7-2 75℃三元体系 $Li_2SO_4 + MgSO_4 + H_2O$ 共饱点处稳定相平衡与介稳相平衡溶解度数据对比

相平衡	液相组成，w_B/%			固相组成
	Li_2SO_4	$MgSO_4$	H_2O	
介稳相平衡	8.45	33.74	57.81	$Li_2SO_4 \cdot H_2O + MgSO_4 \cdot 4H_2O$(Tet)
稳定相平衡	11.75	27.03	61.22	$Li_2SO_4 \cdot H_2O + MgSO_4 \cdot H_2O$(Kie)

第三节 四元体系介稳相图

海卤水在蒸发浓缩过程中，能形成盐类过饱和溶解度现象。在溶液组成一定时蒸发速率越快，形成的过饱和度越大。在相同的蒸发速率条件下，所形成过饱和溶解度的大小与溶液中所含的盐成分有密切关系。水合作用强、水合配位数高的离子，在溶液中又能以多粒子形式共存，而且粒子之间存在交互反应时，就更容易形成高度过饱和溶解现象。其中以 $MgSO_4$ 和各种在水中易溶解的硼酸盐最为典型。此外，碳酸盐也易产生过饱和溶解现象。

在水盐体系中水合离子缔合成盐的观点，以及离子水合数测定结果判断，镁离子在浓盐水溶液中可能是以 $Mg(6H_2O)^{2+}$形式存在，硫酸根是以 $SO_4(H_2O)^{2-}$形式存在。两者最简单的离子缔合成盐应具有 $Mg(6H_2O)SO_4(H_2O)$的粒子形式，即 $MgSO_4 \cdot 7H_2O$ 的化学式。盐类化合物在水溶液中结晶析出之前，应首先形成具有与晶体结构相同的结构模块，然后堆砌成晶体。$MgSO_4 \cdot 7H_2O$ 在加热过程中出现的九级脱水反应中，存在 $1/4H_2O$ 的脱失过程。可见七水硫酸镁最简单的结构模块应是 $8MgSO_4 \cdot 7H_2O$，即 $8MgSO_4 \cdot 56H_2O$；六水硫酸镁为 $8MgSO_4 \cdot 48H_2O$；四水硫酸镁为 $8MgSO_4 \cdot 32H_2O$。正是这些有复杂水合结构、体积比较大的水合硫酸镁粒子在浓溶液中存在，以及这些粒子之间的多粒子共存条件下的动态平衡，导致海水型盐卤在蒸发过程中形成过饱和介稳态的真正原因。体系中的氯化物及其水合盐则能较快地建立起平衡，即使在过饱和或过冷的情况下，也能迅速地过渡到平衡状态。但白钠镁矾的生成过程中要解离相当数量的水分子，因而过程相当缓慢。介稳过程的建立与这个过程有关。这也可以解释氯化钠与白钠镁矾共晶区中，氯化钠抢先析出的原因。

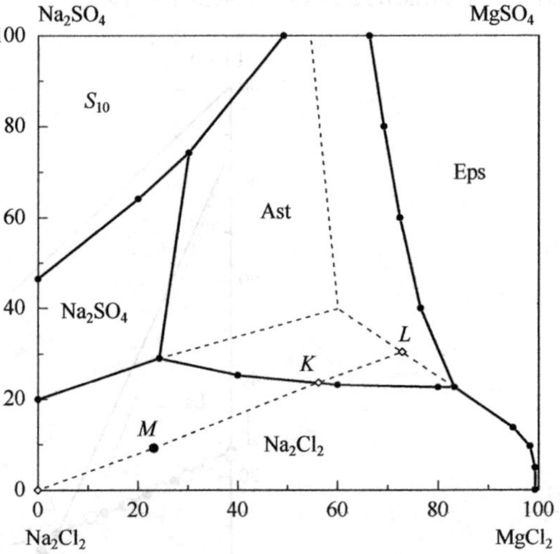

图 7-5 $Na^+, Mg^{2+}//Cl^-, SO_4^{2-} - H_2O$ 体系 25℃相图

--- 介稳相图；—— 稳定相图

Eps—$MgSO_4 \cdot 7H_2O$；Ast—$Na_2SO_4 \cdot MgSO_4 \cdot 4H_2O$；

S_{10}—$Na_2SO_4 \cdot 10H_2O$

$Na^+, Mg^{2+}//Cl^-, SO_4^{2-} - H_2O$ 四元交互体系在 25℃时，除上述热力学平衡溶解度相图之外，多年来人们无论是野外对盐湖成盐过程的实际观察，或现场进行的地球化学成盐实验中，还是在实验室进行的等温蒸发实验中，都确切地表明热力学非平衡态液-固相图（称之为介稳相图）存在。如图 7-5 中所示，介稳相图（虚线）与稳定相图（实线）之间的主要不同在于，平衡相图中原有面积较大的白钠镁矾相区，在介稳过程被它周围的邻近相区（$MgSO_4·7H_2O$、NaCl 和 Na_2SO_4）进行侵占式的分割。也就是说，在该体系 25℃介稳等温溶解度相图中，白钠镁矾相区消失了，$MgSO_4·7H_2O$、NaCl 和 Na_2SO_4 相区相应地扩大了。在介稳区中，液相对白钠镁矾 Ast 是过饱和的。图中 *M* 点为海水的位置，按照稳定平衡，海水在自然蒸发过程中，当 NaCl 析出到一定程度，液相到达 *K* 点时，白钠镁矾 Ast 应伴随着 NaCl 共析。但是，由于介稳平衡的存在，有时会发生 NaCl 继续析出，液相沿 *KL* 线运动，对白钠镁矾 Ast 产生过饱和，白钠镁矾 Ast 并不析出的现象。当液相到达 *L* 时，$MgSO_4·7H_2O$ 与 NaCl 共析。

图 7-6 是 $Na^+, Mg^{2+}//Cl^-, SO_4^{2-}-H_2O$ 四元交互体系在 50℃介稳相图和 55℃稳定相图的对比，二者差别较大，在介稳条件下，钠镁矾 Loe（$6Na_2SO_4·7MgSO_4·15H_2O$）和 Kie（$MgSO_4·H_2O$）相区消失，同时减少了两个共饱点；其次介稳相图中 NaCl 和 $MgSO_4·6H_2O$ 相区变大，而白钠镁矾 Ast 和无水白钠镁矾 Van 相区缩小。实验表明，在介稳条件下，硫酸镁溶液体系介稳现象严重，尤其是硫酸镁盐的复盐相区消失或明显缩小。

图 7-7 是 $Li^+, Na^+//Cl^-, SO_4^{2-}-H_2O$ 四元交互体系在 0℃介稳和稳定相图，由图可见，该体系的介稳相图中，$Na_2SO_4·10H_2O$ 结晶区显著扩大，$Li_2SO_4·H_2O$ 结晶区缩小，$Li_2SO_4·3Na_2SO_4·12H_2O$ 介稳现象比较明显，导致其结晶区和 *BE*、*CF* 蒸发曲线发生明显偏移，NaCl 和 $LiCl·2H_2O$ 结晶区变化不大。共饱点 *E* 偏差较大，主要是由于复盐 $Li_2SO_4·3Na_2SO_4·12H_2O$ 介稳现象引起。

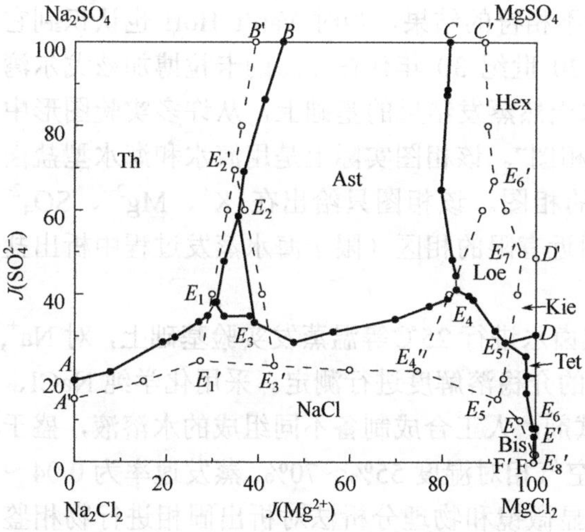

图 7-6 四元体系 $Na^+, Mg^{2+}//Cl^-, SO_4^{2-}-H_2O$
55℃的稳定相图和 50℃介稳相图

—— 介稳相图；- - - - 稳定相图

Th—Na_2SO_4；Van—$Na_2SO_4·3MgSO_4$；Bis—$MgCl_2·6H_2O$；
Ast—$Na_2SO_4·MgSO_4·4H_2O$；
Kie—$MgSO_4·H_2O$；Leo—$6Na_2SO_4·7MgSO_4·15H_2O$；
Hex—$MgSO_4·6H_2O$

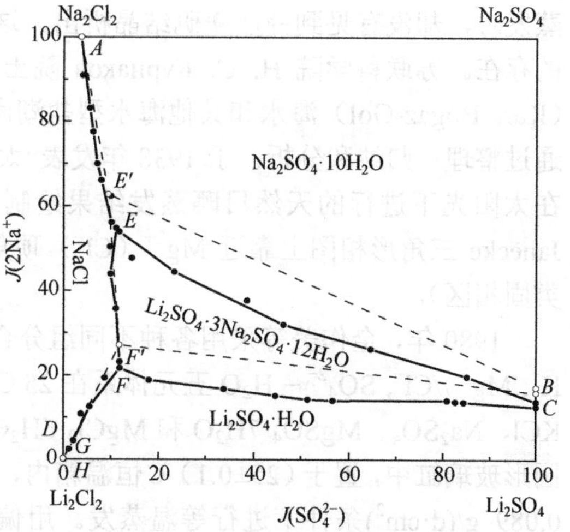

图 7-7 四元体系 $Li^+, Na^+//Cl^-, SO_4^{2-}-H_2O$
在 0℃时稳定相图与介稳相图对比

—●— 介稳相图；···○··· 稳定相图

第四节 五元体系介稳相图

$Na^+, K^+, Mg^{2+}//Cl^-, SO_4^{2-} - H_2O$ 五元体系中，由于硫酸盐的存在，用合成复体恒温溶解平衡法测定结果绘制热力学平衡溶解度相图，人们把它叫做稳定平衡（溶解度）相图。与此不同的是，采用海水型盐湖卤水进行等温蒸发或天然蒸发方式，或采用人工合成海水型多组分盐溶液进行等温蒸发过程中，根据结晶路线绘出的相图称为介稳相图，也称为“太阳相图”。

目前，人们已经普遍认识到海水和盐湖卤水在蒸发结晶过程中，不同程度地存在着介稳平衡现象。对介稳溶解度相图的研究，使人们能更客观地、真实地了解在自然界，海水、卤水的蒸发结晶过程、析盐顺序以及实际存在的结晶区域。这对天然盐矿床的形成，找矿与地质勘探及盐湖地球化学都具有重要的理论指导意义。特别是针对硫酸盐类型盐湖卤水利用太阳池相分离提取钾盐，尤其是提取硫酸钾盐具有十分重要的实用价值。

一、海水体系在 25℃的介稳相图

按照 Van’t Hoff 等完成的 $Na^+, K^+, Mg^{2+}//Cl^-, SO_4^{2-} - H_2O$ 五元交互体系在 25℃时的等温热力学稳定平衡溶解度相图，海水在蒸发过程中的析盐顺序应当是：NaCl、泻利盐（$MgSO_4 \cdot 7H_2O$）、六水泻利盐（$MgSO_4 \cdot 6H_2O$）、钾盐镁矾（$MgSO_4 \cdot KCl \cdot 2.75H_2O$）、光卤石（$KCl \cdot MgCl_2 \cdot 6H_2O$）和水氯镁石（$MgCl_2 \cdot 6H_2O$）。而法国的 Usiglio 对地中海海水进行天然蒸发时，却没有见到钾盐镁矾结晶析出。这一不相符的结果，当时 Van’t Hoff 也认识到它的存在。苏联科学院 H. C. Курнаков 院士在 20 世纪 30 年代在黑海的卡拉博加兹戈尔湾（Kara-Bogaz-Gol）海水和其他海水型盐湖卤水天然蒸发结果的基础上，从许多实验图形中通过整理、归纳和分析，于 1938 年发表“太阳相图”。该相图实际上是用海水和海水型盐卤在太阳光下进行的天然日晒蒸发结果绘制成的相图。该相图只给出在 K^+、Mg^{2+}、SO_4^{2-} Janëcke 三角形相图上靠近 Mg^{2+}（Cl^-）顶角附近有限的相区（限于海水蒸发过程中析出盐类固相区）。

1980 年，金作美等采用各种不同组分合成卤水进行 25℃等温蒸发实验基础上，对 $Na^+, K^+, Mg^{2+}//Cl^-, SO_4^{2-} - H_2O$ 五元体系在 25℃时的介稳溶解度进行测定。采用化学纯 NaCl、KCl、Na_2SO_4、$MgSO_4 \cdot 7H_2O$ 和 $MgCl_2 \cdot 6H_2O$ 试剂，人工合成制备不同组成的水溶液，盛于圆形玻璃缸中，置于（25±0.1）℃恒温箱内，在空气相对湿度 55%～70%、蒸发速率为 0.04～0.089 $g/(d \cdot cm^2)$条件下进行等温蒸发。用偏光显微镜和物理分析法对析出固相进行物相鉴定，并同时在析盐过程中，取不同浓缩卤水进行化学分析（见表 7-3 和表 7-4）。按第六章介绍的五元体系相图指数计算方法，即 $J_B'[mol/100\ mol\ (K_2^{2+} + Mg^{2+} + SO_4^{2-})]$，求取液相组成的 Janëcke 值，依据 J_B'值和五元体系相图绘制规则，绘制氯化钠饱和下的五元体系干基图，见图 7-8。

由图 7-8 可见，在 25℃介稳相图中，$Na^+, K^+, Mg^{2+}//Cl^-, SO_4^{2-} - H_2O$ 五元体系中每个区 NaCl 均饱和，按相区面积由大到小依次为 KCl、$Na_2SO_4 \cdot 3K_2SO_4$、Na_2SO_4、$K_2SO_4 \cdot MgSO_4 \cdot 6H_2O$、$Na_2SO_4 \cdot MgSO_4 \cdot 4H_2O$、$MgSO_4 \cdot 7H_2O$、$KCl \cdot MgCl_2 \cdot 6H_2O$、$MgSO_4 \cdot 6H_2O$ 和 $MgCl_2 \cdot 6H_2O$ 共 9 个相区。对该体系在 25℃时的平衡溶解度相图与 25℃时的介稳相图进行对照和比较就会发

表 7-3 Na^+, K^+, Mg^{2+}//Cl^-, SO_4^{2-} – H_2O 五元体系 25℃时介稳溶解度

编号	液相组成，w_B /%						固相
	Na^+	K^+	Mg^{2+}	Cl^-	SO_4^{2-}	H_2O	
1	5.26	6.74	1.13	16.29	2.94	67.64	$NaCl+KCl+Na_2SO_4\cdot 3K_2SO_4$
2	4.84	5.84	1.96	15.72	4.58	67.06	$NaCl+KCl+Na_2SO_4\cdot 3K_2SO_4$
3	4.51	4.21	3.08	15.63	5.35	67.22	$NaCl+KCl+K_2SO_4\cdot MgSO_4\cdot 6H_2O$
4	4.03	3.80	3.59	16.08	5.33	67.17	$NaCl+KCl+K_2SO_4\cdot MgSO_4\cdot 6H_2O$
5	2.71	1.07	6.08	17.10	6.46	66.58	$NaCl+KCl+K_2SO_4\cdot MgSO_4\cdot 6H_2O$
6	3.35	7.63	2.00	11.81	11.95	63.26	$NaCl+Na_2SO_4+K_2SO_4\cdot MgSO_4\cdot 6H_2O$
7	2.87	6.96	2.41	11.68	11.76	64.32	$NaCl+K_2SO_4\cdot MgSO_4\cdot 6H_2O+Na_2SO_4\cdot MgSO_4\cdot 4H_2O$
8	2.19	7.09	2.35	12.20	10.25	65.92	$NaCl+K_2SO_4\cdot MgSO_4\cdot 6H_2O+Na_2SO_4\cdot MgSO_4\cdot 4H_2O$
9	2.13	2.77	5.03	13.65	9.78	66.64	$NaCl+K_2SO_4\cdot MgSO_4\cdot 6H_2O+Na_2SO_4\cdot MgSO_4\cdot 4H_2O$
10	2.32	1.88	5.48	15.14	7.94	57.25	$NaCl+MgSO_4\cdot 7H_2O+K_2SO_4\cdot MgSO_4\cdot 6H_2O$
11	2.50	0.82	6.29	17.40	6.11	66.87	$NaCl+MgSO_4\cdot 7H_2O+KCl$
12	2.28	0.65	6.69	18.24	5.89	66.25	$NaCl+MgSO_4\cdot 7H_2O+KCl$
13	1.86	0.39	6.97	19.02	4.92	66.83	$NaCl+MgSO_4\cdot 7H_2O+KCl$
14	0.77	0.00	7.74	20.38	4.14	66.97	$NaCl+MgSO_4\cdot 7H_2O+KCl\cdot MgCl_2\cdot 6H_2O$
15	3.54	8.42	1.13	13.03	8.77	65.11	$NaCl+Na_2SO_4+Na_2SO_4\cdot 3K_2SO_4$
16	3.75	7.97	1.44	12.76	9.68	64.40	$NaCl+Na_2SO_4+Na_2SO_4\cdot 3K_2SO_4$
17	1.52	4.01	4.18	13.75	8.12	65.43	$NaCl+MgSO_4\cdot 7H_2O+Na_2SO_4\cdot MgSO_4\cdot 4H_2O$
18	1.31	7.76	2.23	11.68	10.82	66.20	$NaCl+Na_2SO_4+Na_2SO_4\cdot MgSO_4\cdot 4H_2O$

表 7-4 Na^+, K^+, Mg^{2+}//Cl^-, SO_4^{2-} – H_2O 五元体系边界点和零变量点的介稳溶解度

编号	液相组成，w_B /%						耶涅克指数，J_B'/[mol/100 mol ($K_2^{2+}+Mg^{2+}+SO_4^{2-}$)]				固相
	K^+	Na^+	Mg^{2+}	Cl^-	SO_4^{2-}	H_2O	K_2^{2+}	Mg^{2+}	Na_2^{2+}	H_2O	
A	5.92	8.30	0.00	16.90	1.75	67.13	80.62	0.00	192	3970	NaCl+KCl+Gla
B	4.66	4.70	2.72	15.36	5.50	67.68	26.00	49.00	44	1630	NaCl+KCl+Gla+Pic
C	2.62	1.30	5.97	17.53	5.78	66.80	9.87	72.40	8.3	1095	NaCl+KCl+Eps+Pic
D	1.82	0.30	7.13	19.52	4.61	66.62	6.37	80.47	1.8	1016	NaCl+KCl+Eps+Kai
E	2.02	0.58	6.61	47.87	0.00	68.76	8.68	91.31	4.2	1283	NaCl+KCl+Kp
F	0.05	0.07	9.10	26.75	0.00	64.04	0.16	99.84	0.4	950	NaCl+Bis+Kp
G	3.26	9.86	0.00	14.28	5.25	67.35	43.30	0.00	222	3888	$NaCl+Na_2SO_4$+Gla
H	3.80	7.73	1.61	12.82	9.81	64.23	22.43	30.47	77.5	1646	$NaCl+Na_2SO_4$+Gla+Pic
K	2.83	7.23	2.26	11.75	11.59	64.31	14.47	37.19	63.00	1432	$NaCl+Na_2SO_4$+Pic+Ast
Q	2.22	2.39	5.31	14.75	8.73	66.60	8.41	64.66	15.40	1096	NaCl+Eps+Pic+Ast
S	0.00	8.42	1.97	12.45	8.60	68.56	0.00	47.50	107	2230	$NaCl+Na_2SO_4$+Ast
T	0.00	7.16	2.44	11.55	8.95	69.90	0.00	51.90	80	2000	NaCl+Eps+Ast
P	0.05	0.06	8.60	22.89	3.25	65.15	0.16	90.20	0.3	932	NaCl+Eps+Bis+Kai

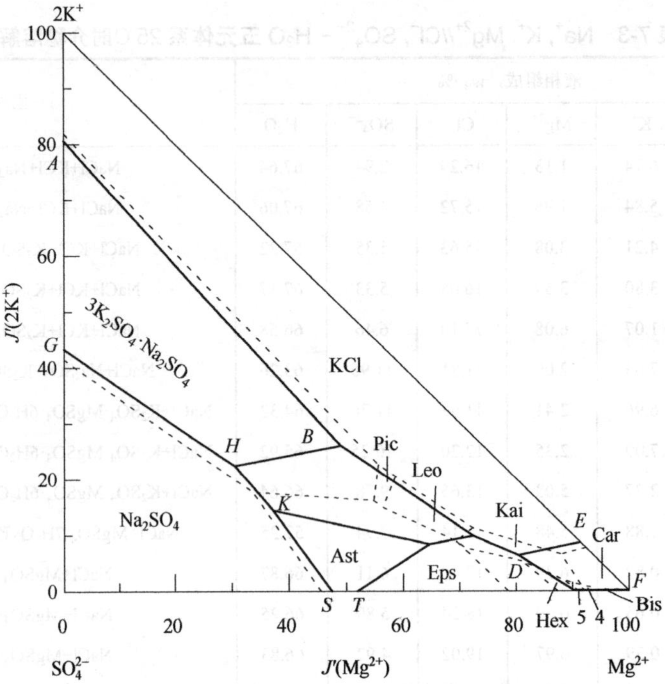

图 7-8 $Na^+, K^+, Mg^{2+}//Cl^-, SO_4^{2-} - H_2O$ 五元体系在 25℃的介稳相图和 Van't Hoff 平衡相图

—— 介稳相图；- - - - 稳定相图

Pic—$K_2SO_4 \cdot MgSO_4 \cdot 6H_2O$；Ast—$Na_2SO_4 \cdot MgSO_4 \cdot 4H_2O$；Hex—$MgSO_4 \cdot 6H_2O$；Car—$KCl \cdot MgCl_2 \cdot 6H_2O$；Leo—$K_2SO_4 \cdot MgSO_4 \cdot 4H_2O$；5—$MgSO_4 \cdot 5H_2O$；4—$MgSO_4 \cdot 4H_2O$；Eps—$MgSO_4 \cdot 7H_2O$；Bis—$MgCl_2 \cdot 6H_2O$；Kai—$KCl \cdot MgSO_4 \cdot 3H_2O$

现，在介稳相图中，钾盐镁矾（$KCl \cdot MgSO_4 \cdot 2.75H_2O$）、钾镁矾（$K_2SO_4 \cdot MgSO_4 \cdot 4H_2O$）和硫酸镁的低水化合物（$MgSO_4 \cdot 7H_2O$、$MgSO_4 \cdot 6H_2O$、$MgSO_4 \cdot 5H_2O$、$MgSO_4 \cdot 4H_2O$ 和 $MgSO_4 \cdot H_2O$）结晶区消失了。钾芒硝、白钠镁矾结晶区缩小；而氯化钾、七水硫酸镁、光卤石结晶区域扩大，特别是软钾镁矾结晶区域约增大 20 倍，这对于制取硫酸型钾盐具有重要意义。由于钾镁矾和钾盐镁矾结晶区域消失，因而硫酸镁与氯化钾结晶区直接连接，在蒸发海水时有可能直接析出氯化钾。

二、海水体系在 15℃和 35℃的介稳相图

金作美等在完成该体系在 25℃时的介稳相图测定之后，用同样的研究方法对该体系 35℃、15℃时的等温蒸发析盐过程中的介稳溶解度及其结晶路线进行了测定。在此基础上分别绘制出该体系 35℃、15℃时的介稳相图，见图 7-9、图 7-10。该体系 15℃时的介稳相图有 9 个氯化钠所饱和的结晶区域：KCl、$Na_2SO_4 \cdot 3K_2SO_4$、Na_2SO_4、$K_2SO_4 \cdot MgSO_4 \cdot 6H_2O$、$MgSO_4 \cdot 7H_2O$、$Na_2SO_4 \cdot MgSO_4 \cdot 4H_2O$、$MgSO_4 \cdot 6H_2O$、$KCl \cdot MgCl_2 \cdot 6H_2O$ 和 $MgCl_2 \cdot 6H_2O$。而 35℃介稳相图中也有 9 个氯化钠所饱和的结晶区域：Na_2SO_4、KCl、$Na_2SO_4 \cdot 2K_2SO_4$、$Na_2SO_4 \cdot MgSO_4 \cdot 4H_2O$、$K_2SO_4 \cdot MgSO_4 \cdot 4H_2O$、$MgSO_4 \cdot KCl \cdot 2.75H_2O$、$MgSO_4 \cdot 6H_2O$、$KCl \cdot MgCl_2 \cdot 6H_2O$ 和 $MgCl_2 \cdot 6H_2O$。

所得 35℃、15℃介稳相图和 Van't Hoff 稳定相图比较有较大区别；在 15℃介稳相图中钾镁矾、软钾镁矾以及五水硫酸镁和四水硫酸镁结晶区消失，而软钾镁矾结晶区域显著扩大。

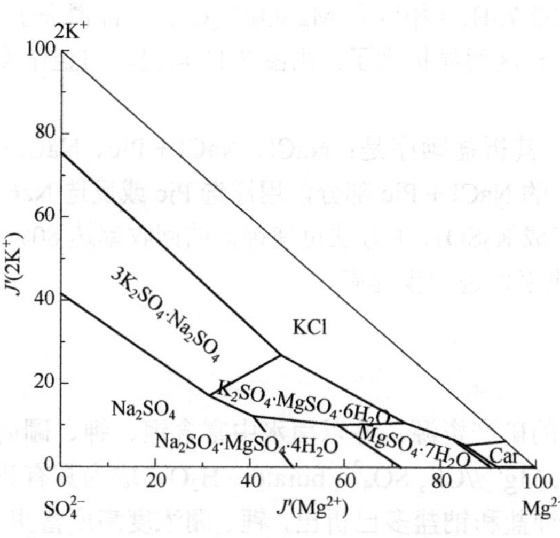

图 7-9 $Na^+, K^+, Mg^{2+}//Cl^-, SO_4^{2-}-H_2O$ 五元体系 15℃介稳相图

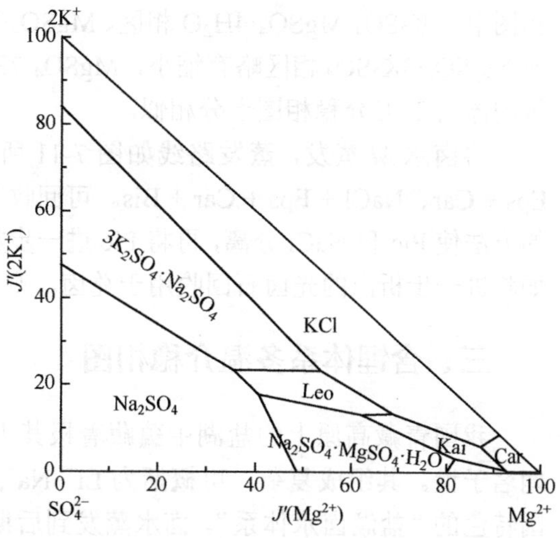

图 7-10 $Na^+, K^+, Mg^{2+}//Cl^-, SO_4^{2-}-H_2O$ 五元体系 35℃介稳相图

在 35℃介稳相图中软钾镁矾、七水硫酸镁、五水及四水硫酸镁结晶区域消失，钾镁矾和钾盐镁矾结晶区域显著扩大。比较该五元体系 15℃、25℃及 35℃介稳相图，发现 15℃和 25℃结晶相区基本相同，而与 35℃介稳相图结晶相区有较大区别：35℃介稳相图中七水硫酸镁、软钾镁矾相区消失，新出现了钾镁矾和钾盐镁矾相区。软钾镁矾（包括钾镁矾）相区以 25℃时最大，35℃时最小；随温度升高，钾芒硝结晶区依次向 KCl 相区平行移动，导致 KCl 相区缩小，Na_2SO_4 相区扩大；随温度升高相应点的钠含量和水含量依次减小。

"太阳相图"实际上属于在自然条件下天然蒸发所得到的一种介稳相图。青藏高原新类型（硫酸镁亚型）硼酸盐盐湖卤水中钠、钾、镁的氯化物和硫酸盐、硼酸盐含量达到 0.18%～0.20%（以 B_2O_3 计，柱硼镁石 25℃时的平衡溶解度），同时含 0.02%～0.04% Li。该盐卤在日晒蒸发浓缩结晶析出 $KCl·MgCl_2·6H_2O$ 和钾盐的过程中，硼和锂盐一般并不以固相形式析出，而是赋存于浓缩卤水中。在对各蒸发阶段中的不同浓缩卤水化学分析结果进行离子配对成盐处理时，将卤水中锂含量表示成 LiCl，硼的含量表示成 MgB_4O_7，然后再按一般盐类溶解度关系配对。在进行 K^+、Mg^{2+}、SO_4^{2-} Janëcke 相同指数计算时，将 LiCl 和 MgB_4O_7 的量视作没有明显作用而加以忽略不计。运用不同盐卤日晒蒸发结晶路线，结合部分介稳相图中相关无变量的组成绘制出青海柴达木盆地新类型含硼锂天然盐卤"太阳相图"（图 7-11，也就是日晒蒸发相图）。一般实验温度变化范围在 15～30℃之间，在蒸发

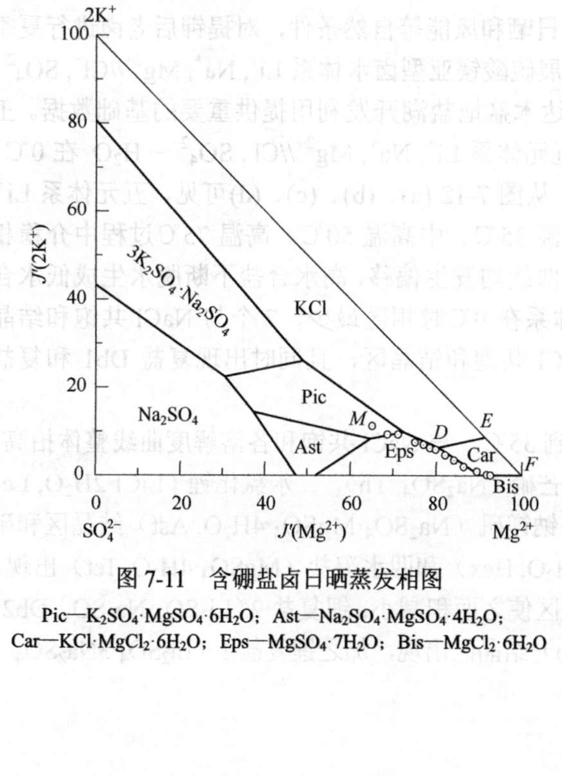

图 7-11 含硼盐卤日晒蒸发相图

Pic—$K_2SO_4·MgSO_4·6H_2O$；Ast—$Na_2SO_4·MgSO_4·4H_2O$；Car—$KCl·MgCl_2·6H_2O$；Eps—$MgSO_4·7H_2O$；Bis—$MgCl_2·6H_2O$

相图中，$K_2SO_4·MgSO_4·4H_2O$ 相区、$MgSO_4·KCl·2.75H_2O$ 相区和 $MgSO_4·H_2O$ 相区都消失了，而 $Na_2SO_4·3K_2SO_4$ 相区略有缩小，$MgSO_4·7H_2O$ 相区明显扩大了。由图 7-11 可见，与金作美等的体系 25℃介稳相图十分相似。

将卤水 *M* 蒸发，蒸发路线如图 7-11 所示，其析盐顺序是：NaCl、NaCl + Pic、NaCl + Eps + Car、NaCl + Eps + Car + Bis。可回收其中的 NaCl + Pic 部分，用浮选 Pic 或反选 NaCl 的方法使 Pic 和 NaCl 分离，再将 Pic 进一步加工成 K_2SO_4。本方法可使钾盐的回收率达 80%。如将进一步析出的光卤石回收用于兑卤，则回收率可进一步提高。

三、含锂体系多温介稳相图

我国青藏高原上的盐湖中蕴藏着极其丰富的矿产资源，并以卤水中富含锂、钾、硼而闻名于世。其组成复杂，可概括为 Li^+, Na^+, K^+, Mg^{2+}//Cl^-, SO_4^{2-}, borate − H_2O，成为具有我国特色的“盐湖卤水体系”。卤水蒸发到后期，钾盐和钠盐多已析出，锂、硼浓度高度富集，海水型介稳相图已不能再指导盐田蒸发工艺。由于 Li^+是水的结构促成剂，水化性较强，而硼酸盐在溶液中会随自身浓度和外部条件如共存离子种类、浓度、溶液 pH 值和温度的变化而聚合或解聚，使该卤水体系与经典的海水型体系、碱湖卤水体系不相同，具有许多特殊性质。

我国科研工作者从上世纪五十年代起开始对青藏高原盐湖调查研究，对多种类型的盐湖卤水进行等温蒸发、天然蒸发和日晒工艺的研究，测定了卤水的蒸发结晶路线，液固相物理化学性质及蒸发中卤水的物料关系。高世扬等在对青藏高原不同类型盐湖、不同含硼盐卤进行天然蒸发和 25℃等温蒸发实验基础上，绘制成含硼盐卤“蒸发相图”；殷辉安等对西藏扎布耶碳酸盐型盐湖，开展卤水体系 Li^+, Na^+, K^+// Cl^-, CO_3^{2-}, $B_4O_7^{2-}$ − H_2O 介稳相图研究；黄雪莉等对新疆硝石体系资源，开展了 Na^+, K^+, Mg^{2+}// Cl^-, NO_3^-, SO_4^{2-} − H_2O 相关子体系介稳相图研究。

为了充分利用柴达木盆地盐湖区冷冻、日晒和风能等自然条件，对提钾后老卤进行夏季盐田滩晒和深池积温分离工艺，邓天龙等开展硫酸镁亚型卤水体系 Li^+, Na^+, Mg^{2+}//Cl^-, SO_4^{2-}, borate − H_2O 多温介稳相图研究，以期为柴达木盆地盐湖开发利用提供重要的基础数据。王士强、郭亚飞、高洁和李增强等先后针对五元体系 Li^+, Na^+, Mg^{2+}//Cl^-, SO_4^{2-} − H_2O 在 0℃、35℃、50℃和 75℃的介稳相图（图 7-12）。从图 7-12 (a)、(b)、(c)、(d)可见，五元体系 Li^+, Na^+, Mg^{2+}//Cl^-, SO_4^{2-} − H_2O 从低温 0℃到中温 35℃、中高温 50℃、高温 75℃过程中介稳相图中与 NaCl 共饱和的各结晶相区和溶解度曲线均发生偏移，高水合盐不断脱水生成低水合盐，既有旧相区消失又有新相区出现。该体系在 0℃时相区最少，7 个与 NaCl 共饱和结晶区；在 308.15 K 时相区最多，11 个与 NaCl 共饱和结晶区，且同时出现复盐 Db1 和复盐 Db2 结晶区。

（1）由图 7-12（a）、（b）可见，从 0℃到 35℃，与 NaCl 共饱和各溶解度曲线整体抬高。芒硝（$Na_2SO_4·10H_2O$, Mir）脱水转化为无水芒硝（Na_2SO_4, Th），二水氯化锂（$LiCl·2H_2O$, Lc）脱水转化为一水氯化锂（$LiCl·H_2O$, Lc）；白钠镁矾（$Na_2SO_4·MgSO_4·4H_2O$, Ast）结晶区和硫酸镁的低水合物结晶区六水泻盐（$MgSO_4·6H_2O$, Hex）和四水泻盐（$MgSO_4·4H_2O$, Tet）出现，侵占了部分泻利盐（$MgSO_4·7H_2O$, Eps）结晶区使之面积减小；锂复盐 2（$Li_2SO_4·Na_2SO_4$, Db2）结晶区和孔钠镁矾（$Na_2SO_4·MgSO_4·5H_2O$, Ko）结晶区出现，加之锂复盐 1（$Li_2SO_4·3Na_2SO_4·$

12H_2O，Db1）结晶区和一水硫酸锂（$Li_2SO_4·H_2O$, Ls）结晶区扩大侵占了部分芒硝区致使脱水后的无水芒硝结晶区明显缩小，因此溶解度曲线整体上移。

（2）由图 7-12（b）、（c）可见，从 35℃到 50℃时与 NaCl 共饱和结晶区从 11 个减少至 8 个。$Li_2SO_4·3Na_2SO_4·12H_2O$ 结晶区和 $MgSO_4·7H_2O$ 结晶区消失，$3Na_2SO_4·MgSO_4$ 结晶区出现取代了 $Na_2SO_4·MgSO_4·5H_2O$，Na_2SO_4 结晶区扩大侵占了 $Na_2SO_4·MgSO_4·4H_2O$ 结晶区使之面积减小。

（3）由图 7-12（c）、（d）可见，该体系从 50℃到 75℃与 NaCl 共饱和结晶区从 8 个增加至 9 个，$Na_2SO_4·MgSO_4·4H_2O$ 结晶区消失，$3Na_2SO_4·MgSO_4$ 和 $Li_2SO_4·Na_2SO_4$ 结晶区扩大侵占了部分 Na_2SO_4 结晶区使其面积缩小，LiCl·H_2O 和锂光卤石（$LiCl·MgCl_2·7H_2O$, Lic）结晶区扩大。

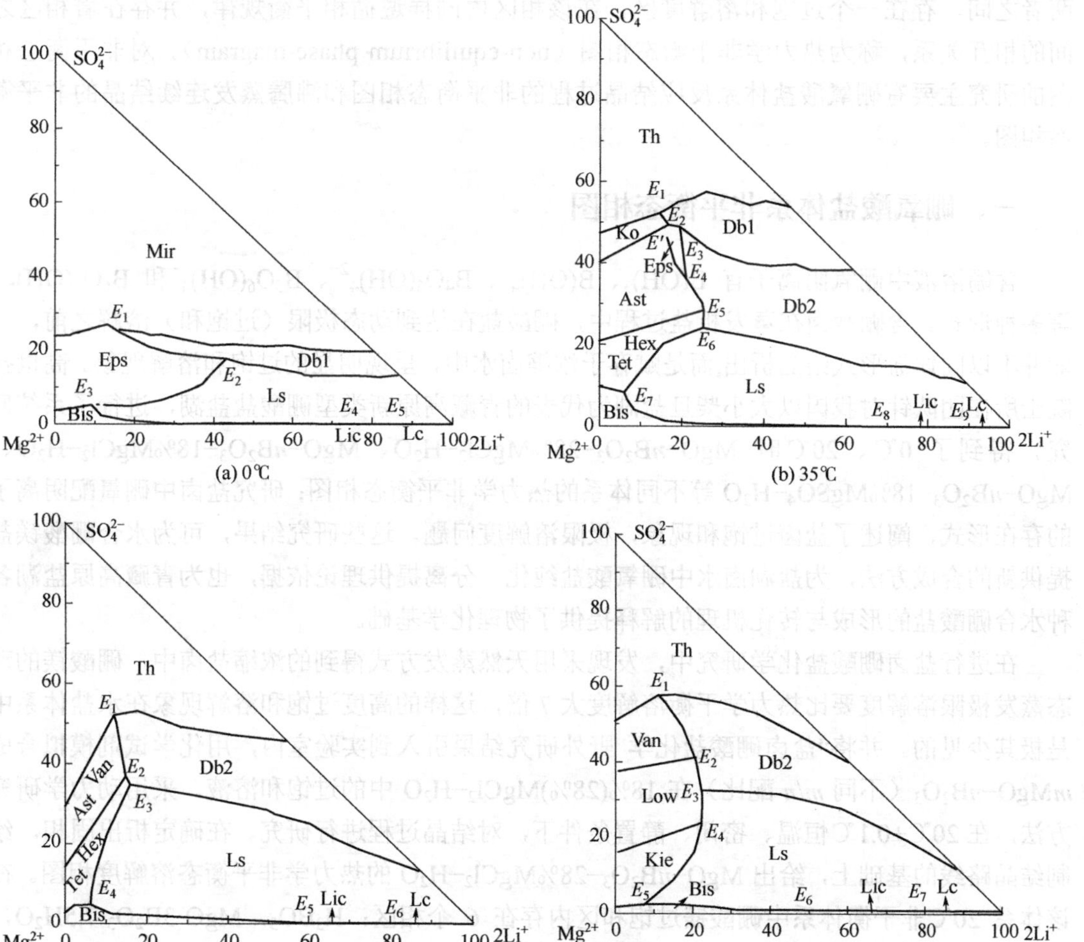

图 7-12 五元体系（Li^+, Na^+, Mg^{2+}//Cl^-, SO_4^{2-}－H_2O）多温介稳相图

Mir—$Na_2SO_4·10H_2O$；Th—Na_2SO_4；Db1—$Li_2SO_4·3Na_2SO_4·12H_2O$；Db2—$Li_2SO_4·Na_2SO_4$；Kie—$MgSO_4·H_2O$；Tet—$MgSO_4·4H_2O$；Hex—$MgSO_4·H_2O$；Eps—$MgSO_4·7H_2O$；Ast—$Na_2SO_4·MgSO_4·4H_2O$；Ko—$Na_2SO_4·MgSO_4·5H_2O$；Van—$3Na_2SO_4·MgSO_4$；Low—$6Na_2SO_4·7MgSO_4·15H_2O$；Bis—$MgCl_2·6H_2O$；Lic—$LiCl·MgCl_2·7H_2O$；Lc—$LiCl·H_2O$ ($LiCl·2H_2O$，273.15 K)；Ls—$Li_2SO_4·H_2O$

值得指出的是：分析 0～75℃的含锂五元体系介稳相图，在低温到高温的不同温度下，硫酸钠、一水硫酸锂和 $Li_2SO_4 \cdot Na_2SO_4$ 三个结晶区的面积总和均约占相图面积的四分之三，镁盐结晶区只占了整个相图面积的四分之一。针对柴达木盆地盐湖提钾后的老卤资源，利用五元体系（$Li^+, Na^+, Mg^{2+}//Cl^-, SO_4^{2-} - H_2O$）及其子体系的介稳相图及其盐类矿物的温差效应，尤其是一水硫酸锂和锂复盐 2 的温差效应特点（温度升高而溶解度降低），探索介稳相图的工艺过程解析，对于指导提钾后老卤的锂镁分离具有重要的应用意义。

第五节 非平衡态相图

在平衡溶解度曲线和动态极限溶解度曲线（具有最大过饱和溶解度时的溶解度曲线）两者之间，存在一个过饱和溶解度区，在该相区内同样遵循相平衡规律，并存在着相区之间的相互关系，称为热力学非平衡态相图（non-equilibrium phase diagram）。对非平衡态相图的研究主要有硼氧酸盐体系反应结晶过程的非平衡态相图和沸腾蒸发连续结晶的非平衡态相图。

一、硼氧酸盐体系非平衡态相图

含硼溶液中硼氧阴离子有 $B(OH)_3$、$B(OH)_4^-$、$B_4O_5(OH)_4^{2-}$、$B_5O_6(OH)_4^-$和 $B_6O_7(OH)_6^{2-}$等多种形式。含硼盐卤在蒸发析盐过程中，硼酸盐在达到动态极限（过饱和）溶解之前，一般并不以固体盐形式结晶析出,而是赋存于浓缩卤水中，呈现明显的过饱和溶解现象。高世扬院士所在团队针对我国以大小柴旦盐湖为代表的青藏高原新类型硼酸盐盐湖，进行了系统研究，得到了 0℃、20℃时 $MgO–nB_2O_3–28\%MgCl_2–H_2O$、$MgO–nB_2O_3–18\%MgCl_2–H_2O$、$MgO–nB_2O_3–18\%MgSO_4–H_2O$ 等不同体系的热力学非平衡态相图；研究盐卤中硼氧配阴离子的存在形式，阐述了盐卤过饱和现象，极限溶解度问题。这些研究结果，可为水合硼酸镁盐提供新的合成方法，为盐湖卤水中硼氧酸盐纯化、分离提供理论依据，也为青藏高原盐湖各种水合硼酸盐的形成与转化机理的解释提供了物理化学基础。

在进行盐卤硼酸盐化学研究中，发现采用天然蒸发方式得到的浓缩盐卤中，硼酸镁的动态蒸发极限溶解度要比热力学平衡溶解度大 7 倍，这样的高度过饱和溶解现象在水盐体系中是极其少见的。并将“盐卤硼酸盐化学”野外研究结果引入到实验室内，用化学试剂模拟合成 $mMgO–nB_2O_3$（不同 m/n 配比）在 $18\%(28\%)MgCl_2–H_2O$ 中的过饱和溶液。采用动力学研究方法，在 20℃±0.1℃恒温、密闭、静置条件下，对结晶过程进行研究。在确定析出固相，绘制结晶路线的基础上，给出 $MgO–nB_2O_3–28\%MgCl_2–H_2O$ 的热力学非平衡态溶解度相图。在该体系 20℃非平衡体系中硼酸镁过饱和区内存在 6 个相区：H_3BO_3，$MgO \cdot 3B_2O_3 \cdot 7.5H_2O$，$MgO \cdot 3B_2O_3 \cdot 7H_2O$，$2MgO \cdot 2B_2O_3 \cdot MgCl_2 \cdot 14H_2O$，$5Mg(OH)_2 \cdot MgCl_2 \cdot 8H_2O$ 和 $3Mg(OH)_2 \cdot MgCl_2 \cdot 8H_2O$，其中氯柱硼镁石($2MgO \cdot 2B_2O_3 \cdot MgCl_2 \cdot 14H_2O$)相区在平衡相图中不存在。在 MgO ∶ $2B_2O_3$ = 1∶2 时溶液过饱和度最大。当硼酸盐浓度较高，形成并达到足够高的 $B_6O_7(OH)_6^{2-}$粒子浓度时，结晶析出 $MgO \cdot 3B_2O_3 \cdot 7H_2O$。这时候，溶液形成的 $B_2O(OH)_6^{2-}$由于七水合六硼酸镁的结晶析出使其浓度增加，其结果又会发生自缩聚而产生 $B_4O_5(OH)_4^{2-}$。硼氧配位阴离子的多粒子共存条件下，粒子之间复杂的反应平衡使得 $MgO \cdot 3B_2O_3 \cdot 7H_2O$ 和 $2MgO \cdot 2B_2O_3 \cdot MgCl_2 \cdot$

$14H_2O$ 结晶速率非常缓慢，这也是该溶液能形成严重过饱和溶解现象的原因。

二、沸腾蒸发非平衡态相图

高温沸腾蒸发结晶是普遍采用的工业过程，过程为敞开物系，持续的能量供给和物质交换使系统处于远离平衡和介稳条件的非平衡态。如果非平衡态的状态参数在宏观上不随时间变化，则为非平衡定态。对处于非平衡态的多组分复杂体系，其成盐规律和成盐进程中系统的状态和运动倾向很多与平衡相图的分析结果差别较大。在持续高强度蒸发连续结晶的非平衡态，对于多组分复杂体系，处于连续结晶的盐保持着持续的过饱和度，而这种过饱和度的存在，必然引起相关盐形成条件的改变，而表现为非平衡态的成盐特征。

周恒等采用恒温沸腾蒸发的方法，对 $Na^+, Mg^{2+}//Cl^-, SO_4^{2-}-H_2O$、$MgSO_4$-$Na_2SO_4$-$H_2O$ 和 $MgSO_4$-K_2SO_4-H_2O 等体系在 75℃、100℃时的非平衡态相图进行了研究。对溶解平衡的饱和溶液，采用恒温和恒定加热强度的沸腾蒸发，监测固相初始析出点，确定高温沸腾蒸发的介稳成盐区域；跟踪分析蒸发结晶过程固、液相组成变化，确定沸腾蒸发非平衡态盐类析出规律，研究了恒温沸腾蒸发结晶的非平衡态，盐类成盐的特征、成盐相区及其与平衡相图的关系，对水盐体系高温沸腾蒸发非平衡态的相行为进行探索性研究。

三元体系 $MgSO_4$-Na_2SO_4-H_2O 在 100℃恒温沸腾蒸发结晶实验（图 7-13）表明: 成盐特征与平衡态相图的分析结果有较大差别,同成分复盐 $3Na_2SO_4 \cdot MgSO_4$ 和 $Na_2SO_4 \cdot MgSO_4 \cdot 2.5H_2O$ 变为异成分复盐；在两个相称共饱和溶液进行蒸发，不是两盐共析，而首先是大量单一固相析出，达到一定程度后，出现盐的转溶现象；蒸发成盐相区与溶解平衡相区比较不仅相区的大小、位置发生变化，而且出现成盐相区交错现象，用硫酸钠的耶涅克指数表示相区宽度，Na_2SO_4 初级成盐区宽度从平衡态的 21.02 扩大到 32.76；而 $Na_2SO_4 \cdot MgSO_4 \cdot 2.5H_2O$ 则从 41.40 缩减为 25.71；在晶种存在的条件下，各种盐的成盐区比初级成盐区有不同程度的扩展，如 Na_2SO_4、$3Na_2SO_4 \cdot MgSO_4$ 等盐的成盐区分别扩展了 7.72 和 8.81。扩展成盐区与初级成盐区的交叠形成了非平衡条件下特有的条件成盐区，析盐种类取决于晶种的种类。

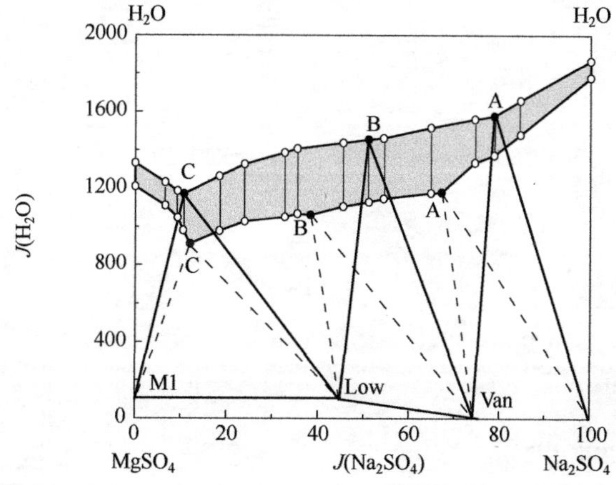

图 7-13 100℃沸腾蒸发非平衡态 $MgSO_4$-Na_2SO_4-H_2O 体系的成盐曲线和初级成盐区

习题七

7-1　什么是饱和溶液？什么是过饱和溶液？过饱和溶液形成的原因和形成过饱和溶液的相关过程是什么？

7-2　介稳现象产生的原因及其在资源开发利用中的应用意义是什么？

7-3　介稳相图有哪些主要特征？

7-4　举例说明稳定相图的基本规则和原理。在介稳相图中适用吗？

第八章

水盐体系相平衡实验研究方法

第一节 水盐体系稳定相平衡

相图是客观反映相平衡规律的图形表达。对于研究者来说，要想熟练运用相图分析解决实际问题，就应该在掌握相图图形本身反映的规律的同时，了解相平衡的实验研究方法。尤其是在特定生产条件和生产领域，可能会出现迄今尚缺乏所涉及体系的溶解度数据，如何研发相应的新工艺、新流程和新产品呢？这时可通过实验研究测定。这样，不但能对相图本身有更深刻的认识，而且当缺少某些相平衡数据时，可以用实验方法进行测定。

绘制水盐体系相图需要相平衡数据，包括平衡体系中的液相组成和与液相平衡的固相组成。苏联和美国分别将有关的溶解度数据汇集在专业的溶解度手册中，如《Solubilities of inorganic and organic compounds》《Справочник экслерименталых ланных по растворимости миогокомлонентных ьолно-солевых систем》《IUPAC solubility data series》《Aqeous solubility data for inorganic and organic compounds》等。

水盐体系稳定相平衡的实验研究方法有很多，其中常用的也是比较重要的是等温溶解平衡法（isothermal dissolution method）和变温法（temperature variation method）。

一、等温溶解平衡法

在恒温条件下，将一定组成的系统置于封闭容器中，充分搅拌，达到固液相平衡时，测定饱和溶液的液相组成，并同时鉴定与液相平衡的固相，从而获得相平衡数据，这种方法就是等温溶解平衡法，也一直是稳定相平衡溶解度测定的标准方法。

稳定平衡溶解度数据，包括两个要素：一是要准确确定特定水盐系统达到热力学平衡态时饱和溶液中各组分的含量；二是要同时准确地鉴定和表征与液相平衡的固相矿物。

1．实验研究方法

根据溶解度的定义，测定某种盐在水中的溶解度时所用的方法为：将一定量的水和盐加入到配有搅拌叶桨的平衡管中，并保持盐在整个溶解过程中过量存在。将平衡管置于恒温水浴（或油浴）中，开动搅拌器使物料充分搅拌、呈悬浮态。调节恒温槽温度以使溶解平衡管中物料的温度达到所要求的温度并保持恒温浴中温度均匀恒定（± 0.1℃）。间隔一定时间，停止搅拌，待悬浮料液澄清后，取上层清液进行液相组成分析或物化性质测定，以判断系统是否达到平衡。当确认系统达到平衡后，需停止搅拌，待悬浮料液澄清后，取上层清液再进行分析测定，并同时取下部固相进行固相鉴定，从而获得盐的溶解度数据。当然，每一次这样的测定只是某一系统的数据，当配制一系列不同组成的系统进行测定时，便可得到一定温度下该体系全面的溶解度数据。

等温溶解平衡法测定水盐体系相平衡数据时，判断体系是否达到相平衡是一项非常重要的工作。体系达到相平衡所用时间的长短与构成体系所用盐的性质有关。不同体系、不同温度和不同相平衡状态，达到平衡所需要的时间差别很大，少则几小时，多的数天、数十天乃至更长。由于平衡时的液相具有一定的组成和物化性质，故可以通过检验液相的组成或某项物化性质是否已经恒定，来判断平衡是否已经达到。一般而言，液相的物化性质比液相的组成更容易测得，这些物化性质包括密度、pH、比热容、折射率、电导率、黏度等，可通过多次测定这些物化性质数据来判断系统是否达到平衡。

液相分析可采用化学定量分析、仪器分析等方法进行测定，固相鉴定的具体方法在后面介绍。常见组分分析方法见表 8-1。

表 8-1 常见组分分析方法

组分	分析方法	组分	分析方法
H^+	标准 Na_2CO_3 溶液滴定法	Cl^-	莫尔法、汞量法、电位滴定法
Li^+、Na^+、Rb^+、Cs^+	原子吸收光谱分析、电感耦合等离子发射光谱法	OH^-、CO_3^{2-}、HCO_3^-	标准盐酸溶液滴定法
K^+	四苯硼钠重量法	SO_4^{2-}	氯化钡重量法、硫酸钡浊度法
Ca^{2+}、Mg^{2+}	EDTA 络合滴定法，当大量锂离子共存时，用改进的 EDTA 滴定法	Br^-、I^-	氧化还原法、碘量法
Ba^{2+}	硫酸根重量法	NO_3^-	高锰酸法
NH_4^+	甲醛容量法	H_3BO_3	甘露醇酸碱滴定法

值得指出的是，在相平衡研究中，为了确保溶解度数据的可靠性，要根据不同的研究体系，合理地选择最佳分析测定方法。由于各种分析测定方法的系统误差不尽相同，一般而言，要求重量分析法的误差在 0.05%以内，容量分析法的误差在 0.3%以内，仪器分析方法误差在 0.5%以内。因此，在相平衡实验研究中，分析方法的选择依次为：重量法、容量法，最后是仪器分析测定。

利用等温溶解平衡法测定一个多元体系的溶解度数据，应按照由二元、三元到多元，由简到繁进行。以测定 $NaCl-KCl-NH_4Cl-H_2O$ 四元体系 25℃溶解度数据为例。首先，测定该体系所包括的二元体系，即 $NaCl-H_2O$、$KCl-H_2O$、NH_4Cl-H_2O 体系 25℃时的溶解度，可按图 8-1 中 M 点组成，用 KCl 和 H_2O 配点，置于实验装置内，待平衡后测得 KCl 在 25℃时的溶解度为 32.89 g/100 g H_2O，B'点所示。同样可测定 NaCl、NH_4Cl 溶解度分别为 A'点和 C'所示。

其次，在二元体系溶解度数据的基础上，扩展到三元体系。例如，在 $NaCl-KCl-H_2O$ 三元体系中，从复体 M（KCl + H_2O）出发，加入少量的第三种组分 NaCl，得到新的复体 M_1。对 M_1 进行测定，得到液相组成为 l_1，鉴定固相为 KCl。然后在复体 M_1 中继续加入少量 NaCl，又得到复体 M_2，测定组成为 l_2；这样依次得到 M_3、M_4、M_5、…，便可测得一系列的液相点 l_3、l_4、l_5、…；并且到后来，液相的组成不再改变，此液相点 E_1 即为该三元体系的共

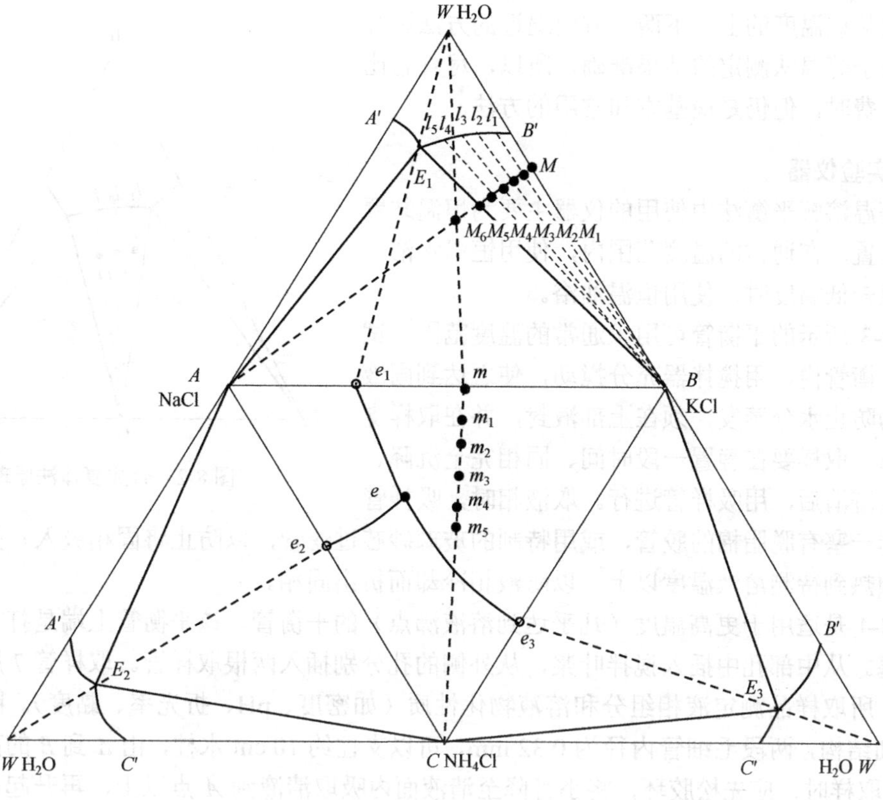

图 8-1 NaCl－KCl－NH_4Cl－H_2O 四元体系 25℃相图

饱点（零变量点）。在测定液相点组成的同时，通过固相鉴定可确定与 l_2、l_3、l_4 平衡的固相仍为 KCl，而与 l_5 平衡的固相为 NaCl 和 KCl。根据测得的液相点，可描绘出该三元体系中 KCl 的饱和溶液线 $B'E_1$。用同样的方法，可以分别得到 NaCl、NH_4Cl 的饱和溶液线 $A'E_1$（$A'E_2$）、$C'E_2$（$C'E_3$）。

最后，在三元体系溶解度数据的基础上，进行四元体系的测定。图中干基图△*ABC* 边上的 e_1、e_2、e_3 分别为三元体系的零变量点。例如 NaCl － KCl － H_2O 体系中，复体 M_6 其干基点为 *AB* 边上的 *m* 点，平衡液相为 e_1，固相为 NaCl 和 KCl。为了测定四元体系中与 NaCl、KCl 平衡的液相组成，应在复体 M_6 中加入第四个组分 NH_4Cl，得到复体 m_1；然后通过实验确定复体 m_1 的液相组成及固相情况。如此继续对 m_2、m_3、…进行测定，得到一系列的液相，直至液相的组成不再改变，此液相点 *e* 即为四元体系的等温零变量点，相应的平衡固相为 NaCl、KCl、NH_4Cl。根据所测液相点的组成，可标绘出四元体系中 NaCl、KCl 共饱和线 ee_1。用同样的方法，可以得到（NaCl、NH_4Cl）、（NH_4Cl、KCl）的共饱和线 ee_2、ee_3。

实验时还可以采用合成复体法。先按照盐和水的比例准确地配制一系列复体点，在规定的温度下达到平衡；准确分析其液相组成，将液相组成点、复体点标在图中并连线，则固相点一定在此线的延长线上。如果多条直线在相图上交于一点，则这个交点就是液相点对应的纯固相点，见图 8-2。

虽然等温法的原理简单，但要测定一个未知体系完整的相平衡数据并不容易。特别是对复杂的体系，要注意防止漏掉小的饱和区，还要注意鉴定固相中水合物、复盐以至固溶体的生成。在得到了若干个温度下的等温数据之后，为了确定体系零变量点的组成及所处的温度，还要采用从该温度的上、下两个方向逼近的方法进行测定。由于等温法测定的结果准确，所以，尽管它比较繁琐、费时，但仍是最基本和常用的方法。

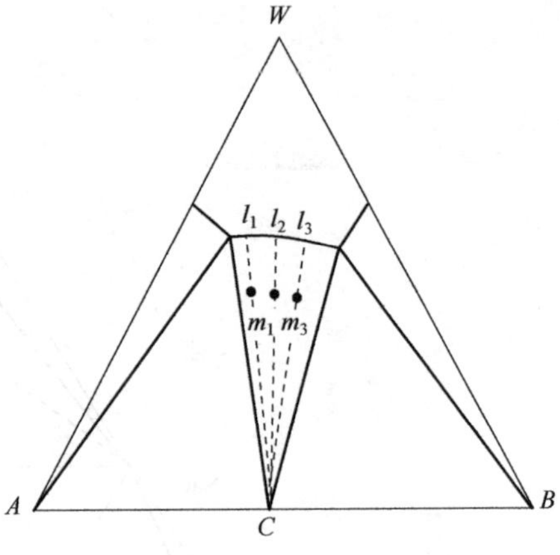

图 8-2 合成复体法原理

2. 实验仪器

在等温溶解平衡法中使用的仪器主要为恒温装置和平衡装置。在通常的温度范围内，使用恒温水浴，在较高或较低温度时，使用恒温油浴。

图 8-3 所示的平衡管可用于通常的温度范围。试料加入平衡管内，用搅拌器充分搅动，使之达到固液平衡。为防止水分蒸发，须在上部液封，并在取样支管口加塞。取样要在静置一段时间、固相完全沉降、液相完全澄清后，用吸样管进行。取液相时，吸样管前端可套一塞有脱脂棉的胶管，或用特制的玻璃砂芯过滤管，以防止将固相吸入。另外，吸样管要预热到待测溶液温度以上，以防液相冷却而析出固相。

图 8-4 是适用于更高温度（几乎达到溶液沸点）的平衡管。该平衡管上端是打有三个孔的橡胶塞。从中部孔中插入搅拌叶桨，从外侧的孔分别插入两根取样管。取样管 7 用于取上层清液，所取样品测定液相组分和溶液物化性质（如密度、pH、折光率、黏度）。图中右侧为其详细结构，两段毛细管内径为 0.32 mm，可以支住约 10 cm 水柱，由 *A* 到 *B* 的高度小于 10 cm。取样时，应先松胶环，将小管降至清液面内吸取清液到 *A* 点以上，再升起移液管，

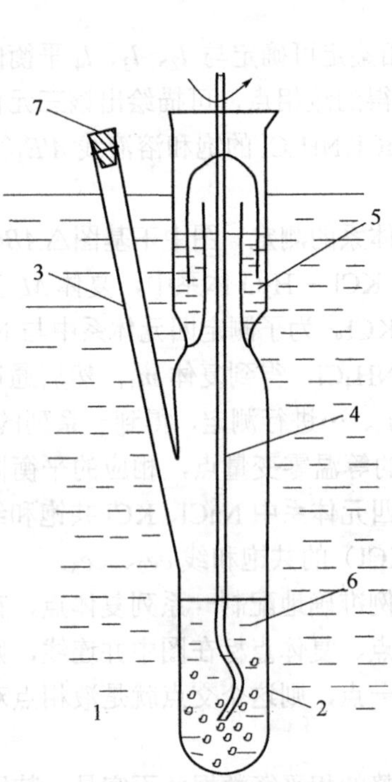

图 8-3 平衡管示意图

1—恒温水浴；2—管体；3—取样支管；4—搅拌器；5—液封；6—试料；7—橡胶塞

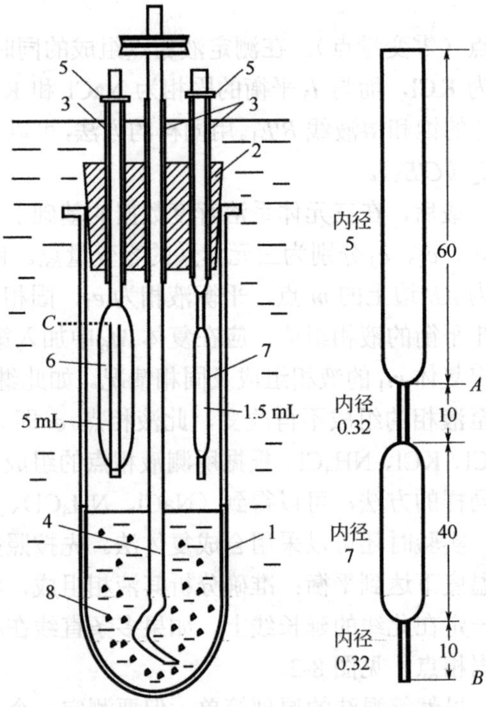

图 8-4 适用于较高温度的平衡管

1—管体；2—橡胶塞；3—玻璃管；4—搅拌器；5—胶环；6—大移液管；7—小移液管；8—试样

液体会自行滴出，使液面降至 *A* 处，而移液管内自动保留同一体积的液体。然后，将移液管同待测溶液一起称量。由于移液管的容积 1.5 mL 是恒定的，所以两次取样后的质量不变，就可认为液体的密度已经恒定，固、液相达到了平衡。

大移液管 6 是用来取液相样的，其容量为 5 mL。取样时将移液管伸入清液中，吸取试样，使其越过水平线 *C*，提起移液管后，多余的试样便可顺中间细管流出，然后将移液管中的试样从上口倾出。

为能同时进行多组样品的测定，可采用恒温水浴振荡器。恒温槽内放置多组样品瓶并浸于恒温水浴中，将配制好的试样密封在样品瓶中，随机械回旋振荡，使样品瓶中的试样充分搅动，以便达到固液平衡。达到平衡后，停止机械振荡，静置，待固相完全沉降、液相澄清后，分别取液固相进行分析。

二、变温法

通过测定不同组成的复体在变温过程中发生相变时的温度，得到组成与相变温度关系的曲线，进而根据作图可确定体系的相平衡数据，这种方法称为变温法。变温法多用于二元体系，可测定固相开始结晶的温度和最后一粒晶体消失的温度。

测定发生相变时温度最简单的方法是目测。将已知浓度的溶液放于试管中，在装有精密温度计和搅拌器的水浴中缓慢降温，并记录下开始出现晶体的温度。继续冷却后使溶液冻结，再缓慢加热搅动，观察最后一粒晶体消失的温度。两个温度应一致。这种方法简单，但准确度不高，只能确定第一种固相结晶时的温度，而不能确定其后的固相结晶及固相间发生转变时的温度。

记录变温过程的时间-温度曲线，即步冷曲线（冷却曲线）或加热曲线，是测定发生相变时温度的另一种方法。以冷却为例，当利用实验手段从系统周围的环境均匀地取走热量而使系统冷却时，系统的冷却速度是均匀的，则温度将随时间而均匀地（或线性）改变，当体系内有相的变化时，由于相变潜热的出现，所用温度-时间图上就会出现转折点或水平线段。前者表示温度随时间的变化率发生了改变，后者表示在水平线段内，温度不随时间而变化。冷却速度不同，步冷曲线的斜率不同。不同斜率步冷曲线交点所处的温度，即为发生相变时的温度。图 8-5 表示简单二元体系 MX － H_2O，不同组成系统的 5 个样品的步冷曲线，根据各步冷曲线相变温度，通过作图绘制的相图。

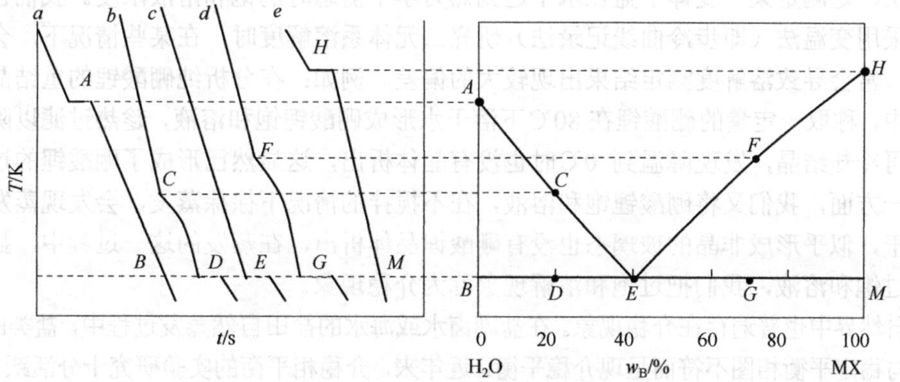

图 8-5　简单二元体系冷却曲线及相图

变温法的测定过程比较简单，只需配制好各种组成的系统，进行冷却或加热，测定发生相变的温度，可以得到一定温度范围内的连续数据，可作出各个温度下的相图。

特别值得指出的是：① 步冷曲线法的溶解度测定具有一定的局限性，主要是可能出现过冷现象（如图 8-6），即温度已低于某固相应析出的温度时，该固相仍未析出的现象，使测定的相变温度不够准确，这时以此确定二元体系溶解度时会出现较大的偏差，如水在冷却过程中，在没有剧烈搅拌下，温度低于 0℃时而不结冰的液态水，就是过冷现象的例子。② 在较复杂体系中，由于剖面选择有限，难免遗漏小的饱和面。因此，对一个未知体系，可先用变温法确定概貌，再采用等温溶解平衡法作准确的测定。

图 8-7 是最简单的变温法实验装置，图中配制好的溶液放置在试管中，搅拌器使溶液能均匀冷却，并防止过冷现象产生。试管置于可均匀散热冷却的器皿中。

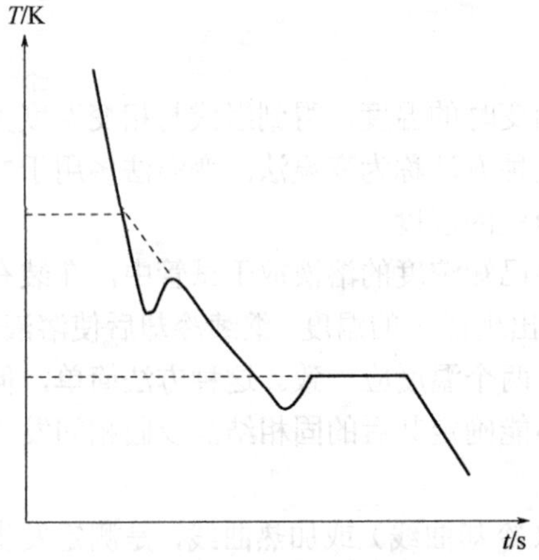

图 8-6 产生过冷现象的冷却曲线

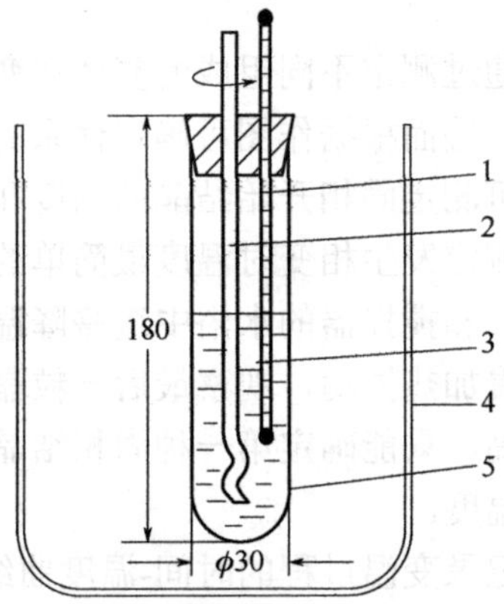

图 8-7 变温法实验装置

1—温度计；2—搅拌器；3—试样；4—大器皿；5—试样管

第二节 水盐体系介稳相平衡

在上一节稳定相平衡溶解度测定中，我们提到等温溶解平衡法是测定稳定平衡溶解度的标准方法，是测定某一复体中盐在水中达到热力学平衡态时的饱和溶液浓度。我们也可注意到，在采用变温法（即步冷曲线记录法）研究二元体系溶解度时，在某些情况下，会产生过冷现象，常会导致溶解度测定结果出现较大的偏差。例如：在分析纯硼酸锂的重结晶纯化实验过程中，称取一定量的硼酸锂在 80℃下溶于水形成硼酸锂饱和溶液，趁热过滤以除去不溶物后，再冷却结晶，发现降温到 0℃时也没有晶体析出，这显然已形成了硼酸锂的过饱和溶液；另一方面，我们又将硼酸锂饱和溶液，在不搅拌的情况下徐徐蒸发，会发现蒸发水分浓缩至近干，似乎形成非晶的玻璃态也没有硼酸锂晶体析出，在蒸发的这一过程中，显然也已形成了过饱和溶液，我们把过饱和溶解现象称为介稳现象。

在自然界中也普遍存在介稳现象。在盐湖卤水或海水的盐田自然蒸发过程中，盐类的结晶顺序往往与稳定平衡相图不符而呈现介稳平衡。近年来，介稳相平衡的实验研究十分活跃。介稳相平衡的实验研究可采用等温蒸发结晶法或者是冷却降温法，但通常采用等温蒸发结晶法。

一、等温蒸发结晶法

对一定组成的未饱和溶液，置于敞开的容器中，在一定的实验设备中，模拟自然蒸发条件下的湿度、风速和蒸发速率，在恒定温度下静置蒸发，在蒸发过程中定期观察溶液蒸发结晶析出的固液介稳相平衡时，测定液相组成，并同时鉴定与液相共存的固相，从而获得介稳相平衡数据，这种方法就是等温蒸发结晶法。

等温蒸发结晶法有两点特别值得注意：第一，蒸发过程是等温静态过程，被蒸发的溶液不能进行搅拌或扰动；第二，特定水盐系统或复体达到热力学介稳平衡态，因此模拟蒸发条件下的湿度、风速和蒸发速率等影响因素也极为重要。

二、实验研究方法与实验装置

1. 实验研究方法

在硬质玻璃容器中，配制一定量的水和盐复体，置于敞开容器中，在恒温蒸发箱中，控制温度、湿度和风速，进行等温蒸发。在等温蒸发过程中，硬质蒸发容器中复体样品静置。根据固相析出的情况，分别取固相鉴定和液相组成化学分析。一般而言，液相的物化性质比液相的化学组成更容易测得，这些物化性质包括：密度、pH、比热容、折射率、电导率、黏度，等等，也可通过测定物化性质数据来判断系统是否达到介稳平衡。

2. 实验装置

实验研究装置是恒温蒸发箱，由温度控制器、传感器和记录仪构成温控系统，风扇模拟风能，再控制湿度，并由白炽灯或红外灯模拟太阳能蒸发，其结构见图 8-8。此外，也有的采用恒温恒湿箱设备，但现有的国产和进口恒温恒湿箱，其湿度可控范围一般只能达到40%～90%，而盐湖蒸发区自然条件下，湿度一般多在 20%～30%之间，因此需要进一步将恒温恒湿箱加以控制和处理，以满足湿度要求。

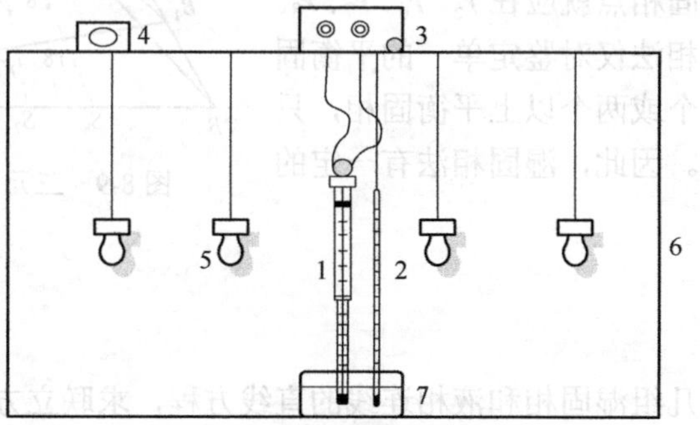

图 8-8　等温蒸发结晶实验装置

1—温度传感器；2—精密温度计；3—继电器或温度记录仪；4—风扇；5—白炽灯或红外灯；6—蒸发箱；7—试样

第三节　固相鉴定

水盐体系相平衡中，不管稳定相平衡还是介稳相平衡实验研究，都需要对与液相平衡的固相进行鉴定。水盐体系固相鉴定方法常用的有：湿固相法、晶体光学法、X 射线粉晶衍射法等。

一、湿固相法

当固相上带有与它平衡的液相时，即为湿固相。湿固相法又称为湿渣法，由德国化学家 Schreinermark 于 1893 年提出，通过测定湿固相及其平衡的液相组成后，将两者的图形点连成直线。纯固相点一定在这条连线上，进而可以确定纯固相点的位置。这一方法的基本依据是直线规则。正因为湿固相由纯固相和液相组成，所以在相图上，湿固相点、液相点、纯固相点应在一条直线上。若分析了数个溶液及它对应的平衡湿固相组成点并连成直线，则会有一些线交汇于代表固相组成的固相点上。

具体做法是按一定比例间隔配制两种盐的混合物，共 10 余组；再分别向各组混合物中加水，但不能将盐完全溶解。加水后的混合物在恒温下不断搅拌，达到平衡后取样分析。样品应在恒温下静置，使盐颗粒完全下沉至溶液澄清，先取上清液样，再取湿固相，将液相样和湿固相样分别加水配成溶液后进行分析。

将液相和湿固相的分析结果按质量分数组成标于图中，依连线规则连线，得溶解度曲线；再用直线把液相组成点与所对应的湿固相点连线并延长，就可找出固相点。交于每个固相点和零变量点处的线不可少于两条。以图 8-9 所示的三元体系等温图为例，1–l_1、2–l_2、3–l_3、4–l_4、…，为所测得的湿固相–液相组成点。由图 8-9 可见，前四组直线交汇于 A，说明这几组液相的平衡固相为 A 盐。而后四组直线交汇于液相点 e，说明 e 点是等温零变量点，其平衡固相有两种，当这两个平衡固相为 A 盐和 B 盐时，总固相的组成点为 S_5、S_6、S_7、S_8。倘若与 e 平衡的固相不是 A 盐和 B 盐，而是 A 盐和水合物 B_1，那么总固相点就应在 r_5、r_6、r_7、r_8。

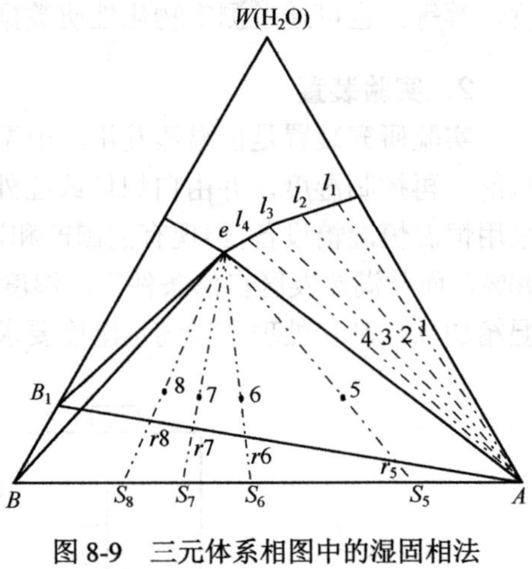

图 8-9　三元体系相图中的湿固相法

由分析可见，湿固相法仅对鉴定单一的平衡固相准确有效，而对有两个或两个以上平衡固相，只能给出一些可能的结果。因此，湿固相法有一定的局限性。

二、解析法

解析法是通过列出几组湿固相和液相连线的直线方程，求联立方程的解，得到纯固相的组成，进而确定固相的方法。

表 8-2 给出了 25℃时 $NH_4Cl - NH_4NO_3 - H_2O$ 体系有关的实验数据，现以它为例说明解析法的运用。

由表 8-2 可见，第 5～7 组的液相时零变量点，其平衡固相有两个。第 1～4 组的平衡固相可用解析法确定。根据两点式直线方程的一般式，列出如下四个直线方程：

$$\frac{x-67.27}{88.20-67.27}=\frac{y-2.00}{0.79-2.00} \tag{8-1}$$

表 8-2 $NH_4Cl-NH_4NO_3-H_2O$ 体系 25℃溶解度

编号	液相组成，w_B /%		湿固相组成，w_B /%	
	x_1（NH_4NO_3）	y_1（NH_4Cl）	x_2（NH_4NO_3）	y_2（NH_4Cl）
1	67.27	2.00	88.20	0.79
2	64.73	3.82	88.00	1.34
3	62.24	5.58	90.25	1.65
4	61.68	6.97	87.65	2.28
5	60.37	9.36	62.0	29.0
6	60.37	9.36	53.0	36.5
7	60.37	9.36	38.5	51.5

$$\frac{x-64.73}{88.00-64.73}=\frac{y-3.82}{1.34-3.82} \tag{8-2}$$

$$\frac{x-62.24}{90.25-62.24}=\frac{y-5.58}{1.65-5.58} \tag{8-3}$$

$$\frac{x-61.68}{87.65-61.68}=\frac{y-6.97}{2.28-6.97} \tag{8-4}$$

将这些方程中任意两个联立求解，即为两直线交点的组成为纯固相的组成，结果列于表 8-3。

表 8-3 方程求解结果

方程组	x (NH_4NO_3) /%	y (NH_4Cl) /%
(1)、(2)联立	99.05	0.16
(1)、(3)联立	101.97	−0.005
(1)、(4)联立	99.53	0.135
(2)、(3)联立	106.55	−0.637
(2)、(4)联立	99.85	0.077
(3)、(4)联立	94.23	1.094
平均值	100.20	0.137

平均值表明，$x\approx100$、$y\approx0$，稍有偏差是实验本身造成的。据此可以判定，第 1～4 组液相平衡的纯固相为 NH_4NO_3。

三、晶体光学法

水盐体系相平衡所测得固相多为结晶体，因此，可以利用各种晶体的不同晶形和光学性质对固相进行鉴定，这就是常用的晶体光学法。

结晶体有一定的晶形，利用偏光显微镜可以观察晶体的外形特征，即可判断是什么固相。即使有多种固相共存，也可以将它们分别鉴定出来。常见各种盐类晶形的图谱可查找专门的书。图 8-10 是几种常见矿物晶形图。

每种晶体都有其特定的光学性质，折射率是重要的光学性质之一。各种常见盐类矿物光学性质见附录七。因此，当遇有晶形相同的不同固体或欲对晶体作出更准确的判断时，可测定晶体的折射率。常见方法是采用偏光显微镜的油浸法，附录七列出盐类矿物光学性质参数，其中包含新发现或新合成的盐类矿物：硫酸锂、硫酸锂钠（$Li_2SO_4{\cdot}Na_2SO_4$）、十二水硫酸锂钠（$Li_2SO_4 \cdot Na_2SO_4 \cdot 12H_2O$）、硫酸锂钾（$Li_2SO_4 \cdot K_2SO_4$）、锂光卤石（$LiCl \cdot MgCl_2 \cdot 7H_2O$）等锂盐和偏硼酸锂、硼酸钙、柱硼镁石（$MgB_2O_4 \cdot 3H_2O$）、章氏硼镁石（$MgB_4O_7 \cdot 9H_2O$）、库水硼镁石、多水硼镁石（$Mg_2B_6O_{11} \cdot 15H_2O$）等硼酸盐。图 8-11 是偏光显微镜构造和原理示意图。

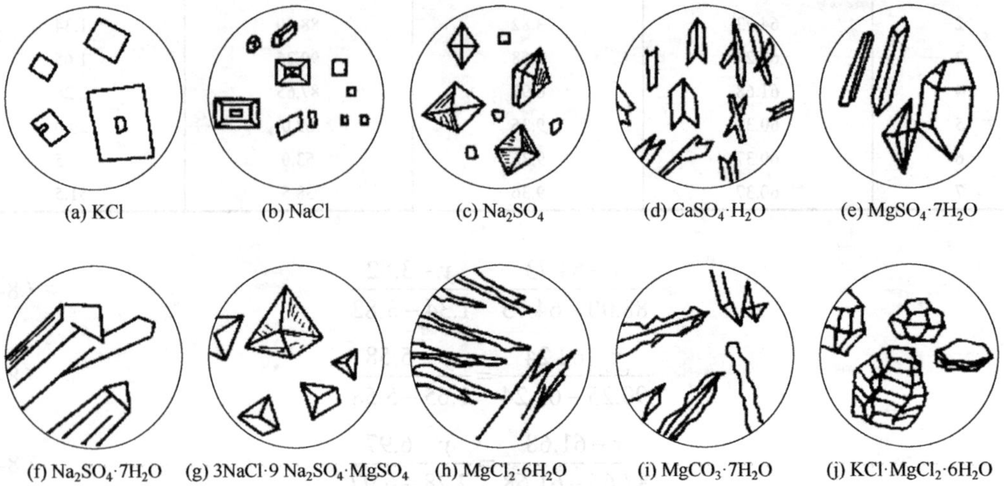

图 8-10　几种常见矿物晶形

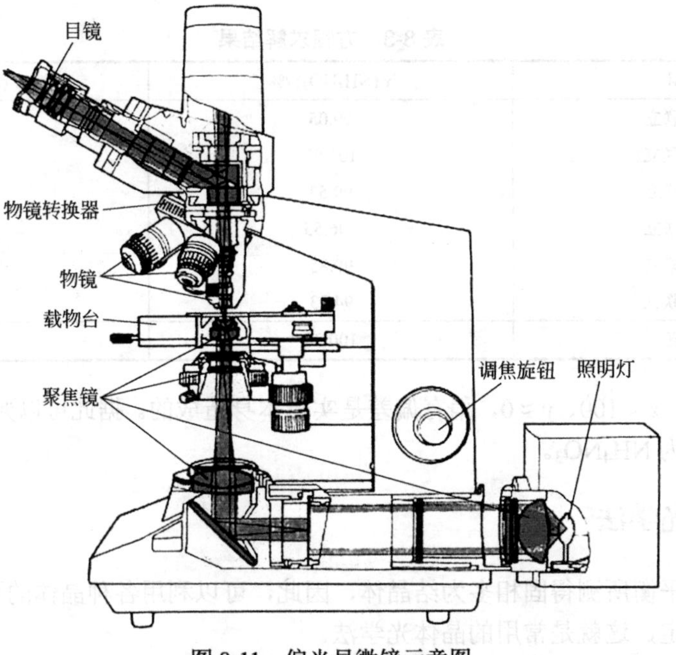

图 8-11　偏光显微镜示意图

油浸法测定晶体的折射率，需要油浸液。油浸液是用两种或两种以上有机物配制而成。按照不同的配比，制备出一系列不同折射率的油浸液。当将具有一定折射率的油浸液滴在小颗粒晶体上，放在偏光显微镜下对晶体和油浸液的折射率进行比较，判断它们的大小。通过更换不同折射率的油浸液反复比较，最后就能测出晶体的折射率。

常见的比较油浸液和晶体折射率的方法为贝克线法。在单偏光镜下，用平面反光镜，使单色光平行地进入下偏光镜。由于油浸液和晶体的折射率不同，当光线经过浸在油浸液中的

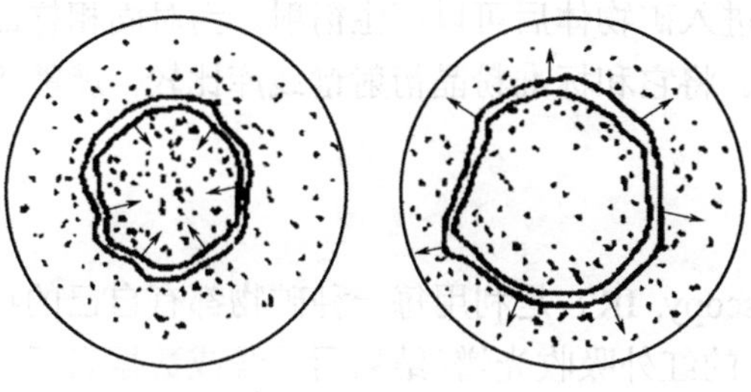

图 8-12 贝克线法比较折射率大小

晶体的边缘时，边缘对光线的作用类似棱镜。这样，在晶体和油浸液的接触面上会出现一个明亮的光带，即是贝克线。当提升显微镜镜筒时，如果贝克线向晶体方向移动，如图 8-12（a），说明晶体的折射率大于油浸液的折射率；反之，如果贝克线向油浸液方向移动，如图 8-12（b），则说明晶体的折射率小于油浸液的折射率。

测定晶体折射率的具体方法是：首先将晶体置于两个载片中间，如有大颗粒，可将其挤压为约 0.03 mm 小颗粒，迅速盖上盖玻片，滴入适量的油浸液，然后在显微镜下选择好欲测定折射率的小晶体，比较它与油浸液折射率的大小。如果两者折射率相差较大时，应换油浸液。更换油浸液时，可先用滤纸将原油浸液吸出，再将晶体颗粒用二甲苯洗涤三次，更换油浸液后继续比较，反复进行到油浸液的折射率与晶体的折射率相适应为止。

在测定过程中需要注意以下几点：

（1）当晶体有几种时，应对每一种晶体分别测定，以确定各自的折射率。在测定前最好先在体视显微镜下进行分拣和挑选。

（2）作为晶体光学常数的折射率，应是主折射率。主折射率一般应在定向切面中测定，而不能用任意颗粒（单轴晶例外）。为了找到晶体的定向颗粒，在测定其折射率时，应搓动盖玻片，以便选到需要的切面。

（3）若晶体的折射率介于两个相差不大的油浸液折射率之间时，可取其平均值。

（4）油浸液的折射率随温度不同而不同，因此，应随时用阿贝折射仪校正油浸液折射率的数值。

四、其他方法

对用湿固相法及晶体光学法仍不能确定的固相，还可以采用其他的方法进行鉴定。

1. 添加惰性物法

在测定时向试样中加入极少量对体系本身呈现惰性的物质。所谓惰性，是指它对原体系的相平衡无任何影响，并且不以吸附或吸收等形式进入固相。在达到平衡后，取液相样及湿固相样进行化学分析。由于惰性物质仅存在于液相中，因此，根据湿固相中惰性物的含量，即可推算出湿固相所夹带的液相的量，进而计算出纯固相的组成，从而达到固相鉴定的目的。为了便于快速测定，应选择易于测定的某些惰性物质。

2. X 射线衍射法

X 射线衍射仪是利用衍射原理，精确测定物质的晶体结构并进行物相分析。X 射线衍射（包括散射）已经成为研究晶体物质和某些非晶态物质微观结构的有效方法，通常使用的是粉晶法，即 X 射线粉晶衍射法（poder X-ray diffraction，XRD）。目前，国际上建有汇集了 6.7 万种单相物质的粉晶衍射资料（统计到 1997 年）。粉晶衍射数据库文件（the powder diffraction file），称为国际衍射数据中心的粉晶数据库（JCPDS-ICDD），储存单相矿物的标准图谱和晶面间距 *dhkl*、相对强度、晶胞、空间群、密度等数据。基于 X 射线的波长与结晶矿物内部质点间的距离相近，属于同一个数量级，当 X 射线进入矿物体后可以产生衍射。当对固相样品进行 X 射线粉晶衍射照相后，可以得到一组谱线。将它和标准粉晶衍射谱线库比较，就能确定固相的种类。

3. 红外吸收光谱法

红外吸收光谱法（infrared absorption spectroscopy, IR）是利用每一种矿物都有自己的特征吸收谱，因而只要使用红外光谱仪测得固相晶体的红外吸收光谱（结果用图线或数据表示），并与标准光谱比较，便可作出鉴定。红外光谱分析对考察矿物中水的存在形式、络离子团、类质同象混入物的细微变化和矿物相变等方面都是一种有效的手段，该方法具有所需样品量小、鉴定速度快等优点。

4. 热分析法

热分析（thermal analysis）是在程序控温条件下，测量物质物理化学性质随温度变化的函数关系的一种技术。热分析法依照所测样品物理性质的不同有以下几种：差热分析法、热重分析法、差示扫描量热法、热膨胀分析及热力分析法等，在盐类矿物研究中前三种技术应用最为广泛。差热分析法（differential thermal analysis, DTA）是将矿物在连续的加热过程中，伴随着物理-化学变化而产生吸热或放热效应，得到其差热曲线。将此差热曲线与各种矿物的标准差热曲线进行比较，便可对矿物作出定性和定量的分析。热重分析法（thermo-gravimetric analysis，TG）是测定矿物在加热过程中的重量变化来研究矿物的一种方法。矿物在加热时会脱水而失重，也称为失重分析或脱水试验。不同的含水矿物具有不同的脱水曲线。这一方法只限于鉴定、研究含水矿物。差示扫描量热法（differential scanning calorimetry, DSC）通过对试样因热效应而发生的能量变化进行及时补偿，保持试样与参比物之间温度始终保持相同，促使试样和参比物都处于动态零位平衡状态，实现无温差、无热传递，灵敏度和精度大为提高，可进行盐类矿物定性和定量分析。

近年来，热分析技术主要包括差热分析、热重分析和差示扫描量热分析，对于鉴定和表征盐类矿物的结晶水，相变和相转化及其热化学性质已具有广泛应用。

第四节　电解质溶液热力学性质研究方法

目前，国内外电解质溶液热力学性质的研究方法主要有：等压法、电势法、量热法、电导法、湿度法、密度法、凝固点降低法、溶解平衡法、蒸气压测定法。其中，等压法、电势法是最常用的实验方法，被广泛应用于测定渗透系数和活度系数等热力学性质。

等压法研究溶剂的性质在溶液离子强度较高的范围内有较好的准确度，电势法则测定溶质的性质在离子强度较低时较为理想，可准确测定浓度很低的溶液，如 10^{-4}～10^{-5} mol/kg 的稀溶液。电势法和等压法在研究电解质热力学性质方面，可以相互补充。

量热法能直接测定物质的基本属性——能量的变化，具有直接、快速、精确等优势，近年来，在研究溶液热力学性质方面已得到广泛应用。

一、等压法

等压法是一种测定溶剂活度的方法，一般用于测定浓度大于 0.1 mol/kg 到饱和溶液浓度范围的水活度和渗透系数等溶剂性质。该方法准确度高，限制条件少，实验装置简单，易于常温操作，已被广泛应用于室温下水盐体系热力学性质的研究。

等压法原理是具有不同化学势的电解质水溶液处于一个封闭的体系内，可以通过溶液的转移，最终达到化学势的一致。因此，将不同的溶液样品分别称入敞口的等压杯中，然后置于传热性能优良的等压箱内，用螺栓固定好箱盖，抽真空后放入超级恒温水浴，样品的溶剂通过共同的气相不断转移，直至各溶液样品具有相同的平衡蒸气压，这时各溶液达到热力学平衡，最终各溶液达到化学势一致，此时各杯之间具有相同的水活度和饱和蒸气压。图 8-13 是中国科学院盐湖所姚燕研究员等设计的等压平衡箱示意图，并已成功地应用于大量含锂电解质水溶液体系热力学性质的等压法研究。

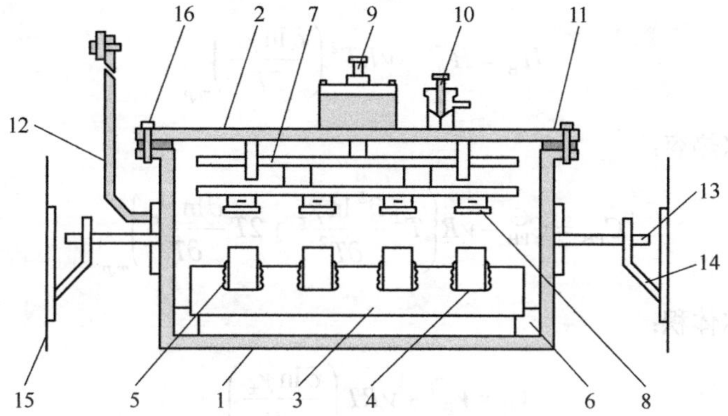

图 8-13 等压平衡箱示意图

1—箱体；2—箱盖；3—传热板；4—等压杯；5—螺母；6—支撑架；7—加盖装置；8—杯盖；9—加盖阀；10—真空阀；11—密封圈；12—传动杆；13—摇动轴；14—箱体支架；15—恒温水浴壁；16—固定螺栓

在等压实验中，已知一种溶液的浓度与其水活度的函数关系，将其作为参考溶液，以此获得其他溶液的水活度。

等压平衡的条件是：$a_s=C_{(常数)}$

等压平衡后，各杯之间具有相同的水活度，即：

$$\ln a_s^* = \ln a_s \tag{8-5}$$

$$\phi = (m_s / \sum \nu_i m_i) \ln a_s \tag{8-6}$$

$$\ln a_s^* = -(\nu^* m^* / m_s)\phi^* \tag{8-7}$$

$$\ln a_s = -(\sum \nu_i m_i / m_s)\phi \tag{8-8}$$

则：

$$\phi = (\nu^* m^* / m_s)\phi^* / (\sum \nu_i m_i / m_s) \tag{8-9}$$

式中：a_s 为实验溶液溶剂活度；a_s*为参考溶液溶剂活度；ϕ 为实验溶液渗透系数；ϕ^*为参考溶液渗透系数；m_s 为参考溶液等压平衡浓度；m_i 为等压平衡时溶液中各物种的浓度；ν_i 为电解质完全电离的离子数目；$\nu^* m^*/\sum \nu_i m_i$ 称为等压比。因此，只要测出等压平衡下参考溶液和待测溶液的浓度，即可求出待测溶液的ϕ值。

在等压测定中，针对所研究体系的不同，选择不同的参考标准。常使用的参考标准有 NaCl、KCl、H_2SO_4 和 $CaCl_2$。为了测定等压平衡时各溶液的浓度，须将一定量的各溶液放入抗腐蚀性能强、传热性能好的等压杯中，再将各等压杯放入密闭的等压箱中抽尽等压箱内的空气，将等压箱在恒温浴内保存足够长的时间，使内部的溶液达到热力学平衡，然后通过平衡前后溶液质量的变化来计算溶液的平衡浓度。

在测得了各溶液的平衡浓度后，将各渗透系数值和相应的浓度代入关于渗透系数的Pitzer方程，通过多元线性回归即可得到所需的Pitzer参数，再将Pitzer参数代回关于活度系数的Pitzer方程，即可得到各溶液中有关溶质的平均活度系数，在得到溶液的活度系数和渗透系数后，利用吉布斯–杜亥姆公式(Gibbs-Duhem's Equation)即可求得该溶液的所有热力学量。

超额吉布斯自由能：

$$G^{ex} = n_w \nu m RT(1 - \phi + \ln \gamma_\pm) \tag{8-10}$$

溶质的偏摩尔焓：

$$H_B = H_B^{\ominus} - \nu RT^2 \left(\frac{\partial \ln \gamma_\pm}{\partial T} \right)_{m,p} \tag{8-11}$$

溶质的偏摩尔热容：

$$C_{PB} = C_{PB}^{\ominus} - \nu R \left(T^2 \frac{\partial^2 \ln \gamma_\pm}{\partial T^2} + 2T \frac{\partial \ln \gamma_\pm}{\partial T} \right)_{m,p} \tag{8-12}$$

溶质的偏摩尔体积：

$$V_B = V_B^{\ominus} + \nu RT \left(\frac{\partial \ln \gamma_\pm}{\partial P} \right)_{m,T} \tag{8-13}$$

溶质的偏摩尔熵：

$$S_B = S_B^{\ominus} - RT \ln \nu_1^{\nu^1} \nu_2^{\nu^2} m^{\nu} - \nu R \ln \gamma_\pm - \nu RT \left(\frac{\partial \ln \gamma_\pm}{\partial T} \right)_{m,p} \tag{8-14}$$

等压法对溶液热力学，特别是强电解质溶液热力学性质研究起着重要作用。同时，在含弱电解质、存在离子缔合、部分解离的多元电解质混合溶液体系热力学性质研究方面也取得了新的进展。

二、电势法

电势法起源较早，但由于受电极发展的限制而发展缓慢。常见的阳离子可逆电极有：氢电极、金属汞电极、玻璃电极、液态离子交换电极和中性载体电极；常见的阴离子可逆电极有：银-氯化银电极、液体离子交换电极和固态膜电极。

电势法的原理是设计电池：$M_{+(\text{响应电极})}|M_{\nu+}N_{\nu-}(m)|N_{-(\text{响应电极})}$

其中，MN 表示电解质。通过实验可测定不同 MN 浓度或不同溶剂条件下电池的电势 E，再通过外推求得标准电势 $E^{\ominus}$，根据式(8-15)、式(8-16)即可求出浓度为 m 时 $M_{\nu+}N_{\nu-}$ 电解质溶液的活度系数 $\gamma_\pm$。

$$\begin{aligned} E &= E^{\ominus} - \frac{RT}{nF} \ln(a_+^{\nu^+} \cdot a_-^{\nu^-}) \\ &= E^{\ominus} - \frac{\nu RT}{nF} \ln m_\pm - \frac{\nu RT}{nF} \ln \gamma_\pm \end{aligned} \tag{8-15}$$

整理得：

$$\ln \gamma_{\pm} = \frac{nF}{\nu RT}(E^{\ominus} - E) - \ln m_{\pm} \qquad (8\text{-}16)$$

式中，$\nu = \nu^{+} + \nu^{-}$；$m_{\pm} = (\nu_{+}^{\nu+} \cdot \nu_{-}^{\nu-})^{1/\nu} \cdot m$；$E^{\ominus}$为标准电池电势；$E$ 为电池电势。

用离子选择性电极测定电解质溶液的浓度或活度是近几十年来发展起来的一种新的分析技术。用经典的分析方法测定离子的浓度，被测定的离子能够定量地与分析试剂起作用，被测定的离子与其他离子的较弱的缔合作用被减弱了，离子间的相互作用也被改变，而离子选择电极在测定离子时所直接响应的不是被选定的离子的浓度，而是它的活度。因此，这类电极所提供的实验数据为溶液中离子活度的测定开辟了新的途径，而且在提供这些数据时，并不破坏原有电解质溶液的存在形态，既简单又直接快速。正因如此，离子选择电极在各领域都得到广泛的应用，随着离子选择电极的不断发展与完善，性能会越来越好，电势法测定多元体系组分的平均活度系数将会得到更广泛的应用。

三、量热法

量热法能直接给出物质的基本属性——能量的变化，因而是一种很好的表征物质性质的方法，也是研究溶液热力学性质的常用实验方法，具有直接、快速、精确等优势。量热技术是一种用来测定高精度热容最可靠的实验技术，它通过精密智能温度控制技术使量热计的样品池与周围环境的热交换减少到最小，以达到严格绝热的目的，可保持其恒温稳定性达到±（0.001～0.00001）℃，用于测量物质宽温区热容、相变潜热以及物质的溶解热、稀释热、混合热，以及研究固-固、气-固、液-固、液-液等两相间的反应与相变。我国在低温量热仪研发方面，中国科学院大连化学物理研究所谭志诚研究员等做出了卓有成效的工作。目前，量热技术已在生物量热、材料科学、工业中得到广泛应用。

常用的量热技术主要有差示扫描量热法、绝热量热法、滴定量热法等。差示扫描量热法（DSC）是以差热分析法（DTA）为基础，在程序温度控制下测量物质与参比物之间单位时间的能量差（或功率差）随温度变化的一种技术。由于差示扫描量热法能准确测得热量信息，因此常用于热容、溶解热、溶解度等热力学性质的测量。DSC 作为一种重要的热分析技术，在测定溶液体系热力学性质的研究中有着广阔的应用前景，尤其是在测定物质多温度连续比热容方面具有优势；其次，DSC 可以较好地解决溶解速度较慢的水溶液体系的溶解度测定，并具备了实验测定时间短、样品用量少的优点。但应当指出的是，DSC/DTA 热分析法在实验测定过程中，由于样品坩埚容积小（取样量约为 10 mg），易于造成实验误差，因此差示扫描量热法的测定结果准确性不高（≤5%）。

绝热量热法采用的绝热量热仪，其示意图见图 8-14，样品池容积一般较大，可以减小由于取样少而引起的误差。绝热量热法是溶液化学、热化学和热物理研究领域的一种重要实验研究新方法，绝热量热仪通过智能的温度控制使量热计的样品池与周围环境的热量传递最少，以达到严格绝热的目的。同时绝热量热法的测量精确度较高，因此，这一研究新方法已广泛地运用于物质变温热容的测量和相变的研究。根据测量温度可将绝热量热法分为高温和低温两种不同的技术，相对而言，低温量热技术是量热技术的一个难点。

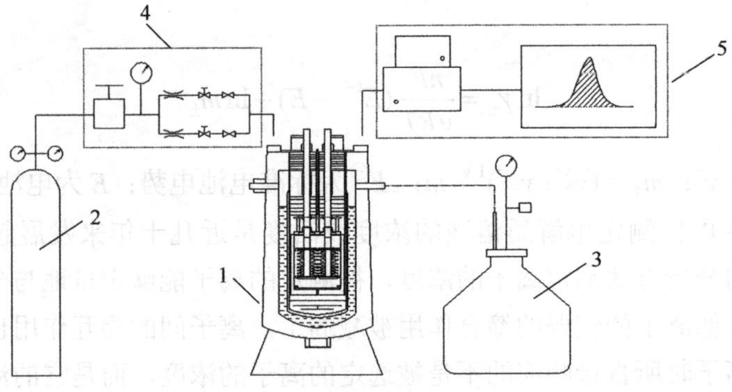

图 8-14 绝热量热仪示意图

1—主机；2—气体保护瓶；3—降温装置；4—气流控制系统；5—信号采集处理系统

滴定量热法与其他热分析方法相比较，具有它独特的优点：应用范围广，对于高酸度或高碱度体系、非水体系、生物体系均适用；具有灵敏、准确性好的特点。因此滴定量热法可用于极弱的酸碱滴定。能检测 1 nmol 生物样品所产生低于 100 nJ 的微小热量变化，通过微量滴定曲线可直接测定化学反应或生化反应焓（ΔH）、熵（ΔS）及吉布斯自由能（ΔG）等热力学性质。用等温滴定量热法测量通过单次浓度扫描不仅能够准确得到体系的焓变，还能够确定体系的相变界限。因此等温滴定量热技术单独或作为其他技术的补偿手段已被广泛地应用于很多研究学科前沿，如纳米软材料科学、药物的传输、聚合物或表面活性剂的相互作用等相关领域。

通过量热技术可以进行电解质溶液的稀释热、等温热容、溶解热、结晶热、反应热等的测定，这与溶液的蒸发结晶、稀释溶解等物理、化学过程密切相关，是构建热力学的重要物理化学量，是溶液中共存的溶质离子、分子与溶剂水分子相互作用的宏观反映。例如，通过对一系列不同浓度电解质溶液体系从低温到高温范围下热容的精确测量，可以用表观摩尔热容方程拟合出 Pitzer 离子相互作用参数，进行多组分水盐体系溶解度的理论预测；同时可以有效地分析反应过程中能量间的传递和转换规律，为电解质溶液模型构建、质能联算以及反应器的设计提供依据。

如，基于 Debye–Hückel 理论基础上发展起来的 Pitzer 离子相互作用模型对表观摩尔热容表达方程为：

$$C_{p,\varphi} = C_{p,\varphi}^{\ominus} + \nu\left|Z_{\mathrm{M}} Z_{\mathrm{X}}\right|(A_J / 2b)\ln(1+2b^{1/2}) - 2(\nu_{\mathrm{M}}\nu_{\mathrm{X}})RT^2[mB_{\mathrm{MX}}^J + (\nu_{\mathrm{M}} Z_{\mathrm{M}})m^2 C_{\mathrm{MX}}^J]$$

$$B_{MX}^J = \beta_{MX}^{(0)} + \beta_{MX}^{(1)} g(x_{\mathrm{B1}}) + \beta_{MX}^{(2)} g(x_{\mathrm{B2}}) \tag{8-17}$$

式中，对于质量摩尔浓度为 m（m/1000 g H_2O，molality）的纯盐 MX 溶液，分别为在温度 T 和标准状态（298.15 K）下测定的表观摩尔热容 C_{p} 和 $C_{\mathrm{p}}^{\ominus}$，单位为[J/(K·mol)]。式中的其他项及其说明将在第九章中给予详细介绍和说明。

值得注意的是，量热法对所测物质的纯度要求都很高，因此为了获得准确的热化学数据，研究所用的试剂必须要进行多次提纯。

电解质溶液的热容与溶液的蒸发结晶、稀释溶解等物理、化学过程密切相关，是构建热力学的重要物理化学量，是溶液中共存的溶质离子、分子与溶剂水分子相互作用的宏观反映。通过对一系列不同浓度电解质溶液体系从低温到高温范围下热容的精确测量，可以用表观摩尔热容方程拟合出 Pitzer 离子相互作用参数，进行多组分水盐体系溶解度的理论预测；同时通过量热技术可以进行电解质溶液的稀释热、热容、溶解热、结晶热、反应热等的测定，可以有效地分析反应过程中能量间的传递和转换规律，为电解质溶液模型构建、质能联算以及反应器的设计提供依据。

此外，电解质溶液热力学性质的实验研究方法还有等湿度法、电导法、密度法、凝固点降低法、蒸气压测定法等，此处不再赘述。

第五节 水盐体系数字相图计算机成图

一、常见的绘图软件简介

传统的绘图方法是对实验数据用手工描点、作图，其图形粗糙，存在的误差大，更重要的是耗时、费力、不便于数据分析。计算机技术的迅速发展使相图的绘制摆脱了传统手工方法的制约，完全可利用数据分析和图形处理软件绘制，并形成数字化相图。

目前，常见的软件主要有 Origin、Excel、SigmaPlot、CAD、Matlab、Mathematica 等，都可进行数据处理及图形编辑。其中，Matlab 和 Mathematica 软件功能强大，具有符号计算、数据分析、动态仿真、程序接口和文字处理等功能，但使用这些软件需要一定的计算机编程知识和矩阵知识，并需要熟悉其中大量的函数和命令，入门起点较高。Excel 软件也具有数据可视化功能，但其主要是作为电子表格被用于管理统计数据，拥有良好的操作界面，具有强大的数据输入、编辑、访问及复制等功能，在复杂图形的处理以及美化图形方面有所欠缺。相较之下，Origin 软件不仅简单易学，操作简便，界面直观，功能强大、开放，不需编程，同时能从实验数据出发快速而准确地绘制出各类高质量的曲线图。

二、Origin 软件在水盐体系相图中应用

Origin 是美国 OriginLab 公司开发的图形可视化和数据分析软件，是科研人员和工程师常用的高级数据分析和制图工具，其具有强大的图形绘制功能和数据处理功能，可方便地进行数据统计、拟合等处理。Origin 数据制图提供了几十种 2D 和 3D 图形模板，即可轻松实现直角坐标图、三角坐标图、极坐标图及各种 3D 图表等几十种图形的绘制，用户不仅可以使用这些模板制图，也可以根据需要自己设置模板。Origin 软件还是一款可方便地进行数据排序统计、计算、平滑拟合等数据处理的分析工具。此外，其开放性能好，可以和各种数据库软件、办公软件、图像处理软件方便地连接。目前，Origin 常见的有 8.0、8.5、9.0 和 9.5 版，下面主要介绍一下如何用 Origin 8.5 软件进行相图的绘制。

1. 二元体系相图

常用的二元体系相图为水-盐的温度-组成图，该相图绘制应遵循连线规则和分区规则。

连线规则：有一个共同平衡固相的液相可相连。

分区规则：按照相应原理，将共饱点和与之平衡的两个固相点用一条水平实线连接起来。

下面以二元体系 $KCl-H_2O$ 在−10.8～20℃的相图为例，介绍如何用 Origin 软件进行二元体系相图的标绘，该体系的溶解度数据见附录八（2）。

启动 Origin 8.5，出现 Worksheet 窗口，将 Book 1 中出现的 X，Y 两列分别设定成 X-[w(KCl)]、Y-T，依次输入溶解度数据和温度（图 8-15）。选中数据，单击下方工具栏中的 Line + Symbol 按钮，如图 8-16 所示，即可出现所需相图。单击左侧工具条中的 T 按钮，添加文本说明以标注相图。单击鼠标右键，出现 Plot Details 对话框，即可在 Line 选项卡中选择线型、线宽和颜色等（图 8-17），双击坐标轴，在弹出的选项卡中（图 8-18）选择数据点标记样式、大小和颜色。绘制完成的二元体系 KCl－H_2O 在−10.8～20 ℃时的相图见图 8-19。

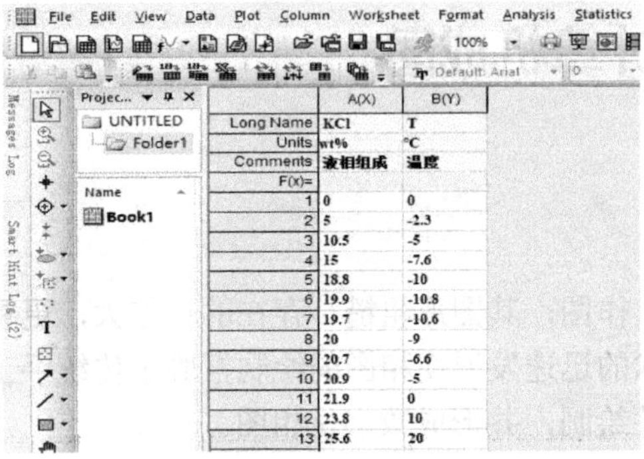

图 8-15 Origin 软件的数据输入界面

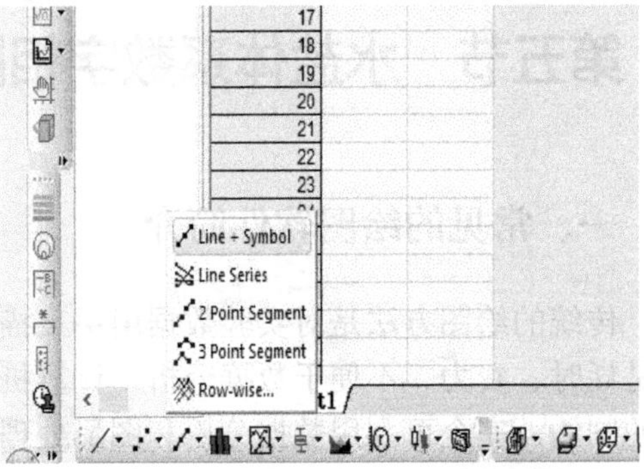

图 8-16 工具栏中的“Line + Symbol”按钮

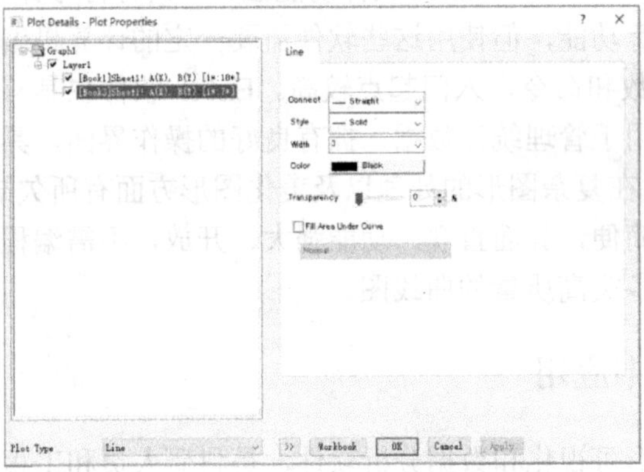

图 8-17 Plot Details 对话框中的选项

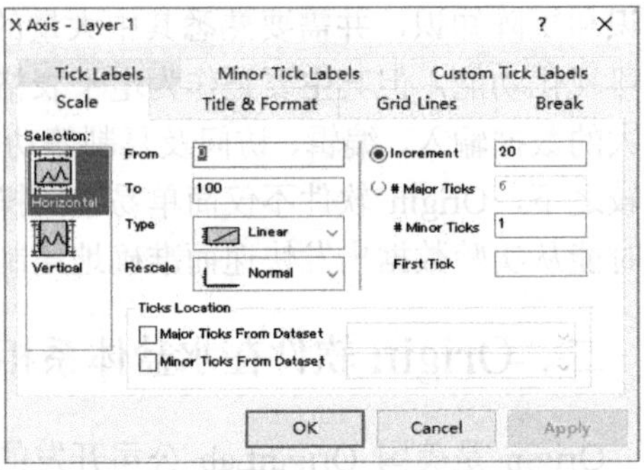

图 8-18 设置样式、大小和颜色的选项卡

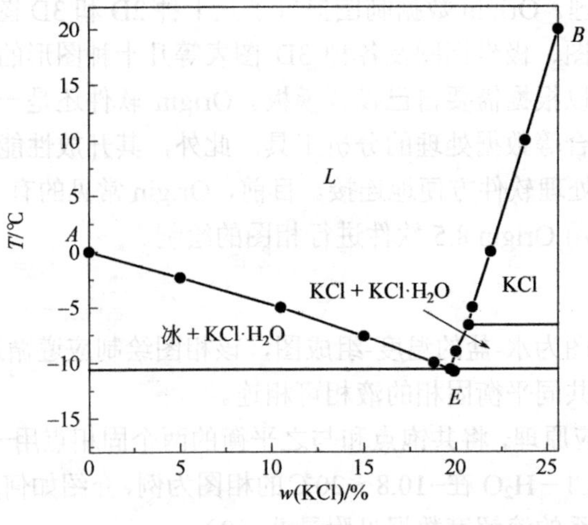

图 8-19 二元体系 KCl－H_2O 在−10.8～20℃时的相图

2. 三元体系相图

三元体系相图可绘制成两种不同的类型，分别是正三角形坐标和等腰直角三角形坐标。在三元体系相图的绘制中，均遵循以下规则。

连线规则：将具有一个共同平衡固相的液相点相连。若可连的点只有两个，则连接成直线，若可连的点有三个及三个以上，则应连接成平滑的曲线。当有固溶体生成时，固溶体作为一种固相对待。

分区规则：将共饱溶液点与平衡的两个固相点分别连接成直线，同时这两个固相点也连接成直线，但所作出的相区划分线不得相互穿过。

根据三元体系 $NaCl-KCl-H_2O$ 在 25 ℃时的溶解度数据［见附录八（7）］，简单介绍如何使用 Origin 软件进行三元体系相图的绘制。下面首先介绍运用 Origin 软件的三角图绘制水盐体系等边三角形相图的方法。Origin 软件中正三角形坐标系的三角图中的数据是归一化的，即 $X+Y+Z=1$，三角图的三条边 X、Y、Z 坐标轴表示水盐体系三种组分的含量，分别是 X-[w(NaCl)]，Y-[w(H_2O)]，Z-[w(KCl)]，恰为正三角形的三个顶点，并以该三个组分之和为 100 作为基准，$w(NaCl)+w(H_2O)+w(KCl)=100$。每条边的刻度从 0～100，表示该顶点位置所标记组分的含量变化。

（1）输入数据　启动 Origin 8.5，出现 Worksheet 窗口，鼠标右击窗口空白处，添加新的 C (Z)列，形成 A (X)，B (Y)，C (Z)三列，各列分别对应 NaCl、H_2O 和 KCl 的质量分数，依次输入溶解度数据，或将 TXT 格式的数据文件导入 Worksheet(见图 8-20)。具有相同平衡固相对应的平衡液相的溶解度数据为一组，上一组数据与下一组数据之间留有一行或几行空格将每组数据分隔，使其在绘制相图曲线时形成分段曲线。每组数据的特点是两个端点为边界点(在三角图坐标轴上)和共饱点或两个不同的共饱点，共饱点会出现在每组数据中。每组数据中以一个固定组分 A (X)列自上而下由小到大或由大到小排列，否则不能形成正确的相图曲线。为便于观察，也可再添加一列以标识每组数据(平衡液相组成)对应的平衡固相，鼠标右击填写平衡固相的列，在打开的 Properties 对话框中增加列宽(Column Width)，保证有足够的列宽填写固相名称。

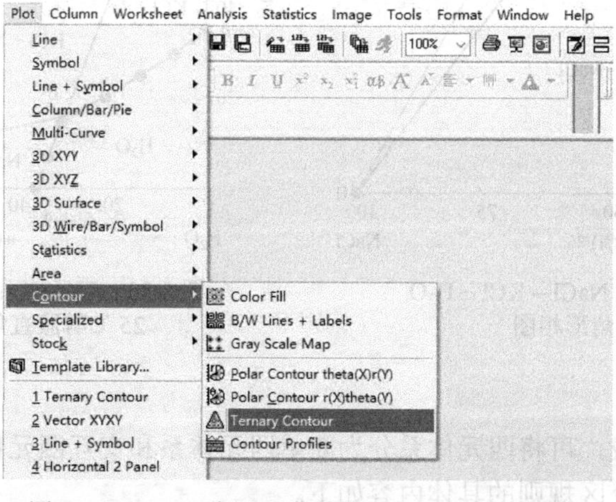

图 8-20　Origin 中 Plot 菜单下的 Ternary 按钮页面

（2）相图绘制　选中 A (X)、B (Y)、C (Z)三列，在 Plot 下拉菜单中选择 Ternary，或在最下端的 2D Graphs 工具条中单击 Δ(Ternary)按钮，在三角图中出现溶解度数据点。

数据点的曲线连接：鼠标右击正三角形相图，选择Plot Details，在Plot Details对话框的左下角将Plot Type设置为Line + Symbol，或直接在Origin工作界面最下端的2D Graphs工具条中单击Line + Symbol按钮，同时一定要在对话框右侧的Line选项卡的Symbol / Line Interface中通过单击Gap to Symbol，选中下面的Draw Line Behind，确保曲线通过数据点符号；连线线型和颜色及数据点标记的样式和颜色的改变，在Plot Details对话框右侧的Line选项卡中选择线型、线宽和颜色等，在Symbol选项卡中选择数据点标记样式、大小和颜色，最后单击OK，正三角形坐标系中的相图曲线自动完整地绘制出来了。

（3）添加文本说明以标注相图　正三角形相图相区、顶点名称的标注，需在三角图中添加文本。单击Origin工作界面左方工具条中的T按钮，在三角形相图需要标记的位置填写标注内容，如相区、相图顶点名称；标注内容的字体类型、大小和颜色等，可在Origin工作界面工具条中选取，也可鼠标右击文本框选择Properties，在对话框中设置。

根据上述规则和方法，绘制出三元体系NaCl－KCl－H_2O 25℃正三角形相图，如图8-21所示。

根据同样的方法，绘制三元体系NaCl－KCl－H_2O 25℃等腰直角三角形相图。首先启动Origin 8.5，Book 1中的A (*X*)和B (*Y*)两列的对应关系分别为：*X*-*w*(NaCl)，*Y*-*w*(KCl)，依次输入数据。选中全部数据，单击下方工具栏的Line + Symbol按钮，即生成所需相图，添加标注以划分相区，选择合适的线型、线宽和颜色等来进一步美化相图。图8-22是最终完成的三元体系NaCl－KCl－H_2O 25℃等腰直角三角形相图。

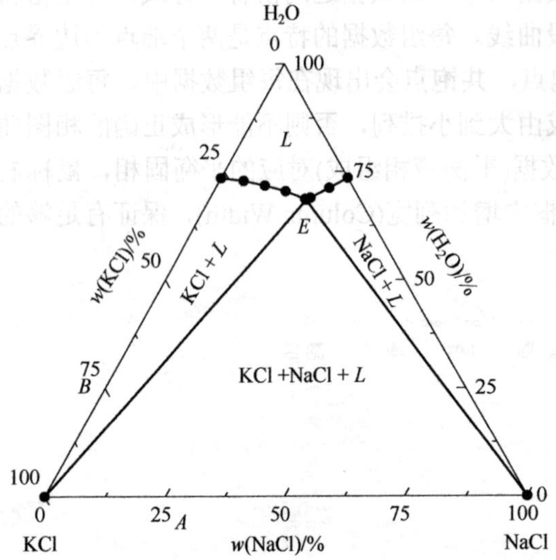

图8-21　三元体系NaCl－KCl－H_2O 25℃正三角形相图

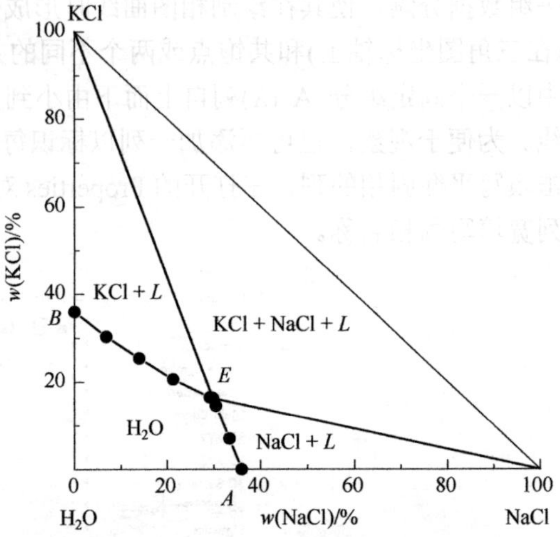

图8-22　三元体系NaCl－KCl－H_2O 25 ℃等腰直角三角形相图

3. 四元体系相图

根据体系离子组成，可将四元体系分为简单四元体系和交互四元体系。绘制四元体系相图遵循的连线规则和分区规则的具体内容如下。

连线规则：具有两个相同平衡固相的液相点可顺序连线。

分区规则：与三元体系的分区规则相同，即将共饱点与平衡的两个固相点分别连接成线。

下面以四元体系KCl－KNO_3－K_2SO_4－H_2O在25℃时的溶解度数据为例（表4-6），介绍如何用 Origin 软件绘制简单四元体系相图。

启动 Origin 8.5，出现 Worksheet 窗口，鼠标右击窗口空白处，添加新的 C (*Z*)列，形成 A (*X*)，B (*Y*)，C (*Z*)三列，分别对应于三角图的 *X*、*Y*、*Z* 坐标轴，其表示水盐体系三种组分的含量，*X*-[*Z*(KNO_3)]，*Y*-[*Z*(K_2SO_4)]，*Z*-[*Z*(KCl)]。且 Σ[*Z*(KCl) + *Z*(K_2SO_4) + *Z*(KNO_3)] =100。依次输入数据，全选数据，在 Plot 下拉菜单中选择 Ternary，或在最下端的 2D Graphs 工具条中单击 Δ(Ternary)按钮，在三角图中出现溶解度数据点。根据规则将数据点的曲线连接，绘制成图。通过左侧工具栏中的 T 命令添加说明，最后设置相图中的线段粗细、颜色等。图 8-23 是绘制完成的相图。

以四元体系 Na^+, Mg^{2+} // Cl^-, SO_4^{2-} – H_2O 为例，详细介绍如何用 Origin 绘制交互四元体系相图。该四元体系在 0 ℃下的溶解度数据见附录八（19）。

启动 Origin 8.5，出现 Worksheet 窗口。根据等摩尔效价原则，将该交互四元体系中的 NaCl 改写成 Na_2Cl_2，且阴离子和阳离子的耶涅克指数之和分别等于 100 mol，即 Σ[*J*(Cl_2^{2-}) + *J*(SO_4^{2-})] =100，Σ[*J*(Na_2^{2+}) + *J*(Mg^{2+})] =100，设定 *X*-*J*(Na_2^{2+})，*Y*-*J*(SO_4^{2-})，在 Book 1 中输入数据，全选数据，单击 Line + Symbol 按钮，绘制成图，通过左侧工具条中的 T 命令添加说明，最后设置相图中的线段粗细、颜色等，即可得到所需相图，见图 8-24。

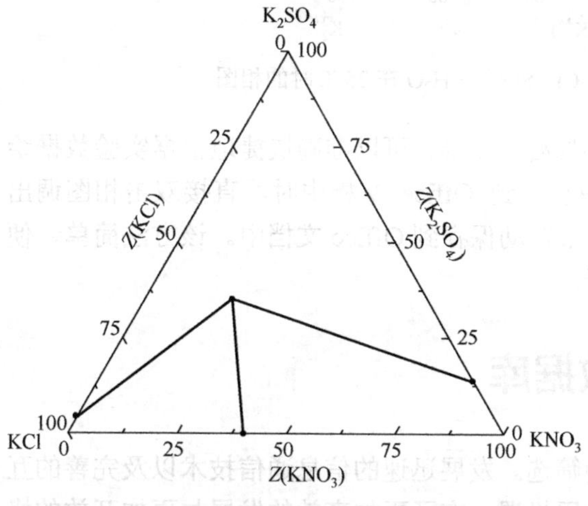

图 8-23　四元体系 KCl– KNO_3 – K_2SO_4 – H_2O 在 25℃时的相图

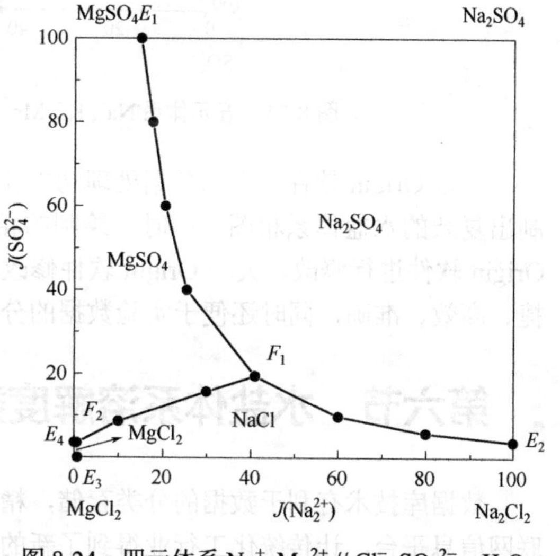

图 8-24　四元体系 Na^+, Mg^{2+} // Cl^-, SO_4^{2-} – H_2O 在 0 ℃下的相图

4．五元体系相图

五元水盐体系可分为简单五元体系、交互五元体系和五元近水体系。以交互五元体系 Na^+, K^+, Mg^{2+} // Cl^-, SO_4^{2-} – H_2O 在 25 ℃的相图为例，溶解度数据见附录八（22），介绍如何使用 Origin 软件绘制五元体系相图。该相图采用正三角坐标图，以等摩尔效价离子 K_2^{2+}、Mg^{2+}、SO_4^{2-}为正三角形的三个顶点，并以该三个离子之和为 100 作为基准，即 Σ[*n*(K_2^{2+}) + *n*(Mg^{2+}) + *n*(SO_4^{2-})] =100。

首先启动 Origin 8.5，出现 Worksheet 窗口。选中 B (*Y*)列后单击鼠标右键，选择下拉菜单中的 Insert 插入列，在插入足够的列后右键单击第二列，在下拉菜单中有 Set as(*X*、*Y*、*Z*)，依次把每三列设定成 *X*-[*J*′(K_2^{2+})]、*Y*-[*J*′(Mg^{2+})]、*Z*-[*J*′(SO_4^{2-})]，且在 Book 1 中输入数据。单

击鼠标右键，选中 Plot Details。在 Plot Details 窗口中选中 Plot Type 中的 Line + Symbol；连线后若出现线段交叉，此时需根据相点进行必要的数据点的取舍，最后即完成相图的绘制。相图的名称及一些说明通过工具栏中的 T 命令添加文字说明，相图中的线段粗细、颜色等都可以根据自己的需要进行设置。绘制完成的交互五元体系 $Na^+, K^+, Mg^{2+} // Cl^-, SO_4^{2-} - H_2O$ 在 25 ℃的相图如图 8-25。

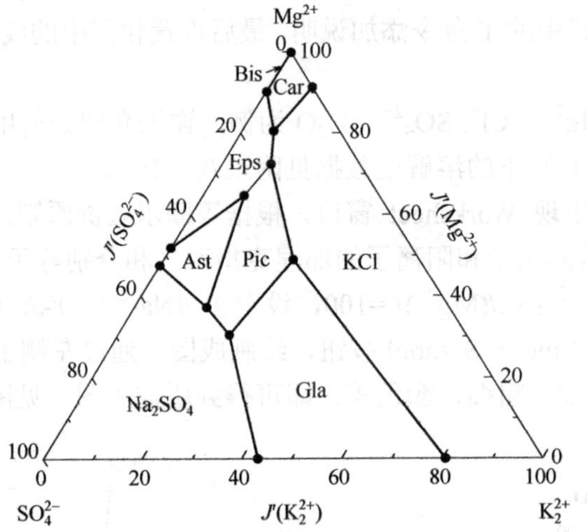

图 8-25 五元体系 $Na^+, K^+, Mg^{2+} // Cl^-, SO_4^{2-} - H_2O$ 在 25 ℃时的相图

结合 Origin 软件强大的数据处理功能和图像处理功能，可以准确快捷地根据实验数据绘制出复杂的水盐体系相图。同时，绘制的相图复制到 Office 文档中时，直接双击相图调出 Origin 软件进行修改，关闭 Origin 软件修改结果自动保存到 Office 文档中。该方法简单、便捷、高效、准确，同时还便于实验数据的分析。

第六节 水盐体系溶解度数据库

数据库技术有利于数据的分类存储，精确筛选。发展迅速的信息通信技术以及完善的互联网信息平台，让传统化工行业得到了新的发展机遇，有了更加高效的发展与更加开放的格局。化工类数据库的开发，可以让繁琐的数据查询变得实时、精确。经过多年的发展，国内外都有了比较完善的化工数据库。

一、国外化工热力学数据库

1. Factsage 热力学数据库

2001 年，加拿大蒙特利尔大学开发的 FACT 软件与德国 GTT 公司开发的 ChemSage 软件相融合，成为热力学领域中世界上完全集成数据库最大的计算系统之一，命名为 Factsage。该数据库内容丰富，不仅提供了 CRCT 经过 30 年积累的氧化物等数据库，而且可以使用国际上其他知名数据库。其计算功能强大，通过 Factsage，可以计算多种约束条件下的多元多相平衡条件，还可进行相图、优势区图、电位-pH 图的计算与绘制，热力学优化、作图处理等，其计算结果可以以图形或表格的形式输出。例如，通过坐标轴变量的多种选择，得到通用的N元相图截面；可以很精确地计算工业体系中的锍、金属、炉渣、气体、固体的平衡；绘制多元优势区图以及电位-pH图；平衡或者非平衡凝固的过程；复杂的热平衡计算等等。

2017年1月，发布了FactSage 7.1安装包，其包含三个模块，分别为数据库模块、计算模块、操作模块。①数据库模块：该模块用来检索各类数据库并显示化合物的标准热力学性质以及列出数据库中包含的溶液相；②计算模块：该模块用于计算单个物质，多种物质的混合物或化学反应的热力学性质；③操作模块：该模块用于数据输入、输出结果和计算结果图表的生成。

2. Themo-Calc 数据库

Themo-Calc 软件公司成立于1997年，但在20世纪70年代，瑞典斯德哥尔摩皇家理工学院的物理冶金系就已经开始对这个软件进行开发和利用。该数据库有绘制相图，计算纯物质、化合物、液相和化学反应的热力学性质，单相平衡、亚稳态平衡的计算等功能，同时提供多种过程模拟，主要应用于材料、冶金等领域。

Themo-Calc 软件可分为 Themo-Calc 和热力学数据库两部分。经过40多年的完善与发展，Themo-Calc 作为热力学计算中功能最全、性能最强大的软件在全球收获了极佳的声誉。它被大量用于各种计算，包括计算稳定和亚稳定的异相平衡；相的数量及其组成；热力学数据，如熵、焓和吉布斯自由能等；物质的相变温度等等。其热力学数据库部分提供了大量的高精度热力学数据，数据库对所有相关实验和理论进行严格筛选，包含了 TCS 铝基合金数据库、TCS 镁基合金数据库、TCS 铜基合金数据库等等。

3. HSC Chemistry 数据库

HSC Chemistry 是世界上使用最广泛的集成热力学数据库软件，由芬兰奥托昆普研究中心开发研制，其最新的7.0版拥有一个超过28000多种无机物详细热力学性质的数据库以及针对不同应用而设计的24个计算模块，与12个集成数据库连接，可以编辑仿真图表，并以各种形式导出数据，以便第三方软件的绘图和分析。作为较成熟的综合热力学数据库，HSC Chemistry 软件目前已被广泛应用于化学、化工、冶金、材料、环保等多个领域。

二、国内化工热力学数据库

我国互联网数据库技术虽起步稍晚，但发展迅速。自20世纪80年代以来，我国也开始致力于热力学数据库的研究，1982年，中科院化工冶金研究所筹建了我国第一个热力学数据库，即无机热力学数据库（ITDB），随后，中国科技大学、大连理工大学、北京科技大学等高校也相继开发了自己的热力学数据库。

1. 无机热力学数据库

无机热化学数据库 (Inorganic Thermochemistry Data Base)由中科院化工冶金研究所于1979年初步完成建库工作，1982年得到正式推广。为方便资源共享和其他子应用系统的协调运行，于20世纪90年代中期提供了上网服务。

ITDB 数据库以 FORTRAN 为编程语言，目前包括2020个无机物的35000个热力学数据。除进行数据检索及热力学计算外，还可以推算化合物间的相互作用力，热容计算公式中四系数的回归，计算并绘制热力学函数-温度关系图等等，而且可以提供最佳实验条件、最佳工艺条件的选择、准确计算能耗等等，有助于提高科研效率，增长经济效益。

2．冶金热力学数据库 METHDAS

冶金热力学数据库是北京科技大学以冶金物理化学多年积累为基础，应用计算机网络技术，基于德国亚琛大学莱茵河理论冶金研究所的数据库为模版而建立的，它由三个部分组成：

（1）两个数据库　一个是 2200 多种无机化合物的热力学性质数据库，另一个是 400 多种二元合金的热力学数据库。

（2）应用程序库　这是数据库中最重要的一部分，其包括检索、计算各温度下无机物的热化学性质、平衡化学反应方程、计算化学反应平衡常数、计算反应的最高温度、多元多相化学反应平衡组成的计算和优势区域相图的生成。

（3）控制系统　协调对数据和程序的调用。

三、水盐体系溶解度数据库

溶解度数据是盐业化工、盐湖化工、氯碱化工等行业重要的基本数据。邓天龙课题组在长期研究工作积累和综合国内外资料基础上，将计算机技术、数据库技术同水盐体系溶解度数据相结合创建了我国首个水盐体系溶解度特色数据库，目前数据库已包含了 1910 年至今二元、三元、四元、五元及六元水盐体系和近水体系（如氨水体系、醇水体系等），−70～600℃多温多体系稳定与介稳相平衡溶解度及其溶液物理化学性质，为我国无机盐化工行业发展提供科技大数据支撑。

数据库网址为 http://www.ourwaystd.com/data/pgv-searchs.htm，网页见图 8-26。数据库包括含 Li^+、Na^+、K^+、Mg^{2+}、Ca^{2+}、Rb^+、Cs^+、Sr^{2+}、Cl^-、SO_4^{2-}、Br^-、I^-、NO_3^-、B_2O_3 等多组分水盐体系溶解度特色数据库、溶解度数据评估系统及溶解度连续变温动态预测专家系统。应用等温溶解度平衡法、模拟蒸发法、等压法、量热法等实验方法和技术，发展了电解质溶液理论，构建了溶解度数据一致性评估系统和复杂卤水体系相平衡与相图预测专家系统，完善相应的工艺过程解析及其预测计算，可为我国盐化工、盐湖化工、氯碱化工等行业化工生产提供重要的热力学基础数据和技术支撑。针对不同级别用户，可提供浏览、查询、调阅、数据评估、相图成图、动态相平衡预测和工艺过程解析及其最佳工艺研发等服务。

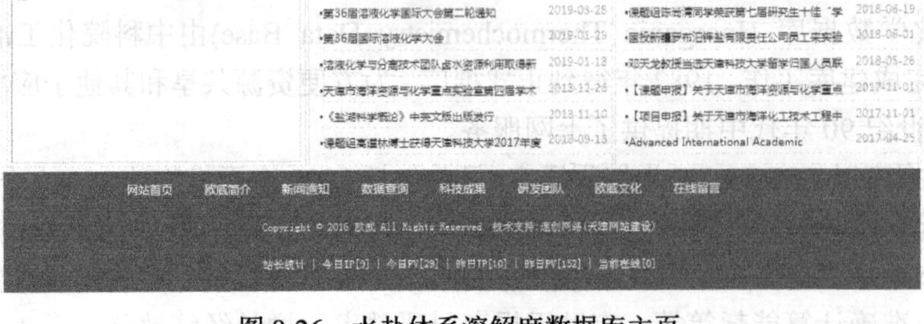

图 8-26　水盐体系溶解度数据库主页

习题八

8-1 水盐体系固-液平衡溶解度的实验方法有哪些？在水盐体系相平衡实验研究过程中应注意的主要事项有哪些？

8-2 简要说明水盐体系介稳相平衡的实验研究方法。

8-3 稳定相平衡与介稳相平衡实验研究方法的本质区别是什么？

8-4 列举三种固相鉴定的方法及其基本原理。

8-5 电动势法研究的进展及其存在的关键问题是什么？

8-6 简要说明物质的热容在化工生产中的应用意义。

第九章 水盐体系电解质溶液理论及应用

为了特定生产条件和生产领域研发新工艺、新产品和新流程的需要，当涉及的水溶液体系迄今尚无相应体系的溶解度数据，除可通过第八章介绍的实验方法进行测定外，还可以通过基于电解质溶液理论的热力学计算相图的方法获取相应体系溶解度，从而达到既节省人力、物力和财力，又能满足新工艺开发的需要。通过开展相关盐湖水盐体系相平衡、热力学性质及热力学模型研究，实现盐湖卤水体系相图的数字化、可视化，构建多温、多组分体系溶解度动态预测系统，为盐湖化工产品分离提供理论支撑。

电解质溶于水中形成带电离子的溶液体系称为电解质溶液，如酸、碱、盐的溶液。电解质溶液广泛存在于化学化工、湿法冶金、生命科学、材料科学、地球化学、环境保护、土壤科学及盐湖卤水资源开发等领域，而电解质溶液理论研究将推动微观结构的深入研究和统计力学理论的发展，它也是相平衡和化学平衡计算、新工艺和新产品开发的理论基础。

水盐体系中单组分或多组分的溶解度数据主要由相平衡实验测定，由于实验测定多组分水盐体系溶解度是一项非常繁琐的工作，除海水体系溶解度数据较全外，尚有许多的水盐溶液体系溶解度数据并不完善，加之由于受定量分析条件的限制，有些数据也很不准确，这给利用多温多组分水盐体系相图进行盐类在工业生产的工艺计算带来困难。近几十年来，国内外溶液化学家寻找一些理论方法补充、修正水盐体系中盐的溶解度数据做了有益的尝试。根据统计力学、经典理论及建立的半经验模型等推导出各种模型，虽然有的模型可用到实际高浓溶液，但模型的参数多、公式复杂，很难真正应用。而在众多模型中，Pitzer 电解质溶液理论模型方程以其形式简单，结构紧凑，可以应用到实际高浓度溶液而得到广泛应用。

第一节 电解质溶液理论发展概况

电解质溶液理论发展至今出现了众多的模型，根据理论基础及推导依据的不同，电解质溶液模型可归纳成三类：①经典电解质溶液理论；②半经验模型；③统计热力学模型。

一、经典电解质溶液理论

电解质溶液理论始于 Debye–Hückel 理论，虽然 Debye–Hückel 理论仅适用于低浓度的溶液，但是它是其他电解质溶液理论的基础，在电解质溶液理论中有十分重要的意义。Debye 和 Hückel 在 1923 年提出了强电解质溶液理论，它是基于点电荷静电相互作用的一种理论。

该理论的基本假设是：①在强电解质溶液中，溶质完全离解成离子；②离子是带电的硬球，离子中电场球形对称，且不会被极化；③只考虑离子间的库仑力，而将其他作用力忽略不计；④离子间的吸引能小于热运动能；⑤溶剂水是连续介质，它对体系的作用仅在于提供介电常数，并且电解质加入后引起的介电常数的变化以及水分子与离子间的水化作用可完全忽略。由于 Debye-Hückel 理论模型只考虑了离子间的库仑力而忽略了其他相互作用力，只适用于浓度小于 0.1 mol/kg 的稀溶液，因而在高浓度范围内偏差很大，但到目前为止仍然是很重要的电解质溶液理论，也是其他理论发展的基础。

基于 Debye-Hückel 理论基础上，对该理论的改进研究主要有：①寻求离子在离子氛中的更合适的分配函数，如离子水化理论模型、离子缔合模型等，可扩大模型的浓度适用范围。但由于这些理论假设过于简单化，使模型的适用浓度范围较小，适用的电解质类型也较为有限。②对模型本身加以改进，如考虑短程相互作用，特别是离子和溶剂偶极之间的相互作用。

二、半经验模型

20 世纪 70 年代统计力学理论得到了迅速的发展，并大大地促进了电解质溶液理论的进展。半经验模型是以统计力学为基础，通过一系列的假设，在方程的最终表达式上采用经验式，这类方程实用方便且具有一定的准确度，其在实际工业中应用较广。

自 1973 年起 Pitzer 发表了系列论文，运用统计力学的方法提出了电解质溶液离子相互作用模型，这是一种半经验的统计力学模型。Pitzer 从电解质水溶液的径向分布函数出发，借助于 Virial 展开式，提出了溶液的总过量自由能表达式，考虑溶液中离子间的长程作用能和离子间的短程排斥作用能，推导出渗透系数和活度系数的计算公式。1980 年 J.H. Weare 和 C.E. Harvie 等重新整理了 Pitzer 电解质热力学计算公式，给出了使用更为方便的混合电解质理论渗透系数及离子活度系数计算公式，并通过大量实验数据回归了 280 多种单一电解质水溶液以及一些混合电解质水溶液的参数，利用拟合的参数得到的计算值与实验值吻合较好，使用的浓度范围达到 6 mol/kg，同时也给出了原始热力学数据的浓度范围及拟合参数的标准偏差。

我国科技工作者针对我国盐湖资源，开展了具有我国青海高镁锂比的富硼盐湖卤水组成特征的盐湖卤水体系、以及新疆硼硝盐型盐湖卤水体系热力学模型构建及其应用研究。宋彭生等计算了含 Li 复杂卤水体系 Li^+, Na^+, K^+, Mg^{2+}//Cl^-, SO_4^{2-}-H_2O 在 25℃相平衡与等温蒸发过程，海水四元体系 Na^+, K^+//Cl^-, SO_4^{2-}-H_2O 在 25℃介稳平衡相图以及多元水盐体系相图中的等水线预测，并将 Pitzer 溶液理论浓度范围扩展到近 20 mol/kg。邓天龙等建立了复杂卤水体系 Li^+, Na^+, K^+, Ca^{2+}, Mg^{2+}//Cl^-, SO_4^{2-}-H_2O 在−20～150℃多温化学模型，可预测含锂镁复杂卤水体系的相平衡溶解度。曾德文、黄雪莉、李亚红等都发表了大量利用 Pitzer 电解质溶液理论模型及其应用相关的引申性工作。迄今，Pitzer 电解质溶液理论已为工程界广泛采用，如计算海水的活度系数，多组分水盐体系的溶解度，预测卤水蒸发过程以及工艺过程解析等。

上世纪 70 年代以来，随着对原始模型的改进和对混合溶剂电解质溶液研究的需要，将溶剂也作为作用粒子，形成了现代非原始模型。综合考虑离子长程静电作用、粒子短程作用、粒子体积和形状、离子溶剂化以及溶液化学贡献等因素，将电解质理论与非电解质溶液模型有机结合，开发了许多电解质溶液模型。如 Renon 和 Prausnitz 提出的 NRTL（Non–random two liquid）方程，Sander 等扩展 UNIQUAC（Universal quasi chemical equations）–Debye–Hückel 方程和 Fredenslund 等提出 UNIFAC（Universal functional group activity coefficients）方程。上述几个模型均属于半经验模型的范畴，由于这些模型均是从经验出发，因而他们的实际应用效果较好，尤以 Pitzer 溶液理论和 NRTL 模型被广泛应用。

三、统计热力学模型

统计热力学模型是随着计算机技术的不断演进而发展起来的，应用积分方程理论和微扰理论，从分子、离子的微观参数出发构筑热力学理论模型。用统计力学原理来研究电解质溶液，代表性统计热力学模型有：

（1）平均球近似理论模型（MSA） 该模型是用统计力学方法，考虑硬球斥力、离子间静电交互作用和粒子间短程作用建立起来的一个理论模型，可应用于混合溶剂和高压电解质溶液的汽液平衡中。

（2）Monte Carlo 模拟 该方法是利用统计力学原理和计算机技术来研究热力学问题的方法，已用来计算电解质溶液的热力学性质，如活度系数、渗透系数及含盐溶液的汽液平衡。MC 方法是将宏观现象与微观结构特征联系起来，从分子水平理解宏观测量值，有助于人们了解研究对象的微观结构特征和作用机理。

（3）微扰理论 微扰理论是近年出现的研究电解质溶液的统计力学方法，由 Zwanzig 在 1954 年创立，其基本原理是将系统的 Helmholtz 自由能围绕用 Taylor 级数予以展开，过程中采用统计力学方法和分子力学理论，并建立相关的统计理论方程。随着该理论的不断深入发展，已可用于实际电解质水溶液体系。

统计力学理论在应用到电解质溶液时，不仅没有全面地考虑不同作用对溶液非理想性的影响，如粒子间的化学作用（溶剂化），而且在定量描述这些作用时还有困难。目前统计力学模型对工程应用来说，由于模型方程很复杂，数学处理过程复杂，模型参数较多，应用起来也较为麻烦而不能实用。

目前，电解质溶液的热力学已逐渐从经典的溶液理论和半经验模型转向用统计力学理论来进行研究，以期能从分子、离子的微观参数来建立分子水平的热力学理论模型，以预测体系的各种宏观热力学性质。尽管目前还不能完全解决电解质溶液中的问题，但如能充分吸收各种理论的长处，取长补短，相互渗透，相互结合，如将经典的溶液理论与近代统计力学理论相结合，积分方程理论与微扰理论相结合，统计力学理论与分子模拟方法相结合，必将逐步地解决在复杂的电解质溶液中面临的各种难题。热力学模型的研究也必将经历一个由简到繁，再由繁到简的过程，以满足化学化工过程的需求。

第二节 Pitzer 电解质溶液理论

1973 年，Pitzer 从电解质水溶液的径向分布函数出发，提出了溶液的总过量自由能表达式，建立了电解质溶液热力学离子相互作用模型，这是一种半经验的统计力学模型。在模型中，考虑溶液中离子间相互作用存在三种位能：① 一对离子间的长程静电位能；② 短程“硬心效应”位能，主要是两个粒子间的排斥能；③ 三离子间的相互作用能，它们的贡献较小，只有在较高浓度下才起作用。在此基础上 Pitzer 建立了一个“普遍方程”，电解质水溶液的过量 Gibbs 自由能的计算公式为：

$$\frac{G^{ex}}{RT}=n_w f(I)+\frac{1}{n_w}\sum_i\sum_j\lambda_{ij}(I)n_i n_j+\frac{1}{n_w^2}\sum_i\sum_j\sum_k\mu_{ijk}n_i n_j n_k \tag{9-1}$$

$$I = \frac{1}{2}\sum m_i Z_i^{\,2} \tag{9-2}$$

式中 n_w——溶剂（水）的质量，kg；

i，j，k——溶质（即离子）；

m_i，Z_i——离子浓度（单位为 mol/kgH_2O）和该离子的价数；

n_i——在 n_w（kg）水中离子 i 的物质的量，mol；

$f(I)$——描述长程静电作用的函数，是离子强度 I 的函数；

$\lambda_{ij}(I)$——表示两粒子 i、j 之间短程作用系数，也是离子强度 I 的函数，称为第二维里系数；

μ_{ijk}——表示三粒子 i、j、k 间作用系数，忽略了与离子强度的关系，称为第三维里系数。

该公式建立了过量 Gibbs 自由能与溶液组分活度系数和渗透系数之间联系，从而获得可以实际应用的表达式。Pitzer 对方程进行推导，用经验的数学表达式代替尚难于从理论上得到准确数学关系的一些项，使用三或四个（对 1−n 或 n−1 型，n = 1～5，电解质为 3 个；对 2−2 型电解质为 4 个）系数来描述任一电解质：1−n 或 n−1 型（n = 1～5）电解质参数为$\beta^{(0)}$、$\beta^{(1)}$、C^{ϕ}；对 2−2 型电解质参数$\beta^{(0)}$、$\beta^{(1)}$、$\beta^{(2)}$、C^{ϕ}。用一个二元作用系数θ_{MN}描述两个同号离子的相互作用，一个三元作用系数ψ_{MNX}描述两个同号、一个异号离子间的三元相互作用。Pitzer 模型利用单独电解质参数加上混合参数，可以精确地表达混合电解质水溶液的热力学性质，适用浓度可以达到 6 mol/kg。

Pitzer 在上述理论的基础上经过推导，给出了电解质溶液的活度系数和渗透系数的计算公式，该模型把 Debye−Hückel 理论引申到高浓度的酸、碱、盐溶液，并且该模型以简洁和紧凑的形式描述电解质溶液的热力学性质，已成为目前使用最广泛的一种电解质溶液模型。

一、单组分电解质的 Pitzer 计算公式

对于单组分电解质 MX，其浓度为质量摩尔浓度 m 时，电解质的平均活度系数 $\gamma_{\pm MX}$ 和溶液的渗透系数（ϕ）的表达式如下：

$$\ln\gamma_{\pm MX} = \left|Z_M Z_X\right| f^{\gamma} + m\frac{2\nu_M \times \nu_X}{\nu} B_{MX}^{\gamma} + m^2\frac{2(\nu_M \times \nu_X)^{3/2}}{\nu} C_{MX}^{\gamma} \tag{9-3}$$

$$\phi - 1 = \left|Z_M Z_X\right| f^{\phi} + m\frac{2\nu_M \times \nu_X}{\nu} B_{MX}^{\phi} + m^2\frac{2(\nu_M \times \nu_X)^{3/2}}{\nu} C_{MX}^{\phi} \tag{9-4}$$

式中 M，X——分别为阳离子和阴离子；

ν_M，ν_X，Z_M，Z_X——电解质中阳离子和阴离子的个数及电荷数，$\nu = \nu_M + \nu_X$；

f^{γ}，f^{ϕ}，B_{MX}^{γ}，B_{MX}^{ϕ}——离子强度 I 的函数，定义如下：

$$f^{\gamma} = -A^{\phi}\left[\frac{I^{1/2}}{1 + bI^{1/2}} + \frac{2}{b}\ln(1 + bI^{1/2})\right] \tag{9-5}$$

$$f^{\phi} = -A^{\phi}\left[\frac{I^{1/2}}{1 + bI^{1/2}}\right] \tag{9-6}$$

$$B_{MX}^{\gamma} = 2\beta_{MX}^{(0)} + \beta_{MX}^{(1)} \cdot g(a_1 \cdot I^{1/2}) + \beta_{MX}^{(2)} \cdot g(a_2 \cdot I^{1/2}) \tag{9-7}$$

$$B_{MX}^{\phi} = \beta_{MX}^{(0)} + \beta_{MX}^{(1)} \cdot e^{-a_1 \cdot I^{1/2}} + \beta_{MX}^{(2)} \cdot e^{-a_2 \cdot I^{1/2}} \tag{9-8}$$

$$C_{MX}^{\gamma}=\frac{2}{3}C_{MX}^{\phi} \tag{9-9}$$

式中，b 是经验常数，为 1.2 $kg^{1/2}/mol^{1/2}$；A^{ϕ}是渗透系数的 Debye-Hückel 系数，是由溶剂的性质和温度决定的，A^{ϕ}可表示为：

$$A^{\phi}=\frac{1}{3}\left(\frac{2\pi N_0\rho_w}{1000}\right)^{1/2}\left(\frac{e^2}{DkT}\right)^{3/2} \tag{9-10}$$

式中，N_0 为阿伏伽德罗常数；k 为玻尔兹曼常数；e 为电子电量；ρ_w 为温度 T 时溶剂密度；D 为溶剂的介电常数。

对于 25℃的水，A^{ϕ}= 0.3915 $kg^{1/2}/mol^{1/2}$。对于式（9-7）、式（9-8），非 2–2 型电解质溶液只取前两项，a_1= 2.0 $kg^{1/2}/mol^{1/2}$；2–2 型电解质溶液，由于电解质离子有缔合的倾向，则三项全取增加一个参数$\beta^{(2)}$，a_1= 1.4 $kg^{1/2}/mol^{1/2}$，a_2= 12.0 $kg^{1/2}/mol^{1/2}$。

函数 $g(x)$表达式为：

$$g(x)=2\left[1-\left(1+x-\frac{1}{2}x^2\right)e^{-x}\right]\Big/x^2 \tag{9-11}$$

现举例列出不同价态单一电解质水溶液的平均活度系数和溶液的渗透系数的计算公式：

对 1–1 型电解质：

$$\ln\gamma_{\pm MX}=f^{\gamma}+mB_{MX}^{\gamma}+m^2C_{MX}^{\gamma} \tag{9-12}$$

$$\phi-1=f^{\phi}+mB_{MX}^{\phi}+m^2C_{MX}^{\phi} \tag{9-13}$$

对 2–1 型电解质：

$$\ln\gamma_{\pm MX}=2f^{\gamma}+\frac{3}{4}mB_{MX}^{\gamma}+\frac{2^{5/2}}{3}m^2C_{MX}^{\gamma} \tag{9-14}$$

$$\phi-1=2f^{\phi}+\frac{4}{3}mB_{MX}^{\phi}+\frac{2^{5/2}}{3}m^2C_{MX}^{\phi} \tag{9-15}$$

由上述的公式可以看出，当给定某一电解质 MX 时，只要它的 Pitzer 参数已知，则任一质量摩尔浓度 m 的平均活度系数和溶液的渗透系数都可以算出来。计算时先求出离子强度 I，然后按式（9-5）～式（9-9）计算 f^{γ}、f^{ϕ}、B_{MX}^{γ}、B_{MX}^{ϕ}，再代入式（9-3）、式（9-4）中，即可得到所要求的平均活度系数和溶液渗透系数。

【例 9-1】求质量摩尔浓度为 5.0 mol/kg NaCl 溶液中 NaCl 的平均活度系数和渗透系数。

解：上述体系属单组分电解质溶液，可利用式（9-3）、式（9-4）求解。

已知 m = 5.0 mol/kg，$Z_{Na+}=Z_{Cl^-}=1$，$\nu_{Na^+}=\nu_{Cl^-}=1$，$\nu=2$。

（1）求溶液中的离子强度 $I=\frac{1}{2}\sum m_iZ_i=\frac{1}{2}(5.0\times1+5.0\times1)=5.0\,(\text{mol/kg})$。

（2）根据式（9-5），求 f^{γ} 项：

$$f^{\gamma}=-A^{\phi}\left[\frac{I^{1/2}}{1+bI^{1/2}}+\frac{2}{b}\ln(1+bI^{1/2})\right]=-0.3915\left[\frac{5.0^{1/2}}{1+1.2\times5.0^{1/2}}+\frac{2}{1.2}\ln(1+1.2\times5.0^{1/2})\right]$$

$$=-1.0895$$

（3）根据式（9-6），求 B_{NaCl}^{γ}：

NaCl 的 Pitzer 参数，从附录六(1)查得：$\beta_{NaCl}^{(0)}=0.07722$、$\beta_{NaCl}^{(1)}=0.25183$、$C_{NaCl}^{\phi}=0.00106$。

由于 NaCl 是 1−1 型电解质，$\beta_{NaCl}^{(2)}=0.0$。由式（9-7）、式（9-11）可知：

$$B_{NaCl}^{\gamma}=2\beta_{MX}^{(0)}+\beta_{MX}^{(1)}\cdot g\left(a_1\cdot I^{1/2}\right)+\beta_{MX}^{(2)}\cdot g\left(a_2\cdot I^{1/2}\right)$$

$$=2\times0.07722+\frac{0.25138\times2}{4\times5.0}\left[1-\left(1+2\times2.2361-\frac{1}{2}\times4\times5.0\right)e^{-2\times2.2361}\right]$$

$$=0.1809$$

（4）将上面数据代入式（9-3）：

$$\ln\gamma_{\pm NaCl}=\left|Z_{Na}Z_{Cl}\right|f^{\gamma}+m\frac{2\nu_{Na}\times\nu_{Cl}}{\nu}B_{NaCl}^{\gamma}+m^2\frac{2(\nu_{Na}\times\nu_{Cl})^{3/2}}{\nu}C_{NaCl}^{\gamma}$$

$$=\left|1\times(-1)\right|\times(-1.0895)+\frac{2\times1\times1}{2}\times5.0\times0.1809+\frac{2\times(1\times1)^{3/2}}{2}\times5.0^2\times\frac{3}{2}\times0.00106$$

$$=-0.1455$$

所以$\gamma_{\pm NaCl}=0.8645$。

（5）根据式（9-6），求f^{ϕ}项：

$$f^{\phi}=-A^{\phi}\left[\frac{I^{1/2}}{1+bI^{1/2}}\right]=-0.3915\times\left[\frac{5.0^{1/2}}{1+1.2\times5.0^{1/2}}\right]=-0.2380$$

（6）根据式（9-8）求B_{NaCl}^{ϕ}：

$$B_{NaCl}^{\phi}=\beta_{NaCl}^{(0)}+\beta_{NaCl}^{(1)}\cdot e^{-a_1}\cdot I^{1/2}+\beta_{NaCl}^{(2)}\cdot e^{-a_2}\cdot I^{1/2}=0.07722+0.25138e^{-2.0\times5.0^{1/2}}=0.0801$$

（7）将上面数据代入式（9-4）

$$\phi-1=\left|Z_{Na}Z_{Cl}\right|f^{\phi}+m\frac{2\nu_{Na}\times\nu_{Cl}}{\nu}B_{NaCl}^{\phi}+m^2\frac{2(\nu_{Na}\times\nu_{Cl})^{3/2}}{\nu}C_{NaCl}^{\phi}$$

$$=\left|1\times(-1)\right|\times(-0.2380)+\frac{2\times1\times1}{2}\times5.0\times0.0801+\frac{2\times(1\times1)^{3/2}}{2}\times5.0^2\times0.00106$$

$$=0.1890$$

所以$\phi=1.1890$。

二、混合电解质的 Pitzer 计算公式

1980～1984 年，加州大学圣迭戈分校(UCSD)的 Harvie 和 Wear 等重新整理了 Pitzer 电解质热力学计算公式，给出了使用更为方便的混合电解质理论渗透系数及离子活度系数的计算公式，即 HW 公式：

$$\sum_i m_i(\phi-1)=2\left[-A^{\phi}I^{3/2}/(1+1.2I^{1/2})+\sum_{c=1}^{N_c}\sum_{a=1}^{N_a}m_cm_a(B_{ca}^{\phi}+ZC_{ca})+\right.$$
$$\sum_{c=1}^{N_c-1}\sum_{c'=c+1}^{N_c}m_cm_{c'}(\Phi_{cc'}^{\phi}+\sum_{a=1}^{N_a}m_a\psi_{cc'a})+\sum_{a=1}^{N_a-1}\sum_{a'=a+1}^{N_a}m_am_{a'}(\Phi_{aa'}^{\phi}+\sum_{c=1}^{N_c}m_c\psi_{aa'c})+$$
$$\left.\sum_{n=1}^{N_n}\sum_{a=1}^{N_a}m_nm_a\lambda_{na}+\sum_{n=1}^{N_n}\sum_{c=1}^{N_c}m_nm_c\lambda_{nc}\right] \tag{9-16}$$

$$\ln\gamma_{\mathrm{M}} = z_{\mathrm{M}}{}^2 F + \sum_{a=1}^{N_a} m_a (2B_{\mathrm{Ma}} + ZC_{\mathrm{Ma}}) + \sum_{c=1}^{N_c} m_c (2\Phi_{\mathrm{Mc}} + \sum_{a=1}^{N_a} m_a \psi_{\mathrm{Mca}}) +$$

$$\sum_{a=1}^{N_a-1}\sum_{a'=a+1}^{N_a} m_a m_{a'} \psi_{aa'\mathrm{M}} + |z_{\mathrm{M}}| \sum_{c=1}^{N_c}\sum_{a=1}^{N_a} m_c m_a C_{ca} + \sum_{n=1}^{N_n} m_n (2\lambda_{n\mathrm{M}}) \tag{9-17}$$

$$\ln\gamma_{\mathrm{X}} = z_{\mathrm{X}}{}^2 F + \sum_{c=1}^{N_c} m_c (2B_{c\mathrm{X}} + ZC_{c\mathrm{X}}) + \sum_{a=1}^{N_a} m_a (2\Phi_{\mathrm{Xa}} + \sum_{c=1}^{N_c} m_c \psi_{\mathrm{Xac}}) +$$

$$\sum_{c=1}^{N_c-1}\sum_{c'=c+1}^{N_c} m_c m_{c'} \psi_{cc'\mathrm{X}} + |z_{\mathrm{X}}| \sum_{c=1}^{N_c}\sum_{a=1}^{N_a} m_c m_a C_{ca} + \sum_{n=1}^{N_n} m_n (2\lambda_{n\mathrm{X}}) \tag{9-18}$$

$$\ln\gamma_{\mathrm{N}} = \sum_{c=1}^{N_c} m_c (2\lambda_{nc}) + \sum_{a=1}^{N_a} m_a (2\lambda_{na}) \tag{9-19}$$

式中　M、c、c′——阳离子；

X、a、a′——阴离子；

N_c、N_a、N_n——阳离子、阴离子和中性分子的种类数；

γ_M、Z_M、m_c——阳离子的活度系数、离子的价数和离子的质量摩尔浓度；

γ_X、Z_X、m_a——阴离子的活度系数、离子的价数和离子的质量摩尔浓度；

γ_N、m_n、λ_{nc}、λ_{na}——中性分子的活度系数、质量摩尔浓度及中性分子与阳离子 c、阴离子 a 的相互作用系数。

公式中出现的 F、C、Z、A^{ϕ}、ψ、Φ、B^{ϕ}、B 分别表示如下：

$$F = -A^{\phi}[I^{1/2}/(1+1.2I^{1/2}) + 2/1.2\ln(1+1.2I^{1/2})] + \sum_{c=1}^{N_c}\sum_{a=1}^{N_a} m_c m_a B'_{ca} +$$
$$\sum_{c=1}^{N_c-1}\sum_{c'=c+1}^{N_c} m_c m_{c'} \Phi'_{cc'} + \sum_{a=1}^{N_a-1}\sum_{a'=a+1}^{N_a} m_a m_{a'} \Phi'_{aa'} \tag{9-20}$$

$$C_{\mathrm{MX}} = C^{\phi}_{\mathrm{MX}} / (2|z_{\mathrm{M}} z_{\mathrm{X}}|^{1/2}) \tag{9-21}$$

$$Z = \sum_i |z_i| m_i \tag{9-22}$$

A^{ϕ} 为渗透系数的 Debye–Hükel 系数，定义同式（9-10）；ψ 为三个不同种类离子（两个阳离子和一个阴离子或两个阴离子和一个阳离子）的作用力参数；B^{ϕ}、B 为第二维里系数，与离子强度有关；B'为 B 对离子强度的微分。其定义为：

$$B^{\phi}_{\mathrm{CA}} = \beta^{(0)}_{\mathrm{CA}} + \beta^{(1)}_{\mathrm{CA}} \exp(-\alpha_1 I^{1/2}) + \beta^{(2)}_{\mathrm{CA}} \exp(-\alpha_2 I^{1/2}) \tag{9-23}$$

$$B_{\mathrm{CA}} = \beta^{(0)}_{\mathrm{CA}} + \beta^{(1)}_{\mathrm{CA}} g(\alpha_1 I^{1/2}) + \beta^{(2)}_{\mathrm{CA}} g(\alpha_2 I^{1/2}) \tag{9-24}$$

$$B'_{\mathrm{CA}} = [\beta^{(1)}_{\mathrm{CA}} g'(\alpha_1 I^{1/2}) + \beta^{(2)}_{\mathrm{CA}} g'(\alpha_2 I^{1/2})]/I \tag{9-25}$$

其中函数 g 和 g'为：

$$g(x) = 2[1-(1+x)\exp(-x)]/x^2 \tag{9-26}$$

$$g'(x) = -2[1-(1+x+x^2/2)\exp(-x)]/x^2 \tag{9-27}$$

式（9-23）中，$\beta_{CA}^{(0)}$，$\beta_{CA}^{(1)}$，$\beta_{CA}^{(2)}$为电解质 CA 的特征参数；$\beta^{(2)}$对 2−2 型和更高价型的电解质是重要的，因为高价电解质有强烈的静电缔合倾向，对其他价型时 $\beta^{(2)}$可以忽略。对于至少含一个一价离子的电解质，$a_1 = 2.0\ kg^{1/2}/mol^{1/2}$，$a_2 = 0$；对于 25℃时 2−2 型电解质，$a_1 = 1.4\ kg^{1/2}/mol^{1/2}$，$a_2 = 12.0\ kg^{1/2}/mol^{1/2}$。通常假定 a_1 和 a_2 不随温度变化。

Φ_{ij}^{ϕ}，Φ_{ij}，Φ'_{ij} 也是第二维里系数，它们只与离子强度有关：

$$\Phi_{ij}^{\phi} = \theta_{ij} + {}^E\theta_{ij} + I^E\theta'_{ij} \tag{9-28}$$

$$\Phi_{ij} = \theta_{ij} + {}^E\theta_{ij} \tag{9-29}$$

$$\Phi'_{ij} = {}^E\theta'_{ij} \tag{9-30}$$

式（9-28）中，θ 是两个不同种类的同号离子（两个阳离子或两个阴离子）的 Pitzer 作用力参数；${}^E\theta_{ij}$ 和 ${}^E\theta'_{ij}$ 是非对称高阶作用项，为离子 i 和 j 的电荷数及溶液离子强度 I 的函数，是考虑了静电非对称混合效应而得的，当离子 i 和 j 所带电量相同时 ${}^E\theta_{ij}$ 和 ${}^E\theta'_{ij}$ 皆为零。

$$^E\theta_{ij} = (Z_iZ_j / 4I)[J(x_{ij}) - J(x_{ii})/2 - J(x_{jj})/2] \tag{9-31}$$

$$^E\theta'_{ij} = -({}^E\theta_{ij} / I) + (Z_iZ_j / 8I^2)[x_{ij}J'(x_{ij}) - x_{ii}J'(x_{ii})/2 - x_{jj}J'(x_{jj})/2] \tag{9-32}$$

$$x_{ij} = 6Z_iZ_jA^{\phi}I^{1/2} \tag{9-33}$$

式（9-31）和式（9-32）中，$J(x)$为离子间短程相互作用位能的集团积分，$J'(x)$为 $J(x)$的一阶微商，它们只与溶液离子强度和离子电荷数有关。为了计算准确，将 $J(x)$拟合成下列函数：

$$J(x) = x[4 + C_1x^{-C_2} \cdot \exp(-C_3x^{C_4})]^{-1} \tag{9-34}$$

$$\begin{aligned} J'(x) = {} & [4 + C_1x^{-C_2} \cdot \exp(-C_3x^{C_4})]^{-1} + [4 + C_1x^{-C_2} \cdot \exp(-C_3x^{C_4})]^{-2} \\ & [C_1x\exp(-C_3x^{C_4})(C_2x^{-C_2-1} + C_3C_4x^{C_4-1}x^{-C_2})] \end{aligned} \tag{9-35}$$

上两式中：$C_1 = 4.581$；$C_2 = 0.7237$；$C_3 = 0.0120$；$C_4 = 0.528$。

先根据式（9-33）求出 x_{ij}，再根据式（9-34）和式（9-35）准确求出 $J(x)$、$J'(x)$，再由式（9-31）和式（9-32）求得 ${}^E\theta_{ij}$ 和 ${}^E\theta'_{ij}$，进而根据式（9-28）～式（9-30）三式求得 Φ_{ij}^{ϕ}、Φ_{ij}、Φ'_{ij}，将 Φ_{ij}^{ϕ}、Φ_{ij}、Φ'_{ij} 值代入 HW 式（9-16）～式（9-20）即可进行电解质溶液的渗透系数和活度系数计算。

【例 9-2】氯化钠和氯化钾在 25℃水中溶解，达到饱和后的溶液含 NaCl 20.4%，含 KCl 11.15%。求此溶液中各种离子的活度系数和氯化钠、氯化钾的平均活度系数。

已知 NaCl 的 Pitzer 单盐参数（$\beta^{(0)}$，$\beta^{(1)}$，C^{ϕ}）分别为：0.07722，0.25138，0.00106；KCl 的 Pitzer 单盐参数分别为 0.04661，0.22341，−0.00044，混合离子作用参数 $\theta_{Na,K} = -0.012$，$\psi_{Na,K,Cl} = -0.0018$。

解：上述体系属多组分电解质溶液，可利用式（9-16）～式（9-18）进行计算。

（1）将上述溶液中的 NaCl、KCl 的质量分数转化成离子的质量摩尔浓度

$$m_{NaCl} = 20.4/[58.443 \times (100 - 20.4 - 11.15)] \times 1000 = 5.0995\ (mol/kg\ H_2O)$$

$$m_{KCl} = 11.15/[58.443 \times (100 - 20.4 - 11.15)] \times 1000 = 2.1850\ (mol/kg\ H_2O)$$

所以 $m_{Na^+}=5.0995\ mol/kg\ H_2O$，$m_{K^+}=2.1850\ mol/kg\ H_2O$，$m_{Cl^-}=7.2845\ mol/kg\ H_2O$。

（2）求各种参数（为计算方便，保留 6 位小数）

利用式（9-2），求溶液的离子强度 I:

$$I=\frac{1}{2}\sum m_iZ_i=\frac{1}{2}(5.0995\times1+2.1850\times1+7.2845\times1)=7.284\ 500$$

利用式（9-22）求 Z 值：

$$Z=\sum_i|z_i|m_i=1\times5.0995+1\times2.1850+1\times7.2845=14.569\ 000$$

利用式（9-26）、式（9-27）求 $g(2I^{1/2})$和 $g'(2I^{1/2})$值：

$$I^{1/2}=2.698\ 981;\quad e^{-2I^{1/2}}=0.004526$$

$$g(2I^{1/2})=2[1-(1+2\times2.698\ 981)\times0.004\ 526]/(4\times7.2845)=0.066\ 651$$

$$g'(2I^{1/2})=-2[1-(1+2\times2.698\ 981)+4\times7.2845/2)\times0.004\ 526]/(4\times7.2845)$$
$$=-0.062\ 125$$

利用式（9-23）～式（9-25），求 B^{ϕ}、B、 B'值：

$$B^{\phi}_{NaCl}=0.07722+0.25183\times0.004\ 526=0.078\ 360$$

$$B^{\phi}_{KCl}=0.04661+0.22341\times0.004\ 526=0.047\ 621$$

$$B_{NaCl}=0.07722+0.25183\times0.066\ 651=0.094\ 005$$

$$B_{KCl}=0.04661+0.22341\times0.066\ 651=0.061\ 500$$

$$B'_{NaCl}=0.25183\times(-0.062\ 125)/7.2845=-0.002\ 148$$

$$B'_{KCl}=0.22341\times(-0.062\ 125)/7.2845=-0.001\ 905$$

根据式（9-29）、式(9-30)，求ϕ值。由于溶液中有三种离子，两种不同种类的同号离子为 Na^+、K^+，根据式（9-31）和式（9-32），带相同电荷数的离子 ${}^E\theta_{Na,K}$ 和 ${}^E\theta_{Na,K}$ 为 0，所以

$$\Phi_{Na^+K^+}=\theta_{Na^+K^+}+0\approx-0.012$$

$$\Phi'_{Na^+K^+}=0$$

根据式（9-20）求 F:

$$F=-A^{\phi}[I^{1/2}/(1+1.2I^{1/2})+2/1.2\ln(1+1.2I^{1/2})]+m_{Na^+}m_{Cl^-}B'_{NaCl}+$$
$$m_{K^+}m_{Cl^-}B'_{KCl}+m_{Na^+}m_{K^+}\Phi'_{Na^+K^+}$$
$$=-0.3915[2.698981/(1+1.2\times2.698981)+2\ln(1+1.2\times2.698981)/1.2]+$$
$$5.0995\times7.2845\times(-0.002148)+2.1850\times7.2845\times(-0.001905)$$
$$=-1303.307$$

（3）求 γ_{Na^+}

根据式（9-17），代入上面计算的各种参数，求 γ_{Na^+} 值：

$$\begin{aligned}\ln\gamma_{Na^+} &= Z_{Na^+}^2 F + m_{Cl^-}[2B_{NaCl} + ZC_{NaCl} + m_{K^+}(2\Phi_{Na^+K^+} + m_{Cl^-}\psi_{Na^+,K^+,Cl^-}) + \\ &\quad |Z_{Na^+}|(m_{Na^+}m_{Cl^-}C_{NaCl} + m_{K^+}m_{Cl^-}C_{KCl})] \\ &= F + m_{Cl^-}[2B_{NaCl} + (Z + m_{Na^+})C_{NaCl} + m_{K^+}C_{KCl}] + \\ &\quad m_{K^+}(2\Phi_{Na^+K^+} + m_{Cl^-}\psi_{Na^+,K^+,Cl^-}) \\ &= 1.303307 + 7.2845[2\times0.094005 + (14.5690 + 5.0995)\times0.00106/2 + \\ &\quad 2.1850\times(-0.00044)/2] + 2.1850\times[2\times(-0.012) + 7.2845\times(-0.0018)] \\ &= 0.057596\end{aligned}$$

所以 $\gamma_{Na^+} = 1.059287$。

（4）求 γ_{K^+}

计算方法同求 γ_{Na^+}，即：

$$\begin{aligned}\ln\gamma_{K^+} &= Z_{K^+}^2 F + m_{Cl^-}[2B_{KCl} + ZC_{KCl} + m_{Na^+}(2\Phi_{K^+Na^+} + m_{Cl^-}\psi_{K^+,Na^+,Cl^-}) + \\ &\quad |Z_{K^+}|(m_{Na^+}m_{Cl^-}C_{NaCl} + m_{K^+}m_{Cl^-}C_{KCl})] \\ &= F + m_{Cl^-}[2B_{KCl} + (Z + m_{K^+})C_{KCl} + m_{Na^+}C_{NaCl}] + \\ &\quad m_{Na^+}(2\Phi_{K^+Na^+} + m_{Cl^-}\psi_{K^+,Na^+,Cl^-}) \\ &= 1.303307 + 7.2845[2\times0.061500 + (14.5690 + 2.1850)\times \\ &\quad (-0.00044/2 - 5.0995\times0.00106)/2] + 5.0995\times[2\times(-0.012) + 7.2845\times(-0.0018)] \\ &= -0.603728\end{aligned}$$

所以 $\gamma_{K^+} = 0.546769$。

（5）求 γ_{Cl^-}

根据式（9-18）得：

$$\begin{aligned}\ln\gamma_{Cl^-} &= Z_{Cl^-}^2 F + m_{Na^+}(2B_{NaCl} + ZC_{NaCl}) + m_{K^+}(2B_{KCl} + ZC_{KCl}) + m_{Na^+}m_{K^+}\psi_{Na^+,K^+,Cl^-} + \\ &\quad |Z_{Cl^-}|(m_{Na^+}m_{Cl^-}C_{NaCl} + m_{K^+}m_{Cl^-}C_{KCl})] \\ &= -1.303307 + 5.0995\times(2\times0.094005 + 14.5690\times0.00106/2) + \\ &\quad 2.1850[2\times0.061500 + 14.5690\times(-0.00044/2] + 5.0995\times2.1850\times(-0.0018) + \\ &\quad 7.2845\times[5.0995\times0.00106/2 + 2.1850\times(-0.00044)/2] \\ &= -0.047292\end{aligned}$$

所以 $\gamma_{Cl^-} = 0.953\,809$。

（6）求 NaCl 和 KCl 的平均活度系数 $\gamma_{\pm NaCl}$、$\gamma_{\pm KCl}$

根据电解质平均活度系数定义：

$$\gamma_{\pm NaCl} = (\gamma_{Na^+}\cdot\gamma_{Cl^-})^{1/2} = 1.005\,165$$

$$\gamma_{\pm KCl} = (\gamma_{K^+}\cdot\gamma_{Cl^-})^{1/2} = 0.722\,159$$

黄子卿归纳了 Pitzer 理论的三个优点：①能用简洁和紧凑的形式写出电解质的热力学性质，如γ、ϕ；②应用范围非常广泛，对称价的电解质和非对称价的电解质以及混合电解质溶液等的热力学性质都能准确算出(大于200种)；③可用于真正浓溶液，离子强度高达6 mol/kg。黄子卿在论文中指出："从实际应用出发，可以说电解质溶液理论问题，在平衡态方面，已基本上得到解决。"

三、Pitzer 模型的拓展

Harvie 和 Wear 先后发表了 10 多篇论文，将 Pitzer 模型应用于经典的海水体系，然后又推广到高离子强度的 $Na^+, K^+, Ca^{2+}, Mg^{2+}, H^+//Cl^-, SO_4^{2-}, OH^-, HCO_3^-, CO_3^{2-}, CO_2-H_2O$ 体系，并把液、固溶解平衡的处理成功应用于海水等温蒸发沉积的理论解释和加利福尼亚西尔斯湖（Searles Lake）硼酸盐沉积的地球化学研究中。Pitzer 模型的实用价值很高，故自发表起，就引起物理化学、地球科学、海洋学及化工等学科专家的高度重视，已广泛应用到电解质溶液热力学性质的研究。现在 Pitzer 模型及拓展模型已成功地用于高温、高压、高浓缩溶液、熔盐体系和混合溶剂体系。1980 年，黄子卿将 Pitzer 理论介绍到国内，此后，宋彭生等针对我国富含硼、锂的盐湖卤水体系（离子强度约为 20 mol/kg)，对该多组分卤水体系的热力学性质和相平衡进行了广泛的研究，如多组分体系溶解度的计算、相图中等水线的计算、介稳溶解度计算、盐类加工工艺计算等。

为了将 Pitzer 模型推广到高浓、混合溶剂体系，Clegg 和 Pitzer 将溶剂分子也作为粒子，把 Pitzer 模型发展为非原始模型，溶液的过量 Gibbs 自由能 G^{ex} 表示为长程作用项 G^{DH} 和短程作用项 G^S 之和：$G^{ex}=G^{DH}+G^S$，并在短程项中增加四粒子作用项。因此，此方程可适用于高浓度混合电解质水溶液和混合溶剂体系，已被成功地用于计算 0～100% HNO_3 水溶液体系的热力学性质。

Pitzer 方程与温度的关联。Holmes 和 Mesmer 在 Pitzer 预测 Na_2SO_4 25～200℃热力学性质基础上，进一步拓宽到碱金属氯化物和碱金属硫酸盐的研究；随后 Pabalan 等、Møller 等对海水体系 $Na-K-Mg-Cl-SO_4-OH-H_2O$、$Na-K-Ca-Cl-SO_4-H_2O$（0～250℃）高温下的相平衡关系进行了研究；Spencer 等、Marion 等拟合出适应于低温水盐体系的 SMW 模型，预测了−60～25℃温度范围内海水体系的相平衡关系，并给出了海水体系低温时 Pitzer 参数的温度关联式。

第三节　电解质 Pitzer 参数

一、Pitzer 参数

Pitzer 模型中，对于任一电解质 MX 使用三个或四个参数来描述溶液中离子的相互作用：1−n 或 n−1（n = 1～5）型电解质参数为$\beta^{(0)}$、$\beta^{(1)}$、C^{ϕ}；对 2−2 型电解质参数$\beta^{(0)}$、$\beta^{(1)}$、$\beta^{(2)}$、C^{ϕ}。用一个二元作用系数θ_{MN}描述两个同号离子的相互作用，一个三元作用系数ψ_{MNX}描述两个同号、一个异号离子间的三元相互作用。Pitzer 提出电解质模型后，通过对二元和三元体系实验数据进行多元线性回归，给出了 240 种电解质的参数，即 158 种无机物，包括 1−1、

2–1（或 1–2）、3–1（或 1–3）、4–1（或 1–4）及 5–1（或 1–5）型电解质，82 种有机电解质（包括羧酸盐、季铵盐、磺酸盐等）。后来又给出了 10 种 2–2 型电解质的参数。在专著中又补充了 28 种 3–1（1–3）型电解质的参数，总共 278 种电解质的参数。当实验数据的浓度范围只有 1.0 mol/kg 以下时（溶解度较小），拟合时可略去 C^{ϕ}，将 C^{ϕ} 当作 0 来处理，因为它描述三离子相互作用，数值通常都很小，在低浓度时它对计算结果起作用较小。Kim 等其后搜集了较晚发表的数据，重新进行了拟合处理，给出了 305 种电解质（包括无机和有机电解质）及 49 种混合作用参数，原始数据大多数是在 *J. Phys. Chem. Ref. Data* 上公布的推荐数据。有了这些参数，对于这些电解质水溶液在不同浓度时的活度系数和渗透系数都可以计算出，如果再加上二离子作用参数 θ 和三离子作用参数 ψ，就可以计算出混合体系中任一电解质的活度系数和溶液的渗透系数等热力学性质。

附录六（1）～（4）给出了 105 种常见不同类型电解质的参数$\beta^{(0)}$、$\beta^{(1)}$、$\beta^{(2)}$、C^{ϕ}，表中还列有拟合所用数据的最高浓度 *m*（通常都达到饱和），以及拟合的复相关系数 *R* 和标准偏差σ。附录六（5）为 Kim 和 Pitzer 确定的 50 多个混合电解质体系的混合参数 θ 和 ψ。对低浓度溶液 Pitzet 拟合的参数计算的溶解度与实验值吻合较好，而 Kim 拟合参数所用数据浓度高达饱和，因而对高浓度溶液计算较为合适。

其后 Harvie 等扩充了 Pitzer 单盐参数和混合离子作用参数数据，整理见附录六（6）、附录六（7）。针对我国富含锂、硼的盐湖卤水体系，宋彭生等拟合出含锂、硼的 Pitzer 参数，也列在附录六（6）、附录六（7）中。但对于复杂多组分体系溶解度的计算，尤其是含锂硼的多组分体系，由于离子间相互作用的复杂性，对 Pitzer 参数的选取还应深入研究。

二、Pitzer 参数的获得

1. 利用活度系数和渗透系数拟合

由第二节 Pitzer 提出的电解质活度系数和渗透系数计算公式可知，若已知给定浓度时的活度系数或渗透系数，那么就可以反过来求得该电解质的 Pitzer 参数。例如当已知电解质 MX 在某一质量摩尔浓度 *m* 时溶液的渗透系数ϕ，从式(9-4)看出，ϕ 则变成了$\beta^{(0)}$，$\beta^{(1)}$，$\beta^{(2)}$和 C^{ϕ}的线性函数，$\phi=f(\beta^{(0)}, \beta^{(1)}, \beta^{(2)}$ 和 $C^{\phi})$。为了求出四个参数，至少必须有四组 $m-\phi$ 对应的数据，实际文献中往往在一定浓度范围内有很多组数据，而这些数据都具有一定的由误差造成的不确定性，这时须用最小二乘法由多元线性回归的统计分析来确定这些参数，计算框图见图 9-1。

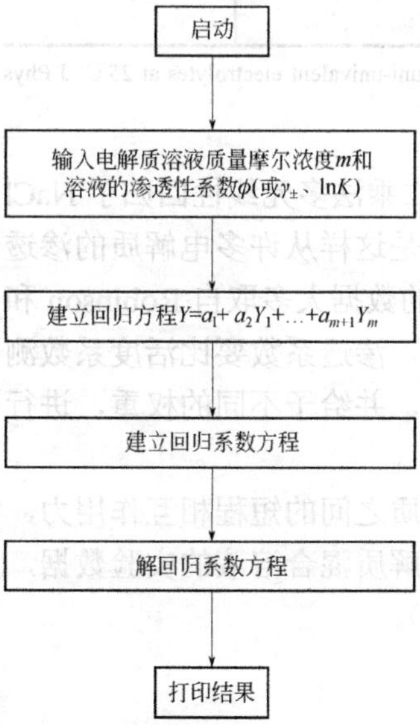

图 9-1 多元线性回归计算框图

同样也可以根据式(9-3)由多组 $m-\gamma_{\pm}$ 数据确定这些参数。

以 NaCl 为例，表 9-1 是一套不同浓度 NaCl 溶液的渗透系数ϕ和 NaCl 的平均活度系数 $\gamma_{\pm}$。

$$Z_M=1,\ Z_X=-1,\ \nu_M=\nu_X=1,\ \nu=2$$

由此可得出

$$\phi-1=A+B\beta_{NaCl}^{(0)}+C\beta_{NaCl}^{(1)}+DC_{NaCl}^{\phi}$$

其中，*A*、*B*、*C*、*D* 的含义分别为：

$$A=1+A^{\phi}\left[I^{1/2}/(1+1.2I^{1/2})\right];\ B=m;\ C=m\exp(-2I^{1/2});\ D=m^2$$

首先计算出系数 A、B、C、D 的值，建立三元一次方程，通过求解可获得 NaCl 的 Pitzer 参数。对于在一定浓度范围内的若干组数据（通常远多于拟求取参数的个数），一般就通过回归分析统计处理来获取参数。对于表 9-1 所列的从 0.1～7.0 的全部数据，经回归分析后获得的参数为：$\beta^{(0)}$=0.07673、$\beta^{(1)}$=0.2371、C^{ϕ}=0.001140，相关系数 R=0.999991。值得注意的是，由不同浓度段的溶液热力学数据获得的电解质 Pitzer 参数一般是有差别的，并非完全一致。由此可以看出，Pitzer 的离子相互作用模型是半经验性的，而非纯理论的。

表 9-1　不同浓度 NaCl 溶液的活度系数和渗透系数

溶液浓度 /(mol/kg H_2O)	活度系数 $\gamma_{\pm}$	渗透系数 ϕ	溶液浓度 /(mol/kg H_2O)	活度系数 $\gamma_{\pm}$	渗透系数 ϕ
0.1	0.778	0.9324	3.0	0.714	1.0453
0.2	0.735	0.9245	3.2		1.0587
0.3	0.710	0.9215	3.4		1.0725
0.4	0.693	0.9203	3.5	0.746	
0.5	0.681	0.9209	3.6		1.0867
0.6	0.673	0.9230	3.8		1.1013
0.7	0.667	0.9257	4.0	0.783	1.1158
0.8	0.662	0.9288	4.2		1.1306
0.9	0.659	0.9320	4.4		1.1456
1.0	0.657	0.9355	4.5	0.826	
1.2	0.654	0.9428	4.6		1.1608
1.4	0.655	0.9513	4.8		1.1761
1.6	0.657	0.9616	5.0	0.874	1.1916
1.8	0.662	0.9723	5.2		1.2072
2.0	0.668	0.9833	5.4		1.2229
2.2	—	0.9948	5.5	0.928	
2.4	—	1.0086	5.6		1.2389
2.5	0.688		5.8		1.2548
2.6	—	1.0192	7.0	0.986	1.2706
2.8	—	1.0321			

注：本表摘自 Hamer W J, Wu Y C. Osmotic coefficient and mean activity coefficient of uni-univalent electrolytes at 25℃. J Phys Chem Ref Data, 1972, 1(4): 1047-1099。

以 NaCl 为例，建立 $\phi=f(\beta^{(0)}, \beta^{(1)}, \beta^{(2)}$和 $C^{\phi})$关系式，用最小二乘法多元线性回归了 NaCl 在 25℃时的 Pitzer 参数，计算程序见第五节。Pitzer 和 Mayoga 正是这样从许多电解质的渗透系数和活度系数数据回归得到了 278 种电解质的参数，他们使用的数据大多取自 Robinson 和 Stokes 的标准书，而且主要是由渗透系数拟合的。因为一般说来，渗透系数要比活度系数测定得准确些。对于某些电解质，他们采用了不同作者的几种数据，并给予不同的权重，进行不等权拟合。

在拟合混合参数时，Pitzer 和 Kim 假设 θ 主要反映混合电解质之间的短程相互作用力，与离子强度无关。在此基础上，他们利用含有共同离子的二元电解质混合溶液的实验数据，确定了 50 多个混合电解质体系的混合参数 θ 和 ψ，见附录六（5）。

2．利用溶解度数据拟合

通常 Pitzer 模型中参数$\beta^{(0)}$、$\beta^{(1)}$、$\beta^{(2)}$、C^{ϕ}、θ 和 ψ 等是用电解质溶液的二元或三元体系

的渗透系数或活度系数，通过多元线性回归法求出的。当缺乏渗透系数或活度系数数据时，这些参数也可以通过可靠的溶解度数据求得，并同时求出电解质溶解平衡常数。

下面就以三元体系 NaCl－KCl－H_2O 为例来说明求解的原理及方法。按化学平衡原理，在一定温度下，各种盐在水中溶解达到饱和时，达到了溶解平衡，活度积等于该盐的溶度积（溶解平衡常数）。该体系存在的平衡固相分别为：NaCl、KCl，其溶度积分别为 K_{NaCl}、K_{KCl}。

当溶液中 NaCl 达到饱和时，体系中存在以下平衡：

$$\mathrm{NaCl(s)} \rightleftharpoons \mathrm{Na^+} + \mathrm{Cl^-}$$

$$K_{\mathrm{NaCl}} = m_{\mathrm{Na^+}} \cdot \gamma_{\mathrm{Na^+}} \cdot m_{\mathrm{Cl^-}} \cdot \gamma_{\mathrm{Cl^-}} \tag{9-36}$$

两边取对数，得：

$$\ln K_{\mathrm{NaCl}} = \ln m_{\mathrm{Na^+}} + \ln \gamma_{\mathrm{Na^+}} + \ln m_{\mathrm{Cl^-}} + \ln \gamma_{\mathrm{Cl^-}} \tag{9-37}$$

当溶液中 KCl 达到饱和时，体系中存在以下平衡：

$$\mathrm{KCl(s)} \rightleftharpoons \mathrm{K^+} + \mathrm{Cl^-}$$

$$K_{\mathrm{KCl}} = m_{\mathrm{K^+}} \cdot \gamma_{\mathrm{K^+}} \cdot m_{\mathrm{Cl^-}} \cdot \gamma_{\mathrm{Cl^-}} \tag{9-38}$$

两边取对数，得：

$$\ln K_{\mathrm{KCl}} = \ln m_{\mathrm{K^+}} + \ln \gamma_{\mathrm{K^+}} + \ln m_{\mathrm{Cl^-}} + \ln \gamma_{\mathrm{Cl^-}} \tag{9-39}$$

由 HW 公式（9-17）和式（9-18）可知，各离子活度系数 $\gamma_{\mathrm{Na^+}}$、$\gamma_{\mathrm{K^+}}$、$\gamma_{\mathrm{Cl^-}}$ 为各离子质量摩尔浓度 $m_{\mathrm{Na^+}}$、$m_{\mathrm{K^+}}$、$m_{\mathrm{Cl^-}}$ 的函数。将活度系数公式（9-17）和式（9-18）代入计算式（9-37）、和式（9-39），并简记为如下形式：

$$\begin{aligned}
\ln K_{\mathrm{NaCl}} = {} & \ln m_{\mathrm{Na^+}} + \ln m_{\mathrm{Cl^-}} - 2A^{\phi}[I^{1/2}/(1+1.2I^{1/2}) + 2/1.2\ln(1+1.2I^{1/2})] + \\
& \beta^{(0)}_{\mathrm{NaCl}} \times 2(m_{\mathrm{Na^+}} + m_{\mathrm{Cl^-}}) + \\
& \beta^{(1)}_{\mathrm{NaCl}} \times 2[m_{\mathrm{Na^+}} m_{\mathrm{Cl^-}} g'(a_1 I^{1/2}) + (m_{\mathrm{Na^+}} + m_{\mathrm{Cl^-}}) g(a_1 I^{1/2})] + \\
& \frac{C^{\phi}_{\mathrm{NaCl}}}{2} \times [2m_{\mathrm{Na^+}} m_{\mathrm{Cl^-}} + (m_{\mathrm{Na^+}} + m_{\mathrm{Cl^-}}) \cdot Z] + \\
& \beta^{(0)}_{\mathrm{KCl}} \times 2m_{\mathrm{K^+}} + \\
& \beta^{(1)}_{\mathrm{KCl}} \times 2[m_{\mathrm{K^+}} m_{\mathrm{Cl^-}} g'(a_1 I^{1/2}) + m_{\mathrm{K^+}} g(a_1 I^{1/2})] + \\
& \frac{C^{\phi}_{\mathrm{KCl}}}{2} \times [2m_{\mathrm{K^+}} m_{\mathrm{Cl^-}} + m_{\mathrm{K^+}} Z] + \\
& \theta_{\mathrm{Na^+,K^+}} \times 2m_{\mathrm{K^+}} + \\
& \psi_{\mathrm{Na^+,K^+,Cl^-}} [m_{\mathrm{K^+}} m_{\mathrm{Cl^-}} + m_{\mathrm{Na^+}} m_{\mathrm{K^+}}]
\end{aligned} \tag{9-40}$$

$$\begin{aligned}
\ln K_{\mathrm{KCl}} = {} & \ln m_{\mathrm{K^+}} + \ln m_{\mathrm{Cl^-}} - 2A^{\phi}[I^{1/2}/(1+1.2I^{1/2}) + 2/1.2\ln(1+1.2I^{1/2})] + \\
& \beta^{(0)}_{\mathrm{KCl}} \times 2(m_{\mathrm{K^+}} + m_{\mathrm{Cl^-}}) + \\
& \beta^{(1)}_{\mathrm{KCl}} \times 2[m_{\mathrm{K^+}} m_{\mathrm{Cl^-}} g'(a_1 I^{1/2}) + (m_{\mathrm{K^+}} + m_{\mathrm{Cl^-}}) g(a_1 I^{1/2})] +
\end{aligned}$$

$$\frac{C_{\text{KCl}}^{\phi}}{2}\times[2m_{\text{K}^+}m_{\text{Cl}^-}+(m_{\text{K}^+}+m_{\text{Cl}^-})\cdot Z]+$$
$$\beta_{\text{NaCl}}^{(0)}\times 2m_{\text{Na}^+}+$$
$$\beta_{\text{NaCl}}^{(1)}\times 2[m_{\text{Na}^+}m_{\text{Cl}^-}g'(a_1 I^{1/2})+m_{\text{Na}^+}g(a_1 I^{1/2})]+ \tag{9-41}$$
$$\frac{C_{\text{NaCl}}^{\phi}}{2}\times[2m_{\text{Na}^+}m_{\text{Cl}^-}+m_{\text{Na}^+}Z]+$$
$$\theta_{\text{Na}^+,\text{K}^+}\times 2m_{\text{Na}^+}+$$
$$\psi_{\text{Na}^+,\text{K}^+,\text{Cl}^-}[m_{\text{Na}^+}m_{\text{Cl}^-}+m_{\text{Na}^+}m_{\text{K}^+}]$$

从式（9-40）和式（9-41）可见，$\ln K$ 变成了 $\beta_{\text{NaCl}}^{(0)}$、$\beta_{\text{NaCl}}^{(1)}$、$C_{\text{NaCl}}^{\phi}$，$\beta_{\text{KCl}}^{(0)}$、$\beta_{\text{KCl}}^{(1)}$、$C_{\text{KCl}}^{\phi}$，$\theta_{\text{Na}^+,\text{K}^+}$ 和 $\psi_{\text{Na}^+,\text{K}^+,\text{Cl}^-}$ 的线性函数，$\ln K = f(\beta_{\text{NaCl}}^{(0)}, \beta_{\text{NaCl}}^{(1)}, C_{\text{NaCl}}^{\phi}, \beta_{\text{KCl}}^{(0)}, \beta_{\text{KCl}}^{(1)}, C_{\text{KCl}}^{\phi}, \theta_{\text{Na}^+,\text{K}^+}, \psi_{\text{Na}^+,\text{K}^+,\text{Cl}^-})$。为了求出八个参数，分别利用三元体系 NaCl－KCl－H_2O 相平衡中 NaCl、KCl 中两条溶解度曲线上的点，采用最小二乘法由多元线性回归进行拟合求解，计算框图见图 9-1。

3．Pitzer 参数与温度的关联

Pitzer 参数 $\beta^{(0)}$、$\beta^{(1)}$、$\beta^{(2)}$、C^{ϕ}、θ、ψ 等的数值不仅与电解质性质有关，还与溶液的温度有关。Pitzer 指出，当体系温度偏离 25℃不大时，可以根据 Pitzer 参数的温度系数 $\frac{\partial\beta^{(0)}}{\partial T}$，$\frac{\partial\beta^{(1)}}{\partial T}$，$\frac{\partial C^{\phi}}{\partial T}$ 来估算不同温度时的 Pitzer 参数 $\beta^{(0)}$、$\beta^{(1)}$ 和 C^{ϕ} 值，并给出了 91 种从量热数据计算的电解质 Pitzer 参数的温度系数。但严格地说，Pitzer 参数的温度系数 $\frac{\partial\beta^{(0)}}{\partial T}$、$\frac{\partial\beta^{(1)}}{\partial T}$、$\frac{\partial C^{\phi}}{\partial T}$ 在较大的温度范围内并不是常数。Pitzer 等采用不同温度下单一电解质溶液 NaCl－H_2O、Na_2SO_4－H_2O、NaOH－H_2O、$MgSO_4$－H_2O 等的渗透系数和活度系数，拟合出相应 Pitzer 参数与温度的关联式。

Holmes 等对碱金属 Li、Na、K 和 Cs 的硫酸盐，以及碱金属氯化物等在不同温度时的 Pitzer 参数进行研究，关联了上述电解质的 Pitzer 参数与温度的关系；1987 年 Pabalan 和 Pitzer 拟合出体系 Na－K－Mg－Cl－SO_4－OH－H_2O 相关的 Pitzer 混合参数与温度的关联式，并对该体系的溶解度进行了理论预测；Møller 等对体系 Na－K－Ca－Cl－SO_4－H_2O（0～250℃）、Na－Ca－Cl－SO_4－H_2O（25～250℃）相平衡关系进行了理论预测，并给出了 Pitzer 参数与温度的关联式公式：

$$P(T)=a_1+a_2T+\frac{a_3}{T}+a_4\ln T+\frac{a_5}{T-263}+a_6T^2+\frac{a_7}{680-T}+\frac{a_8}{T-227} \tag{9-42}$$

$P(T)$ 为 Pitzer 参数，a_1、a_2、a_4、a_3、a_5、a_6、a_7、a_8 为系数，Møller 在文献中给出了不同 Pitzer 参数系数 a 数值。

Spencer 等、Marion 等把盐的溶解平衡常数 K 与 Pitzer 参数一起关联，拟合出可应用于低温体系相平衡关系的 SMW 模型，计算了 Na－K－Ca－Mg－Cl－SO_4－H_2O 在−60～25℃范围内相关体系的溶解度，并给出了相应 Pitzer 参数（溶解平衡常数 K）与温度的关联式：

$$P(T)=a_1+a_2T+a_6T^2+a_9T^3+\frac{a_3}{T}+a_4\ln T \tag{9-43}$$

Christov 和 Mølle 对体系 H－Na－K－Ca－OH－Cl－HSO_4－SO_4－H_2O 高温下的相平衡

关系进行了理论计算，并给出了含酸、含碱 Pitzer 参数与温度的关联式：

$$P(T)=a_1+a_2T+\frac{a_5}{T}+a_6\ln T \tag{9-44}$$

虽然 Pitzer 模型能用不同温度下的数据关联出模型参数，但因参数物理意义不明确，故参数与温度的关系很难普遍化。因此，模型对于较宽温度范围、高浓度下的混合电解质溶液还不便于直接利用，必须针对处理的具体体系做大量的实验和理论研究工作。

第四节　水盐体系固液平衡

一、盐的溶解平衡常数

按照化学平衡原理，恒温恒压下，某种盐（或称电解质）在溶液中溶解达到溶解平衡时，该种盐的溶解平衡常数 K 是一个常数。盐的溶解平衡常数等于组成该盐的离子、分子的活度积。离子或分子的活度等于它们的浓度与它们的活度系数的乘积。

以单盐 $M_{N_1}X_{N_2}\cdot N_3H_2O$ 为例，其溶解平衡可以表示为：

$$M_{N_1}X_{N_2}\cdot N_3H_2O \rightleftharpoons N_1M^{\nu+}+N_2M^{\nu-}+N_3H_2O \tag{9-45}$$

$$K_{M_{N_1}X_{N_2}\cdot N_3H_2O}=(a_{M^{\nu+}})^{N_1}(a_{X^{\nu-}})^{N_2}\cdot a_w^{N_2}=(m_M)^{N_1}\cdot(m_X)^{N_2}\cdot\gamma_M^{N_1}\cdot\gamma_X^{N_2}\cdot\alpha_w^{N_3} \tag{9-46}$$

式中　$K_{M_{N_1}X_{N_2}\cdot N_3H_2O}$——该盐在水中的溶解平衡常数，其在一定温度下是常数；

a_M、a_X、ν^+、ν^-——阳离子、阴离子的活度及电荷数；

N_1、N_2、N_3——1 mol $M_{N_1}X_{N_2}\cdot N_3H_2O$ 电离成 $M^{\nu+}$、$X^{\nu-}$、H_2O 的物质的量，mol；

a_w——水的活度，计算公式为：

$$\ln a_w=-\phi\sum(m_i/55.508) \tag{9-47}$$

水盐体系中盐的溶解平衡常数的数据比较缺乏，对于在水中难溶的无机盐来说，由于它们在水中的溶解度很小，可以利用 Debye–Hückel 电解质极限公式来求得它们在水中的活度系数，再根据离子的浓度和活度系数求得溶解平衡常数。Debye–Hückel 在稀溶液中离子活度系数计算公式为：

$$\lg\gamma_i=-A_\phi Z_i^2\sqrt{I} \tag{9-48}$$

式中　A_ϕ——在一定温度下对某溶剂是一个常数，25℃在水中 $A_\phi=0.509$；

Z_i——盐的阳离子或阴离子的电荷数；

I——盐的离子强度，计算公式见式（9-2）。

由于水盐体系中大多数无机盐的溶解度很大，如 NaCl 在 25℃时溶解度为 35.9 g/100 g H_2O，质量摩尔浓度为 6.14 mol/kg H_2O；KCl 在 25℃时的溶解度为 34.3 g/100g H_2O，质量摩尔浓度为 4.60 mol/kg H_2O，所以单组分或多组分水盐体系都有很高的离子浓度，Debye–Hückel 公式不能适用，因而水盐体系中，大多数盐在水中的溶解平衡常数难以测定。Pitzer 理论及其计算公式提出后，可以通过盐的溶解度来回归盐的溶解平衡常数。Harvie 和 Wear 利用整理后的 Pitzer 公式［见式（9-16）～式（9-19）］，通过回归求得了 13 种离子（包括水）和 55 种盐在 25℃、101.325 kPa 下的溶解平衡常数，并以标准化学势的形式给出，见附录五。根据附录五的数据，可以求出水盐体系中盐的溶解平衡常数，如式（9-45），当盐在水中溶解达到平衡时：

$$N_1\mu_{M^{\nu+}} + N_2\mu_{X^{\nu-}} + N_3\mu_W - \mu_{M_{N_1}M_{N_2}\cdot N_3H_2O} = 0 \tag{9-49}$$

根据电解质平衡理论：

$$\mu_i = \mu_i^{\ominus} + RT\ln a_i \tag{9-50}$$

式中　μ_i，$\mu_i^{\ominus}$——溶液中某种离子在一定温度、压力下化学势和标准化学势；

a_i——某种离子的活度。

将式（9-50）代入式（9-49）中：

$$N_1(\mu^{\ominus} + RT\ln a)_{M^{\nu+}} + N_2(\mu^{\ominus} + RT\ln a)_{X^{\nu-}} + N_3(\mu^{\ominus} + RT\ln a)_W -$$
$$(\mu^{\ominus} + RT\ln a)_{M_{N_1}X_{N_2}\cdot N_3H_2O} = 0$$

整理上式 $\mu^{\ominus}_{M_{N_1}X_{N_2}\cdot N_3H_2O} - N_1\mu^{\ominus}_{M^{\nu+}} - N_2\mu^{\ominus}_{X^{\nu-}} - N_3\mu^{\ominus}_W$

$$= RT\ln\left[\frac{(a_{M^{\nu+}})^{N_1}(a_{X^{\nu-}})^{N_2}a_W^{N_3}}{a_{M_{N_1}X_{N_2}\cdot N_3H_2O}}\right]$$
$$= RT\ln\left[(a_{M^{\nu+}})^{N_1}(a_{X^{\nu-}})^{N_2}a_W^{N_3}\right]$$
$$= RT\ln K_{M_{N_1}X_{N_2}\cdot N_3H_2O} \tag{9-51}$$

则：

$$K_{M_{N_1}X_{N_2}\cdot N_3H_2O} = e^{\frac{\mu^{\ominus}_{M_{N_1}X_{N_2}\cdot N_3H_2O} - N_1\mu^{\ominus}_{M^{\nu+}} - N_2\mu^{\ominus}_{X^{\nu-}} - N_3\mu^{\ominus}_W}{RT}} \tag{9-52}$$

即可通过各种离子和盐在水中的标准化学势（25℃，101.325 kPa）求得盐的溶解平衡常数 K（25℃，101.325 kPa）。

【例 9-3】求氯化钾 25℃时在水盐体系中的溶解平衡常数。

解：从附录五查得

KCl 的标准化学势 $\mu^{\ominus}_{KCl} = RT\times(-164.84)$

K^+的标准化学势 $\mu^{\ominus}_{K^+} = RT\times(-113.957)$

Cl^-的标准化学势 $\mu^{\ominus}_{Cl^-} = RT\times(-52.955)$

将上面数据代入式（9-52）中

$$K_{KCl} = e^{-164.84-(-113.957)-(-52.955)} = 7.9407$$

【例 9-4】求泻利盐 $MgSO_4\cdot7H_2O$ 在 25℃水盐体系中的溶解平衡常数。

解：从附录五查得

$MgSO_4\cdot7H_2O$ 的标准化学势 $\mu^{\ominus}_{MgSO_4\cdot7H_2O} = RT\times(-1157.83)$

Mg^{2+}的标准化学势 $\mu^{\ominus}_{Mg^{2+}} = RT\times(-183.468)$

SO_4^{2-}的标准化学势 $\mu_{SO_4^{2-}}^{\ominus} = RT \times (-300.386)$

H_2O 的标准化学势 $\mu_{H_2O}^{\ominus} = RT \times (-95.6635)$

将上面数据代入式（9-52）中

$$K_{MgSO_4 \cdot 7H_2O} = e^{-1157.83-(-183.468)-(-300.386)-7\times(-95.6635)} = 0.01315$$

二、水盐体系中盐溶解度的理论计算

盐类溶解平衡的判据是溶液中盐的离子活度积等于盐的溶解平衡常数。Pitzer 电解质溶液理论给出了计算溶液中离子、分子的活度系数和溶液渗透系数（由渗透系数求得水活度）的公式，因此，利用盐在水中的溶解平衡常数，通过联立方程组，即可求得盐在水中的溶解度。由于溶液中的离子或分子的活度系数和水活度（由溶液渗透系数计算）与溶液中离子的浓度是自然对数关系，而且这种关系比较复杂，因此，要求解由盐溶液平衡常数联立的方程组是非常困难的。不过，借助计算机就可以比较容易地求解。采用牛顿迭代法求解非线性方程组，进行溶解度理论计算，运用Fortran 语言编写的算法程序完成，程序见第五节。

【例 9-5】 求 $Na^+, Mg^{2+}//Cl^-, SO_4^{2-}-H_2O$ 四元体系 25℃时的溶解度。

解：

（1）计算原理　对于 $Na^+, Mg^{2+}//Cl^-, SO_4^{2-}-H_2O$ 体系 25℃相图（见图 9-2）上任意一个共饱线上的相点，都可以利用与之平衡的固相溶解平衡常数，通过联立方程组求出平衡液相组成。以 E_1 点为例，它是 NaCl、Na_2SO_4 和 $Na_2SO_4 \cdot MgSO_4 \cdot 4H_2O$ 三种固体与液相达到溶解平衡的相点。设溶解平衡时液相的组成（浓度以质量摩尔浓度表示）为：

$m_{Na^+} = x_1$； $m_{Mg^{2+}} = x_2$； $m_{Cl^-} = x_3$，由电荷平衡得 $m_{SO_4^{2-}} = \dfrac{(x_1+2x_2)-x_3}{2}$。

根据三种盐的溶解平衡常数，溶解平衡时：

$$K_{NaCl} = x_1\gamma_{Na^+} x_3\gamma_{Cl^-} \tag{9-53}$$

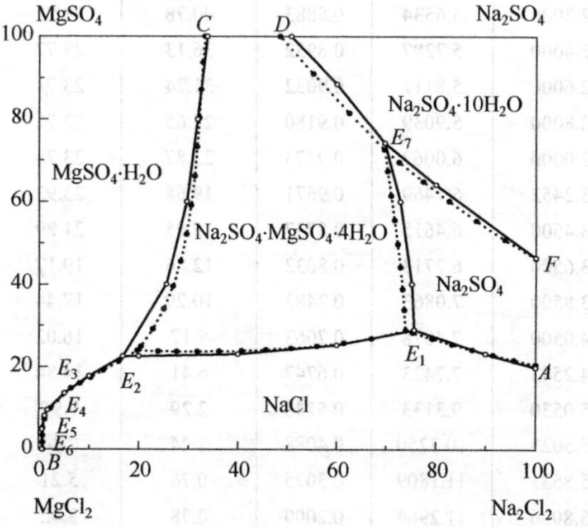

图 9-2　四元体系 $Na^+, Mg^{2+}//Cl^-, SO_4^{2-}-H_2O$ 在 25℃时计算相图与实验相图对比

--- 计算值；—— 实验值

$$K_{Na_2SO_4} = x_1^2 \gamma_{Na^+}^2 \frac{(x_1 + 2x_2) - x_3}{2} \gamma_{SO_4^{2-}} \quad (9\text{-}54)$$

$$K_{Na_2SO_4 \cdot MgSO_4 \cdot 4H_2O} = x_1^2 \gamma_{Na^+}^2 x_2 \gamma_{Mg^{2+}} \left[\frac{(x_1 + 2x_2) - x_3}{2}\right]^2 \gamma_{SO_4^{2-}}^2 \alpha_W^4 \quad (9\text{-}55)$$

由 HW 公式（9-16）至式（9-19）可知，γ_{Na^+}、$\gamma_{Mg^{2+}}$、γ_{Cl^-}、$\gamma_{SO_4^{2-}}$ 都是 x_1、x_2、x_3 的函数，上面三个方程可解出 x_1、x_2、x_3 三个未知数，就可得到 E_1 的溶解度数据。

图 9-2 中的其他饱和点和饱和线上溶解度的计算与上面的方法相同，只不过在计算两种固相共饱线时，Na^+、Mg^{2+}、Cl^-、SO_4^{2-} 四种离子的浓度可以固定一个，然后联立两个方程组，根据电荷平衡原理求出其他三个离子的浓度。例如，对 NaCl 与 Na_2SO_4 共饱线 AE_1，根据已求出的 A 和 E_1 点的组成，固定 $m_{Mg^{2+}}$ 的值分别为 0.1500、0.3000、0.4500、0.6000、0.7500、0.900。计算的该体系的溶解度数据见表 9-2，计算程序框图见图 9-3。

表 9-2　四元体系 Na^+, Mg^{2+}//Cl^-, SO_4^{2-} – H_2O 在 25℃的计算溶解度

编号	液相组成 /(mol/kg)				耶涅克指数，J_B			平衡固相
	Na^+	Mg^{2+}	Cl^-	SO_4^{2-}	$2Na^+$	SO_4^{2-}	H_2O	
1	6.9185	0.0000	5.4958	0.7114	100.00	20.56	1604.6	NaCl+Th
2	6.6742	0.1500	5.4597	0.7572	95.70	21.72	1591.8	NaCl+Th
3	6.4336	0.3000	5.4215	0.8061	91.47	22.92	1578.3	NaCl+Th
4	6.1970	0.4500	5.3810	0.8580	87.32	24.18	1564.3	NaCl+Th
5	5.9648	0.6000	5.3381	0.9133	83.25	25.49	1549.5	NaCl+Th
6	5.7372	0.7500	5.2925	0.9723	79.27	26.87	1533.9	NaCl+Th
7	5.5145	0.9000	5.2442	1.0352	75.39	28.30	1517.76	NaCl+Th
8,E_1	5.4329	0.9558	5.2255	1.0595	73.97	28.85	1511.6	NaCl+Th+Ast
9	4.8844	1.2000	5.3259	0.9792	67.05	26.89	1524.0	NaCl+Ast
10	4.4711	1.4000	5.3942	0.9384	61.49	25.81	1526.8	NaCl+Ast
11	4.0819	1.6000	5.4574	0.9122	56.05	25.05	1524.5	NaCl+Ast
12	3.7131	1.8000	5.5198	0.8966	50.77	24.52	1518.1	NaCl+Ast
13	3.3626	2.0000	5.5844	0.8891	45.67	24.15	1507.8	NaCl+Ast
14	3.0300	2.2000	5.6534	0.8883	40.78	23.91	1494.2	NaCl+Ast
15	2.7150	2.4000	5.7287	0.8932	36.13	23.77	1477.3	NaCl+Ast
16	2.4181	2.6000	5.8117	0.9032	31.74	23.71	1457.3	NaCl+Ast
17	2.1398	2.8000	5.9039	0.9180	27.65	23.72	1434.4	NaCl+Ast
18	1.8809	3.0000	6.0062	0.9373	23.87	23.78	1408.7	NaCl+Ast
19,E_2	1.5903	3.2452	6.1469	0.9671	19.68	23.93	1373.8	NaCl+Ast+Eps
20	1.3090	3.4500	6.4615	0.8737	15.95	21.29	1352.4	NaCl+Eps
21	1.0776	3.6500	6.7713	0.8032	12.86	19.17	1325.1	NaCl+Eps
22	0.8831	3.8500	7.0863	0.7483	10.29	17.44	1293.4	NaCl+Eps
23	0.7205	4.0500	7.4078	0.7063	8.17	16.02	1258.6	NaCl+Eps
24,E_3	0.5830	4.2543	7.7423	0.6747	6.41	14.84	1221.1	NaCl+Eps+Hex
25,E_4	0.2364	5.0530	9.3133	0.5146	2.29	9.95	1073.4	NaCl+Hex+Pt
26,E_5	0.1382	5.5023	10.3250	0.4088	1.24	7.34	996.3	NaCl+Pt+Lh
27,E_6	0.0898	5.8531	11.1809	0.3075	0.76	5.21	941.14	NaCl+Lh+Bis
28	0.0912	5.8026	11.2964	0.2000	0.78	3.42	949.1	NaCl+Bis
29	0.0925	5.7556	11.4037	0.1000	0.80	1.72	956.7	NaCl+Bis
30,B	0.0938	5.7086	11.5110	0.0000	0.82	0.00	964.4	NaCl+Bis
31,C	2.6888	2.7034	0.0000	4.0478	33.21	100.0	1371.3	Ast+Eps

续表

编号	液相组成 /(mol/kg)				耶涅克指数，J_B			平衡固相
	Na^+	Mg^{2+}	Cl^-	SO_4^{2-}	$2Na^+$	SO_4^{2-}	H_2O	
32	2.6007	2.6580	0.5000	3.7084	32.85	93.68	1402.3	Ast+Eps
33	2.5199	2.6159	1.0000	3.3758	32.51	87.10	1432.2	Ast+Eps
34	2.4450	2.5799	1.5000	3.0524	32.15	80.27	1459.8	Ast+Eps
35	2.3744	2.5536	2.0000	2.7408	31.73	73.27	1483.8	Ast+Eps
36	2.3061	2.5412	2.5000	2.4443	31.21	66.16	1502.5	Ast+Eps
37	2.2375	2.5473	3.0000	2.1661	30.52	59.08	1514.1	Ast+Eps
38	2.1655	2.5764	3.5000	1.9092	29.59	52.17	1516.9	Ast+Eps
39	2.0866	2.6329	4.0000	1.6763	28.38	45.60	1509.9	Ast+Eps
40	1.9971	2.7203	4.5000	1.4689	26.85	39.50	1492.6	Ast+Eps
41	1.8933	2.8408	5.0000	1.2875	24.99	33.99	1465.5	Ast+Eps
42	1.7728	2.9955	5.5000	1.1319	22.83	29.16	1429.9	Ast+Eps
43	1.6342	3.1838	6.0000	1.0010	20.42	25.00	1387.3	Ast+Eps
44,*D*	3.8793	2.0596	0.0000	3.9992	48.50	100.0	1387.9	Ast+Mir
45	4.2782	1.7313	0.7000	3.5205	55.26	90.96	1434.1	Ast+Mir
46	4.7235	1.4130	1.4000	3.0749	62.56	81.45	1470.4	Ast+Mir
47,E_7	5.2002	1.1308	2.0459	2.7079	69.69	72.58	1487.8	Ast+Mir+Th
48	5.1792	1.0916	2.4000	2.4813	70.34	67.40	1507.8	Ast+Th
49	5.1677	1.0521	2.8000	2.2360	71.06	61.49	1526.6	Ast+Th
50	5.1705	1.0183	3.2000	2.0036	71.74	55.60	1540.3	Ast+Th
51	5.1888	0.9909	3.6000	1.7854	72.36	49.79	1548.1	Ast+Th
52	5.2235	0.9706	4.0000	1.5824	72.90	44.17	1549.4	Ast+Th
53	5.2750	0.9577	4.4000	1.3952	73.36	38.80	1543.9	Ast+Th
54	5.3430	0.9526	4.8000	1.2241	73.71	33.77	1531.6	Ast+Th
55,*F*	6.4041	0.0000	3.4332	1.4854	100.00	46.39	1733.5	Mir+Th
56	6.1532	0.2000	3.2226	1.6653	93.89	50.82	1694.0	Mir+Th
57	5.9201	0.4000	2.9948	1.8626	88.09	55.43	1652.0	Mir+Th
58	5.7041	0.6000	2.7512	2.0764	82.62	60.15	1607.9	Mir+Th
59	5.5037	0.8000	2.4942	2.3047	77.47	64.89	1562.8	Mir+Th
60	5.3166	1.0000	2.2260	2.5452	72.66	69.57	1517.3	Mir+Th

注：Th 为 Na_2SO_4；Bis 为 $MgCl_2·6H_2O$；Eps 为 $MgSO_4·7H_2O$；Hex 为 $MgSO_4·6H_2O$；Pt 为 $MgSO_4·5H_2O$；Lh 为 $MgSO_4·4H_2O$；Ast 为 $Na_2SO_4·MgSO_4·4H_2O$；Mir 为 $Na_2SO_4·10H_2O$。

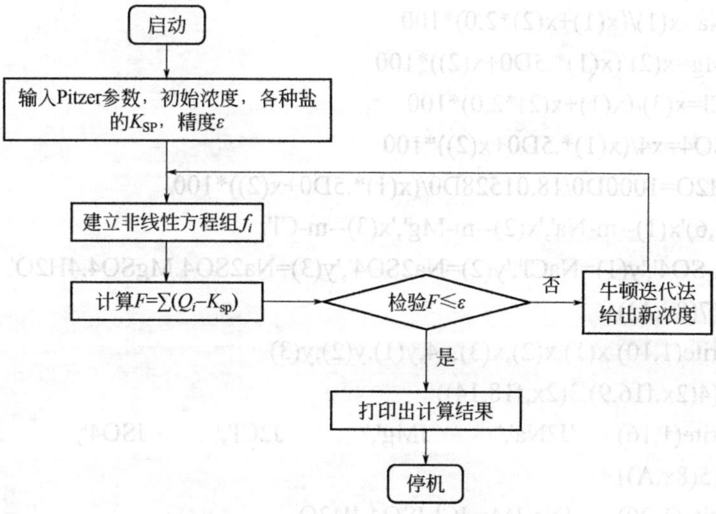

图 9-3 溶解度计算程序框图

（2）计算方法　第五节是运用 Fortran 语言编制的 Na^+, Mg^{2+}//Cl^-, SO_4^{2-} − H_2O 四元体系溶解度的计算程序。程序中 cm (1)、cm (2)分别为 Na^+、Mg^{2+}的质量摩尔浓度；am (1)、am (2)分别为 Cl^-、SO_4^{2-}的质量摩尔浓度。程序中，计算采用的盐类溶解平衡常数见附录五，所采用的 Pitzer 参数见附录六（6）、附录六（7）。

由 Na^+, Mg^{2+}//Cl^-, SO_4^{2-} − H_2O 体系在 25℃时计算相图与实验相图对比（图 9-2）可见，二者结晶区相同，溶解度曲线吻合较好。

第五节　Pitzer 电解质溶液理论进行水盐体系计算程序

【例 9-6】Na^+, Mg^{2+}//Cl^-, SO_4^{2-}−H_2O 四元体系 25℃时的溶解度计算程序

```
C     calculation phase diagram
      program  main
           dimension a(3,3),x(3),y(3),b(3),js(3)
           common /ss/si,aw,phi
      data x/4.2D0,1.2,5.5/
      n=3
      h=0.03
      t=0.99
      Eps=1.0E-8
      write(*,*)
           write(*,12) '请将计算结果输出到数据文件*.txt'
12    format(2(1x,A))

           call DNETN(3,x,y,Eps,t,h,a,b,l,js)
           k=100-1
      x4=x(1)/2.0+x(2)-x(3)/2.0
           JNa=x(1)/(x(1)+x(2)*2.0)*100
           JMg=x(2)/(x(1)*.5D0+x(2))*100
           JCl=x(3)/(x(1)+x(2)*2.0)*100
           JSO4=x4/(x(1)*.5D0+x(2))*100
           JH2O=1000D0/18.01528D0/(x(1)*.5D0+x(2))*100
      write(1,6)'x(1)--m-Na','x(2)--m-Mg','x(3)--m-Cl',
     &'x4--m-SO4','y(1)=NaCl','y(2)=Na2SO4','y(3)=Na2SO4.MgSO4.4H2O'
6     format(7(8x,A))
           write(1,10) x(1),x(2),x(3),x4,y(1),y(2),y(3)
10    format(4(2x,f16.9),3(2x,f18.14))
           write(1,16)    'J2Na','         JMg','         J2Cl','         JSO4','         JH2O'
16    format(5(8x,A))
           write(1,20)    JNa,JMg,JCl,JSO4,JH2O
```

```
20    format(5(2x,f16.9))
      write(*,*) '计算完成'
           end

SUBROUTINE DNETN(N,X,Y,EPS,T,H,A,B,L,JS)
DIMENSION X(N),Y(N),A(N,N),B(N),JS(N)
L=100
10    CALL FS(X,B,N)
            AM=0.0
            DO 20 I=1,N
             IF(ABS(B(I)).GT.AM) AM=ABS(B(I))
20      CONTINUE
             IF(AM.LT.EPS) RETURN
              L=L-1
             IF(L.EQ.0) THEN
              WRITE(*,100)
            RETURN
           ENDIF
100 FORMAT(1X,'FALL')
           DO 40 J=1,N
             Z=X(J)
           X(J)=X(J)+H
           CALL FS(X,Y,N)
           DO 30 I=1,N
30      A(I,J)=Y(I)
             X(J)=Z
40      CONTINUE
           CALL AGAUS(A,B,N,Y,K,JS)
           IF(K.EQ.0) THEN
            L=-1
           RETURN
           ENDIF
          BETA=1.0
          DO 50 I=1,N
50    BETA=BETA-Y(I)
           IF(ABS(BETA)+1.0.EQ.1.0) THEN
            L=-2
            WRITE(*,100)
           RETURN
           ENDIF
```

```
      D=H/BETA
      DO 60 I=1,N
60    X(I)=X(I)-D*Y(I)
        H=T*H
        GOTO 10
       END

      SUBROUTINE AGAUS(A,B,N,X,L,JS)
      DIMENSION A(N,N),X(N),B(N),JS(N)
       L=1
       DO 50 K=1,N-1
        D=0.0
        DO 210 I=K,N
        DO 210 J=K,N
         IF(ABS(A(I,J)).GT.D) THEN
          D=ABS(A(I,J))
          JS(K)=J
          IS=I
          ENDIF
210       CONTINUE
         IF(D+1.0.EQ.1.0) THEN
          L=0
         ELSE
          IF(JS(K).NE.K) THEN
           DO 220 I=1,N
            T=A(I,K)
            A(I,K)=A(I,JS(K))
            A(I,JS(K))=T
220          CONTINUE
          ENDIF
          IF(IS.NE.K) THEN
           DO 230 J=K,N
            T=A(K,J)
            A(K,J)=A(IS,J)
            A(IS,J)=T
230          CONTINUE
            T=B(K)
            B(K)=B(IS)
            B(IS)=T
           ENDIF
```

```
      ENDIF
      IF(L.EQ.0) THEN
       WRITE(*,100)
       RETURN
      ENDIF
      DO 10 J=K+1,N
       A(K,J)=A(K,J)/A(K,K)
10    CONTINUE
       B(K)=B(K)/A(K,K)
       DO 30 I=K+1,N
        DO 20 J=K+1,N
         A(I,J)=A(I,J)-A(I,K)*A(K,J)
20      CONTINUE
        B(I)=B(I)-A(I,K)*B(K)
30     CONTINUE
50    CONTINUE
     IF(ABS(A(N,N))+1.0.EQ.1.0) THEN
      L=0
      WRITE(*,100)
     RETURN
    ENDIF
    X(N)=B(N)/A(N,N)
    DO 70 I=N-1,1,-1
     T=0.0
     DO 60 J=I+1,N
      T=T+A(I,J)*X(J)
60   CONTINUE
     X(I)=B(I)-T
70  CONTINUE
100 FORMAT(1X,'FALL')
    JS(N)=N
    DO 150    K=N,1,-1
     IF(JS(K).NE.K) THEN
      T=X(K)
      X(K)=X(JS(K))
      X(JS(K))=T
     ENDIF
150 CONTINUE
   RETURN
   END
```

```
SUBROUTINE FS(x,y,n)
implicit double    precision(a-h,o-z)
dimension x(n),y(n)
common /mca/cm(2),am(2)
common /pro/s1,s2,s3,s4,s5,s6,s7,s8,s9
c     Th—Na2SO4, Mir —Na2SO4.10H2O,   Eps— MgSO4.7H2O,
c     Hex—MgSO4.6H2O, Pt— MgSO4.5H2O, Lh— MgSO4.4H2O,
c     Bi—MgCl.6H2O, Ast —Na2SO4.MgSO4.4H2O
uH2O=-95.6635D0
uNa=-105.651D0
uMg=-183.468D0
uCl=-52.955D0
uSO4=-300.386D0
uNaCl=-154.99D0
uTh=-512.35D0
uAst=-1383.6D0
uBi=-853.1D0
uEps=-1157.833D0
uHex=-1061.563D0
uPt=-965.084D0
uLh=-868.457D0
uMir=-1471.15
bKNaCl=exp(uNaCl-uNa-uCl)
bKTh=exp(uTh-uNa*2.0-uSO4)
KMir=exp(uMir-uNa*2.0-uSO4-10.0*uH2O)
bKBi=exp(uBi-uMg-uCl*2.0-6.0*uH2O)
bKEps=exp(uEps-uMg-uSO4-7.0*uH2O)
bKHex=exp(uHex-uMg-uSO4-6.0*uH2O)
bKPt=exp(uPt-uMg-uSO4-5.0*uH2O)
bKLh=exp(uLh-uMg-uSO4-4.0*uH2O)
bKAst=exp(uAst-uNa*2.0-uMg-uSO4*2.0-4.0*uH2O)

cm(1)=x(1)
cm(2)=x(2)
am(1)=x(3)
am(2)=x(1)/2.0+x(2)-x(3)/2.0
call actv1(2,2,cm,am)
c      s1—NaCl, s2—Na2SO4(Th), s3—Na2SO4.10H2O(Mir),   s4—MgSO4.7H2O(Eps),
c      s5—MgSO4.6H2O(Hex), s6—MgSO4.5H2O(Pt), s7—MgSO4.4H2O(Lh),
```

```
c       s8—MgCl.6H2O(Bi), s9—Na2SO4.MgSO4.4H2O(Ast)
    y(1)=s1-bKNaCl
    y(2)=s2-bKTh
        y(3)=s9-bkAst
        end

SUBROUTINE actv1(m,k,cm,am)
C        This subprogram calculation activity coefficient of ion and water
             implicit double    precision(a-h,o-z)
        dimension cm(m),am(k),zc(2),za(2),
&        cp2i(2,2),cphii(2,2),cphi(2,2),
&       ap2i(2,2),aphii(2,2),aphi(2,2),
&       Bfai(2,2),B(2,2),Bi(2,2),C(2,2),Ac(2),Aa(2),
&        cfai(2,2),apsi(2,2,2),cpsi(2,2,2),gcma(2),gama(2),
&        cThta(2,2),aThta(2,2),b0t(2,2),b1t(2,2),b2t(2,2),
&       smc1(2),smc2(2),smc3(2),sxa1(2),sxa2(2),sxa3(2)
        common /pro/s1,s2,s3,s4,s5,s6,s7,s8,s9
        data afai,a1f,a2f,a3f/.3920D0,1.4,12.0,2.0/
        data zc/1.0D0,2.0D0/
        data za/1.0D0,2.0D0/
        data b0t/.0765D0,.35235D0,.01958D0,.2210D0/
        data b1t/.2664D0,1.6815D0,1.1130D0,3.343D0/
        data b2t/0.0,0.0,0.0,-37.23D0/
        data cfai/.00127D0,.00519D0,0.00497D0,.0250D0/
        data cthta/0.0,.07D0,.07D0,0.0/
        data athta/0.0,.02D0,.02D0,0.0/
        data cpsi/0.0,-.012D0,-.012D0,0.0,0.0,-.015D0,-.015D0,0.0/
        data apsi/0.0,.0014D0,.0014D0,0.0,0.0,-.004D0,-.004D0,0.0/
c       expression of the function g(x),J(x) and X
g(x)=2.0*(1-(1+x)*exp(-x))/x**2.0D0
gi(x)=-2.0*(1.0-(1.0+x+.5*x**2.0D0)*exp(-x))/x**2.0D0
xJ(x)=x*(4.0+4.581*x**(-.7237D0)*exp(-.0120D0*x**.528D0))**
&       (-1.0D0)
xJi(x)=(4.0+4.581*x**(-.7237D0)*exp(-0.0120D0*x**.528D0))**
&        (-1.0D0)+(4.0+4.581*x**(-.7237D0)*exp(-0.0120D0*x**.528D0))
&        **(-2.0D0)*(4.581*x*exp(-0.0120D0*x**.528D0)*(.7237*x**
&        (-0.7237D0-1.0D0)+.0120*0.528*x**(0.528D0-.7237D0-1.0D0)))
xc(i,j,si)=6.0*afai*zc(i)*zc(j)*si**.5D0
xa(i,j,si)=6.0*afai*za(i)*za(j)*si**.5D0
c       calculation of ionic strength si
```

```
      si=0.0
      do 11 i=1,m
11    si=si+.5*cm(i)*zc(i)**2.0
      do 12 i=1,k
12    si=si+.5*am(i)*za(i)**2.0
      xz=0.0
      do 13 i=1,k
13    xz=xz+za(i)*am(i)
      do 14 i=1,m
14    xz=xz+zc(i)*cm(i)
      If(m.ge.2) Then
      do 16 i=1,m
      do 15 j=1,m
      Eta=(zc(i)*zc(j)/(4.0*si))*(xJ(xc(i,j,si))-0.5*xJ(xc
&      (i,i,si))-0.5*xJ(xc(j,j,si)))
       Etai=-1.0*Eta/si+zc(i)*zc(j)/8.0/si**2.0D0*(xc(i,j,si)
&     *xJi(xc(i,j,si))-0.5*xc(i,i,si)*xJi(xc(i,i,si))
&     -0.5*xc(j,j,si)*xJi(xc(j,j,si)))
      cp2i(i,j)=cThta(i,j)+Eta+sI*Etai
      cphi(i,j)=cThta(i,j)+Eta
      cphii(i,j)=Etai
15    continue
16    continue
      Endif
      If(k.ge.2) Then
      do 17 i=1,k
      do 17 j=1,k
      Eta2=(za(i)*za(j)/(4.0*si))*(xJ(xa(i,j,si))-0.5*xJ(xa
&      (i,i,si))-0.5*xJ(xa(j,j,si)))
Eta2i=-1.0*Eta2/si+za(i)*za(j)/8.0/si**2.0D0*(xa(i,j,si)
&     *xJi(xa(i,j,si))-0.5*xa(i,i,si)*xJi(xa(i,i,si))
&     -0.5*xa(j,j,si)*xJi(xa(j,j,si)))
       ap2i(i,j)=aThta(i,j)+Eta2+si*Eta2i
       aphi(i,j)=aThta(i,j)+Eta2
       aphii(i,j)=Eta2i
17    continue
      Endif
      do 18   i=1,m
      do 18   j=1,k
      C(i,j)=cfai(i,j)/2/(zc(i)*za(j))**.5
```

```
      If(zc(i).ge.2.0 .and. za(j).ge.2.0) Then
      Bfai(i,j)=b0t(i,j)+b1t(i,j)*exp(-a1f*si**.5D0)
&     +b2t(i,j)*exp(-a2f*si**.5D0)
      B(i,j)=b0t(i,j)+b1t(i,j)*g(a1f*si**.5D0)+b2t(i,j)
&       *g(a2f*si**.5D0)
      Bi(i,j)=(b1t(i,j)*gi(a1f*si**.5D0)+b2t(i,j)*gi(a2f
&     *si**.5D0))/si
      Else
      Bfai(i,j)=b0t(i,j)+b1t(i,j)*exp(-a3f*si**.5D0)
      B(i,j)=b0t(i,j)+b1t(i,j)*g(a3f*si**.5D0)
      Bi(i,j)=b1t(i,j)*gi(a3f*si**.5D0)/si
      Endif
18    continue
         x1f=-afai*(si**.5D0/(1.0+1.2*si**.5D0)
&     +2*log(1.0+1.2*si**.5D0)/1.2)
      x2f=0.0
      do 21 i=1,m
      do 21 j=1,k
21    x2f=x2f+cm(i)*am(j)*Bi(i,j)
      If(m.ge.2) Then
      x3f=0.0
      do 22 i=1,m-1
      do 22 j=i+1,m
22    x3f=x3f+cm(i)*cm(j)*cphii(i,j)
      Else
      x3f=0.0
      Endif
      If(k.ge.2) Then
      x4f=0.0
      do 23 i=1,k-1
      do 23 j=i+1,k
23    x4f=x4f+am(i)*am(j)*aphii(i,j)
      Else
      x4f=0.0
      Endif
      F=x1f+x2f+x3f+x4f
c     calculation activity coefficient of ion
      do 31 i=1,m
      smc1(i)=0.0
      do 31 j=1,k
```

```
31      smc1(i)=smc1(i)+am(j)*(2.0*B(i,j)+xz*C(i,j))
        do 34 i=1,m
        If(m.ge.2) Then
        smc2(i)=0.0
        do 33 j=1,m
        If(j.ne.i) Then
        sua=0.0
        do 32 n=1,k
        sua=sua+am(n)*cpsi(i,j,n)
32      continue
        smc2(i)=smc2(i)+cm(j)*(2.0*cphi(i,j)+sua)
        Endif
33      continue
        Else
        smc2(i)=0.0
        Endif
34      continue
        do 36 i=1,m
        If(k.ge.2) Then
        smc3(i)=0.0
        do 35 j=1,k-1
        do 35 n=j+1,k
35      smc3(i)=smc3(i)+am(j)*am(n)*apsi(j,n,i)
        Else
        smc3(i)=0.0
        Endif
36      continue
        smc4=0.0
        do 37 i=1,m
        do 37 j=1,k
37      smc4=smc4+cm(i)*am(j)*C(i,j)
        do 38 i=1,m
        smc=zc(i)**2.0*F+smc1(i)+smc2(i)+smc3(i)+smc4*zc(i)
        gcma(i)=exp(smc)
38      continue
        do 41 i=1,k
        sxa1(i)=0.0
        do 41 j=1,m
41      sxa1(i)=sxa1(i)+cm(j)*(2.0*B(j,i)+xz*C(j,i))
             do 44 i=1,k
```

```
      If(k.ge.2) Then
      sxa2(i)=0.0
      do 43 j=1,k
      If(j.ne.i) Then
        svc=0.0
        do 42 n=1,m
      svc=svc+cm(n)*apsi(i,j,n)
42    continue
      sxa2(i)=sxa2(i)+am(j)*(2.0*aphi(i,j)+svc)
      Endif
43    continue
      Else
      sxa2(i)=0.0
      Endif
44    continue
      do 46 i=1,k
      If(m.ge.2) Then
      sxa3(i)=0.0
      do 45 j=1,m-1
      do 45 n=j+1,m
45    sxa3(i)=sxa3(i)+cm(j)*cm(n)*cpsi(j,n,i)
      Else
      sxa3(i)=0.0
      Endif
46    continue
      sxa4=0.0
      do 47 i=1,m
      do 47 j=1,k
47    sxa4=sxa4+cm(i)*am(j)*C(i,j)
      do 48 i=1,k
      sxa=za(i)**2.0*F+sxa1(i)+sxa2(i)+sxa3(i)+za(i)*sxa4
      gama(i)=exp(sxa)
48    continue
        do 311 i=1,m
311   Ac(i)=cm(i)*gcma(i)
        do 421 j=1,k
421   Aa(j)=am(j)*gama(j)
c     calculation for osmotic cofficient
      xm=0.0
      do 61 i=1,m
```

```
61      xm=xm+cm(i)
        do 62 j=1,k
62      xm=xm+am(j)
        xmf1=-afai*si**1.5D0/(1.0+1.2*si**.5D0)
        xmf2=0.0
        do 63 i=1,m
        do 63 j=1,k
63      xmf2=xmf2+cm(i)*am(j)*(Bfai(i,j)+xz*C(i,j))
        If(m.ge.2) Then
        xmf3=0.0
        do 66 i=1,m-1
        do 65 j=i+1,m
        suf=0.0
        do 64 n=1,k
        suf=suf+am(n)*cpsi(i,j,n)
64      continue
        xmf3=xmf3+cm(i)*cm(j)*(cp2i(i,j)+suf)
65      continue
66      continue
        Else
        xmf3=0.0
        Endif
        If(k.ge.2) Then
        xmf4=0.0
        do 69 i=1,k-1
        do 68 j=i+1,k
        svf=0.0
        do 67 n=1,m
        svf=svf+cm(n)*apsi(i,j,n)
67      continue
        xmf4=xmf4+am(i)*am(j)*(ap2i(i,j)+svf)
68      continue
69      continue
        Else
        xmf4=0.0
        Endif
        phi=1.0+xm**(-1.0D0)*2.0*(xmf1+xmf2+xmf3+xmf4)
        xaw=(-phi)*xm*0.01801528D0
        Aw=exp(xaw)
        s1=ac(1)*aa(1)
```

```
s2=ac(1)**2.0D0*aa(2)
s3=ac(1)**2.0D0*aa(2)*aw**10.0
s4=ac(2)*aa(2)*aw**7.0D0
s5=ac(2)*aa(2)*aw**6.0D0
s6=ac(2)*aa(2)*aw**5.0D0
s7=ac(2)*aa(2)*aw**4.0D0
s8=ac(1)*aa(1)**2.0D0*aw**6.0D0
s9=ac(1)**2.0D0*ac(2)*aa(2)**2.0D0*aw**4.0D0

end
```

习题九

9-1 现代电解质溶液理论研究现状及其发展趋势是什么？

9-2 Pitzer 电解质溶液理论的基本假说是什么？

9-3 什么是 Pitzer 单盐参数和混合离子作用参数？举例说明。

9-4 简要说明 Pitzer 单盐参数和混合离子作用参数的获取方法。

习题参考答案

习题一

1-1 （1）是；（2）不是；（3）是；（4）不是。

1-2 ① 以质量分数表示：

KCl：10/(10 + 25 + 100) × 100% = 7.41%

$MgCl_2$：25/(10 + 25 + 100) × 100% = 18.52%

H_2O：100/(10+ 25 + 100) × 100% = 74.07%

② 以 g/100 g 盐表示：

KCl：10/(10 + 25) × 100 = 28.57 (g/100 g 盐)

$MgCl_2$：25/(10 + 25) × 100 = 71.43 (g/100 g 盐)

H_2O：100/(10 + 25) × 100 = 285.71 (g/100 g 盐)

③ 以摩尔分数表示：

先求出各组分的物质的量

KCl：10/74.55 = 0.134 (mol)

$MgCl_2$：25/95.18 = 0.263 (mol)

H_2O：100/18.02 = 5.549 (mol)

物质的总物质的量为 0.134 + 0.263 + 5.549 = 5.946 (mol)

则各组分的摩尔分数为：

KCl：0.134/5.946 × 100% = 2.26%

$MgCl_2$：0.263/5.946×100% = 4.42%

H_2O：5.549/5.946 × 100% = 93.32%

1-3 （1）一相，澄清液相；（2）三相，KCl 固相、NaCl 固相、分解液相；（3）两相，NaCl 固相、饱和卤水液相。

1-4 （1）6；（2）4；（3）7。

1-5 （1）1；（2）2；（3）2；（4）2；（5）3。

1-6 3，2；自由度的含义是指有两个参变量，分别为 KCl 和 NaCl 的浓度。

习题二

2-1　见习题 2-1 答案附图。

2-2　见习题 2-2 答案附图。

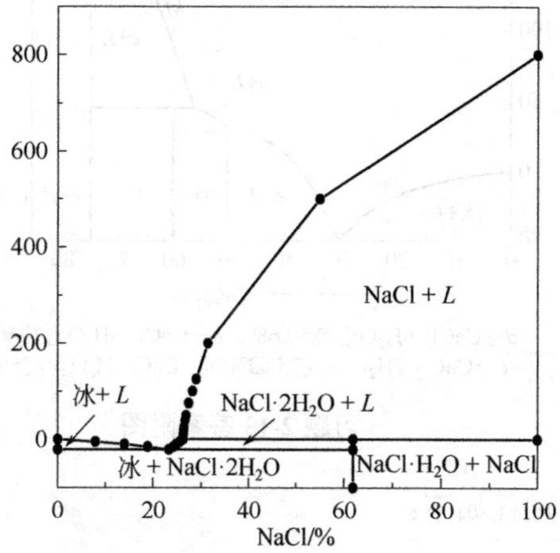

习题 2-1 答案附图

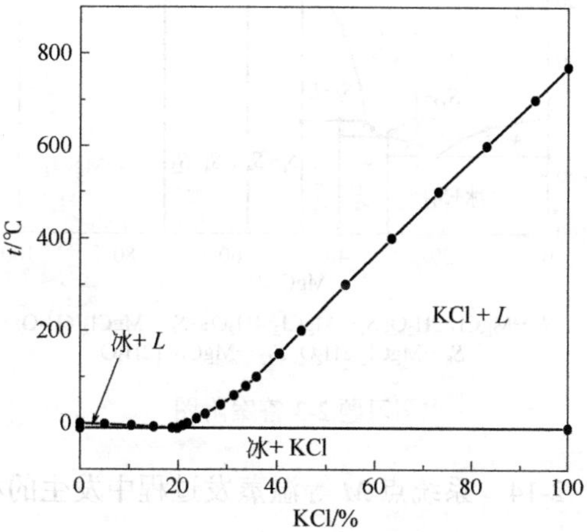

习题 2-2 答案附图

2-3　见习题 2-3 答案附图。

2-4　固相 $NaCl\cdot 2H_2O$ 21.2 g。

2-5　−10.6℃，1000 t。

2-6　需要原盐 310.6 t，淡水 689.4 t。

2-7　（1）固相 KCl 47.3 kg，液相 7.7 kg；（2）固相冰 52.4 kg，液相 47.6 kg。

2-8　（1）0.54 t；（2）0.85 t。

2-9　（1）固相 KCl 2.31 kg，母液 7.69 kg；（2）固相 KCl 1.06 kg，液相 6.63 kg。

2-10　（1）不能；（2）能。

2-11　$Na_2CO_3\cdot 10H_2O$, $Na_2CO_3\cdot 7H_2O$, $Na_2CO_3\cdot H_2O$ 均为不稳定水合盐。

2-12　$Li\cdot 3H_2O$，$Li\cdot 2H_2O$ 均为稳定水合盐。

2-13　含 $CaCl_2$ 60%的水溶液系统点 M 从 100℃冷却至 20℃的过程如下：

阶段	相变过程情况
一	溶液降温至对 $CaCl_2\cdot 2H_2O$ 饱和
二	$CaCl_2\cdot 2H_2O$ 析出
三	$CaCl_2\cdot 2H_2O$ 转溶为 $CaCl_2\cdot 4H_2O$
四	$CaCl_2\cdot 4H_2O$ 析出
五	$CaCl_2\cdot 4H_2O$ 转溶为 $CaCl_2\cdot 6H_2O$，$CaCl_2\cdot 4H_2O$ 有剩余，液相消失
六	$CaCl_2\cdot 4H_2O$，$CaCl_2\cdot 6H_2O$ 降温

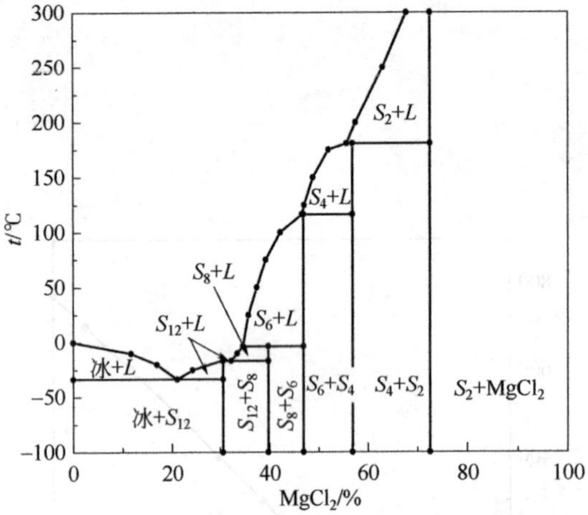

S_2—$MgCl_2\cdot 2H_2O$; S_4—$MgCl_2\cdot 4H_2O$; S_6—$MgCl_2\cdot 6H_2O$; S_8—$MgCl_2\cdot 8H_2O$; S_{12}—$MgCl_2\cdot 12H_2O$

习题 2-3 答案附图

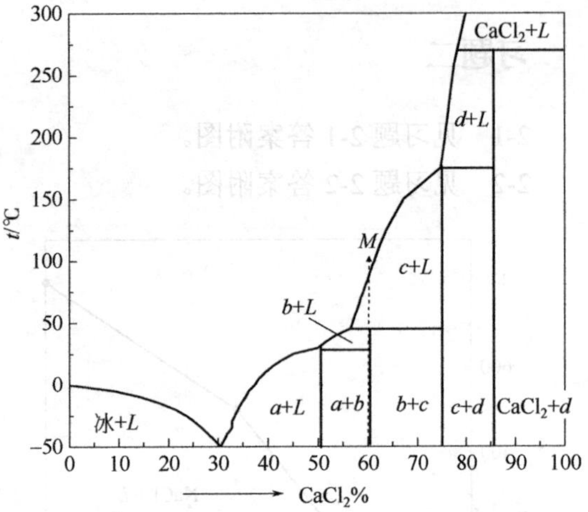

a—$CaCl_2\cdot 6H_2O$含纯50.68%; b—$CaCl_2\cdot 4H_2O$含纯60.60%; c—$CaCl_2\cdot 2H_2O$含纯75.52%; d—$CaCl_2\cdot H_2O$含纯86.04%

习题 2-13 答案附图

2-14 系统点 M 等温蒸发过程中发生的相变过程如下：

阶段	一	二	三	四	五	六
相变情况	溶液浓缩至对 S_1 饱和	S_1 析出，至蒸干	S_1 脱水变为溶液 Q	溶液浓缩至对 S_2 饱和	S_2 析出，至蒸干	S_2 脱水变为 S

2-15 （1）Ⅰ—未饱和溶液 L，Ⅱ—冰 $+L$，Ⅲ—α-S_1+L，Ⅳ—β-S_1+L，Ⅴ—S_2+L，Ⅵ—S_2+L，Ⅶ—$S+L$，Ⅷ—冰 $+S_1$，Ⅸ—S_1+S_2，Ⅹ—S_2+S；（2）α-S_1，β-S_1 为不稳定，S_2 为稳定；（3）E、冰与 α-S_1 共晶或共熔，F、α-S_1 与 β-S_1 转溶，H、S_2 与 S 共晶或共熔。

2-16 如习题 2-16 答案附图所示，图中数字单位为 t。

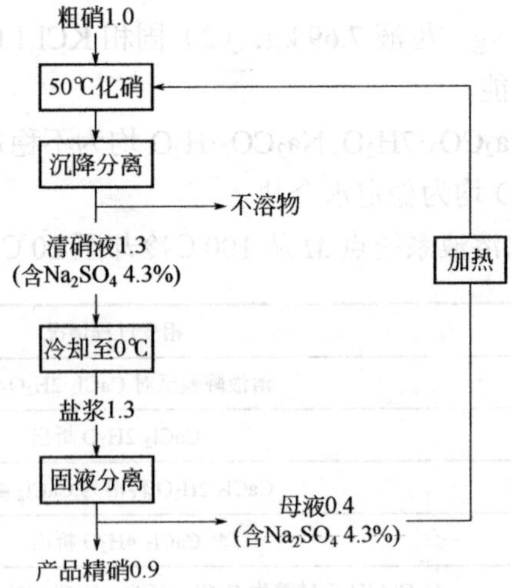

习题 2-16 答案附图

习题三

3-1 见习题 3-1 答案附图。

3-2 见习题 3-2 答案附图。

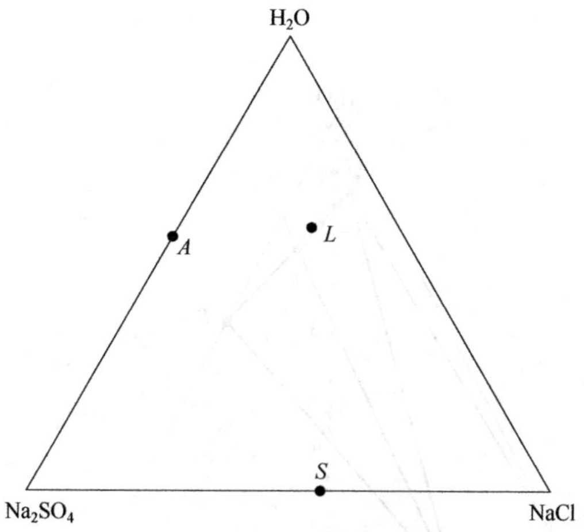

习题 3-1 答案附图

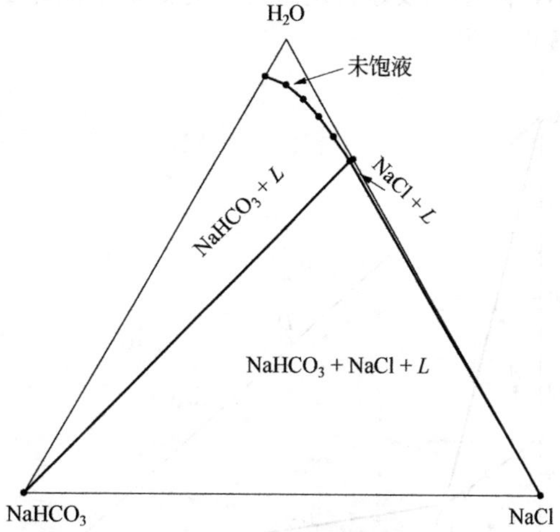

习题 3-2 答案附图

3-3 在 100 kg 混合盐中加入 169.9 kg 水，分离后得 38.1 kg 固相 $NaHCO_3$。

3-4 （1）固相 NaCl 10.07 kg、固相 Na_2SO_4 5.53 kg、共饱液相 84.4 kg；（2）固相 Na_2SO_4 16.03 kg、共饱液相 83.97 kg；（3）固相 NaCl 29.0 kg、共饱液相 71.0 kg。

3-5 25℃时加入 NaCl 20.4 kg，回收 KCl 10.8 kg，回收率为 47.0%；10℃时回收率为 58.3%。

3-6 （1）只能得到纯净的 KNO_3；（2）得到 KNO_3 和 $NaNO_3$ 的非饱溶液。

3-7 见习题 3-7 答案附图。

3-8 见习题 3-8 答案附图。

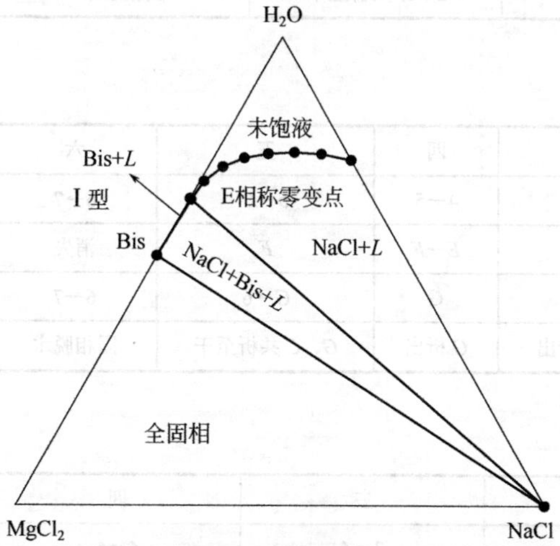

习题 3-7 答案附图

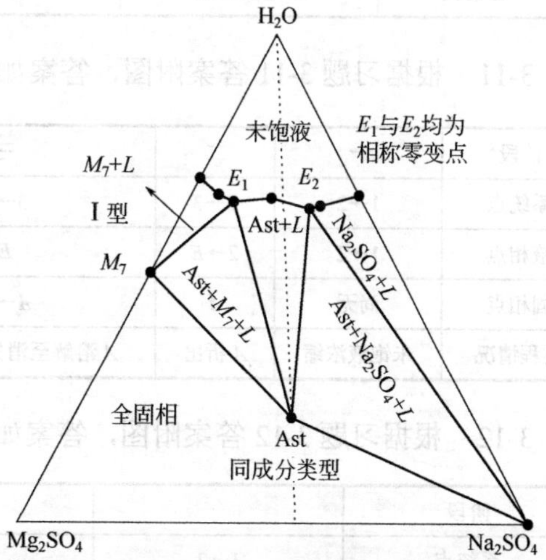

习题 3-8 答案附图

3-9 如习题 3-9 答案附图：（1）平衡状态是 NaCl + H_2O，如 *A* 所示；（2）平衡状态是 KCl + H_2O，如 *B* 所示；（3）等温蒸发过程如线 *CD* 所示，随着蒸发过程的进行，先是析出固相 KCl，继续蒸发同时析出固相 KCl 和 NaCl，直至液相消失；（4）等温蒸发过程如线 *EF* 所示，随着蒸发过程的进行，先是析出固相 NaCl，继续蒸发同时析出固相 NaCl 和 KCl，直至液相消失。

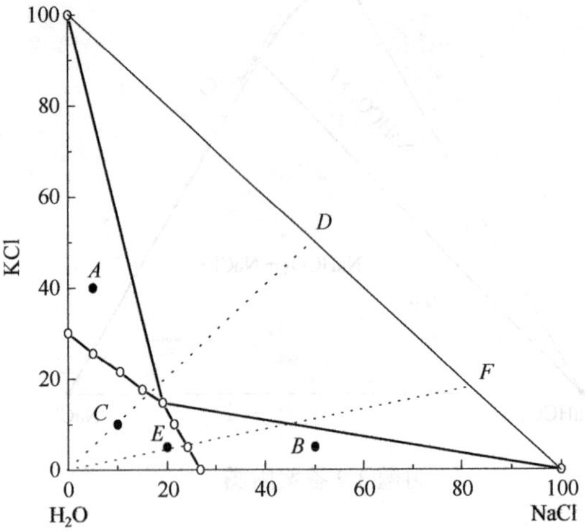

习题 3-9 答案附图

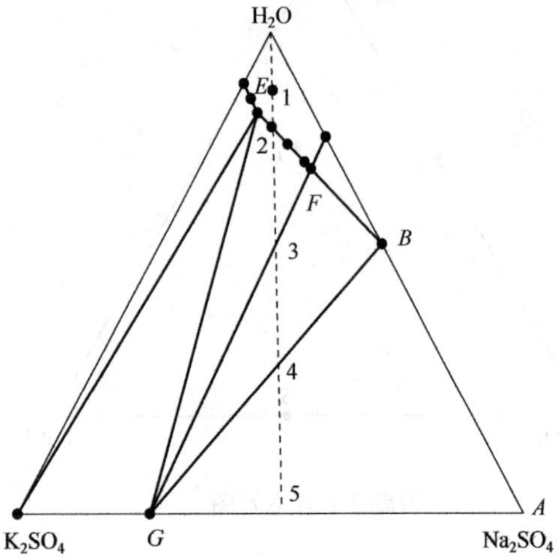

习题 3-10 答案附图

3-10 根据习题 3-10 答案附图，答案如下表：

阶段	一	二	三	四
系统点	1→2	2→3	3→4	4→5
液相点	1→2	2→*F*	*F*	消失
固相点	尚无	*G*	*B*→*A*	4→5
过程情况	未饱液浓缩	*G* 析出	*B*、*A* 共析至干	固相脱水

3-11 根据习题 3-11 答案附图，答案如下表：

阶段	一	二	三	四	五	六
系统点	1→2	2→3	3→4	4→5	5→6	6→7
液相点	1→2	2→*E*	*E*	*E*→*F*	*F*	消失
固相点	尚无	*A*	*A*→*G*	*G*	*G*→6	6→7
过程情况	未饱液浓缩	*A* 析出	*A* 溶解至消失，*G* 析出	*G* 析出	*G*、*C* 共析至干	固相脱水

3-12 根据习题 3-12 答案附图，答案如下表：

阶段	一	二	三	四
系统点	1→2	2→3	3→4	4→5
液相点	1→2	2→*E*	*E*	消失
固相点	尚无	*D*	*D*→4	4→5
过程情况	未饱和液浓缩	*D* 析出	*D*、*G* 共析	固相脱水

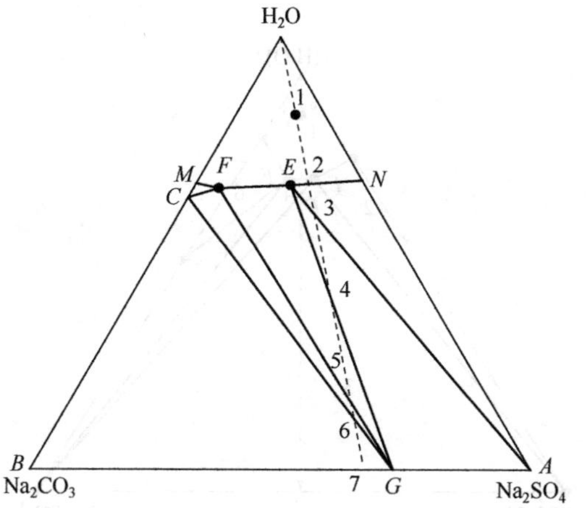

习题 3-11 答案附图

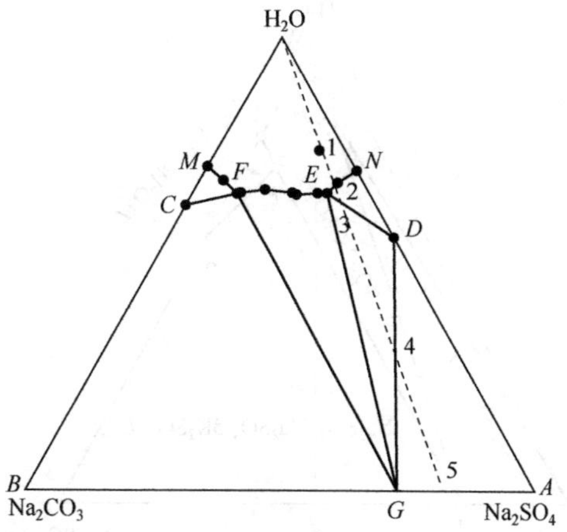

习题 3-12 答案附图

3-13　A_1、B_1属水合物Ⅱ型，A_2属水合物Ⅰ型；G_1、G_2属异成分复盐，G_3属同成分复盐；4、5属相称零变点，2、3属不相称零变点第一种，1、6属不相称零变点第二种。

3-14　答案如下表：

系统点	*M*	*N*	*P*	*Q*	*R*
干点	B_1	*E*	*D*	*D*	*D*
蒸干固相	*B*	*B*＋*G*	*A*＋*G*	*A*＋*G*	*A*＋*G*

3-15　（1）绘制相图如习题 3-15 答案附图，*A* 点表示复盐 $Na_2SO_4·3K_2SO_4$ 组成，*B* 点表示 $Na_2SO_4·10H_2O$ 在纯水中的最大溶解度，*C* 点表示 Na_2SO_4 在纯水中的最大溶解度，*D* 点表示 K_2SO_4 在纯水中的最大溶解度，*E* 点是 $Na_2SO_4·3K_2SO_4$ 和 K_2SO_4 共存体系点，*F* 点是 $Na_2SO_4·3K_2SO_4$ 和 $Na_2SO_4·10H_2O$ 共存体系点，各相区表示意义如图中所示；（2）复盐 $Na_2SO_4·3K_2SO_4$ 是不相称性溶解，图中有 *E*、*F* 两个共饱点，其中 *E* 点是不相称共饱点，*F* 点是相称共饱点；（3）5% Na_2SO_4，5% K_2SO_4，90% H_2O 组成的体系点为 *G* 点，做 *WG* 线，答案如下表：

阶段	一	二	三
系统点	*G*→*H*	*H*→*I*	*I*→*J*
液相点	*G*→*H*	*H*→*F*	*F*
固相点	尚无	*A*	*I*→*J*
过程情况	未饱和液浓缩	*A* 析出	*A*、*K* 共析

3-16　（1）绘制相图如习题 3-16 答案附图，各相区代表意义为：1—*L*；2—*L*＋NaCl；3—*L*＋NaCl＋Na_2SO_4；4—*L*＋Na_2SO_4；5—*L*＋Na_2SO_4＋$Na_2SO_4·H_2O$；6—*L*＋$Na_2SO_4·H_2O$；（2）5% NaCl，5% Na_2SO_4，90% H_2O 组成的体系点为 *X* 点，做 *WX* 线，答案如下表：

阶　段	一	二	三
系统点	*X*→*C*	*C*→*D*	*D*→*G*
液相点	*X*→*C*	*C*→*E*	*E*
固相点	尚无	*A*	*D*→*G*
过程情况	未饱和液浓缩	*A* 析出	*A*、*B* 共析

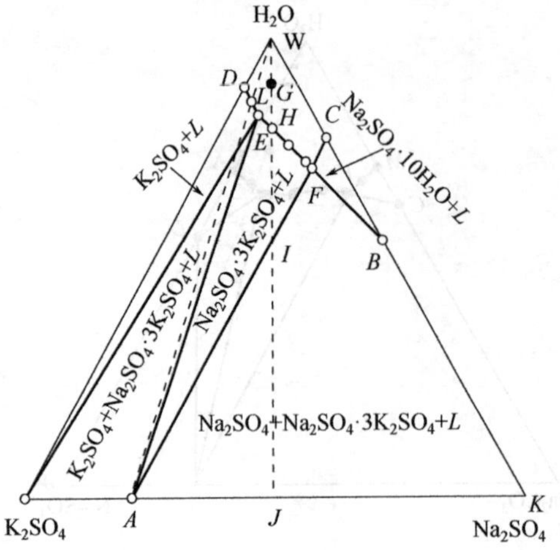

习题 3-15 答案附图

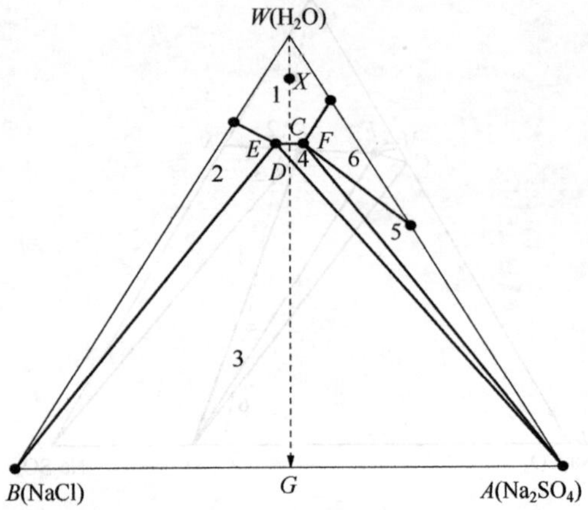

习题 3-16 答案附图

3-17　0.578 t。

3-18　如习题 3-18 答案附图，图中数字单位为 kg。

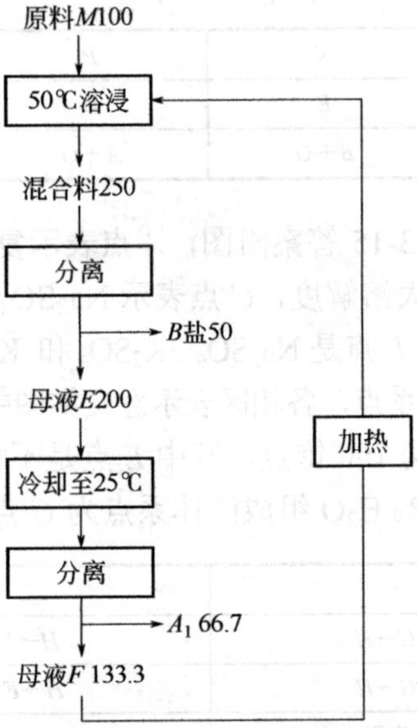

习题 3-18 答案附图

习题四

4-1　（1）48.83%，100 g/100 g S。（2）72.83%，27.17%；72.83 g/100g S，27.17 g/100 g S。（3）26.74%，34.27%；43.92 g/100 g S，56.08 g/100 g S。（4）36.0%，22.08%，30.51%；40.64 g/100 g S，24.93 g/100 g S，34.43 g/100 g S。

4-2　（1）Na_2^{2+} 57.89，SO_4^{2-} 34.84，H_2O 114.1；（2）Na_2^{2+} 91.67，SO_4^{2-} 50.23，H_2O 1970。

4-3　混合盐 $J(2Na^+) = 89.93$，$J(2K^+) = 10.07$，$J(2Cl^-) = 62.22$，$J(SO_4^{2-}) = 37.78$，$J(H_2O) = 33.98$

盐干基浓度 g/100 g S：NaCl 47.02，KCl 11.58，Na_2SO_4 41.40，H_2O 4.72

卤水 $J(2Na^+) = 81.83$，$J(2K^+) = 18.17$，$J(2Cl^-) = 83.01$，$J(SO_4^{2-}) = 16.99$，$J(H_2O) = 3102.84$

盐干基浓度 g/100 g S：NaCl 59.68，KCl 21.31，Na_2SO_4 19.00，H_2O 440.25

4-4 如习题 4-4 答案附图所示。

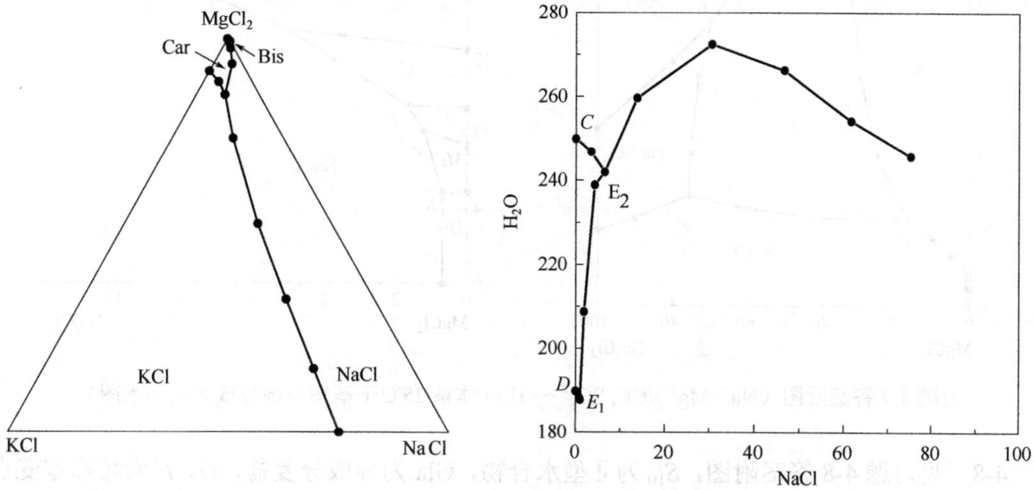

习题 4-4 答案附图

4-5 如习题 4-5 答案附图所示，Eps、S_{10} 为 Ⅰ 型水合物，Gla、Pic、Ast 为异成分复盐，E、P、Q 为相称零变点，R 为第一种不相称零变点。

4-6 如习题 4-6 答案附图所示，D、F、G 点分别代表二元体系 $NaCl-NaHCO_3-H_2O$、$Na_2SO_4-NaHCO_3-H_2O$、$Na_2SO_4-NaCl-H_2O$ 的共饱点，E 点为三元体系 $NaCl-NaHCO_3-Na_2SO_4-H_2O$ 的共饱点；*EF* 线、*ED* 线、*EG* 线分别为 $NaHCO_3$ 和 Na_2SO_4、NaCl 和 $NaHCO_3$、Na_2SO_4 和 NaCl 的共析线；*CDEF*、*ADEG*、*EFBG* 所围区域分别为 $NaHCO_3$、NaCl、Na_2SO_4 的析晶区。

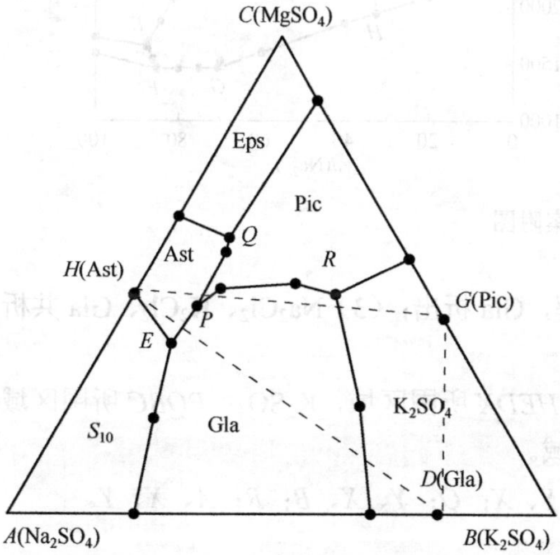

习题 4-5 答案附图

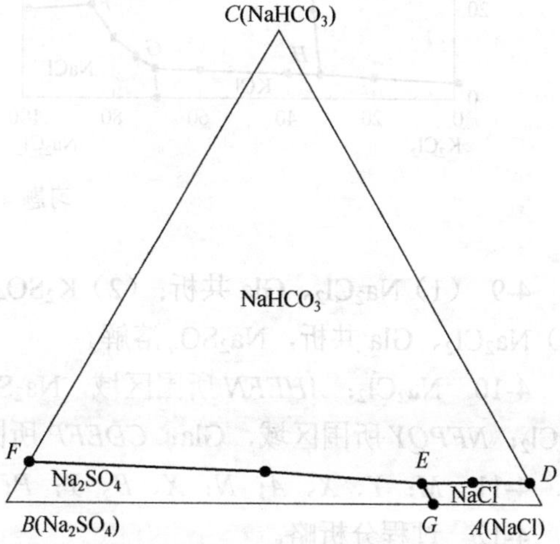

习题 4-6 答案附图

4-7　见习题 4-7 答案附图。

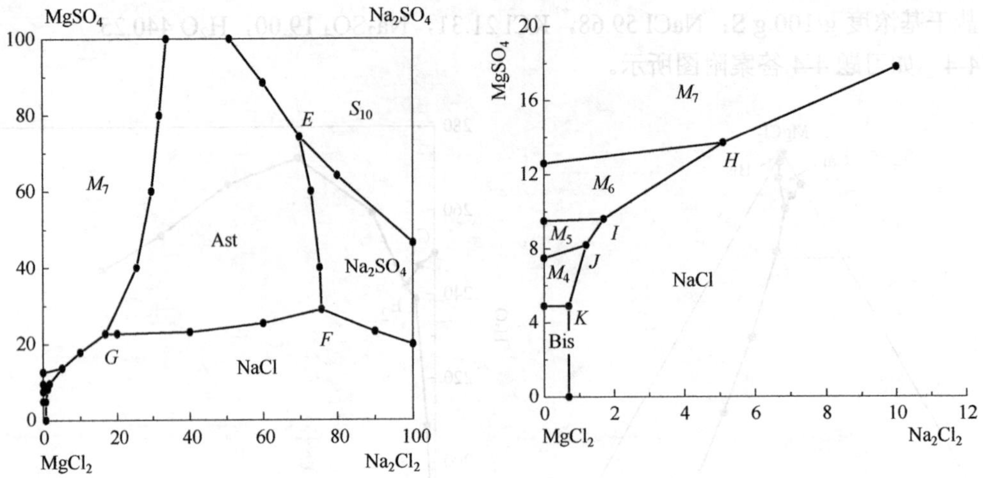

习题 4-7 答案附图（$Na^+, Mg^{2+}//Cl^-, SO_4^{2-} - H_2O$ 体系 25℃干基图及部分放大图和水图）

4-8　见习题 4-8 答案附图，S_{10} 为Ⅱ型水合物，Gla 为异成分复盐，G、F 为相称零变点，H 为第一种不相称零变点，E 为第二种不相称零变点。

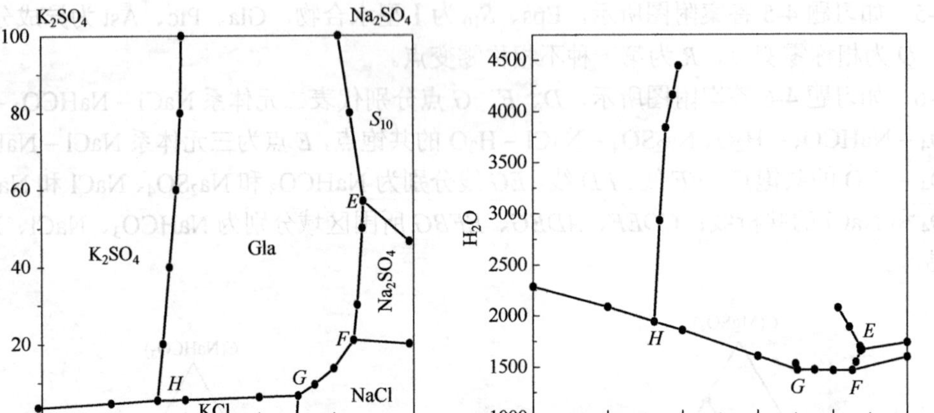

习题 4-8 答案附图

4-9　（1）Na_2Cl_2、Gla 共析；（2）K_2SO_4 溶解，Gla 析出；（3）Na_2Cl_2、K_2Cl_2、Gla 共析；（4）Na_2Cl_2、Gla 共析，Na_2SO_4 溶解。

4-10　Na_2Cl_2：*AHEFN* 所围区域，Na_2SO_4：*HEDX* 所围区域，K_2SO_4：*PQBC* 所围区域，K_2Cl_2：*NFPQY* 所围区域，Gla：*CDEFP* 所围区域。

4-11　*M*：*Y*、*X*、*A*；*N*：*X*、*B*、*Y*；*P*：*B*、*Y*、*X*；*Q*：*Y*、*X*、*B*；*R*：*A*、*X*、*Y*。

4-12　过程分析略。

习题五

5-1 加水 79.3 kg，得 $NaHCO_3$ 47.6 kg。

5-2 （1）NaCl、C_7、Bur 共析；（2）S_{10}、C_{10} 共析；（3）Na_2SO_4 析出，S_{10} 溶解，Bur 不参与；（4）Na_2SO_4 析出，S_{10} 溶解；（5）S_{10}、C_{10} 溶解，Bur 共析。

5-3 见下表

阶段	一	二	三	四	五	六
液相	*M*	*M*→*K*	*K*→*Q*	*Q*→*R*	*R*→*F*	*F*
固相	—	*A*	*A*→*D*	*D*	*D*→*S*	*S*→*M*
过程情况	浓缩	*A* 析出	*A* 溶解，至溶完，*D* 析出	*D* 析出	*D*、*C* 析出	*D*、*C*、*B* 共析，至干

5-4 未饱和溶液浓缩，NaCl 析出，NaCl、Car 共析，NaCl、Car、Bis 共析至干：蒸水量 0.480 t，析盐量 0.169 t。

5-5 能，系统点 *M* 在光卤石结晶区。如习题 5-5 答案附图所示。

5-6 （1）不能实现，除非洗涤液 *F* 有剩余；（2）*F* 有剩余时，回收率与两次加水(完全分解)法相等。

5-7 M_1：NaCl 10.0，Na_2SO_4 6.25，$NaHCO_3$ 8.75；M_2：NaCl 25.75，Na_2SO_4 16.09，$NaHCO_3$ 22.53；M_3：NaCl 32.1，Na_2SO_4 20.06，$NaHCO_3$ 28.09 (g/100 g 水)。

5-8 一次加水法：0.157 t；二次加水法：0.167 t。

5-9 79.08 kg。

5-10 20.11 kg。

5-11 析出 $Na_2SO_4·10H_2O$ 0.016 t，冰 0.090 t。

5-12 NH_4HCO_3 92.5 mol，H_2O 818 mol，$NaHCO_3$ 78.9 mol。

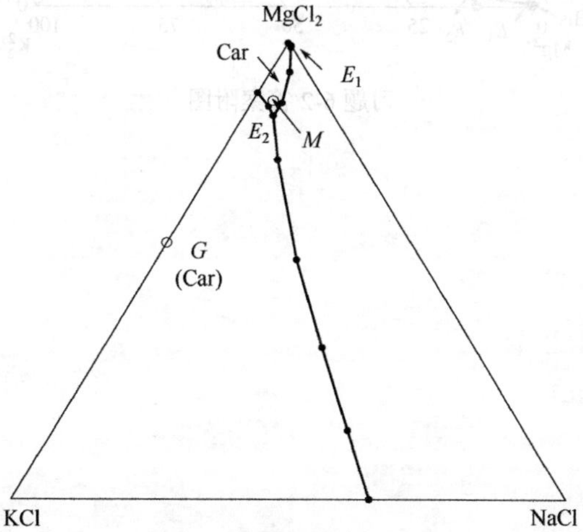

习题 5-5 答案附图

习题六

6-1 见下表：

题号	K_2^{2+}	Mg^{2+}	SO_4^{2-}	Na_2^{2+}	Cl_2^{2-}	H_2O
（1）	28.01	67.85	4.14	13.61	105.33	420
（2）	4.35	73.76	21.89	31.53	87.75	1483
（3）	12.50	25.00	62.5	25.00	0	62.50

6-2 见习题 6-2 答案附图。

6-3 析出 Na_2Cl_2 21.8 g，$MgSO_4 \cdot 7H_2O$ 52.2 g。

6-4 加水 44.2 kg，得粗钾 23.5 kg（其中 Na_2Cl_2 6.3 kg, K_2Cl_2 17.2 kg）。

6-5 2.264 t。

6-6 能。

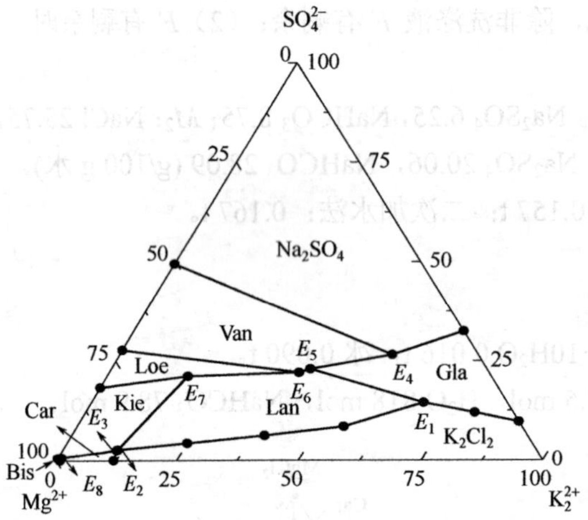

习题 6-2 答案附图

习题七（略）

习题八（略）

习题九（略）

附录

附录一　矿物盐中英文名称、缩写符号和密度

化学式	中文名称	英文名称	符号	密度/($g \cdot cm^{-3}$)
$LiCl$	氯化锂	lithium chloride		2.068
$NaCl$	石盐，岩盐	halit rock salt	Ha	2.173
Na_2SO_4	无水芒硝	thenardite	T, Th	2.664
Na_2CO_3	碳酸钠	soda		2.532
$NaHCO_3$	小苏打	nahcolite SODI		2.21
$NaNO_3$	钠硝石	natratime saltier		2.24～2.29
KCl	钾石盐	sylvite	Sy	1.993
K_2SO_4	硫钾石	arcanite	Ar	2.663
KNO_3	钾硝石	niter		2.109 ± 0.002
$MgCl_2$	氯化镁	chlormagnesit		2.325
$CaSO_4$	硬石膏	anhydrite	An	2.98
$CaCO_3$	方解石	calcite		2.6～2.8
$(NH_4)_2SO_4$	硫铵	ammonium sulphute		1.77
NH_4Cl	氯化铵，卤砂	ammonium chloride		1.532
H_3BO_3	硼酸	boric acid, sassolite	San	1.435
Li_2SO_4	硫酸锂	lithium sulfate		2.06
$SrSO_4$	硫酸锶，天青石	strontium sulfate		3.97
$SrCO_3$	碳酸锶，菱锶矿	strontium carbonate		3.76
$Li_2B_4O_7 \cdot 3H_2O$	三水四硼酸锂	lithium tetraborate		
$LiBO_2 \cdot 8H_2O$	八水偏硼酸锂	lithium metaborate		> 1.40
$LiB_5O_8 \cdot 5H_2O$	五水五硼酸锂	lithium pentaborate		
$NaCl \cdot 2H_2O$	水石盐，冰盐	hydrohalite		1.6
$Na_2SO_4 \cdot 10H_2O$	芒硝	mirabilite	S_{10}, Mir, Mi	1.490
$Na_2CO_3 \cdot H_2O$	水碱	thermonatrite	C, T_m	2.255

续表

化学式	中文名称	英文名称	符号	密度/(g·cm^{-3})
$Na_2CO_3·7H_2O$	七水碳酸钠	heptahydronatrite	C_7, He	1.51
$Na_2CO_3·10H_2O$	苏打，泡碱	soda, natron	C_{10}, Nat	1.46
$Na_2B_4O_7·10H_2O$	硼砂	borax		1.715
$K_2B_4O_7·5H_2O$	五水四硼酸钾	potassium tetraborate		
$2CaSO_4·H_2O$	半水石膏	bassanite		2.55
$CaSO_4·2H_2O$	硬石膏	gypsum	Gips, Gy	2.317
$CaCl_2·6H_2O$	南极石	antarcticite	Ant	1.715
$CaB_2O_4·6H_2O$	六水偏硼酸钙	calcium metaborate		
$CaB_6O_{10}·5H_2O$	高硼钙石	gowerite		2.00
$Ca_2B_6O_{11}·5H_2O$	硬硼钙石	colemanite		2.423
$Ca_2B_6O_{11}·7H_2O$	三斜硼钙石	meyerhofferite		2.120
$MgCl_2·6H_2O$	水氯镁石	bischofite	Bis	1.595
$MgCl_2·8H_2O$	氯镁石	chloromagnesite		
$MgSO_4·H_2O$	硫镁矾	kieserite	Kie, M_1	2.571
$MgSO_4·2H_2O$	二水泻盐	sanderite	San, M_2	
$MgSO_4·4H_2O$	四水泻盐	tetrahydrite	Tet, M_4	2.01
$MgSO_4·5H_2O$	五水泻盐	pentahydrite	Pen, M_5	1.718
$MgSO_4·6H_2O$	六水泻盐	hexahydrite	Hex, M_6	1.757
$MgSO_4·7H_2O$	泻利盐	epsomite	Eps, M_7	1.677
$MgB_4O_7·9H_2O$	章氏硼镁石	hungchaoite		1.70～1.73
$Mg_2B_6O_{11}·7.5H_2O$	三方硼镁石	macallisterite		1.845～1.867
$Mg_2B_6O_{11}·15H_2O$	多水硼镁石	inderite		1.78～1.79
$MgB_2O_4·3H_2O$	柱硼镁石	pinnoite		2.27
$MgHBO_3$	硼镁石	szaibelyite		2.8
$SrB_6O_{10}·4H_2O$	图硼锶石	tunellite		2.30
$SrB_6O_{11}·4H_2O$	贝水锶硼石	balavinskite		
$Cs_2B_4O_7·5H_2O$	五水四硼酸铯	cesium tetraborate		
$CsB_5O_8·4H_2O$	四水五硼酸铯	cesium pentaborate		
$LiCl·MgCl_2·7H_2O$	锂光卤石	lithium carnallite	Lic	
$2Na_2SO_4·Na_2CO_3$	碱芒硝，碳酸钠矾	burkeite	Bur	2.57
$Na_2SO_4·NaNO_3·H_2O$	钠硝矾	darapshite		2.20
$Na_2SO_4·3K_2SO_4$	钾芒硝，硫酸钾石	glaserite	Gla, Ap	2.656～2.71
$3Na_2SO_4·MgSO_4$	无水钠镁矾	vanthoffite	Van	2.694
$6Na_2SO_4·7MgSO_4·15H_2O$	钠镁矾	loeweite	Loe	2.36～2.4
$Na_2SO_4·MgSO_4·4H_2O$	白钠镁矾	astrakhanite	Ast, BI	2.25
$Na_2SO_4·MgSO_4·5H_2O$	孔矾钠石	konyaite	Ko	2.088
$Na_2SO_4·CaSO_4$	钙芒硝	glauberite	Glit,GI	2.77
$NaHCO_3·Na_2CO_3·2H_2O$	天然碱，倍半碱	trona	Tro	2.14
$Na_2CO_3·2CaCO_3$	碳酸钠钙石	shortite		2.60

续表

化学式	中文名称	英文名称	符号	密度/($g \cdot cm^{-3}$)
$Na_2CO_3 \cdot CaCO_3 \cdot 2H_2O$	钙水碱	pirssonite		2.382
$Na_2CO_3 \cdot CaCO_3 \cdot 5H_2O$	针碳酸钠钙石	gaylussite		1.991
$NaBO_2 \cdot NaCl \cdot 2H_2O$	氯硼钠石	teepleite	Te	2.07
$3NaCl \cdot 9Na_2SO_4 \cdot MgSO_4$	盐镁芒硝，丹斯石	dansite	Dan	2.63
$9Na_2SO_4 \cdot 2Na_2CO_3 \cdot KCl$	碳酸芒硝，黄方石	hanksite	Han	2.562
$Na_7K_3Mg_2(SO_4)_6(NO_3)_2 \cdot 6H_2O$	水硝碱镁矾	humberstonite		2.252
$NaCaB_5O_9 \cdot 8H_2O$	钠硼解石	ulexite		1.955
$KCl \cdot MgCl_2 \cdot 6H_2O$	光卤石	carnallite	Car	1.602
$KCl \cdot MgSO_4 \cdot 2.75H_2O$	钾盐镁矾	kainite	Kai	2.15
$KCl \cdot CaCl_2$	氯钾钙石	chlorocalcite	Chle	2.155
$K_2SO_4 \cdot 2MgSO_4$	无水钾镁矾	langbeinite	Lan	2.83
$K_2SO_4 \cdot MgSO_4 \cdot 4H_2O$	钾镁矾	leonite	Leo	2.20
$K_2SO_4 \cdot MgSO_4 \cdot 6H_2O$	软钾镁矾	schoenite	Pic, Pi	2.034
$K_2SO_4 \cdot MgSO_4 \cdot 7H_2O$	七水钾镁矾	schvenite	Sehv, Sv	
$K_2SO_4 \cdot CaSO_4 \cdot 6H_2O$	钾石膏	syngenite	Syn, Sg	2.579
$K_2SO_4 \cdot 5CaSO_4 \cdot H_2O$	斜水钙钾矾	potassium	Pc	2.75～2.93
$K_2SO_4 \cdot MgSO_4 \cdot 2CaSO_4 \cdot 2H_2O$	杂卤石	polyhalite	Po	2.78
$K_2SO_4 \cdot MgSO_4 \cdot 4CaSO_4 \cdot 2H_2O$	镁钾钙石	krugite	Kr	
$KNO_3 \cdot K_2SO_4 \cdot H_2O$	钾硝矾	niternite		
$K_2SO_4 \cdot SrSO_4$	硫锶钾石	kalistrontite		3.20
$KB_5O_8 \cdot 4H_2O$	四水五硼酸钾	potassium pentaborate		
$2MgCl_2 \cdot CaCl_2 \cdot 12H_2O$	溢晶石	tachyhydrite	Tac	1.665
$Mg_2(OH)_2(CO_3) \cdot 3H_2O$	纤水碳镁石	artinite		2.02 ± 0.001
$Mg_2B_4O_7 \cdot MgCl_2 \cdot 14H_2O$	氯柱硼镁石	cloro-pinnoite		
$Ca_4B_8O_{15}Cl_2 \cdot 22H_2O$	多水氯硼钙石	hydrochlorborite		1.83
$CaMgB_6O_{11} \cdot 6H_2O$	水方硼石	hydroboracite		2.167

附录二 相图计算常用数据

（1）正离子或原子，以 1997 年国际制定的原子量为基准，均保留小数 3 位。

化学式/离子量	H^+	Li^+	Li_2^{2+}	B	Na^+	Na_2^{2+}	K^+	K_2^{2+}	Rb^+	Cs^+
(原子量或分子量)	1.008	6.941	13.882	10.811	22.990	45.998	39.098	78.196	85.468	132.910
化学式/离子量	NH_4^+	$(NH_4)_2^{2+}$	Mg^{2+}	Ca^{2+}	Sr^{2+}	Ba^{2+}	C	N	O	S
(原子量或分子量)	18.039	6.078	24.305	40.078	87.620	137.330	12.011	14.007	15.999	32.066

（2）负离子或分子

化学式/离子量 (原子量或分子量)	OH^-	Cl^-	Cl_2^{2-}	Br^-	Br_2^{2-}	I^-	I_2^{2-}	SO_4^{2-}
	17.017	35.453	70.904	79.904	159.808	126.900	253.800	96.062
化学式/离子量 (原子量或分子量)	HCO_3^-	$(HCO_3)_2^{2-}$	CO_3^{2-}	NO_3^-	$(NO_3)_2^{2-}$	$B_4O_7^{2-}$	B_2O_3	H_3BO_3
	61.016	122.032	60.008	62.004	124.008	155.237	69.619	61.832

（3）H_2O

分子数	0.5	1	2	2.5	3	4	5	6	7	8
分子量	9.008	18.015	36.030	45.038	54.045	72.060	90.075	108.090	126.105	144.120
分子数	9	10	11	12	13	14	15	18	19	20
分子量	162.135	180.150	198.165	216.180	234.195	252.210	270.225	324.270	342.285	360.300

（4）无水单盐

分子式	分子量	J_B			
		K_2^{2+}	Mg^{2+}	Na_2^{2+}	H_2O
LiCl	42.394	—	—	—	—
Li_2SO_4	109.994	—	—	—	—
NaCl	58.443	—	—	∞	—
Na_2Cl_2	116.886	—	—	∞	—
Na_2SO_4	142.060	0	0	100	0
$NaNO_3$	84.994	—	—	—	—
$Na_2(NO_3)_2$	170.006	—	—	—	—
$NaHCO_3$	84.006	—	—	—	—
$Na_2(HCO_3)_2$	168.012	—	—	—	—
Na_2CO_3	106.006	—	—	—	—
KCl	74.551	100	0	0	0
K_2Cl_2	149.102	100	0	0	0
K_2SO_4	174.258	50	0	0	0
KNO_3	101.102	—	—	—	—
$K_2(NO_3)_2$	202.204	—	—	—	—
NH_4Cl	53.492	—	—	—	—
$(NH_4)_2SO_4$	102.140	—	—	—	—
$MgCl_2$	95.211	0	100	0	0
$MgSO_4$	120.367	0	50	0	0
$CaCl_2$	110.982	—	—	—	—
$CaSO_4$	136.140	—	—	—	—
$CaCO_3$	100.086	—	—	—	—
$SrSO_4$	183.682	—	—	—	—
$SrCO_3$	147.628	—	—	—	—

附录三 水合盐与复盐的组成

（1）水合单盐

分子式	分子量	w_B/%	g/100 g H_2O	mol/1000 mol H_2O	g/100 g S	mol/100mol S	J_B			
		A	A	A	H_2O	H_2O	K_2^{2+}	Mg^{2+}	Na_2^{2+}	H_2O
$LiCl·2H_2O$	78.424	54.06	117.66	500	84.99	200	—	—	—	—
$Li_2SO_4·H_2O$	128.009	85.93	610.57	1000	16.38	100	—	—	—	—
$Li_2B_4O_7·3H_2O$	223.164	75.78	312.92	333.3	31.96	300	—	—	—	—
$NaCl·2H_2O$	94.473	61.86	162.2	500	61.65	200	—	—	∞	∞
$Na_2SO_4·7H_2O$	268.147	52.97	112.6	142.9	88.78	700	0	0	100	700
$Na_2SO_4·10H_2O$	322.192	44.09	78.84	100	126.8	1000	0	0	100	100
$Na_2CO_3·H_2O$	124.021	85.47	588.3	1000	17.0	100	—	—	—	—
$Na_2CO_3·7H_2O$	232.111	45.67	84.05	142.9	119.0	700	—	—	—	—
$Na_2CO_3·10H_2O$	286.156	37.04	58.83	100	170.0	1000	—	—	—	—
$Na_2B_4O_7·10H_2O$	381.385	52.76	111.70	100	89.52	1000	—	—	—	—
$K_2SO_4·H_2O$	192.273	90.63	967.3	1000	10.34	100	50	0	0	50
$K_2B_4O_7·5H_2O$	323.508	71.16	259.15	200	38.59	500	—	—	—	—
$MgCl_2·2H_2O$	131.241	72.55	264.3	500	37.84	200	0	100	0	200
$MgCl_2·4H_2O$	167.271	56.92	132.1	250	75.69	400	0	100	0	400
$MgCl_2·6H_2O$	203.301	46.83	88.08	166.7	113.5	600	0	100	0	600
$MgCl_2·8H_2O$	239.331	39.78	66.06	125	151.4	800	0	100	0	800
$MgCl_2·12H_2O$	311.391	30.58	44.04	83.33	227.1	1200	0	100	0	1200
$MgSO_4·H_2O$	138.382	86.95	668.1	1000	14.97	100	0	50	0	50
$MgSO_4·2H_2O$	156.397	76.96	334.1	500	29.93	200	0	50	0	100
$MgSO_4·4H_2O$	192.427	62.55	167.0	250	59.87	400	0	50	0	200
$MgSO_4·5H_2O$	210.442	57.20	133.6	200	74.84	500	0	50	0	250
$MgSO_4·6H_2O$	228.457	52.69	111.40	156.7	89.8	60	0	50	0	300
$MgSO_4·7H_2O$	246.472	48.83	95.45	142.9	104.8	700		50	0	350
$MgSO_4·12H_2O$	336.547	35.76	65.68	83.33	179.6	1200	0	50	0	600
$CaCl_2·2H_2O$	147.014	75.49	308.0	500	32.46	200	—	—	—	—
$CaCl_2·4H_2O$	183.044	60.63	154.0	250	64.93	400	—	—	—	—
$CaCl_2·6H_2O$	219.074	50.66	102.7	166.7	97.30	600	—	—	—	—
$CaSO_4·0.5H_2O$	145.148	93.79	1511	2000	6.627	50	—	—	—	—
$CaSO_4·2H_2O$	172.170	79.07	377.8	500	26.47	200	—	—	—	—

（2）二重复盐

分子式 A·B·nH_2O	分子量	w_B/%		g/100 g H_2O		mol/1000 mol H_2O		g/100 g S		mol/100 mol S		J_B			
		A	B	A	B	A	B	A	H_2O	A	H_2O	K_2^{2+}	Mg^{2+}	Na_2^{2+}	H_2O
$2Na_2SO_4·NaCO_3$	390.090	72.83	27.17	∞	∞	∞	∞	72.83	0	66.67	0	—	—	—	—
$Na_2SO_4·3K_2SO_4$	664.816	21.37	78.63	∞	∞	∞	∞	21.37	0	25	0	42.86	0	14.29	0
$3Na_2SO_4·MgSO_4$	546.493	77.97	22.03	∞	∞	∞	∞	77.97	0	75	0	0	20	60	0
$6Na_2SO_4·7MgSO_4·15H_2O$	1965.046	43.37	42.88	315.4	311.8	400	466.7	50.29	15.94	46.15	115.4	0	35.0	30.0	75.0
$Na_2SO_4·MgSO_4·4H_2O$	334.469	42.47	35.99	197.1	167.0	250	250	54.13	27.46	50	200	0	33.33	33.3	133.3
$Na_2SO_4·MgSO_4·5H_2O$	352.502	40.30	34.15	157.7	133.6	200	200	54.13	34.32	50	250	0	33.33	33.3	166.7
$Na_2SO_4·NaNO_3·H_2O$	245.069	57.97	34.68	788.6	471.8	1000	1000	62.57	7.93	50	50	—	—	—	—
$Na_2SO_4·CaSO_4$	278.182	51.06	48.94	∞	∞	∞	∞	51.06	0	50	0	—	—	—	—
$Na_2SO_4·CaSO_4·4H_2O$	350.242	40.55	38.87	197.1	188.9	250	250	51.06	25.90	50	200	—	—	—	—
$NaHCO_3·Na_2CO_3·2H_2O$	226.042	37.17	46.89	233.2	294.2	500	500	44.22	18.96	33.33	133.3	—	—	—	—
$LiCl·MgCl_2·7H_2O$	263.710	16.08	36.10	33.6	75.5	142.9	142.9	30.81	91.64	50	350	—	—	—	—
$KCl·MgCl_2·6H_2O$	277.852	26.74	34.27	68.97	88.08	83.33	166.7	43.92	63.67	33.33	400	33.33	66.67	0	400
$KCl·MgSO_4·3H_2O$	248.963	29.95	48.35	137.9	222.7	166.7	333.3	38.25	27.73	33.33	200	20	40	0	120
$KCl·CaCl_2$	185.535	40.18	59.82	∞	∞	∞	∞	40.18	0	33.33	0	—	—	—	—
$K_2SO_4·2MgSO_4$	414.992	41.99	58.01	∞	∞	∞	∞	41.99	0	33.33	0	16.67	33.33	0	0
$K_2SO_4·MgSO_4·4H_2O$	366.685	47.52	32.83	241.8	167.0	250	250	59.15	24.46	50	200	25	25	0	100
$K_2SO_4·MgSO_4·6H_2O$	402.175	43.27	29.89	161.2	111.4	166.7	166.7	59.15	36.69	50	300	25	25	0	150
$K_2SO_4·MgSO_4·7H_2O$	420.730	41.42	28.61	138.2	95.45	142.9	142.9	59.15	42.80	50	350	25	25	0	175
$K_2SO_4·CaSO_4·H_2O$	328.413	53.06	41.45	967.3	755.7	1000	1000	56.14	5.80	50	50	—	—	—	—
$K_2SO_4·5CaSO_4·H_2O$	872.973	19.96	77.97	967.3	3778	1000	5000	20.38	2.11	16.67	16.67	—	—	—	—
$2MgCl_2·CaCl_2·12H_2O$	517.586	36.79	21.44	88.08	51.34	166.7	83.33	63.18	71.72	66.67	400	—	—	—	—
$Mg(OH)_2·MgCO_3·3H_2O$	196.697	29.66	42.86	107.9	156.0	333.3	333.3	40.90	37.89	50	150	—	—	—	—
$Mg_2B_4O_7·MgCl_2·14H_2O$	551.268	36.98	17.27	80.8	37.8	71.43	71.43	68.16	84.33	50	700	—	—	—	—

（3）三重复盐

分子式 A·B·C·nH$_2$O		$3NaCl\cdot 9Na_2SO_4\cdot MgSO_4$	$2NaSO_4\cdot K_2SO_4\cdot 2MgSO_4\cdot 5H_2O$	$K_2SO_4\cdot MgSO_4\cdot 2CaSO_4\cdot 2H_2O$	$K_2SO_4\cdot MgSO_4\cdot 4CaSO_4\cdot 2H_2O$
分子量		1574.074	789.151	602.940	875.215
w_B/%	A	11.14	36.0	28.9	19.91
	B	81.21	22.08	19.96	13.75
	C	7.65	30.51	45.16	62.22
g/100 g H_2O	A	∞	315.2	483.6	483.6
	B	∞	193.5	334.1	334.1
	C	∞	267.2	755.7	1511
mol/100 mol H_2O	A	∞	400	500	500
	B	∞	200	500	500
	C	∞	400	1000	2000
g/100 g S	A	11.14	40.64	30.74	20.77
	B	81.21	24.93	21.23	14.34
	H_2O	0	12.89	6.36	4.29
mol/100 mol S	A	13.04	40	25	16.67
	B	78.26	20	25	16.67
	H_2O	0	100	50	33.33
J'	K_2^{2+}	0	12.50	—	—
	Mg^{2+}	9.09	25.00	—	—
	Na_2^{2+}	95.45	25.00	—	—
	H_2O	0	62.50	—	—
	Cl_2^{2-}	13.63	0	—	—
	SO_4^{2-}	90.91	62.5	—	—

附录四　化合物与离子间的换算关系

换算方法：纵向化合物换算成横向离子时，除以表中系数；反之，乘以表中系数。

离子 化合物	Li^+	Na^+	K^+	Mg^{2+}	Ca^{2+}	NO_3^-	Cl^-	SO_4^{2-}	$B_4O_7^{2-}$	H_2O
LiCl	6.1078						1.1958			
NaCl		2.5421					1.6485			
KCl			1.9068				2.1028			
$MgCl_2$				3.9173			1.3428			
$CaCl_2$					2.7691		1.5653			
$LiCl\cdot 2H_2O$	11.2987						2.2121			2.1766
$NaCl\cdot 2H_2O$		4.1093					2.6647			2.6221
$MgCl_2\cdot 2H_2O$				5.3998			1.8509			3.6425
$MgCl_2\cdot 4H_2O$				6.8822			2.3591			2.3213
$MgCl_2\cdot 6H_2O$				8.3646			2.8672			1.8808
$CaCl_2\cdot 6H_2O$					5.4662		3.0896			2.0268
$NaNO_3$		3.6970				1.3708				

续表

化合物 \ 离子	Li^+	Na^+	K^+	Mg^{2+}	Ca^{2+}	NO_3^-	Cl^-	SO_4^{2-}	$B_4O_7^{2-}$	H_2O
KNO_3			2.5859			1.6306				
Li_2SO_4	7.9235							1.1450		
Na_2SO_4		3.0896						1.4786		
K_2SO_4			2.2285					1.8140		
$MgSO_4$				4.9524				1.2530		
$CaSO_4$					3.3968			1.4172		
$Li_2SO_4·H_2O$	9.2212							1.3326		7.1057
$Na_2SO_4·10H_2O$		7.0049						3.3540		1.7885
$MgSO_4·H_2O$				5.6936				1.4405		7.6816
$MgSO_4·2H_2O$				6.4348				1.6281		4.3407
$MgSO_4·4H_2O$				7.9172				2.0032		2.6704
$MgSO_4·5H_2O$				8.6584				2.1907		2.3363
$MgSO_4·6H_2O$				9.3996				2.3782		2.1136
$MgSO_4·7H_2O$				10.1409				2.5657		1.9545
$CaSO_4·2H_2O$					4.2958			1.7923		4.7786
$Li_2B_4O_7·3H_2O$	16.0758								1.4376	4.1292
$Na_2B_4O_7·10H_2O$		8.2946							2.4568	2.1170
$K_2B_4O_7·5H_2O$			4.1371						2.0840	3.5915
$MgB_4O_7·9H_2O$				14.0579					2.2010	3.7933
$LiCl·MgCl_2·7H_2O$	37.9931			10.8500			2.4794			2.0912
$KCl·MgCl_2·6H_2O$			7.1066	11.4319			2.6124			2.5706
$K_3Na(SO_4)_2$		14.4590	2.8340					1.7302		
$K_2SO_4·2MgSO_4$			5.3072	8.5373				1.4400		
$K_2SO_4·MgSO_4·4H_2O$			4.6894	15.0870				1.9086		5.0887
$K_2SO_4·MgSO_4·6H_2O$			5.1501	16.5694				2.0961		3.7257
$Na_2SO_4·MgSO_4·4H_2O$		7.2743		13.7615				1.7409		4.6416
$K_2SO_4·CaSO_4·H_2O$			4.1999		8.1943			1.7094		18.2300

附录五　常见天然盐类及其离子的标准化学位

固液相化学物种	固相的代号	化学式	$\mu_i^\ominus/RT$
水（液态）		H_2O	−95.6635
锂离子		Li^+	−118.0439
钠离子		Na^+	−105.651
钾离子		K^+	−113.957
镁离子		Mg^{2+}	−183.468
钙离子		Ca^{2+}	−222.30
氯离子		Cl^-	−52.955
硫酸根离子		SO_4^{2-}	−300.386
碳酸根离子		CO_3^{2-}	−212.944
碳酸氢根离子		HCO_3^-	−236.751

续表

固液相化学物种	固相的代号	化学式	$\mu_i^{\ominus}/RT$
硬石膏	Anh	$CaSO_4$	−533.73
硫酸钾石	Ap	$NaK_3(SO_4)_2$	−1057.05
硫酸钾	Ar	K_2SO_4	−532.39
水氯镁石	Bis	$MgCl_2\cdot 6H_2O$	−853.1
白钠镁矾	Ast	$Na_2Mg(SO_4)_2\cdot 4H_2O$	−1383.6
光卤石	Car	$KCl\cdot MgCl_2\cdot 6H_2O$	−1020.3
锂复盐 1	Db1	$Li_2SO_4\cdot 3NaSO_4\cdot 12H_2O$	−3227.404
锂复盐 2	Db2	$Li_2SO_4\cdot NaSO_4$	−1048.74
锂复盐 3	Db3	$2Li_2SO_4\cdot NaSO_4\cdot K_2SO_4$	−2123.250
锂复盐 4	Db4	$Li_2SO_4\cdot K_2SO_4$	−1070.979
七水硫酸镁	Eps	$MgSO_4\cdot 7H_2O$	−1157.833
一水硫酸镁	Kie	$MgSO_4\cdot H_2O$	−579.80
氯化钠	H	$NaCl$	−154.99
六水硫酸镁	Hex	$MgSO_4\cdot 6H_2O$	−1061.563
碳酸氢钠		$NaHCO_3$	−343.33
十水碳酸钠		$Na_2CO_3\cdot 10H_2O$	−1382.78
钾盐镁矾	Kai	$KCl\cdot MgSO_4\cdot 3H_2O$	−938.2
钾镁矾	Leo	$K_2SO_4\cdot MgSO_4\cdot 4H_2O$	−1403.97
四水硫酸镁	Lh	$MgSO_4\cdot 4H_2O$	−868.457
锂光卤石	LiC	$LiCl\cdot MgCl_2\cdot 7H_2O$	−1108.343
一水氯化锂	Lc	$LiCl\cdot H_2O$	−254.5962
一水硫酸锂	Ls	$Li_2SO_4\cdot H_2O$	−631.1121
芒硝	Mir	$Na_2SO_4\cdot 10H_2O$	−1471.15
五水硫酸镁	Pt	$MgSO_4\cdot 5H_2O$	−965.084
软钾镁矾	Pic	$K_2SO_4\cdot MgSO_4\cdot 6H_2O$	−1596.1
氯化钾	Syl	KCl	−164.84
无水硫酸钠	Th	Na_2SO_4	−512.35

附录六 常见电解质 Pitzer 参数

（1）1-1 电解质的 Pitzer 参数

化合物	$\beta^{(0)}$	$\beta^{(1)}$	C^{ϕ}	m_{max}	σ	R
HF	0.02212	0.40156	−0.00018	20.000	0.00305	0.9996
HCl	0.20332	−0.01668	−0.00372	16.000	0.01443	0.9999
HBr	0.24153	−0.16119	−0.00101	11.000	0.02920	0.9994
HI	0.23993	0.28351	0.00138	10.000	0.01593	0.9998
$HClO_4$	0.21617	−0.22769	0.00192	16.000	0.03618	0.9996
HNO_3	0.08830	0.48338	−0.00233	28.000	0.02764	0.9960
LiCl	0.20972	−0.34380	−0.00433	19.219	0.05339	0.9982
LiBr	0.24554	−0.44244	−0.00293	20.000	0.09391	0.9974
LiI	0.14661	0.75394	0.02126	3.000	0.00155	0.9999

续表

化合物	$\beta^{(0)}$	$\beta^{(1)}$	C^{ϕ}	m_{max}	σ	R
LiOH	0.05085	−0.07247	−0.00337	5.000	0.00494	0.9959
$LiClO_4$	0.20400	0.32251	−0.00118	4.500	0.00157	1.0000
$LiNO_3$	0.13008	0.04957	−0.00382	20.000	0.00639	0.9999
NaF	0.03183	0.18697	−0.00840	1.000	0.00029	0.9999
NaCl	0.07722	0.25183	0.00106	6.144	0.00064	1.0000
NaBr	0.11077	0.13760	−0.00153	9.000	0.00448	0.9999
NaI	0.13463	0.19479	−0.00117	12.000	0.00924	0.9998
NaOH	0.17067	−0.08411	−0.00342	29.000	0.08591	0.9950
$NaClO_4$	0.25446	0.27569	−0.00102	6.000	0.00101	0.9999
$NaNO_3$	0.00388	0.21151	−0.00006	10.830	0.00073	0.9985
NaH_2PO_4	−0.04746	−0.07586	0.00659	6.500	0.00407	0.9910
KF	0.10013	−0.02175	−0.00159	17.500	0.02093	0.9989
KCl	0.04661	0.22341	−0.00044	4.803	0.00036	1.0000
KBr	0.05592	0.22094	−0.00162	5.500	0.00036	1.0000
KI	0.07253	0.27710	−0.00381	4.500	0.00060	0.9999
KOH	0.17501	−0.01634	−0.00267	20.000	0.02650	0.9995
$KClO_4$	−0.09193	0.23343	–	0.700	0.00023	0.9999
KNO_3	−0.08511	0.10518	0.00773	3.500	0.00042	1.0000
KH_2PO_4	−0.11411	0.06898	0.20690	1.800	0.00024	1.0000
KCNS	0.03891	0.25361	−0.00192	5.000	0.00062	0.9999
RbCl	0.04660	0.12983	−0.00163	7.800	0.00129	0.9999
RbBr	0.03868	0.16723	−0.00123	5.000	0.00048	0.9999
RbI	0.03902	0.15224	−0.00095	5.000	0.00035	1.0000
$RbNO_3$	−0.08174	−0.03175	0.00624	4.500	0.00226	0.9996
CsCl	0.03643	−0.01169	−0.00096	11.000	0.00365	0.9993
CsBr	0.02311	0.04587	0.00092	5.000	0.00141	0.9995
$CsNO_3$	−0.13004	0.08169	0.03018	1.500	0.00057	0.9999
CsOH	0.14768	0.34572	−0.00819	1.200	0.00037	1.0000
$AgNO_3$	−0.07102	−0.16793	0.00322	13.000	0.00823	0.9984
TlCl	-3.16406	-2.43821	–	0.010	0.00024	0.9996
NH_4Cl	0.05191	0.17937	−0.00301	7.405	0.00093	0.9999
NH_4NO_3	−0.01476	0.13826	0.00029	25.954	0.00538	0.9977
NH_4SCN	0.00528	−0.34080	−0.00036	23.431	0.00490	0.9822

（2）1-2 型或 2-1 型电解质的 Pitzer 参数

化合物	$\beta^{(0)}$	$\beta^{(1)}$	C^{ϕ}	m_{max}	σ	R
H_2SO_4	0.14098	−0.56843	−0.00237	27.500	0.04874	0.9984
Li_2SO_4	0.14473	1.29952	−0.00616	3.000	0.00448	0.9996
Na_2SO_4	0.04604	0.93350	−0.00483	1.750	0.00112	0.9996
Na_2SO_3	0.08015	1.18500	−0.00436	2.000	0.00187	0.9996
Na_2CO_3	0.05306	1.29262	0.00094	2.750	0.00257	0.9993
Na_2HPO_4	−0.02169	1.24472	0.00726	2.000	0.00052	0.9997
Na_2CrO_4	0.06526	1.63256	0.00884	4.250	0.00512	0.9997
K_2SO_4	0.07548	0.44371	—	0.692	0.00136	0.9990
K_2HPO_4	0.05307	1.10271	—	0.800	0.00049	0.9999

续表

化合物	$\beta^{(0)}$	$\beta^{(1)}$	C^{ϕ}	m_{max}	σ	R
K_2CrO_4	0.07702	1.22681	−0.00095	3.250	0.00274	0.9997
$K_2Cr_2O_7$	−0.01111	2.33306	—	0.507	0.01552	0.9144
Rb_2SO_4	0.09123	0.77863	−0.01282	1.500	0.00097	0.9999
Cs_2SO_4	0.14174	0.69456	−0.02686	1.831	0.00113	0.9999
$(NH_4)_2SO_4$	0.04841	1.13240	−0.00155	5.500	0.00185	0.9996
$(NH_4)_2HPO_4$	−0.04250	−0.69871	0.00527	3.000	0.00155	0.9990
$MgCl_2$	0.35573	1.61738	0.00474	5.750	0.00360	1.0000
$MgBr_2$	0.43460	1.73184	0.00275	5.610	0.00585	1.0000
$Mg(ClO_4)_2$	0.49753	1.79492	0.00875	4.000	0.00661	0.9999
$CaCl_2$	0.32579	1.38412	−0.00174	6.000	0.01582	0.9998
$CaBr_2$	0.33899	2.04551	0.01067	6.000	0.00715	1.0000
CaI_2	0.43255	1.84879	0.00085	1.915	0.00162	1.0000
$Ca(NO_3)_2$	0.17030	2.02106	−0.00690	6.000	0.01346	0.9987
$SrCl_2$	0.28170	1.61666	−0.00071	3.500	0.00392	0.9999
$SrBr_2$	0.32410	1.78223	0.00344	2.100	0.00086	1.0000
$BaCl_2$	0.29073	1.24998	−0.03046	1.785	0.00147	0.9999
$BaBr_2$	0.31552	1.57056	−0.01610	2.300	0.00269	0.9999
$MnCl_2$	0.29486	2.01251	−0.01528	7.500	0.02434	0.9990
$MnBr_2$	0.44655	1.34477	−0.02269	5.640	0.00546	0.9999
$NiCl_2$	0.39304	0.99773	−0.01658	5.500	0.01886	0.9998
$NiBr_2$	0.44305	1.48323	−0.00590	4.500	0.00866	0.9999
$CoCl_2$	0.37351	1.25999	−0.01803	4.000	0.00711	0.9999
$CoBr_2$	0.47172	0.98425	−0.01716	5.750	0.02159	0.9997
$Co(NO_3)_2$	0.30654	1.80197	−0.00649	5.500	0.00491	0.9999
$CuCl_2$	0.23052	2.20897	−0.01639	5.750	0.00664	0.9976
$FeCl_2$	0.35011	1.40092	−0.01412	2.000	0.00182	1.0000
$ZnCl_2$	0.08887	2.94869	0.00095	10.000	0.01442	0.9995
$Zn(ClO_4)_2$	0.52365	1.46569	0.00748	4.300	0.01012	0.9999
$Zn(NO_3)_2$	0.32587	1.90781	−0.00842	6.750	0.00283	1.0000
$CdCl_2$	0.01624	0.43945	0.00109	6.000	0.00108	0.9998
$CdBr_2$	0.02087	−0.86302	0.00284	4.000	0.00370	0.9989
$PbCl_2$	0.08010	−2.57126	–	0.039	0.00375	0.9833

（3）3-1 型或 4-1 型电解质的 Pitzer 参数

化合物	$\beta^{(0)}$	$\beta^{(1)}$	C^{ϕ}	m_{max}	σ	R
$LaCl_3$	0.59602	5.6000	−0.02464	3.800	0.0083	0.9999
$La(ClO_4)_3$	0.83815	6.5333	−0.01288	4.500	0.0269	0.9998
$La(NO_3)_2$	0.30507	5.1333	−0.01750	4.000	0.0314	0.9963
$NdCl_3$	0.58674	5.6000	−0.01882	3.800	0.0102	0.9999
$SmCl_3$	0.59361	5.6000	−0.01914	3.600	0.0035	0.9999
$Ga(ClO_4)_3$	0.78535	5.2055	0.04202	2.000	0.0072	0.9999
$GdCl_3$	0.61142	5.6000	−0.01924	3.400	0.0084	0.9999
$TbCl_3$	0.62231	5.6000	−0.01923	3.400	0.0088	0.9999
$AlCl_3$	0.68627	6.0203	0.00810	1.800	0.0088	0.9999
$ScCl_3$	0.72087	6.5317	0.03367	1.800	0.0044	0.9999
$K_4Fe(CN)_6$	−0.00638	−10.6019	—	0.900	0.0155	0.9799
$ThCl_4$	0.47146	−9.4843	−0.00078	1.800	0.0179	0.9994

（4）某些 2-2 型电解质的 Pitzer 参数

化合物	$\beta^{(0)}$	$\beta^{(1)}$	$\beta^{(2)}$	C^{ϕ}	m_{max}	σ	R
$CuSO_4$	0.20458	2.7490	−42.038	0.01886	1.400	0.00175	0.9999
$ZnSO_4$	0.18404	3.0310	−27.709	0.03286	3.500	0.00212	1.0000
$CdSO_4$	0.20948	2.6474	−44.473	0.01021	3.500	0.00265	0.9999
$NiSO_4$	0.15471	3.0769	−37.593	0.04301	2.500	0.00310	0.9999
$MgSO_4$	0.22438	3.3067	−40.493	0.02512	3.000	0.00346	0.9999
$MnSO_4$	0.20563	2.9362	−38.931	0.01650	4.000	0.00470	0.9999
$BeSO_4$	0.31982	3.0540	−77.689	0.00598	4.000	0.00421	0.9999
UO_4SO_4	0.33190	2.4208	98.958	−0.01789	6.000	0.00224	1.0000
$CaSO_4$	0.20000	3.7762	−58.388	—	0.020	0.00460	0.9863
$CoSO_4$	0.20000	2.9709	−28.752	—	0.100	0.00248	0.9992

（5）电解质的 Pitzer 混合离子作用参数

体系	实验数据	最大离子强度	θ 和 ψ 为零时的 σ	θ	ψ	θ 和 ψ 不等于零时的 σ
HCl − LiCl	lnγ	5	0.023	0.015	0.000	0.007
HBr − LiBr	lnγ	2.5	0.027	0.015	0.000	0.011
$HClO_4$ − $LiClO_4$	Φ	4.5	0.006	0.15	−0.0017	0.001
HCl − NaCl	lnγ	3	0.040	0.036	−0.004	0.002
HBr − NaBr	lnγ	3	0.028	0.036	−0.012	0.002
$HClO_4$ − $NaClO_4$	Φ	5	0.025	0.036	−0.016	0.002
HCl − KCl	lnγ	3.5	0.014	0.005	−0.007	0.010
HBr − KBr	lnγ	3	0.030	0.005	−0.021	0.008
HCl − CsCl	lnγ	3	0.082	−0.044	−0.019	0.005
HCl − NH_4Cl	lnγ	2		−0.019	0.000	
HBr − NH_4Br	lnγ	3.0		−0.019	0.000	
HCl − Me_4NCl	lnγ	0.1	0.003	−0.0		0.003
HCl − Et_4NCl	lnγ	0.1	0.003	−0.0		0.003
HBr − Pr_4NBr	lnγ	2.0		−0.17	−0.15	
HBr − Bu_4NBr	lnγ	1.0		−0.22		
LiCl − NaCl	Φ	6	0.002	0.012	−0.003	0.001
$LiNO_3$ − $NaNO_3$	Φ	6	0.014	0.012	−0.0072	0.002
$LiClO_4$ − $NaClO_4$	Φ	2.6	0.003	0.012	−0.0080	0.001
LiOAC − NaOAC	Φ	3.5	0.004	0.012	−0.0043	0.002
LiCl − KCl	Φ	4.8	0.045	−0.022	−0.010	0.003
LiCl − CsCl	Φ	5	0.100	−0.095	−0.0094	0.004
NaCl − KI	Φ	4.8	0.014	−0.012	−0.0018	0.001
NaBr − KBr	Φ	4	0.009	−0.012	−0.0022	0.003
$NaNO_3$ − KNO_3	Φ	3.3	0.008	−0.012	−0.0012	0.001
Na_2SO_4 − K_2SO_4	Φ	3.6	0.011	−0.012	−0.010	0.004
NaCl − CsCl	Φ	7	0.03	−0.03886	−0.00135	0.001
KCl − CsCl	Φ	5	0.003	0.000	−0.0013	0.001
NaCl − NaF	lnγ	1	0.00	—	—	—
NaCl − NaBr	Φ	4.4	0.001	0.000	0.000	0.001
KCl − KBr	Φ	4.4	0.002	0.000	0.000	0.002
NaCl − NaOH	ln(γ/γ′)	3	0.155	−0.050	−0.006	0.002

续表

体系	实验数据	最大离子强度	θ和ψ为零时的σ	θ	ψ	θ和ψ不等于零时的σ
KCl − KOH	ln(γ/γ′)	3.5	0.196	−0.50	−0.008	0.008
NaBr − NaOH	ln(γ/γ′)	3	0.225	−0.065	−0.018	0.009
KBr − KOH	ln(γ/γ′)	3	0.212	−0.065	−0.014	0.012
$LiCl - LiNO_3$	Φ	6	0.008	0.016	−0.003	0.004
$NaCl - NaNO_3$	Φ	5	0.007	0.016	−0.006	0.001
$KCl - KNO_3$	Φ	4	0.003	0.016	−0.006	0.001
$MgCl_2 - Mg(NO_3)_2$	Φ	4	0.008	0.016	0.000	0.002
$CaCl_2 - Ca(NO_3)_2$	Φ	6	0.014	0.016	−0.017	0.003
$NaCl - NaH_2PO_4$	Φ	1	—	0.10	0.00	—
$KCl - KH_2PO_4$	Φ	1	—	0.10	−0.001	—

（6）电解质 Pitzer 混合离子作用参数

C	C′	$\theta_{CC'}$	$\psi_{CC'Cl}$	$\psi_{CC'SO_4}$	$\psi_{CC'HSO_4}$	$\psi_{CC'OH}$	$\psi_{CC'HCO_3}$	$\psi_{CC'CO_3}$
Li	Na	0.02016	−0.007416	−0.007774	—	—	—	—
	K	−0.05075	−0.005908 7	−0.007970	—	—	—	—
	Mg	0.010196	−0.000594 7	0.005700	—	—	—	—
Na	K	−0.012	−0.0018	−0.010	—	—	−0.03	0.003
	Ca	0.07	−0.007	−0.055	—	—	—	—
	Mg	0.07	−0.012	−0.015	—	—	—	—
	H	0.036	−0.004	—	−0.01	—	—	—
K	Ca	0.032	−0.025	—	—	—	—	—
	Mg	0	−0.022	−0.048	—	—	—	—
	H	0.005	−0.011	0.197	−0.0265	—	—	—
Ca	Mg	0.007	−0.012	0.024	—	—	—	—
	H	0.092	−0.015	—	—	—	—	—
Mg	MgOH	-	0.028	—	—	—	—	—
	H	0.10	−0.011	—	−0.0178	—	—	—
A	A′	$\theta_{AA'}$	$\Psi_{AA'Na}$	$\Psi_{AA'K}$	$\Psi_{AA'Ca}$	$\Psi_{AA'Mg}$	$\Psi_{AA'Li}$	$\Psi_{AA'H}$
Cl	SO_4	0.02	0.0014	—	−0.018	−0.004	−0.01236*	-
Cl	HSO_4	−0.006	−0.006	—	—	—	—	0.013
Cl	OH	−0.050	−0.006	−0.006	−0.025	—	—	—
Cl	HCO_3	0.03	−0.015	—	—	−0.096	—	—
Cl	CO_3	−0.02	0.0085	0.004	—	—	—	—
SO_4	HSO_4	-	−0.0094	−0.0677	—	−0.0425	—	—
SO_4	OH	−0.013	−0.009	−0.050	—	—	—	—
SO_4	HCO_3	0.01	−0.005	—	—	−0.161	—	—
SO_4	CO_3	0.02	−0.005	−0.009	—	—	—	—
OH	CO_3	0.10	−0.017	−0.01	—	—	—	—
HCO_3	CO_3	−0.04	0.002	0.012	—	—	—	—

（7）电解质的 Pitzer 参数

分子式	$\beta^{(0)}$	$\beta^{(1)}$	$\beta^{(2)}$	C^{ϕ}	
	0.1494	0.3074	—	0.00359	Pitzer(7.0 m)
$LiCl$	0.20972	−0.34380	—	−0.00433	Kim(19.219 m)
	0.20818	−0.07264	—	−0.004241	宋彭生(19.219 m)
	0.1817	1.694	—	−0.00753	Pitzer(3.0 m)
Li_2SO_4	0.14473	1.29952	—	−0.00616	Kim(3.0 m)
	0.14396	1.17736	—	−0.005710	宋彭生(3.140 m)
$NaCl$	0.0765	0.2664	—	0.00127	
Na_2SO_4	0.01958	1.113	—	0.00497	
$NaHSO_4$	0.0454	0.398	—	—	
$NaOH$	0.0864	0.253	—	0.0044	
$NaHCO_3$	0.0277	0.0411	—	—	
Na_2CO_3	0.0399	1.389	—	0.0044	
KCl	0.04835	0.2122	—	−0.00084	
K_2SO_4	0.04995	0.7793	—	—	
$KHSO_4$	−0.0003	0.1735	—	—	
KOH	0.1298	0.320	—	0.0041	
$KHCO_3$	0.0296	−0.013	—	−0.008	
K_2CO_3	0.1488	1.43	—	−0.0015	
$CaCl_2$	0.3159	1.614	—	−0.00034	
$CaSO_4$	0.20	3.1973	−54.24	—	
$Ca(HSO_4)_2$	0.2145	2.53	—	—	
$Ca(OH)_2$	−0.1747	−0.2303	−5.72	—	
$Ca(HCO_3)_2$	0.4	2.977	—	—	
$MgCl_2$	0.35235	1.6815	—	0.00519	
$MgSO_4$	0.2210	3.343	−37.23	0.025	
$Mg(HSO_4)_2$	0.4746	1.729	—	—	
$Mg(HCO_3)_2$	0.329	0.6072	—	—	
$Mg(OH)Cl$	−0.10	1.658	—	—	
HCl	0.1775	0.2945	—	0.0008	
HSO_4	0.0298	—	—	0.0438	
H_2SO_4	0.2065	0.5556	—	—	

附录七 盐类矿物光性鉴定表

（1）均质体

矿物名称	化学式	N
钾石盐	KCl	1.490
石盐	$NaCl$	1.544
卤砂	NH_4Cl	1.639
盐镁芒硝	$Na_{21}Mg(SO_4)_{10}Cl_3$	1.488

续表

矿物名称	化学式	N
无水钾镁矾	$K_2SO_4 \cdot 2MgSO_4$	1.535
钡硝石	$Ba(NO_3)_2$	1.571
偏硼石	HBO_2	1.618
氯化锂	$LiCl$	1.663

（2）一轴晶

矿物名称	化学式	N_e	N_o	光性符号
冰	$H_2O(-3℃)$	1.3105	1.3091	+
三方硼砂	$Na_2B_4O_7 \cdot 5H_2O$	1.474	1.461	+
碳酸芒硝	$9Na_2SO_4 \cdot 2Na_2CO_3 \cdot KCl$	1.461	1.481	−
钾芒硝	$Na_2SO_4 \cdot 3K_2SO_4$	1.4981	1.4886	+
		1.496	1.490	+
钠镁矾	$6Na_2SO_4 \cdot 7MgSO_4 \cdot 15H_2O$	1.490	1.473	+
		1.471	1.490	−
硫酸镁	$MgSO_4$	1.560	1.540	+
三方硼镁石	$MgB_6O_{10} \cdot 7.5H_2O$	1.464	1.507	−
		1.4638	1.5076	−
氯硼钠石	$2NaBO_2 \cdot 2NaCl \cdot 4H_2O$	1.503	1.519	−
单水方解石	$CaCO_3 \cdot H_2O$	1.590	1.545	+
南极石	$CaCl_2 \cdot 6H_2O$	1.495	1.550	−
方解石	$CaCO_3$	1.495	1.657	−
		1.487	1.658	−
半水石膏	$CaSO_4 \cdot 1/2H_2O$	1.586	1.558	+
柱硼镁石	$MgB_2O_4 \cdot 3H_2O$	1.576	1.565	+
硫锶钾石	$K_2SO_4 \cdot SrSO_4$	1.549	1.569	−
钠硝石	$NaNO_3$	1.336	1.587	−
白云石	$CaCO_3 \cdot MgCO_3$	1.500	1.679	−
益晶石	$CaCl_2 \cdot 2MgCl_2 \cdot 12H_2O$	1.512	1.520	−
硫酸锂钠	$Li_2SO_4 \cdot Na_2SO_4$	1.497	1.488	+
十二水硫酸锂钠	$Li_2SO_4 \cdot Na_2SO_4 \cdot 12H_2O$	1.460	1.464	−
硫酸锂钾	$Li_2SO_4 \cdot K_2SO_4$	1.471	1.474	−
锂光卤石	$LiCl \cdot MgCl_2 \cdot 7H_2O$	1.4821	1.4712	+
		1.492	1.464	+
偏硼酸锂	$LiBO_2 \cdot 8H_2O$	<1.4571	1.4375	+

（3）二轴晶正光性

矿物名称	化学式	N_g	N_m	N_p	$2V$
史硼钠石	$NaB_5O_8 \cdot 5H_2O$	1.509	1.438	1.431	35°
软钾镁矾	$K_2SO_4 \cdot MgSO_4 \cdot 6H_2O$	1.4755	1.4629	1.4607	48°
		1.472	1.462	1.460	48°
多水菱镁矿	$MgCO_3 \cdot 5H_2O$	1.507	1.468	1.456	59°30′
光卤石	$KCl \cdot MgCl_2 \cdot 6H_2O$	1.4937	1.4753	1.4665	68°48′

续表

矿物名称	化学式	N_g	N_m	N_p	2V
无水芒硝	Na_2SO_4	1.484	1.477	1.471	85°
		1.481	1.476	1.469	85°
孔矾钠石	$Na_2SO_4 \cdot MgSO_4 \cdot 5H_2O$	1.474	1.468	1.464	74°
钾镁矾	$K_2SO_4 \cdot MgSO_4 \cdot 4H_2O$	1.487	1.482	1.479	≈90°
		1.490	1.487	1.483	≈90°
		1.490	1.487	1.483	≈90°
多水硼镁石	$Mg_2B_6O_{11} \cdot 15H_2O$	1.5055	1.4920	1.4887	52°
		1.505	1.491	1.488	37°
硫镁矾	$MgSO_4 \cdot H_2O$	1.584	1.533	1.520	55°
四水泻盐	$MgSO_4 \cdot 4H_2O$	1.497	1.491	1.490	50°
硫钾石	K_2SO_4	1.4973	1.4947	1.4935	67°20′
高硼钙石	$CaB_6O_{10} \cdot 5H_2O$	1.550	1.501	1.484	63°
水氯镁石	$MgCl_2 \cdot 6H_2O$	1.528	1.507	1.495	79°
		1.519	1.506	1.492	
诺硼钙石	$CaB_6O_{10} \cdot 4H_2O$	1.555	1.521	1.501	76°
石膏	$CaSO_4 \cdot 2H_2O$	1.530	1.523	1.521	58°
硬石膏	$CaSO_4$	1.614	1.575	1.570	43°41′
氯钙石	$CaCl_2$	1.613	1.605	1.600	小
天青石	$SrSO_4$	1.631	1.624	1.622	50°25′
重晶石	$BaSO_4$	1.648	1.637	1.636	37°02′
一水氯化锂	$LiCl \cdot H_2O$		1.5820	1.5748	75°
四水四硼酸钾	$K_2B_4O_7 \cdot 4H_2O$	1.4786	1.4710	1.4630	40°～50°
史硼钠石	$NaB_5O_8 \cdot 5H_2O$	1.509	1.428	1.431	35°

（4）二轴晶负光性

矿物名称	化学式	N_g	N_m	N_p	2V
芒硝	$Na_2SO_4 \cdot 10H_2O$	1.398	1.396	1.394	76°
苏打	$Na_2CO_3 \cdot 10H_2O$	1.440	1.425	1.405	71°
重碳钠盐	$NaHCO_3$	1.583	1.503	1.377	75°
水碱	$Na_2CO_3 \cdot H_2O$	1.524	1.506	1.420	48°
天然碱	$Na_2CO_3 \cdot NaHCO_3 \cdot 2H_2O$	1.540	1.492	1.412	76°16′
硼砂	$Na_2B_4O_7 \cdot 10H_2O$	1.4709	1.4664	1.4458	39°58′
贫水硼砂	$Na_2B_4O_7 \cdot 4H_2O$	1.488	1.472	1.454	80°
四水硼钠石	$Na_2B_6O_{10} \cdot 4H_2O$	1.538	1.528	1.429	33°
白钠镁矾	$Na_2SO_4 \cdot MgSO_4 \cdot 4H_2O$	1.487	1.486	1.484	71°
		1.492	1.488	1.484	71°
无水钠镁矾	$3Na_2SO_4 \cdot MgSO_4$	1.4893	1.4876	1.4855	84°
钙芒硝	$Na_2SO_4 \cdot CaSO_4$	1.536	1.535	1.515	7°
章氏硼镁石	$MgB_4O_7 \cdot 9H_2O$	1.4889	1.4851	1.4415	36°
库水硼镁石	$Mg_2B_6O_{11} \cdot 15H_2O$	1.5245	1.5100	1.4908	80°
六水泻盐	$MgSO_4 \cdot 6H_2O$	1.456	1.453	1.426	38°

续表

矿物名称	化学式	N_g	N_m	N_p	2V
泻利盐	$MgSO_4·7H_2O$	1.4609	1.4554	1.4235	52°
五水泻盐	$MgSO_4·5H_2O$	1.518	1.512	1.495	55°
		1.493	1.492	1.482	55°
二水泻盐	$MgSO_4·2H_2O$	1.547	1.493	1.490	大
硫镁矾	$MgSO_4·H_2O$	1.584	1.533	1.520	55°
三水菱镁矿	$MgCO_3·3H_2O$	1.527	1.503	1.417	53°3′
镁硝石	$Mg(NO_3)_2·6H_2O$	1.506	1.506	1.340	5°
钙硝石	$Ca(NO_3)_2·4H_2O$	1.504	1.498	1.465	50°
六水方解石	$CaCO_3·6H_2O$	1.545	1.535	1.460	38°
文石	$CaCO_3$	1.686	1.681	1.530	18°
		1.6852	1.6807	1.5306	18°15′
四水氯化钙	$CaCl_2·4H_2O$	1.566	1.551	1.548	40°～50°
钾硝石	KNO_3	1.504	1.504	1.332	7°
钾盐镁矾	$KCl·MgSO_4·2.75H_2O$	1.516	1.505	1.494	85°
重碳钾盐	$KHCO_3$	1.578	1.482	1.380	81.5°
菱锶矿	$SrCO_3$	1.6685	1.6666	1.5199	7°07′
一水硫酸锂	$Li_2SO_4·H_2O$	1.487	1.477	1.460	60°
铵光卤石	$NH_4Cl·MgCl_2·6H_2O$	1.4920	1.4839	1.4765	>80°

附录八 海水体系稳定相平衡数据

（1）$NaCl-H_2O$

温度/℃	液相组成，w_B/%	固相	温度/℃	液相组成，w_B/%	固相
0	0	冰	20	26.4	NaCl
−5	7.9	冰	25	26.45	NaCl
−10	14.0	冰	40	26.7	NaCl
−15	18.9	冰	50	26.9	NaCl
−21.2	23.3	冰+$NaCl·2H_2O$	75	27.45	NaCl
−15	24.2	$NaCl·2H_2O$	100	28.25	NaCl
−10	24.9	$NaCl·2H_2O$	125	29.0	NaCl
−5	25.6	$NaCl·2H_2O$	200	31.5	NaCl
0.15	26.3	$NaCl·2H_2O$+NaCl	500	55	NaCl
10	26.3	NaCl	800	100	NaCl

注：源自 В. В. ВЯЗОВОВА, А. Д. ПЕЛЬША. ЭКСПЕРИМЕНТАЛЬНЫХ ДАННЫХ ПО РАСТВОРИМОСТИ СОЛЕВЫХ СИСТЕМ(ТОМ Ⅲ)[M]. ЛЕНИНГРАД: ГОСУДАРСТВЕННОЕ НАУЧНО-ТЕХНИЧЕСКОЕ ИЗДАТЕЛЬСТВО, 1961, 1721-1722.

（2）$KCl-H_2O$

温度/℃	液相组成，w_B/%	固相	温度/℃	液相组成，w_B/%	固相
0	0	冰	40	28.7	KCl
−2.3	5.0	冰	60	31.4	KCl
−5.0	10.5	冰	80	33.8	KCl
−7.6	15.0	冰	100	35.9	KCl
−10.0	18.8	冰	150	40.5	KCl
−10.8	19.9	冰+KCl（介稳）	200	44.9	KCl
−10.6	19.7	冰+$KCl\cdot H_2O$	300	54.0	KCl
−9.0	20.0	$KCl\cdot H_2O$	400	63.4	KCl
-6.6	20.65	$KCl\cdot H_2O$+KCl	500	73.1	KCl
−5	20.95	KCl	600	83.0	KCl
0	21.9	KCl	700	93.0	KCl
10	23.8	KCl	770	100.0	KCl
20	25.6	KCl			

注：源自 В. В. ВЯЗОВОВА, А. Д. ПЕЛЬША. ЭКСПЕРИМЕНТАЛЬНЫХ ДАННЫХ ПО РАСТВОРИМОСТИ СОЛЕВЫХ СИСТЕМ(ТОМ Ⅲ)[M]. ЛЕНИНГРАД: ГОСУДАРСТВЕННОЕ НАУЧНО-ТЕХНИЧЕСКОЕ ИЗДАТЕЛЬСТВО, 1961, 2020-2021.

（3）$MgCl_2-H_2O$

温度/℃	液相组成，w_B/%	固相	温度/℃	液相组成，w_B/%	固相
0	0	冰	75	39.2	$MgCl_2\cdot 6H_2O$
−10	11.7	冰	100	42.2	$MgCl_2\cdot 6H_2O$
−20	16.9	冰	116.7	46.5	$MgCl_2\cdot 6H_2O+MgCl_2\cdot 4H_2O$
−33.5	21.0	冰+$MgCl_2\cdot 12H_2O$	125	47.0	$MgCl_2\cdot 4H_2O$
−25	24.2	$MgCl_2\cdot 12H_2O$	150	48.8	$MgCl_2\cdot 4H_2O$
−16.3	30.6	$MgCl_2\cdot 12H_2O$	175	52.0	$MgCl_2\cdot 4H_2O$
−16.7	32.2	$MgCl_2\cdot 12H_2O+MgCl_2\cdot 8H_2O$	181	55.7	$MgCl_2\cdot 4H_2O+MgCl_2\cdot 2H_2O$
−10	33.4	$MgCl_2\cdot 8H_2O$	200	57.5	$MgCl_2\cdot 2H_2O$
−3.4	34.6	$MgCl_2\cdot 8H_2O+MgCl_2\cdot 6H_2O$	250	63.0	$MgCl_2\cdot 2H_2O$
25	35.7	$MgCl_2\cdot 6H_2O$	300	67.8	$MgCl_2\cdot 2H_2O$
50	37.4	$MgCl_2\cdot 6H_2O$			

注：源自 А. Д. ПЕЛЬША. ЭКСПЕРИМЕНТАЛЬНЫХ ДАННЫХ ПО РАСТВОРИМОСТИ СОЛЕВЫХ СИСТЕМ(ТОМ Ⅳ)[M]. ЛЕНИНГРАД: ГОСУДАРСТВЕННОЕ НАУЧНО-ТЕХНИЧЕСКОЕ ИЗДАТЕЛЬСТВО, 1963, 2431-2432.

（4）$Na_2SO_4-H_2O$

温度/℃	液相组成，w_B/%	固相	温度/℃	液相组成，w_B/%	固相
0	0	冰	32.38	33.25	$Na_2SO_4\cdot 10H_2O+Na_2SO_4$
−0.6	2.0	冰	50	31.8	Na_2SO_4
−1.2	4.0	冰+$Na_2SO_4\cdot 10H_2O$	75	30.3	Na_2SO_4
5	6.0	$Na_2SO_4\cdot 10H_2O$	100	29.7	Na_2SO_4
15	11.6	$Na_2SO_4\cdot 10H_2O$	125	29.5	Na_2SO_4
25	21.8	$Na_2SO_4\cdot 10H_2O$			

注：源自 В. В. ВЯЗОВОВА, А. Д. ПЕЛЬША. ЭКСПЕРИМЕНТАЛЬНЫХ ДАННЫХ ПО РАСТВОРИМОСТИ СОЛЕВЫХ СИСТЕМ(ТОМ Ⅲ)[M]. ЛЕНИНГРАД: ГОСУДАРСТВЕННОЕ НАУЧНО-ТЕХНИЧЕСКОЕ ИЗДАТЕЛЬСТВО, 1961, 1639-1640.

（5）$K_2SO_4-H_2O$

温度/℃	液相组成，w_B/%	固相	温度/℃	液相组成，w_B/%	固相
−0.50	2.5	冰	75	17.1	K_2SO_4
−1.12	5.0	冰	80	17.6	K_2SO_4
−1.55	6.5	冰+$K_2SO_4 \cdot H_2O$	90	18.6	K_2SO_4
0	6.7	$K_2SO_4 \cdot H_2O$	100	19.4	K_2SO_4
5	7.4	$K_2SO_4 \cdot H_2O$	125	21.2	K_2SO_4
9.7	8.47	$K_2SO_4 \cdot H_2O$+K_2SO_4	150	22.9	K_2SO_4
10	8.5	K_2SO_4	175	24.5	K_2SO_4
15	9.2	K_2SO_4	200	25.5	K_2SO_4
20	10.0	K_2SO_4	225	26.1	K_2SO_4
25	10.75	K_2SO_4	250	26.5	K_2SO_4
30	11.5	K_2SO_4	275	26.6	K_2SO_4
40	12.9	K_2SO_4	300	25.4	K_2SO_4
50	14.2	K_2SO_4	325	17.0	K_2SO_4
60	15.4	K_2SO_4	350	6.7	K_2SO_4
70	16.55	K_2SO_4	1070	100	K_2SO_4

注：源自 В. В. ВЯЗОВОВА, А. Д. ПЕЛЬША. ЭКСПЕРИМЕНТАЛЬНЫХ ДАННЫХ ПО РАСТВОРИМОСТИ СОЛЕВЫХ СИСТЕМ(ТОМ Ⅲ)[M]. ЛЕНИНГРАД: ГОСУДАРСТВЕННОЕ НАУЧНО-ТЕХНИЧЕСКОЕ ИЗДАТЕЛЬСТВО, 1961, 1930-1931.

（6）$MgSO_4-H_2O$

温度/℃	液相组成，w_B/%	固相	温度/℃	液相组成，w_B/%	固相
−0.8	5	冰	35	29.7	$MgSO_4 \cdot 7H_2O$
−1.8	10	冰	40	30.9	$MgSO_4 \cdot 7H_2O$
−3.2	15	冰	45	32.2	$MgSO_4 \cdot 7H_2O$
−4.8	18.6	冰+$MgSO_4 \cdot 12H_2O$	48.5	33.1	$MgSO_4 \cdot 7H_2O + MgSO_4 \cdot 6H_2O$
0	20.3	$MgSO_4 \cdot 12H_2O$	50	33.5	$MgSO_4 \cdot 6H_2O$
1.8	21.1	$MgSO_4 \cdot 12H_2O$+$MgSO_4 \cdot 7H_2O$	55	34.3	$MgSO_4 \cdot 6H_2O$
5	22.0	$MgSO_4 \cdot 7H_2O$	60	35.4	$MgSO_4 \cdot 6H_2O$
10	23.3	$MgSO_4 \cdot 7H_2O$	65	36.2	$MgSO_4 \cdot 6H_2O$
15	24.6	$MgSO_4 \cdot 7H_2O$	70	37.2	$MgSO_4 \cdot 6H_2O + MgSO_4 \cdot H_2O$
20	26.0	$MgSO_4 \cdot 7H_2O$	75	36.3	$MgSO_4 \cdot H_2O$
25	27.2	$MgSO_4 \cdot 7H_2O$	80	35.4	$MgSO_4 \cdot H_2O$
30	28.4	$MgSO_4 \cdot 7H_2O$			

注：源自 А. Д. ПЕЛЬША. ЭКСПЕРИМЕНТАЛЬНЫХ ДАННЫХ ПО РАСТВОРИМОСТИ СОЛЕВЫХ СИСТЕМ(ТОМ Ⅳ)[M]. ЛЕНИНГРАД: ГОСУДАРСТВЕННОЕ НАУЧНО-ТЕХНИЧЕСКОЕ ИЗДАТЕЛЬСТВО, 1963, 2411-2412.

（7）$Na^+, K^+ // Cl^- - H_2O$

温度/℃	液相组成，w_B/%			固相
	NaCl	KCl	H_2O	
−20	23.5	0	76.5	$NaCl \cdot 2H_2O$
	22.0	3	75	$NaCl \cdot 2H_2O$
	20.6	6.0	73.4	$NaCl \cdot 2H_2O + KCl$
	17.3	7.2	75.5	KCl

续表

温度/℃	液相组成，w_B/%			固相
	NaCl	KCl	H_2O	
−10	24.9	0	75.1	$NaCl\cdot 2H_2O$
	23.3	3	73.7	$NaCl\cdot 2H_2O$
	21.7	6.5	71.8	$NaCl\cdot 2H_2O + KCl$
	15	9.6	75.4	KCl
	10	12.6	77.4	KCl
	5	16.0	79	KCl
	0	19.8	80.2	KCl
0	26.3	0	73.7	NaCl
	23.55	5	71.45	NaCl
	22.35	7.35	70.3	NaCl + KCl
	20	8.5	71.5	KCl
	15	11.2	73.8	KCl
	10	14.3	75.7	KCl
	5	17.9	77.1	KCl
	0	21.9	78.1	KCl
10	26.3	0	73.7	NaCl
	23.6	5.0	71.4	NaCl
	21.5	8.9	69.6	NaCl + KCl
	15	12.5	72.5	KCl
	5	19.5	75.5	KCl
	0	23.75	76.25	KCl
20	26.4	0	73.6	NaCl
	23.7	5	71.3	NaCl
	20.7	10.4	68.9	NaCl + KCl
	15	13.85	71.15	KCl
	5	21.3	73.7	KCl
	0	25.6	74.4	KCl
25	26.45	0	73.55	NaCl
	23.75	5	71.25	NaCl
	21.0	10	69	NaCl
	20.4	11.15	68.45	NaCl + KCl
	20	11.3	68.7	KCl
	15	14.5	70.5	KCl
	10	18.2	71.8	KCl
	5	22.1	72.9	KCl
	0	26.45	73.55	KCl
30	26.5	0	73.5	NaCl
	23.8	5	71.2	NaCl
	20.1	11.85	68.05	NaCl + KCl
	15	15.1	69.9	KCl
	5	22.9	72.1	KCl
	0	27.2	72.8	KCl

续表

温度/℃	液相组成，w_B/%			固相
	NaCl	KCl	H_2O	
40	26.7	0	73.3	NaCl
	23.9	5	71.1	NaCl
	19.6	13.25	67.15	NaCl + KCl
	15	16.4	68.6	KCl
	5	24.3	70.7	KCl
	0	28.7	71.3	KCl
50	26.9	0	73.1	NaCl
	24.1	5	70.9	NaCl
	21.4	10	68.6	NaCl
	19.1	14.7	66.2	NaCl + KCl
	15	17.6	67.4	KCl
	10	21.5	68.5	KCl
	5	25.6	69.4	KCl
	0	30.1	69.9	KCl
60	27.1	0	72.9	NaCl
	24.3	5	70.7	NaCl
	19.15	15	65.85	NaCl
	18.6	16.15	65.25	NaCl + KCl
	15	18.7	66.3	KCl
	5	26.8	68.2	KCl
	0	31.4	68.6	KCl
70	27.3	0	72.7	NaCl
	24.6	5	70.4	NaCl
	19.3	15	65.7	NaCl
	18.0	17.6	64.4	NaCl + KCl
	15	19.8	65.2	KCl
	5	28.0	67	KCl
	0	32.6	67.4	KCl
75	27.45	0	72.55	NaCl
	24.7	5	70.3	NaCl
	22.0	10	68	NaCl
	19.4	15	65.6	NaCl
	17.75	18.35	63.9	NaCl + KCl
	15	20.3	64.7	KCl
	10	24.3	65.7	KCl
	5	28.6	66.4	KCl
	0	33.2	66.8	KCl
80	27.6	0	72.4	NaCl
	24.9	5	70.1	NaCl
	19.6	15	65.4	NaCl
	17.55	19.05	63.4	NaCl + KCl
	15	20.9	64.1	KCl
	5	29.2	65.8	KCl
	0	33.8	66.2	KCl

续表

温度/℃	液相组成，w_B/%			固相
	NaCl	KCl	H_2O	
90	27.9	0	72.1	NaCl
	25.1	5	69.9	NaCl
	19.9	15	65.1	NaCl
	17.15	20.4	62.45	NaCl + KCl
	15	22.0	63	KCl
	5	30.3	64.7	KCl
	0	34.9	65.1	KCl
100	28.25	0	71.75	NaCl
	25.4	5	69.6	NaCl
	22.7	10	67.3	NaCl
	20.1	15	64.9	NaCl
	17.6	20	62.4	NaCl
	16.8	21.7	61.5	NaCl + KCl
	15	23.0	62	KCl
	10	27.1	62.9	KCl
	5	31.4	63.6	KCl
	0	35.9	64.1	KCl
125	29.0	0	71	NaCl
	26.2	5	68.8	NaCl
	23.5	10	66.5	NaCl
	21.0	15	64	NaCl
	18.5	20	61.5	NaCl
	16.3	24.9	58.8	NaCl + KCl
	15	25.8	59.2	KCl
	10	29.7	60.3	KCl
	5	33.9	61.1	KCl
	0	38.2	61.8	KCl
150	29.8	0	70.2	NaCl
	27.1	5.0	67.9	NaCl
	24.4	10.0	65.6	NaCl
	21.9	15.0	63.1	NaCl
	19.4	20.0	60.6	NaCl
	17.2	25.0	57.8	NaCl
	16.0	27.7	56.3	NaCl + KCl
	15	28.4	56.6	KCl
	10	32.2	57.8	KCl
	5	36.2	58.8	KCl
	0	40.5	59.5	KCl

注：源自 А. Д. Пельша. ЭКСПЕРИМЕНТАЛЬНЫХ ДАННЫХ ПО РАСТВОРИМОСТИ МНОГОКОМПОНЕНТНЫХ ВОДНО-СОЛЕВЫХ СИСТЕМ(ТОМ Ⅰ)[M]. ЛЕНИНГРАД: ИЗДАТЕЛЬСТВО ХИМИЯ ЛенИнградское отделение, 1973, 267-269.

（8）$Na^+, K^+ // SO_4^{2-} - H_2O$

温度/℃	液相组成，w_B/%			固相
	Na_2SO_4	K_2SO_4	H_2O	
0	4.3	0	95.7	Mir
	5.4	7.6	87	Mir + K_2SO_4
	0	7.5	92.5	K_2SO_4
15	11.6	0	88.4	Mir
	12.3	5.0	82.7	Mir
	12.8	7.6	79.6	Mir + Gla
	8.0	8.7	83.3	Gla
	5.8	9.65	84.55	Gla + K_2SO_4
	0	9.2	90.8	K_2SO_4
25	21.8	0	78.2	Mir
	22.1	6.3	71.6	Mir
	22.2	6.3	71.5	Mir + Gla
	20.0	6.8	73.2	Gla
	15.0	7.9	77.1	Gla
	10.0	9.2	80.8	Gla
	5.95	11.0	83.05	Gla + K_2SO_4
	0	10.7	89.3	K_2SO_4
35	33.0	0	67	Na_2SO_4
	31.6	3.0	65.4	Na_2SO_4
	30.6	5.1	64.3	Na_2SO_4 + Gla
	30.0	5.2	64.8	Gla
	25.0	6.1	68.9	Gla
	20.0	7.25	72.75	Gla
	15.0	8.25	76.75	Gla
	10.0	10.0	80	Gla
	6.0	12.15	81.85	Gla + K_2SO_4
	0	12.3	87.7	K_2SO_4
50	31.8	0	68.2	Na_2SO_4
	30.7	3.0	66.3	Na_2SO_4
	29.7	5.9	64.4	Na_2SO_4 + Gla
	25.0	7.0	68	Gla
	20.0	8.2	71.8	Gla
	15.0	9.7	75.3	Gla
	10.0	11.5	78.5	Gla
	6.0	13.9	80.1	Gla + K_2SO_4
	0	14.2	85.8	K_2SO_4
75	30.35	0	69.65	Na_2SO_4
	28.6	5.0	66.4	Na_2SO_4
	27.7	7.6	64.7	Na_2SO_4 + Gla
	25.0	8.35	66.65	Gla
	20.0	9.9	70.1	Gla
	15.0	11.7	73.3	Gla
	10.0	13.9	76.1	Gla
	6.0	16.6	77.4	Gla + K_2SO_4
	0	17.1	82.9	K_2SO_4

续表

温度/℃	液相组成，w_B/%			固相
	Na_2SO_4	K_2SO_4	H_2O	
100	29.7	0	70.3	Na_2SO_4
	28.1	5.0	66.9	Na_2SO_4
	26.9	9.0	64.1	Gla + Na_2SO_4
	25.0	9.7	65.3	Gla
	20.0	11.5	68.5	Gla
	15.0	13.6	71.4	Gla
	10.0	16.1	73.9	Gla
	5.9	18.95	75.15	Gla + K_2SO_4
	0	19.4	80.6	K_2SO_4
−2.7	4.5	7.1	88.4	Mir + K_2SO_4 + 冰
−1.8	5.5	7.75	86.75	Mir + Gla + K_2SO_4

注：源自 А. Д. Пельша. ЭКСПЕРИМЕНТАЛЬНЫХ ДАННЫХ ПО РАСТВОРИМОСТИ МНОГОКОМПОНЕНТНЫХ ВОДНО-СОЛЕВЫХ СИСТЕМ(ТОМ I)[M]. ЛЕНИНГРАД: ИЗДАТЕЛЬСТВО ХИМИЯ ЛенИнградское отделение, 1973, 411.

（9）$Na^+, Mg^{2+} // Cl^- - H_2O$

温度/℃	液相组成，w_B/%			固相
	NaCl	$MgCl_2$	H_2O	
−20	23.5	0	76.5	$NaCl\cdot 2H_2O$
	17.8	5.0	77.2	$NaCl\cdot 2H_2O$
	12.4	10.0	77.6	$NaCl\cdot 2H_2O$
	8.0	15.0	77	$NaCl\cdot 2H_2O$
	4.9	20.0	75.1	$NaCl\cdot 2H_2O$
	3.3	23.3	73.4	$NaCl\cdot 2H_2O$ + NaCl
	2.3	25.0	72.7	NaCl
	1.8	26.1	72.1	NaCl + $MgCl_2\cdot 12H_2O$
	0	26.7	73.3	$MgCl_2\cdot 12H_2O$
−10	24.9	0	75.1	$NaCl\cdot 2H_2O$
	19.0	5.0	76	$NaCl\cdot 2H_2O$
	13.8	10.0	76.2	$NaCl\cdot 2H_2O$
	9.4	15.0	75.6	$NaCl\cdot 2H_2O$
	7.8	17.5	74.7	$NaCl\cdot 2H_2O$ + NaCl
	5.6	20.0	74.4	NaCl
	2.5	25.0	72.5	NaCl
	0.7	30.0	69.3	NaCl
	0.3	32.9	66.8	NaCl + $MgCl_2\cdot 8H_2O$
	0	33.4	66.6	$MgCl_2\cdot 8H_2O$
0	26.3	0	73.7	NaCl
	20.0	5.0	75	NaCl
	14.6	10.0	75.4	NaCl
	9.9	15.0	75.1	NaCl
	5.8	20.0	74.2	NaCl
	2.7	25.0	72.3	NaCl
	0.8	30.0	69.2	NaCl
	0.3	34.4	65.3	NaCl + Bis
	0	34.6	65.4	Bis

续表

温度/℃	液相组成，w_B/%			固相
	NaCl	$MgCl_2$	H_2O	
25	26.45	0	73.55	NaCl
	20.5	5.0	74.5	NaCl
	15.2	10.0	74.8	NaCl
	10.5	15.0	74.5	NaCl
	6.5	20.0	73.5	NaCl
	3.3	25.0	71.7	NaCl
	1.1	30.0	68.9	NaCl
	0.3	35.55	64.15	NaCl + Bis
	0	35.7	64.3	Bis
50	26.9	0	73.1	NaCl
	21.0	5.0	74	NaCl
	15.8	10.0	74.2	NaCl
	11.1	15.0	73.9	NaCl
	7.05	20.0	72.95	NaCl
	3.8	25.0	71.2	NaCl
	1.4	30.0	68.6	NaCl
	0.4	35.0	64.6	NaCl
	0.2	36.95	62.85	NaCl + Bis
	0	37.4	62.6	Bis
75	27.45	0	72.55	NaCl
	21.8	5.0	73.2	NaCl
	16.5	10.0	73.5	NaCl
	11.8	15.0	73.2	NaCl
	7.7	20.0	72.3	NaCl
	4.4	25.0	70.6	NaCl
	1.9	30.0	68.1	NaCl
	0.7	35.0	64.3	NaCl
	0.2	39.05	60.75	NaCl + Bis
	0	39.2	60.8	Bis
100	28.25	0	71.75	NaCl
	22.6	5.0	72.4	NaCl
	17.4	10.0	72.6	NaCl
	12.5	15.0	72.5	NaCl
	8.4	20.0	71.6	NaCl
	5.1	25.0	69.9	NaCl
	2.4	30.0	67.6	NaCl
	0.9	35.0	64.1	NaCl
	0.15	42.1	57.75	NaCl + Bis
	0	42.2	57.8	Bis
125	29.0	0	71	NaCl
	23.4	5.0	71.6	NaCl
	18.2	10.0	71.8	NaCl
	13.4	15.0	71.6	NaCl
	9.3	20.0	70.7	NaCl
	5.8	25.0	69.2	NaCl

续表

温度/℃	液相组成，w_B/%			固相
	NaCl	$MgCl_2$	H_2O	
125	3.0	30.0	67	NaCl
	1.25	35.0	63.75	NaCl
	0.5	40.0	59.5	NaCl
	0.2	45.0	54.8	NaCl
	0.15	47.45	52.4	NaCl + $MgCl_2 \cdot 4H_2O$
	0	47.0	53	$MgCl_2 \cdot 4H_2O$
150	29.8	0	70.2	NaCl
	24.3	5.0	70.7	NaCl
	19.1	10.0	70.9	NaCl
	14.3	15.0	70.7	NaCl
	10.2	20.0	69.8	NaCl
	6.6	25.0	68.4	NaCl
	3.6	30.0	66.4	NaCl
	1.7	35.0	63.3	NaCl
	0.75	40.0	59.25	NaCl
	0.4	45.0	54.6	NaCl
	0.2	50.0	49.8	NaCl
	0.1	51.75	48.15	NaCl + $MgCl_2 \cdot 4H_2O$
	0	48.8	51.2	$MgCl_2 \cdot 4H_2O$

注：源自 А. Д. Пельша. ЭКСПЕРИМЕНТАЛЬНЫХ ДАННЫХ ПО РАСТВОРИМОСТИ МНОГОКОМПОНЕНТНЫХ ВОДНО-СОЛЕВЫХ СИСТЕМ(ТОМ Ⅰ)[M]. ЛЕНИНГРАД: ИЗДАТЕЛЬСТВО ХИМИЯ ЛенИнградское отделение, 1973, 297.

（10）$Na^+, Mg^{2+} // SO_4^{2-} - H_2O$

温度/℃	液相组成，w_B/%			固相
	Na_2SO_4	$MgSO_4$	H_2O	
0	4.3	0	95.7	Mir
	4.2	5	90.8	Mir
	4.05	10	85.95	Mir
	4.0	15	81	Mir
	4.0	19.7	76.3	Mir + $MgSO_4 \cdot 12H_2O$
	0	20.3	79.7	$MgSO_4 \cdot 12H_2O$
10	8.35	0	91.65	Mir
	7.7	5	87.3	Mir
	7.4	10	82.6	Mir
	7.4	15	77.6	Mir
	7.6	20	72.4	Mir
	7.7	20.5	71.8	Mir + Eps
	0	23.3	76.7	Eps
25	21.8	0	78.2	Mir
	20.3	5.0	74.7	Mir
	19.2	10.0	70.8	Mir
	19.0	15.0	66	Mir
	19.1	15.7	65.2	Mir + Ast
	14.3	20.0	65.7	Ast
	12.9	21.5	65.6	Ast + Eps
	4.5	25.0	70.5	Eps
	0	27.2	72.8	Eps

续表

温度/℃	液相组成，w_B/%			固相
	Na_2SO_4	$MgSO_4$	H_2O	
30	29.0	0	71	Mir
	27.5	5.0	67.5	Mir
	26.8	8.55	64.65	Mir + Na_2SO_4
	25.7	10.0	64.3	Na_2SO_4
	24.9	10.9	64.2	Na_2SO_4 + Ast
	19.9	15.0	65.1	Ast
	14.3	20.0	65.7	Ast
	11.3	23.3	65.4	Ast + Eps
	7.1	25.0	67.9	Eps
	0	28.4	71.6	Eps
35	33.30	0	66.7	Na_2SO_4
	24.40	11.65	63.95	Na_2SO_4 + Ast
	9.80	24.90	65.3	Ast + Eps
	0	29.4	70.6	Eps
50	31.8	0	68.2	Na_2SO_4
	28.2	5.0	66.8	Na_2SO_4
	24.6	10.0	65.4	Na_2SO_4
	23.1	12.5	64.4	Na_2SO_4 + Ast
	19.9	15.0	65.1	Ast
	14.3	20.0	65.7	Ast
	9.9	25.5	64.6	Ast
	6.2	30.0	63.8	Ast
	5.5	31.1	63.4	Ast + Hex
	0	33.5	66.5	Hex
75	30.35	0	69.65	Na_2SO_4
	27.4	5.0	67.6	Na_2SO_4
	25.0	9.1	65.9	Na_2SO_4 + Van
	24.0	10.0	66	Van
	19.6	15.0	65.4	Van
	19.0	15.7	65.3	Van + Low
	14.4	20.0	65.6	Low
	9.9	25.0	65.1	Low
	6.3	30.0	63.7	Low
	3.5	35.0	61.5	Low + Kie
	0	36.3	63.7	Kie
100	29.7	0	70.3	Na_2SO_4
	27.1	5.0	67.9	Na_2SO_4
	26.6	6.0	67.4	Na_2SO_4 + Van
	22.9	10.0	67.1	Van
	19.0	14.5	66.5	Van + Low
	18.4	15.0	66.6	Low
	13.5	20.0	66.5	Low
	9.4	25.0	65.6	Low
	6.0	30.0	64	Low
	4.8	32.2	63	Low + Kie
	0	33.4	66.6	Kie

注：源自 А. Д. Пельша. ЭКСПЕРИМЕНТАЛЬНЫХ ДАННЫХ ПО РАСТВОРИМОСТИ МНОГОКОМПОНЕНТНЫХ ВОДНО-СОЛЕВЫХ СИСТЕМ(ТОМ Ⅰ)[М]. ЛЕНИНГРАД: ИЗДАТЕЛЬСТВО ХИМИЯ ЛенИнградское отделение, 1973, 449-454.

（11）$K^+, Mg^{2+} // Cl^- - H_2O$

温度/℃	液相组成，w_B/%			固相
	KCl	$MgCl_2$	H_2O	
−10	19.6	0	80.4	KCl
	14.5	5.0	80.5	KCl
	9.8	10.0	80.2	KCl
	6.1	15.0	78.9	KCl
	3.4	20.0	76.6	KCl
	2.0	25.0	73	KCl
	1.9	25.9	72.2	KCl + Car
	0.4	30.0	69.6	Car
	0.15	32.9	66.95	Car + $MgCl_2·8H_2O$
	0	33.4	66.6	$MgCl_2·8H_2O$
0	21.9	0	78.1	KCl
	16.1	5.0	78.9	KCl
	11.3	10.0	78.7	KCl
	7.4	15.0	77.6	KCl
	4.3	20.0	75.7	KCl
	2.6	25.0	72.4	KCl
	2.4	26.2	71.4	KCl + Car
	0.5	30.0	69.5	Car
	0.1	34.4	65.5	Car + Bis
	0	34.6	65.4	Bis
10	23.84	0	76.16	KCl
	15.85	6.86	77.29	KCl
	11.88	10.98	77.14	KCl
	6.73	17.87	75.4	KCl
	2.56	26.45	70.99	KCl + Car
	2.06	27.08	70.86	Car
	0.09	34.84	65.07	Car + Bis
	0	34.97	65.03	Bis
25	26.45	0	73.55	KCl
	20.3	5.0	74.7	KCl
	14.9	10.0	75.1	KCl
	10.5	15.0	74.5	KCl
	6.7	20.0	73.3	KCl
	4.1	25.0	70.9	KCl
	3.4	26.9	69.7	KCl + Car
	1.1	30.0	68.9	Car
	0.1	35.0	64.9	Car
	0.1	35.6	64.3	Car + Bis
	0	35.7	64.3	Bis
50	30.1	0	69.9	KCl
	23.9	5.0	71.1	KCl
	18.2	10.0	71.8	KCl
	13.4	15.0	71.6	KCl
	9.2	20.0	70.8	KCl
	5.8	25.0	69.2	KCl

续表

温度/℃	液相组成，w_B/%			固相
	KCl	$MgCl_2$	H_2O	
50	4.5	27.9	67.6	KCl + Car
	2.4	30.0	67.6	Car
	0.5	35.0	64.5	Car
	0.2	37.15	62.65	Car + Bis
	0	37.4	62.6	Bis
75	33.2	0	66.8	KCl
	26.9	5.0	68.1	KCl
	21.2	10.0	68.8	KCl
	16.2	15.0	68.8	KCl
	11.7	20.0	68.3	KCl
	8.0	25.0	67	KCl
	5.5	29.2	65.3	KCl + Car
	4.7	30.0	65.3	Car
	1.6	35.0	63.4	Car
	0.35	39.0	60.65	Car + Bis
	0	39.2	60.8	Bis
100	35.9	0	64.1	KCl
	29.8	5.0	65.2	KCl
	24.0	10.0	66	KCl
	18.8	15.0	66.2	KCl
	14.3	20.0	65.7	KCl
	10.6	25.0	64.4	KCl
	7.4	30.0	62.6	KCl
	6.4	31.3	62.3	KCl + Car
	3.6	35.0	61.4	Car
	1.1	40.0	58.9	Car
	0.5	42.0	57.5	Car + Bis
	0	42.2	57.8	Bis
150	40.5	0	59.5	KCl
	34.8	5.0	60.2	KCl
	29.3	10.0	60.7	KCl
	24.0	15.0	61	KCl
	19.2	20.0	60.8	KCl
	15.3	25.0	59.7	KCl
	11.9	30.0	58.1	KCl
	8.9	35.0	56.1	KCl
	6.3	40.0	53.7	KCl
	4.6	44.2	51.2	KCl + Car
	4.0	45.0	51	Car
	1.9	50.0	48.1	Car
	1.8	50.4	47.8	Car + $MgCl_2 \cdot 4H_2O$
	0	48.8	51.2	$MgCl_2 \cdot 4H_2O$
−34.5	1.1	20.9	78	KCl + $MgCl_2 \cdot 12H_2O$ + 冰
−21	1.5	25.6	72.9	KCl + Bis + $MgCl_2 \cdot 6H_2O$

注：源自 А. Д. Пельша. ЭКСПЕРИМЕНТАЛЬНЫХ ДАННЫХ ПО РАСТВОРИМОСТИ МНОГОКОМПОНЕНТНЫХ ВОДНО-СОЛЕВЫХ СИСТЕМ(ТОМ Ⅰ)[M]. ЛЕНИНГРАД: ИЗДАТЕЛЬСТВО ХИМИЯ ЛенИнградское отделение, 1973, 648-660.

（12）$K^+, Mg^{2+} // SO_4^{2-} - H_2O$

温度/℃	液相组成，w_B/%			固相
	K_2SO_4	$MgSO_4$	H_2O	
0	7.5	0	92.5	K_2SO_4
	7.7	8.8	83.5	K_2SO_4 + Pic
	6.8	10	83.2	Pic
	4.75	15	80.25	Pic
	3.15	19.8	77.05	Pic + $MgSO_4 \cdot 12H_2O$
	0	20.3	79.7	$MgSO_4 \cdot 12H_2O$
15	9.2	0	90.8	K_2SO_4
	9.3	5.0	85.7	K_2SO_4
	9.4	10.0	80.6	K_2SO_4
	9.4	10.7	79.9	K_2SO_4 + Pic
	7.2	15.0	77.8	Pic
	5.4	20.0	74.6	Pic
	4.75	23.8	71.45	Pic + Eps
	0	24.6	75.4	Eps
25	10.75	0	89.25	K_2SO_4
	11.0	5.0	84	K_2SO_4
	10.95	10.0	79.05	K_2SO_4
	10.75	12.5	76.75	K_2SO_4 + Pic
	9.3	15.0	75.7	Pic
	6.9	20.0	73.1	Pic
	5.15	25.0	69.85	Pic
	4.95	26.05	69	Pic + Eps
	0	27.2	72.8	Eps
35	12.2	0	87.8	K_2SO_4
	12.5	5.0	82.5	K_2SO_4
	12.5	10.0	77.5	K_2SO_4
	12.15	14.45	73.4	K_2SO_4 + Pic
	11.7	15	73.3	Pic
	8.2	20	71.8	Pic
	5.8	25	69.2	Pic
	4.4	28.7	66.9	Pic + Eps
	0	29.7	70.3	Eps
50	14.2	0	85.8	K_2SO_4
	14.3	5.0	80.7	K_2SO_4
	14.4	10.0	75.6	K_2SO_4
	13.4	15.0	71.6	K_2SO_4
	13.0	17.0	70	K_2SO_4 + Leo
	10.7	20.0	69.3	Leo
	7.6	25.0	67.4	Leo
	5.1	30.0	64.9	Leo
	4.2	32.3	63.5	Leo + Hex
	0	33.5	66.5	Hex
75	17.1	0	82.9	K_2SO_4
	16.9	5.0	78.1	K_2SO_4
	16.6	10.0	73.4	K_2SO_4

续表

温度/℃	液相组成，w_B/%			固相
	K_2SO_4	$MgSO_4$	H_2O	
75	15.8	15.0	69.2	K_2SO_4
	15.2	17.2	67.6	K_2SO_4 + Leo
	13.3	20.0	66.7	Leo
	10.2	25.0	64.8	Leo
	7.7	30.0	62.3	Leo + Lan
	4.9	33.0	62.1	Lan
	0	36.3	63.7	Kie
100	19.4	0	80.6	K_2SO_4
	20.1	5.0	74.9	K_2SO_4
	19.7	10.0	70.3	K_2SO_4
	19.1	13.5	67.4	K_2SO_4 + Lan
	17.1	15.0	67.9	Lan
	11.15	20.0	68.85	Lan
	7.05	25.0	67.95	Lan
	3.8	30.0	66.2	Lan
	2.8	32.6	64.6	Lan + Kie
	0	33.4	66.6	Kie

注：源自 А. Д. Пельша. ЭКСПЕРИМЕНТАЛЬНЫХ ДАННЫХ ПО РАСТВОРИМОСТИ МНОГОКОМПОНЕНТНЫХ ВОДНО-СОЛЕВЫХ СИСТЕМ(ТОМ Ⅰ)[M]. ЛЕНИНГРАД: ИЗДАТЕЛЬСТВО ХИМИЯ ЛенИнградское отделение, 1973, 748-749.

（13）$Na^+ //Cl^-, SO_4^{2-} - H_2O$

温度/℃	液相组成，w_B/%			固相
	NaCl	Na_2SO_4	H_2O	
−5	25.6	0	74.4	$NaCl·2H_2O$
	25.3	0.7	74	$NaCl·2H_2O$ + Mir
	20.0	0.7	79.3	Mir
	15.0	0.7	84.3	Mir
	10.0	0.8	89.2	Mir
	7.3	0.95	91.75	Mir
0	26.3	0	73.7	NaCl
	25.6	1.3	73.1	NaCl + Mir
	20.0	1.1	78.9	Mir
	15.0	1.2	83.8	Mir
	10.0	1.85	88.15	Mir
	5.0	2.05	92.95	Mir
	0	4.3	95.7	Mir
10	26.3	0	73.7	NaCl
	25.0	2.7	72.3	NaCl
	24.4	3.3	72.3	NaCl + Mir
	20.0	3.1	76.9	Mir
	15.0	3.2	81.8	Mir
	10.0	3.65	86.35	Mir
	5.0	5.0	90	Mir
	0	8.35	91.65	Mir

续表

温度/℃	液相组成，w_B/%			固相
	NaCl	Na_2SO_4	H_2O	
15	26.35	0	73.65	NaCl
	25.0	2.45	72.55	NaCl
	23.3	5.5	71.2	NaCl + Mir
	20.0	5.2	74.8	Mir
	15.0	5.25	79.75	Mir
	10.0	6.0	84	Mir
	5.0	8.0	87	Mir
	0	11.6	88.4	Mir
20	26.4	0	73.6	NaCl
	25.0	2.7	72.3	NaCl
	22.5	7.4	70.1	NaCl + Na_2SO_4
	21.0	8.55	70.45	Na_2SO_4
	20.2	9.2	70.6	Na_2SO_4 + Mir
	15.0	8.6	76.4	Mir
	10.0	9.6	80.4	Mir
	5.0	12.0	83	Mir
	0	16.1	83.9	Mir
25	26.45	0	73.55	NaCl
	25.0	2.85	72.15	NaCl
	22.9	6.85	70.25	NaCl + Na_2SO_4
	20.0	9.1	70.9	Na_2SO_4
	15.0	13.9	71.1	Na_2SO_4
	14.05	14.95	71	Na_2SO_4 + Mir
	10.0	15.6	74.4	Mir
	5.0	18.2	76.8	Mir
	0	21.8	78.2	Mir
30	26.5	0	73.5	NaCl
	25.0	3.0	72	NaCl
	23.2	6.4	70.4	NaCl + Na_2SO_4
	20.0	8.6	71.4	Na_2SO_4
	15.0	13.25	71.75	Na_2SO_4
	10.0	19.25	70.75	Na_2SO_4
	5.45	25.45	69.1	Na_2SO_4 + Mir
	3.0	26.6	70.4	Mir
	0	29.0	71	Mir
50	26.9	0	73.1	NaCl
	25.0	3.65	71.35	NaCl
	24.2	5.3	70.5	NaCl + Na_2SO_4
	20.0	7.9	72.1	Na_2SO_4
	15.0	12.5	72.5	Na_2SO_4
	10.0	18.45	71.55	Na_2SO_4
	5.0	25.05	69.95	Na_2SO_4
	0	31.8	68.2	Na_2SO_4
75	27.45	0	72.55	NaCl
	25.05	4.55	70.4	NaCl + Na_2SO_4
	20.0	7.3	72.7	Na_2SO_4
	15.0	11.7	73.3	Na_2SO_4

续表

温度/℃	液相组成，w_B/%			固相
	NaCl	Na_2SO_4	H_2O	
75	10.0	17.45	72.55	Na_2SO_4
	5.0	23.7	71.3	Na_2SO_4
	0	30.35	69.65	Na_2SO_4
100	28.25	0	71.75	NaCl
	25.85	4.45	69.7	NaCl + Na_2SO_4
	20.0	6.55	73.45	Na_2SO_4
	15.0	10.75	74.25	Na_2SO_4
	10.0	16.5	73.5	Na_2SO_4
	5.0	22.8	72.2	Na_2SO_4
	0	29.7	70.3	Na_2SO_4
150	29.8	0	70.2	NaCl
	27.5	5.0	67.5	NaCl + Na_2SO_4
	25.0	5.7	69.3	Na_2SO_4
	20.0	8.0	72	Na_2SO_4
	15.0	11.6	73.4	Na_2SO_4
	10.0	16.2	73.8	Na_2SO_4
	5.0	22.2	72.8	Na_2SO_4
	0	29.65	70.35	Na_2SO_4

注：源自 А. Д. Пельша. ЭКСПЕРИМЕНТАЛЬНЫХ ДАННЫХ ПО РАСТВОРИМОСТИ МНОГОКОМПОНЕНТНЫХ ВОДНО-СОЛЕВЫХ СИСТЕМ(ТОМ Ⅰ)[M]. ЛЕНИНГРАД: ИЗДАТЕЛЬСТВО ХИМИЯ ЛенИнградское отделение, 1973, 195-196.

（14）$K^+//Cl^-, SO_4^{2-} - H_2O$

温度/℃	液相组成，w_B/%			固相
	KCl	K_2SO_4	H_2O	
0	21.9	0	78.1	KCl
	21.65	0.8	77.55	KCl + K_2SO_4
	20.0	0.9	79.1	K_2SO_4
	15.0	1.4	83.6	K_2SO_4
	10.0	2.6	87.4	K_2SO_4
	5.0	4.1	90.9	K_2SO_4
	0	7.5	92.5	K_2SO_4
25	26.45	0	73.55	KCl
	25.8	1.1	73.1	KCl + K_2SO_4
	20.0	2.2	77.8	K_2SO_4
	15.0	2.9	82.1	K_2SO_4
	10.0	4.6	85.4	K_2SO_4
	5.0	7.0	88	K_2SO_4
	0	10.75	89.25	K_2SO_4
50	30.1	0	69.9	KCl
	29.1	1.3	69.6	KCl + K_2SO_4
	25.0	2.0	73	K_2SO_4
	20.0	3.2	76.8	K_2SO_4
	15.0	5.0	80	K_2SO_4
	10.0	7.3	82.7	K_2SO_4
	5.0	10.2	84.8	K_2SO_4
	0	14.2	85.8	K_2SO_4

续表

温度/℃	液相组成，w_B/%			固相
	KCl	K_2SO_4	H_2O	
75	33.2	0	66.8	KCl
	32.1	1.4	66.5	$KCl+K_2SO_4$
	30.0	1.8	68.2	K_2SO_4
	25.0	3.0	72	K_2SO_4
	20.0	4.6	75.4	K_2SO_4
	15.0	6.8	78.2	K_2SO_4
	10.0	9.5	80.5	K_2SO_4
	5.0	13.2	81.8	K_2SO_4
	0	17.1	82.9	K_2SO_4
−10.9	19.3	0.9	79.8	$KCl+K_2SO_4+$ 冰

注：源自 А. Д. Пельша. ЭКСПЕРИМЕНТАЛЬНЫХ ДАННЫХ ПО РАСТВОРИМОСТИ МНОГОКОМПОНЕНТНЫХ ВОДНО-СОЛЕВЫХ СИСТЕМ(ТОМ Ⅰ)[M]. ЛЕНИНГРАД: ИЗДАТЕЛЬСТВО ХИМИЯ ЛенИнградское отделение, 1973, 617.

（15）Mg^{2+} // Cl^-, $SO_4^{2-}-H_2O$

温度/℃	液相组成，w_B/%			固相
	$MgCl_2$	$MgSO_4$	H_2O	
0	34.5	0	65.4	Bis
	33.55	1.55	64.9	Bis + Eps
	30.0	1.5	68.5	Eps
	25.0	2.0	73	Eps
	20.0	3.2	76.8	Eps
	15.0	5.6	79.4	Eps
	10.0	9.2	80.8	Eps
	5.0	13.8	81.2	Eps
	0	20.3	79.7	Eps
15	35.2	0	64.8	Bis
	33.5	2.7	63.8	Bis + Hex
	29.5	2.9	67.6	Hex + Eps
	25.0	3.6	71.4	Eps
	20.0	5.3	74.7	Eps
	15.0	8.1	76.9	Eps
	10.0	12.1	77.9	Eps
	5.0	17.4	77.6	Eps
	0	24.6	75.4	Eps
25	35.7	0	64.3	Bis
	34.3	2.25	63.45	Bis + Tet
	33.0	2.7	64.3	Tet
	31.5	3.2	65.3	Tet + Pen
	30.0	3.85	66.15	Pen
	29.8	3.95	66.25	Pen + Hex
	28.0	4.3	67.7	Hex
	26.3	4.8	68.9	Hex + Eps
	25.0	5.1	69.9	Eps
	20.0	7.1	72.9	Eps
	15.0	10.2	74.8	Eps

续表

温度/℃	液相组成，w_B/%			固相
	$MgCl_2$	$MgSO_4$	H_2O	
25	10.0	14.3	75.7	Eps
	5.0	20.0	75	Eps
	0	27.2	72.8	Eps
35	36.3	0	63.7	Bis
	34.8	2.4	62.8	Bis + Tet
	30.0	4.1	65.9	Tet
	26.0	6.0	68	Tet + Hex
	25.0	6.4	68.6	Hex
	20.0	9.2	70.8	Hex
	19.5	9.6	70.9	Hex + Eps
	15.0	12.5	72.5	Eps
	10.0	16.8	73.2	Eps
	5.0	22.5	72.5	Eps
	0	29.7	70.3	Eps
45	37.1	0	62.9	Bis
	36.6	0.7	62.7	Bis + Kie
	30.0	4.1	65.9	Kie
	25.4	7.2	67.4	Kie + Tet
	23.7	8.65	67.65	Tet + Hex
	20.0	10.6	69.4	Hex
	15.0	14.8	70.2	Hex
	10.0	20.0	70	Hex
	6.05	24.65	69.3	Hex + Eps
	3.0	28.4	68.6	Eps
	0	32.2	67.8	Eps
75	39.2	0	60.8	Bis
	38.9	0.4	60.7	Bis + Kie
	35.0	0.8	64.2	Kie
	30.0	2.3	67.7	Kie
	25.0	5.8	69.2	Kie
	20.0	10.1	69.9	Kie
	15.0	15.85	69.15	Kie
	10.0	22.3	67.7	Kie
	5.0	29.25	65.75	Kie
	0	36.3	63.7	Kie
100	42.2	0	57.8	Bis
	42.1	0.3	57.6	Bis + Kie
	35.0	0.8	64.2	Kie
	30.0	2.2	67.8	Kie
	25.0	5.0	70	Kie
	20.0	8.9	71.1	Kie
	15.0	13.5	71.5	Kie
	10.0	19.3	70.7	Kie
	5.0	25.7	69.3	Kie
	0	33.4	66.6	Kie

注：源自 А. Д. Пельша. ЭКСПЕРИМЕНТАЛЬНЫХ ДАННЫХ ПО РАСТВОРИМОСТИ МНОГОКОМПОНЕНТНЫХ ВОДНО-СОЛЕВЫХ СИСТЕМ(ТОМ Ⅰ)[M]. ЛЕНИНГРАД: ИЗДАТЕЛЬСТВО ХИМИЯ ЛенИнградское отделение, 1973, 935-936.

（16）$Na^+, K^+, Mg^{2+} // Cl^- - H_2O$

温度/℃	液相组成，w_B/%				干基组成质量分数，Z_B/(g/100 g S)			固相
	NaCl	KCl	$MgCl_2$	H_2O	NaCl	KCl	H_2O	
−10	21.7	6.5	0	71.80	76.95	23.05	254.61	$NaCl·2H_2O + KCl$
	17.35	5.6	4.4	72.65	63.44	20.48	265.63	$NaCl·2H_2O + KCl$
	12.9	4.85	9.05	73.20	48.13	18.10	273.13	$NaCl·2H_2O + KCl$
	8.5	3.85	14.1	73.55	32.14	14.56	278.07	$NaCl·2H_2O + KCl$
	7.15	3.5	15.75	73.60	27.08	13.26	278.79	$NaCl·2H_2O + NaCl + KCl$
	7.8	0	17.5	74.70	30.83	0.00	295.26	$NaCl·2H_2O + NaCl$
	4.1	2.7	20.4	72.80	15.07	9.93	267.65	NaCl + KCl
	1.95	1.8	24.8	71.45	6.83	6.30	250.26	NaCl + KCl + Car
	1.3	0.6	26.8	71.30	4.53	2.09	248.43	NaCl + Car
	0.6	0.2	29.7	69.50	1.97	0.66	227.87	NaCl + Car
	0.35	0.1	34.2	65.35	1.01	0.29	188.60	$NaCl + Car + MgCl_2·8H_2O$
	0.3	0	32.9	66.80	0.90	0.00	201.20	$NaCl + MgCl_2·8H_2O$
	1.0	1.7	25.35	71.95	3.57	6.06	256.51	KCl + Car
	0	1.9	25.9	72.20	0.00	6.83	259.71	KCl + Car
	0	0.15	32.9	66.95	0.00	0.45	202.57	$Car + MgCl_2·8H_2O$
0	22.35	7.35	0	70.30	75.25	24.75	236.70	NaCl + KCl
	17.4	6.3	4.55	71.75	61.59	22.30	253.98	NaCl + KCl
	12.7	5.4	9.2	72.70	46.52	19.78	266.30	NaCl + KCl
	8.2	4.45	14.2	73.15	30.54	16.57	272.44	NaCl + KCl
	3.85	3.2	20.75	72.20	13.85	11.51	259.71	NaCl + KCl
	1.9	2.3	25.05	70.75	6.50	7.86	241.88	NaCl + KCl + Car
	1.25	0.7	27.6	70.45	4.23	2.37	238.41	NaCl + Car
	0.6	0.25	31.5	67.65	1.85	0.77	209.12	NaCl + Car
	0.35	0.1	34.3	65.25	1.01	0.29	187.77	NaCl + Car + Bis
	0.3	0	34.4	65.30	0.86	0.00	188.18	NaCl + Bis
	1.0	2.2	25.65	71.15	3.47	7.63	246.62	KCl + Car
	0	2.4	26.2	71.40	0.00	8.39	249.65	KCl + Car
	0	0.1	34.4	65.50	0.00	0.29	189.86	Car + Bis
25	20.4	11.15	0	68.45	64.66	35.34	216.96	NaCl + KCl
	16.0	9.4	4.75	69.85	53.07	31.18	231.67	NaCl + KCl
	11.55	8.0	9.7	70.75	39.49	27.35	241.88	NaCl + KCl
	7.25	6.4	15.05	71.30	25.26	22.30	248.43	NaCl + KCl
	3.25	4.4	21.95	70.40	10.98	14.86	237.84	NaCl + KCl
	1.8	3.35	25.85	69.00	5.81	10.81	222.58	NaCl + KCl + Car
	1.7	2.45	26.75	69.10	5.50	7.93	223.62	NaCl + Car
	1.1	1.0	29.6	68.30	3.47	3.15	215.46	NaCl + Car
	0.35	0.1	35.4	64.15	0.98	0.28	178.94	NaCl + Car + Bis
	0.3	0	35.55	64.15	0.84	0.00	178.94	NaCl + Bis
	1.05	3.25	26.3	69.40	3.43	10.62	226.80	KCl + Car
	0	3.4	26.9	69.70	0.00	11.22	230.03	KCl + Car
	0	0.1	35.6	64.30	0.00	0.28	180.11	Car + Bis
50	19.1	14.7	0	66.20	56.51	43.49	195.86	NaCl + KCl
	14.8	12.5	5.0	67.70	45.82	38.70	209.60	NaCl + KCl
	6.65	8.25	16.0	69.10	21.52	26.70	223.62	NaCl + KCl

续表

温度/℃	液相组成，w_B/%				干基组成质量分数，Z_B/(g/100 g S)			固相
	NaCl	KCl	$MgCl_2$	H_2O	NaCl	KCl	H_2O	
50	2.9	5.5	23.45	68.15	9.11	17.27	213.97	NaCl + KCl
	1.8	4.4	26.9	66.90	5.44	13.29	202.11	NaCl + KCl + Car
	1.6	2.85	28.3	67.25	4.89	8.70	205.34	NaCl + Car
	1.1	1.2	31.6	66.10	3.24	3.54	194.99	NaCl + Car
	0.35	0.2	36.9	62.55	0.93	0.53	167.02	NaCl + Car + Bis
	0.2	0	36.95	62.85	0.54	0.00	169.18	NaCl + Bis
	1.2	4.35	27.3	67.15	3.65	13.24	204.41	KCl + Car
	0	4.5	27.9	67.60	0.00	13.89	208.64	KCl + Car
	0	0.2	37.15	62.65	0.00	0.54	167.74	Car + Bis
75	17.75	18.35	0	63.90	49.17	50.83	177.01	NaCl + KCl
	13.7	15.7	5.3	65.30	39.48	45.24	188.18	NaCl + KCl
	9.75	13.0	10.85	66.40	29.02	38.69	197.62	NaCl + KCl
	6.05	10.05	17.1	66.80	18.22	30.27	201.20	NaCl + KCl
	2.6	6.5	25.1	65.80	7.60	19.01	192.40	NaCl + KCl
	1.85	5.4	28.2	64.55	5.22	15.23	182.09	NaCl + KCl + Car
	1.6	3.3	30.45	64.65	4.53	9.34	182.89	NaCl + Car
	1.0	1.5	34.15	63.35	2.73	4.09	172.85	NaCl + Car
	0.4	0.4	39.0	60.20	1.01	1.01	151.26	NaCl + Car + Bis
	0.2	0	39.05	60.75	0.51	0.00	154.78	NaCl + Bis
	1.05	5.35	28.6	65.00	3.00	15.29	185.71	KCl + Car
	0	5.5	29.2	65.30	0.00	15.85	188.18	KCl + Car
	0	0.35	39.0	60.65	0.00	0.89	154.13	Car + Bis
100	16.8	21.7	0	61.50	43.64	56.36	159.74	NaCl + KCl
	12.8	18.9	5.6	62.70	34.32	50.67	168.10	NaCl + KCl
	8.95	15.65	11.55	63.85	24.76	43.29	176.63	NaCl + KCl
	5.6	11.95	18.3	64.15	15.62	33.33	178.94	NaCl + KCl
	2.55	7.4	27.3	62.75	6.85	19.87	168.46	NaCl + KCl
	2.0	6.35	29.95	61.70	5.22	16.58	161.10	NaCl + KCl + Car
	1.65	3.65	32.9	61.80	4.32	9.55	161.78	NaCl + Car
	1.1	1.65	36.95	60.30	2.77	4.16	151.89	NaCl + Car
	0.45	0.50	41.85	57.20	1.05	1.17	133.64	NaCl + Car + Bis
	0.15	0	42.1	57.75	0.36	0.00	136.69	NaCl + Bis
	1.15	6.25	30.5	62.10	3.03	16.49	163.85	KCl + Car
	0	6.4	31.3	62.30	0.00	16.98	165.25	KCl + Car
	0	0.5	42.0	57.50	0.00	1.18	135.29	Car + Bis

注：源自 В. М. БУКШТЕЙН, М. Г. ВАЛЯШКО, А. Д. ПЕЛЬШ. ЭКСПЕРИМЕНТАЛЬНЫХ ДАННЫХ ПО РАСТВОРИМОСТИ МНОГОКОМПОНЕНТНЫХ ВОДНО-СОЛЕВЫХ СИСТЕМ(ТОМ Ⅱ)[M]. ЛЕНИНГРАД: ГОСУДАРСТВЕННОЕ НАУЧНО-ТЕХНИЧЕСКОЕ ИЗДАТЕЛЬСТВО, 1954, 745-747.

（17）$Na^{+}, K^{+}, Mg^{2+} // SO_4^{2-} - H_2O$

温度/℃	液相组成，w_B/%				干基组成质量分数，Z_B/(g/100 g S)			固相
	Na_2SO_4	K_2SO_4	$MgSO_4$	H_2O	Na_2SO_4	K_2SO_4	H_2O	
25	22.09	6.65	0	71.26	76.86	23.14	247.95	Mir + Gla
	20.99	5.53	6.67	66.81	63.24	16.66	201.30	Mir + Gla
	19.50	4.47	13.31	62.72	52.31	11.99	168.24	Mir + Gla + Ast
	18.53	0	15.88	65.59	53.85	0.00	190.61	Mir + Ast
	19.12	5.19	13.16	62.53	51.03	13.85	166.88	Gla + Ast
	16.34	4.90	15.82	62.94	44.09	13.22	169.83	Gla + Ast
	16.34	4.78	16.28	62.6	43.69	12.78	167.38	Gla + Ast + Pic
	12.97	5.28	16.33	65.42	37.51	15.27	189.18	Gla + Pic
	6.71	8.23	13.92	71.14	23.25	28.52	246.50	Gla + Pic
	4.38	9.53	11.83	74.26	17.02	37.02	288.50	Gla + Pic + K_2SO_4
	4.36	10.16	11.83	73.65	16.55	38.56	279.51	Gla + K_2SO_4
	5.28	10.91	6.39	77.42	23.38	48.32	342.87	Gla + K_2SO_4
	5.18	11.42	4.84	78.56	24.16	53.26	366.42	Gla + K_2SO_4
	5.58	11.05	0	83.37	33.55	66.45	501.32	Gla + K_2SO_4
	11.92	4.52	20.04	63.52	32.68	12.39	174.12	Ast + Pic
	11.21	4.23	21.23	63.33	30.57	11.54	172.70	Ast + Pic + Eps
	13.00	0	21.60	65.4	37.57	0.00	189.02	Ast + Eps
	0	10.90	12.54	76.56	0.00	46.50	326.62	Pic + K_2SO_4
	0	4.05	26.31	69.64	0.00	13.34	229.38	Pic + Eps

注：源自 В. М. БУКШТЕЙН, М. Г. ВАЛЯШКО, А. Д. ПЕЛЬШ. ЭКСПЕРИМЕНТАЛЬНЫХ ДАННЫХ ПО РАСТВОРИМОСТИ МНОГОКОМПОНЕНТНЫХ ВОДНО-СОЛЕВЫХ СИСТЕМ(ТОМ Ⅱ)[M]. ЛЕНИНГРАД: ГОСУДАРСТВЕННОЕ НАУЧНО-ТЕХНИЧЕСКОЕ ИЗДАТЕЛЬСТВО, 1954, 753.

（18）$Na^{+}, K^{+} // Cl^{-}, SO_4^{2-} - H_2O$

温度/℃	液相组成，w_B/%					耶涅克指数，J_B			固相
	NaCl	Na_2SO_4	KCl	K_2SO_4	H_2O	Na_2^{2+}	SO_4^{2-}	H_2O	
−5	25.26	0.72	0	0	74.02	100.0	2.3	1858	$NaCl·2H_2O$ + Mir
	22.4	—	5.91	1.29	70.4	80.3	3.1	1638	$NaCl·2H_2O$+Mir + KCl
	19.21	—	7.40	1.45	71.94	73.9	3.7	1790	Mir + KCl
	15.00	—	9.53	1.90	73.57	63.2	5.4	2010	Mir + KCl
	12.31	—	10.88	2.40	74.41	54.8	7.2	2150	Mir + Gla + KCl
	7.81	—	8.79	3.57	79.83	45.7	14.0	3030	Mir + Gla
	5.93	—	5.83	4.81	83.43	43.2	23.5	3945	Mir + Gla + K_2SO_4
	5.18	—	3.99	5.60	85.23	42.9	31.1	4585	Mir + K_2SO_4
	4.30	—	1.87	6.68	87.15	41.9	43.8	5520	Mir + K_2SO_4 + 冰
	4.85	—	2.06	4.28	88.81	51.9	30.8	6170	Mir + 冰
	3.86	2.17	3.89	—	90.08	64.9	20.5	6720	Mir + 冰
	7.63	0.87	0	0	91.5	100.0	8.6	7110	Mir + 冰
	7.12	—	9.08	3.43	80.37	43.0	13.9	3150	Gla + K_2SO_4
	8.72	—	13.46	2.11	75.71	42.1	6.8	2375	Gla + KCl + K_2SO_4
	5.03	—	16.61	1.40	76.96	26.5	4.9	2630	KCl + K_2SO_4
	1.55	—	19.31	0.94	78.2	9.0	3.6	2930	KCl + K_2SO_4

续表

温度/℃	液相组成，w_B/%					耶涅克指数，J_B			固相
	NaCl	Na_2SO_4	KCl	K_2SO_4	H_2O	Na_2^{2+}	SO_4^{2-}	H_2O	
−5	0	0	20.64	0.78	78.58	0	3.1	3050	$KCl + K_2SO_4$
	4.48	—	4.18	5.10	86.24	40.1	30.6	5005	K_2SO_4
	3.94	—	6.09	3.95	86.02	34.7	23.3	4915	K_2SO_4
	5.98	—	9.23	3.07	81.72	39.2	13.5	3470	K_2SO_4
	3.59	—	10.57	2.36	83.48	26.7	11.7	4025	K_2SO_4
	2.56	—	7.53	3.03	86.88	24.4	19.3	5370	K_2SO_4
	2.37	—	5.17	4.08	88.38	25.8	29.9	6260	K_2SO_4 + 冰
	0	0	9.52	1.91	88.57	0	14.7	6575	K_2SO_4 + 冰
0	25.65	1.2	0	0	73.15	100	3.7	1780	NaCl + Mir
	23.5	1.55	3.5	—	71.45	90	4.6	1680	NaCl + Mir
	21.05	1.95	7.8	—	69.2	78.8	5.6	1560	NaCl + Mir + KCl
	22.35	0	7.35	0	70.3	79.5	0	1620	NaCl + KCl
	17.1	1.95	9.8	—	71.15	71	6.1	1750	Mir + Gla + KCl
	9.85	2.95	10.45	—	76.75	60	11.8	2430	Mir + Gla
	4.9	4.0	10.5	—	80.6	50	20.1	3180	Mir + Gla
	0.35	6.05	9.1	—	84.5	42.7	40	4400	Mir + Gla + K_2SO_4
	—	5.7	5.45	2.5	86.35	44.1	60	5250	Mir + K_2SO_4
	—	5.3	2.5	5.05	87.15	45.0	80	5800	Mir + K_2SO_4
	0	5.1	0	7.5	87.4	45.4	100	6135	Mir + K_2SO_4
	13.05	1.8	12.3	—	72.85	60	6.1	1955	Gla + KCl
	9.9	1.7	14.45	—	73.95	50	6.2	2120	Gla + KCl
	7.15	1.65	16.25	—	74.95	40.1	6.4	2285	Gla + KCl + K_2SO_4
	3.3	3.7	11.45	—	81.55	41.4	20	3450	Gla + K_2SO_4
	4.95	1.3	17.95	—	75.8	30	5.3	2450	KCl + K_2SO_4
	2.95	1.0	19.5	—	76.55	20	4.5	2600	KCl + K_2SO_4
	0	0	21.6	0.95	77.45	0	3.6	2860	KCl + K_2SO_4
25	22.9	6.9	0	0	70.2	100	19.9	1590	NaCl + Na_2SO_4
	19.3	7.6	5.65	—	67.45	85.2	20.9	1460	NaCl + Na_2SO_4 + Gla
	19.9	4.95	7.65	—	67.5	80	13.6	1460	NaCl + Gla
	19.6	3.4	9.5	—	67.5	75	9.4	1465	NaCl + Gla
	19.1	2.35	11.2	—	67.35	70.5	6.5	1465	NaCl + Gla + KCl
	20.4	0	11.15	0	68.45	70.0	0	1525	NaCl + KCl
	16.2	10.5	5.05	—	68.25	86.2	30	1540	Na_2SO_4 + Gla
	10.15	16.5	4.35	—	69	87.5	50	1650	Na_2SO_4 + Gla
	8.3	18.6	4.2	—	68.9	87.8	57.0	1660	Na_2SO_4 + Mir + Gla
	14.2	15.0	2.1	0	68.7	100	46.5	1730	Na_2SO_4 + Mir
	7.25	19.35	4.3	—	69.1	87.3	60	1690	Mir + Gla
	1.1	23.65	4.85	—	70.4	84.4	80	1880	Mir + Gla
	0	22.2	0	6.2	71.6	81.3	100	2070	Mir + Gla
	15.0	2.1	14.2	—	68.7	60	6.2	1600	Gla + KCl
	8.55	1.65	18.95	—	70.85	40	5.5	1855	Gla + KCl
	6.5	1.6	20.55	—	71.35	32.5	5.4	1940	Gla + KCl + K_2SO_4

续表

温度/℃	液相组成，w_B/%					耶涅克指数，J_B			固相
	NaCl	Na_2SO_4	KCl	K_2SO_4	H_2O	Na_2^{2+}	SO_4^{2-}	H_2O	
	2.45	4.2	14.65	—	78.7	34.0	20	2930	Gla + K_2SO_4
	—	6.2	10.9	0.9	82	35.7	40	3740	Gla + K_2SO_4
	—	5.95	6.6	4.35	83.1	37.6	60	4160	Gla + K_2SO_4
25	—	5.85	3.2	7.6	83.35	38.8	80	4370	Gla + K_2SO_4
	0	5.8	0	11.0	83.2	39.1	100	4445	Gla + K_2SO_4
	3.5	1.25	23.0	-	72.25	20	4.6	2085	KCl + K_2SO_4
	0	0	25.6	1.10	73.3	0	3.5	2285	KCl + K_2SO_4
	24.2	5.3	0	0	70.5	100	15.3	1600	NaCl + Na_2SO_4
	21.8	5.8	3.75	—	68.65	90	16.2	1508	NaCl + Na_2SO_4
	19.1	6.4	7.9	—	66.6	79.7	17.2	1410	NaCl + Na_2SO_4 + Gla
	19.15	4.8	9.8	—	66.25	75	12.8	1395	NaCl + Gla
	18.8	3.45	11.85	—	65.9	70	9.2	1380	NaCl + Gla
	17.6	2.2	14.95	—	65.25	62.4	5.8	1360	NaCl + Gla + KCl
	19.1	0	14.7	0	66.2	62.3	0	1405	NaCl + KCl
	14.95	10.5	6.75	—	67.8	81.7	30	1520	Na_2SO_4 + Gla
	9.1	16.6	5.8	—	68.5	83.3	50	1630	Na_2SO_4 + Gla
	6.5	19.7	5.5	—	68.3	84.0	60	1640	Na_2SO_4 + Gla
	1.35	26.6	5.25	—	66.8	85.0	80	1580	Na_2SO_4 + Gla
50	0	29.6	0	5.9	64.5	86.0	100	1480	Na_2SO_4 + Gla
	12.95	2.0	18.6	—	66.45	50	5.6	1480	Gla + KCl
	9.65	1.8	21.3	—	67.25	40	5.3	1570	Gla + KCl
	5.8	1.6	24.35	—	68.25	27.1	5.0	1690	Gla + KCl + K_2SO_4
	1.7	4.7	17.75	—	75.85	28.6	20	2525	Gla + K_2SO_4
	—	6.15	12.6	2.3	78.95	30.7	40	3110	Gla + K_2SO_4
	—	6.0	7.75	6.25	80	32.5	60	3410	Gla + K_2SO_4
	—	6.0	3.7	10.05	80.25	33.8	80	3570	Gla + K_2SO_4
	0	6.0	0	14.0	80	34.4	100	3625	Gla + K_2SO_4
	3.95	1.4	26.0	—	68.65	20	4.5	1750	KCl + K_2SO_4
	1.45	1.2	28.1	—	69.25	10	4.1	1835	KCl + K_2SO_4
	0	0	29.1	1.25	69.65	0	3.5	1910	KCl + K_2SO_4
	25.0	4.7	0	0	70.3	100	13.4	1580	NaCl + Na_2SO_4
	22.65	5.1	3.8	—	68.45	90	14.1	1490	NaCl + Na_2SO_4
	18.5	5.8	10.25	—	65.45	74.3	15.2	1355	NaCl + Na_2SO_4 + Gla
	18.3	4.6	12.1	—	65	70	12.0	1335	NaCl + Gla
	17.2	2.65	16.5	—	63.65	60	6.8	1280	NaCl + Gla
	16.25	2.1	18.65	—	63	55.1	5.3	1255	NaCl + Gla + KCl
75	17.75	0	18.35	0	63.9	55.2	0	1290	NaCl + KCl
	13.75	10.6	8.5	—	67.15	77.2	30	1495	Na_2SO_4 + Gla
	8.0	16.6	7.3	—	68.1	79.2	50	1615	Na_2SO_4 + Gla
	5.35	19.8	7.0	—	67.85	79.8	60	1620	Na_2SO_4 + Gla
	0.3	26.7	6.65	—	66.35	81.0	80	1570	Na_2SO_4 + Gla
	0	28.0	0	7.5	64.5	82.1	100	1490	Na_2SO_4 + Gla
	10.55	1.9	23.2	—	64.35	40	5.2	1375	Gla + KCl

续表

温度/℃	液相组成，w_B/%					耶涅克指数，J_B			固相
	NaCl	Na_2SO_4	KCl	K_2SO_4	H_2O	Na_2^{2+}	SO_4^{2-}	H_2O	
75	5.1	1.7	27.7	—	65.5	23	4.9	1505	Gla + KCl + K_2SO_4
	0.95	5.1	20.2	—	73.75	24.5	20	2280	Gla + K_2SO_4
	—	5.8	13.85	3.7	76.65	26.4	40	2750	Gla + K_2SO_4
	—	5.75	8.6	7.95	77.7	28.2	60	2990	Gla + K_2SO_4
	—	5.8	4.15	12.25	77.8	29.5	80	3095	Gla + K_2SO_4
	0	5.9	0	16.6	77.5	30.4	100	3140	Gla + K_2SO_4
	4.25	1.6	28.45	—	65.7	20	4.7	1530	KCl + K_2SO_4
	1.6	1.3	30.85	—	66.25	10	4.1	1600	KCl + K_2SO_4
	0	0	32.1	1.42	66.48	0	3.6	1650	KCl + K_2SO_4
100	25.9	4.4	0	0	69.7	100	12.2	1530	NaCl + Na_2SO_4
	20.75	5.2	8.0	—	66.05	80	13.7	1370	NaCl + Na_2SO_4
	17.9	5.65	12.35	—	64.1	70.0	14.4	1290	NaCl + Na_2SO_4 + Gla
	17.0	3.6	17.0	—	62.4	60	8.9	1215	NaCl + Gla
	15.1	2.25	22.1	—	60.55	49.5	5.4	1145	NaCl + Gla + KCl
	16.8	0	21.7	0	61.5	49.7	0	1180	NaCl + KCl
	16.05	7.55	11.3	—	65.1	71.5	20	1355	Na_2SO_4 + Gla
	9.8	13.8	9.2	—	67.2	74.5	40	1535	Na_2SO_4 + Gla
	4.45	19.9	8.25	—	67.4	76.3	60	1605	Na_2SO_4 + Gla
	-	26.0	7.0	1.0	66	77.6	80	1555	Na_2SO_4 + Gla
	0	27.0	0	9.0	64	78.7	100	1470	Na_2SO_4 + Gla
	11.3	2.1	25.0	—	61.6	40	5.3	1225	Gla + KCl
	7.75	1.9	27.85	—	62.5	30	5.1	1300	Gla + KCl
	4.45	1.7	30.5	—	63.35	19.8	4.8	1375	Gla + KCl + K_2SO_4
	0.25	5.4	22.4	—	71.95	21.0	20	2100	Gla + K_2SO_4
	—	5.3	14.7	5.0	75	22.7	40	2530	Gla + K_2SO_4
	—	5.35	2.2	9.6	82.85	24.4	60	2725	Gla + K_2SO_4
	—	5.45	4.45	14.15	75.95	25.7	80	2820	Gla + K_2SO_4
	0	5.6	0	18.8	75.6	26.8	100	2850	Gla + K_2SO_4
	1.65	1.5	33.3	-	63.55	10	4.3	1420	KCl + K_2SO_4
	0	0	34.8	1.65	63.55	0	3.9	1450	KCl + K_2SO_4

注：源自 В. М. БУКШТЕЙН, М. Г. ВАЛЯШКО, А. Д. ПЕЛЬШ. ЭКСПЕРИМЕНТАЛЬНЫХ ДАННЫХ ПО РАСТВОРИМОСТИ МНОГОКОМПОНЕНТНЫХ ВОДНО-СОЛЕВЫХ СИСТЕМ(ТОМ Ⅱ)[M]. ЛЕНИНГРАД: ГОСУДАРСТВЕННОЕ НАУЧНО-ТЕХНИЧЕСКОЕ ИЗДАТЕЛЬСТВО, 1954, 861, 870-872.

（19）$Na^+, Mg^{2+} // Cl^-, SO_4^{2-} - H_2O$

温度/℃	液相组成，w_B/%					耶涅克指数，J_B			固相
	NaCl	Na_2SO_4	$MgCl_2$	$MgSO_4$	H_2O	Na_2^{2+}	SO_4^{2-}	H_2O	
−10	24.5	0.4	0	0	75.0	100	1.45	1960	$NaCl{\cdot}2H_2O$ + Mir
	19.75	0.7	4.15	—	75.4	80	2.2	1925	$NaCl{\cdot}2H_2O$ + Mir
	14.6	1.35	8.5	—	75.55	60	4.2	1875	$NaCl{\cdot}2H_2O$ + Mir
	8.9	2.65	13.6	—	74.85	40	7.9	1750	$NaCl{\cdot}2H_2O$ + Mir
	5.65	4.0	16.3	—	74.05	30.9	11.4	1655	$NaCl{\cdot}2H_2O$ + Mir + Eps
	4.9	3.8	17.6	—	73.7	27.0	10.5	1615	$NaCl{\cdot}2H_2O$ + NaCl + Eps

续表

温度/℃	液相组成，w_B/%					耶涅克指数，J_B			固相
	NaCl	Na_2SO_4	$MgCl_2$	$MgSO_4$	H_2O	Na_2^{2+}	SO_4^{2-}	H_2O	
−10	7.8	0	17.5	0	74.7	26.65	0	1655	$NaCl·2H_2O$ + NaCl
	3.4	3.25	19.8	—	73.55	20	8.8	1570	NaCl + Eps
	—	0.4	32.5	0.5	66.6	0.8	2.0	1060	NaCl + Eps + $MgCl_2·8H_2O$
	0.3	0	32.9	0	66.8	0.75	0	1065	NaCl + $MgCl_2·8H_2O$
−5	25.1	0.6	0	0	74.3	100	1.9	1885	$NaCl·2H_2O$ + Mir
	20.1	1.1	4.3	—	74.5	80	3.4	1845	$NaCl·2H_2O$ + Mir
	14.6	2.0	8.8	—	74.6	60	6.0	1795	$NaCl·2H_2O$ + Mir
	10.7	3.1	11.9	—	74.3	47.6	9.1	1730	$NaCl·2H_2O$ + NaCl + Mir
	12.5	0	12.0	0	75.5	45.9	0	1800	$NaCl·2H_2O$ + NaCl
	8.0	4.25	14.0	—	73.75	40	12.2	1670	NaCl + Mir
	6.2	5.2	15.2	—	73.4	36.0	14.7	1630	NaCl + Mir + Eps
	3.05	3.7	19.95	—	73.3	20	10.0	1555	NaCl + Eps
	0.07	2.1	26.5	—	71.33	5.2	5.0	1350	NaCl + Eps
	—	0.3	33.5	1.0	65.2	0.6	2.9	1000	NaCl + Bis + Eps
	0.25	0	34.1	0	65.65	0.6	0	1010	NaCl + Bis
	0	0	33.1	1.2	65.7	0	2.9	1020	Bis + Eps
	2.5	6.4	15.1	—	76	29.6	20	1870	Mir + Eps
	—	5.3	10.9	4.7	79.1	19.5	40	2310	Mir + Eps
	—	4.1	6.8	9.4	79.7	16.2	60	2480	Mir + Eps
	—	3.65	5.0	11.6	79.75	14.7	70	2530	Mir + Eps
	7.3	0.95	0	0	91.75	100	9.8	7340	Mir + 冰
	3.9	2.0	2.2	—	91.9	67.5	20	7250	Mir + 冰
	—	4.6	4.6	—	90.8	40.0	40	6250	Mir + 冰
	—	3.8	3.8	3.95	88.45	27.0	60	4900	Mir + 冰
	—	3.4	2.4	9.4	84.8	18.8	80	3700	Mir + 冰
	0	3.1	0	18.2	78.7	12.6	100	2525	Mir + 冰 + $MgSO_4·12H_2O$
0	25.65	1.2	0	0	73.15	100	3.7	1780	NaCl + Mir
	20.1	1.9	4.4	—	73.6	80	5.8	1765	NaCl + Mir
	13.9	3.3	9.05	—	73.75	60	9.8	1725	NaCl + Mir
	6.3	6.8	14.2	—	72.7	40.9	19.5	1595	NaCl + Mir + Eps
	4.25	5.75	17.1	—	72.9	30	15.8	1575	NaCl + Eps
	0.45	3.35	23.75	—	72.45	10	8.6	1450	NaCl + Eps
	—	0.3	33.6	1.3	64.8	0.6	3.5	985	NaCl + Bis + Eps
	0.3	0	34.4	0	65.3	0.7	0	1000	NaCl + Bis
	—	7.4	11.6	3.6	77.4	25.5	40	2110	Eps + Mir
	—	5.6	7.3	9.05	78.05	20.6	60	2270	Eps + Mir
	—	4.7	3.6	14.2	77.5	17.6	80	2275	Eps + Mir
	0	4.1	0	19.7	76.2	14.95	100	2200	Eps + Mir
	0	0	33.55	1.55	64.9	0	3.55	986	Bis + Eps
10	24.5	3.3	0	0	72.2	100	10	1720	NaCl + Mir
	18.1	5.35	4.6	—	71.95	80	15.7	1660	NaCl + Mir
	9.9	9.55	9.55	—	71	60	26.5	1550	NaCl + Mir
	8.3	10.6	10.65	—	70.45	56.5	29.0	1520	NaCl + Mir + Ast
	6.85	10.0	12.3	—	70.85	5.0	27.3	1525	NaCl + Ast
	4.3	9.5	14.9	—	71.3	39.8	25.7	1520	NaCl + Ast + Eps

续表

温度/℃	液相组成，w_B/%					耶涅克指数，J_B			固相
	NaCl	Na_2SO_4	$MgCl_2$	$MgSO_4$	H_2O	Na_2^{2+}	SO_4^{2-}	H_2O	
10	0.8	6.7	20.6	—	71.9	20	17.5	1475	NaCl + Eps
	—	2.3	25.3	1.6	70.8	5.5	10.0	1330	NaCl + Eps
	—	0.35	33.55	1.9	64.2	0.7	5.0	960	NaCl + Bis + Eps
	0.3	0	35.3	0	64.4	0.7	0	980	NaCl + Bis
	1.4	14.1	13.2	—	71.3	44.6	39.8	1585	Mir + Ast + Eps
	—	10.45	8.7	7.6	73.25	32.2	60	1780	Mir + Eps
	—	8.55	4.2	14.05	73.2	27.2	80	1840	Mir + Eps
	0	8.0	0	20.6	71.4	24.7	100	1740	Mir + Eps
	2.9	11.9	13.8	—	71.4	42.8	33	1565	Ast + Eps
	0	0	33.6	2.2	64.2	0	5.0	960	Bis + Eps
20	22.5	7.5	0	0	70	100	21.55	1585	NaCl + Na_2SO_4
	18.9	8.8	2.4	—	69.9	90	24.9	1560	NaCl + Na_2SO_4
	13.7	11.0	5.85	—	69.45	76.1	30.3	1505	NaCl + Na_2SO_4 + Ast
	10.1	9.4	9.7	—	70.8	60	26.0	1550	NaCl + Ast
	5.0	8.7	14.9	—	71.4	40	23.6	1520	NaCl + Ast
	0.15	8.9	19.95	—	71	23.4	23.0	1445	NaCl + Ast + Eps
	—	4.15	23.45	2.05	70.35	10	15.8	1335	NaCl + Eps
	—	1.1	28.4	2.8	67.7	2.4	9.4	1140	NaCl + Eps + Hex
	—	0.4	33.3	2.7	63.6	0.8	6.8	940	NaCl + Hex + Bis
	0.3	0	35.3	0	64.4	0.7	0	960	NaCl + Bis
	20.2	9.2	0	0	70.6	100	27.2	1650	Na_2SO_4 + Mir
	15.8	11.7	2.3	—	70.2	90	34.1	1610	Na_2SO_4 + Mir
	9.0	15.8	5.9	—	69.3	75.2	44.4	1530	Na_2SO_4 + Mir + Ast
	11.75	12.9	5.85	—	69.5	75.8	36.0	1525	Na_2SO_4 + Ast
	1.8	21.5	8.15	—	68.55	66.0	60	1510	Mir + Ast
	—	19.25	4.9	8.5	67.35	52.7	80	1455	Mir + Ast
	0	15.0	0	19.4	65.6	39.6	100	1365	Mir + Ast
	0	13.9	0	20.5	65.6	36.5	100	1360	Ast + Eps
	—	12.6	4.9	14.0	68.5	34.6	80	1485	Ast + Eps
	—	11.7	9.6	8.3	70.4	32.6	60	1555	Ast + Eps
	—	10.7	14.7	3.3	71.3	29.3	40	1535	Ast + Eps
	0	0	28.4	3.4	68.2	0	8.7	1160	Eps + Hex
	0	0	33.35	3.05	63.6	0	6.8	940	Hex + Bis
25	22.9	6.9	0	0	70.2	100	19.9	1590	NaCl + Na_2SO_4
	19.4	8.2	2.4	—	70	90	23.2	1565	NaCl + Na_2SO_4
	14.0	10.6	5.9	—	69.5	75.7	29.0	1505	NaCl + Na_2SO_4 + Ast
	10.35	9.15	9.7	—	70.8	60	25.3	1545	NaCl + Ast
	5.15	8.6	14.9	—	71.35	40	23.1	1515	NaCl + Ast
	—	7.9	20.5	—	71.6	20	22.6	1410	NaCl + Ast
	—	6.75	20.9	0.9	71.45	16.8	22.6	1380	NaCl + Ast + Eps
	—	4.2	23.2	2.0	70.6	10	17.8	1305	NaCl + Eps
	—	2.3	25.95	2.8	68.95	5.1	13.7	1205	NaCl + Eps + Hex
	—	0.8	29.8	3.3	66.1	1.7	9.6	1060	NaCl + Hex + Pen
	—	0.6	31.1	3.3	65	1.2	8.2	1020	NaCl + Pen + Tet
	—	0.4	34.4	3.0	62.2	0.7	4.9	925	NaCl + Tet + Bis

续表

温度/℃	液相组成，w_B/%					耶涅克指数，J_B			固相
	NaCl	Na_2SO_4	$MgCl_2$	$MgSO_4$	H_2O	Na_2^{2+}	SO_4^{2-}	H_2O	
25	0.3	0	35.5	1.9	62.3	0.7	0	950	NaCl + Bis
	14.2	15.0	0	0	70.8	100	46.5	1730	Na_2SO_4 + Mir
	4.55	22.3	4.7	0	68.45	80	64.1	1555	Na_2SO_4 + Mir
	—	25.05	6.2	—	68.75	69.8	74.2	1480	Na_2SO_4 + Mir + Ast
	10.3	14.2	5.9	1.35	68.25	75.2	40	1545	Na_2SO_4 + Ast
	3.75	21.2	6.4	—	68.65	72.9	60	1530	Na_2SO_4 + Ast
	—	22.0	2.8	—	75.2	60	88.5	1430	Mir + Ast
	0	19.1	0	8.8	72.1	50.8	100	1370	Mir + Ast
	0	12.9	0	21.5	65.6	33.7	100	1350	Ast + Eps
	—	11.65	4.9	14.95	68.5	31.8	80	1475	Ast + Eps
	—	10.7	9.7	9.3	70.3	29.6	60	1535	Ast + Eps
	—	9.45	15.0	4.55	71	25.5	40	1505	Ast + Eps
	0	0	26.3	4.8	68.9	0	12.6	1210	Eps + Hex
	0	0	29.8	3.95	66.25	0	9.5	1065	Hex + Pen
	0	0	31.5	3.25	65.25	0	7.5	1010	Pen + Tet
	0	0	34.3	2.25	63.45	0	4.9	930	Tet + Bis
35	23.5	6.0	0	0	70.5	100	17.4	1610	NaCl + Na_2SO_4
	20.1	7.25	2.35	—	70.3	90	20.6	1575	NaCl + Na_2SO_4
	14.4	9.75	6.15	—	69.7	74.8	26.8	1510	NaCl + Na_2SO_4 + Ast
	10.7	8.8	9.8	—	70.7	60	24.2	1530	NaCl + Ast
	5.4	8.5	15.2	—	70.9	40	22.5	1480	NaCl + Ast
	—	8.15	21.25	0.75	69.85	20	22.2	1350	NaCl + Ast
	—	4.05	22.65	4.95	68.35	9.3	22.7	1235	NaCl + Ast + Hex
	—	2.3	25.1	4.9	67.7	5	17.7	1175	NaCl + Hex
	—	1.8	26.0	4.7	67.5	3.9	16.0	1150	NaCl + Hex + Tet
	—	0.4	34.75	2.1	62.75	0.7	5.2	905	NaCl + Tet + Bis
	0.25	0	36.05	0	63.7	0.6	0	930	NaCl + Bis
	9.9	14.05	6.05	—	70	74.2	40	1570	Na_2SO_4 + Ast
	3.45	21.0	6.6	—	68.95	72.0	60	1550	Na_2SO_4 + Ast
	—	24.7	4.85	3.55	66.9	68.4	80	1460	Na_2SO_4 + Ast
	0	24.55	0	11.4	64.05	64.6	100	1330	Na_2SO_4 + Ast
	0	9.75	0	25.2	65.05	24.7	100	1300	Ast + Eps
	—	8.9	5.1	18.25	67.75	23.4	80	1405	Ast + Eps
	—	8.1	10.1	12.2	69.6	21.6	60	1460	Ast + Eps
	—	6.7	15.9	7.7	69.7	17.0	40	1390	Ast + Eps
	—	5.7	18.55	6.7	69.05	13.85	32.95	1320	Ast + Eps + Hex
	—	2.9	19.2	7.95	69.95	7.0	30	1350	Eps + Hex
	0	0	19.5	9.6	70.9	0	28.1	1385	Eps + Hex
	0	0	26.0	6.0	68	0	15.4	1170	Hex + Tet
	0	0	34.8	2.4	62.8	0	5.2	905	Tet + Bis
55	24.3	5.2	0	0	70.5	100	15.00	1600	NaCl + Na_2SO_4
	19.3	6.9	3.6	—	70.2	85	19.3	1550	NaCl + Na_2SO_4
	14.7	8.9	6.8	—	69.6	72.6	24.1	1490	NaCl + Na_2SO_4 + Van
	10.3	8.6	10.9	—	70.2	56.5	23.0	1475	NaCl + Van + Ast
	5.75	8.6	15.7	—	69.95	40	22.0	1415	NaCl + Ast

续表

温度/℃	液相组成，w_B/%					耶涅克指数，J_B			固相
	NaCl	Na_2SO_4	$MgCl_2$	$MgSO_4$	H_2O	Na_2^{2+}	SO_4^{2-}	H_2O	
55	1.2	9.0	20.7	—	69.1	25.4	21.8	1315	NaCl + Ast + Loe
	—	3.6	25.5	2.6	68.3	8.1	15.0	1200	NaCl + Loe + Kie
	—	1.6	29.1	2.7	66.6	3.4	10	1090	NaCl + Kie
	—	0.3	37.1	0.7	61.9	0.5	2.0	865	NaCl + Kie + Bis
	0.2	0	37.35	0	62.45	0.45	0	880	NaCl + Bis
	8.9	14.4	7.2	—	69.5	70.1	40	1520	Na_2SO_4 + Van
	2.05	21.8	8.05	—	68.1	66.8	60	1480	Na_2SO_4 + Van
	—	24.1	7.55	1.35	67	65.2	69.5	1430	Na_2SO_4 + Van + Ast
	—	23.65	4.9	5.1	66.35	63.7	80	1405	Na_2SO_4 + Ast
	0	22.9	0	12.55	64.55	60.7	100	1350	Na_2SO_4 + Ast
	0.9	22.25	9.2	—	67.65	63.0	60	1440	Van + Ast
	5.9	14.8	10.15	—	69.15	59.2	40	1470	Van + Ast
	—	7.5	17.0	7.7	67.8	18.6	40	1260	Ast + Loe
	—	5.0	11.7	17.9	65.4	11.5	60	1185	Ast + Loe
	—	3.95	9.75	21.7	64.6	9.0	67.0	1150	Ast + Loe + Hex
	—	4.5	5.85	25.8	63.85	10.3	80	1150	Ast + Hex
	0	4.7	0	32.3	63	11.0	100	1160	Ast + Hex
	—	2.9	11.95	20.2	64.95	6.5	60	1150	Loe + Hex
	—	1.4	15.3	17.85	65.45	3.1	49.6	1140	Loe + Hex + Kie
	—	1.8	18.2	13.8	66.2	4	40	1155	Loe + Kie
	—	3.1	24.1	5.0	67.8	6.9	20	1190	Loe + Kie
	0	0	15.0	18.0	67	0	48.7	1210	Hex + Kie
	0	0	37.0	0.9	62.1	0	1.9	870	Kie + Bis
75	25.0	4.7	0	0	70.3	100	13.4	1580	NaCl + Na_2SO_4
	22.05	5.35	2.4	—	70.2	90	15.0	1550	NaCl + Na_2SO_4
	17.75	6.6	5.55	—	70.1	77.3	18.2	1515	NaCl + Na_2SO_4 + Van
	11.0	7.2	11.6	—	70.2	54.4	19.0	1460	NaCl + Van + Loe
	7.35	6.9	15.95	—	69.8	40	17.5	1385	NaCl + Loe
	1.35	6.6	23.15	—	68.9	19.2	15.4	1270	NaCl + Loe + Kie
	—	4.7	28.0	0.5	66.8	10	11.3	1120	NaCl + Kie
	—	0.25	39.0	0.15	60.6	0.45	0.8	815	NaCl + Kie + Bis
	0.2	0	39.05	0	60.75	0.4	0	820	NaCl + Bis
	10.45	13.85	5.4	—	70.3	76.7	40	1600	Na_2SO_4 + Van
	4.25	20.6	5.75	—	69.4	75.0	60	1595	Na_2SO_4 + Van
	—	25.5	4.7	2.2	67.6	72.6	80	1520	Na_2SO_4 + Van
	0	25.0	0	9.1	65.9	69.9	100	1450	Na_2SO_4 + Van
	4.2	15.1	11.75	—	68.95	53.5	40	1440	Van + Loe
	—	19.75	10.1	2.4	67.75	52.5	60	1420	Van + Loe
	—	19.4	5.0	9.05	66.55	51.6	80	1395	Van + Loe
	0	19.0	0	15.7	65.3	50.6	100	1370	Van + Loe
	—	7.65	22.9	0.75	68.7	17.9	20	1270	Loe + Kie
	—	5.9	17.4	9.65	67.05	13.7	40	1220	Loe + Kie
	—	4.6	11.75	18.3	65.35	10.6	60	1175	Loe + Kie
	—	4.0	5.95	26.7	63.35	9.0	80	1125	Loe + Kie
	0	3.5	0	35	61.5	7.8	100	1080	Loe + Kie
	0	0	38.85	0.4	60.75	0	0.8	820	Kie + Bis

续表

温度/℃	液相组成，w_B/%					耶涅克指数，J_B			固相
	NaCl	Na_2SO_4	$MgCl_2$	$MgSO_4$	H_2O	Na_2^{2+}	SO_4^{2-}	H_2O	
100	25.9	4.4	0	0	69.7	100	12.25	1530	NaCl + Na_2SO_4
	22.2	4.75	3.2	—	69.85	87.0	13.0	1510	NaCl + Na_2SO_4 + Van
	14.9	5.5	9.6	—	70	62.3	14.5	1455	NaCl + Van + Loe
	7.15	6.0	17.9	—	68.95	35.5	14.5	1315	NaCl + Loe + Kie
	3.6	4.6	24.2	—	67.6	20	10.2	1180	NaCl + Kie
	—	0.2	42.05	0.15	57.6	0.3	0.6	720	NaCl + Kie + Bis
	0.15	0	42.1	0	57.75	0.3	0	720	NaCl + Bis
	19.3	7.0	3.1	—	70.6	86.8	20	1585	Na_2SO_4 + Van
	12.45	13.35	3.25	—	70.95	85.4	40	1675	Na_2SO_4 + Van
	6.4	19.7	3.6	—	70.3	83.7	60	1690	Na_2SO_4 + Van
	0.4	26.5	4.1	—	69	81.5	80	1640	Na_2SO_4 + Van
	0	26.6	0	6.0	67.4	79.0	100	1580	Na_2SO_4 + Van
	12.95	7.55	9.7	—	69.8	61.6	20	1455	Van + Loe
	5.95	14.95	10.15	—	68.95	59.4	40	1455	Van + Loe
	—	21.15	9.9	0.85	68.1	57.2	60	1450	Van + Loe
	—	20.05	4.9	7.8	67.25	54.9	80	1450	Van + Loe
	0	19.0	0	14.5	66.5	52.6	100	1450	Van + Loe
	3.9	8.3	19.1	—	68.7	31.5	20	1305	Loe + Kie
	—	9.4	16.85	6.2	67.55	22.5	40	1270	Loe + Kie
	—	7.2	11.35	15.4	66.05	17.0	60	1230	Loe + Kie
	—	5.75	5.7	24.0	64.55	13.5	80	1195	Loe + Kie
	—	4.8	0	32.2	63	11.2	100	1160	Loe + Kie
	0	0	42.1	0.3	57.6	0	0.6	719	Kie + Bis

注：源自 В. М. БУКШТЕЙН, М. Г. ВАЛЯШКО, А. Д. ПЕЛЬШ. ЭКСПЕРИМЕНТАЛЬНЫХ ДАННЫХ ПО РАСТВОРИМОСТИ МНОГОКОМПОНЕНТНЫХ ВОДНО-СОЛЕВЫХ СИСТЕМ(ТОМ Ⅱ)[M]. ЛЕНИНГРАД: ГОСУДАРСТВЕННОЕ НАУЧНО-ТЕХНИЧЕСКОЕ ИЗДАТЕЛЬСТВО, 1954, 954-961.

（20）$K^+, Mg^{2+} // Cl^-, SO_4^{2-} - H_2O$

温度/℃	液相组成，w_B/%					耶涅克指数，J_B			固相
	KCl	K_2SO_4	$MgCl_2$	$MgSO_4$	H_2O	K_2^{2+}	SO_4^{2-}	H_2O	
0	21.6	0.95	0	0	77.45	100	3.6	2860	KCl + K_2SO_4
	17.85	1.7	3.1	—	77.35	80	6.0	2650	KCl + K_2SO_4
	13.2	3.35	6.8	—	76.65	60	10.7	2375	KCl + K_2SO_4
	7.95	5.7	10.8	—	75.55	43.0	16.4	2100	KCl + K_2SO_4 + Pic
	7.35	5.4	11.5	—	75.75	40	15.5	2090	KCl + Pic
	5.0	5.1	14.05	—	75.85	30	14.0	1995	KCl + Pic
	2.1	5.45	17.3	—	75.15	20	13.8	1835	KCl + Pic
	4.95	—	16.75	4.2	74.1	13.6	14.3	1685	KCl + Pic + Eps
	2.45	—	24.95	2.1	70.5	5.6	5.8	1325	KCl + Car + Eps
	2.4	0	26.2	0	71.4	5.5	0	1360	KCl + Car
	0.1	—	33.6	1.55	64.75	0.2	3.55	980	Car + Bis + Eps
	0.1	0	34.4	0	65.5	0.2	0	1005	Car + Bis
	6.4	6.6	—	10.3	76.7	42.8	20	2250	K_2SO_4 + Pic
	4.4	10.35	—	8.2	77.05	42.0	40	2875	K_2SO_4 + Pic

续表

温度/℃	液相组成，w_B/%					耶涅克指数，J_B			固相
	KCl	K_2SO_4	$MgCl_2$	$MgSO_4$	H_2O	K_2^{2+}	SO_4^{2-}	H_2O	
	—	9.7	5.2	3.1	82	40.9	60	3350	K_2SO_4 + Pic
	—	8.5	2.4	6.05	83.05	39.4	80	3725	K_2SO_4 + Pic
	0	7.5	0	8.7	83.8	37.3	100	4030	K_2SO_4 + Pic
	—	5.5	17.7	1.8	75	13.5	20	1790	Pic + Eps
0	—	4.55	11.8	6.8	76.85	12.7	40	2070	Pic + Eps
	—	3.8	7.4	11.35	77.45	11.3	60	2220	Pic + Eps
	—	3.15	3.55	15.9	77.4	9.7	80	2290	Pic + Eps
	0	2.4	0	20.6	77	7.4	100	2310	Pic + Eps
	0	0	33.55	1.55	64.9	0	3.55	986	Bis + Eps
	25.6	1.10	0	0	73.3	100	3.5	2285	KCl + K_2SO_4
	20.75	2.2	3.6	—	73.45	80	6.6	2150	KCl + K_2SO_4
	9.0	7.00	11.9	—	72.1	44.7	17.8	1775	KCl + K_2SO_4 + Pic
	7.8	6.85	13.1	—	72.25	40	17.2	1755	KCl + Pic
	0.95	8.1	20.15	—	70.8	20	17.6	1485	KCl + Pic
	3.35	—	25.5	2.6	68.55	7.2	7	1220	KCl + Car
	3.4	0	26.9	0	69.7	7.5	0	1270	KCl + Car
	1.7	—	28.45	3.65	66.2	3.3	8.9	1080	Car + Pen + Hex
	1.2	—	30.55	3.1	65.15	2.3	7.2	1020	Car + Pen + Tet
	0.15	—	34.3	2.25	63.3	0.3	4.9	925	Car + Tet + Bis
	0.1	0	35.6	0	64.3	0.2	0	955	Car + Bis
	8.05	7.65	11.55	—	72.75	44.6	20	1845	K_2SO_4 + Pic
	0.95	13.0	10.05	—	76	43.4	40	2265	K_2SO_4 + Pic
	—	12.7	6.65	3.85	76.8	41.7	60	2435	K_2SO_4 + Pic
	—	11.7	3.2	8.2	76.9	39.7	80	2525	K_2SO_4 + Pic
25	0	10.8	0	12.6	76.6	37.2	100	2550	K_2SO_4 + Pic
	—	5.4	14.7	8.7	71.2	12.0	40	1540	Pic + Eps
	—	5.1	9.35	14.2	71.35	11.9	60	1615	Pic + Eps
	—	4.65	4.6	20.1	70.65	11.0	80	1615	Pic + Eps
	0	4.0	0	26.3	69.7	9.5	100	1600	Pic + Eps
	0	0	34.3	2.25	63.45	0	4.9	930	Bis + Tet
	0	0	31.5	3.25	65.25	0	7.5	1010	Tet + Pen
	0	0	29.8	3.95	66.25	0	9.5	1065	Pen + Hex
	0	0	26.3	4.8	68.9	0	12.6	1210	Hex + Eps
	—	5.7	19.5	5.0	69.8	11.7	26.7	1385	Leo + Pic + Eps
	4.6	—	19.55	7.65	68.2	10.2	21.2	1260	Leo + Kai + Eps
	—	6.45	20.95	3.15	69.45	13.0	22.3	1360	Leo + Kai + Pic
	—	7.0	22.1	1.7	69.2	14.0	19.0	1340	Kai + KCl + Pic
	4.4	—	21.35	5.2	69.05	10	14.5	1290	Kai + KCl
	3.4	—	24.6	4.2	67.8	7.2	11.0	1190	Kai + KCl + Car
	2.0	—	27.5	4.0	66.5	4.0	9.9	1100	Kai + Car + Hex
	2.25	—	24.3	5.25	68.2	4.8	13.8	1200	Kai + Hex + Eps
	27.0	1.2	0	0	71.8	100	3.55	2120	KCl + K_2SO_4
35	22.0	2.35	3.8	—	71.85	80	6.8	1980	KCl + K_2SO_4
	15.6	4.7	8.4	—	71.3	60	12.3	1800	KCl + K_2SO_4
	9.5	7.6	12.45	—	70.45	45.1	18.2	1645	KCl + K_2SO_4 + Pic

续表

温度/℃	液相组成，w_B/%					耶涅克指数，J_B			固相
	KCl	K_2SO_4	$MgCl_2$	$MgSO_4$	H_2O	K_2^{2+}	SO_4^{2-}	H_2O	
35	11.9	—	11.7	5.6	70.8	32.0	18.7	1575	KCl + Pic + Leo
	9.8	—	14.3	5.65	70.25	25.0	17.9	1485	KCl + Leo
	7.8	—	16.85	5.9	69.45	18.8	17.6	1385	KCl + Leo + Kai
	6.35	—	19.05	4.9	69.7	15	14.4	1365	KCl + Kai
	4.5	—	23.25	3.1	69.15	10	8.6	1280	KCl + Kai
	3.75	—	26.5	2.25	67.5	7.8	5.8	1165	KCl + Kai + Car
	3.8	0	27.3	0	68.9	8.2	0	1225	KCl + Car
	8.65	8.05	12.15	—	71.15	45.0	20	1705	K_2SO_4 + Pic
	1.15	14.3	11.0	—	73.55	43.8	40	1990	K_2SO_4 + Pic
	—	14.3	7.4	4.2	74.1	42.0	60	2105	K_2SO_4 + Pic
	—	13.3	3.7	9.3	73.7	39.7	80	2130	K_2SO_4 + Pic
	0	12.0	0	14.5	73.5	36.4	100	2155	K_2SO_4 + Pic
	0.15	0	36.05	0	63.8	0.27	0	935	Car + Bis
	0.3	—	34.7	2.35	62.65	0.5	5.1	900	Car + Bis + Tet
	0.85	—	31.95	2.39	64.81	1.60	5.50	996	Car + Kai + Tet
	0.95	—	28.7	4.1	66.25	1.9	10	1075	Kai + Tet
	1.60	—	24.80	6.35	67.25	3.35	16.25	1150	Kai + Tet + Hex
	2.65	—	21.6	8.3	67.45	5.7	22	1195	Kai + Hex
	3.70	—	17.7	10.8	67.8	8.3	29.9	1255	Kai + Leo + Hex
	3.45	—	16.7	11.5	68.35	7.85	32.5	1295	Leo + Hex + Eps
	3.75	—	14.5	13.1	68.65	8.8	38	1330	Leo + Eps
	4.05	—	12.45	15.05	68.45	9.6	44.2	1345	Leo + Pic + Eps
	4.05	—	7.8	19.75	68.4	10.0	60	1385	Pic + Eps
	4.0	—	2.5	25.7	67.8	10.05	80	1410	Pic + Eps
	0	4.6	0	28.4	67	10.0	100	1420	Pic + Eps
	0	0	34.8	2.4	62.8	0	5.2	905	Bis + Tet
	0	0	26.0	6.0	68	0	15.4	1170	Tet + Hex
	0	0	19.5	9.6	70.9	0	28.1	1385	Hex + Eps
55	29.75	1.3	0	0	68.95	100	3.55	1850	KCl + K_2SO_4
	23.95	2.6	4.2	—	69.25	80	6.8	1750	KCl + K_2SO_4
	16.8	5.3	9.1	—	68.8	60	12.8	1600	KCl + K_2SO_4
	11.0	8.2	12.8	—	68	47.3	18.4	1475	KCl + K_2SO_4 + Leo
	15.6	—	10.4	5.7	68.3	40	18.1	1450	KCl + Leo
	10.8	—	15.5	6.4	67.3	25.1	18.4	1300	KCl + Leo + Kai
	8.7	—	18.4	4.9	68	20	14.0	1290	KCl + Kai
	4.8	—	27.4	1.6	66.2	9.6	4.0	1105	KCl + Kai + Car
	4.75	0	28.2	0	67.05	9.7	0	1135	KCl + Car
	—	0.25	36.9	0.75	62.1	0.4	2.0	870	Car + Bis + Kie
	0.25	0	37.2	0	62.55	0.4	0	885	Car + Bis
	10.25	8.8	12.8	—	68.15	47.1	20	1490	K_2SO_4 + Leo
	1.8	16.45	12.3	—	69.45	45.2	40	1630	K_2SO_4 + Leo
	—	17.2	8.65	4.55	69.6	43.3	60	1700	K_2SO_4 + Leo
	—	15.8	4.2	10.3	69.7	41.2	80	1760	K_2SO_4 + Leo
	0	13.5	0	17.1	69.4	35.3	100	1750	K_2SO_4 + Leo
	9.2	—	16.6	6.9	67.3	21.0	19.5	1275	Leo + Lan + Kai

续表

温度/℃	液相组成，w_B/%					耶涅克指数，J_B			固相
	KCl	K_2SO_4	$MgCl_2$	$MgSO_4$	H_2O	K_2^{2+}	SO_4^{2-}	H_2O	
55	—	4.35	13.6	17.0	65.05	8.1	53.8	1170	Leo + Lan+ Hex
	—	4.45	11.7	19.2	64.65	8.3	60	1170	Leo + Hex
	—	4.7	5.8	25.9	63.6	9.0	80	1165	Leo + Hex
	0	4.8	0	32.7	62.5	9.2	100	1160	Leo + Hex
	—	1.6	14.6	17.4	66.4	3	50	1200	Lan + Hex+Kie
	—	2.2	17.8	13.5	66.5	4.0	40	1185	Lan + Kie
	—	3.1	22.3	7.8	66.8	5.6	26.0	1170	Lan + Kai + Kie
	0	0	37.0	0.9	62.1	0	1.9	870	Bis + Kie
	0	0	15.0	18.0	67	0	48.7	1210	Kie + Hex

注：源自 В. М. БУКШТЕЙН, М. Г. ВАЛЯШКО, А. Д. ПЕЛЬШ. ЭКСПЕРИМЕНТАЛЬНЫХ ДАННЫХ ПО РАСТВОРИМОСТИ МНОГОКОМПОНЕНТНЫХ ВОДНО-СОЛЕВЫХ СИСТЕМ(ТОМ Ⅱ)[М]. ЛЕНИНГРАД: ГОСУДАРСТВЕННОЕ НАУЧНО-ТЕХНИЧЕСКОЕ ИЗДАТЕЛЬСТВО, 1954, 1028-1031.

（21）$Na^+, K^+ // Cl^-, NO_3^- - H_2O$

温度/℃	液相组成，w_B/%				耶涅克指数，J_B			固相
	$NaNO_3$	NaCl	KNO_3	KCl	Na^+	NO_3^-	H_2O	
25	0.0	36.04	0.0	0.0	100.00	0.00	900.15	NaCl
	0.0	32.28	0.0	10.0	80.46	0.00	808.62	NaCl
	0.0	30.27	0.0	16.45	70.13	0.00	751.55	NaCl + KCl
	0.0	12.0	0.0	26.78	36.37	0.00	983.26	KCl
	0.0	0.0	10.0	35.54	0.00	17.18	964.32	KCl
	0.0	0.0	22.79	34.92	0.00	32.49	800.05	KCl + KNO_3
	0.0	0.0	31.48	10.0	0.00	69.89	1245.99	KNO_3
	10.0	0.0	37.49	0.0	24.09	100.00	1136.39	KNO_3
	60.0	0.0	41.87	0.0	63.03	100.00	495.59	KNO_3
	100.9	0.0	46.15	0.0	72.23	100.00	337.73	KNO_3 + $NaNO_3$
	96.06	0.0	20.0	0.0	85.10	100.00	417.99	$NaNO_3$
	77.46	10.0	0.0	0.0	100.00	84.19	512.80	$NaNO_3$
	58.01	23.62	0.0	0.0	100.00	62.81	510.82	$NaNO_3$ + NaCl
	10.0	33.90	0.0	0.0	100.00	16.86	795.60	NaCl
	15.4	24.82	0.0	22.2	67.05	20.05	614.27	NaCl + KCl
	0.0	21.36	32.9	20	38.10	33.93	578.72	KCl + KNO_3
	61.3	24.50	17.2	0.0	87.02	68.01	423.55	$NaNO_3$ + KNO_3
	82.1	7.0	43.15	0.0	71.78	92.08	367.00	$NaNO_3$ + NaCl
	64.0	23.8	41.2	0.0	74.01	74.02	354.07	KNO_3 + $NaNO_3$ + NaCl
	0.0	4.5	40.3	0.0	16.19	83.81	1167.13	NaCl + KCl + KNO_3
50	0.0	36.72	0.0	0.0	100.00	0.00	883.48	NaCl
	0.0	28.35	0.0	23.09	61.03	0.00	698.40	NaCl + KCl
	0.0	0.0	0.0	42.80	0.00	0.00	966.89	KCl
	0.0	0.0	24.05	41.39	0.00	29.99	699.93	KCl
	0.0	0.0	52.54	38.75	0.00	49.99	534.02	KCl + KNO_3
	0.0	0.0	85.10	0.0	0.00	100.00	659.47	KNO_3
	134.9	0.0	90.2	0.0	64.02	100.00	223.89	$NaNO_3$ + KNO_3
	114.1	0.0	0.0	0.0	100.00	100.00	413.49	$NaNO_3$

续表

温度/℃	液相组成，w_B/%				耶涅克指数，J_B			固相
	$NaNO_3$	NaCl	KNO_3	KCl	Na^+	NO_3^-	H_2O	
50	84.8	20.5	0.0	0.0	100.00	73.99	411.64	$NaCl+NaNO_3$
	43.9	28.4	0.0	0.0	100.00	51.52	553.74	NaCl
	0.0	34.0	24.3	13.4	58.07	23.99	554.06	NaCl + KCl
	0.0	12.7	58.6	25.4	19.10	50.95	487.94	$KCl+KNO_3$
	104.1	19.2	27.2	0.0	85.24	81.97	304.60	$NaNO_3+NaCl$
	110.7	12.2	82.2	0.0	65.02	91.02	238.83	$NaCl+NaNO_3+KNO_3$
	6.1	59.9	70.9	0.0	61.00	43.00	308.73	$NaCl+KCl+KNO_3$

注：源自 Dr. HOWARD, L. SILCOCK. Solubilities of Inorganic and Organic Compounds(Volume 3)[M]. Pergamon Press, 1979, 748; UYEDA K. , Z. Anorg. Chem. , 93, 202: 1909-1910.

（22）Na^+, K^+, Mg^{2+} // $Cl^-, SO_4^{2-}-H_2O$

温度/℃	液相组成，w_B/%						耶涅克指数，J_B'/[mol/100 mol ($K_2^{2+}+Mg^{2+}+SO_4^{2-}$)]				固相
	NaCl	KCl	K_2SO_4	$MgCl_2$	$MgSO_4$	H_2O	K_2^{2+}	Mg^{2+}	Na_2^{2+}	H_2O	
0	22.7	5.7	2.4	0	0	69.2	79.1	0	294	5820	NaCl + Mir + KCl
	11.55	5.5	—	7.9	5.3	69.75	17.9	61.0	47.5	1860	NaCl + Mir + KCl + Pic
	3.4	3.6	—	18.7	3.5	70.8	8.7	80.9	10.4	1410	NaCl + KCl + Pic + Eps
	1.35	2.3	—	23.8	2.5	70.05	5.0	88.3	3.8	1270	NaCl + KCl + Car + Eps
	1.9	2.3	0	25.05	0	70.75	5.5	94.5	5.9	1410	NaCl + KCl + Car
	9.9	4.3	—	8.9	7.25	69.65	11.9	63.3	35.0	1590	NaCl + Mir + Pic + Eps
	12.05	0	0	9.5	5.9	72.55	0	75.2	52.0	2030	NaCl + Mir + Eps
	0.2	0.1	—	33.4	1.6	64.7	0.2	96.3	0.5	950	NaCl + Car + Bis + Eps
	0.35	0.1	0	34.3	0	65.25	0.15	99.85	0.8	1005	NaCl + Car + Bis
	0.25	0	0	33.4	1.5	64.85	0	96.6	0.6	957	NaCl + Bis + Eps
25	21.0	8.75	2.9	0	0	67.35	81.9	0	196	4070	NaCl + Gla + KCl
	18.9	10.9	0.05	—	2.35	67.8	65	17.3	142.4	3310	NaCl + Gla + KCl
	16.7	10.5	—	2.0	3.0	67.8	50	32.4	101.6	2670	NaCl + Gla + KCl
	13.8	9.6	—	4.75	4.15	67.7	35	46.1	64.4	2050	NaCl + Gla + KCl
	10.4	8.3	—	7.9	6.45	66.95	22.6	55.6	36.2	1510	NaCl + Gla + KCl + Pic
	8.6	7.9	—	9.3	6.5	67.7	20.5	58.6	28.5	1450	NaCl + KCl + Leo + Pic
	5.75	6.5	—	13.3	6.45	68	15	66.5	16.9	1300	NaCl + KCl + Leo
	4.1	5.3	—	16.7	6.2	67.7	11.3	72.3	11.3	1200	NaCl + KCl + Leo + Kai
	2.95	4.2	—	20.5	4.35	68	9	79.6	8.0	1195	NaCl + KCl + Kai
	1.3	3.15	—	25.1	2.05	68.4	6.6	88.0	3.6	1190	NaCl + KCl + Kai + Car
	1.85	3.4	—	25.85	0	68.9	7.7	92.3	5.4	1300	NaCl + KCl + Car
	19.25	5.65	7.6	0	0	67.5	41.45	0	238.5	4090	$NaCl+Na_2SO_4+Gla$
	20.9	0.7	—	—	6.95	66.95	17.8	33.6	104.1	2170	$NaCl+Na_2SO_4+Gla+Ast$
	21.3	—	1.7	—	7.5	69.5	0	45.6	142	2825	$NaCl+Na_2SO_4+Ast$
	12.2	5.8	—	5.9	8.4	67.7	16.2	54.8	43.4	1560	NaCl + Gla + Ast + Pic
	11.5	5.65	—	6.7	8.7	67.45	15.0	56.4	39.0	1480	NaCl + Ast + Leo + Pic
	4.6	4.2	—	14.85	8.7	67.65	8.9	69.4	12.0	1140	NaCl + Ast + Leo + Eps
	5.6	0	0	16.3	7.7	70.4	0	78.6	15.9	1305	NaCl + Ast + Eps
	4.0	3.9	—	16.3	8.8	67	7.7	71.0	10.0	1080	NaCl + Kai + Leo + Eps
	1.9	2.8	—	22.5	5.75	67.05	5.4	81.0	4.7	1060	NaCl + Kai + Eps + Hex
	1.9	0	0	24.4	5.2	68.5	0	87.4	4.7	1110	NaCl + Eps + Hex

续表

温度/℃	液相组成，w_B/%						耶涅克指数，J_B'/[mol/100 mol ($K_2^{2+}+Mg^{2+}+SO_4^{2-}$)]				固相
	NaCl	KCl	K_2SO_4	$MgCl_2$	$MgSO_4$	H_2O	K_2^{2+}	Mg^{2+}	Na_2^{2+}	H_2O	
25	0.65	1.1	—	28.0	4.3	65.95	2.0	88.4	1.5	980	NaCl + Kai + Hex + Pen
	0.7	0	0	29.2	4.0	66.1	0	91.1	1.6	982	NaCl + Hex + Pen
	0.6	0.7	—	29.8	3.7	65.2	1.3	90.6	1.3	950	NaCl + Kai + Pen + Tet
	0.5	0	0	30.7	3.5	65.3	0	92.35	1.1	953	NaCl + Pen + Tet
	0.5	0.6	—	30.6	3.4	64.9	1.1	91.5	1.2	940	NaCl + Car + Kai + Tet
	0.15	0.2	—	33.95	2.4	63.3	0.3	94.7	0.3	885	NaCl + Car + Bis + Tet
	0.3	0.1	0	35.4	0	64.2	0.2	99.8	0.75	957	NaCl + Car + Bis
	0.3	0	0	34.1	2.25	63.35	0	95.3	0.7	888	NaCl + Bis + Tet
50	19.4	12.6	2.7	0	0	65.3	86.65	0	144	3135	NaCl + KCl + Gla
	17.3	14.5	—	0.2	2.4	65.6	70	15.8	106.4	2610	NaCl + KCl + Gla
	15.25	13.9	—	2.15	3.2	65.5	55	29.2	77.0	2145	NaCl + KCl + Gla
	12.5	12.75	—	4.9	4.6	65.25	40	42.0	50.0	1695	NaCl + KCl + Gla
	10.25	11.0	—	7.6	6.6	64.55	28.0	51.2	33.3	1360	NaCl + KCl + Gla + Leo
	7.3	9.25	—	11.55	6.8	65.1	20.9	60.0	21.0	1215	NaCl + KCl + Kai + Leo
	1.4	4.2	—	26.65	1.55	66.2	8.4	87.7	3.6	1100	NaCl + KCl + Kai + Car
	1.85	4.4	0	26.9	0	66.85	9.45	90.55	5.05	1190	NaCl + KCl + Car
	24.4	1.2	7.85	0	0	66.55	54.1	0	212.5	3760	NaCl + Na_2SO_4 + Gla
	20.9	3.65	4.2	—	4.1	67.15	34.5	24.2	126.5	2630	NaCl + Na_2SO_4 + Gla + Van
	21.6	0	0	1.2	7.6	69.6	0	54.6	133	2775	NaCl + Na_2SO_4 + Van
	20.15	4.9	2.75	—	6.0	66.2	29.8	30.3	105.0	2240	NaCl + Gla + Van + Ast
	19.85	0	0	2.7	7.7	69.75	0	59.2	108.5	2475	NaCl + Van + Ast
	13.7	7.6	—	4.2	9.0	65.5	20.9	48.6	48	1490	NaCl + Gla +Ast + Leo
	7.15	6.25	—	10.75	8.25	67.6	14.4	62.1	21	1285	NaCl + Ast + Leo + Loe
	7.5	0	0	18.3	6.0	68.2	0	83.0	22	1300	NaCl + Ast + Loe
	6.55	5.8	—	12.85	7.35	67.45	13.2	66.2	19	1265	NaCl + Leo + Loe + Lan
	6.5	8.5	—	13.0	6.95	65.05	18.5	62.8	18	1170	NaCl + Leo + Lan + Kai
	2.3	3.5	—	21.4	5.6	67.2	6.8	79.5	5.8	1090	NaCl + Loe + Lan + Kie
	2.25	0	0	24.25	5.7	67.8	0	86.5	5.5	1080	NaCl + Loe + Kie
	1.75	2.7	—	24.1	5.05	66.4	5.1	83.1	4.3	1040	NaCl + Kai + Lan + Kie
	0.9	2.8	—	28.75	1.75	65.8	5.3	90.5	2.2	1045	NaCl + Kai + Car + Kie
	0.15	0.25	—	35.7	1.5	62.4	0.4	96.5	0.3	855	NaCl + Car + Bis + Kie
	0.35	0.2	0	36.9	0	62.55	0.35	99.65	0.75	892	NaCl + Car + Bis
	0.3	0	0	36.3	1.2	62.2	0.	97.5	0.6	860	NaCl + Bis + Kie
75	18.0	16.5	2.55	0	0	62.95	89.5	0	110	2500	NaCl + Gla + KCl
	16.65	17.9	0.1	—	2.4	62.95	75	12.3	88.6	2170	NaCl + Gla + KCl
	15.3	16.9	—	1.45	3.65	62.7	60	24.0	69.3	1840	NaCl + Gla + KCl
	13.85	15.3	—	2.8	5.5	62.55	46.1	33.5	53.3	1560	NaCl + Gla + KCl + Lan
	11.5	14.3	—	6.4	4.6	63.2	40	44.0	41	1460	NaCl + KCl + Lan
	7.8	12.2	—	12.05	3.9	64.05	30	58.2	24.5	1305	NaCl + KCl + Lan
	3.9	8.8	—	19.9	3.1	64.3	18.5	73.5	10.4	1120	NaCl + KCl + Lan + Kai
	1.65	5.75	—	27.9	1.15	63.55	11.0	86.3	4	1005	NaCl + KCl + Kai + Kie
	1.65	5.6	—	28.25	1.1	63.4	10.6	86.8	4	1000	NaCl + KCl + Car + Kie
	1.8	5.4	0	28.2	0	64.6	10.9	89.1	4.7	1080	NaCl + KCl + Car
	23.25	4.2	7.1	0	0	65.45	62.8	0	181.5	3315	NaCl + Na_2SO_4 + Gla
	21.0	7.5	3.9	—	3.4	64.2	48.0	18.6	118.0	2335	NaCl + Na_2SO_4 + Gla + Van

续表

温度/℃	液相组成，w_B/%						耶涅克指数，J_B″/[mol/100 mol ($K_2^{2+}+Mg^{2+}+SO_4^{2-}$)]				固相
	NaCl	KCl	K_2SO_4	$MgCl_2$	$MgSO_4$	H_2O	K_2^{2+}	Mg^{2+}	Na_2^{2+}	H_2O	
75	23.2	0	0	1.1	5.6	70.1	0	55.5	189	3705	NaCl + Na_2SO_4 + Van
	14.9	12.3	—	2.3	7.95	62.55	34.6	37.8	53.3	1455	NaCl + Gla + Van + Loe
	16.95	0	0	6.75	6.1	70.2	0	70.6	84.2	2260	NaCl + Van + Loe
	13.0	11.8	—	4.1	7.55	63.55	32.0	42.7	44.8	1425	NaCl + Gla + Loe + Lan
	4.5	3.8	—	17.1	6.6	68	8.1	74.5	12.2	1200	NaCl + Loe + Lan + Kie
	6.8	0	0	18.75	5.6	68.85	0	84.0	20.0	1320	NaCl + Loe + Kie
	1.85	4.5	—	26.3	2.95	64.4	8.5	84.6	4.4	1005	NaCl + Kai + Lan + Kie
	0.15	0.4	—	38.1	0.75	60.6	0.7	97.8	0.3	810	NaCl + Car + Bis + Kie
	0.4	0.3	0	39.0	0	60.3	0.5	99.5	0.8	812	NaCl + Car + Bis
	0.2	0	0	38.8	0.4	60.6	0	99.2	0.45	812	NaCl + Bis + Kie
100	17.0	19.7	2.75	0	0	60.55	90.3	0	88.55	2050	NaCl + Gla + KCl
	16.2	20.4	1.25	—	1.75	60.4	80	8.0	77.2	1865	NaCl + Gla + KCl
	15.3	20.55	—	0.5	3.5	60.15	68.3	17.2	65.0	1655	NaCl + Gla + KCl + Lan
	11.8	18.6	—	6.05	2.3	61.25	55	36.5	44.6	1500	NaCl + KCl + Lan
	8.2	15.5	—	11.7	1.95	62.65	40	53.7	27.0	1340	NaCl + KCl + Lan
	4.2	11.45	—	19.35	1.6	63.4	25	70.6	11.8	1145	NaCl + KCl + Lan
	2.15	6.3	—	29.1	1.2	61.25	11.5	85.8	5.0	925	NaCl + KCl + Lan + Kie
	2.15	6.25	—	29.4	1.15	61.05	11.3	86.1	5.0	915	NaCl + KCl + Car + Kie
	2.0	6.35	0	29.9	0	61.7	11.9	88.05	4.8	959	NaCl + KCl + Car
	22.55	6.4	6.95	0	0	64.1	67.55	0	157.5	2905	NaCl + Na_2SO_4 + Gla
	22.05	13.2	2.95	—	4.0	57.8	56.0	17.5	100	1700	NaCl + Na_2SO_4 + Gla + Van
	26.1	0	0	—	4.0	69.9	0	50.0	334.5	5810	NaCl + Na_2SO_4 + Van
	12.3	15.5	—	3.1	7.0	62.1	41.0	36.0	41.5	1355	NaCl + Gla + Van + Lan
	11.9	15.0	—	4.05	6.8	62.25	39.2	38.7	39.5	1345	NaCl + Van + Lan + Loe
	19.4	0	0	5.9	4.65	70.05	0	72.2	119	2790	NaCl + Van + Loe
	8.9	7.1	—	11.0	7.2	65.8	16.8	62.0	27.0	1290	NaCl + Loe + Lan + Kie
	12.1	0	0	13.85	5.1	68.95	0	81.65	44.9	1665	NaCl + Loe + Kie
	0.3	0.5	—	40.8	0.35	58.05	0.8	98.5	0.6	735	NaCl + Car + Bis + Kie
	0.45	0.5	0	41.9	0	57.15	0.75	99.25	0.9	716	NaCl + Car + Bis
	0.15	0	0	41.9	0.3	57.65	0	99.4	0.3	718	NaCl + Bis + Kie

注：源自 В. М. БУКШТЕЙН, М. Г. ВАЛЯШКО, А. Д. ПЕЛЬШ. ЭКСПЕРИМЕНТАЛЬНЫХ ДАННЫХ ПО РАСТВОРИМОСТИ МНОГОКОМПОНЕНТНЫХ ВОДНО-СОЛЕВЫХ СИСТЕМ(ТОМ Ⅱ)[М]. ЛЕНИНГРАД: ГОСУДАРСТВЕННОЕ НАУЧНО-ТЕХНИЧЕСКОЕ ИЗДАТЕЛЬСТВО, 1954, 1160-1164.

参 考 文 献

[1] 牛自得，程芳琴，李宝存，等．水盐体系相图及其应用．天津：天津大学出版社，2002.

[2] 梁保民．水盐体系原理及运用．北京：轻工业出版社，1986.

[3] 苏裕光，吕秉玲，王向荣．无机化工生产相图分析（一）．北京：化学工业出版社，1985.

[4] 高世扬，宋彭生，夏树屏，等．盐湖化学．北京：科学出版社，2007.

[5] 郑绵平，邓天龙，Ahraon Oran，盐湖科学概论．北京：科学出版社，2018.

[6] 邓天龙，王士强，郭亚飞．柴达木盆地盐湖卤水体系介稳相平衡与相图．北京：科学出版社，2017.

[7] 黄子卿．电解质溶液理论导论．修订版．北京：科学出版社，2010.

[8] 汪相．晶体光学．南京：南京大学出版社，2003.

[9] 高世扬，柳大纲．大柴旦盐湖夏季组成卤水的天然蒸发//柳大纲科学论著选集．北京：科学出版社，1997.

[10] 李以圭，陆九芳．电解质溶液理论．北京：清华大学出版社，2005.

[11] 徐士良．Fortran 常见算法程序集．北京：清华大学出版社，1997.

[12] 叶伟平．Origin9.1 科技绘图及数据分析．北京：机械工业出版社，2018.

[13] Pitzer K S. Activity coefficients in electrolyte solutions. 2nd Ed. Boca Raton: CRC Press, 1991.

[14] Silcock H L. Solubilities of inorganic and organic compounds: Ternary and multi-component systems of inorganic substances. Volume III, Part 1-Part 3. Oxford: Pergamon Press, 1979.

[15] БУКШТЕЙН В М, ВАЛЯШКО М Г, ПЕЛЬШ А Д. ЭКСПЕРИМЕНТАЛЬНЫХ ДАННЫХ ПО РАСТВОРИМОСТИ МНОГОКОМПОНЕНТНЫХ ВОДНО-СОЛЕВЫХ СИСТЕМ(ТОМ I, II). ЛЕНИНГРАД: ГОСУДАРСТВЕННОЕ НАУЧНО-ТЕХНИЧЕСКОЕ ИЗДАТЕЛЬСТВО, 1953, 1954.

[16] Пельша А Д. ЭКСПЕРИМЕНТАЛЬНЫХ ДАННЫХ ПО РАСТВОРИМОСТИ МНОГОКОМПОНЕНТНЫХ ВОДНО-СОЛЕВЫХ СИСТЕМ(ТОМ I). ЛЕНИНГРАД: ИЗДАТЕЛЬСТВО ХИМИЯ ЛЕНИНГРАДСКОЕ ОТДЕЛЕНИЕ, 1973.